CALCUL INTÉGRAL

Mathématique 203

2ᵉ édition

Gilles Charron
Pierre Parent

Éditions Études Vivantes

Groupe Éducalivres inc.
955, rue Bergar, Laval (Québec) H7L 4Z6
Téléphone : (514) 334-8466
Télécopieur : (514) 334-8387
Internet : http://www.educalivres.com

CALCUL INTÉGRAL

Mathématique 203

2ᵉ édition

www.etudes-vivantes.com

Gilles Charron,
Pierre Parent,
Professeurs au cégep André-Laurendeau

Collaborateur : Louis Charbonneau

Code produit : **2451**

 ©1997, Éditions Études Vivantes ■ Groupe Éducalivres inc.
Tous droits réservés

ISBN 2-7607-0604-4

Dépôt légal : 2ᵉ trimestre 1997
Bibliothèque nationale du Québec, 1997
Bibliothèque nationale du Canada, 1997

Imprimé au Canada
4 5 6 7 AGMV 5 4 3 2 1

Ce livre est imprimé sur un papier Opaque nouvelle vie, au fini satin et de couleur blanc bleuté. Fabriqué par Rolland inc., Groupe Cascades Canada, ce papier contient 30 % de fibres recyclées de postconsommation et n'est pas blanchi au chlore atomique.

Avant-propos

Le milieu de l'enseignement collégial étant en constante évolution, les auteurs ont consulté de nombreux utilisateurs afin de bien saisir les besoins qu'ils manifestaient. Cette nouvelle édition de *Mathématique 203, Calcul intégral* a été remodelée pour répondre pleinement aux attentes qui ont été exprimées.

Ainsi, ce manuel :

- offre une démarche pédagogique à la fois rigoureuse, claire et logique ;
- correspond au programme ;
- propose de multiples outils pédagogiques pour faciliter les apprentissages de l'élève ;
- permet à l'élève d'établir des liens entre les différents concepts étudiés ;
- suscite l'intérêt de l'élève par sa présentation visuelle dynamique et en couleurs.

Les particularités de l'ouvrage

Les pages types et les explications suivantes sont autant d'indications qui permettront de tirer le maximum de profit de l'utilisation de ce manuel.

Introduction et plan du chapitre

L'**introduction** permet à l'élève de situer les nouveaux concepts à l'étude dans un contexte plus général.

À l'aide du **plan du chapitre**, il peut par ailleurs mieux en situer le contenu par rapport à l'ensemble du cours.

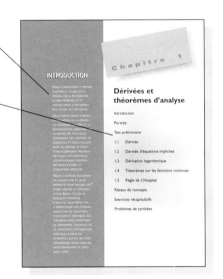

Portrait

Des **encadrés historiques** figurent au début de chacun des chapitres. Tout en donnant une touche plus humaine à l'évolution des mathématiques, ces encadrés font découvrir aux élèves diverses facettes des personnages qui ont marqué cette discipline. Ils leur font également voir les difficultés éprouvées par ces mathématiciens ainsi que la continuité dans les travaux de ces chercheurs. À la fin des encadrés historiques, des lectures sont proposées afin d'aider les élèves à parfaire leurs connaissances sur les sujets qui les intéressent.

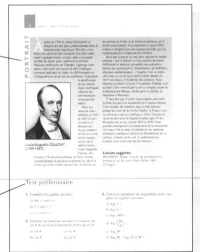

Test préliminaire

Placé en début de chapitre, le **test préliminaire** permet à l'élève de vérifier ses connaissances déjà acquises — soit au secondaire, soit dans le cours de calcul différentiel ou encore dans les chapitres précédents — et qui lui seront utiles au cours de son apprentissage dans ce chapitre.

Objectifs d'apprentissage

Dans chacune des sections, les **objectifs d'apprentissage** viennent préciser les connaissances à acquérir et les habiletés à développer. Ils incitent l'élève à bien cerner la nature des apprentissages qu'il doit faire et l'aident à planifier son étude.

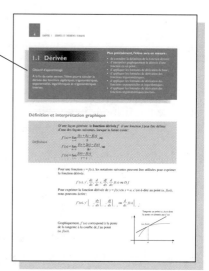

Sections

- Tout au long des chapitres, l'élève trouve à l'intérieur de chacune des sections plusieurs **exemples** de difficultés variables. Ces exemples favorisent l'assimilation des concepts et servent de modèles pour la résolution de la majorité des exercices proposés à la fin de la section et du chapitre.

- Afin de montrer l'importance des **théorèmes** et des **définitions** et de faciliter leur repérage, nous avons fait usage d'encadrés. Dans le même esprit, on trouve quelques **formules** importantes imprimées sur fond de couleur.

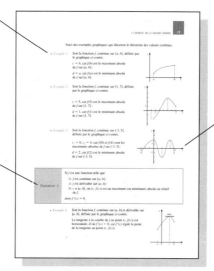

- De plus, de nombreuses **représentations graphiques** et **illustrations** soutiennent la présentation des concepts et accompagnent les nombreux exemples. L'utilisation pédagogique et rigoureuse de la couleur ajoute à la clarté des représentations et facilite la compréhension des notions étudiées.

Exercices

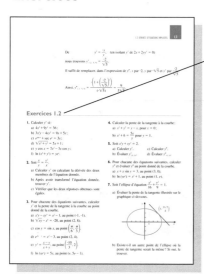

À la fin de chaque section de chapitre se trouve une **série d'exercices** se rapportant aux concepts vus dans cette section.

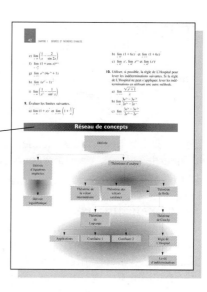

Réseau de concepts

Chaque chapitre se termine par un **réseau de concepts** présentant les notions essentielles abordées dans le chapitre de façon à faire ressortir les liens existant entre elles. Les concepts plus généraux sont présentés au haut de la hiérarchie et sont suivis par les concepts plus spécifiques.

Exercices récapitulatifs et problèmes de synthèse

• À la fin de chaque chapitre se trouve une série d'**exercices récapitulatifs** destinés à revoir les connaissances nouvellement acquises.

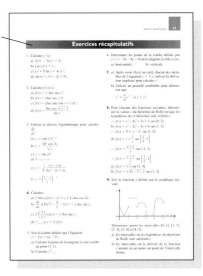

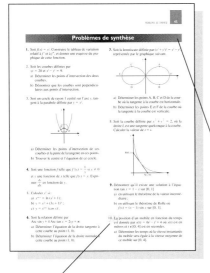

• Vient ensuite une série de **problèmes de synthèse** qui permettent à l'élève de développer les habiletés de synthèse et de résolution de problèmes. L'élève doit faire une synthèse de ses connaissances pour les résoudre.

• De plus, les **exercices récapitulatifs** et les **problèmes de synthèse** jugés essentiels à l'atteinte des objectifs du programme sont **clairement identifiés** par une couleur différente et sont parfois accompagnés d'un symbole selon qu'ils s'adressent plus particulièrement aux élèves de sciences humaines (SH) ou aux élèves de sciences de la nature (SN).

Corrigé

Un **corrigé** des exercices de fin de section, des exercices récapitulatifs et des problèmes de synthèse est inclus à la fin du manuel de façon à rendre l'élève plus autonome dans son apprentissage.

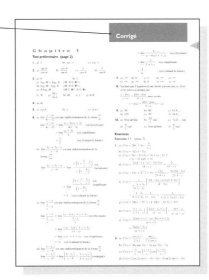

Remerciements

Nous désirons témoigner notre gratitude aux personnes suivantes :

Monique Beaudoin-Jacob, Cégep de Sainte-Foy

Jean-Yves Morissette, Cégep Édouard-Montpetit

Robert Paquin, Cégep Édouard-Montpetit

Dominique Parent, Université de Sherbrooke

Suzanne Wildi, Cégep F.-X. Garneau

De plus, cette deuxième édition de *Mathématique 203, Calcul intégral* n'aurait pu voir le jour sans le concours de nombreux collaborateurs. Nous tenons à remercier les personnes suivantes pour leurs commentaires et leurs suggestions. Grâce à leur collaboration, la deuxième édition de *Mathématique 203, Calcul intégral* s'en trouve améliorée.

Gilles Boutin, Cégep de Sainte-Foy

Gilles Goulet, Cégep Joliette-de-Lanaudière

Marthe Grenier, Cégep de Saint-Laurent

Daniel Lachance, Cégep de Sorel-Tracy

Paul Paquet, Cégep de Saint-Jérôme

Lise Pariseau, Collège de Limoilou

Suzanne Phillips, Collège de Maisonneuve

Benoît Régis, Cégep de la Région de l'Amiante

Caroline Samson, Cégep de Sainte-Foy

Victorien Sirois, Cégep de Rimouski

Lyne Soucy, Collège Lionel-Groulx

Jocelyne Tétrault, Collège Ahuntsic

Nous tenons également à souligner la participation de tous les professeurs du département de mathématique du Cégep André-Laurendeau ainsi que la dynamique équipe des Éditions Études Vivantes.

Gilles Charron
Pierre Parent

Table des matières

INTRODUCTION

Nous consacrons le premier chapitre à l'étude de la dérivée, car il est essentiel de bien posséder cette notion avant d'entreprendre l'étude de l'intégrale.

Nous rappellerons d'abord la définition de la dérivée, les notations utilisées et la représentation graphique de la dérivée. De plus, nous donnerons des formules de dérivation et nous calculerons les dérivées de fonctions algébriques, trigonométriques, exponentielles, logarithmiques, trigonométriques inverses et d'équations implicites.

Nous utiliserons également les logarithmes et leurs propriétés pour évaluer certaines dérivées et certaines limites. Enfin, l'étude de quelques théorèmes d'analyse nous permettra d'approfondir nos connaissances sur les fonctions continues et dérivables. Ces théorèmes nous permettent de démontrer l'existence de la constante d'intégration ainsi que la règle de L'Hospital, qui est un outil indispensable pour lever des indéterminations de différents types.

Chapitre 1

Dérivées et théorèmes d'analyse

PORTRAIT

À partir de 1794, le calcul différentiel et intégral prit une place prépondérante dans la formation des ingénieurs. Dès lors, cette forme de calcul dut être enseignée non plus seulement à quelques futurs savants, mais à un grand nombre de jeunes gens, ambitieux et curieux. Plusieurs professeurs de l'époque, Lagrange entre autres, relevèrent sans succès le défi. Expliquer comment appliquer les règles de différentiation et d'intégration ne posait pas de problèmes. Cependant, la justification de ces mêmes règles impliquait toujours des raisonnements contenant des failles.

Dans ses notes de cours publiées en 1821 et 1823 (*Cours d'analyse* et *Résumé des leçons données à l'École royale polytechnique sur le calcul infinitésimal*), Louis-Augustin Cauchy, professeur à l'École polytechnique de Paris, résolut essentiellement la question en donnant au calcul la forme qu'on lui connaît aujourd'hui. Se basant sur les notions de limite et de fonction continue, qu'il définit précisément, il reconstruisit le calcul différentiel et intégral avec une rigueur nouvelle que les mathématiciens s'empressèrent d'imiter.

Bien que respecté de tous pour son œuvre mathématique – qui d'ailleurs va bien au-delà du calcul différentiel et intégral (géométrie des polyèdres, théorie des permutations, déterminants, probabilités, physique mathématique) –, Cauchy s'est vu reprocher toute sa vie la façon dont il avait obtenu en 1815 son siège à l'Académie des sciences. Sans élection et contre l'avis de l'Académie, Cauchy avait accepté d'être nommé par le roi en remplacement du mathématicien Monge, déchu après la défaite de Napoléon à Waterloo.

Il faut dire que Cauchy voua toujours une indéfectible loyauté à la monarchie de l'Ancien régime. Cette loyauté fut toutefois mise à rude épreuve puisqu'au cours de la vie de Cauchy, la France connut plusieurs régimes politiques. Ainsi, Cauchy ne vécut en paix avec le régime en place que 15 des 68 années de sa vie, soit de 1815 à 1830. Cette période correspond à la restauration de la monarchie en France. Par la suite, la rigidité de ses opinions politiques continua d'entraver le déroulement de sa carrière. Comme on le voit, le mathématicien Cauchy resta avant tout un être humain...

(JEAN-LOUP CHARMET)

Louis-Augustin CAUCHY (1789-1857)

Lecture suggérée:
BELHOSTE, Bruno. *Cauchy, un mathématicien légitimiste au 19ᵉ siècle*, Paris, Belin, 1985, 224 pages.

Test préliminaire

1. Compléter les égalités suivantes.

a) $\sin^2 x + \cos^2 x =$

b) $1 + \tan^2 x =$

c) $1 + \cot^2 x =$

2. Exprimer les fonctions suivantes en fonction de $\sin \theta$, de $\cos \theta$ ou en fonction de $\sin \theta$ et de $\cos \theta$.

a) $\tan \theta$ c) $\sec \theta$

b) $\cot \theta$ d) $\csc \theta$

3. Utiliser les propriétés des logarithmes pour compléter les égalités suivantes.

a) $\log_b 1 =$

b) $\log_b b =$

c) $\log_b (MN) =$

d) $\log_b \left(\dfrac{M}{N} \right) =$

e) $\log_b M^N =$

f) $\log_b M = \log_b N \Leftrightarrow M =$

g) Transformer en base e, $\log_b x =$

h) $e^{\ln M} =$

i) $\ln e =$

j) Si $A > 0$, $B > 0$ et $A = B$, alors $\ln A =$.

4. Parmi les fonctions suivantes, déterminer celles qui sont continues sur $[a, b]$ donné.

a) $f(x) = \dfrac{1}{x-4}$ sur $[-5, 3]$

b) $f(x) = \dfrac{1}{x-4}$ sur $[3, 5]$

c) $f(x) = \begin{cases} x^2 + 1 & \text{si} & 0 \le x < 1 \\ 2 & \text{si} & x = 1 \\ x + 2 & \text{si} & 1 < x \le 2 \end{cases}$ sur $[0, 2]$

d) Même fonction qu'en c) sur $[0, 1]$.

e) Même fonction qu'en c) sur $[1, 2]$.

5. Soit f, g, h et r, quatre fonctions telles que

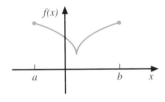

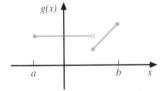

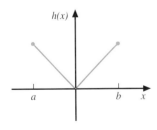

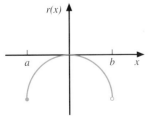

Parmi les fonctions précédentes, déterminer :

a) celles qui sont continues sur $[a, b]$;

b) celles qui sont dérivables sur $]a, b[$;

c) celles dont la dérivée s'annule en au moins une valeur c, où $c \in \ ]a, b[$.

6. Lever les indéterminations suivantes en transformant l'expression donnée.

a) $\displaystyle\lim_{x \to 3} \frac{x^2 - 9}{4x - 12}$

c) $\displaystyle\lim_{x \to 1} \frac{x^3 - 1}{\frac{1}{x} - 1}$

b) $\displaystyle\lim_{x \to +\infty} \frac{5x^2 + 7x - 1}{x^2 - 4}$

d) $\displaystyle\lim_{x \to 9} \frac{3 - \sqrt{x}}{x - 9}$

7. Évaluer les limites suivantes.

a) $\displaystyle\lim_{x \to +\infty} e^x$

f) $\displaystyle\lim_{x \to \left(\frac{\pi}{2}\right)^-} \tan x$

b) $\displaystyle\lim_{x \to -\infty} e^x$

g) $\displaystyle\lim_{x \to \left(\frac{\pi}{2}\right)^+} \tan x$

c) $\displaystyle\lim_{x \to 0} e^x$

h) $\displaystyle\lim_{x \to 0} \sin x$

d) $\displaystyle\lim_{x \to 0^+} \ln x$

i) $\displaystyle\lim_{x \to \left(\frac{\pi}{2}\right)^-} \sec x$

e) $\displaystyle\lim_{x \to +\infty} \ln x$

j) $\displaystyle\lim_{x \to 0^-} \csc x$

8. Soit f, une fonction continue sur $[a, b]$. Déterminer l'équation de la sécante passant par les points $(a, f(a))$ et $(b, f(b))$.

9. Donner, si possible, en degrés, la valeur de l'angle θ, si cet angle est défini par :

a) $\theta = \text{Arc sin } 0,5$;

d) $\theta = \text{Arc cot } (-1)$;

b) $\theta = \text{Arc cos } 0$;

e) $\theta = \text{Arc sec } \dfrac{2}{\sqrt{3}}$;

c) $\theta = \text{Arc tan } 2$;

f) $\theta = \text{Arc csc } 4$.

10. Donner, si possible, en radians, la valeur de l'angle θ, si cet angle est défini par :

a) $\theta = \text{Arc sin } 4$;

d) $\theta = \text{Arc cot } 0$,

b) $\theta = \text{Arc cos } \left(\dfrac{-1}{2}\right)$;

e) $\theta = \text{Arc sec } \dfrac{1}{2}$;

c) $\theta = \text{Arc tan } (-10)$;

f) $\theta = \text{Arc csc } 1$.

I.I Dérivée

Objectif d'apprentissage

À la fin de cette section, l'élève pourra calculer la dérivée des fonctions algébriques, trigonométriques, exponentielles, logarithmiques et trigonométriques inverses.

Plus précisément, l'élève sera en mesure :

- de connaître la définition de la fonction dérivée ;
- d'interpréter graphiquement la dérivée d'une fonction en un point ;
- d'appliquer les formules de dérivation de base ;
- d'appliquer les formules de dérivation des fonctions trigonométriques ;
- d'appliquer les formules de dérivation des fonctions exponentielles et logarithmiques ;
- d'appliquer les formules de dérivation des fonctions trigonométriques inverses.

Définition et interprétation graphique

D'une façon générale, la **fonction dérivée** f' d'une fonction f peut être définie d'une des façons suivantes, lorsque la limite existe :

Définition

$$f'(x) = \lim_{h \to 0} \frac{f(x+h) - f(x)}{h}, \text{ ou}$$

$$f'(x) = \lim_{\Delta x \to 0} \frac{f(x + \Delta x) - f(x)}{\Delta x}, \text{ ou}$$

$$f'(x) = \lim_{t \to x} \frac{f(t) - f(x)}{t - x}.$$

Pour une fonction $y = f(x)$, les notations suivantes peuvent être utilisées pour exprimer la fonction dérivée.

$$f'(x), \ y', \ \frac{dy}{dx}, \ \frac{d}{dx}\, y, \ \frac{df}{dx}, \ \frac{d}{dx}\, f(x) \text{ ou } D_x f$$

Pour exprimer la fonction dérivée de $y = f(x)$ en $x = a$, c'est-à-dire au point $(a, f(a))$, nous pouvons écrire :

$$f'(a), \ y'\Big|_{x=a}, \ \frac{dy}{dx}\Big|_{x=a}, \ \frac{df}{dx}\Big|_{x=a} \text{ ou } \frac{d}{dx}\, f(x)\Big|_{x=a}.$$

Graphiquement, $f'(a)$ correspond à la pente de la tangente à la courbe de f au point $(a, f(a))$.

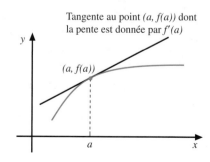

Tangente au point $(a, f(a))$ dont la pente est donnée par $f'(a)$

Formules de dérivation

Nous trouvons dans le tableau suivant les principales formules de dérivation vues dans un premier cours de calcul différentiel.

Type de fonction	Équation	Dérivée
Constante	$y = K$, où $K \in \mathbb{R}$	$y' = 0$
Identité	$y = x$	$y' = 1$
Produit d'une constante par une fonction	$y = K f(x)$, où $K \in \mathbb{R}$	$y' = K f'(x)$
Somme	$y = f_1(x) + f_2(x) + ... + f_n(x)$	$y' = f_1'(x) + f_2'(x) + ... + f_n'(x)$
Produit	$y = f(x) g(x)$	$y' = f'(x) g(x) + f(x) g'(x)$
Exposant réel	$y = x^r$, où $r \in \mathbb{R}$	$y' = rx^{r-1}$
Quotient	$y = \dfrac{f(x)}{g(x)}$	$y' = \dfrac{f'(x) g(x) - f(x) g'(x)}{g^2(x)}$
Dérivation en chaîne	$y = (f(x))^r$, où $r \in \mathbb{R}$	$y' = r(f(x))^{r-1} f'(x)$
	$y = f(g(x))$	$y' = f'(g(x)) g'(x)$

Dans la règle de dérivation en chaîne, en posant $u = g(x)$, nous avons $y = f(u)$; ainsi la règle de dérivation en chaîne peut s'écrire sous la forme $\dfrac{dy}{dx} = \dfrac{dy}{du} \dfrac{du}{dx}$ (notation de Leibniz[1]).

➤ *Exemple 1*   Si $f(x) = \sqrt{x} - 5x^4 + \dfrac{3}{x^2}$, alors $f'(x) = \dfrac{1}{2\sqrt{x}} - 20x^3 - \dfrac{6}{x^3}$.

➤ *Exemple 2*   Si $f(x) = (x^3 + 2x)(x^7 - 3x^4 - \pi x)$, alors
$$f'(x) = (3x^2 + 2)(x^7 - 3x^4 - \pi x) + (x^3 + 2x)(7x^6 - 12x^3 - \pi).$$

➤ *Exemple 3*   Si $y = \dfrac{x^2 + 1}{4x^7}$, alors
$$\frac{dy}{dx} = \frac{2x(4x^7) - (x^2 + 1)(28x^6)}{16x^{14}} = \frac{-20x^8 - 28x^6}{16x^{14}} = \frac{-(5x^2 + 7)}{4x^8}.$$

➤ *Exemple 4*   Si $H(x) = [(x^4 + 3x)^5 + x^2]^8$, alors
$$H'(x) = 8[(x^4 + 3x)^5 + x^2]^7 \, [(x^4 + 3x)^5 + x^2]'$$
$$= 8[(x^4 + 3x)^5 + x^2]^7 \, [5(x^4 + 3x)^4 (4x^3 + 3) + 2x].$$

➤ *Exemple 5*   Calculons, à l'aide de la dérivée, la pente de la tangente à la courbe définie par $f(x) = 4x^2 - 5x + 2$ au point $(1, f(1))$.

Si $f(x) = 4x^2 - 5x + 2$, alors $f'(x) = 8x - 5$,

d'où m_{tan} en $(1, f(1)) = f'(1) = 3$.

---

1. Gottfried Leibniz (1646-1716), mathématicien allemand.

Nous trouvons dans le tableau suivant les formules de dérivation des fonctions trigonométriques.

$y = \sin f(x)$	$y' = [\cos f(x)]\ f'(x)$
$y = \cos f(x)$	$y' = [-\sin f(x)]\ f'(x)$
$y = \tan f(x)$	$y' = [\sec^2 f(x)]\ f'(x)$
$y = \cot f(x)$	$y' = [-\csc^2 f(x)]\ f'(x)$
$y = \sec f(x)$	$y' = [\sec f(x) \tan f(x)]\ f'(x)$
$y = \csc f(x)$	$y' = [-\csc f(x) \cot f(x)]\ f'(x)$

➤ *Exemple 6*   Si $y = \sin(x^6 - \cos x^2)$, alors

$$\frac{dy}{dx} = [\cos(x^6 - \cos x^2)]\ (x^6 - \cos x^2)' = [\cos(x^6 - \cos x^2)]\ (6x^5 + 2x \sin x^2).$$

➤ *Exemple 7*   Si $y = \dfrac{\tan x}{\sec x^2}$, alors

$$y' = \frac{\sec^2 x \sec x^2 - \tan x\ [\sec x^2 \tan x^2]\ 2x}{\sec^2 x^2} = \frac{\sec^2 x - 2x \tan x \tan x^2}{\sec x^2}.$$

➤ *Exemple 8*   Si $y = \cot^3 x - \csc x^3$, alors

$$\frac{dy}{dx} = -3 \cot^2 x \csc^2 x + 3x^2 \csc x^3 \cot x^3.$$

Nous trouvons dans le tableau suivant les formules de dérivation des fonctions exponentielles et logarithmiques.

$y = e^{f(x)}$	$y' = e^{f(x)}\ f'(x)$
$y = a^{f(x)}$	$y' = [a^{f(x)} \ln a]\ f'(x)$ où $a > 0$ et $a \neq 1$
$y = \ln f(x)$	$y' = \dfrac{f'(x)}{f(x)}$
$y = \log_a f(x)$	$y' = \dfrac{f'(x)}{f(x) \ln a}$

➤ *Exemple 9*   Si $f(x) = e^{3x^2 - 4x}$, alors

$$f'(x) = e^{3x^2 - 4x} (3x^2 - 4x)' = (6x - 4)\ e^{3x^2 - 4x}.$$

➤ *Exemple 10*   Si $f(x) = 9^{\sin 2x}$, alors

$$f'(x) = [9^{\sin 2x} \ln 9]\ (\sin 2x)' = 2 \cos 2x\ 9^{\sin 2x} \ln 9.$$

➤ *Exemple 11*   Si $g(x) = \ln^4(3 - 5x^4)$, alors

$$g'(x) = [4 \ln^3(3 - 5x^4)]\ [\ln(3 - 5x^4)]'$$

$$g'(x) = [4 \ln^3(3 - 5x^4)]\ \frac{-20x^3}{(3 - 5x^4)} = \frac{-80x^3 \ln^3(3 - 5x^4)}{3 - 5x^4}.$$

➤ *Exemple 12*   Si $y = \log (x^3 - 2x)$, alors

$$\frac{dy}{dx} = \frac{3x^2 - 2}{(x^3 - 2x) \ln 10}.$$

Nous trouvons dans le tableau suivant les formules de dérivation des fonctions trigonométriques inverses.

$y = \text{Arc sin } f(x)$	$\dfrac{dy}{dx} = \dfrac{f'(x)}{\sqrt{1 - [f(x)]^2}}$
$y = \text{Arc cos } f(x)$	$\dfrac{dy}{dx} = \dfrac{-f'(x)}{\sqrt{1 - [f(x)]^2}}$
$y = \text{Arc tan } f(x)$	$\dfrac{dy}{dx} = \dfrac{f'(x)}{1 + [f(x)]^2}$
$y = \text{Arc cot } f(x)$	$\dfrac{dy}{dx} = \dfrac{-f'(x)}{1 + [f(x)]^2}$
$y = \text{Arc sec } f(x)$	$\dfrac{dy}{dx} = \dfrac{f'(x)}{f(x)\sqrt{[f(x)]^2 - 1}}$
$y = \text{Arc csc } f(x)$	$\dfrac{dy}{dx} = \dfrac{-f'(x)}{f(x)\sqrt{[f(x)]^2 - 1}}$

➤ *Exemple 13*   Si $f(x) = (\text{Arc sin } 2x)(\text{Arc cos } x^3)$, alors

$$f'(x) = \frac{2}{\sqrt{1 - 4x^2}} \text{ Arc cos } x^3 - \frac{3x^2}{\sqrt{1 - x^6}} \text{ Arc sin } 2x.$$

➤ *Exemple 14*   Si $y = \dfrac{\text{Arc tan } (1 - 3x)}{\text{Arc csc } (x^4 + 1)}$, alors

$$\frac{dy}{dx} = \frac{\dfrac{-3 \text{ Arc csc } (x^4 + 1)}{1 + (1 - 3x)^2} + \dfrac{4x^3 \text{ Arc tan } (1 - 3x)}{(x^4 + 1)\sqrt{(x^4 + 1)^2 - 1}}}{(\text{Arc csc } (x^4 + 1))^2}.$$

➤ *Exemple 15*   Si $f(x) = \text{Arc cot } (e^x + \text{Arc sec } 3x)$, alors

$$f'(x) = \frac{-1}{1 + (e^x + \text{Arc sec } 3x)^2} \left(e^x + \frac{1}{x\sqrt{9x^2 - 1}} \right).$$

Exercices 1.1

1. Calculer la dérivée des fonctions suivantes.

a) $f(x) = 5x^4 - (10\sqrt{x} - 3x^2 - 7)$

b) $f(x) = (1 - 7x)^6$

c) $f(x) = (x - 2)^5 (7x + 3)$

d) $f(x) = \dfrac{x^2 - 3}{4 - x^2}$

e) $f(x) = 5x^3\sqrt{4 - x}$

f) $f(x) = \sqrt{\dfrac{1 + 3x}{1 - 3x}}$

g) $f(x) = [(x^2 - 5)^8 + x^7]^{18}$

h) $f(x) = \left(\dfrac{x^2}{1 - x} \right)^{\frac{2}{3}}$

i) $f(x) = \dfrac{ax^2}{(a + x^2)^3}$

2. Calculer $f'(x)$ pour les fonctions suivantes.

a) $f(x) = \sin \sqrt{x} + \sqrt{\cos x}$

b) $f(x) = \tan^4 (2x^2 - 1)$

c) $f(x) = \csc \left(\dfrac{x-1}{x} \right)$

d) $f(x) = \sin 2x \cos (x^2 - 3x)$

e) $f(x) = \sqrt[3]{\sec (5x - 4)}$

f) $f(x) = \dfrac{\cot 8x}{8x}$

g) $f(x) = \cot (x^3 + \sin x^2)$

h) $f(x) = \sin^2 x^2 + \cos^2 x^2$

3. Calculer $\dfrac{dy}{dx}$ pour les fonctions suivantes.

a) $y = e^{\sin x} \cot x$

b) $y = \dfrac{e^x + e^{-x}}{e^x - e^{-x}}$

c) $y = \dfrac{\ln x}{e^x} - \sin (\ln x) - e^{\ln x}$

d) $y = \log_3 x^3 + 3^{x^4}$

e) $y = e^{\cos x} \ln \sec x$

f) $y = \ln (\sec x + \tan x)$

g) $y = \ln (\ln (x))$

h) $y = \log \left[\dfrac{e^x - 2}{e^x} \right]$

4. Calculer $f'(x)$ si :

a) $f(x) = \text{Arc sin } (x^3 - 3x)$;

b) $f(x) = \text{Arc cos } \left(\dfrac{2x}{1 - x^2} \right)$;

c) $f(x) = \text{Arc tan } (\sin x)$;

d) $f(x) = \text{Arc sec } (\ln x)$;

e) $f(x) = \text{Arc csc } (2x - 1) + \text{Arc sec } x^4$;

f) $f(x) = (\text{Arc sec } x)^3 \text{ Arc cot } (x^2 - 1)$;

g) $f(x) = (\text{Arc sin } x)^3 + \text{Arc sin } x^3$;

h) $f(x) = \text{Arc tan } (\tan x)$.

5. Soit la fonction f définie par $f(x) = x^3 - x^2 - 6x$.

a) Trouver la pente de la droite L_1 illustrée ci-dessous qui est tangente à la courbe de f au point où celle-ci coupe l'axe des x.

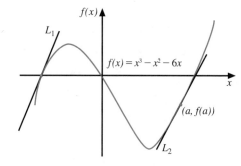

b) Déterminer la valeur du point $(a, f(a))$ si la tangente L_2 en ce point a une pente de 7,75.

6. Quels sont les points sur la courbe d'équation $f(x) = \text{Arc tan } x$ pour lesquels la pente de la tangente à la courbe est $\dfrac{1}{2}$?

7. Démontrer que $f'(x) = g'(x)$ si :

a) $f(x) = -\ln (\cos x)$ et $g(x) = \ln (\sec x)$;

b) $f(x) = -\ln (\csc x + \cot x)$ et $g(x) = \ln (\csc x - \cot x)$.

8. Si $f(x) = \tan x$ et $g(x) = \ln (1 - x)$, calculer $\dfrac{f'(0)}{g'(0)}$.

1.2 Dérivée d'équations implicites

Objectif d'apprentissage

À la fin de cette section, l'élève pourra calculer la dérivée d'équations implicites.

Plus précisément, l'élève sera en mesure :

- de reconnaître des équations implicites ;
- de calculer la dérivée première dans des équations implicites ;
- de calculer la pente de la tangente à des courbes définies par des équations implicites ;
- de calculer la dérivée seconde dans des équations implicites.

Équations implicites

Dans la majorité des équations, la variable dépendante est exprimée en fonction de la variable indépendante.

➤ *Exemple 1* $y = \dfrac{3x^4 - 5x}{x^2 + 1}$

➤ *Exemple 2* $u = e^t + \sin 3t$

De telles équations sont appelées *équations explicites*.

Par contre, dans certaines expressions, les variables, par exemple x et y, sont liées entre elles par une *relation implicite* qui peut s'écrire sous la forme $f(x, y) = k$, où $k \in \mathbb{R}$.

➤ *Exemple 3* $x^2 + y^2 = 9$

➤ *Exemple 4* $3x^3y - 4y^2 = 5x^2y^4 - 7$

De telles équations sont appelées *équations implicites*.

Dérivée d'équations implicites

Dans toutes les équations suivantes, nous supposons que y est dérivable par rapport à x.

Ainsi, en calculant la dérivée de chacun des deux membres de l'équation par rapport à la variable x, pourvu que chaque membre soit dérivable, nous obtenons une nouvelle égalité à partir de laquelle nous pourrons isoler y'. Cette méthode de dérivation s'appelle *dérivation implicite*.

Dans l'exemple suivant nous allons calculer la dérivée de y par rapport à x, c'est-à-dire $\dfrac{dy}{dx}$ ou y', en utilisant la méthode de dérivation implicite.

➤ *Exemple 1*   Calculons $\dfrac{dy}{dx}$ si $x^3 - 5x^2y = y^4 + 7$.

Calculons d'abord la dérivée par rapport à x de chacun des membres de l'équation.

$$\frac{d}{dx}(x^3 - 5x^2y) = \frac{d}{dx}(y^4 + 7)$$

$$\frac{d}{dx}(x^3) - \frac{d}{dx}(5x^2y) = \frac{d}{dx}(y^4) + \frac{d}{dx}(7)$$

$$3x^2 - 5\left(y\,\frac{d}{dx}(x^2) + x^2\,\frac{d}{dx}(y)\right) = \frac{d}{dy}(y^4)\,\frac{dy}{dx} + 0$$

$$3x^2 - 5\left(y\,(2x) + x^2\,\frac{dy}{dx}\right) = 4y^3\,\frac{dy}{dx}$$

$$3x^2 - 10yx - 5x^2\,\frac{dy}{dx} = 4y^3\,\frac{dy}{dx}$$

Isolons maintenant $\dfrac{dy}{dx}$.

$$4y^3 \frac{dy}{dx} + 5x^2 \frac{dy}{dx} = 3x^2 - 10yx$$

$$(4y^3 + 5x^2) \frac{dy}{dx} = 3x^2 - 10yx$$

d'où
$$\frac{dy}{dx} = \frac{3x^2 - 10yx}{4y^3 + 5x^2}$$

Remarque En général, dans les équations implicites où il s'agit de calculer la dérivée de y par rapport à x, c'est-à-dire $\frac{dy}{dx}$ ou y', nous avons

$$\frac{d}{dx}(y^n) = \frac{d}{dy}(y^n) \frac{dy}{dx} \quad \text{(règle de dérivation en chaîne)}$$

$$= ny^{n-1} \frac{dy}{dx}, \text{ que nous pouvons écrire}$$

$$(y^n)' = ny^{n-1} y' \quad \left(\text{car } \frac{dy}{dx} = y'\right).$$

➤ *Exemple 2* $\dfrac{d}{dx}(y^5) = 5y^4 y'$

Par la règle de dérivation en chaîne, nous avons également

$$\frac{d}{dx}(g(y)) = \frac{d}{dy}(g(y)) \frac{dy}{dx} = g'(y) \frac{dy}{dx} = g'(y)y'.$$

➤ *Exemple 3* $\dfrac{d}{dx}(\tan y) = \sec^2 y \dfrac{dy}{dx}$, que nous pouvons écrire

$$(\tan y)' = \sec^2 y \, y'.$$

➤ *Exemple 4* Calculons y', la dérivée de y par rapport à x si $y^3 + 4x = x^2 - 5 + \sin y$.

$$(y^3 + 4x)' = (x^2 - 5 + \sin y)' \quad \text{(en calculant la dérivée des deux membres par rapport à } x)$$

$$(y^3)' + (4x)' = (x^2)' - (5)' + (\sin y)'$$

$$3y^2y' + 4 = 2x - 0 + y' \cos y$$

$$3y^2y' - y' \cos y = 2x - 4$$

$$y'(3y^2 - \cos y) = 2x - 4$$

d'où
$$y' = \frac{2x - 4}{3y^2 - \cos y} \quad \text{(en isolant } y').$$

➤ *Exemple 5* Calculons y', la dérivée de y par rapport à x si $x^4y^5 = 6e^y + 5x^2$.

$$(x^4y^5)' = (6e^y + 5x^2)' \quad \text{(en calculant la dérivée des deux membres par rapport à } x)$$

$$(x^4)' y^5 + x^4(y^5)' = (6e^y)' + (5x^2)'$$

$$4x^3y^5 + x^4 5y^4y' = 6e^y y' + 10x$$

$$y'(5x^4y^4 - 6e^y) = 10x - 4x^3y^5$$

d'où $\quad y' = \dfrac{10x - 4x^3y^5}{5x^4y^4 - 6e^y}$ (en isolant y').

➤ *Exemple 6* Calculons y', la dérivée de y par rapport à x, si $\dfrac{x}{y} = \dfrac{y}{x}$.

$$\left(\dfrac{x}{y}\right)' = \left(\dfrac{y}{x}\right)' \quad \text{(en calculant la dérivée des deux membres)}$$

$$\dfrac{y - xy'}{y^2} = \dfrac{y'x - y}{x^2}$$

$$x^2(y - xy') = y^2(y'x - y)$$

$$x^2y - x^3y' = y^2y'x - y^3$$

$$x^2y + y^3 = x^3y' + y^2y'x$$

$$x^2y + y^3 = y'(x^3 + y^2x)$$

$$y' = \dfrac{x^2y + y^3}{x^3 + y^2x} = \dfrac{y(x^2 + y^2)}{x(x^2 + y^2)}$$

d'où $\quad y' = \dfrac{y}{x}$ (en simplifiant).

Remarque Il est parfois préférable de transformer l'équation initiale, de façon à faciliter les calculs de la dérivée. Par contre, il faut s'assurer que les deux équations ont le même domaine de définition.

Nous allons calculer y' de l'exemple 6 en transformant l'équation initiale.

De $\quad \dfrac{x}{y} = \dfrac{y}{x}$, nous obtenons en transformant

$$x^2 = y^2 \quad \text{(pour } x \neq 0 \text{ et } y \neq 0\text{)}.$$

$$(x^2)' = (y^2)' \quad \text{(en calculant la dérivée des deux membres par rapport à } x\text{)}$$

$$2x = 2yy'$$

d'où $\quad y' = \dfrac{x}{y}$ (en isolant y').

Les réponses obtenues, c'est-à-dire $y' = \dfrac{y}{x}$ et $y' = \dfrac{x}{y}$, sont équivalentes, car $\dfrac{y}{x} = \dfrac{x}{y}$ dans l'équation initiale.

Pente de tangente

➤ *Exemple* Soit le cercle d'équation $x^2 + y^2 = 9$. Évaluons la pente de la tangente illustrée sur le graphique ci-contre.

Puisque la pente d'une tangente est donnée par la dérivée, cherchons d'abord y'.

$$x^2 + y^2 = 9$$

$$(x^2 + y^2)' = (9)'$$

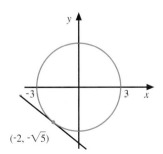

$$2x + 2yy' = 0$$

d'où $y' = \dfrac{-2x}{2y} = \dfrac{-x}{y}.$

Pour évaluer la pente de la tangente au point $(-2, -\sqrt{5})$ de la courbe, il suffit de remplacer, dans l'expression de y', x par -2 et y par $-\sqrt{5}$. Ainsi

$$m_{\text{tan}} \text{ en } (-2, -\sqrt{5}) = y'_{(-2, -\sqrt{5})} = \dfrac{-2}{\sqrt{5}}.$$

Dérivée seconde

➤ *Exemple 1*   Calculons y'', la dérivée seconde de y par rapport à x si $4x^2y = 5 - y^3$.

Calculons la dérivée des deux membres de l'équation par rapport à x.

$$(4x^2y)' = (5 - y^3)'$$

$$8xy + 4x^2y' = -3y^2y'$$

Puisque nous cherchons y'', calculons de nouveau la dérivée des deux membres de l'équation précédente.

$$(8xy + 4x^2y')' = (-3y^2y')'$$

$$8y + 8xy' + 8xy' + 4x^2y'' = -6yy' \, y' - 3y^2y''$$

$$8y + 16xy' + 4x^2y'' = -6y(y')^2 - 3y^2y''$$

d'où $y'' = \dfrac{-6y(y')^2 + 8y + 16xy'}{4x^2 + 3y^2}$ (en isolant y'').

Remarque y'' peut aussi être obtenue en dérivant les deux membres de l'équation suivante.

$y' = \dfrac{-8xy}{4x^2 + 3y^2}$, où y' est obtenue en isolant y' de l'équation $8xy + 4x^2y' = -3y^2y'$.

Nous pouvons évaluer y'' en un point du domaine de l'équation.

➤ *Exemple 2*   Soit le cercle d'équation $x^2 + y^2 = 9$. Évaluons y'' au point $(-2, -\sqrt{5})$.

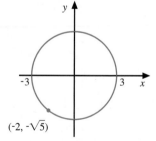

$$x^2 + y^2 = 9$$

$$(x^2 + y^2)' = (9)'$$

$$2x + 2yy' = 0.$$

En calculant la dérivée par rapport à x une seconde fois, nous obtenons

$$(2x + 2yy')' = (0)'$$

$$2 + 2y'y' + 2yy'' = 0$$

d'où $y'' = \dfrac{-(1 + (y')^2)}{y}.$

Pour évaluer y'' au point $(-2, -\sqrt{5})$, il faut d'abord évaluer y' au point $(-2, -\sqrt{5})$.

De $\qquad y' = \dfrac{-x}{y}$,   (en isolant y' de $2x + 2yy' = 0$)

nous trouvons $y'_{(-2,\,-\sqrt{5})} = \dfrac{-2}{\sqrt{5}}$.

Il suffit de remplacer, dans l'expression de y'', x par -2, y par $-\sqrt{5}$ et y' par $\dfrac{-2}{\sqrt{5}}$.

Ainsi, $y''_{(-2,\,-\sqrt{5})} = \dfrac{-\left(1 + \left(\dfrac{-2}{\sqrt{5}}\right)^2\right)}{(-\sqrt{5})} = \dfrac{9}{5\sqrt{5}}$.

Exercices 1.2

1. Calculer y' si :

   a) $4x^2 + 9y^2 = 36$;

   b) $3x^2y - 4xy^2 = 9x + 5y$;

   c) $e^{\tan x} + \sec e^y = 3x$;

   d) $\sqrt{x^2 + y^2} = 5x + 1$;

   e) $y \cos x = 7x^2 - 3x \cos y$;

   f) $\ln(x^2 + y^3) = ye^x$.

2. Soit $\dfrac{x}{y} = \dfrac{y^2}{x}$.

   a) Calculer y' en calculant la dérivée des deux membres de l'équation donnée.

   b) Après avoir transformé l'équation donnée, trouver y'.

   c) Vérifier que les deux réponses obtenues sont égales.

3. Pour chacune des équations suivantes, calculer y' et la pente de la tangente à la courbe au point donné de la courbe.

   a) $x^3y - xy^3 = x^2 - 1$, au point (-1, -1).

   b) $\sqrt{xy} - x^5 = -28$, au point (2, 8).

   c) $\cos y = \sin x$, au point $\left(\dfrac{\pi}{6}, \dfrac{\pi}{3}\right)$.

   d) $e^{2x-y} = x^2 - 3$, au point (2, 4).

   e) $y^2 = \dfrac{x-y}{x+y}$, au point $\left(\dfrac{-10}{3}, 2\right)$.

   f) $\ln(xe^y) = 5x$, au point $(e, 5e - 1)$.

4. Calculer la pente de la tangente à la courbe :

   a) $x^2 + y^2 = y - x$, pour $x = 0$;

   b) $x^2 + 6 = \dfrac{5x}{y}$ pour $y = 1$.

5. Soit $x^3y + xy^3 = 2$.

   a) Calculer y'.   c) Calculer y''.

   b) Évaluer $y'_{(1,\,1)}$.   d) Évaluer $y''_{(1,\,1)}$.

6. Pour chacune des équations suivantes, calculer y'' et évaluer y'' au point donné de la courbe.

   a) $x + x \sin y = 3$, au point (3, 0).

   b) $\ln(ye^x) = x^2 + 1$, au point $(1, e)$.

7. Soit l'ellipse d'équation $\dfrac{x^2}{16} + \dfrac{y^2}{9} = 1$.

   a) Évaluer la pente de la tangente illustrée sur le graphique ci-dessous.

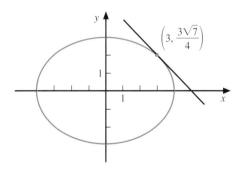

   b) Existe-t-il un autre point de l'ellipse où la pente de tangente serait la même ? Si oui, le trouver.

1.3 Dérivation logarithmique

Plus précisément, l'élève sera en mesure :

- de calculer la dérivée de fonctions de la forme $y = f(x)^{g(x)}$, où $f(x) > 0$;
- d'utiliser certaines propriétés des logarithmes pour faciliter le calcul de la dérivée de certaines expressions algébriques.

Objectif d'apprentissage

À la fin de cette section, l'élève pourra utiliser les logarithmes pour calculer certaines dérivées.

Dérivation de fonctions de la forme $f(x)^{g(x)}$

Nous savons que si $y = x^a$, alors $y' = ax^{a-1} \ \forall \ a \in \mathbb{R}$.

Nous savons également que si $y = a^x$, alors $y' = a^x \ln a \ \forall \ a > 0$ et $a \neq 1$.

Par contre, nous n'avons vu aucune méthode nous permettant de calculer la dérivée de fonctions de la forme $y = f(x)^{g(x)}$, où $f(x) > 0$, par exemple :

$$y = x^x; \quad y = (\tan x)^x; \quad y = (3x + 4)^{e^x}.$$

Une méthode utilisée, appelée **dérivation logarithmique**, pour calculer y' dans de telles équations consiste à :

- prendre le logarithme naturel de chaque membre de l'équation ;
- utiliser certaines propriétés des logarithmes ;
- calculer la dérivée des deux membres de l'équation par rapport à la variable x ;
- isoler y'.

➤ *Exemple 1*   Calculons y' si $y = x^x$.

Si $y = x^x$

alors $\ln y = \ln x^x$ (car si $A > 0$, $B > 0$ et $A = B$, alors $\ln A = \ln B$)

$\ln y = x \ln x$ (propriété des logarithmes)

$(\ln y)' = (x \ln x)'$ (en calculant la dérivée des deux membres de l'équation)

$\dfrac{y'}{y} = 1 \ln x + x \dfrac{1}{x}$

$y' = y[1 + \ln x]$ (en isolant y')

d'où $y' = x^x (1 + \ln x)$ (car $y = x^x$).

➤ *Exemple 2*   Calculons y' si $y = (x^3 + 4x)^{e^x}$.

Si $y = (x^3 + 4x)^{e^x}$

alors $\ln y = \ln (x^3 + 4x)^{e^x}$

$$\ln y = e^{-x} \ln (x^3 + 4x) \qquad \text{(propriété des logarithmes)}$$

$$(\ln y)' = (e^{-x} \ln (x^3 + 4x))'$$

$$\frac{y'}{y} = -e^{-x} \ln (x^3 + 4x) + \frac{e^{-x}(3x^2 + 4)}{(x^3 + 4x)}$$

$$y' = y \left[-e^{-x} \ln (x^3 + 4x) + \frac{e^{-x}(3x^2 + 4)}{(x^3 + 4x)} \right] \quad \text{(en isolant } y')$$

d'où $\qquad y' = (x^3 + 4x)^{e^{-x}} \left[-e^{-x} \ln (x^3 + 4x) + \frac{e^{-x}(3x^2 + 4)}{(x^3 + 4x)} \right]$ (car $y = (x^3 + 4x)^{e^{-x}}$).

Nous pouvons également calculer la dérivée de fonctions de la forme $y = f(x)^{g(x)}$ en utilisant l'identité

$$f(x)^{g(x)} = e^{\ln f(x)^{g(x)}}, \text{ c'est-à-dire } f(x)^{g(x)} = e^{g(x) \ln f(x)}.$$

➤ *Exemple 3*   Calculons y' si $y = (\tan x)^x$.

Puisque $(\tan x)^x = e^{x \ln \tan x}$, alors

$$((\tan x)^x)' = (e^{x \ln \tan x})'$$

$$= e^{x \ln \tan x} (x \ln \tan x)'$$

$$= (\tan x)^x \left(\ln \tan x + \frac{x \sec^2 x}{\tan x} \right).$$

Utilisation des propriétés des logarithmes pour calculer des dérivées

Lorsque nous avons à calculer la dérivée d'une fonction constituée de nombreux produits, quotients ou exposants, il est plus facile de calculer la dérivée de cette fonction en utilisant le logarithme naturel et ses propriétés.

➤ *Exemple 1*   Calculons y' si $y = \dfrac{(x^3 + 5x)e^x \tan^6 x}{\sqrt{x}}$.

Si $y = \dfrac{(x^3 + 5x)e^x \tan^6 x}{\sqrt{x}}$, alors

$$\ln y = \ln \left[\frac{(x^3 + 5x)e^x \tan^6 x}{\sqrt{x}} \right]$$

$$\ln y = \ln (x^3 + 5x) + \ln e^x + \ln (\tan x)^6 - \ln \sqrt{x} \quad \text{(propriétés des logarithmes)}$$

$$= \ln (x^3 + 5x) + x + 6 \ln \tan x - \frac{1}{2} \ln x \qquad \text{(propriétés des logarithmes)}$$

$$(\ln y)' = \left[\ln (x^3 + 5x) + x + 6 \ln \tan x - \frac{1}{2} \ln x \right]'$$

$$\frac{y'}{y} = \frac{3x^2 + 5}{x^3 + 5x} + 1 + \frac{6 \sec^2 x}{\tan x} - \frac{1}{2x}$$

$$y' = y \left[\frac{3x^2 + 5}{x^3 + 5x} + 1 + \frac{6 \sec^2 x}{\tan x} - \frac{1}{2x} \right] \qquad \text{(en isolant } y')$$

d'où $y' = \dfrac{(x^3 + 5x)e^x \tan^6 x}{\sqrt{x}} \left[\dfrac{3x^2 + 5}{x^3 + 5x} + 1 + \dfrac{6 \sec^2 x}{\tan x} - \dfrac{1}{2x} \right].$

➤ *Exemple 2*   Calculons y' si $y = \dfrac{x^3 \ln x}{x^x \sec x}$.

$$\text{Si}\quad y = \frac{x^3 \ln x}{x^x \sec x}, \text{ alors}$$

$$\ln y = \ln\left(\frac{x^3 \ln x}{x^x \sec x}\right)$$

$$\ln y = \ln x^3 + \ln(\ln x) - \ln x^x - \ln \sec x \quad \text{(propriétés des logarithmes)}$$

$$(\ln y)' = (\ln x^3 + \ln(\ln x) - x \ln x - \ln \sec x)'$$

$$\frac{y'}{y} = \frac{3x^2}{x^3} + \frac{1}{(\ln x)x} - (\ln x + 1) - \frac{\sec x \tan x}{\sec x}$$

$$y' = y\left[\frac{3}{x} + \frac{1}{x \ln x} - \ln x - 1 - \tan x\right] \quad \text{(en isolant } y')$$

$$\text{d'où } y' = \frac{x^3 \ln x}{x^x \sec x}\left[\frac{3}{x} + \frac{1}{x \ln x} - \ln x - 1 - \tan x\right].$$

Exercices 1.3

1. Calculer y' si :

  a) $y = x^{\sin x}$;

  b) $y = (3x + 1)^{(1 - 2x)}$ en utilisant l'identité
    $f(x)^{g(x)} = e^{g(x)\ln f(x)}$.

2. Calculer la dérivée des fonctions suivantes.

  a) $y = (2x)^{3x}$ d) $y = x^{\ln x}$

  b) $y = (\sin x)^{\cos x}$ e) $y = (\ln x)^x$

  c) $y = (\tan x^2)^{\pi x^3}$ f) $y = (x)^{e^x}$

3. Après avoir transformé en somme ou en différence la fonction initiale, calculer sa dérivée.

  a) $y = \ln((3 - 2x)(5 + 4x^2))$

  b) $y = \ln\left(\dfrac{x^2 - 4x}{3x + 1}\right)$

  c) $y = \ln\left(\dfrac{(x^2 + 4)(5 - x)^3}{(2x - 1)(x^3 + 1)}\right)$

4. Utiliser la dérivée logarithmique pour calculer $\dfrac{dy}{dx}$.

  a) $y = \sqrt{x}\,\sqrt[3]{1 - x}\,\sqrt[5]{4 + 5x}$

  b) $y = \sqrt[3]{\dfrac{1 - x^4}{5x^2 + 5}}$

  c) $y = \dfrac{(x^3 + 5x)^7 \sin x}{\sqrt{x}}$

5. Calculer y' si :

  a) $y = x^{3x} + (\cos x)^x$;   c) $x^y - y^x = 0$;

  b) $y = 4(\sec x)^x$;   d) $y = x^{(x^x)}$.

6. Calculer $\dfrac{dy}{dx}$ si $y = f(x)^{g(x)}$.

1.4 Théorèmes sur les fonctions continues

Objectif d'apprentissage

À la fin de cette section, l'élève pourra appliquer certains théorèmes d'analyse à des fonctions continues.

Plus précisément, l'élève sera en mesure :

- de connaître le théorème de la valeur intermédiaire ;
- de connaître le théorème des valeurs extrêmes ;
- de savoir qu'à un point maximal (ou minimal), la dérivée, si elle existe, est égale à 0 ;
- de connaître le théorème de Rolle ;
- d'appliquer le théorème de Rolle ;
- de connaître le théorème de Lagrange ;
- d'appliquer le théorème de Lagrange ;
- de démontrer la validité d'une inégalité à l'aide du théorème de Lagrange ;
- de calculer approximativement certaines valeurs à l'aide du théorème de Lagrange ;
- de connaître les corollaires du théorème de Lagrange ;
- d'appliquer les corollaires du théorème de Lagrange ;
- de connaître le théorème de Cauchy ;
- d'appliquer le théorème de Cauchy.

Dans cette section, nous allons énoncer et appliquer certains théorèmes relatifs aux fonctions continues, étudiées dans un premier cours de calcul. Nous ne démontrerons pas tous ces théorèmes, car la démonstration de certains d'entre eux nécessite une connaissance approfondie des propriétés des nombres réels. Toutefois, la justification graphique et intuitive de ces théorèmes devrait nous convaincre de leur validité.

Théorème de la valeur intermédiaire

THÉORÈME 1 **THÉORÈME DE LA VALEUR INTERMÉDIAIRE**	Si *f* est une fonction telle que 1) *f* est continue sur $[a, b]$; 2) $f(a) < K < f(b)$ ou $f(a) > K > f(b)$, alors il existe au moins un nombre $c \in]a, b[$ tel que $f(c) = K$.

Les graphiques suivants illustrent le théorème de la valeur intermédiaire.

➤ *Exemple 1*

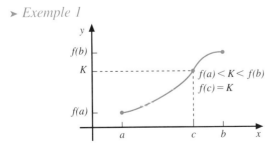

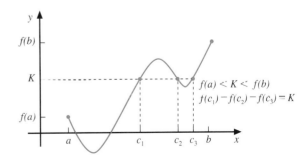

➤ *Exemple 2*   Soit $f(x) = 7 - 3x$ sur [2, 4].

Démontrons, à l'aide du théorème de la valeur intermédiaire, qu'il existe au moins un $c \in]2, 4[$ tel que $f(c) = -1$;

1) f est continue sur [2, 4], car f est une fonction polynomiale ;

2) $f(2) = 1$ et $f(4) = -5$, donc $f(2) > -1 > f(4)$, alors il existe au moins un nombre $c \in]2, 4[$, tel que $f(c) = -1$.

Dans cet exemple il est facile de déterminer la valeur de c. Il suffit de résoudre

$$f(c) = -1$$
$$7 - 3c = -1$$

d'où $c = \dfrac{8}{3}$.

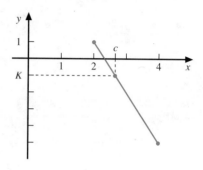

Dans le cas, où $f(a)$ et $f(b)$ sont de signes contraires, le théorème de la valeur intermédiaire peut s'énoncer de la façon suivante.

THÉORÈME 2

Si f est une fonction telle que

    1) f est continue sur [a, b] ;

    2) $f(a)$ et $f(b)$ sont de signes contraires,

alors il existe au moins un nombre $c \in]a, b[$ tel que $f(c) = 0$.

➤ *Exemple 3*   Soit f la fonction définie par $f(x) = 13 - x^5 - 5x^2 - 4x$ sur [1, 2].

Démontrons, à l'aide du théorème de la valeur intermédiaire, que f admet au moins un zéro sur]1, 2[.

1) f est continue sur [1, 2], car f est une fonction polynomiale.

2) $f(1) = 3$ et $f(2) = -47$, donc $f(1)$ et $f(2)$ sont de signes contraires, alors il existe au moins un nombre $c \in]1, 2[$, tel que $f(c) = 0$.

Dans certains cas, comme dans l'exemple 4, il est difficile et même impossible de déterminer la valeur exacte de c, telle que $f(c) = 0$. Il existe cependant des méthodes, par exemple la méthode de Newton-Raphson, permettant de calculer approximativement la valeur de c.

Théorème des valeurs extrêmes

THÉORÈME 3
THÉORÈME DES VALEURS EXTRÊMES

Si f est une fonction continue sur [a, b], alors il existe un $c \in$ [a, b] tel que $f(c)$ soit un maximum absolu de f sur [a, b] et il existe également un $d \in$ [a, b] tel que $f(d)$ soit un minimum absolu de f sur [a, b].

Voici des exemples graphiques qui illustrent le théorème des valeurs extrêmes.

➤ *Exemple 1*   Soit la fonction f, continue sur $[a, b]$, définie par le graphique ci-contre.

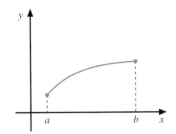

$c = b$, car $f(b)$ est le maximum absolu de f sur $[a, b]$;

$d = a$, car $f(a)$ est le minimum absolu de f sur $[a, b]$.

➤ *Exemple 2*   Soit la fonction f, continue sur $[1, 7]$, définie par le graphique ci-contre.

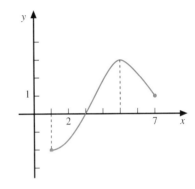

$c = 5$, car $f(5)$ est le maximum absolu de f sur $[1, 7]$;

$d = 1$, car $f(1)$ est le minimum absolu de f sur $[1, 7]$.

➤ *Exemple 3*   Soit la fonction f, continue sur $[-3, 5]$, définie par le graphique ci-contre.

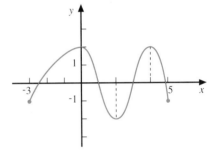

$c_1 = 0$, $c_2 = 4$, car $f(0)$ et $f(4)$ sont les maximums absolus de f sur $[-3, 5]$;

$d = 2$, car $f(2)$ est le minimum absolu de f sur $[-3, 5]$.

THÉORÈME 4	Si f est une fonction telle que 1) f est continue sur $[a, b]$; 2) f est dérivable sur $]a, b[$; 3) $c \in]a, b[$, où $(c, f(c))$ est un maximum (ou minimum) absolu ou relatif de f, alors $f'(c) = 0$.

➤ *Exemple 4*   Soit la fonction f, continue sur $[a, b]$ et dérivable sur $]a, b[$, définie par le graphique ci-contre.

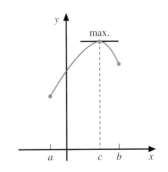

La tangente à la courbe de f au point $(c, f(c))$ est horizontale, d'où $f'(c) = 0$, car $f'(c)$ égale la pente de la tangente au point $(c, f(c))$.

➤ *Exemple 5*   Déterminons à l'aide du graphique ci-contre les valeurs de c telles que $f'(c) = 0$.

$c_1 = -2$, car $f'(-2) = 0$.

$c_2 = 1$, car $f'(1) = 0$.

$c_3 = 3$, car $f'(3) = 0$.

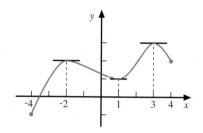

Théorème de Rolle[2]

THÉORÈME 5 **THÉORÈME** **DE ROLLE**	Si f est une fonction telle que 1) f est continue sur $[a, b]$; 2) f est dérivable sur $]a, b[$; 3) $f(a) = f(b)$, alors il existe au moins un nombre $c \in\ ]a, b[$ tel que $f'(c) = 0$.

Preuve   *1er cas : $f(x) = K$*, où $K \in \mathbb{R}$.

Si f est une fonction constante sur $[a, b]$, alors $f'(x) = 0$ pour tout $x \in\ ]a, b[$, d'où $f'(c) = 0$ quel que soit $c \in\ ]a, b[$.

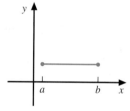

2e cas : $f(x) \neq K$.

D'après le théorème des valeurs extrêmes, f possède un minimum et un maximum sur $[a, b]$. Puisque f n'est pas égale à une fonction constante et que $f(a) = f(b)$, f possède donc un maximum ou un minimum sur $]a, b[$. Soit $c \in\ ]a, b[$, tel que $(c, f(c))$ est un point maximal ou minimal, alors $f'(c) = 0$ d'après le théorème précédent.

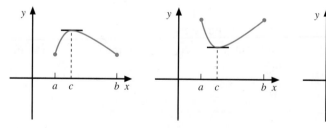

➤ *Exemple 1*   Soit $f(x) = x^3 - 3x^2 + 1$ sur $[0, 3]$. Vérifions si nous pouvons appliquer le théorème de Rolle à cette fonction. Pour cela, il suffit de vérifier si les trois hypothèses du théorème sont satisfaites.

1) f est continue sur $[0, 3]$, car f est une fonction polynomiale.

2) f est dérivable sur $]0, 3[$, car $f'(x) = 3x^2 - 6x$ est définie sur $]0, 3[$.

3) $f(0) = 1$ et $f(3) = 1$, d'où $f(0) = f(3)$.

Puisque les trois hypothèses sont vérifiées, nous pouvons conclure qu'il existe au moins un nombre $c \in\ ]0, 3[$ tel que $f'(c) = 0$.

---

2. Michel Rolle (1652-1719), mathématicien français.

Trouvons cette (ces) valeur(s) de c.

$$f'(c) = 0$$

c'est-à-dire $3c^2 - 6c = 0$ (car $f'(x) = 3x^2 - 6x$),

d'où $c = 0$ ou $c = 2$,

puisque $c \in {]0, 3[}$, nous rejetons $c = 0$, d'où $c = 2$.

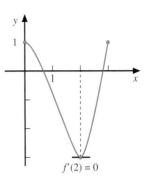

► *Exemple 2*   Soit $f(x) = \dfrac{1}{(x - 3)^2}$ sur $[1, 5]$ représentée par le graphique ci-dessous. Vérifions si nous pouvons appliquer le théorème de Rolle à cette fonction.

f n'est pas continue sur $[1, 5]$, car $f(3)$ n'est pas définie et $3 \in [1, 5]$.

Puisque la première hypothèse n'est pas vérifiée, le théorème de Rolle ne s'applique pas et nous ne pouvons rien conclure.

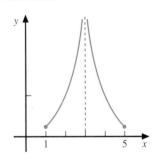

De plus, nous observons à l'aide du graphique qu'il n'existe aucune valeur de $c \in {]1, 5[}$ où $f'(c) = 0$.

► *Exemple 3*   Soit $f(x) = \begin{cases} x^2 + 1 & \text{si} \quad 0 \le x \le 2 \\ (4 - x)^2 + 1 & \text{si} \quad 2 < x \le 4 \end{cases}$

représentée par le graphique ci-contre.

Graphiquement, nous constatons que la première et la troisième hypothèse sont vérifiées ; par contre cette fonction n'est pas dérivable au point $(2, f(2))$, d'où f n'est pas dérivable sur $]0, 4[$; donc le théorème de Rolle ne s'applique pas et nous ne pouvons rien conclure.

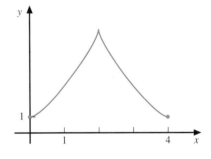

De plus, nous observons à l'aide du graphique qu'il n'existe aucune valeur de $c \in {]0, 4[}$ où $f'(c) = 0$.

Remarque   Même si une ou plusieurs des hypothèses ne sont pas vérifiées, il est possible dans certains cas de trouver un nombre $c \in {]a, b[}$ tel que $f'(c) = 0$.

► *Exemple 4*   Soit f définie par le graphique ci-contre.

1) f n'est pas continue sur $[a, b]$;
2) f n'est pas dérivable sur $]a, b[$;
3) $f(a) \neq f(b)$.

Le théorème ne s'applique donc pas, mais il existe cependant un nombre $c \in {]a, b[}$ tel que $f'(c) = 0$.

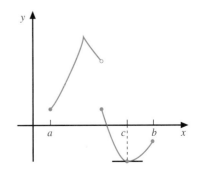

Nous pouvons utiliser le théorème de Rolle pour démontrer l'unicité d'un zéro d'une fonction sur un intervalle.

THÉORÈME 6 ***UNICITÉ*** ***D'UN ZÉRO***	Si f est une fonction telle que 1) f est continue sur $[a, b]$; 2) f est dérivable sur $]a, b[$; 3) $f(a)$ et $f(b)$ sont de signes contraires ; 4) $f'(x) \neq 0, \ \forall \ x \in]a, b[$, alors il existe un et un seul nombre $z \in]a, b[$ tel que $f(z) = 0$.

Preuve   Le théorème se démontre en deux parties.

a) Démontrons d'abord l'existence d'au moins un zéro.

Puisque 1) f est continue sur $[a, b]$;

         2) $f(a)$ et $f(b)$ sont de signes contraires,

alors, par le théorème 2, il existe au moins un $z \in]a, b[$ tel que $f(z) = 0$.

b) Démontrons, par l'absurde, l'unicité de ce zéro.

Supposons qu'il existe dans $[a, b]$ un second zéro différent de z.

Soit $z_1 \in]a, b[$ tel que $z < z_1$ et $f(z_1) = 0$.

Appliquons le théorème de Rolle à f sur $[z, z_1]$;

1) f est continue sur $[z, z_1]$, car f est continue sur $[a, b]$;

2) f est dérivable sur $]z, z_1[$, car f est dérivable sur $]a, b[$;

3) $f(z) = 0$ et $f(z_1) = 0$, d'où $f(z) = f(z_1)$.

Alors $\exists \ c \in]z, z_1[$ tel que $f'(c) = 0$, ce qui contredit l'hypothèse 4 du théorème, donc $f(z_1) \neq 0$. D'où il existe un et un seul nombre $z \in]a, b[$ tel que $f(z) = 0$.

➤ *Exemple 5*   Soit $f(x) = x^5 + 3x + 1$ sur $[-1, 2]$.

Démontrons, à l'aide du théorème précédent, que cette fonction n'a qu'un et un seul zéro sur $[-1, 2]$.

Il suffit de vérifier les quatre hypothèses :

1) f est continue sur $[-1, 2]$, car f est une fonction polynomiale ;

2) f est dérivable sur $]-1, 2[$, car $f'(x) = 5x^4 + 3$ est définie sur $]-1, 2[$;

3) $f(-1) < 0$ et $f(2) > 0$;

4) $f'(x) = 5x^4 + 3 \neq 0$.

Puisque les quatre hypothèses sont vérifiées, alors il existe un et un seul $z \in]-1, 2[$ tel que $f(z) = 0$.

Théorème de Lagrange[3]

Remarque Nous appelons également ce théorème, le théorème des accroissements finis ou le théorème de la moyenne.

THÉORÈME 7 **THÉORÈME DE LAGRANGE**	Si f est une fonction telle que 1) f est continue sur $[a, b]$; 2) f est dérivable sur $]a, b[$, alors il existe au moins un nombre $c \in \,]a, b[$ tel que $f'(c) = \dfrac{f(b) - f(a)}{b - a}$.

Avant de faire la preuve du théorème de Lagrange, nous allons l'illustrer graphiquement.

$\dfrac{f(b) - f(a)}{b - a}$ correspond à la pente de la sécante à la courbe de f passant par les points $(a, f(a))$ et $(b, f(b))$.

$f'(c)$ correspond à la pente de la tangente à la courbe de f passant au point $(c, f(c))$.

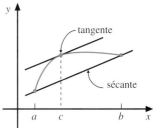

Le théorème affirme qu'il existe au moins un nombre c tel que la tangente à la courbe de f au point $(c, f(c))$ est parallèle à la sécante passant par $(a, f(a))$ et $(b, f(b))$; en effet, deux droites parallèles ont la même pente.

Preuve Définissons une nouvelle fonction $H(x)$ qui correspond à la distance verticale entre la courbe de f et la sécante d'équation $g(x)$ passant par $(a, f(a))$ et $(b, f(b))$.

Soit $H(x) = f(x) - g(x)$, pour $x \in [a, b]$

ainsi $H(x) = f(x) - \left[f(a) + \dfrac{f(b) - f(a)}{b - a} (x - a) \right]$ (Voir le Test préliminaire, n° 8.)

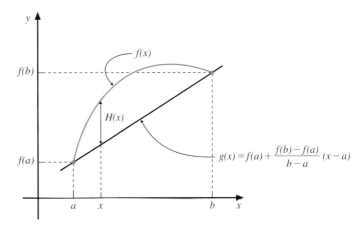

---

3. Joseph Louis de Lagrange (1736-1813), mathématicien français.

Vérifions si H satisfait les hypothèses du théorème de Rolle.

1) H est continue sur $[a, b]$, car la somme de deux fonctions continues est continue.

2) H est dérivable sur $]a, b[$, car la somme de fonctions dérivables est dérivable.

3) $H(a) = 0$ et $H(b) = 0$, d'où $H(a) = H(b)$.

Selon le théorème de Rolle, il existe au moins un nombre $c \in]a, b[$ tel que $H'(c) = 0$.

Or $\quad H'(x) = f'(x) - \dfrac{f(b) - f(a)}{b - a}$,

ainsi $\quad H'(c) = f'(c) - \dfrac{f(b) - f(a)}{b - a}$

$\quad\quad 0 = f'(c) - \dfrac{f(b) - f(a)}{b - a} \quad$ (car $H'(c) = 0$),

d'où $\quad f'(c) = \dfrac{f(b) - f(a)}{b - a}$.

➤ *Exemple*
Soit $f(x) = x^2 - 4x + 5$ sur $[1, 4]$. Vérifions si nous pouvons appliquer le théorème de Lagrange à cette fonction.

1) f est continue sur $[1, 4]$, car f est une fonction polynomiale.

2) f est dérivable sur $]1, 4[$, car $f'(x) = 2x - 4$ est définie sur $]1, 4[$.

Puisque les deux hypothèses sont vérifiées, nous pouvons conclure qu'il existe au moins un nombre $c \in]1, 4[$ tel que $f'(c) = \dfrac{f(4) - f(1)}{4 - 1}$.

Trouvons cette valeur de c.

En calculant $f(4)$, nous trouvons 5, et en calculant $f(1)$, nous trouvons 2, donc

$\dfrac{f(4) - f(1)}{4 - 1} = \dfrac{5 - 2}{4 - 1} = \dfrac{3}{3} = 1$.

Puisque $\quad f'(x) = 2x - 4$,

nous avons $f'(c) = 2c - 4$.

Donc $\quad 2c - 4 = 1 \left(f'(c) = \dfrac{f(4) - f(1)}{4 - 1} \right)$,

d'où $\quad\quad c = \dfrac{5}{2}$.

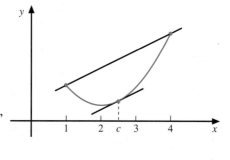

Applications du théorème de Lagrange

Le théorème de Lagrange peut être utilisé pour démontrer certaines inégalités.

➤ *Exemple 1*
Utilisons le théorème de Lagrange pour démontrer que $(1 + \ln x) < x$, $\forall x \in]1, {}^{+}\infty$.

Appliquons le théorème de Lagrange à la fonction f définie par $f(x) = \ln x$ sur $[1, x]$ où $x \in]1, {}^{+}\infty$, après avoir vérifié si les deux hypothèses du théorème sont satisfaites. Puisque

1) f est continue sur $[1, x]$, car f est continue sur $]0, {}^{+}\infty$,

2) f est dérivable sur $]1, x[$, car $f'(x) = \dfrac{1}{x}$ est définie $\forall x \in]1, {}^{+}\infty$,

alors il existe un nombre $c \in\ ]1, x[$ tel que

$$f'(c) = \frac{f(x) - f(1)}{x - 1}.$$

Donc $\qquad \dfrac{1}{c} = \dfrac{\ln x - \ln 1}{x - 1} \qquad \left(\text{car } f(x) = \ln x \text{ et } f'(x) = \dfrac{1}{x}\right)$

$$\frac{\ln x}{x - 1} = \frac{1}{c} \qquad (\text{car } \ln 1 = 0),$$

ainsi $\qquad \dfrac{\ln x}{x - 1} < 1 \qquad \left(\text{car } \dfrac{1}{c} < 1 \ \ \forall \ c \in\ ]1, x[\right)$

$$\ln x < (x - 1) \qquad (\text{car } x - 1 > 0),$$

d'où $(1 + \ln x) < x, \forall \ x \in\ ]1, {}^{+}\infty$.

➤ *Exemple 2* Utilisons le théorème de Lagrange pour démontrer que $\sin x \leq x$, où x est en radians et $x \in [0, {}^{+}\infty$.

Appliquons le théorème de Lagrange à la fonction $f(x) = \sin x$ sur $[0, x]$ où $x \in\ ]0, {}^{+}\infty$, après avoir vérifié si les deux hypothèses du théorème sont satisfaites. Puisque

1) f est continue sur $[0, x]$, car f est continue sur $\mathbb{R}$,

2) f est dérivable sur $]0, x[$, car $f'(x) = \cos x$ est définie $\forall \ x \in \mathbb{R}$,

alors il existe un nombre $c \in\ ]0, x[$ tel que

$$f'(c) = \frac{f(x) - f(0)}{x - 0}.$$

Donc $\cos c = \dfrac{\sin x - \sin 0}{x - 0} \qquad (\text{car } f(x) = \sin x \text{ et } f'(x) = \cos x)$

$$\frac{\sin x}{x} = \cos c \qquad (\text{car } \sin 0 = 0)$$

$$\frac{\sin x}{x} \leq 1 \qquad (\text{car } \cos c \leq 1 \ \forall \ c \in\ ]0, {}^{+}\infty)$$

$$\sin x \leq x \qquad (\text{car } x > 0),$$

d'où $\sin x \leq x, \forall \ x \in [0, {}^{+}\infty$.

Nous pouvons également utiliser le théorème de Lagrange pour calculer approximativement certaines valeurs.

➤ *Exemple 3* Utilisons le théorème de Lagrange pour calculer une valeur approximative de $\sqrt{28}$.

Puisque nous devons trouver une valeur approximative d'une racine carrée d'un nombre, nous choisirons $f(x) = \sqrt{x}$ sur $[25, 28]$.

Nous avons choisi la valeur 25 dans l'intervalle précédent car

a) $\sqrt{25}$ est facilement calculable ;

b) 25 est une valeur près de 28.

Vérifions les deux hypothèses du théorème de Lagrange pour $f(x) = \sqrt{x}$ sur $[25, 28]$. Puisque

1) f est continue sur $[25, 28]$, car f est continue sur $[0, +\infty$,

2) f est dérivable sur $]25, 28[$, car $f'(x) = \dfrac{1}{2\sqrt{x}}$ est définie sur $]0, +\infty$,

alors il existe un nombre $c \in]25, 28[$ tel que

$$f'(c) = \frac{f(28) - f(25)}{28 - 25}.$$

Donc $\dfrac{1}{2\sqrt{c}} = \dfrac{\sqrt{28} - \sqrt{25}}{3}$ $\left(\text{car } f(x) = x \text{ et } f'(x) = \dfrac{1}{2\sqrt{x}}\right)$

$$\frac{3}{2\sqrt{c}} = \sqrt{28} - 5$$

$$\sqrt{28} = 5 + \frac{3}{2\sqrt{c}} \qquad \text{(où } c \in]25, 28[).$$

Puisque la valeur précise de c est inconnue, nous obtenons une approximation de $\sqrt{28}$ en remplaçant c par 25.

D'où $\sqrt{28} \approx 5 + \dfrac{3}{2\sqrt{25}}$

$$\sqrt{28} \approx 5,3.$$

Corollaires du théorème de Lagrange

COROLLAIRE I

Si f est une fonction telle que

1) f est continue sur $[a, b]$;
2) $f'(x) = 0, \forall x \in]a, b[$;

alors f est une fonction constante sur $[a, b]$.

Preuve   Soit $x_1 < x_2$, deux nombres quelconques de $[a, b]$. Appliquons le théorème de Lagrange à f sur $[x_1, x_2]$. Puisque f est continue sur $[x_1, x_2]$ et dérivable sur $]x_1, x_2[$, car $[x_1, x_2] \subseteq [a, b]$, alors il existe un nombre $c \in]x_1, x_2[$ tel que

$$\frac{f(x_2) - f(x_1)}{x_2 - x_1} = f'(c)$$

$$\frac{f(x_2) - f(x_1)}{x_2 - x_1} = 0 \qquad \text{(car } f'(x) = 0, \forall x \in]a, b[)$$

$$f(x_2) - f(x_1) = 0$$

donc $f(x_2) = f(x_1)$,

d'où f est une fonction constante, car x_1 et x_2 sont quelconques.

	Si f et g sont deux fonctions telles que
COROLLAIRE 2	1) f et g sont continues sur $[a, b]$; 2) $f'(x) = g'(x)$, $\forall x \in \,]a, b[$; alors $\forall x \in [a, b]$, $f(x) = g(x) + C$ où C est une constante réelle.

Preuve   Soit $H(x) = f(x) - g(x)$, puisque

1) H est continue sur $[a, b]$, car f et g sont continues sur $[a, b]$;

2) $H'(x) = 0 \; \forall x \in \,]a, b[$, car $f'(x) = g'(x) \; \forall x \in \,]a, b[$,

alors, d'après le corollaire 1, H est une fonction constante sur $[a, b]$, c'est-à-dire

$$H(x) = C$$

$$f(x) - g(x) = C \qquad \text{(car } H(x) = f(x) - g(x)\text{)},$$

d'où $f(x) = g(x) + C.$

➤ *Exemple 1*   Soit une fonction f continue sur $[1, 5]$ telle que

$f(2) = 8$ et $f'(x) = 0$, $\forall x \in \,]1, 5[$.

a) Calculons $f(3)$. Puisque

1) f est continue sur $[1, 5]$;

2) $f'(x) = 0$, $\forall x \in \,]1, 5[$,

alors $f(x) = C$, $\forall x \in [1, 5]$ d'après le corollaire 1.

Or $f(2) = 8$.

Donc $f(x) = 8$, $\forall x \in [1, 5]$,

d'où $f(3) = 8$.

b) Représentons graphiquement la fonction f.

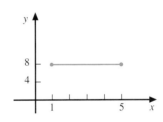

➤ *Exemple 2*   Soit $f(x) = \sin^2 x$ et $g(x) = -\cos^2 x$, deux fonctions continues et dérivables $\forall x \in \mathbb{R}$. Démontrons que $f(x) = g(x) + C$.

En calculant $f'(x)$ et $g'(x)$, nous obtenons $f'(x) = 2 \sin x \cos x$ et $g'(x) = 2 \cos x \sin x$.

Puisque les hypothèses du corollaire 2 sont vérifiées, nous avons
$$f(x) = g(x) + C$$

c'est-à-dire $\sin^2 x = -\cos^2 x + C$.

Trouvons la valeur de C.

Pour déterminer C, il suffit d'évaluer l'expression pour une valeur quelconque de x.

$$\text{Soit } x = 0, \sin^2 0 = -\cos^2 0 + C$$

$$0 = -1 + C,$$

d'où $C = 1.$

Théorème de Cauchy[4]

Remarque Nous appelons également ce théorème, le théorème des accroissements finis généralisés ou le théorème de la moyenne généralisée.

THÉORÈME 8 **THÉORÈME** **DE CAUCHY**	Si f et g sont deux fonctions telles que 1) f et g sont continues sur $[a, b]$; 2) f et g sont dérivables sur $]a, b[$; 3) $g'(x) \neq 0 \; \forall \, x \in \,]a, b[$, alors il existe au moins un nombre $c \in \,]a, b[$ tel que $\dfrac{f(b) - f(a)}{g(b) - g(a)} = \dfrac{f'(c)}{g'(c)}$.

Preuve   Soit $H(x) = [f(b) - f(a)] \, g(x) - [g(b) - g(a)] \, f(x)$, pour $x \in [a, b]$.

Voyons si H vérifie les hypothèses du théorème de Rolle.

1) H est continue sur $[a, b]$, car la somme de deux fonctions continues est continue.

2) H est dérivable sur $]a, b[$, car la somme de fonctions dérivables est dérivable.

3) $H(a) = f(b) \, g(a) - g(b) \, f(a)$

$$H(b) = -g(b) \, f(a) + f(b) \, g(a),$$

d'où $H(a) = H(b)$.

Selon le théorème de Rolle, il existe au moins un nombre $c \in \,]a, b[$ tel que $H'(c) = 0$.

Or $H'(x) = [f(b) - f(a)] \, g'(x) - [g(b) - g(a)] \, f'(x)$,

d'où $H'(c) = [f(b) - f(a)] \, g'(c) - [g(b) - g(a)] \, f'(c)$

$$0 = [f(b) - f(a)] \, g'(c) - [g(b) - g(a)] \, f'(c)$$

$$[f(b) - f(a)] \, g'(c) = [g(b) - g(a)] \, f'(c)$$

$$f(b) - f(a) = \frac{[g(b) - g(a)] \, f'(c)}{g'(c)} \quad (\text{car } g'(x) \neq 0, \, \forall \, x \in \,]a, b[),$$

d'où $\dfrac{f(b) - f(a)}{g(b) - g(a)} = \dfrac{f'(c)}{g'(c)}$ (car $g(b) \neq g(a)$; autrement, d'après le théorème de Rolle, il existerait $x_0 \in \,]a, b[$ tel que $g'(x_0) = 0$).

Remarque Dans le cas particulier où $g(x) = x, \, \forall \, x \in [a, b]$,

alors de $\dfrac{f(b) - f(a)}{g(b) - g(a)} = \dfrac{f'(c)}{g'(c)}$, nous obtenons

$$\frac{f(b) - f(a)}{b - a} = \frac{f'(c)}{1} = f'(c).$$

D'où le nom, théorème de la moyenne généralisée.

---

4. Voir l'encadré sur ce mathématicien français, page 2.

➤ *Exemple*   Soit $f(x) = x^2 - 5$ et $g(x) = x^3 + 3$ sur $[1, 3]$.

Vérifions si nous pouvons appliquer le théorème de Cauchy à ces fonctions.

1) f et g sont continues sur $[1, 3]$, car f et g sont deux fonctions polynomiales.

2) f est dérivable sur $]1, 3[$, car $f'(x) = 2x$ est définie sur $]1, 3[$.

   g est dérivable sur $]1, 3[$, car $g'(x) = 3x^2$ est définie sur $]1, 3[$.

3) $g'(x) = 3x^2$

   $g'(x) = 0$ si $3x^2 = 0$ c'est-à-dire $x = 0$, mais $0 \notin \ ]1, 3[$,

   d'où $g'(x) \neq 0$, $\forall\ x \in\ ]1, 3[$.

Puisque les hypothèses sont satisfaites, nous pouvons conclure qu'il existe au moins un nombre $c \in\ ]1, 3[$ tel que $\dfrac{f(3) - f(1)}{g(3) - g(1)} = \dfrac{f'(c)}{g'(c)}$.

Trouvons cette valeur de c.

Ainsi $$\dfrac{4 - (-4)}{30 - 4} = \dfrac{2c}{3c^2},$$

d'où $$c = \dfrac{13}{6}.$$

Exercices 1.4

1. Utiliser le théorème de la valeur intermédiaire pour démontrer que :

a) $\exists\ c \in\ ]0, 1[$ tel que $f(c) = 0$ si
$f(x) = 4x^3 - 3x^2 + 2x - 1$;

b) $\exists\ c \in\ ]2, 5[$ tel que $f(c) = 4$ si $f(x) = \dfrac{x + 4}{x - 1}$.

2. Pour chacune des fonctions suivantes, déterminer la valeur c du théorème de Rolle après en avoir vérifié les hypothèses.

a) $f(x) = x^2 + 3x - 4$ sur $[-5, 2]$

b) $f(x) = (x - 3)^8 + (x - 3)^2 - 2$ sur $[2, 4]$

c) $f(x) = \dfrac{x\,(x - 2)}{x^2 - 2x + 2}$ sur $[0, 2]$

d) $f(x) = x^3 - 3x^2 + 2x$ sur $[0, 1]$

e) $f(x) = x^3 - 3x^2 + 2x$ sur $[1, 2]$

f) $f(x) = x^3 - 12x + 1$ sur $[0, 2\sqrt{3}]$

3. Pour chacune des fonctions suivantes, déterminer une des hypothèses du théorème de Rolle qui n'est pas vérifiée.

a) $f(x) = 2x^2 - 3x + 4$ sur $[-3, 3]$

b) $f(x) = \sqrt[3]{x^2} + 5$ sur $[-1, 1]$

c) $f(x) = \dfrac{x^2 - 3x}{x^2 + 6x - 7}$ sur $[0, 3]$

d) $f(x) = \begin{cases} x & \text{si} \quad 0 \leq x < 1 \\ 2 - x & \text{si} \quad 1 \leq x \leq 2 \end{cases}$, sur $[0, 2]$

e) $f(x) = \begin{cases} 5 & \text{si} \quad x = 1 \\ x & \text{si} \quad 1 < x < 3 \\ 5 & \text{si} \quad x = 3 \end{cases}$, sur $[1, 3]$

f) $f(x) = |x|$ sur $[-3, 3]$

4. Démontrer, à l'aide du théorème de l'unicité d'un zéro, que les fonctions suivantes ont un et un seul zéro sur l'intervalle donné.

a) $f(x) = -x^3 + 3x - 1$ sur $[-2, -1]$

b) $f(x) = \text{Arc tan } x$ sur $[-1, 1]$

5. Pour chacune des fonctions suivantes, déterminer la valeur c du théorème de Lagrange si les hypothèses de ce théorème sont satisfaites.

a) $f(x) = 3x^2 + 4x - 3$ sur $[1, 4]$

b) $f(x) = x^3 - 3x^2 + 3x + 2$ sur $[-3, 3]$

c) $f(x) = 3x + \dfrac{4}{x}$ sur $[1, 4]$

d) $f(x) = 3x + \dfrac{4}{x}$ sur $[-1, 4]$

e) $f(x) = \sqrt{x-1}$ sur $[0, 4]$

f) $f(x) = \sqrt[3]{x-1}$ sur $[-2, 2]$

g) $f(x) = \ln x$ sur $[1, e^2]$

h) $f(x) = \cos 2x$ sur $[0, \pi]$

6. Sachant qu'une fonction définie par $f(x) = Px^2 + Qx + S$, où P, Q et $S \in \mathbb{R}$ et $P \neq 0$, est continue sur $[a, b]$ et dérivable sur $]a, b[$, démontrer que la valeur c du théorème de Lagrange est la valeur située au milieu de $[a, b]$.

7. Déterminer en quel point de la courbe définie par $f(x) = \ln x$ où $x \in [1, e]$, la tangente à cette courbe est parallèle à la sécante passant par les points $(1, f(1))$ et $(e, f(e))$.

8. Utiliser le théorème de Lagrange pour démontrer que :

a) $\tan x > x$ pour $0 < x < \dfrac{\pi}{2}$;

b) $e^x \geq x + 1$ où $x \in [0, +\infty[$;

c) Arc $\tan x < x$, où $x \in]0, +\infty[$;

d) $(1 + x)^n > (1 + nx)$ où $n > 1$ et $x > 0$.

9. Utiliser le théorème de Lagrange pour évaluer approximativement les valeurs suivantes.

a) $\sqrt{23}$

b) $(16,01)^{\frac{1}{4}}$

c) $\ln 1,01$

10. Soit une fonction f continue sur $[-2, 3]$ telle que $f(-1) = 7$. Si $f'(x) = 0$, $\forall\, x \in]-2, 3[$, trouver $f(x)$.

11. Soit $f(x) = \ln 5x$ et $g(x) = \ln x$, deux fonctions continues sur $]0, +\infty[$.

a) Calculer $f'(x)$ et $g'(x)$.

b) Appliquer le corollaire 2 à ces fonctions et déterminer la valeur C.

12. Soit $f(x) = 4 + \tan^2 x$ et $g(x) = \sec^2 x$, deux fonctions continues sur $\left[\dfrac{-\pi}{4}, \dfrac{\pi}{4}\right]$.

a) Calculer $f'(x)$ et $g'(x)$.

b) Appliquer le corollaire 2 à ces fonctions et déterminer la valeur C.

13. Pour chacune des fonctions suivantes, déterminer la valeur c du théorème de Cauchy après en avoir vérifié les hypothèses.

a) $f(x) = x + 1$ et $g(x) = x^2 + 4x + 1$ sur $[0, 3]$

b) $f(x) = \sin x$ et $g(x) = \cos x$ sur $\left[0, \dfrac{\pi}{2}\right]$

14. Déterminer si les propositions suivantes sont vraies ou fausses. Justifier votre réponse dans le cas où elles sont vraies.

a) Si $f(x) = 5$ sur $[1, 10]$, alors $f'(x) = 0$ sur $]1, 10[$.

b) Soit f continue sur $[2, 7]$ et $f(2) = 10$. Si $f'(3) = 0$, alors nécessairement $f(x) = 10$, $\forall\, x \in [2, 7]$.

c) Soit f continue sur $[2, 7]$ et $f(2) = 10$. Si $f'(3) = f'(4) = f'(5) = f'(6) = 0$, alors nécessairement $f(x) = 10$, $\forall\, x \in [2, 7]$.

d) Soit f continue sur $[2, 7]$ et $f(2) = 10$. Si $f'(x) = 0$ $\forall\, x \in]2, 7[$, alors nécessairement $f(x) = 10$, $\forall\, x \in [2, 7]$.

e) Soit f continue sur $[2, 7]$, $f(2) = 3$ et $f(7) = -5$. Alors $\exists$ au moins un nombre $c \in]2, 7[$ tel que $f(c) = 0$.

f) Soit f continue sur $[2, 7]$, $f(2) = 3$ et $f(7) = 5$. Alors $\exists$ au moins un nombre $c \in]2, 7[$ tel que $f(c) = 0$.

g) Soit f continue sur $[2, 7]$, $f(2) = 3$ et $f(7) = 5$. Alors il peut exister un nombre $c \in]2, 7[$ tel que $f(c) = 0$.

h) Soit $f(x) = \dfrac{1}{x}$ sur $[-1, 1]$, alors $\exists$ au moins un nombre $c \in]-1, 1[$ tel que

$$f'(c) = \frac{f(1) - f(-1)}{1 - (-1)}.$$

i) Si une ou plusieurs hypothèses du théorème de Rolle ne sont pas vérifiées sur $[a, b]$, alors il n'existe aucun $c \in]a, b[$ tel que $f'(c) = 0$.

15. Soit une fonction f définie sur $[a, b]$ telle que $f'(c) = 0$, où $c \in]a, b[$.

a) Pouvons-nous conclure que les trois hypothèses du théorème de Rolle sont vérifiées ?

b) Si la réponse de a) est négative, donner un exemple graphique d'une telle fonction f où les trois hypothèses du théorème de Rolle ne seraient pas vérifiées.

16. Démontrer que :

a) $|\sin b - \sin a| \leq |b - a|$;

b) $|\tan b - \tan a| \geq |b - a|$ sur $\left]\dfrac{-\pi}{2}, \dfrac{\pi}{2}\right[$.

1.5 Règle de L'Hospital[5]

Objectif d'apprentissage

À la fin de cette section, l'élève pourra lever certaines indéterminations en utilisant la règle de L'Hospital.

Plus précisément, l'élève sera en mesure :

- de lever des indéterminations à l'aide de transformations algébriques ;
- de connaître la règle de L'Hospital ;
- de lever des indéterminations de la forme $\dfrac{0}{0}$ à l'aide de la règle de L'Hospital ;
- de lever des indéterminations de la forme $\dfrac{\pm\infty}{\pm\infty}$ à l'aide de la règle de L'Hospital ;
- de lever des indéterminations de la forme $+\infty - \infty$ à l'aide de la règle de L'Hospital ;
- de lever des indéterminations de la forme $0 \cdot (\pm\infty)$ à l'aide de la règle de L'Hospital ;
- de lever des indéterminations de la forme 0^0, $(+\infty)^0$ et $1^{\pm\infty}$ à l'aide de la règle de L'Hospital.

Levée d'indéterminations à l'aide de transformations algébriques

Nous avons déjà vu dans un premier cours de calcul différentiel que pour certaines fonctions, nous pouvions lever des indéterminations de la forme $\dfrac{0}{0}$, $\dfrac{\pm\infty}{\pm\infty}$ et $(+\infty - \infty)$ à l'aide de transformations algébriques. Évaluons quelques limites indéterminées à l'aide de transformations algébriques.

➤ *Exemple 1*   Évaluons $\lim\limits_{x \to 3} \dfrac{x^2 - 9}{\sqrt{x} - \sqrt{3}}$ qui est une indétermination de la forme $\dfrac{0}{0}$.

Levons cette indétermination en utilisant le conjugué.

$$\lim_{x \to 3} \frac{x^2 - 9}{\sqrt{x} - \sqrt{3}} = \lim_{x \to 3} \left[\frac{x^2 - 9}{\sqrt{x} - \sqrt{3}} \times \frac{\sqrt{x} + \sqrt{3}}{\sqrt{x} + \sqrt{3}} \right]$$

$$= \lim_{x \to 3} \frac{(x + 3)(x - 3)(\sqrt{x} + \sqrt{3})}{(x - 3)}$$

$$= \lim_{x \to 3} (x + 3)(\sqrt{x} + \sqrt{3}) \quad \text{(en simplifiant car } (x - 3) \neq 0)$$

$$= 12\sqrt{3} \qquad \text{(en évaluant la limite)}$$

➤ *Exemple 2*   Évaluons $\lim\limits_{x \to 3^+} \dfrac{3x - 9}{(3 - x)^2}$ qui est une indétermination de la forme $\dfrac{0}{0}$.

Levons cette indétermination.

$$\lim_{x \to 3^+} \frac{3x - 9}{(3 - x)^2} = \lim_{x \to 3^+} \frac{3(x - 3)}{(3 - x)(3 - x)} \quad \text{(en factorisant)}$$

$$= \lim_{x \to 3^+} \frac{-3}{3 - x} \qquad \text{(en simplifiant)}$$

$$= +\infty \qquad \left(\text{car } (3 - x) \to 0 \text{ et } \left(\frac{-3}{3 - x} \right) > 0 \text{ lorsque } x \to 3^+ \right)$$

5. Guillaume François Antoine de L'Hospital (1661-1704), mathématicien français.

Pour lever des indéterminations de la forme $\frac{\pm\infty}{\pm\infty}$, nous pouvons

i) mettre en évidence au numérateur la plus grande puissance de x figurant au numérateur;

ii) mettre en évidence au dénominateur la plus grande puissance de x figurant au dénominateur;

iii) simplifier l'expression, ce qui nous permettra possiblement d'évaluer la limite.

➤ *Exemple 3*   Évaluons $\displaystyle\lim_{x\to-\infty} \frac{\sqrt{16x^2-5}}{3x+7}$ qui est une indétermination de la forme $\frac{+\infty}{-\infty}$.

Levons cette indétermination.

$$\lim_{x\to-\infty} \frac{\sqrt{16x^2-5}}{3x+7} = \lim_{x\to-\infty} \frac{\sqrt{x^2\left(16-\dfrac{5}{x^2}\right)}}{x\left(3+\dfrac{7}{x}\right)}$$

$$= \lim_{x\to-\infty} \frac{\sqrt{x^2}\,\sqrt{16-\dfrac{5}{x^2}}}{x\left(3+\dfrac{7}{x}\right)}$$

$$= \lim_{x\to-\infty} \frac{|x|\,\sqrt{16-\dfrac{5}{x^2}}}{x\left(3+\dfrac{7}{x}\right)} \quad (\text{car } \sqrt{x^2}=|x|)$$

$$= \lim_{x\to-\infty} \frac{-x\,\sqrt{16-\dfrac{5}{x^2}}}{x\left(3+\dfrac{7}{x}\right)} \quad (\text{puisque } x<0,\ |x|=-x)$$

$$= \lim_{x\to-\infty} \frac{-\sqrt{16-\dfrac{5}{x^2}}}{\left(3+\dfrac{7}{x}\right)} = \frac{-4}{3}$$

Pour lever des indéterminations de la forme $(+\infty-\infty)$, nous pouvons mettre en évidence la plus grande puissance de x.

➤ *Exemple 4*   Évaluons $\displaystyle\lim_{x\to-\infty} (x^5-7x^3+x+1)$ qui est une indétermination de la forme $+\infty-\infty$.

Levons cette indétermination.

$$\lim_{x\to-\infty} (x^5-7x^3+x+1) = \lim_{x\to-\infty} x^5\left(1-\frac{7}{x^2}+\frac{1}{x^4}+\frac{1}{x^5}\right) = -\infty$$

Par contre, lorsque la fonction donnée ne peut pas être transformée algébriquement de façon élémentaire, par exemple pour évaluer $\displaystyle\lim_{x\to0} \frac{e^x-e^{-x}}{\sin x}$, qui est une indétermination de la forme $\frac{0}{0}$, nous utiliserons une autre méthode, appelée **règle de L'Hospital**.

Règle de L'Hospital

Énonçons le théorème suivant, également appelé la *règle de L'Hospital*.

THÉORÈME 1 RÈGLE DE L'HOSPITAL

Si f et g sont deux fonctions continues sur $[b, d]$ telles que

1) $\lim\limits_{x \to a} f(x) = 0$ et $\lim\limits_{x \to a} g(x) = 0$, où $a \in \,]b, d[$;

2) f' et g' sont continues en $x = a$;

3) $g'(x) \neq 0, \ \forall \ x \in \,]b, d[\setminus \{a\}$,

alors $\lim\limits_{x \to a} \dfrac{f(x)}{g(x)} = \lim\limits_{x \to a} \dfrac{f'(x)}{g'(x)}$, si cette dernière limite existe.

Nous allons démontrer la règle de L'Hospital dans le cas particulier où f' et g' sont continues en $x = a$ et $g'(a) \neq 0$.

Preuve   Puisque f est continue en $x = a$, alors $\lim\limits_{x \to a} f(x) = f(a)$, d'où $f(a) = 0$ par 1).

De façon analogue $g(a) = 0$, ainsi

$$\lim_{x \to a} \frac{f(x)}{g(x)} = \lim_{x \to a} \frac{f(x) - f(a)}{g(x) - g(a)} \qquad \text{(car } f(a) = 0 \text{ et } g(a) = 0\text{)}$$

$$= \lim_{x \to a} \frac{\dfrac{f(x) - f(a)}{x - a}}{\dfrac{g(x) - g(a)}{x - a}} \qquad \text{(en divisant le numérateur et le dénominateur par } (x - a), \text{ où } (x - a) \neq 0\text{)}$$

$$= \frac{\lim\limits_{x \to a} \dfrac{f(x) - f(a)}{x - a}}{\lim\limits_{x \to a} \dfrac{g(x) - g(a)}{x - a}} \qquad \text{(car la limite d'un quotient égale le quotient des limites, puisque } g'(a) \neq 0\text{)}$$

$$= \frac{f'(a)}{g'(a)} \qquad \text{(par définition de la dérivée)}$$

$$= \frac{\lim\limits_{x \to a} f'(x)}{\lim\limits_{x \to a} g'(x)} \qquad \text{(car } f' \text{ et } g' \text{ sont continues en } x = a\text{)}$$

$$= \lim_{x \to a} \frac{f'(x)}{g'(x)}$$

d'où $\lim\limits_{x \to a} \dfrac{f(x)}{g(x)} = \lim\limits_{x \to a} \dfrac{f'(x)}{g'(x)}$.

Remarque De façon générale, après avoir vérifié que nous avons une indétermination de la forme $\dfrac{0}{0}$, nous appliquons la règle de L'Hospital sans nécessairement vérifier les autres hypothèses.

Indéterminations de la forme $\dfrac{0}{0}$

➤ *Exemple 1*   Réévaluons $\lim\limits_{x\to 3}\dfrac{x^2-9}{\sqrt{x}-\sqrt{3}}$ (Exemple 1, page 31).

$\lim\limits_{x\to 3}\dfrac{x^2-9}{\sqrt{x}-\sqrt{3}}$ est une indétermination de la forme $\dfrac{0}{0}$.

$\lim\limits_{x\to 3}\dfrac{x^2-9}{\sqrt{x}-\sqrt{3}} = \lim\limits_{x\to 3}\dfrac{2x}{\dfrac{1}{2\sqrt{x}}}$ (règle de L'Hospital)

$= 12\sqrt{3}$ (en évaluant la limite)

➤ *Exemple 2*   Évaluons $\lim\limits_{x\to 0}\dfrac{e^x-e^{-x}}{\sin x}$.

$\lim\limits_{x\to 0}\dfrac{e^x-e^{-x}}{\sin x}$ est une indétermination de la forme $\dfrac{0}{0}$.

$\lim\limits_{x\to 0}\dfrac{e^x-e^{-x}}{\sin x} = \lim\limits_{x\to 0}\dfrac{e^x+e^{-x}}{\cos x}$ (règle de L'Hospital)

$= 2$ (en évaluant la limite)

➤ *Exemple 3*   Évaluons $\lim\limits_{x\to\left(\frac{\pi}{2}\right)^+}\dfrac{\cos x}{\sin x-1}$, qui est une indétermination de la forme $\dfrac{0}{0}$.

$\lim\limits_{x\to\left(\frac{\pi}{2}\right)^+}\dfrac{\cos x}{\sin x-1} = \lim\limits_{x\to\left(\frac{\pi}{2}\right)^+}\dfrac{-\sin x}{\cos x}$ (règle de L'Hospital)

$= +\infty$

Remarque Dans le cas où $f(a) = 0$, $g(a) = 0$, $f'(a) = 0$ et $g'(a) = 0$, et que les fonctions f' et g' satisfont également les hypothèses de la règle de L'Hospital, nous pouvons de nouveau appliquer la règle de L'Hospital.

➤ *Exemple 4*   Évaluons $\lim\limits_{x\to 0}\dfrac{e^x-x-1}{x^2}$, qui est une indétermination de la forme $\dfrac{0}{0}$.

$\lim\limits_{x\to 0}\dfrac{e^x-x-1}{x^2} = \lim\limits_{x\to 0}\dfrac{e^x-1}{2x}$ (règle de L'Hospital)

Or cette dernière limite est également une indétermination de la forme $\dfrac{0}{0}$. Appliquons de nouveau la règle de L'Hospital.

$\lim\limits_{x\to 0}\dfrac{e^x-1}{2x} = \lim\limits_{x\to 0}\dfrac{e^x}{2}$ (règle de L'Hospital)

$= \dfrac{1}{2}$ (en évaluant la limite).

D'où $\lim\limits_{x\to 0}\dfrac{e^x-x-1}{x^2} = \dfrac{1}{2}$.

Nous pouvons généraliser l'application de la règle de L'Hospital de la façon suivante lorsque les hypothèses de la règle de L'Hospital sont vérifiées pour chaque nouvelle limite.

$$\lim_{x \to a} \frac{f(x)}{g(x)} = \lim_{x \to a} \frac{f'(x)}{g'(x)} = \lim_{x \to a} \frac{f''(x)}{g''(x)} = \ldots = \lim_{x \to a} \frac{f^{(n)}(x)}{g^{(n)}(x)}$$

► *Exemple 5*   Évaluons $\lim_{x \to 2} \dfrac{x^4 - 5x^3 + 6x^2 + 4x - 8}{x^4 - 6x^3 + 12x^2 - 8x}$.

$\lim_{x \to 2} \dfrac{x^4 - 5x^3 + 6x^2 + 4x - 8}{x^4 - 6x^3 + 12x^2 - 8x}$ est une indétermination de la forme $\dfrac{0}{0}$.

Appliquons la règle de L'Hospital.

$$\lim_{x \to 2} \frac{x^4 - 5x^3 + 6x^2 + 4x - 8}{x^4 - 6x^3 + 12x^2 - 8x} = \lim_{x \to 2} \frac{4x^3 - 15x^2 + 12x + 4}{4x^3 - 18x^2 + 24x - 8} \qquad \left(\begin{array}{l} \text{indétermination de} \\ \text{la forme } \dfrac{0}{0} \end{array} \right)$$

Appliquons de nouveau la règle de L'Hospital.

$$\lim_{x \to 2} \frac{4x^3 - 15x^2 + 12x + 4}{4x^3 - 18x^2 + 24x - 8} = \lim_{x \to 2} \frac{12x^2 - 30x + 12}{12x^2 - 36x + 24} \qquad \left(\begin{array}{l} \text{indétermination de} \\ \text{la forme } \dfrac{0}{0} \end{array} \right)$$

Appliquons de nouveau la règle de L'Hospital.

$$\lim_{x \to 2} \frac{12x^2 - 30x + 12}{12x^2 - 36x + 24} = \lim_{x \to 2} \frac{24x - 30}{24x - 36} = \frac{3}{2} \qquad \text{(en évaluant la limite)}$$

D'où $\lim_{x \to 2} \dfrac{x^4 - 5x^3 + 6x^2 + 4x - 8}{x^4 - 6x^3 + 12x^2 - 8x} = \dfrac{3}{2}$.

Nous pouvons également appliquer la règle de L'Hospital dans le cas où $\lim_{x \to \pm\infty} f(x) = 0$ et $\lim_{x \to \pm\infty} g(x) = 0$.

La preuve de ce résultat est laissée à l'utilisateur.

► *Exemple 6*   Évaluons $\lim_{x \to +\infty} \dfrac{\sin\left(\dfrac{5}{x}\right)}{\dfrac{7}{x}}$, qui est une indétermination de la forme $\dfrac{0}{0}$.

$$\lim_{x \to +\infty} \frac{\sin\left(\dfrac{5}{x}\right)}{\dfrac{7}{x}} = \lim_{x \to +\infty} \frac{\left(\dfrac{-5}{x^2}\right) \cos\left(\dfrac{5}{x}\right)}{\dfrac{-7}{x^2}} \qquad \text{(règle de L'Hospital)}$$

$$= \lim_{x \to +\infty} \frac{5 \cos\left(\dfrac{5}{x}\right)}{7} \qquad \text{(en simplifiant)}$$

$$= \frac{5}{7} \qquad \text{(en évaluant la limite)}$$

Indéterminations de la forme $\dfrac{\pm\infty}{\pm\infty}$

La règle de L'Hospital nous permet également de lever des indéterminations de la forme $\dfrac{\pm\infty}{\pm\infty}$. Nous ne verrons pas la preuve de ce résultat, car elle déborde le cadre du cours.

➤ *Exemple 1*   Évaluons $\displaystyle\lim_{x\to 0^+} \dfrac{\ln x}{\dfrac{1}{x}}$, qui est une indétermination de la forme $\dfrac{-\infty}{+\infty}$.

$$\lim_{x\to 0^+} \dfrac{\ln x}{\dfrac{1}{x}} = \lim_{x\to 0^+} \dfrac{\dfrac{1}{x}}{\dfrac{-1}{x^2}} \quad \text{(règle de L'Hospital)}$$

$$= \lim_{x\to 0^+} (-x) \quad \text{(en simplifiant)}$$

$$= 0 \qquad \text{(en évaluant la limite)}$$

➤ *Exemple 2*   Évaluons $\displaystyle\lim_{x\to +\infty} \dfrac{2x^2 + 3}{x^2 - 7}$.

$\displaystyle\lim_{x\to +\infty} \dfrac{2x^2 + 3}{x^2 - 7}$ est une indétermination de la forme $\dfrac{+\infty}{+\infty}$.

$$\lim_{x\to +\infty} \dfrac{2x^2 + 3}{x^2 - 7} = \lim_{x\to +\infty} \dfrac{4x}{2x} \quad \text{(règle de L'Hospital)}$$

$$= \lim_{x\to +\infty} 2 \quad \text{(en simplifiant)}$$

$$= 2 \qquad \text{(en évaluant la limite)}$$

➤ *Exemple 3*   Évaluons $\displaystyle\lim_{x\to -\infty} \dfrac{x^2 + 1}{e^{-x}}$, qui est une indétermination de la forme $\dfrac{+\infty}{+\infty}$.

Appliquons la règle de L'Hospital,

$$\lim_{x\to -\infty} \dfrac{x^2 + 1}{e^{-x}} = \lim_{x\to -\infty} \dfrac{2x}{-e^{-x}} \quad \left(\text{indétermination de la forme } \dfrac{-\infty}{-\infty}\right)$$

Appliquons de nouveau la règle de L'Hospital.

$$\lim_{x\to -\infty} \dfrac{2x}{-e^{-x}} = \lim_{x\to -\infty} \dfrac{2}{e^{-x}}$$

$$= 0 \qquad \text{(en évaluant la limite)}$$

D'où $\displaystyle\lim_{x\to -\infty} \dfrac{x^2 + 1}{e^{-x}} = 0$.

Il peut arriver qu'après avoir appliqué la règle de L'Hospital pour lever une indétermination nous obtenions une limite qui n'existe pas.

➤ *Exemple 4*   Évaluons $\displaystyle\lim_{x\to +\infty} \dfrac{3x + \cos x}{x}$, qui est une indétermination de la forme $\dfrac{+\infty}{+\infty}$.

$$\lim_{x \to +\infty} \frac{3x + \cos x}{x} = \lim_{x \to +\infty} \frac{3 - \sin x}{1} \quad \text{(règle de L'Hospital)},$$

or $\lim_{x \to +\infty} (3 - \sin x)$ n'existe pas car elle oscille entre 2 et 4 (car $-1 \leq \sin x \leq 1$).

Dans ce cas, nous devons lever l'indétermination sans utiliser la règle de L'Hospital.

$$\lim_{x \to +\infty} \frac{3x + \cos x}{x} = \lim_{x \to +\infty} \left(3 + \frac{\cos x}{x} \right)$$

$$= 3 \qquad \left(\text{car } \lim_{x \to +\infty} \frac{\cos x}{x} = 0 \right)$$

Indéterminations de la forme ($^{+\infty} - \infty$)

Dans certaines indéterminations de la forme ($^{+\infty} - \infty$), nous pourrons appliquer la règle de L'Hospital uniquement après avoir transformé l'expression de façon à obtenir une indétermination de la forme $\dfrac{0}{0}$ ou $\dfrac{\pm\infty}{\pm\infty}$.

➤ *Exemple 1*   Évaluons $\lim_{x \to 0^+} (\csc x - \cot x)$, qui est une indétermination de la forme $^{+\infty} - \infty$.

$$\lim_{x \to 0^+} (\csc x - \cot x) = \lim_{x \to 0^+} \left(\frac{1}{\sin x} - \frac{\cos x}{\sin x} \right) \quad \text{(en transformant)}$$

$$= \lim_{x \to 0^+} \frac{1 - \cos x}{\sin x} \qquad \left(\text{indétermination de la forme } \frac{0}{0} \right)$$

$$= \lim_{x \to 0^+} \frac{\sin x}{\cos x} \qquad \text{(règle de L'Hospital)}$$

$$= 0 \qquad \text{(en évaluant la limite)}$$

➤ *Exemple 2*   Évaluons $\lim_{x \to 1^+} \left[\dfrac{1}{\ln x} - \dfrac{x}{x - 1} \right]$, qui est une indétermination de la forme $^{+\infty} - \infty$.

$$\lim_{x \to 1^+} \left[\frac{1}{\ln x} - \frac{x}{x - 1} \right] = \lim_{x \to 1^+} \frac{x - 1 - x \ln x}{(\ln x)(x - 1)} \qquad \left(\text{indétermination de la forme } \frac{0}{0} \right)$$

$$= \lim_{x \to 1^+} \frac{1 - \ln x - 1}{\dfrac{x - 1}{x} + \ln x} \qquad \text{(règle de L'Hospital)}$$

$$= \lim_{x \to 1^+} \frac{-x \ln x}{x - 1 + x \ln x} \qquad \left(\text{indétermination de la forme } \frac{0}{0} \right)$$

$$= \lim_{x \to 1^+} \frac{-\ln x - 1}{1 + \ln x + 1} \qquad \text{(règle de L'Hospital)}$$

$$= \frac{-1}{2} \qquad \text{(en évaluant la limite)}$$

Indéterminations de la forme $0 \cdot (\pm\infty)$

Dans certaines indéterminations de la forme $0 \cdot (\pm\infty)$ nous pourrons appliquer la règle de L'Hospital uniquement après avoir transformé l'expression de façon à obtenir une indétermination de la forme $\dfrac{0}{0}$ ou $\dfrac{\pm\infty}{\pm\infty}$. Cette transformation peut se faire en écrivant

$$f(x)\, g(x) = \dfrac{f(x)}{\dfrac{1}{g(x)}} \text{ ou } \dfrac{g(x)}{\dfrac{1}{f(x)}}.$$

➤ *Exemple 1*   Évaluons $\lim\limits_{x\to 0^+} [x^3 \ln(5x)]$, qui est une indétermination de la forme $0 \cdot (-\infty)$.

$$\lim\limits_{x\to 0^+} [x^3 \ln(5x)] = \lim\limits_{x\to 0^+} \dfrac{\ln(5x)}{\dfrac{1}{x^3}} \quad \left(\text{en transformant, nous obtenons une indétermination de la forme } \dfrac{-\infty}{+\infty} \right)$$

$$= \lim\limits_{x\to 0^+} \dfrac{\dfrac{1}{x}}{\dfrac{-3}{x^4}} \qquad \text{(règle de L'Hospital)}$$

$$= \lim\limits_{x\to 0^+} \dfrac{x^3}{-3} \qquad \text{(en simplifiant)}$$

$$= 0 \qquad \text{(en évaluant la limite)}$$

L'utilisateur peut facilement vérifier qu'en transformant l'expression initiale sous la forme $\lim\limits_{x\to 0^+} \dfrac{x^3}{\dfrac{1}{\ln(5x)}}$, l'application de la règle de L'Hospital devient plus complexe et même inefficace.

➤ *Exemple 2*   Évaluons $\lim\limits_{x\to \pi^-} \left[\left(1 - \tan\dfrac{x}{4} \right) \csc x \right]$.

$\lim\limits_{x\to \pi^-} \left[\left(1 - \tan\dfrac{x}{4} \right) \csc x \right]$ est une indétermination de la forme $0 \cdot (+\infty)$.

$$\lim\limits_{x\to \pi^-} \left[\left(1 - \tan\dfrac{x}{4} \right) \csc x \right] = \lim\limits_{x\to \pi^-} \dfrac{1 - \tan\dfrac{x}{4}}{\sin x} \quad \left(\text{indétermination de la forme } \dfrac{0}{0} \right)$$

$$= \lim\limits_{x\to \pi^-} \dfrac{\dfrac{-1}{4} \sec^2 \dfrac{x}{4}}{\cos x} \qquad \text{(règle de L'Hospital)}$$

$$= \dfrac{\dfrac{-1}{4} \cdot 2}{-1} \qquad \text{(en évaluant la limite)}$$

$$= \dfrac{1}{2}$$

Indéterminations de la forme 0^0, $(+\infty)^0$ et $1^{\pm\infty}$

➤ *Exemple 1* $\lim\limits_{x\to 0^+} (\sin x)^x$ est une indétermination de la forme 0^0.

➤ *Exemple 2* $\lim\limits_{x\to +\infty} x^{\frac{1}{x}}$ est une indétermination de la forme $(+\infty)^0$.

➤ *Exemple 3* $\lim\limits_{x\to 0^-} (1+x)^{\frac{2}{x}}$ est une indétermination de la forme $1^{-\infty}$.

Avant d'appliquer la règle de L'Hospital pour lever ces indéterminations, il faut d'abord utiliser la fonction logarithme naturel, certaines propriétés des logarithmes et des transformations algébriques de façon à obtenir une indétermination de la forme $\dfrac{0}{0}$ ou $\dfrac{\pm\infty}{\pm\infty}$.

➤ *Exemple 4*   Évaluons $\lim\limits_{x\to 0^+} (\sin x)^x$, qui est une indétermination de la forme 0^0 (exemple 1).

En posant $A = \lim\limits_{x\to 0^+} (\sin x)^x$, nous obtenons

$$\ln A = \ln \left(\lim_{x\to 0^+} (\sin x)^x \right) \quad \text{(car si } A>0, B>0 \text{ et } A=B, \text{ alors } \ln A = \ln B)$$

$$= \lim_{x\to 0^+} (\ln (\sin x)^x) \qquad \text{(car ln est une fonction continue)}$$

$$= \lim_{x\to 0^+} (x \ln \sin x) \qquad \text{(propriété des logarithmes)}$$

$$= \lim_{x\to 0^+} \frac{\ln \sin x}{\dfrac{1}{x}} \qquad \left(\text{indétermination de la forme } \frac{-\infty}{+\infty} \right)$$

$$= \lim_{x\to 0^+} \frac{\dfrac{\cos x}{\sin x}}{\dfrac{-1}{x^2}} \qquad \text{(règle de L'Hospital)}$$

$$= \lim_{x\to 0^+} \frac{-x^2 \cos x}{\sin x} \qquad \left(\begin{array}{l} \text{en transformant, nous obtenons une} \\ \text{indétermination de la forme } \dfrac{0}{0} \end{array} \right)$$

$$= \lim_{x\to 0^+} \frac{-2x \cos x + x^2 \sin x}{\cos x} \qquad \text{(règle de L'Hospital)}$$

$$= 0 \qquad \text{(en évaluant la limite)}.$$

Ainsi $\ln A = 0$, donc $A = e^0 = 1$,

d'où $\lim\limits_{x\to 0^+} (\sin x)^x = 1$.

➤ *Exemple 5*   Évaluons $\lim\limits_{x\to 0^-} (1+x)^{\frac{2}{x}}$, qui est une indétermination de la forme $1^{-\infty}$ (Exemple 3).

En posant $A = \lim\limits_{x\to 0^-} (1+x)^{\frac{2}{x}}$, nous obtenons

$$\ln A = \ln \lim_{x\to 0^-} (1+x)^{\frac{2}{x}}$$

$$= \lim_{x\to 0^-} \left(\ln (1+x)^{\frac{2}{x}} \right) \qquad \text{(car ln est une fonction continue)}$$

$$= \lim_{x \to 0^-} \frac{2 \ln (1 + x)}{x} \quad \left(\text{indétermination de la forme } \frac{0}{0}\right)$$

$$= \lim_{x \to 0^-} \frac{\dfrac{2}{1 + x}}{1} \quad \text{(règle de L'Hospital)}$$

$$= 2 \quad \text{(en évaluant la limite).}$$

Ainsi $\ln A = 2$, donc $A = e^2$,

d'où $\lim_{x \to 0^-} (1 + x)^{\frac{2}{x}} = e^2$.

Le tableau suivant vous propose un résumé des étapes à suivre pour lever des indéterminations à l'aide de la règle de L'Hospital. Il faut se rappeler que fréquemment une simplification de l'expression facilite le calcul de la limite.

Indéterminations de la forme	Étapes à suivre
$\dfrac{0}{0}$ et $\dfrac{\pm\infty}{\pm\infty}$	Utiliser directement la règle de L'Hospital.
$0 \cdot (\pm\infty)$	1) Transformer le produit $f(x)\,g(x)$ sous la forme $\dfrac{f(x)}{\dfrac{1}{g(x)}}$ ou $\dfrac{g(x)}{\dfrac{1}{f(x)}}$ pour obtenir une indétermination de la forme $\dfrac{0}{0}$ ou $\dfrac{\pm\infty}{\pm\infty}$. 2) Utiliser la règle de L'Hospital.
$+\infty - \infty$	1) Transformer l'expression initiale sous la forme d'un quotient, à l'aide de transformations algébriques telles que : identités trigonométriques, dénominateur commun, conjugué, etc., pour obtenir une indétermination de la forme $\dfrac{0}{0}$ ou $\dfrac{\pm\infty}{\pm\infty}$. 2) Utiliser la règle de L'Hospital.
0^0, $(+\infty)^0$ et $1^{\pm\infty}$	1) Poser A égale à la limite à évaluer. 2) Prendre le logarithme naturel de chaque membre de l'équation. 3) Utiliser la propriété des logarithmes, $\ln (M^k) = k \ln M$. 4) Effectuer les transformations algébriques nécessaires pour obtenir une indétermination de la forme $\dfrac{0}{0}$ ou $\dfrac{\pm\infty}{\pm\infty}$. 5) Utiliser la règle de L'Hospital.

Exercices 1.5

1. Parmi les limites suivantes, déterminer lesquelles sont des indéterminations en précisant la forme d'indétermination dont il s'agit et évaluer les limites qui ne sont pas des indéterminations.

   a) $\lim_{x \to -\infty} (xe^{-x^2})$

   b) $\lim_{x \to -\infty} (xe^{-x})$

   c) $\lim_{x \to +\infty} \dfrac{\ln x}{x}$

   d) $\lim_{x \to 0^+} \dfrac{\ln x}{x}$

   e) $\lim_{x \to +\infty} \left(x - \dfrac{1}{x}\right)^{\frac{1}{x}}$

   f) $\lim_{x \to 0} (1 + \sin x)^{\frac{1}{x^2}}$

   g) $\lim_{x \to 1^+} (x - 1)^{\frac{1}{x-1}}$

   h) $\lim_{x \to 0} \dfrac{\text{Arc} \sin x}{x}$

i) $\displaystyle\lim_{x\to 0} (e^{x^2} - 1)^x$

j) $\displaystyle\lim_{x\to 0} (\cos 2x)^x$

k) $\displaystyle\lim_{x\to 1^-} \left(\frac{x-1}{2} - \frac{1}{\ln x}\right)$

l) $\displaystyle\lim_{x\to 3^+} \left(\frac{x}{x-3} - \frac{1}{\ln(x-2)}\right)$

2. Évaluer les limites suivantes.

a) $\displaystyle\lim_{x\to 1} \frac{x^2 + 4x - 5}{4x - 3 - x^2}$

b) $\displaystyle\lim_{x\to 0^+} \frac{\tan x}{x^2}$

c) $\displaystyle\lim_{x\to 0} \frac{\ln(\cos x)}{\sin 2x}$

d) $\displaystyle\lim_{x\to 0} \frac{8^x - 5^x}{5x}$

e) $\displaystyle\lim_{x\to 0} \frac{e^x - e^{-x} - 2x}{x - \sin x}$

f) $\displaystyle\lim_{x\to +\infty} \frac{e^{\frac{1}{3x}} - 1}{\frac{4}{x}}$

3. Évaluer les limites suivantes à l'aide de la règle de L'Hospital.

a) $\displaystyle\lim_{x\to +\infty} \frac{5x^2 + 7x - 1}{7x^3 + 3x - 7}$

b) $\displaystyle\lim_{x\to +\infty} \frac{\ln x^2}{\ln(1+x)}$

c) $\displaystyle\lim_{x\to +\infty} \frac{7x + \ln 5x}{9x + \ln 3x}$

d) $\displaystyle\lim_{x\to 0^+} \frac{\ln x}{x^{\frac{-1}{2}}}$

e) $\displaystyle\lim_{x\to 0^+} \frac{\ln x}{e^{\frac{1}{x}}}$

f) $\displaystyle\lim_{x\to \frac{\pi}{4}^+} \frac{\tan 2x}{1 + \sec 2x}$

4. Évaluer les limites suivantes.

a) $\displaystyle\lim_{x\to +\infty} (xe^{-x})$

b) $\displaystyle\lim_{x\to 0^+} (x \ln x)$

c) $\displaystyle\lim_{x\to +\infty} \left(4x \sin \frac{1}{5x}\right)$

d) $\displaystyle\lim_{x\to 2^+} \left[\frac{1}{x-2} + \frac{4}{4-x^2}\right]$

e) $\displaystyle\lim_{x\to 1^+} \left[\frac{1}{1-x} - \frac{1}{\ln(2-x)}\right]$

f) $\displaystyle\lim_{x\to 0^+} \left[\frac{1}{\text{Arc}\tan x} - \frac{1}{x}\right]$

5. Évaluer les limites suivantes.

a) $\displaystyle\lim_{x\to 0^+} x^{\sin x}$

b) $\displaystyle\lim_{x\to 1^-} \left[\ln\left(\frac{1}{1-x}\right)\right]^{1-x}$

c) $\displaystyle\lim_{x\to +\infty} \left(1 + \frac{4}{x^2}\right)^{x^2}$

d) $\displaystyle\lim_{x\to 5^+} (x-5)^{\ln(x-4)}$

e) $\displaystyle\lim_{x\to +\infty} \left(1 - \frac{5}{x}\right)^{3x}$

f) $\displaystyle\lim_{x\to 0^+} \left(1 + \frac{5}{x}\right)^{3x}$

6. Répondre par vrai ou faux en expliquant votre réponse.

$$\lim_{x\to 4} \frac{x^2 - 16}{\sqrt{x} - 4} = \lim_{x\to 4} \frac{2x}{\frac{1}{2\sqrt{x}}} = \lim_{x\to 4} 4x\sqrt{x} = 32$$

7. Évaluer les limites suivantes après avoir donné la forme de l'indétermination.

a) $\displaystyle\lim_{x\to 0} \frac{1 - \cos 3x}{x^2}$

b) $\displaystyle\lim_{x\to +\infty} \frac{e^{3x} + x}{7x^2 + 4x}$

c) $\displaystyle\lim_{x\to +\infty} \frac{7x^3 + 4e^{2x} + 2}{6x + 5x^2 + 3e^{2x}}$

d) $\displaystyle\lim_{x\to 0} \frac{x - \tan x}{x - \sin x}$

e) $\displaystyle\lim_{x\to 1^+} \left(\frac{1}{x-1} - \frac{1}{\ln x}\right)$

f) $\displaystyle\lim_{x\to \left(\frac{\pi}{2}\right)^-} \left(x - \frac{\pi}{2}\right)\tan x$

g) $\displaystyle\lim_{x\to +\infty} (x^2 + 1)^{\frac{1}{x}}$

h) $\displaystyle\lim_{x\to 0^+} (x^2 + 5x)^{\frac{1}{\ln x}}$

i) $\displaystyle\lim_{x\to +\infty} \left(1 + \frac{4}{x-2}\right)^x$

8. Évaluer, si possible, les limites suivantes.

a) $\displaystyle\lim_{x\to 0} \frac{x^2 + 2x - 2\sin x}{e^{2x} - 2e^x}$

b) $\displaystyle\lim_{x\to 0} \frac{e^x - 1}{x^3}$

c) $\displaystyle\lim_{x\to +\infty} \frac{5x^2(x+1)^2}{4x^4}$

d) $\displaystyle\lim_{x\to 0} \frac{e^{3x} + e^{-2x} - x - 2\cos x}{x \sin x}$

e) $\lim\limits_{x \to 0} \left(\dfrac{1}{x} - \dfrac{2}{\sin 2x} \right)$

f) $\lim\limits_{x \to \frac{\pi}{2}} (1 + \cos x)^{\tan x}$

g) $\lim\limits_{x \to -\infty} e^{3x} (4e^{3x} + 1)$

h) $\lim\limits_{x \to +\infty} (e^{x^2} - 1)^{\frac{2}{x^2}}$

i) $\lim\limits_{x \to 0} \left(\dfrac{1}{x^2} - \dfrac{1}{\sin^2 x} \right)$

9. Évaluer les limites suivantes.

a) $\lim\limits_{x \to 0} (1 + x)^{\frac{1}{x}}$ et $\lim\limits_{x \to +\infty} \left(1 + \dfrac{1}{x} \right)^x$

b) $\lim\limits_{x \to 0^+} (1 + 6x)^{\frac{3}{x}}$ et $\lim\limits_{x \to +\infty} (1 + 6x)^{\frac{3}{x}}$

c) $\lim\limits_{x \to 0^+} x^x$, $\lim\limits_{x \to 0^+} x^{(x^x)}$ et $\lim\limits_{x \to 0^+} (x^x)^x$

10. Utiliser, si possible, la règle de L'Hospital pour lever les indéterminations suivantes. Si la règle de L'Hospital ne peut s'appliquer, lever les indéterminations en utilisant une autre méthode.

a) $\lim\limits_{x \to +\infty} \dfrac{\sqrt{x^2 + 1}}{x}$

b) $\lim\limits_{x \to 0} \dfrac{3e^{2x} - 3e^{-2x}}{2e^{2x} - 2e^{-x}}$

c) $\lim\limits_{x \to +\infty} \dfrac{3e^{2x} - 3e^{-2x}}{2e^{2x} - 2e^{-x}}$

Réseau de concepts

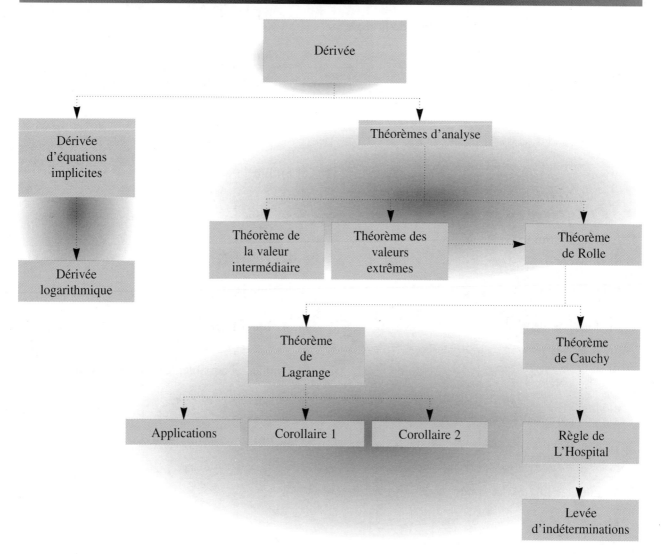

Exercices récapitulatifs

1. Calculer y' si :

a) $2x^4 y^{\frac{7}{2}} - 5x^3 y^4 = 5$;

b) $\cos (xy^2) = y$;

c) $(x^2 + 7) \ln y = 4x^2 y^2$;

d) $\sin (x^2 + y^2) = 2y + 5x$.

2. Calculer $f'(x)$ si :

a) $f(x) = x^3 \operatorname{Arc\,sin} x^2$;

b) $f(x) = (\operatorname{Arc\,sec} x^3)^4$;

c) $f(x) = [\operatorname{Arc\,tan} (\sin x + x^3)]^{12}$;

d) $f(x) = \dfrac{\operatorname{Arc\,cos} \sqrt{x-1}}{\sin x}$.

3. Utiliser la dérivée logarithmique pour calculer $\dfrac{dy}{dx}$.

a) $y = (\sin x^2)^{\cos 3x}$

b) $y = \dfrac{10^{x^2} \cos 3x}{\sqrt{x}}$

c) $y = (\ln x)^{\ln x}$

d) $1 - x = y^y$

e) $y = \sqrt[5]{\dfrac{(1 - x^4)e^x}{(5x^2 - 2x + 1)}}$

f) $y = \left(\dfrac{1 - x}{x}\right)^{x - 1}$

4. Calculer :

a) $f'(0)$ si $f(x) = (x^3 + x + 1) \operatorname{Arc\,cos} 2x$;

b) $\dfrac{dy}{dx}$ si $8\sqrt{x^3} - \dfrac{4}{y^2} - 7x^2 y^4 = x \operatorname{Arc\,sin} y$;

c) $f''\left(\dfrac{-1}{2}\right)$ si $f(x) = x \operatorname{Arc\,tan} x$;

d) $y'_{(1,\,6)}$ si $y = 3 (2x)^x$.

5. Soit la courbe définie par l'équation $y^2 - 2xy = 6x - 23$.

a) Calculer la pente de la tangente à cette courbe au point (3, 1).

b) Calculer $y''_{(3,\,1)}$.

6. Déterminer les points de la courbe définie par $x^2 + y^2 - 6x - 8y = 0$ où la tangente à celle-ci est :

a) horizontale ;   b) verticale.

7. a) Après avoir élevé au carré chacun des membres de l'équation $y = \sqrt{x}$, utiliser la dérivation implicite pour calculer y'.

b) Utiliser un procédé semblable pour démontrer que

$$y' = \frac{a}{b} x^{\frac{a}{b} - 1} \text{ si } y = x^{\frac{a}{b}}.$$

8. Pour chacune des fonctions suivantes, déterminer la valeur c du théorème de Rolle lorsque les hypothèses de ce théorème sont vérifiées.

a) $f(x) = x^3 - 4x^2 + 3x + 1$ sur $[0, 3]$

b) $f(x) = x^3 - 2x^2 - 5x + 6$ sur $[1, 3]$

c) $f(x) = 5 + |x - 3|$ sur $[1, 5]$

d) $f(x) = x + \dfrac{1}{x}$ sur $\left[\dfrac{1}{3}, 3\right]$

e) $f(x) = \dfrac{x^4 + 1}{x^2}$ sur $[-1, 1]$

f) $f(x) = \dfrac{x^4 + 1}{x^2}$ sur $\left[\dfrac{1}{2}, 2\right]$

g) $f(x) = \sqrt{x}$ sur $[1, 9]$

h) $f(x) = \sqrt{4x - 3 - x^2}$ sur $[1, 3]$

9. Soit la fonction f définie par le graphique suivant.

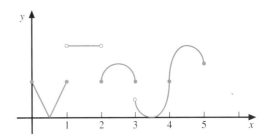

Déterminer, parmi les intervalles $[0, 1]$, $[1, 2]$, $[2, 3]$, $[3, 4]$ et $[4, 5]$:

a) les intervalles où les hypothèses du théorème de Rolle sont satisfaites ;

b) les intervalles où la dérivée de la fonction s'annule en au moins un point de l'intervalle donné.

10. Pour chacune des fonctions suivantes, déterminer la valeur c du théorème de Lagrange lorsque les hypothèses de ce théorème sont vérifiées.

a) $f(x) = x^3$ sur $[-4, 4]$

b) $f(x) = (x - 1)^{\frac{2}{3}}$ sur $[-2, 2]$

c) $f(x) = \sqrt[3]{x} - 1$ sur $[0, 8]$

d) $f(x) = \text{Arc tan } x$ sur $[-1, 0]$

e) $f(x) = x + \dfrac{1}{x}$ sur $[-1, 1]$

f) $f(x) = (4 - \sqrt{x})^{\frac{3}{2}}$ sur $[0, 16]$

11. Soit une fonction f qui vérifie les hypothèses du théorème de Lagrange sur $[a, b]$ et telle que $f(a) = f(b)$.

a) En appliquant le théorème de Lagrange à cette fonction, que pouvons-nous conclure ?

b) À quel théorème le résultat obtenu équivaut-il ?

12. Soit deux fonctions continues sur $[0, 8]$ et dérivables sur $]0, 8[$, définies par $f(x) = x^2 + 4$ et $g(x) = x^3 + 1$.

a) Déterminer la valeur c_1 du théorème de Lagrange pour f.

b) Déterminer la valeur c_2 du théorème de Lagrange pour g.

c) Déterminer la valeur c du théorème de Cauchy pour ces deux fonctions.

13. Démontrer les égalités suivantes et déterminer la valeur de C, où $C \in \mathbb{R}$.

a) $\text{Arc tan } \dfrac{x + 1}{1 - x} = \text{Arc tan } x + C$

b) $\ln (\csc x + \cot x) + \ln (\csc x - \cot x) = C$

14. Démontrer que :

a) $\text{Arc sin } x > x$, où $x \in \,]0, 1[\,$;

b) $\sin^2 x \leq 2x$, où $x \in [0, +\infty$;

c) $\sqrt{1 + 2x} \leq x + 1$, où $x \in [0, +\infty$;

d) $e^{ax} > ax + 1$, où $x \in \,]0, +\infty$ et $a > 0$.

15. Utiliser le théorème de la moyenne pour évaluer approximativement les valeurs suivantes.

a) $7{,}97^{\frac{2}{3}}$ b) $e^{0,01}$

16. Évaluer les limites suivantes.

a) $\displaystyle\lim_{x \to 0} \dfrac{x - \tan x}{x \sin x}$ b) $\displaystyle\lim_{x \to 0^+} (\sqrt{x} \ln 4x)$

c) $\displaystyle\lim_{x \to 2^+} (x^2 - 4)^{x - 2}$ d) $\displaystyle\lim_{x \to a} \dfrac{a - \sqrt{ax}}{a^2 - ax}$

e) $\displaystyle\lim_{x \to +\infty} \dfrac{e^{3x} + 4x - 7}{e^{2x} + 3x - 1}$ f) $\displaystyle\lim_{x \to +\infty} (e^x \text{ Arc tan } e^{-x})$

g) $\displaystyle\lim_{x \to 0} \dfrac{x - \text{Arc tan } x}{x - \text{Arc sin } x}$ h) $\displaystyle\lim_{x \to 0} \left(\dfrac{1}{x} - \cot x \right)$

i) $\displaystyle\lim_{x \to +\infty} \dfrac{x(x + 1)(2x + 1)}{6x^3}$

j) $\displaystyle\lim_{x \to 3^+} \left[\dfrac{3x}{3 - x} - \dfrac{5}{x^2 - 9} \right]$

17. Évaluer les limites suivantes.

a) $\displaystyle\lim_{x \to 0} \dfrac{x + x \sin 2x}{x - \sin 2x}$ b) $\displaystyle\lim_{x \to +\infty} \dfrac{\log_4 (\ln x)}{\log (\ln x)}$

c) $\displaystyle\lim_{x \to \pi^-} \left(\dfrac{x}{\pi} \right)^{\tan \left(\frac{x}{2} \right)}$ d) $\displaystyle\lim_{x \to +\infty} x^2 \left(4^{\frac{1}{x}} - 1 \right)$

e) $\displaystyle\lim_{x \to 0^+} \dfrac{\sin x}{1 - \cos \sqrt{x}}$ f) $\displaystyle\lim_{x \to 0^+} \left(1 + \dfrac{e^x - e^{-x}}{2} \right)^{\frac{1}{2x}}$

g) $\displaystyle\lim_{x \to 0} \left(\dfrac{1}{e^x - 1} - \dfrac{2}{e^{2x} - 1} \right)$

h) $\displaystyle\lim_{x \to \left(\frac{1}{2} \right)^-} (\tan \pi x)^{1 - 2x}$

i) $\displaystyle\lim_{x \to 0} \dfrac{\sqrt{1 - x} - \sqrt{1 + x}}{x}$

j) $\displaystyle\lim_{x \to 0} \dfrac{\sqrt{1 + x} + \sqrt{1 - x} - 2}{x^2}$

18. Utiliser, si possible, la règle de L'Hospital pour lever les indéterminations suivantes. Si la règle de L'Hospital ne peut s'appliquer, lever les indéterminations en utilisant une autre méthode.

a) $\displaystyle\lim_{x \to +\infty} \dfrac{3x^2 + \sin 2x}{x^2 + \cos 3x}$ d) $\displaystyle\lim_{x \to 0^+} \dfrac{\sqrt{1 - \cos x}}{\sin x}$

b) $\displaystyle\lim_{x \to -\infty} (3e^{-x} - e^{-3x})$ e) $\displaystyle\lim_{x \to +\infty} \sqrt[x]{x^2 + 1}$

c) $\displaystyle\lim_{x \to 0^+} (x + e^{3x})^{\csc x}$ f) $\displaystyle\lim_{x \to 0} \left[\dfrac{1}{x} - \dfrac{2}{e^{2x} - 1} \right]$

Problèmes de synthèse

1. Soit $f(x) = x^x$. Construire le tableau de variation relatif à f' et à f'', et donner une esquisse du graphique de cette fonction.

2. Soit les courbes définies par $xy = 20$ et $x^2 - y^2 = 9$.

a) Déterminer les points d'intersection des deux courbes.

b) Démontrer que les courbes sont perpendiculaires aux points d'intersection.

3. Soit un cercle de rayon 1 centré sur l'axe y, tangent à la parabole définie par $y = x^2$.

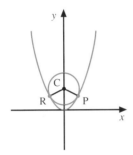

a) Déterminer les points d'intersection de ces courbes et la pente de la tangente en ces points.

b) Trouver le centre et l'équation de ce cercle.

4. Soit une fonction f telle que $f'(x) = \dfrac{1}{x}$ si $x \neq 0$ et y une fonction de x telle que $f(y) = x$. Exprimer $\dfrac{dy}{dx}$ en fonction de y.

5. Calculer y' si:

a) $x^{\sin y} = \ln(x^2 + 1)$;

b) $y = x^{2x} + (3x + 1)^{5x}$;

c) $y = x^{\sin x}(\cos x)^x$.

6. Soit la relation définie par
$\text{Arc sin } y + 4 \text{ Arc tan } x = 2xy + \pi$.

a) Déterminer l'équation de la droite tangente à cette courbe au point $(1, 0)$.

b) Déterminer l'équation de la droite normale à cette courbe au point $(1, 0)$.

7. Soit la lemniscate définie par $(x^2 + y^2)^2 = x^2 - y^2$, représentée par le graphique suivant.

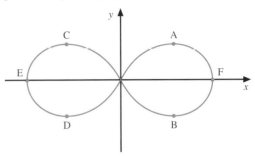

a) Déterminer les points A, B, C et D de la courbe où la tangente à la courbe est horizontale.

b) Déterminer les points E et F de la courbe où la tangente à la courbe est verticale.

8. Soit la courbe définie par $x^{\frac{1}{2}} + y^{\frac{1}{2}} = 2$, où la droite L est une tangente quelconque à la courbe. Calculer la valeur de $r + s$.

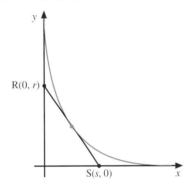

9. Démontrer qu'il existe une solution à l'équation $\tan x = 1 - x$ sur $]0, 1[$

a) en utilisant le théorème de la valeur intermédiaire;

b) en utilisant le théorème de Rolle où $f(x) = (x - 1) \sin x$ sur $[0, 1]$.

10. La position d'un mobile en fonction du temps est donnée par $s(t) = 6t^2 - t^3 + 4$ où $s(t)$ est en mètres et $t \in [0, 4]$ est en secondes.

a) Déterminer les temps où la vitesse instantanée du mobile sera égale à la vitesse moyenne de ce mobile sur $[0, 4]$.

b) Déterminer le temps où la vitesse instantanée du mobile est maximale et calculer cette vitesse maximale.

11. a) Soit $f(x) = (x-a)^m (x-b)^n$, où $x \epsilon [a, b]$ et c la valeur obtenue du théorème de Rolle appliqué à cette fonction sur $[a, b]$. Si A est la mesure de $[a, c]$ et B, la mesure de $[c, b]$, calculer $\dfrac{A}{B}$.

b) À l'aide du résultat précédent, déterminer la valeur c du théorème de Rolle si
$f(x) = (x-4)^6 (x-10)^3$, où $x \epsilon [4, 10]$.

12. Soit f et g deux fonctions continues sur $[a, b]$ et dérivables sur $]a, b[$. Démontrer que si $f'(x) = -g(x)$ et $g'(x) = f(x)$, alors $g^2(x) + f^2(x) = C$ où $C \epsilon \mathbb{R}$.

13. Soit une fonction f continue sur $[a, b]$ et dérivable sur $]a, b[$. Si $m < f'(x) < M$, $\forall x \epsilon]a, b[$, démontrer que
$f(a) + m(b-a) < f(b) < f(a) + M(b-a)$.

14. À l'aide du résultat de la question 13 démontrer que :

a) $0{,}5 < \ln 2 < 1$;

b) $0{,}4 < \text{Arc tan } 2 < 2$.

15. Soit la fonction f définie par
$f(x) = \sqrt[3]{x^2 + 7x - 18}$.

a) Démontrer qu'entre les zéros de f, il existe au moins un zéro de f'.

b) Trouver le zéro de f'.

16. Démontrer que $\ln x < x$ sur $]0, {}^{+}\infty$.

17. Représenter graphiquement la fonction définie par $f(x) = \text{Arc sin } x + \text{Arc sec}\left(\dfrac{1}{x}\right)$, où $x \epsilon]0, 1]$.

18. Soit $f(x) = x^3 - 3x^2 + 3x + 2$, où $x \epsilon [-3, 3]$.

a) Déterminer le point P sur la courbe de f où la distance verticale, entre la courbe de f et la sécante passant par $(-3, f(-3))$ et $(3, f(3))$, est maximale.

b) Calculer cette distance verticale maximale.

19. Soit f une fonction continue et dérivable sur $\mathbb{R}$.

a) Démontrer que si f' a k zéros distincts, alors f a au plus $k + 1$ zéros distincts.

b) Si f'' est définie et a k zéros distincts, déterminer le nombre maximal de zéros que f possède.

c) Si $f^{(n)}$ est définie et a k zéros distincts, déterminer le nombre maximal de zéros que f possède.

20. Nous appelons a une valeur fixe d'une fonction f, si $f(a) = a$. Démontrer que si f est dérivable et que $f'(c) \neq 1 \ \forall \ c \ \epsilon \ \mathbb{R}$, alors la fonction f possède au plus une valeur fixe.

21. Utiliser les propriétés des limites et la règle de L'Hospital, si nécessaire, pour évaluer les limites suivantes.

a) $\displaystyle \lim_{x \to 0} \dfrac{(5x^2 + 7) \sin 3x}{xe^x}$

b) $\displaystyle \lim_{x \to 0^+} \left[\dfrac{\tan x}{x} + x \ln x \right]$

c) $\displaystyle \lim_{x \to +\infty} \dfrac{x\left(1 + \dfrac{x}{e^x}\right)}{(2x + \ln x)}$

d) $\displaystyle \lim_{x \to \left(\frac{\pi}{2}\right)^-} \dfrac{\tan 5x}{\tan 3x}$

e) $\displaystyle \lim_{x \to +\infty} \left[\dfrac{\ln x}{x} + \dfrac{e^{-x}}{\left(\dfrac{\pi}{2} - \text{Arc tan } x\right)} \right]$

f) $\displaystyle \lim_{x \to +\infty} \left[\left(\dfrac{\cos 2x}{x} + x \sin\left(\dfrac{3}{x}\right) \right) e^{\frac{-5}{x}} \right]$

22. Déterminer, si possible, l'équation des asymptotes verticales et horizontales pour chacune des fonctions suivantes.

a) $f(x) = \left(1 + \dfrac{1}{x}\right)^x$ sur $]0, {}^{+}\infty$

b) $f(x) = \dfrac{2x^3 + x - 3}{x (x-1)^2}$

c) $f(x) = \dfrac{x}{2e^x - xe^x - x - 2}$

INTRODUCTION

Dans le cours précédent nous avons vu qu'à partir d'une fonction f, il était possible de trouver une nouvelle fonction f' appelée dérivée de f. Nous verrons maintenant comment procéder de façon inverse, c'est-à-dire comment trouver une fonction dont la dérivée est donnée. Nous donnerons quelques méthodes permettant d'intégrer. Il est à noter que d'autres méthodes d'intégration seront étudiées au chapitre 4. Nous verrons également des applications de l'intégrale indéfinie dans différents domaines, tels que la physique, l'économie, etc.

Chapitre 2

Intégration

PORTRAIT

Il n'y a probablement pas de scientifique dont le nom est plus universellement connu que celui de Newton. Né l'année même de la mort de Galilée, d'une famille de fermiers, il passa une jeunesse qui ne laissait pourtant rien présager de ce que lui réservait l'avenir. Son oncle, un pasteur, le fit entrer en 1661 au Trinity College de Cambridge. Lorsqu'il termine ses études, rien encore ne le distingue de ses collègues.

Au moment où Newton obtient son diplôme, la peste se déclare à Londres. Afin de s'éloigner de ce fléau, Newton quitte Cambridge pour retourner sur la ferme de sa mère. Les deux années d'isolement qu'il y passera (1665 et 1666) seront les plus productives de sa vie. Elles changeront le cours de l'histoire des sciences. Le jeune Isaac, alors âgé de 23 ans, met au point le calcul différentiel et

(JEAN-LOUP CHARMET)

Isaac NEWTON (1642-1727)

intégral, après avoir découvert le théorème fondamental du calcul. Fort de la puissance de ce calcul et inspiré par les travaux de Kepler, Newton met en place les fondements de ce qui sera sa théorie de la gravitation universelle. De plus, il commence alors ses études expérimentales sur la nature de la lumière. Dès son retour à Cambridge en 1667, on reconnaît rapidement ses qualités exceptionnelles.

Archétype du professeur distrait, Newton tarde pourtant à publier ses travaux. Sa hantise de la critique le rend prudent.

Il faut attendre 1687 pour que, poussé par son ami l'astronome Halley, il publie son œuvre maîtresse *Philosophiæ naturalis principia mathematica*. Dans cet ouvrage, il expose sa théorie de la gravitation universelle et, sous une forme purement géométrique, son calcul différentiel et intégral.

Le calcul tel que présenté par Newton diffère beaucoup, dans sa forme, du calcul enseigné aujourd'hui. Newton ne se soucie guère de développer un symbolisme efficace. Le symbolisme actuel vient plutôt de Leibniz, un mathématicien que Newton considéra, à la fin de sa vie, comme un rival.

Lecture suggérée:

BLAY, M. «Il y a trois siècles, un certain Newton...», *Sciences et avenir*, n° 467, janvier 1986, p. 86–91.

Test préliminaire

1. Déterminer l'aire totale A et le volume V

   a) d'un cube d'arête c;

   b) d'un cylindre de rayon r et de hauteur h;

   c) d'une sphère de rayon r;

   d) d'un cône de rayon r et de hauteur h.

2. Compléter les égalités.

   a) $\sin (A + B) =$

   b) $\sin (A - B) =$

   c) $\cos (A + B) =$

   d) $\cos (A - B) =$

   e) $\cos^2 \theta + \sin^2 \theta =$

   f) $1 + \tan^2 \theta =$

   g) $1 + \cot^2 \theta =$

3. a) Exprimer $\sin 2\theta$ en fonction de $\sin \theta$ et $\cos \theta$.

   b) Exprimer $\cos 2\theta$ en fonction de $\cos \theta$ et $\sin \theta$.

   c) Exprimer $\cos 2\theta$ en fonction de $\cos \theta$.

   d) Exprimer $\cos 2\theta$ en fonction de $\sin \theta$.

   e) Exprimer $\sin^2 \theta$ en fonction de $\cos 2\theta$.

   f) Exprimer $\cos^2 \theta$ en fonction de $\cos 2\theta$.

4. Effectuer la multiplication des expressions suivantes par leur conjugué.

a) $1 - \cos \theta$

b) $1 + \sec t$

5. Exprimer N en fonction de t, si :

a) $\ln N = 5t$;

c) $\ln \left(\dfrac{N}{100} \right) = -4t$;

b) $\ln N = 5t + 3$;

d) $\ln N = -4t + \ln 100$.

6. Simplifier.

a) $e^{\frac{\ln\left(\frac{15}{12}\right)t}{2}}$

b) $e^{\frac{-\ln\left(\frac{3}{4}\right)t}{5}}$

7. Effectuer les divisions suivantes.

a) $\dfrac{2x^3 - 3x^2 - 7x + 9}{x^2 - 1}$

b) $\dfrac{3x^4 + 7x + 5}{x + 3}$

2.1 Différentielles

Objectif d'apprentissage

À la fin de cette section, l'élève pourra calculer la différentielle dy, la représenter graphiquement et l'utiliser dans certains problèmes.

Plus précisément, l'élève sera en mesure :

- de connaître la définition de dx et celle de dy, où $y = f(x)$;
- de déterminer la différentielle de certaines fonctions;
- de trouver des différentielles à l'aide des règles de dérivation;
- d'utiliser la différentielle pour démontrer certaines égalités;
- de repérer sur un graphique les valeurs dx, dy, Δx et Δy;
- de calculer certaines quantités par approximation en utilisant la différentielle.

Définitions et calculs de différentielles

Définition   La **différentielle de x**, notée dx, est un nombre réel quelconque, autrement dit $dx \in \mathbb{R}$.

Remarque   Si Δx est un accroissement donné à x, alors $\Delta x \in \mathbb{R}$ et nous pouvons écrire $dx = \Delta x$.

Définition   Si $y = f(x)$, la **différentielle de y**, notée dy, est définie par

$dy = f'(x)\, dx$, où $f'(x)$ est la dérivée de $f(x)$.

➤ *Exemple 1*   Calculons dy si $y = \sin 6x + \ln (3 + e^{-x})$.

$$dy = (\sin 6x + \ln (3 + e^{-x}))'\, dx \quad \text{(par définition de la différentielle)}$$

d'où $dy = \left[6 \cos 6x - \dfrac{e^{-x}}{3 + e^{-x}} \right] dx$

➤ *Exemple 2*   Calculons du si $u = \text{Arc tan } 2t$.

$$du = (\text{Arc tan } 2t)' \, dt \quad \text{(par définition de la différentielle)}$$

$$\text{d'où } du = \frac{2}{1 + 4t^2} \, dt$$

➤ *Exemple 3*   Calculons la différentielle d'un produit, c'est-à-dire *d(uv)* où *u* et *v* sont des fonctions de *x*.

$$
\begin{aligned}
d(uv) &= (uv)' \, dx &&\text{(par définition de la différentielle)}\\
&= (u'v + uv') \, dx &&\text{(dérivée d'un produit)}\\
&= vu' \, dx + uv' \, dx\\
&= v \, du + u \, dv &&\text{(car } u' \, dx = du \text{ et } v' \, dx = dv)
\end{aligned}
$$

➤ *Exemple 4*   Démontrons que si $u = 7x + 4$, alors $dx = \dfrac{du}{7}$.

Si $u = 7x + 4$

alors $du = 7dx$ (par définition de la différentielle)

d'où $dx = \dfrac{du}{7}$.

➤ *Exemple 5*   Démontrons que si $u = \ln(\cos 2x)$, alors $\tan 2x \, dx = \dfrac{-du}{2}$.

Si $u = \ln(\cos 2x)$

alors $du = \dfrac{-2 \sin 2x}{\cos 2x} \, dx$ (par définition de la différentielle)

$du = -2 \tan 2x \, dx,$

d'où $\tan 2x \, dx = \dfrac{-du}{2}$.

➤ *Exemple 6*   Démontrons que si $u = e^{0,5x}$, alors $dx = \dfrac{2 \, du}{u}$.

Si $u = e^{0,5x}$

alors $du = 0,5e^{0,5x} \, dx$ (par définition de la différentielle)

$dx = \dfrac{du}{0,5e^{0,5x}}$

d'où $dx = \dfrac{2 \, du}{u}$ (car $u = e^{0,5x}$).

Représentation graphique de la différentielle

Voyons maintenant l'interprétation graphique de la différentielle *dy* pour une fonction *f* croissante (voir page 51).

Soit une fonction *f* continue et dérivable en $x = x_0$.

Soit la tangente à la courbe de *f* au point $(x_0, f(x_0))$, dont la pente est donnée par $f'(x_0)$ et Δx un accroissement donné à x_0.

Nous avons $\Delta y = f(x_0 + \Delta x) - f(x_0)$

$$\Delta y = \overline{QN}.$$

De plus, m_{tan} au point $(x_0, f(x_0)) = \dfrac{\overline{MN}}{\Delta x}$ (voir le graphique).

Puisque m_{tan} au point $(x_0, f(x_0)) = f'(x_0)$

alors $\dfrac{\overline{MN}}{\Delta x} = f'(x_0)$

$$\overline{MN} = f'(x_0)\, \Delta x$$

$$\overline{MN} = f'(x_0)\, dx \quad (\text{car } dx = \Delta x),$$

d'où $\overline{MN} = dy \qquad (\text{car } dy = f'(x)\, dx).$

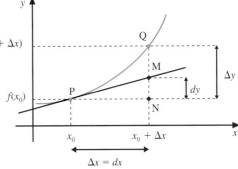

➤ *Exemple* Soit $f(x) = x^2 + 1$.

Calculons Δy et dy, si $x_0 = 1$ et $\Delta x = 2$ en représentant graphiquement.

Si $x_0 = 1$ et $\Delta x = 2$, alors $x_0 + \Delta x = 3$.

Ainsi $\Delta y = f(x_0 + \Delta x) - f(x_0)$

$$= f(3) - f(1)$$

$$= 8.$$

De $dy = f'(x)\, dx$, nous obtenons

$$dy = (x^2 + 1)'\, dx$$

$$= 2x\, dx$$

$$= 2(1)(2) \quad (\text{car } x = 1 \text{ et } dx = 2)$$

$$= 4.$$

D'où $\Delta y = 8$ et $dy = 4$.

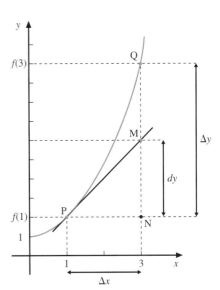

Remarque Nous pouvons constater graphiquement, qu'en général, plus Δx est petit, plus la valeur de Δy est près de la valeur de dy. ($\Delta y \approx dy$).

Approximation en utilisant la différentielle

➤ *Exemple 1* Calculons approximativement la valeur de $\sqrt{17}$ en utilisant la différentielle.

1re étape : Déterminer une fonction appropriée.

Puisqu'il est question d'extraire la racine carrée d'un nombre, choisissons $f(x) = \sqrt{x}$.

2e étape : Déterminer x_0 et dx.

Nous choisissons pour x_0, la valeur la plus près de 17 dont nous pouvons facilement calculer la racine carrée. Ainsi

$x_0 = 16$ et $dx = (17 - 16)$ c'est-à-dire $dx = 1$.

3e étape : Calculer la différentielle de la fonction déterminée à la première étape en utilisant les valeurs x_0 et dx de la deuxième étape.

Puisque $f(x) = x^{\frac{1}{2}}$, alors

$$dy = \frac{1}{2x^{\frac{1}{2}}} \, dx,$$

donc $dy = \frac{1}{2\sqrt{16}} \, (1)$ (car $x_0 = 16$ et $dx = 1$)

$$= 0{,}125.$$

4e *étape* : Calculer approximativement la valeur cherchée.

De $f(x_0 + \Delta x) - f(x_0) = \Delta y$ (définition de Δy),

nous avons $\sqrt{17} - \sqrt{16} = \Delta y$

$$\sqrt{17} = \sqrt{16} + \Delta y$$

$$\sqrt{17} \approx 4 + dy \quad (\text{car } \Delta y \approx dy),$$

d'où $\sqrt{17} \approx 4{,}125 \quad (\text{car } dy = 0{,}125).$

Voici un résumé des étapes à suivre pour calculer approximativement une valeur.

1. Déterminer une fonction appropriée.

2. Déterminer x_0 et dx.

3. Calculer la différentielle en utilisant les données trouvées en 1 et 2.

4. Calculer approximativement la valeur cherchée.

➤ *Exemple 2*   Calculons approximativement $\sqrt[3]{62}$.

1. Soit $f(x) = \sqrt[3]{x}$

2. Choisissons $x_0 = 64$ (car $\sqrt[3]{64} = 4$)

et $dx = 62 - 64 = \text{-}2.$

3. Puisque $f(x) = x^{\frac{1}{3}}$, alors

$$dy = \frac{1}{3x^{\frac{2}{3}}} \, dx,$$

donc $dy = \frac{1}{3\,(64)^{\frac{2}{3}}} \, (\text{-}2)$ (car $x_0 = 64$ et $dx = \text{-}2$)

$$= \frac{\text{-}1}{24}.$$

4. $f(x_0 + \Delta x) - f(x_0) = \Delta y$

$$\sqrt[3]{62} - \sqrt[3]{64} = \Delta y$$

$$\sqrt[3]{62} = \sqrt[3]{64} + \Delta y$$

$$\sqrt[3]{62} \approx 4 + dy \quad (\text{car } \Delta y \approx dy)$$

$$\sqrt[3]{62} \approx 4 - \frac{1}{24}$$

d'où $\sqrt[3]{62} \approx 3{,}958\overline{3}.$

➤ *Exemple 3*   Une feuille de métal carrée, d'aire *A*, se dilate sous l'effet de la chaleur de sorte que la mesure des côtés passe de 20 cm à 20,3 cm.

Soit ΔA, l'augmentation réelle de l'aire *A*.

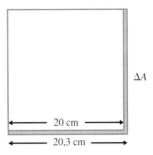

a) Calculons *dA*, l'augmentation approximative de l'aire *A*.

Puisque $A(x) = x^2$, $x_0 = 20$ et $dx = 0{,}3$, alors

$$dA = 2x\, dx$$

$$dA = 2(20)\,(0{,}3) \quad \text{(car } x_0 = 20 \text{ et } dx = 0{,}3)$$

d'où $dA = 12 \text{ cm}^2$.

b) Calculons ΔA, l'augmentation réelle de l'aire *A*.

$$\Delta A = A(20{,}3) - A(20)$$

$$= (20{,}3)^2 - (20)^2$$

d'où $\Delta A = 12{,}09 \text{ cm}^2$.

c) Calculons l'*erreur absolue* de l'approximation, c'est-à-dire $|\Delta A - dA|$.

Erreur absolue $= |12{,}09 - 12| = 0{,}09 \text{ cm}^2$.

d) Calculons l'*erreur relative* de l'approximation, c'est-à-dire $\left|\dfrac{\Delta A - dA}{\Delta A}\right|$.

Erreur relative $= \left|\dfrac{12{,}09 - 12}{12{,}09}\right| = 0{,}007\,44\ldots$

Nous pouvons également donner l'erreur relative sous la forme 0,744… %.

Exercices 2.1

1. Situer Δx, Δy, *dx* et *dy* sur le graphique suivant.

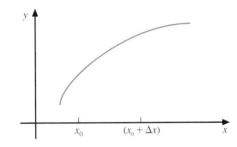

2. Calculer la différentielle de chaque fonction.

a) $y = x^4 - 3x$

b) $y = \dfrac{\sin \theta}{\theta}$

c) $u = \text{Arc tan } (t^3 - 1)$

d) $y = e^u \text{ Arc sin } u^2$

e) $s = 8 \text{ Arc sec } (\ln z)$

f) $v = 5^t + \log (t^4 + 1)$

3. Calculer les différentielles suivantes, où $K \in \mathbb{R}$ et *u* et *v* sont des fonctions de *x*.

a) $d\,(Ku)$ b) $d\,(u + v)$ c) $d\!\left(\dfrac{u}{v}\right)$

4. a) Si $u = x^8$, démontrer que $\dfrac{du}{8} = x^7\, dx$.

b) Si $u = 4x^3 - 3x^2$, démontrer que $(6x^2 - 3x)\, dx = \dfrac{du}{2}$.

c) Si $u = \dfrac{7}{x^6}$, démontrer que $\dfrac{21}{x^7}\, dx = \dfrac{-du}{2}$.

d) Si $u = e^{\tan \theta}$, démontrer que $\sec^2 \theta\, d\theta = \dfrac{du}{u}$.

5. Transformer les expressions suivantes en fonction de u et du.

a) $(6x + 6)\, dx$, où $u = x^2 + 2x + 1$.

b) $\dfrac{dx}{x^3}$, où $u = \dfrac{3}{x^2}$.

c) $e^{\sin x} \cos x \, dx$, où $u = \sin x$.

d) $e^{\sin x} \cos x \, dx$, où $u = e^{\sin x}$.

e) $(x^4 + 1)^5 \, x^3 \, dx$, où $u = x^4 + 1$.

f) $\dfrac{e^{2x}}{\sqrt{1 - e^{4x}}} \, dx$, où $u = e^{2x}$.

6. Calculer Δy et dy si y est définie par chacune des fonctions suivantes.

a) $f(x) = 4x - 5$, $x_0 = 3$ et $\Delta x = 0{,}1$

b) $g(x) = \dfrac{1}{x}$, $x_0 = -2$ et $\Delta x = -0{,}5$

7. Calculer d'une façon approximative les valeurs suivantes en utilisant la différentielle.

a) $\sqrt{101}$ c) $\ln 1{,}1$

b) $\sqrt[5]{31{,}5}$ d) $(1{,}98)^8$

8. Sous l'effet de la chaleur, le rayon d'une plaque circulaire métallique croît de 100 cm à 100,5 cm.

Calculer, en utilisant la différentielle, la valeur approximative de l'augmentation de l'aire A.

9. Soit $y = 2x^2 - x^3$, $x_0 = -3$ et $\Delta x = 0{,}1$.

a) Calculer Δy et dy.

b) Calculer l'erreur absolue de l'approximation de Δy par dy.

c) Calculer l'erreur relative de l'approximation.

10. Nous dégonflons un ballon sphérique de 15 cm de rayon jusqu'à ce que le rayon soit de 13,8 cm.

a) Calculer ΔV, la diminution réelle du volume V.

b) Calculer approximativement la diminution du volume V en utilisant la différentielle.

c) Calculer l'erreur absolue de l'approximation de ΔV par dV.

d) Calculer l'erreur relative de l'approximation.

11. Quelle doit être la précision dans la mesure des arêtes d'un cube pour que le volume obtenu soit de 125 ± 3 cm^3 ?

2.2 Intégrale indéfinie et formules de base

Objectif d'apprentissage

À la fin de cette section, l'élève pourra donner la définition de l'intégrale indéfinie, préciser certaines de ses propriétés et déterminer l'intégrale indéfinie de certaines fonctions.

Plus précisément, l'élève sera en mesure:

- de connaître la définition de primitive (ou antidérivée);
- de connaître la terminologie et la notation employées dans l'étude de l'intégrale indéfinie;
- de connaître certaines propriétés de l'intégrale indéfinie;
- de connaître l'intégrale indéfinie de x^a, où $a \in \mathbb{R}$ et $a \neq -1$;
- de connaître l'intégrale indéfinie de x^a, où $a = -1$;
- de connaître les formules d'intégration de base de certaines fonctions;
- de transformer la fonction à intégrer afin d'utiliser si possible les formules de base.

Intégrale indéfinie

Dans un premier cours de calcul différentiel, nous avons surtout calculé des dérivées de fonctions. Nous amorçons maintenant l'étude du processus inverse, c'est-à-dire déterminer une fonction dont la dérivée est donnée.

Définition	Une fonction F est appelée **primitive** (ou **antidérivée**) d'une fonction f si $$F'(x) = f(x).$$

➤ *Exemple 1* $F(x) = x^3 + \tan x$ est une primitive de $f(x) = 3x^2 + \sec^2 x$,

car $F'(x) = (x^3 + \tan x)'$

$= 3x^2 + \sec^2 x$

$= f(x).$

➤ *Exemple 2* $F(x) = \text{Arc} \tan e^x$ est une primitive de $f(x) = \dfrac{e^x}{1 + e^{2x}}$, car $F'(x) = f(x)$.

➤ *Exemple 3* $F(x) = x^6$ est une primitive de $f(x) = 6x^5$, car $F'(x) = f(x)$.

Il est facile de vérifier que les fonctions $(x^6 + 1)$, $(x^6 - 3)$ et $(x^6 + \pi)$ sont également des primitives de $f(x) = 6x^5$.

Soit $G(x)$ une autre primitive de $f(x) = 6x^5$, c'est-à-dire $G'(x) = f(x)$.

Puisque $G'(x) = F'(x)$ alors, d'après le corollaire 2 du théorème de la moyenne, nous avons

$$G(x) = F(x) + C \text{ où } C \in \mathbb{R}, \text{ d'où } G(x) = x^6 + C.$$

Nous noterons l'ensemble de toutes les primitives de $f(x) = 6x^5$ par $(x^6 + C)$ où $C \in \mathbb{R}$.

Définition	Nous appelons **intégrale indéfinie** de la fonction $f(x)$ toute expression de la forme $F(x) + C$, où $F(x)$ est une primitive de $f(x)$ et $C \in \mathbb{R}$, que nous notons comme suit : $$\int f(x)\, dx = F(x) + C, \text{ si } F'(x) = f(x).$$

La constante C apparaissant dans la définition de l'intégrale indéfinie s'appelle *constante d'intégration*. La fonction $f(x)$ est appelée *intégrande* et le x de l'expression dx nous indique la *variable d'intégration*.

➤ *Exemple 4* $\displaystyle\int 6x^5\, dx = x^6 + C$, car $(x^6)' = 6x^5$.

➤ *Exemple 5* $\displaystyle\int \frac{1}{\sqrt{1 - x^2}}\, dx = \text{Arc} \sin x + C$, car $(\text{Arc} \sin x)' = \dfrac{1}{\sqrt{1 - x^2}}$.

Propriétés de l'intégrale indéfinie

THÉORÈME 1	$\displaystyle\int [f(x) + g(x)]\, dx = \int f(x)\, dx + \int g(x)\, dx$

Preuve   Soit $\displaystyle\int f(x)\, dx = F(x) + C_1$ où $F'(x) = f(x)$ et

$\displaystyle\int g(x)\, dx = G(x) + C_2$ où $G'(x) = g(x)$.

Puisque $[F(x) + G(x)]' = F'(x) + G'(x)$ (propriété de la dérivée)

$= [f(x) + g(x)],$

nous pouvons affirmer que $[F(x) + G(x)]$ est une primitive de $[f(x) + g(x)]$, c'est-à-dire

$$\int [f(x) + g(x)] \, dx = F(x) + G(x) + C, \text{ où } C = C_1 + C_2$$
$$= (F(x) + C_1) + (G(x) + C_2)$$
$$= \int f(x) \, dx + \int g(x) \, dx.$$

Le théorème 1 signifie que l'intégrale d'une somme de fonctions est égale à la somme des intégrales des fonctions.

Le théorème 1 peut être généralisé à une somme, ou à une différence, de plus de deux fonctions.

THÉORÈME 2	Pour n fonctions, nous avons $$\int [f_1(x) \pm f_2(x) \pm \ldots \pm f_n(x)] \, dx = \int f_1(x) \, dx \pm \int f_2(x) \, dx \pm \ldots \pm \int f_n(x) \, dx.$$

➤ *Exemple 1* $\int [\sqrt{x} - \cos x + 4e^x] \, dx = \int \sqrt{x} \, dx - \int \cos x \, dx + \int 4e^x \, dx$ (théorème 2)

THÉORÈME 3	Si K est une constante, alors $\int Kf(x) \, dx = K \int f(x) \, dx$.

Preuve   Soit $\int f(x) \, dx = F(x) + C_1$ où $F'(x) = f(x)$.

Puisque $[KF(x)]' = KF'(x)$ (propriété de la dérivée)

$$= Kf(x),$$

nous pouvons affirmer que $KF(x)$ est une primitive de $Kf(x)$, c'est-à-dire

$$\int Kf(x) \, dx = KF(x) + C, \text{ où } C = KC_1$$
$$= K[F(x) + C_1]$$
$$= K \int f(x) \, dx.$$

➤ *Exemple 2* $\int \dfrac{7(x^2 + 3)^4}{5} \, dx = \dfrac{7}{5} \int (x^2 + 3)^4 \, dx$ (théorème 3)

➤ *Exemple 3* $\int \left[af(x) + \dfrac{g(x)}{b} \right] dx = \int af(x) \, dx + \int \dfrac{g(x)}{b} \, dx$ (théorème 1)

$$= a \int f(x) \, dx + \dfrac{1}{b} \int g(x) \, dx$$ (théorème 3)

Formules de base pour l'intégrale indéfinie

➤ *Exemple 1*   Sachant que $(x^5)' = 5x^4$,

nous avons $\int 5x^4 \, dx = x^5 + C_1$ (par définition).

Puisque $\int 5x^4 \, dx = 5 \int x^4 \, dx$ (théorème 3),

nous obtenons $5 \int x^4 \, dx = x^5 + C_1$;

alors
$$\int x^4 \, dx = \frac{x^5 + C_1}{5}$$

$$= \frac{x^5}{5} + \frac{C_1}{5},$$

d'où
$$\int x^4 \, dx = \frac{x^5}{5} + C \qquad \left(C = \frac{C_1}{5}\right).$$

Puisque $\left(\dfrac{x^{a+1}}{a+1}\right)' = x^a$, nous obtenons la formule d'intégration suivante.

FORMULE 1 $\quad \int x^a \, dx = \dfrac{x^{a+1}}{a+1} + C$, où $a \in \mathbb{R}$ et $a \neq -1$.

➤ *Exemple 2* $\quad \int x^7 \, dx = \dfrac{x^{7+1}}{7+1} + C = \dfrac{x^8}{8} + C$

➤ *Exemple 3* $\quad \int \dfrac{1}{s^4} \, ds = \int s^{-4} \, ds = \dfrac{s^{-4+1}}{-4+1} + C = \dfrac{s^{-3}}{-3} + C = \dfrac{1}{3s^3} + C$

➤ *Exemple 4* $\quad \int \sqrt{u} \, du = \int u^{\frac{1}{2}} \, du = \dfrac{u^{\frac{1}{2}+1}}{\frac{1}{2}+1} + C = \dfrac{u^{\frac{3}{2}}}{\frac{3}{2}} + C = \dfrac{2}{3} u^{\frac{3}{2}} + C$

➤ *Exemple 5* $\quad \int dx = \int 1 \, dx = \int x^0 \, dx = \dfrac{x^{0+1}}{0+1} + C = x + C$

➤ *Exemple 6* $\quad \int \left[x^4 - \sqrt[4]{x} + \dfrac{4}{5\sqrt[7]{x^3}}\right] dx = \int x^4 \, dx - \int x^{\frac{1}{4}} \, dx + \dfrac{4}{5} \int x^{-\frac{3}{7}} \, dx \qquad$ (théorèmes 2 et 3)

$$= \frac{x^5}{5} + C_1 - \left(\frac{x^{\frac{5}{4}}}{\frac{5}{4}} + C_2\right) + \frac{4}{5}\left(\frac{x^{\frac{4}{7}}}{\frac{4}{7}} + C_3\right)$$

$$= \frac{x^5}{5} - \frac{4x^{\frac{5}{4}}}{5} + \frac{7x^{\frac{4}{7}}}{5} + C \qquad\qquad (C = C_1 - C_2 + C_3)$$

Remarque Dans les intégrales indéfinies où plusieurs C_i devraient apparaître, nous pouvons effectuer toutes les intégrales et ajouter la constante C à la fin seulement.

Dans le cas où $a = -1$, nous avons à trouver $\int x^{-1} \, dx = \int \dfrac{1}{x} \, dx$.

En calculant la dérivée de $\ln |x|$ pour $x \neq 0$, nous obtenons

si $x > 0$, $\ln |x| = \ln x$, alors $(\ln |x|)' = \dfrac{1}{x}$;

si $x < 0$, $\ln |x| = \ln (-x)$, alors $(\ln |x|)' = \dfrac{-1}{-x} = \dfrac{1}{x}$.

Puisque $(\ln |x|)' = \dfrac{1}{x}$, nous obtenons la formule d'intégration suivante.

FORMULE 2	$\displaystyle\int \frac{1}{x}\, dx = \ln |x| + C$

➤ *Exemple 7* $\displaystyle\int \left[\frac{4}{7x} - \frac{5}{3x^2} \right] dx = \frac{4}{7} \int \frac{1}{x}\, dx - \frac{5}{3} \int x^{-2}\, dx$ (théorèmes 2 et 3)

$$= \frac{4}{7} \ln |x| + \frac{5}{3x} + C$$

Le tableau suivant contient les formules d'intégration de base obtenues à partir des formules de dérivation des fonctions trigonométriques, exponentielles et trigonométriques inverses.

Formules de dérivation	**Formules d'intégration**	
$(\sin x)' = \cos x$	Formule 3	$\displaystyle\int \cos x\, dx = \sin x + C$
$(\cos x)' = -\sin x$	Formule 4	$\displaystyle\int \sin x\, dx = -\cos x + C$
$(\tan x)' = \sec^2 x$	Formule 5	$\displaystyle\int \sec^2 x\, dx = \tan x + C$
$(\cot x)' = -\csc^2 x$	Formule 6	$\displaystyle\int \csc^2 x\, dx = -\cot x + C$
$(\sec x)' = \sec x \tan x$	Formule 7	$\displaystyle\int \sec x \tan x\, dx = \sec x + C$
$(\csc x)' = -\csc x \cot x$	Formule 8	$\displaystyle\int \csc x \cot x\, dx = -\csc x + C$
$(e^x)' = e^x$	Formule 9	$\displaystyle\int e^x\, dx = e^x + C$
$(a^x)' = a^x \ln a$	Formule 10	$\displaystyle\int a^x\, dx = \frac{a^x}{\ln a} + C$
$(\text{Arc } \sin x)' = \dfrac{1}{\sqrt{1-x^2}}$	Formule 11	$\displaystyle\int \frac{1}{\sqrt{1-x^2}}\, dx = \text{Arc } \sin x + C$
$(\text{Arc } \tan x)' = \dfrac{1}{1+x^2}$	Formule 12	$\displaystyle\int \frac{1}{1+x^2}\, dx = \text{Arc } \tan x + C$
$(\text{Arc } \sec x)' = \dfrac{1}{x\sqrt{x^2-1}}$	Formule 13	$\displaystyle\int \frac{1}{x\sqrt{x^2-1}}\, dx = \text{Arc } \sec x + C$

➤ *Exemple 8* $\int (5 \sin x - 3 \cos x)\, dx = 5 \int \sin x\, dx - 3 \int \cos x\, dx$ (théorèmes 2 et 3)

$$= 5\,(\text{-}\cos x) - 3 \sin x + C \qquad \text{(formules 4 et 3)}$$

$$= \text{-}5 \cos x - 3 \sin x + C$$

➤ *Exemple 9* $\int \left(\dfrac{7}{\sqrt{1-x^2}} + \dfrac{\sec^2 x}{3} \right) dx = 7 \int \dfrac{1}{\sqrt{1-x^2}}\, dx + \dfrac{1}{3} \int \sec^2 x\, dx$ (théorèmes 1 et 3)

$$= 7 \,\text{Arc} \sin x + \frac{1}{3} \tan x + C \qquad \text{(formules 11 et 5)}$$

➤ *Exemple 10* $\int \left(x^3 - 3^x + \left(\dfrac{1}{2}\right)^x \right) dx = \int x^3\, dx - \int 3^x\, dx + \int \left(\dfrac{1}{2}\right)^x dx$ (théorème 2)

$$= \frac{x^4}{4} - \frac{3^x}{\ln 3} + \frac{\left(\dfrac{1}{2}\right)^x}{\ln\left(\dfrac{1}{2}\right)} + C \qquad \text{(formules 1 et 10)}$$

➤ *Exemple 11* $\int \left(\dfrac{e^x}{3} - \dfrac{x^e}{5} + \dfrac{9 \csc x \cot x}{7} \right) dx = \dfrac{1}{3} \int e^x\, dx - \dfrac{1}{5} \int x^e\, dx + \dfrac{9}{7} \int \csc x \cot x\, dx$ (théorèmes 2 et 3)

$$= \frac{1}{3} e^x - \frac{1}{5} \frac{x^{e+1}}{e+1} - \frac{9}{7} \csc x + C \qquad \text{(formules 9, 1 et 8)}$$

Transformation de l'intégrande

Parfois, il est essentiel de transformer la fonction à intégrer avant d'utiliser les formules de base.

➤ *Exemple 1*   Calculons $\int (x^2 + 4)^2 \sqrt[3]{x}\, dx$.

$$\int (x^2 + 4)^2 \sqrt[3]{x}\, dx = \int (x^4 + 8x^2 + 16) x^{\frac{1}{3}}\, dx$$

$$= \int \left(x^{\frac{13}{3}} + 8x^{\frac{7}{3}} + 16x^{\frac{1}{3}} \right) dx$$

$$= \frac{x^{\frac{16}{3}}}{\frac{16}{3}} + \frac{8x^{\frac{10}{3}}}{\frac{10}{3}} + \frac{16x^{\frac{4}{3}}}{\frac{4}{3}} + C = \frac{3x^{\frac{16}{3}}}{16} + \frac{12x^{\frac{10}{3}}}{5} + 12x^{\frac{4}{3}} + C$$

➤ *Exemple 2*   Calculons $\int \left(\dfrac{4x^3 - 5x + 1}{x^2} \right) dx$.

$$\int \left(\frac{4x^3 - 5x + 1}{x^2} \right) dx = \int \left(\frac{4x^3}{x^2} - \frac{5x}{x^2} + \frac{1}{x^2} \right) dx \quad \text{(en décomposant en une somme de fractions)}$$

$$= \int \left(4x - \frac{5}{x} + x^{-2} \right) dx$$

$$= 2x^2 - 5 \ln |x| - \frac{1}{x} + C$$

➤ *Exemple 3*   Calculons $\int \tan^2 x \, dx$.

$$\int \tan^2 x \, dx = \int (\sec^2 x - 1) \, dx \quad (\text{car } \tan^2 x = \sec^2 x - 1)$$

$$= \tan x - x + C$$

Exercices 2.2

1. Compléter.

a) G est une primitive de g si...

b) $\int f'(x) \, dx =$

2. Déterminer si $F(x)$ est une primitive de $f(x)$ lorsque :

a) $F(x) = e^x + e^{-x}$ et $f(x) = e^x + e^{-x}$;

b) $F(x) = \sec^2 5x$ et $f(x) = 10 \sec^2 5x \tan 5x$;

c) $F(x) = \text{Arc} \sin 2x$ et $f(x) = \dfrac{2}{\sqrt{4x^2 - 1}}$;

d) $F(x) = \tan^2 x$ et $f(x) = 2 \sec^2 x \tan x$.

3. Pour les fonctions F suivantes, trouver une expression de la forme $\int f(x) \, dx = F(x) + C$.

a) $F(x) = x^3$

c) $F(x) = e^{\sqrt{x}}$

b) $F(x) = \text{Arc} \tan x$

d) $F(x) = \ln (x^2 + 1)$

4. Calculer les intégrales suivantes.

a) $\int x^7 \, dx$

f) $\int dx$

b) $\int \dfrac{1}{x^7} \, dx$

g) $\int (y + 1) \, dy$

c) $\int \sqrt[3]{x} \, dx$

h) $\int x^1 \, dx$

d) $\int \dfrac{1}{\sqrt{u}} \, du$

i) $\int (x^4 + 4^x) \, dx$

e) $\int \left(x^3 - \sqrt{x} + \dfrac{1}{\sqrt{x^3}} \right) dx$

5. Calculer les intégrales suivantes.

a) $\int [3 \sin \theta - \sec^2 \theta] \, d\theta$

b) $\int \left[3x^2 - e^x - \dfrac{5}{\sqrt{1 - x^2}} \right] dx$

c) $\int \left[4 \sec x \tan x - \dfrac{8}{1 + x^2} - 6 \csc^2 x \right] dx$

d) $\int \left[x^5 - 5^x + \dfrac{5}{x} - \dfrac{x}{5} \right] dx$

e) $\int \left[\dfrac{5 \cos u}{3} + \dfrac{1}{7u \sqrt{u^2 - 1}} \right] du$

f) $\int \left[\dfrac{7}{5 \sqrt{x}} - 2 \csc x \cot x + \dfrac{1}{3x^2} \right] dx$

6. Calculer les intégrales suivantes.

a) $\int (x - 2)(3 - 4x) \, dx$

b) $\int \left(\dfrac{4x^3 - 5x^2 - 1}{x^3} \right) dx$

c) $\int \left(x + \dfrac{1}{x} \right)^2 dx$

d) $\int \dfrac{1}{x} \left(4 - \dfrac{7}{\sqrt{x^2 - 1}} \right) dx$

e) $\int \left(\dfrac{\dfrac{\sqrt{x}}{2} - \dfrac{2}{\sqrt{x}}}{\sqrt{x}} \right) dx$

f) $\int \dfrac{x^2 - 4}{x - 2} \, dx$

g) $\int \dfrac{(x - 4)(x + 1)}{\sqrt{x}} \, dx$

h) $\int \sqrt{x^4 + 2x^2 + 1} \, dx$

i) $\int (x^2 - 1)^3 \, x \, dx$

7. Calculer les intégrales suivantes.

a) $\int (\cos^2 \theta + \sin^2 \theta) \, d\theta$

b) $\int \dfrac{\tan x}{\sec x} \, dx$

c) $\int \dfrac{3}{1 - \sin^2 x} \, dx$

d) $\int \dfrac{\sin t}{\cos^2 t} \, dt$

e) $\int \csc x \, (\sin x + \cot x) \, dx$

f) $\int \cot^2 u \, du$

2.3 Intégration à l'aide d'un changement de variable

Objectif d'apprentissage

À la fin de cette section, l'élève pourra résoudre certaines intégrales en utilisant la méthode du changement de variable.

Plus précisément, l'élève sera en mesure :

- de résoudre une intégrale à l'aide d'un changement de variable ;
- de déterminer des formules d'intégration pour les fonctions tan x et cot x, et de les appliquer ;
- de déterminer des formules d'intégration pour les fonctions sec x et csc x, et de les appliquer ;
- d'effectuer des intégrales après avoir utilisé certains artifices de calcul ou certaines identités.

Changement de variable

La méthode de résolution employée pour résoudre $\int (x^2 - 1)^3 \, x \, dx$ (Exercices 2.2, n° 6 i)) exige des transformations algébriques. Ainsi

$$\int (x^2 - 1)^3 \, x \, dx = \int (x^7 - 3x^5 + 3x^3 - x) \, dx \quad \text{(en effectuant)}$$
$$= \frac{x^8}{8} - \frac{x^6}{2} + \frac{3x^4}{4} - \frac{x^2}{2} + C \quad \text{(en intégrant)}.$$

Cette méthode laisse entrevoir des calculs de plus en plus longs pour des puissances de plus en plus grandes. Il serait à propos, dans de tels cas, de rechercher une nouvelle façon d'intégrer. Cette méthode s'appelle *changement de variable* ou *intégration par substitution*.

Calculons maintenant la même intégrale en utilisant la méthode du changement de variable.

Cette méthode de changement de variable consiste à :

1) choisir dans l'expression à intégrer une fonction f et à poser
   $$u = f(x) ;$$
2) calculer la différentielle de u,
   $$du = f'(x) \, dx ;$$
3) exprimer l'intégrale initiale en fonction de la variable u et de la différentielle du ;
4) intégrer en fonction de cette variable u ;
5) exprimer la réponse en fonction de la variable initiale.

➤ *Exemple 1* Calculons $\int (x^2 - 1)^3 \, x \, dx$ à l'aide d'un changement de variable.

En posant $\qquad u = x^2 - 1$,

nous obtenons $du = 2x\,dx$, ainsi $x\,dx = \dfrac{du}{2}$,

d'où $\displaystyle\int (x^2 - 1)^3\, x\,dx = \int \overbrace{(x^2-1)^3}^{u^3}\,\overbrace{x\,dx}^{\dfrac{du}{2}}$

$$= \int u^3\,\frac{du}{2} \qquad \text{(par substitution)}$$

$$= \frac{1}{2}\int u^3\,du \qquad \text{(théorème 3)}$$

$$= \frac{1}{2}\,\frac{u^4}{4} + C \qquad \text{(en intégrant)}$$

$$= \frac{u^4}{8} + C$$

$$= \frac{(x^2-1)^4}{8} + C \qquad (\text{car } u = x^2 - 1).$$

L'utilisateur peut vérifier que $\left(\dfrac{x^8}{8} - \dfrac{x^6}{2} + \dfrac{3x^4}{4} - \dfrac{x^2}{2}\right)$ et $\dfrac{(x^2-1)^4}{8}$ sont égales à une constante près (corollaire 2).

L'utilisateur constatera dans les prochains exemples que la méthode de changement de variable facilite beaucoup les calculs nécessaires à la résolution de certaines intégrales et permet même de résoudre certaines intégrales impossibles à résoudre directement avec les formules de base.

Le choix de u dépend en fait du type d'intégrale indéfinie que nous avons à effectuer. Nous choisissons généralement de poser $u = f(x)$ dans une intégrale donnée lorsque nous retrouvons dans cette même intégrale la dérivée $f'(x)$ multipliée par une constante.

➤ *Exemple 2*   Calculons $\displaystyle\int 5x^2\,\sqrt{2x^3 + 1}\,dx$.

En posant $\qquad u = 2x^3 + 1$,

nous obtenons $du = 6x^2\,dx$, ainsi $x^2\,dx = \dfrac{du}{6}$,

d'où $\displaystyle\int 5x^2\,\sqrt{2x^3+1}\,dx = 5\int \overbrace{(2x^3+1)^{\frac{1}{2}}}^{u^{\frac{1}{2}}}\,\overbrace{x^2\,dx}^{\dfrac{du}{6}}$

$$= 5\int u^{\frac{1}{2}}\,\frac{du}{6} \qquad \text{(par substitution)}$$

$$= \frac{5}{6}\int u^{\frac{1}{2}}\,du \qquad \text{(théorème 3)}$$

$$= \frac{5}{6}\,\frac{u^{\frac{3}{2}}}{\dfrac{3}{2}} + C \qquad \text{(en intégrant)}$$

$$= \frac{5}{9}\,(2x^3+1)^{\frac{3}{2}} + C \qquad (\text{car } u = 2x^3 + 1).$$

➤ *Exemple 3*   Calculons $\int \sin(4x+3)\, dx$.

En posant $u = 4x+3$,

nous obtenons $du = 4\, dx$, ainsi $dx = \dfrac{du}{4}$,

d'où $\int \sin(4x+3)\, dx = \int \sin \overbrace{(4x+3)}^{u}\ \overbrace{dx}^{\frac{du}{4}}$

$$= \int \sin u\ \frac{du}{4} \qquad \text{(par substitution)}$$

$$= \frac{1}{4} \int \sin u\, du \qquad \text{(théorème 3)}$$

$$= \frac{1}{4}(\text{-}\cos u) + C \qquad \text{(en intégrant)}$$

$$= \frac{\text{-}\cos(4x+3)}{4} + C \qquad \text{(car } u = 4x+3\text{).}$$

THÉORÈME 1   Si G est une primitive de g, alors $\int g(f(x))\, f'(x)\, dx = G(f(x)) + C$.

Preuve   En posant $u = f(x)$,

nous obtenons $du = f'(x)\, dx$,

d'où $\int g(f(x))\, f'(x)\, dx = \int g(u)\, du$

$$= G(u) + C \qquad \text{(car } G \text{ est une primitive de } g)$$

$$= G(f(x)) + C.$$

➤ *Exemple 4*   Calculons $\int \sin^5 3x \cos 3x\, dx$.

En posant $u = \sin 3x$,

nous obtenons $du = 3\cos 3x\, dx$, ainsi $\cos 3x\, dx = \dfrac{du}{3}$,

d'où $\int \sin^5 3x \cos 3x\, dx = \int \overbrace{(\sin 3x)^5}^{u^5}\ \overbrace{\cos 3x\, dx}^{\frac{du}{3}}$

$$= \int u^5\ \frac{du}{3} \qquad \text{(par substitution)}$$

$$-\frac{1}{3} \int u^5\, du \qquad \text{(théorème 3)}$$

$$= \frac{1}{3}\frac{u^6}{6} + C \qquad \text{(en intégrant)}$$

$$= \frac{\sin^6 3x}{18} + C \qquad \text{(car } u = \sin 3x\text{).}$$

➤ *Exemple 5*   Calculons $\displaystyle\int \frac{1}{x \ln^2 x}\, dx$.

En posant $\qquad u = \ln x,$

nous obtenons $du = \dfrac{1}{x}\, dx,$

d'où $\displaystyle\int \frac{1}{x \ln^2 x}\, dx = \int \underbrace{\frac{1}{(\ln x)^2}}_{u^2} \overbrace{\frac{1}{x}\, dx}^{du}$

$$= \int \frac{1}{u^2}\, du$$

$$= \int u^{-2}\, du$$

$$= \frac{-1}{u} + C$$

$$= \frac{-1}{\ln x} + C.$$

➤ *Exemple 6*   Calculons $\displaystyle\int \frac{\sec \sqrt{3x}\, \tan \sqrt{3x}}{\sqrt{x}}\, dx$.

En posant $\qquad u = \sqrt{3x},$

nous obtenons $du = \dfrac{3}{2\sqrt{3x}}\, dx$, ainsi $\dfrac{dx}{\sqrt{x}} = \dfrac{2\sqrt{3}}{3}\, du,$

d'où $\displaystyle\int \frac{\sec \sqrt{3x}\, \tan \sqrt{3x}}{\sqrt{x}}\, dx = \int \sec \overbrace{\sqrt{3x}}^{u} \tan \overbrace{\sqrt{3x}}^{u} \overbrace{\frac{dx}{\sqrt{x}}}^{\frac{2\sqrt{3}}{3}\, du}$

$$= \int \sec u \tan u\, \frac{2\sqrt{3}}{3}\, du$$

$$= \frac{2\sqrt{3}}{3} \int \sec u \tan u\, du$$

$$= \frac{2\sqrt{3}}{3} \sec u + C$$

$$= \frac{2\sqrt{3}}{3} \sec \sqrt{3x} + C.$$

➤ *Exemple 7*   Calculons $\displaystyle\int \sec^2\left(\frac{x}{3}\right) e^{\tan\left(\frac{x}{3}\right)}\, dx$.

En posant $\qquad u = \tan\left(\frac{x}{3}\right),$

nous obtenons $du = \dfrac{\sec^2\left(\dfrac{x}{3}\right)}{3}\,dx$, ainsi $\sec^2\left(\dfrac{x}{3}\right)dx = 3\,du$,

d'où $\displaystyle\int \sec^2\left(\frac{x}{3}\right) e^{\tan\left(\frac{x}{3}\right)}\,dx = \int \overbrace{e^{\tan\left(\frac{x}{3}\right)}}^{u}\ \overbrace{\sec^2\left(\frac{x}{3}\right)dx}^{3\,du}$

$$= \int e^u\, 3\,du$$

$$= 3\int e^u\,du$$

$$= 3\,e^u + C$$

$$= 3\,e^{\tan\left(\frac{x}{3}\right)} + C.$$

➤ *Exemple 8*   Calculons $\displaystyle\int \frac{10^{\mathrm{Arc\,tan}\,x}}{x^2+1}\,dx$.

En posant $u = \mathrm{Arc\,tan}\,x$,

nous obtenons $du = \dfrac{1}{1+x^2}\,dx$,

d'où $\displaystyle\int \frac{10^{\mathrm{Arc\,tan}\,x}}{x^2+1}\,dx = \int \overbrace{10^{\mathrm{Arc\,tan}\,x}}^{u}\ \overbrace{\frac{1}{x^2+1}\,dx}^{du}$

$$= \int 10^u\,du$$

$$= \frac{10^u}{\ln 10} + C$$

$$= \frac{10^{\mathrm{Arc\,tan}\,x}}{\ln 10} + C.$$

Nous aurons occasionnellement à transformer la fonction à intégrer avant d'effectuer un changement de variable.

➤ *Exemple 9*   Calculons $\displaystyle\int \frac{3x^4}{1+x^{10}}\,dx$.

En transformant $\displaystyle\int \frac{3x^4}{1+x^{10}}\,dx$, nous obtenons $\displaystyle\int \frac{3x^4}{1+(x^5)^2}\,dx$.

En posant $u = x^5$,

nous obtenons $du = 5x^4\,dx$, ainsi $x^4\,dx = \dfrac{du}{5}$,

d'où $\displaystyle\int \frac{3}{1+x^{10}}\,x^4\,dx = 3\int \frac{1}{1+\underbrace{(x^5)^2}_{u^2}}\ \overbrace{x^4\,dx}^{\frac{du}{5}}$

$$= 3 \int \frac{1}{1+u^2} \frac{du}{5}$$

$$= \frac{3}{5} \int \frac{du}{1+u^2}$$

$$= \frac{3}{5} \operatorname{Arc} \tan u + C$$

$$= \frac{3}{5} \operatorname{Arc} \tan x^5 + C.$$

Intégrale des fonctions tangente et cotangente

Déterminons une formule pour $\int \tan x \, dx$.

$$\int \tan x \, dx = \int \frac{\sin x}{\cos x} \, dx \quad \left(\text{car } \tan x = \frac{\sin x}{\cos x}\right)$$

En posant $\quad u = \cos x$,

nous obtenons $du = -\sin x \, dx$, ainsi $\sin x \, dx = -du$,

$$\text{d'où } \int \tan x \, dx = \int \frac{\overbrace{\sin x \, dx}^{-du}}{\underbrace{\cos x}_{u}}$$

$$= \int \frac{-du}{u} \qquad \text{(par substitution)}$$

$$= -\int \frac{1}{u} \, du$$

$$= -\ln|u| + C \qquad \text{(en intégrant)}$$

$$= -\ln|\cos x| + C \quad \text{(car } u = \cos x\text{)}.$$

Nous pouvons également obtenir $\int \tan x \, dx$ d'une façon différente.

$$\int \tan x \, dx = \int \frac{\tan x \sec x}{\sec x} \, dx \qquad \left(\text{car } \tan x = \frac{\tan x \sec x}{\sec x}\right)$$

En posant $\quad u = \sec x$,

nous obtenons $du = \sec x \tan x \, dx$, ainsi $\sec x \tan x \, dx = du$,

$$\text{d'où } \int \tan x \, dx = \int \frac{\overbrace{\tan x \sec x \, dx}^{du}}{\underbrace{\sec x}_{u}}$$

$$= \int \frac{1}{u} \, du \qquad \text{(par substitution)}$$

$$= \ln |u| + C \qquad \text{(en intégrant)}$$

$$= \ln |\sec x| + C \quad \text{(car } u = \sec x\text{)}.$$

L'utilisateur peut vérifier que $\ln |\sec x| = -\ln |\cos x|$.

Nous avons donc les formules d'intégration suivantes.

FORMULE 14

a) $\int \tan x \, dx = -\ln |\cos x| + C$

ou

b) $\int \tan x \, dx = \ln |\sec x| + C$

Nous laissons en exercice (Exercices 2.3, 4 a)) la démonstration de la formule d'intégration suivante.

FORMULE 15 $\quad \int \cot x \, dx = \ln |\sin x| + C$

➤ *Exemple 1*   Calculons $\int \tan 6x \, dx$.

En posant $\qquad u = 6x$,

nous obtenons $du = 6 \, dx$, ainsi $dx = \dfrac{du}{6}$,

d'où $\int \tan 6x \, dx = \int \tan \overbrace{6x}^{u} \overbrace{dx}^{\frac{du}{6}}$

$$= \int \tan u \, \frac{du}{6}$$

$$= \frac{1}{6} \int \tan u \, du$$

$$= \frac{1}{6} \ln |\sec u| + C$$

$$= \frac{1}{6} \ln |\sec 6x| + C.$$

➤ *Exemple 2*   Calculons $\int \dfrac{e^{\sqrt{x}} \cot (e^{\sqrt{x}} + 1)}{\sqrt{x}} \, dx$.

En posant $\qquad u = e^{\sqrt{x}} + 1$,

nous obtenons $du = \dfrac{e^{\sqrt{x}} \, dx}{2\sqrt{x}}$, ainsi $\dfrac{e^{\sqrt{x}} \, dx}{\sqrt{x}} = 2 \, du$,

d'où $\int \dfrac{e^{\sqrt{x}} \cot (e^{\sqrt{x}} + 1)}{\sqrt{x}} \, dx = \int \cot \overbrace{(e^{\sqrt{x}} + 1)}^{u} \overbrace{\dfrac{e^{\sqrt{x}} \, dx}{\sqrt{x}}}^{2 \, du}$

$$= \int \cot u \, 2 \, du$$

$$= 2 \int \cot u \; du$$

$$= 2 \ln |\sin u| + C$$

$$= 2 \ln |\sin (e^{\sqrt{x}} + 1)| + C.$$

Intégrale des fonctions sécante et cosécante

Déterminons une formule pour $\int \sec x \; dx$.

$$\int \sec x \; dx = \int \frac{\sec x \, (\sec x + \tan x)}{(\sec x + \tan x)} \; dx \quad \left(\text{car} \; \sec x = \frac{\sec x \, (\sec x + \tan x)}{(\sec x + \tan x)} \right)$$

En posant $\quad u = \sec x + \tan x,$

nous obtenons $du = (\sec x \tan x + \sec^2 x) \; dx$, ainsi $\sec x \, (\sec x + \tan x) \; dx = du$,

d'où $\int \sec x \; dx = \int \dfrac{\overbrace{\sec x \, (\sec x + \tan x) \; dx}^{du}}{\underbrace{(\sec x + \tan x)}_{u}}$

$$= \int \frac{1}{u} \; du$$

$$= \ln |u| + C$$

$$= \ln |\sec x + \tan x| + C.$$

Nous avons donc la formule d'intégration suivante.

FORMULE 16	$\int \sec x \; dx = \ln |\sec x + \tan x| + C$

Nous laissons en exercice (Exercices 2.3, 4 b) et 4 c)) la démonstration des formules d'intégration suivantes.

FORMULE 17	a) $\int \csc x \; dx = \text{-}\ln |\csc x + \cot x| + C$ ou b) $\int \csc x \; dx = \ln |\csc x - \cot x| + C$

L'utilisateur peut vérifier que $\text{-}\ln |\csc x + \cot x| = \ln |\csc x - \cot x|$.

➤ *Exemple*   Calculons $\int \sec (1 - 3x) \; dx$.

En posant $\quad u = 1 - 3x,$

nous obtenons $du = \text{-}3 \; dx$, ainsi $dx = \dfrac{du}{\text{-}3},$

$$d'où \int \sec (1 - 3x)\, dx = \int \sec \overbrace{(1 - 3x)}^{u} \overbrace{dx}^{\dfrac{du}{-3}}$$

$$= \int \sec u\, \frac{du}{-3}$$

$$= \frac{-1}{3} \int \sec u\, du$$

$$= \frac{-1}{3} \ln |\sec u + \tan u| + C$$

$$= \frac{-1}{3} \ln |\sec (1 - 3x) + \tan (1 - 3x)| + C.$$

Utilisation d'artifices de calcul pour intégrer

Lorsque la fonction à intégrer est de la forme $\dfrac{f(x)}{g(x)}$, où $f(x)$ et $g(x)$ sont des polynômes, tels que le degré du numérateur est supérieur ou égal au degré du dénominateur, nous pouvons d'abord effectuer la *division* avant d'intégrer.

➤ *Exemple 1*   Calculons $\displaystyle\int \frac{4x^3 + 7x + 5}{x^2 + 1}\, dx$.

En effectuant la division $\dfrac{4x^3 + 7x + 5}{x^2 + 1}$, nous obtenons $4x + \dfrac{3x + 5}{x^2 + 1}$,

$$d'où \int \frac{4x^3 + 7x + 5}{x^2 + 1}\, dx = \int \left[4x + \frac{3x + 5}{x^2 + 1} \right] dx$$

$$= \int \left[4x + \frac{3x}{x^2 + 1} + \frac{5}{x^2 + 1} \right] dx$$

$$= \int 4x\, dx + \int \frac{3x}{x^2 + 1}\, dx + \int \frac{5}{x^2 + 1}\, dx$$

$$= 2x^2 + \frac{3}{2} \int \frac{du}{u} + 5 \operatorname{Arc} \tan x \quad \begin{array}{l}(\text{où } u = x^2 + 1 \\ \text{et } du = 2x\, dx)\end{array}$$

$$= 2x^2 + \frac{3}{2} \ln |u| + 5 \operatorname{Arc} \tan x + C$$

$$= 2x^2 + \frac{3}{2} \ln (x^2 + 1) + 5 \operatorname{Arc} \tan x + C.$$

Pour calculer l'intégrale de certaines fonctions, il peut être utile de multiplier le numérateur et le dénominateur par le *conjugué* du dénominateur.

➤ *Exemple 2*   Calculons $\displaystyle\int \frac{1}{1 - \sin x}\, dx$.

En multipliant le numérateur et le dénominateur par $(1 + \sin x)$, où $(1 + \sin x)$ est le conjugué de $(1 - \sin x)$, nous obtenons

$$\int \frac{1}{1 - \sin x}\, dx = \int \frac{(1 + \sin x)}{(1 - \sin x)\,(1 + \sin x)}\, dx$$

$$= \int \frac{(1 + \sin x)}{1 - \sin^2 x}\, dx$$

$$= \int \frac{(1 + \sin x)}{\cos^2 x}\, dx \quad (\text{car } 1 - \sin^2 x = \cos^2 x)$$

$$= \int \left[\frac{1}{\cos^2 x} + \frac{\sin x}{\cos^2 x} \right] dx$$

$$= \int (\sec^2 x + \sec x \tan x)\, dx$$

$$= \tan x + \sec x + C.$$

Pour calculer l'intégrale de certaines fonctions, il peut être utile d'utiliser des *identités trigonométriques*, vues dans le Test préliminaire.

➤ *Exemple 3*   Calculons $\int \sin^2 \theta\, d\theta$.

Nous pouvons effectuer cette intégrale en utilisant l'identité trigonométrique suivante :

$$\sin^2 \theta = \frac{1 - \cos 2\theta}{2}$$

d'où $\displaystyle \int \sin^2 \theta\, d\theta = \int \frac{1 - \cos 2\theta}{2}\, d\theta$

$$= \frac{1}{2} \int (1 - \cos 2\theta)\, d\theta$$

$$= \frac{1}{2} \left[\int 1\, d\theta - \int \cos 2\theta\, d\theta \right]$$

$$= \frac{1}{2} \left[\theta - \frac{1}{2} \int \cos u\, du \right] \quad (\text{où } u = 2\theta \text{ et } du = 2\, d\theta)$$

$$= \frac{1}{2} \left[\theta - \frac{1}{2} \sin u \right] + C$$

$$= \frac{1}{2} \left[\theta - \frac{\sin 2\theta}{2} \right] + C$$

$$= \frac{\theta}{2} - \frac{\sin 2\theta}{4} + C$$

$$= \frac{\theta}{2} - \frac{\sin \theta \cos \theta}{2} + C \quad (\text{car } \sin 2\theta = 2 \sin \theta \cos \theta).$$

➤ *Exemple 4*   Calculons $\int \cos^2 3x\, dx$.

Nous pouvons effectuer cette intégrale en utilisant l'identité trigonométrique suivante : $\cos^2 \theta = \dfrac{1 + \cos 2\theta}{2}$, ainsi $\cos^2 3x = \dfrac{1 + \cos 6x}{2}$,

$$\text{d'où } \int \cos^2 3x \, dx = \int \frac{1 + \cos 6x}{2} \, dx$$

$$= \frac{1}{2} \int (1 + \cos 6x) \, dx$$

$$= \frac{1}{2} \left[\int 1 \, dx + \int \cos 6x \, dx \right]$$

$$= \frac{1}{2} \left[x + \frac{1}{6} \int \cos u \, du \right] \quad (\text{où } u = 6x \text{ et } du = 6 \, dx)$$

$$= \frac{1}{2} \left[x + \frac{1}{6} \sin u \right] + C$$

$$= \frac{1}{2} \left[x + \frac{1}{6} \sin 6x \right] + C \quad (\text{car } u = 6x)$$

$$= \frac{x}{2} + \frac{\sin 6x}{12} + C.$$

➤ *Exemple 5*   Calculons $\int \dfrac{1}{1 - \cos 2x} \, dx$.

$$\int \frac{1}{1 - \cos 2x} \, dx = \int \frac{1}{1 - (\cos^2 x - \sin^2 x)} \, dx \quad (\text{car } \cos 2x = \cos^2 x - \sin^2 x)$$

$$= \int \frac{1}{(1 - \cos^2 x) + \sin^2 x} \, dx$$

$$= \int \frac{1}{2 \sin^2 x} \, dx \quad (\text{car } 1 - \cos^2 x = \sin^2 x)$$

$$= \frac{1}{2} \int \csc^2 x \, dx$$

$$= \frac{-\cot x}{2} + C$$

Remarque L'intégrale précédente peut également être résolue en utilisant le conjugué du dénominateur.

Pour calculer l'intégrale de certaines fonctions, où nous avons posé $u = f(x)$, il peut être nécessaire d'exprimer x en fonction de u pour résoudre l'intégrale.

➤ *Exemple 6*   Calculons $\int x^2 \sqrt{8x + 1} \, dx$.

En posant $u = 8x + 1$,

nous obtenons $du = 8 \, dx$, ainsi $dx = \dfrac{du}{8}$,

$$\text{d'où } \int x^2 \sqrt{8x + 1} \, dx = \int x^2 \underbrace{(8x + 1)^{\frac{1}{2}}}_{u^{\frac{1}{2}}} \underbrace{}_{\frac{du}{8}} dx.$$

Avant d'intégrer il faut exprimer x en fonction de u.

De $u = 8x + 1$, nous trouvons $x = \dfrac{u-1}{8}$,

d'où $\displaystyle\int x^2 \sqrt{8x+1}\, dx = \int \underbrace{x^2}_{\left(\frac{u-1}{8}\right)^2} \underbrace{(8x+1)^{\frac{1}{2}}}_{u^{\frac{1}{2}}} \underbrace{dx}_{\frac{du}{8}}$

$$= \int \frac{(u-1)^2}{64} u^{\frac{1}{2}} \frac{du}{8}$$

$$= \frac{1}{512} \int (u^2 - 2u + 1)\, u^{\frac{1}{2}}\, du$$

$$= \frac{1}{512} \int \left(u^{\frac{5}{2}} - 2u^{\frac{3}{2}} + u^{\frac{1}{2}} \right) du$$

$$= \frac{1}{512} \left(\frac{2}{7} u^{\frac{7}{2}} - 2 \cdot \frac{2}{5} u^{\frac{5}{2}} + \frac{2}{3} u^{\frac{3}{2}} \right) + C$$

$$= \frac{1}{512} \left(\frac{2}{7} (8x+1)^{\frac{7}{2}} - \frac{4}{5} (8x+1)^{\frac{5}{2}} + \frac{2}{3} (8x+1)^{\frac{3}{2}} \right) + C.$$

➤ *Exemple 7*   Calculons $\displaystyle\int \frac{1}{x\sqrt{9x^2-5}}\, dx$.

Nous remarquons que cette intégrale semble du même type que $\displaystyle\int \frac{1}{u\sqrt{u^2-1}}\, du$.

Transformons donc $\displaystyle\int \frac{1}{x\sqrt{9x^2-5}}\, dx$.

$$\int \frac{1}{x\sqrt{9x^2-5}}\, dx = \int \frac{1}{x\sqrt{5\left(\frac{9x^2}{5}-1\right)}}\, dx = \frac{1}{\sqrt{5}} \int \frac{1}{x\sqrt{\left(\frac{3x}{\sqrt{5}}\right)^2 - 1}}\, dx$$

Posons $u = \dfrac{3x}{\sqrt{5}}$, ainsi $x = \dfrac{\sqrt{5}}{3}u$,

alors $du = \dfrac{3}{\sqrt{5}}\, dx$, ainsi $dx = \dfrac{\sqrt{5}}{3}\, du$,

d'où $\displaystyle\int \frac{1}{x\sqrt{9x^2-5}}\, dx = \frac{1}{\sqrt{5}} \int \frac{1}{\underbrace{x}_{\frac{\sqrt{5}}{3}u} \sqrt{\underbrace{\left(\frac{3x}{\sqrt{5}}\right)^2}_{u^2} - 1}}\, \underbrace{dx}_{\frac{\sqrt{5}}{3}\, du}$

$$= \frac{1}{\sqrt{5}} \int \frac{\frac{\sqrt{5}}{3}}{\frac{\sqrt{5}}{3} u \sqrt{u^2 - 1}} \, du$$

$$= \frac{1}{\sqrt{5}} \text{Arc sec } u + C$$

$$= \frac{1}{\sqrt{5}} \text{Arc sec} \left(\frac{3x}{\sqrt{5}} \right) + C$$

$$= \frac{\sqrt{5}}{5} \text{Arc sec} \left(\frac{3 \sqrt{5} x}{5} \right) + C.$$

Exercices 2.3

1. Calculer les intégrales suivantes.

a) $\int \sqrt{3 + 2x} \, dx$

b) $\int \sqrt[3]{5 - 8x} \, dx$

c) $\int 4x(5 - 3x^2)^5 \, dx$

d) $\int (x^3 - 4)x \, dx$

e) $\int \frac{3r}{\sqrt{1 - r^2}} \, dr$

f) $\int (3t^4 + 12t^2)^2 (6t^3 + 12t) \, dt$

g) $\int \frac{1}{4x - 3} \, dx$

h) $\int \frac{1}{(4x - 3)^2} \, dx$

i) $\int \frac{12h^2}{(h^3 + 8)} \, dh$

j) $\int \frac{h^3 + 8}{12h^2} \, dh$

k) $\int \frac{(4 - \sqrt{x})^7}{\sqrt{x}} \, dx$

l) $\int \frac{1}{\sqrt{x} \, [\sqrt{x} + 5]} \, dx$

2. Calculer les intégrales suivantes.

a) $\int 5 \cos 3x \, dx$

b) $\int x \sin (1 - 3x^2) \, dx$

c) $\int \sin x \cos x \, dx$

d) $\int \frac{3 \sec^2 4\theta}{\tan^3 4\theta} \, d\theta$

e) $\int \tan t \sec^3 t \, dt$

f) $\int 4 \csc^2 (1 - 40x) \, dx$

g) $\int \frac{\csc^2 x}{3 + 5 \cot x} \, dx$

h) $\int \frac{\sec^2 (3 - \sqrt{x})}{\sqrt{x}} \, dx$

i) $\int \frac{1}{t^2} \sec \left(\frac{1}{t} \right) \tan \left(\frac{1}{t} \right) dt$

j) $\int \cot \left(\frac{x}{2} \right) \csc \left(\frac{x}{2} \right) dx$

k) $\int \sin 2x \cos^4 2x \, dx$

l) $\int 5 \sin^6 \left(\frac{x}{5} \right) \cos \left(\frac{x}{5} \right) dx$

3. Calculer les intégrales suivantes.

a) $\int \cos x \, e^{\sin x} \, dx$

b) $\int (5e^x + 1)^3 \, e^x \, dx$

c) $\int \frac{e^{-4x}}{1 - e^{-4x}} \, dx$

d) $\int e^{-x} \, dx$

e) $\int \frac{\pi^{\sqrt[3]{x}}}{\sqrt[3]{x^2}} \, dx$

f) $\int \frac{e^x + \cos x}{e^x + \sin x} \, dx$

g) $\int 10^{\tan 3\theta} \sec^2 3\theta \, d\theta$

h) $\int \frac{e^{\text{Arc sin } x}}{\sqrt{1 - x^2}} \, dx$

i) $\int \frac{3^{\cos 8x}}{\csc 8x} \, dx$

j) $\int \frac{e^x}{1 + e^x} \, dx$

k) $\displaystyle\int \frac{e^x}{1 + e^{2x}}\, dx$ l) $\displaystyle\int \frac{5^x}{\sqrt{1 - 5^{2x}}}\, dx$

4. Démontrer les formules d'intégration suivantes en utilisant un changement de variable approprié.

a) $\displaystyle\int \cot x\, dx = \ln\,|\sin x| + C$ (formule 15)

b) $\displaystyle\int \csc x\, dx = -\ln\,|\csc x + \cot x| + C$
   (formule 17 a))

c) $\displaystyle\int \csc x\, dx = \ln\,|\csc x - \cot x| + C$
   (formule 17 b))

5. Calculer les intégrales suivantes.

a) $\displaystyle\int \tan\,(5\theta + 1)\, d\theta$

b) $\displaystyle\int \csc\left(\frac{1 - t}{3}\right) dt$

c) $\displaystyle\int 4e^x \sec\,(3e^x)\, dx$

6. Calculer les intégrales suivantes.

a) $\displaystyle\int \frac{6x^2 - 11x + 5}{3x - 4}\, dx$

b) $\displaystyle\int \frac{2x^3 - 3x^2 + x + 1}{x^2 + 1}\, dx$

c) $\displaystyle\int \frac{1}{1 + \cos 3\theta}\, d\theta$

d) $\displaystyle\int \frac{\cos^3 t}{1 - \sin t}\, dt$

e) $\displaystyle\int \cos^2 x\, dx$

f) $\displaystyle\int (\cos x + \sin x)^2\, dx$

g) $\displaystyle\int x\,\sqrt{2x - 1}\, dx$

h) $\displaystyle\int x^9\,(x^5 + 1)^{20}\, dx$

i) $\displaystyle\int \frac{1}{25t^2 + 100}\, dt$

7. Calculer les intégrales suivantes.

a) $\displaystyle\int \frac{x + 1}{x^2 + 2x - 1}\, dx$

b) $\displaystyle\int \frac{x^2 + 2x - 1}{x + 1}\, dx$

c) $\displaystyle\int \frac{x + 1}{x^2 - x - 2}\, dx$

d) $\displaystyle\int \frac{e^{2x}}{\sqrt{1 - e^{2x}}}\, dx$

e) $\displaystyle\int \frac{e^x}{\sqrt{1 - e^{2x}}}\, dx$

f) $\displaystyle\int \frac{4}{\sqrt{e^{2x} - 1}}\, dx$

g) $\displaystyle\int \frac{e^{2x}}{(1 + e^x)^2}\, dx$

h) $\displaystyle\int \frac{1}{\sqrt{x}\,(1 + \sqrt{x})}\, dx$

i) $\displaystyle\int \frac{1}{\sqrt{x}\,(1 + x)}\, dx$

8. Démontrer les formules d'intégration suivantes en utilisant un changement de variable approprié.

a) $\displaystyle\int \frac{1}{\sqrt{a^2 - x^2}}\, dx = \text{Arc sin}\left(\frac{x}{a}\right) + C$

b) $\displaystyle\int \frac{1}{a^2 + x^2}\, dx = \frac{1}{a}\,\text{Arc tan}\left(\frac{x}{a}\right) + C$

c) $\displaystyle\int \frac{1}{x\,\sqrt{x^2 - a^2}}\, dx = \frac{1}{a}\,\text{Arc sec}\left(\frac{x}{a}\right) + C$

9. Utiliser les formules de l'exercice 8 qui précède pour calculer les intégrales suivantes.

a) $\displaystyle\int \frac{1}{\sqrt{9 - x^2}}\, dx$

b) $\displaystyle\int \frac{1}{2 + x^2}\, dx$

c) $\displaystyle\int \frac{7}{4x\,\sqrt{x^2 - 7}}\, dx$

d) $\displaystyle\int \frac{1}{4 + 9x^2}\, dx$

2.4 Résolution d'équations différentielles

Plus précisément, l'élève sera en mesure :

- de connaître la définition d'une équation différentielle ainsi que la définition de solution à une équation différentielle ;
- de résoudre des équations différentielles ;
- de connaître la notion de famille de courbes ;
- de déterminer, parmi la famille de courbes, la courbe qui satisfait une condition initiale.

Objectif d'apprentissage

À la fin de cette section, l'élève pourra utiliser la notion d'intégrale indéfinie pour résoudre des équations différentielles.

Équations différentielles

Définition

Une **équation différentielle** est une équation dans laquelle nous trouvons une fonction inconnue ainsi que une ou plusieurs de ses dérivées premières, secondes, troisièmes, etc.

➤ *Exemple 1*   Une équation de la forme $y'' - 3y' + 2y = 0$ est une équation différentielle.

De façon générale, résoudre une équation différentielle consiste à trouver une fonction, ou des fonctions, vérifiant cette équation.

Définition

Toute fonction vérifiant une équation différentielle est appelée **solution** de cette équation.

➤ *Exemple 2*   Vérifions que la fonction définie par $y = e^{2x}$ est une solution de l'équation différentielle $y'' - 3y' + 2y = 0$.

Puisque $y = e^{2x}$, alors $y' = 2e^{2x}$ et $y'' = 4e^{2x}$,

ainsi $y'' - 3y' + 2y = 4e^{2x} - 3(2e^{2x}) + 2e^{2x}$ (en remplaçant)

$$= 4e^{2x} - 6e^{2x} + 2e^{2x}$$

$$= 0.$$

D'où e^{2x} est une solution de l'équation différentielle.

Résolution d'équations différentielles

➤ *Exemple 1*   Trouvons y si $y' = 3x^2 + e^x + 5$.

En transformant cette équation à l'aide de la notation différentielle, nous obtenons

$$dy = (3x^2 + e^x + 5)\, dx.$$

Pour résoudre cette équation, il suffit d'intégrer les deux membres.

$$\int dy = \int (3x^2 + e^x + 5)\, dx$$

$$y + C_1 = x^3 + e^x + 5x + C_2 \quad \text{(en intégrant)},$$

d'où $y = x^3 + e^x + 5x + C$ est une solution de l'équation différentielle.

De façon générale, lorsque nous trouvons x et y dans une équation différentielle et que nous pouvons séparer les variables en regroupant les termes en y avec dy et les termes en x avec dx, nous devons effectuer cette transformation avant d'intégrer les deux membres de l'équation.

➤ *Exemple 2*   Résolvons $\dfrac{dy}{dx} = \dfrac{x^3}{y^2}$.

En regroupant, nous obtenons

$$y^2\, dy = x^3\, dx$$

$$\int y^2\, dy = \int x^3\, dx$$

$$\frac{y^3}{3} + C_1 = \frac{x^4}{4} + C_2 \quad \text{(en intégrant)}$$

$$\frac{y^3}{3} = \frac{x^4}{4} + C$$

$$y^3 = 3\left(\frac{x^4}{4} + C\right),$$

d'où $y = \left[3\left(\dfrac{x^4}{4} + C\right)\right]^{\frac{1}{3}}$

Dans ce cours, nous nous limiterons à la résolution d'équations différentielles où nous pouvons séparer les variables.

Familles de courbes

➤ *Exemple 1*   Soit $\dfrac{dy}{dx} = 2x$.

En résolvant cette équation, nous obtenons

$$dy = 2x\, dx$$

$$\int dy = \int 2x\, dx$$

$$y = x^2 + C, \text{ où } C \text{ est la constante d'intégration.}$$

Représentons graphiquement les courbes définies par $y = x^2 + C$ en donnant à C différentes valeurs.

Les courbes ci-contre ont été obtenues en donnant à C les valeurs 0, 2 et -4. Si nous donnons à C d'autres valeurs, nous obtenons d'autres courbes. Nous appelons l'ensemble de toutes ces courbes définies par $y = x^2 + C$, une famille de courbes.

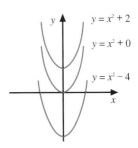

Définition   Nous appelons **famille de courbes** l'ensemble de toutes les courbes définies par y, où y est exprimée en fonction de x et de une ou plusieurs constantes.

➤ *Exemple 2*   Soit $yy' = -x$.

Résolvons cette équation et représentons graphiquement la famille de courbes correspondantes.

$$yy' = -x$$

$$y\frac{dy}{dx} = -x$$

$$y\, dy = -x\, dx \qquad \text{(en regroupant)}$$

$$\int y\, dy = \int -x\, dx$$

$$\frac{y^2}{2} + C_1 = \frac{-x^2}{2} + C_2 \quad \text{(en intégrant)}$$

$$\frac{y^2}{2} = C_3 - \frac{x^2}{2}$$

$$y^2 = 2C_3 - x^2$$

$$y^2 = C - x^2$$

$$\text{d'où} \quad y = \pm\sqrt{C - x^2}$$

Remarque Dans ce cas, il aurait été avantageux de laisser l'équation sous la forme $x^2 + y^2 = C$; cette équation représente un cercle de rayon $\sqrt{C}$.

En donnant à C différentes valeurs, nous obtenons une famille de cercles concentriques de centre $(0, 0)$ et de rayon $\sqrt{C}$.

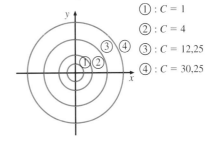

① : $C = 1$
② : $C = 4$
③ : $C = 12{,}25$
④ : $C = 30{,}25$

Définition   La condition imposée $y = y_0$ lorsque $x = x_0$ s'appelle **condition initiale**.

➤ *Exemple 3*   Déterminons maintenant, parmi la famille de courbes précédente, la courbe qui passe par le point $(-1, 2)$.

Pour déterminer l'équation de cette courbe, il suffit de remplacer x par -1 et y par 2 dans l'équation $x^2 + y^2 = C$ pour trouver C.

En remplaçant, nous obtenons

$$(-1)^2 + (2)^2 = C,$$

ainsi $C = 5$,

d'où $x^2 + y^2 = 5$ est l'équation de la courbe cherchée.

➤ *Exemple 4*   Trouvons $f(x)$ si $f''(x) = 12x + 6$, où $f'(2) = 1$ et $f(-2) = 3$.

Nous savons que $f'(x) = \int f''(x)\, dx$,

ainsi $f'(x) = \int (12x + 6)\, dx$

$f'(x) = 6x^2 + 6x + C_1$ (en intégrant).

Puisque $f'(2) = 1$,

nous obtenons $1 = 6(2)^2 + 6(2) + C_1$,

alors $C_1 = -35$,

d'où $f'(x) = 6x^2 + 6x - 35$.

Nous savons que $f(x) = \int f'(x)\, dx$,

ainsi $f(x) = \int (6x^2 + 6x - 35)\, dx$

$f(x) = 2x^3 + 3x^2 - 35x + C_2$ (en intégrant)

Puisque $f(-2) = 3$,

nous obtenons $3 = 2(-2)^3 + 3(-2)^2 - 35(-2) + C_2$,

alors $C_2 = -63$,

d'où $f(x) = 2x^3 + 3x^2 - 35x - 63$.

➤ *Exemple 5*   Trouvons l'équation représentant la famille de courbes dont la pente de la tangente à la courbe est égale à $3x^2$ en tout point (x, y) et déterminons, parmi toutes les courbes de la famille, celle qui passe par P(-2, 6).

Puisque la pente de la tangente est égale à $3x^2$, nous avons

$$\frac{dy}{dx} = 3x^2,$$

ainsi $dy = 3x^2\, dx$ (en regroupant)

$\int dy = \int 3x^2\, dx$

$y + C_1 = x^3 + C_2$ (en intégrant),

d'où $y = x^3 + C$.

En remplaçant x par -2 et y par 6,

nous obtenons $6 = (-2)^3 + C$,

ainsi $C = 14$,

d'où $y = x^3 + 14$ est l'équation cherchée.

Définition	Deux courbes sont **orthogonales** en un point de rencontre si les tangentes tracées en ce point sont perpendiculaires.

➤ *Exemple 6*   Déterminons, parmi la famille de courbes orthogonales à la courbe définie par $f(x) = x^3$, celle qui passe par P(2, 8).

Trouvons d'abord l'équation $y = g(x)$ de la famille de courbes.

En un point quelconque (x, y) de la courbe f définie par $f(x) = x^3$, la pente de la tangente à cette courbe est $m_1 = 3x^2$.

La pente m_2 de la tangente de la trajectoire orthogonale passant au même point (x, y) est

$$m_2 = \frac{-1}{m_1} \qquad (\text{car } m_1 \cdot m_2 = -1),$$

ainsi $\dfrac{dy}{dx} = \dfrac{-1}{3x^2} \qquad \left(\text{car } m_2 = \dfrac{dy}{dx} \text{ et } m_1 = 3x^2\right)$

$$dy = \frac{-dx}{3x^2} \qquad (\text{en regroupant})$$

$$\int dy = \int \frac{-1}{3x^2}\, dx$$

$$y + C_1 = \frac{1}{3x} + C_2 \quad (\text{en intégrant}),$$

d'où $y = \dfrac{1}{3x} + C$ est la famille de courbes orthogonales cherchées.

Pour déterminer l'équation de la courbe orthogonale qui passe par P(2, 8), il suffit de remplacer x par 2 et y par 8 dans l'équation $y = \dfrac{1}{3x} + C$.

Nous obtenons $8 = \dfrac{1}{3 \cdot 2} + C$,

ainsi $C = \dfrac{47}{6}$,

d'où $y = \dfrac{1}{3x} + \dfrac{47}{6}$ est la courbe cherchée.

Le graphique ci-contre illustre la courbe f définie par $f(x) = x^3$ et la courbe orthogonale au point (2, 8) ; cette dernière courbe est définie par $g(x) = \dfrac{1}{3x} + \dfrac{47}{6}$.

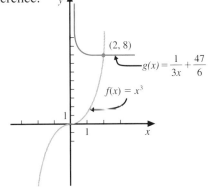

Exercices 2.4

1. Vérifier que y est une solution de l'équation différentielle donnée.

   a) $y = e^x + \sin x$ si $y'' + y = 2e^x$.

   b) $y = \sqrt{C + x^2}$ si $\dfrac{dy}{dx} = \dfrac{x}{y}$.

   c) $y = xe^{-x}$ si $xy' = y(1 - x)$.

   d) $y = \sin x$ si $\dfrac{d^2y}{dx^2} = -y$.

2. Résoudre les équations différentielles suivantes, et représenter graphiquement certaines courbes de la famille de courbes.

   a) $\dfrac{dy}{dx} = -2$

   b) $2x\,dx + 8y\,dy = 0$

   c) $\dfrac{dy}{dx} = \dfrac{y}{3}$ où $y > 0$.

3. Déterminer la valeur C dans les équations suivantes à l'aide de la condition initiale.

   a) $y = \left(\dfrac{2}{3}x^2 + C\right)^{\frac{1}{3}}$ si $y = 4$ lorsque $x = 3$.

   b) $y = 3x^2 + \dfrac{\ln x}{2} + C$ si $y = -3$ lorsque $x = 1$.

   c) $y = C(e^{2x} + 5)$ si $y = 10$ lorsque $x = 0$.

   d) $y = C \sin 2\theta$ si $y = 3$ lorsque $\theta = \dfrac{\pi}{12}$.

4. Après avoir résolu l'équation différentielle, trouver la valeur de la constante en utilisant la condition initiale donnée.

   a) $f'(x) = x^3 - 2x + 4$ et $f(1) = 4$.

   b) $\dfrac{ds}{dt} = -9{,}8t + 12$ et $s = 10$ lorsque $t = 0$.

   c) $\dfrac{dy}{dx} = \dfrac{x^2}{y^2}$ et la courbe passe par P(2, -1).

   d) $x^2y' = y$, où $y > 0$ et $y = 4$ lorsque $x = -1$.

   e) $y' = 2xy^2$ et la courbe passe par P(-3, 4).

   f) $\dfrac{dy}{dx} = \sqrt{xy}$, où $x > 0$, $y > 0$ et la courbe passe par P(4, 9).

   g) $\dfrac{dQ}{dt} = -5Q$, où $Q > 0$ et $Q = 22$ lorsque $t = 0$.

   h) $y^2\,dx = x^2\,dy$ et la courbe passe par P(1, -1).

5. Trouver l'équation de la courbe définie par $y = f(x)$:

   a) si $f''(x) = 3$, $f'(2) = 5$ et la courbe passe par le point (-2, 3);

   b) passant par le point (3, -2) et dont la pente de la tangente en un point (x, y) est donnée par $2x^2 + 3$;

   c) passant par le point (1, 6) et dont la tangente à la courbe en ce point est parallèle à la droite définie par $3x + 1$ et telle que $y'' = \dfrac{-1}{x^2}$.

6. a) Trouver l'équation de la famille de courbes dont la pente de la tangente est égale au carré de la fonction.

   b) Déterminer l'équation de la courbe passant par le point $\left(0, \dfrac{1}{2}\right)$.

7. a) Trouver l'équation $y = g(x)$ de la famille de courbes orthogonales à la famille de courbes définies par $f(x) = x^2 + K$ où $x > 0$ et $K \in \mathbb{R}$.

   b) Des familles précédentes, trouver l'équation des courbes passant par (1, 5).

   c) Représenter graphiquement ces courbes.

2.5 Applications de l'intégrale indéfinie

Plus précisément, l'élève sera en mesure :

- de connaître la relation entre les notions de position, de vitesse et d'accélération afin de résoudre des problèmes de physique ;
- d'utiliser l'intégrale indéfinie pour résoudre des problèmes d'économie ;
- d'utiliser l'intégrale indéfinie pour résoudre des problèmes de croissance et de décroissance.

Objectif d'apprentissage

À la fin de cette section, l'élève pourra résoudre des problèmes à l'aide de l'intégrale indéfinie.

Problèmes de physique

Soit les fonctions s, v et a, où

s représente la position d'un mobile en fonction du temps,

v représente la vitesse d'un mobile en fonction du temps et

a représente l'accélération d'un mobile en fonction du temps.

Dans un premier cours de calcul différentiel, nous avons vu que

$$\frac{ds}{dt} = v \text{ et que } \frac{dv}{dt} = a.$$

À partir de ces équations différentielles, nous obtenons

$$ds = v \, dt, \text{ d'où } s = \int v \, dt.$$

De même $dv = a \, dt$, d'où $v = \int a \, dt$.

➤ *Exemple 1*   Soit un mobile dont la vitesse en fonction du temps est donnée par $v(t) = 2t + 1$, où t est en secondes et $v(t)$ en m/s.

a) Déterminons la fonction s donnant la position du mobile en fonction du temps t, sachant qu'au temps $t = 0$, $s = 50$ m.

Puisque $s = \int v \, dt$,

alors $s = \int (2t + 1) \, dt$,

ainsi $s = t^2 + t + C$.

En remplaçant t par 0 et s par 50, nous obtenons

$$50 = 0^2 + 0 + C, \text{ ainsi } C = 50,$$

d'où $s(t) = t^2 + t + 50$.

b) Déterminons la position du mobile après les 5 premières secondes.

Puisque $s(5) = 80$, alors le mobile est situé à 80 m de son point d'observation.

c) Déterminons la distance parcourue par le mobile durant les 5 premières secondes.

$$s(5) - s(0) = 30, \text{ donc } 30 \text{ m.}$$

d) Déterminons le temps nécessaire pour que le mobile soit à 182 m de son point de départ.

En posant *s(t) − s(0) = 182*, nous obtenons

$$t^2 + t + 50 - 50 = 182$$

$$t^2 + t - 182 = 0$$

$$(t - 13)(t + 14) = 0,$$

d'où $t = 13$, donc 13 s   (car -14 est à rejeter).

➤ *Exemple 2*   Supposons qu'au moment où un automobiliste filant à 108 km/h applique les freins, l'accélération de son automobile en fonction du temps est donnée par *a(t)* = -6 où *t* est en secondes et *a(t)* en m/s².

a) Déterminons la fonction *v* donnant la vitesse en fonction du temps *t*.

Puisque $v = \int a\, dt,$

alors $v = \int -6\, dt,$

ainsi $v = -6t + C.$

Nous savons qu'à l'instant où l'automobiliste applique les freins, c'est-à-dire au temps $t = 0$, la vitesse de l'automobile est $v = 108$ km/h $= 30$ m/s, en remplaçant *t* par 0 et *v* par 30, nous obtenons

$$30 = -6(0) + C, \text{ ainsi } C = 30,$$

d'où *v(t) = -6t + 30*.

b) Déterminons la vitesse de l'automobile après 2 secondes.

v(2) = 18, donc 18 m/s ou 64,8 km/h.

c) Déterminons le temps nécessaire pour que l'automobile s'immobilise.

v(t) = 0, d'où $t = 5$, donc 5 s.

d) Déterminons la distance *d* parcourue entre le moment où l'automobiliste applique les freins et l'instant précis où l'automobile s'immobilise.

$$s = \int (-6t + 30)\, dt = -3t^2 + 30t + C$$

d'où $d = s(5) - s(0) = 75$, donc 75 m.

Problèmes d'économie

➤ *Exemple 1*   Nous estimons que le taux de dépréciation *D* d'une automobile d'une valeur de 21 600 $ est donné par *D(t)* = 300*t* − 3600, où *D* s'exprime en $/an, et $t \in [0 \text{ an}, 6 \text{ ans}]$.

Si nous voulons déterminer la valeur *V* de cette automobile après *t* années, il suffit d'intégrer *D*, car $\dfrac{dV}{dt} = D(t).$

De $\qquad \dfrac{dV}{dt} = 300t - 3600,$

nous obtenons $dV = (300t - 3600)\, dt,$

ainsi $\qquad V = \int (300t - 3600)\, dt$

$V(t) = 150t^2 - 3600t + C \quad$ (en intégrant).

Puisque la valeur initiale (c'est-à-dire au temps $t = 0$) de l'automobile est 21 600 \$,

nous avons $21\ 600 = 150(0)^2 - 3600(0) + C$, ainsi $C = 21\ 600,$

d'où $V(t) = 150t^2 - 3600t + 21\ 600.$

Si nous voulons, par exemple, déterminer la valeur de cette automobile après 3 ans, il suffit de calculer $V(3)$.

Ainsi $V(3) = 12\ 150$, c'est-à-dire 12 150 \$.

Dans un premier cours de calcul différentiel, nous avons vu que le coût marginal C_m est donné par la dérivée de la fonction coût C par rapport à la quantité q.

De $\qquad C_m = \dfrac{dC}{dq},$

nous obtenons $dC = C_m\, dq,$

d'où $\qquad C = \int C_m\, dq.$

De façon analogue, nous pouvons obtenir le revenu R de la façon suivante.

$$R = \int R_m\, dq, \text{ où } R_m \text{ est le revenu marginal.}$$

➤ *Exemple 2*   Un manufacturier estime que son revenu marginal R_m en \$/unité est donné par $R_m(q) = 50 + 0{,}2q$, où q est le nombre d'unités vendues.

Déterminons son revenu R en fonction de q.

Puisque $\qquad R = \int R_m\, dq,$

nous obtenons $\quad R = \int (50 + 0{,}2q)\, dq$

$R(q) = 50q + 0{,}1q^2 + C \quad$ (en intégrant).

En présumant que son revenu est nul lorsqu'il ne vend aucune unité,

nous obtenons $\quad 0 = 50(0) + 0{,}1(0)^2 + C$, ainsi $C = 0,$

d'où $\qquad R(q) = 50q + 0{,}1q^2.$

Le taux de variation d'un capital A, investi à un taux d'intérêt annuel i, capitalisé continuellement, est donné par l'équation différentielle suivante.

$$\dfrac{dA}{dt} = i\, A$$

➤ *Exemple 3*   Soit un capital de 1000 \$ investi à un taux d'intérêt annuel de 6 % capitalisé continuellement.

a) Déterminons la fonction A donnant le capital en fonction du temps.

Puisque $\qquad \dfrac{dA}{dt} = 0{,}06A \qquad$ (car $i = 0{,}06$), nous obtenons $\dfrac{dA}{A} = 0{,}06\, dt$ (en regroupant),

ainsi $\displaystyle\int \dfrac{dA}{A} = \int 0{,}06\, dt$

$\ln A = 0{,}06t + C$ (en intégrant).

En remplaçant t par 0 et A par 1000, nous obtenons

$\ln 1000 = 0{,}06(0) + C$, ainsi $C = \ln 1000$,

d'où $\ln A = 0{,}06t + \ln 1000$ (équation 1).

De l'équation précédente, nous avons

$A = e^{0{,}06t + \ln 1000} = e^{0{,}06t}\, e^{\ln 1000}$,

d'où $A = 1000 e^{0{,}06t}$ (équation 2).

b) Déterminons le capital A après 3 ans.

Pour déterminer ce capital, remplaçons t par 3 dans l'équation 2.

$A = 1000 e^{0{,}06 \times 3}$,

d'où $A \approx 1197{,}22$, donc environ 1197,22 $.

c) Déterminons le temps nécessaire pour que le capital initial double.

Pour déterminer ce temps, remplaçons A par 2000 dans l'équation 1.

$\ln 2000 = 0{,}06t + \ln 1000$

$0{,}06t = \ln 2000 - \ln 1000 = \ln 2$

$t = \dfrac{\ln 2}{0{,}06}$,

d'où $t \approx 11{,}55$, donc environ 11,55 ans.

Problèmes de croissance et de décroissance exponentielle

Il arrive fréquemment que le taux de croissance ou de décroissance d'une quantité soit proportionnel à la quantité présente ; par exemple, certains types de placements (Exemple 3 qui précède), la population d'un pays, le nombre de bactéries, la radioactivité, etc.

Lorsque le taux de croissance ou de décroissance d'une quantité Q est proportionnel en tout temps à la quantité présente, l'équation différentielle correspondante est de la forme

$\dfrac{dQ}{dt} = KQ$, où K est la *constante de proportionnalité*.

➤ *Exemple 1*   Si la population P d'une ville augmente proportionnellement, en tout temps, à la population présente à un taux de 5 % par année et qu'en 1995 elle était de 80 000 habitants,

a) trouvons la population de cette ville en l'an 2015 ;

L'équation différentielle correspondante est

$\dfrac{dP}{dt} = 0{,}05P$ (car $K = 0{,}05$),

ainsi $\dfrac{dP}{P} = 0,05\,dt$ (en regroupant)

$\ln P = 0,05t + C$ (en intégrant).

En remplaçant t par 0 (en 1995) et P par 80 000, nous obtenons

$\ln 80\,000 = 0,05(0) + C$, ainsi $C = \ln 80\,000,$

d'où $\ln P = 0,05t + \ln 80\,000$ (équation 1)

et $P = 80\,000e^{0,05t}$ (équation 2).

Pour déterminer la population en l'an 2015, il suffit de remplacer t par 20 dans l'équation 2.

$P = 80\,000e^{0,05 \times 20}$

$P \approx 217\,462$, donc environ 217 462 habitants.

b) déterminons en quelle année la population de cette ville sera de 150 000 habitants.

Pour déterminer cette année, remplaçons P par 150 000 dans l'équation 1 et trouvons t.

$\ln 150\,000 = 0,05t + \ln 80\,000$

$0,05t = \ln 150\,000 - \ln 80\,000$

$$t = \frac{\ln\left(\dfrac{15}{8}\right)}{0,05}$$

ainsi $t \approx 12,6$ ans, donc environ au milieu de l'an 2007.

Remarque Dans certains problèmes, nous devrons évaluer la valeur de la constante de proportionnalité K à l'aide des données du problème.

➤ *Exemple 2*   Dans une culture de bactéries, le nombre de bactéries s'accroît à un taux proportionnel au nombre de bactéries présentes au moment de l'observation. Si au début de l'expérience nous comptons 3000 bactéries et, 2 jours après, 7000 bactéries, déterminons la quantité de bactéries après 5 jours.

L'équation différentielle correspondante est $\dfrac{dN}{dt} = KN$, où N est le nombre de bactéries et K, la constante de proportionnalité.

Donc $\dfrac{dN}{N} = K\,dt$ (en regroupant)

$\displaystyle \int \frac{dN}{N} = \int K\,dt$

$\ln N = Kt + C$ (en intégrant).

Déterminons les valeurs de C et K à l'aide des données.

Nous savons que $N = 3000$ lorsque $t = 0$;

ainsi $\ln 3000 = K(0) + C$, donc $C = \ln 3000.$

L'équation devient alors $\ln N = Kt + \ln 3000.$

De plus, nous savons que $N = 7000$ lorsque $t = 2$,

ainsi $\ln 7000 = K(2) + \ln 3000$

$\ln 7000 - \ln 3000 = K(2)$

$$\ln\left(\frac{7}{3}\right) = K(2), \text{ ainsi } K = \frac{\ln\left(\frac{7}{3}\right)}{2},$$

d'où $$\ln N = \frac{\ln\left(\frac{7}{3}\right)}{2}\, t + \ln 3000 \quad \text{(équation 1)}$$

et $$N = 3000e^{\frac{\ln\left(\frac{7}{3}\right) t}{2}} \quad \text{(équation 2).}$$

Cette dernière équation peut être transformée de la façon suivante :

$$N = 3000\left(e^{\ln\left(\frac{7}{3}\right)}\right)^{\frac{t}{2}}$$

$$N = 3000\left(\frac{7}{3}\right)^{\frac{t}{2}}.$$

En remplaçant t par 5 dans cette dernière équation, nous obtenons $N \approx 24\ 949$ bactéries.

Remarque Il est également possible d'obtenir N en fonction de t d'une façon différente. En effet,

de $\ln N = Kt + C$, nous obtenons

$N = e^{Kt + C} = e^{Kt}e^{C}$

$\quad = C_1 e^{Kt}$ (car e^{C} est une constante).

Nous savons que $N = 3000$ lorsque $t = 0$,

donc $3000 = C_1 e^{0}$, ainsi $C_1 = 3000$.

L'équation devient alors $N = 3000\, e^{Kt} = 3000(e^{K})^{t}$.

De plus, nous savons que $N = 7000$ lorsque $t = 2$,

ainsi $7000 = 3000(e^{K})^{2}$

$$\frac{7}{3} = (e^{K})^{2},$$

donc $$e^{K} = \left(\frac{7}{3}\right)^{\frac{1}{2}},$$

d'où $$N = 3000\left(\frac{7}{3}\right)^{\frac{t}{2}}.$$

Définition   La **demi-vie** ou la **période** d'une substance radioactive est le temps nécessaire pour que la moitié de la masse de cette substance soit désintégrée.

➤ *Exemple 3*   Considérons une substance radioactive de masse initiale Q_0. Après 10 ans, sa masse est de 99,5 % de Q_0.

a) Calculons à partir de ces données la demi-vie de cette substance si le taux de désintégration de la masse est proportionnel à celle-ci.

L'équation différentielle correspondante est $\dfrac{dQ}{dt} = KQ$, où Q est la masse de la substance radioactive et K, la constante de proportionnalité.

Donc $\dfrac{dQ}{Q} = K\, dt$ (en regroupant)

$\displaystyle\int \dfrac{dQ}{Q} = \int K\, dt$

$\ln Q = Kt + C$ (en intégrant).

Déterminons les valeurs de C et K à l'aide des données.

Nous savons que $Q = Q_0$ lorsque $t = 0$,

donc $\ln Q_0 = K(0) + C$, ainsi $C = \ln Q_0$.

L'équation devient alors $\ln Q = Kt + \ln Q_0$.

De plus, nous savons que $Q = 0{,}995 Q_0$ lorsque $t = 10$,

donc $\ln (0{,}995 Q_0) = K(10) + \ln Q_0$

$$K(10) = \ln (0{,}995 Q_0) - \ln Q_0 = \ln \left(\dfrac{0{,}995 Q_0}{Q_0} \right),$$

ainsi $K = \dfrac{\ln (0{,}995)}{10},$

d'où $\ln Q = \dfrac{\ln 0{,}995}{10}\, t + \ln Q_0$ (équation 1)

et $Q = Q_0\, e^{\frac{\ln 0{,}995}{10} t} = Q_0\, (0{,}995)^{\frac{t}{10}}$ (équation 2).

Il suffit de remplacer Q par $\dfrac{Q_0}{2}$ dans l'équation 1 pour déterminer la demi-vie de cette substance.

$$\ln \left(\dfrac{Q_0}{2} \right) = \dfrac{\ln (0{,}995)}{10}\, t + \ln Q_0$$

$$\ln \left(\dfrac{Q_0}{2} \right) - \ln Q_0 = \dfrac{\ln (0{,}995)}{10}\, t$$

$$t = \dfrac{10 \ln (0{,}5)}{\ln (0{,}995)},$$

donc $t \approx 1383$, d'où la demi-vie est d'environ 1383 ans.

b) Déterminons la quantité de substance radioactive qu'il reste après 2766 ans.

En remplaçant t par 2766 dans l'équation 2, nous obtenons $Q \approx 0{,}25 Q_0$.

Certaines équations différentielles sont de la forme $\dfrac{dP}{dt} = K_1 P + K_2$, où P est une fonction de t, K_1 la constante de proportionnalité et K_2, une constante.

➤ *Exemple 4* Soit une ville de population P où le taux continu de naissance est de 2 % et le taux continu de mortalité est de 1,5 %.

Si, en 1990, la population de cette ville était de 75 000 habitants et qu'annuellement 1000 personnes quittent la ville, déterminons la population de cette ville en l'an 2000.

L'équation différentielle correspondante est

$$\frac{dP}{dt} = (0{,}02 - 0{,}015)P - 1000$$

$$\frac{dP}{dt} = 0{,}005P - 1000,$$

ainsi $\dfrac{dP}{0{,}005P - 1000} = dt$ (en regroupant)

$$\int \frac{dP}{0{,}005P - 1000} = \int dt$$

$200 \ln |0{,}005P - 1000| = t + C$ (en intégrant).

En remplaçant t par 0 (en 1990) et P par 75 000, nous obtenons

$$200 \ln |{-}625| = 0 + C, \text{ ainsi } C = 200 \ln 625,$$

donc $200 \ln |0{,}005P - 1000| = t + 200 \ln 625$

$$\ln |0{,}005P - 1000| = 0{,}005t + \ln 625,$$

puisque $|0{,}005P - 1000| = 1000 - 0{,}005P$ (car $1000 > 0{,}005P$),

d'où $\ln (1000 - 0{,}005P) = 0{,}005t + \ln 625$ (équation 1)

et $P = \dfrac{1000 - 625e^{0{,}005t}}{0{,}005}$

$$P = 200\,000 - 125\,000e^{0{,}005t} \qquad \text{(équation 2)}.$$

En remplaçant t par 10 dans l'équation 2, nous obtenons $P \approx 68\,591$ habitants.

Nous savons qu'une tasse de café, dont la température est au-dessus de la température ambiante, se refroidira. De même, un jus retiré d'un réfrigérateur se réchauffera lorsqu'il est laissé à une température supérieure. Ces variations de température satisfont la *loi de refroidissement de Newton*[1].

LOI DE REFROIDISSEMENT DE NEWTON	Soit T, la température d'un objet et M, la température ambiante. Le taux de variation de la température T, par rapport au temps t, est proportionnel à la différence entre la température de l'objet et la température ambiante, c'est-à-dire $$\frac{dT}{dt} = K(T - M).$$

---

1. Voir l'encadré sur ce mathématicien britannique, page 48.

▶ *Exemple 5*   Un jus, dont la température est de 4 °C, est retiré d'un réfrigérateur pour être laissé dans une pièce où le thermomètre indique 21 °C. Au bout de 15 minutes le jus a atteint la température de 9 °C.

a) Calculons la température du jus 30 minutes après sa sortie.

D'après la loi de refroidissement de Newton, nous avons

$$\frac{dT}{dt} = K(T - 21) \quad \text{(où } T \text{ est la température du jus)}$$

$$\frac{dT}{T - 21} = K\,dt \qquad \text{(en regroupant)}$$

$$\int \frac{dT}{T - 21} = \int K\,dt$$

$$\ln |T - 21| = Kt + C \qquad \text{(en intégrant)}.$$

Déterminons les valeurs de C et K à l'aide des données.

Nous savons que $T = 4$ si $t = 0$,

donc $\ln 17 = K(0) + C$, ainsi $C - \ln 17$.

L'équation devient alors $\ln |T - 21| = Kt + \ln 17$.

De plus, nous savons que $T = 9$ lorsque $t = 15$,

donc $\ln 12 = K(15) + \ln 17$, ainsi

$$K = \frac{\ln\left(\dfrac{12}{17}\right)}{15}.$$

L'équation devient alors

$$\ln |T - 21| = \frac{\ln\left(\dfrac{12}{17}\right)}{15}\,t + \ln 17,$$

puisque $|T - 21| = 21 - T$ (car $T < 21$),

d'où $\ln (21 - T) = \dfrac{\ln\left(\dfrac{12}{17}\right)}{15}\,t + \ln 17$ (équation 1)

et $T = 21 - 17e^{\frac{\ln\left(\frac{12}{17}\right)}{15}t}$ (équation 2)

ou $T = 21 - 17\left(\dfrac{12}{17}\right)^{\frac{t}{15}}.$

En remplaçant t par 30 dans cette dernière équation, nous obtenons $T \approx 12{,}53$ °C.

b) Combien de temps devrons-nous attendre si nous désirons boire notre jus à 15 °C ?

En remplaçant T par 15 dans l'équation 1, nous obtenons $t \approx 44{,}85$, donc environ 45 minutes.

c) Déterminons théoriquement la température maximale T_{max} du jus et représentons graphiquement T en fonction de t.

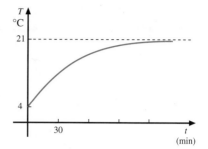

$$T_{max} = \lim_{t \to +\infty} \left(21 - 17\left(\frac{12}{17}\right)^{\frac{t}{15}} \right)$$

$$= 21$$

donc 21 °C.

➤ *Exemple 6*   Un réservoir de 40 litres est rempli d'un mélange des substances A et B. Le pourcentage de la substance A dans ce mélange est de 20 %. Nous introduisons dans ce réservoir, au rythme de 3 litres par minute, un nouveau mélange des substances A et B, où la substance A est dans une proportion de 60 %. Le réservoir se vide au même rythme qu'il se remplit.

a) Déterminons l'équation différentielle correspondant à cette situation.

Soit Q la quantité de substance A présente à chaque instant dans le réservoir.

Calculons d'abord la quantité de la substance A ajoutée à chaque minute.

$$\frac{3 \text{ litres}}{\text{minute}} \times 0,60 = 1,8 \ \ell/\text{min}$$

Puis la quantité de la substance A retranchée à chaque minute.

$$\frac{3 \text{ litres}}{\text{minute}} \times \frac{Q}{40} = \frac{3Q}{40} \ \ell/\text{min}$$

Ainsi la variation de la quantité de la substance A à chaque instant est donnée par

$$\frac{dQ}{dt} = 1,8 - \frac{3Q}{40}.$$

b) Déterminons Q en fonction de t.

Puisque $\dfrac{dQ}{1,8 - \dfrac{3Q}{40}} = dt$ (en regroupant)

$$\int \frac{dQ}{1,8 - \dfrac{3Q}{40}} = \int dt$$

$$\frac{-40}{3} \ln \left(1,8 - \frac{3Q}{40} \right) = t + C \quad \text{(en intégrant)}.$$

Déterminons la valeur de la constante C.

Nous savons que $Q = 0,20 \times 40 = 8$ litres lorsque $t = 0$.

Donc $\dfrac{-40}{3} \ln \left(1,8 - \dfrac{24}{40} \right) = 0 + C$, ainsi $C = \dfrac{-40}{3} \ln (1,2)$,

d'où $\ln \left(1,8 - \dfrac{3Q}{40} \right) = \dfrac{-3}{40} t + \ln (1,2)$ (équation 1) et $\qquad Q = 24 - 16e^{\frac{-3t}{40}}$ $\qquad$ (équation 2).

c) Déterminons après combien de temps la quantité de la substance A dans le mélange sera de 40 %.

En remplaçant Q par 40×40 %, c'est-à-dire 16 dans l'équation 1, nous obtenons $t \approx 9{,}24$, donc environ 9 minutes et 14 secondes.

d) Déterminons théoriquement la quantité maximale Q_{max} de la substance A.

$Q_{max} = \lim\limits_{t \to +\infty} \left(24 - 16e^{\frac{-3t}{40}} \right) = 24$, donc 24 litres.

Exercices 2.5

1. Un automobiliste filant à 54 km/h applique les freins. Si sa décélération est de 2 m/s^2,

   a) déterminer la fonction v donnant la vitesse de l'automobile en fonction du temps ;

   b) déterminer la fonction s donnant la distance parcourue par l'automobile en fonction du temps ;

   c) calculer la distance d parcourue entre le moment où l'automobiliste applique les freins et l'instant précis où l'auto s'immobilise.

2. Nous laissons tomber un objet d'une montgolfière, située à 1225 mètres du sol.

   a) Déterminer la fonction donnant la vitesse de l'objet en fonction du temps.

   b) Déterminer la fonction donnant la position de l'objet en fonction du temps.

   c) Calculer le temps que prendra l'objet pour toucher le sol.

   d) Calculer la vitesse de l'objet à l'instant où ce dernier touche le sol.

3. Le conducteur d'un train filant à une vitesse de 90 km/h applique les freins. La décélération du train en fonction du temps est donnée par
   $$a = \frac{1296}{(0{,}1t + 12)^3} \text{ m/s}^2.$$

   a) Déterminer le temps qu'il prendra pour s'immobiliser.

   b) Quelle distance aura-t-il franchie ?

4. Un bateau de 31 250 \$ se déprécie à un taux de $100t - 2500$ \$/an où $0 \le t \le 12$.

   a) Trouver la valeur V de ce bateau après 3 ans.

   b) Après combien d'années la valeur du bateau sera-t-elle de 22 050 \$?

5. Un administrateur estime que son coût marginal est donné par $C_m = 5q^2 + 3q$ \$/unité, où q représente le nombre d'unités produites.

   a) Déterminer la fonction C donnant le coût en fonction de q si les coûts fixes sont de 3096 \$.

   b) Trouver le coût de 12 unités produites.

6. Soit un capital de 8500 \$ investi à un taux d'intérêt annuel de 6,5 % capitalisé continuellement.

   a) Déterminer l'équation différentielle correspondant à cette situation.

   b) Exprimer la solution particulière de cette équation différentielle sous 2 formes.

   c) Déterminer le capital accumulé après 2 ans.

   d) Déterminer le temps nécessaire pour que le capital accumulé soit de 12 000 \$.

7. Un certain capital A est placé à un taux d'intérêt continu de 10 % par année. Après 5 ans, le capital accumulé est de 8243,61 \$.

   a) Déterminer l'équation différentielle correspondant à cette situation.

   b) Exprimer la solution particulière de cette équation différentielle sous 2 formes.

   c) Trouver le capital initial.

   d) Déterminer le temps qu'il faudra laisser ce capital placé pour avoir un capital de 20 000 \$.

8. En 1975 la population de la Terre était approximativement de 4 milliards d'habitants. Si la

population P mondiale augmente proportionnellement à la population présente à un taux de 2 % par année,

a) déterminer l'équation différentielle correspondant à cette situation;

b) exprimer la solution particulière de cette équation différentielle sous 2 formes;

c) déterminer la population mondiale en l'an 2000;

d) déterminer en quelle année la population sera de 8 milliards d'habitants.

9. Dans une culture de bactéries, le nombre N de bactéries s'accroît à un taux proportionnel au nombre de bactéries présentes au moment de l'observation. Si au temps $t = 0$ nous comptons 10 000 bactéries et, deux heures après, 14 000 bactéries,

a) déterminer l'équation différentielle correspondant à cette situation;

b) exprimer la solution particulière de cette équation différentielle sous 2 formes;

c) déterminer le nombre de bactéries présentes après 5 heures;

d) déterminer le temps nécessaire pour que la population initiale double.

10. Soit une population P dont le taux continu de naissance est de 4,2 % par an et le taux continu de mortalité, de 3,5 % par année de la population présente.

a) Déterminer l'équation différentielle correspondant à cette situation.

b) Exprimer la solution particulière de cette équation différentielle sous 2 formes.

c) Déterminer en combien de temps cette population doublera.

d) Si le taux de mortalité passait à 2,4 %, déterminer alors le temps nécessaire pour que la population double.

11. Soit un pays de population P dont le taux continu de naissance est de 3 % par année et dont l'immigration est responsable d'un accroissement annuel de 9000 habitants. Si la population initiale est de 435 000 habitants,

a) déterminer l'équation différentielle correspondant à cette situation;

b) exprimer la solution particulière de cette équation différentielle sous 2 formes;

c) déterminer la population de cette ville dans 10 ans;

d) déterminer le nombre d'années pour que cette population triple.

12. Le carbone-14, utilisé pour déterminer l'âge des fossiles, est un élément radioactif dont la demi-vie est approximativement de 5600 ans. Sachant que le taux de désintégration de la masse Q est proportionnel à celle-ci,

a) déterminer l'équation différentielle correspondant à cette situation;

b) exprimer la solution particulière de cette équation différentielle sous 2 formes;

c) déterminer la quantité restante de carbone-14 au bout de 10 000 ans.

d) Au bout de combien d'années 90 % de la quantité initiale sera-t-elle désintégrée?

13. D'après la loi de refroidissement de Newton, nous savons que $\dfrac{dT}{dt} = K(T - M)$, où M est la température ambiante et T, la température d'un objet à un temps t déterminé. En 10 minutes, un corps dans l'air à 20 °C passe de 65 °C à 30 °C.

a) Exprimer la solution particulière de cette situation sous 2 formes.

b) Déterminer le temps nécessaire pour que l'objet atteigne une température de 45 °C.

c) Déterminer en combien de temps l'objet passe de 50 °C à 35 °C.

d) Déterminer la température du corps après 40 minutes.

e) Déterminer théoriquement la température minimale T_{min} du corps.

f) Représenter T en fonction de t.

14. Dans un bassin contenant 4000 litres d'eau, il y a 160 kilogrammes d'une substance A qui sont dissous. Nous introduisons, au rythme de 200 litres par minute, de l'eau contenant 0,015 kilogramme par litre de la substance A. Si le mélange du bassin est homogène et que le bassin se vide au même rythme qu'il se remplit,

a) déterminer l'équation différentielle correspondant à cette situation, où Q est la quantité de la substance A présente à chaque instant ;

b) exprimer la solution particulière de cette équation différentielle sous 2 formes.

c) Après combien de temps ne restera-t-il que 100 kilogrammes de substance A dans le mélange ?

d) Combien restera-t-il de substance A après 1 heure ?

e) Trouver théoriquement la quantité minimale Q_{min} de la substance A.

15. Un plongeur s'élance, vers le haut, d'un tremplin de 10 mètres, à une vitesse de 5 m/s. Sachant que l'accélération terrestre est de 9,8 m/s^2,

a) déterminer la fonction donnant la vitesse du plongeur en fonction du temps ;

b) déterminer la fonction donnant la position du plongeur au-dessus de l'eau en fonction du temps ;

c) calculer la hauteur maximale atteinte par le plongeur.

16. Pour les abeilles travailleuses d'une ruche, le taux relatif de décès de la population P est de 4 % par jour.

a) Déterminer l'équation différentielle correspondant à cette situation.

b) Exprimer la solution particulière de cette équation différentielle sous 2 formes.

c) Déterminer le nombre de jours nécessaire pour que la population soit réduite de moitié.

17. Une somme d'argent est investie à un taux d'intérêt continu i par année.

a) Déterminer l'équation différentielle correspondant à cette situation.

b) Exprimer la solution particulière de cette équation différentielle sous 2 formes.

c) En combien d'années le montant initial doublera-t-il si $i = 4\%$; $i = 8\%$?

d) Calculer le capital final si $i = 5\%$ et $t = 7$ ans ; $i = 7\%$ et $t = 5$ ans.

18. Une compagnie pharmaceutique estime qu'une personne adulte élimine un médicament à un taux de $\dfrac{50}{1+t}$ millilitres par heure. Nous administrons 100 millilitres de ce médicament à une personne. Si Q est la quantité de ce médicament présente à chaque instant,

a) déterminer l'équation différentielle correspondant à cette situation ;

b) résoudre cette équation différentielle ;

c) trouver la quantité de médicament présente après 2 heures ;

d) trouver la quantité de médicament éliminée après 4 heures ;

e) déterminer après combien d'heures le médicament ne sera plus présent dans l'organisme.

19. Un réservoir d'une capacité de 5000 litres contient 1000 litres d'eau dans laquelle sont dissous 50 kilogrammes de sel. Pour remplir ce réservoir, nous introduisons de l'eau pure au rythme de 2 litres par minute. Si le réservoir se vide du mélange uniforme au rythme de 1 litre par minute,

a) déterminer l'équation différentielle correspondant à cette situation ;

b) exprimer la quantité de sel dissous dans l'eau en fonction du temps ;

c) déterminer le temps nécessaire pour qu'il reste 20 kilogrammes de sel dans le mélange ;

d) donner à ce moment la concentration de sel présent dans le mélange ;

e) lorsque le réservoir est rempli, déterminer la quantité de sel présent dans le mélange.

20. Un cylindre droit, dont le rayon est de 5 mètres, a une hauteur de 12 mètres. Si ce réservoir, dont la base circulaire est horizontale, est rempli d'une substance qui se vide à un rythme proportionnel à la hauteur de la substance présente et qu'après 5 heures il reste 80 % de la quantité initiale,

a) déterminer l'équation différentielle donnant la variation de volume de la substance par rapport au temps ;

b) exprimer le volume de cette substance en fonction du temps ;

c) déterminer le volume de la substance après 8 heures ;

d) trouver le temps nécessaire pour que 60 % de la substance initiale se soit vidée ;

e) déterminer la hauteur de la substance présente dans le cylindre après 1 journée.

Réseau de concepts

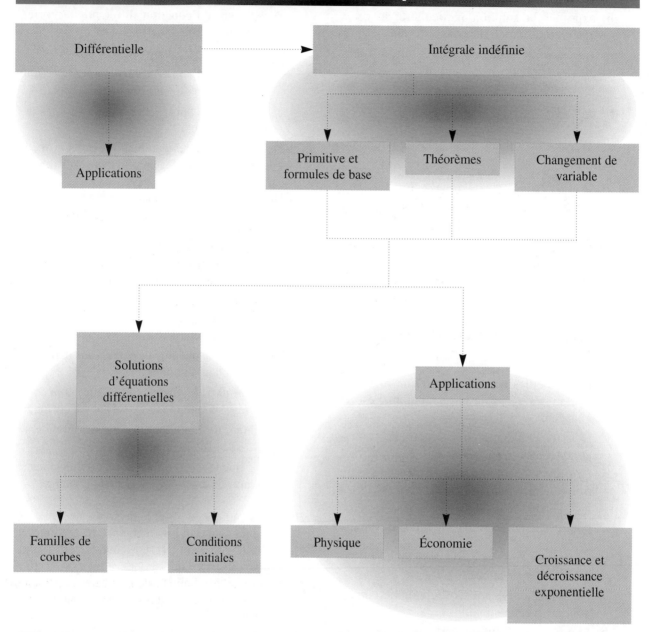

Exercices récapitulatifs

1. Calculer la différentielle de chaque fonction.

a) $y = 3x^6 + 6(3^x) - \sqrt{x}$

b) $y = \sin(2\theta - 3) + e^{\tan\theta}$

c) $v = \ln\sin 2x + \text{Arc}\sin(3x^2)$

d) $y = \dfrac{5 - 3x}{2x + 7}$

2. Soit u et v, deux fonctions de x. Exprimer $d(k\,uv)$ en fonction de u, v, du et dv.

3. Exprimer les expressions suivantes en fonction de u et du.

a) $10x^4 \cos(x^5 + 6)\,dx$, où $u = x^5 + 6$.

b) $\cos^3 4x \sin 4x\,dx$, où $u = \cos 4x$.

c) $e^{\tan 2x} \sec^2 2x\, dx$, où $u = \tan 2x$.

d) $e^{\tan 2x} \sec^2 2x\, dx$, où $u = e^{\tan 2x}$.

e) $x^5 \sqrt{x^2 - 1}\, dx$, où $u = x^2 - 1$.

4. Calculer d'une façon approximative les valeurs suivantes en utilisant la différentielle.

a) $\sqrt[3]{0{,}126}$

b) $\sqrt[4]{15{,}98}$

c) $\sqrt{16{,}1} - \dfrac{1}{\sqrt{16{,}1}}$

d) $\sqrt{26} + \sqrt[3]{26}$

5. Nous accroissons l'arête d'un cube de 8 centimètres à 8,01 centimètres.

a) Calculer dV, l'augmentation approximative du volume et ΔV, l'augmentation réelle du volume.

b) Calculer l'erreur absolue et l'erreur relative de l'approximation dans le calcul du volume.

c) Calculer dA, l'augmentation approximative de l'aire des faces du cube et ΔA, l'augmentation réelle de l'aire des faces.

6. Calculer les intégrales suivantes.

a) $\displaystyle \int \left(\frac{5}{t^4} + \frac{t^2}{5} \right) dt$

b) $\displaystyle \int \left(\sqrt[5]{x^3} + \frac{4}{\sqrt{x}} - \frac{7}{\sqrt[3]{x^5}} \right) dx$

c) $\displaystyle \int \left(\frac{7}{x} - \frac{4}{5x^2} - \frac{1}{x\sqrt{x^2 - 1}} \right) dx$

d) $\displaystyle \int \left(\cos u - \frac{5}{\sqrt{1 - u^2}} \right) du$

e) $\displaystyle \int (e^u - 3 \sin u)\, du$

f) $\displaystyle \int \left(\frac{3}{5x^2 + 5} - 10^x \right) dx$

7. Calculer les intégrales suivantes.

a) $\displaystyle \int \sec \theta\, (\sec \theta - \tan \theta)\, d\theta$

b) $\displaystyle \int \left(1 - \frac{1}{\sqrt{x}} \right)^2 dx$

c) $\displaystyle \int (\sqrt{x} - 4)(\sqrt{x} + 4)\, dx$

d) $\displaystyle \int \frac{\sin 2y}{\cos y}\, dy$

e) $\displaystyle \int \frac{1}{\sin^2 \theta \cos^2 \theta}\, d\theta$

f) $\displaystyle \int \frac{x^2 - 4}{x^2 + 1}\, dx$

g) $\displaystyle \int \frac{x^2 - x - 6}{x^2 + 2x}\, dx$

h) $\displaystyle \int (\tan \theta + \cot \theta)^2\, d\theta$

8. Calculer les intégrales suivantes à l'aide d'un changement de variable.

a) $\displaystyle \int 2x^2 (5 - x^3)^8\, dx$

b) $\displaystyle \int \sin^3 2\theta \cos 2\theta\, d\theta$

c) $\displaystyle \int 3x \sin x^2\, dx$

d) $\displaystyle \int \frac{4x}{x^2 + 1}\, dx$

e) $\displaystyle \int (3x^4 + 3) \sec^2 (x^5 + 5x)\, dx$

f) $\displaystyle \int \frac{e^{\frac{1}{x}}}{3x^2}\, dx$

g) $\displaystyle \int \frac{1}{(1 + x^2) \operatorname{Arc} \tan x}\, dx$

h) $\displaystyle \int \sec^4 \left(\frac{t}{3} \right) \tan \left(\frac{t}{3} \right) dt$

i) $\displaystyle \int \frac{e^{\sin 3x}}{\sec 3x}\, dx$

j) $\displaystyle \int \frac{8}{\left(1 + \dfrac{1}{v^2} \right)^3 v^3}\, dv$

k) $\displaystyle \int \csc^2 4x \cot^2 4x\, dx$

l) $\displaystyle \int \frac{e^x + \sin x}{\sqrt{e^x - \cos x}}\, dx$

9. Calculer les intégrales suivantes à l'aide de changements de variable.

a) $\displaystyle \int \left(e^{\left(\frac{-x}{3} \right)} + 3^{6x} \right) dx$

b) $\displaystyle \int \left(\sin \left(\frac{x}{5} \right) - \cos 4x \right) dx$

c) $\displaystyle \int \left(\sqrt{8 - t} + \frac{3t}{\sqrt{9 + t^2}} - \frac{9}{\sqrt{t}\,(1 + \sqrt{t})^5} \right) dt$

d) $\displaystyle \int \left(\frac{\sec^2 \sqrt{x}}{\sqrt{x}} - x^3 \csc^2 x^4 \right) dx$

e) $\int \left(\dfrac{1}{(3x+1)^2} - \dfrac{6}{5x+6} \right) dx$

f) $\int \left(\dfrac{4 \log x}{x} - \dfrac{5}{e^x} + \dfrac{1}{3x \ln x} \right) dx$

10. Calculer les intégrales suivantes en utilisant, si nécessaire, des identités trigonométriques et un changement de variable.

a) $\int \sec (3x+4) \, dx$

b) $\int \sec^2 (\tan x) \sec^2 x \, dx$

c) $\int 3x \tan 3x^2 \, dx$

d) $\int \tan^2 (5t+1) \, dt$

e) $\int (\sec 5\theta + 3 \tan 5\theta)^2 \, d\theta$

f) $\int \left(\dfrac{\sin x}{\cos^2 x} - \dfrac{\sin^2 x}{\cos x} \right) dx$

g) $\int \cot^3 x \sec^2 x \, dx$

h) $\int \sin^2 \left(\dfrac{x}{2} \right) dx$

i) $\int (\sin t + \cos t)^2 \, dt$

j) $\int \dfrac{8}{\sin (1-4x)} \, dx$

k) $\int \dfrac{1}{\tan t \sqrt{\csc t}} \, dt$

l) $\int \dfrac{\tan x}{1 + \sec x} \, dx$

11. Calculer les intégrales suivantes.

a) $\int \dfrac{1}{\sqrt{x}} \left(2x + 7 - \dfrac{5}{\sqrt{x}} + e^{\sqrt{x}} \right) dx$

b) $\int \dfrac{1}{x^2 + 2x + 1} \, dx$

c) $\int e^x \sin^4 (e^x) \cos (e^x) \, dx$

d) $\int \left(\dfrac{e^{2x}}{2 + e^{2x}} + \dfrac{2 + e^{2x}}{e^{2x}} \right) dx$

e) $\int \dfrac{6x+5}{3x+1} \, dx$

f) $\int \csc^{\frac{3}{2}} (1-x) \cot (1-x) \, dx$

g) $\int \sec^2 x \tan x (\tan^2 x + \sec x) \, dx$

h) $\int \dfrac{6}{1 + \cos 2x} \, dx$

i) $\int \dfrac{1}{\sqrt{7 - x^2}} \, dx$

j) $\int \dfrac{1}{x \ln x \sqrt{\ln^2 x - 1}} \, dx$

k) $\int \left(\dfrac{8x}{\sqrt{1-x^2}} + \dfrac{8x}{\sqrt{1-x^4}} \right) dx$

l) $\int 3x^2 (x^2 + (x^3 + 1)^{12}) \, dx$

m) $\int \dfrac{e^x}{4e^{2x} + 9} \, dx$

n) $\int x^3 \sqrt{1 - x^2} \, dx$

12. Vérifier que y est une solution de l'équation différentielle donnée.

a) $y = \dfrac{1}{x} + 3$, si $x^3 y'' + x^2 y' - xy = -3x$.

b) $y = C_1 e^{2x} + C_2 x e^{2x}$, si $y'' - 4y' + 4y = 0$.

c) $y = C_1 \sin 3x - C_2 \cos 3x$, si $y'' + 9y = 0$.

13. Résoudre les équations différentielles suivantes et donner la solution qui satisfait à la condition initiale donnée.

a) $\dfrac{dy}{dx} = \dfrac{x}{y}$, $y < 0$; $y = -3$ lorsque $x = 4$.

b) $\dfrac{ds}{dt} = \dfrac{s}{t}$, $s > 0$, $t > 0$; $s = 20$ lorsque $t = 5$.

c) $\dfrac{dx}{dt} = \sin t \cos^2 x$; $x = \dfrac{\pi}{4}$ lorsque $t = \pi$.

d) $\dfrac{dy}{dx} = e^{2x - y}$; $y = 8$ lorsque $x = 4$.

e) $\dfrac{dy}{dx} = (3 - 5y)x$; $y = 0$ lorsque $x = 0$.

14. Trouver l'équation de la courbe $y = f(x)$ qui satisfait les conditions suivantes.

a) $f''(x) = e^x + e^{-x} + \cos x$, $f'(0) = 1$ et $f(0) = 2$.

b) $f''(x) = 12x - 8$, la pente de la tangente à cette courbe au point $(2, f(2))$ est 11 et la courbe passe par le point $(0, 1)$.

c) $f''(x) = 6x$ et la courbe passe par les points $(0, 5)$ et $(-3, -4)$.

15. Représenter graphiquement et identifier la famille de courbes satisfaisant l'équation différentielle suivante.

$$(x - 1)\, dx + (y + 2)\, dy = 0$$

16. a) Trouver l'équation de la famille de courbes dont la pente de la tangente, en tout point (x, y) où $x \neq 0$ et $y \neq 0$, est égale au produit des coordonnées.

b) Déterminer l'équation de la courbe passant par le point $(2, e)$; par le point $(-1, -e)$.

17. Du haut d'un édifice de 245 mètres, nous lançons un objet verticalement vers le haut avec une vitesse initiale de 24,5 m/s.

a) Déterminer la fonction donnant la vitesse de l'objet.

b) Déterminer la fonction donnant la position de l'objet par rapport au sol.

c) À quelle valeur de t l'objet atteindra-t-il sa hauteur maximale?

d) Quelle est la hauteur maximale que pourra atteindre l'objet?

e) Calculer la vitesse de l'objet en arrivant au sol.

18. L'accélération d'un mobile en fonction du temps est donnée par $a = \dfrac{100}{(25 - 2t)^2}$, où t est en secondes, $0 \leq t \leq 12$ et a est en m/s². Sachant que sa vitesse initiale est de 4 m/s, calculer la distance parcourue par le mobile entre la 3ᵉ et la 7ᵉ seconde.

19. Une somme d'argent est investie à un taux d'intérêt continu de 8 % par année.

a) Déterminer en combien d'années la somme doublera.

b) Quelle somme faut-il investir aujourd'hui si nous voulons avoir 50 000 $ dans 15 ans?

20. On raconte qu'en 1626 un individu aurait déboursé 24 $ pour l'île de Manhattan. Nous estimons qu'en 1990 sa valeur était de 6×10^{11} $.

Calculer le taux d'intérêt continu correspondant à cet accroissement.

21. Un propriétaire d'une galerie d'art estime qu'une toile, dont la valeur initiale est de 2000 $, s'appréciera pour les 10 prochaines années à un taux de $\dfrac{45\,(1,3)^{\sqrt{t}}}{\sqrt{t}}$ $/an.

a) Déterminer l'équation donnant la valeur V de cette toile en fonction du temps et la valeur de cette toile après 10 ans.

b) Après combien d'années le prix de la toile sera-t-il de 2377 $?

22. Nicole investit un capital de 10 000 $ à un taux d'intérêt annuel de 5,75 % capitalisé continuellement pour une période de 8 ans.

a) Déterminer la valeur V du capital accumulé après 8 ans.

b) Si le taux était de 5 %, quel serait le temps nécessaire pour obtenir la même valeur V?

c) À quel taux d'intérêt faudrait-il placer ce capital pour obtenir la valeur V en 7 ans?

d) À un taux d'intérêt annuel de 6,25 %, déterminer la valeur du capital initial nécessaire pour obtenir la même valeur V en 8 ans.

23. En 1980, nous comptions 2000 bélougas dans le fleuve Saint-Laurent et 600 en 1990. Si le nombre de bélougas diminue à un taux proportionnel au nombre de bélougas présents,

a) trouver le nombre de bélougas en l'an 2000.

b) En quelle année la population sera-t-elle de 90 bélougas? De 1 bélouga?

24. En supposant que la température est constante quelle que soit l'altitude, nous pouvons affirmer que la variation de la pression atmosphérique P en fonction de l'altitude h est proportionnelle à P. Si au niveau de la mer (altitude 0) la pression est de 1 atm, et à 5 km d'altitude la pression est de 0,56 atm, déterminer la pression à 8 km d'altitude.

25. Nous savons qu'une population animale donnée double au bout de 3 ans. Si cette population croît à un taux proportionnel au nombre présent d'animaux, déterminer en combien de temps cette population comptera 15 fois plus de sujets qu'actuellement.

26. Sachant que la demi-vie du radium est de 1590 ans et que le taux de désintégration est proportionnel à la quantité présente, déterminer la quantité de radium désintégré après 50 ans.

27. Lors de l'explosion, en 1986, des réacteurs de la centrale nucléaire de Tchernobyl en Ukraine, une substance radioactive de césium-137 fut trouvée près du lieu de l'explosion. Le taux de désintégration de cette substance est de 1,87 % par année. S'il faut 7 demi-vies avant que le césium-137 ne soit plus considéré comme dangereux, trouver le nombre d'années nécessaire pour que nous puissions considérer l'endroit comme sécuritaire et déterminer le pourcentage de la quantité initiale de césium-137 qui restera à ce moment.

28. Soit une ville dont la population en 1985 était de 46 000 habitants. Les démographes observent par des études statistiques que le taux continu de naissance est de 4 %, le taux continu de mortalité, 1 % et qu'en moyenne 240 personnes quittent annuellement cette ville.

   a) Déterminer l'équation donnant la population de cette ville en fonction du temps.

   b) Trouver la population de cette ville en 2005.

   c) La population de cette ville doublera en combien d'années ?

29. Dans une réaction, une substance se transforme en une autre substance à un taux qui est proportionnel à la quantité non transformée. Si en 10 heures la quantité de cette substance passe de 1 kg à 800 g,

   a) combien en restera-t-il après 1 journée ?

   b) Après combien de temps 800 g de la substance seront-ils transformés ?

30. Dans un milieu donné, le nombre maximal de bactéries est de 500 000 ; de plus, le taux de croissance de cette population est proportionnel à la différence entre le nombre maximal de bactéries et le nombre présent de bactéries. Si au début de notre expérience nous comptions 50 000 bactéries et, 2 heures après, 80 000 bactéries,

   a) exprimer le nombre N de bactéries présentes en fonction du temps ;

   b) trouver le nombre de bactéries présentes après 1 jour.

   c) Après combien de temps la population de cette culture sera-t-elle de 450 000 ?

31. Le potassium-42 a un taux de désintégration de 5,5 % par heure.

   a) Déterminer la quantité restante après 3 heures.

   b) Déterminer la quantité désintégrée après 1 journée.

   c) Trouver la demi-vie de cette substance.

   d) Déterminer le temps nécessaire pour que 99 % de la substance initiale soit désintégrée.

32. Dans une aciérie, une tige d'acier passe de 1300 °C à 1050 °C en 15 minutes, à une température ambiante de 30 °C.

   a) Utiliser la loi de refroidissement de Newton pour exprimer la température de la tige en fonction du temps.

   b) Après combien de temps pourra-t-on toucher à cette tige, si une personne tolère une température de 75 °C ?

33. En arrivant à 17 h sur les lieux d'un meurtre, les inspecteurs Pierre et Gilles notent que la température du corps est de 35 °C et que celle de la pièce est de 21 °C. Une heure plus tard, la température de la pièce est encore de 21 °C et celle du corps est de 33,5 °C. D'après la loi de refroidissement de Newton, nous savons que la température du corps varie proportionnellement à la différence entre la température du corps et la température ambiante. Sachant que la température normale du corps est de 37 °C, déterminer approximativement l'heure du décès.

34. Deux objets, situés dans une même pièce à une température ambiante constante de 20 °C, passent respectivement de 90 °C à 60 °C et de 80 °C à 70 °C en 10 minutes.

   a) Après combien de temps, les objets seront-ils à la même température ?

   b) Trouver cette température.

35. Dans un réservoir, nous trouvons 900 litres d'eau dans laquelle 100 kilogrammes de sel sont dissous. Nous remplissons le réservoir avec de l'eau pure au rythme de 30 litres par minute ; il en sort un mélange uniforme, au même rythme.

a) Exprimer la quantité Q de sel en fonction du temps.

b) Quelle quantité de sel restera-t-il après 1 heure ?

c) Après combien de temps la quantité de sel sera-t-elle de 50 grammes ?

36. Dans un réservoir, nous trouvons 700 litres d'eau pure. Nous introduisons, au rythme de 20 litres par minute, de l'eau contenant 200 grammes de sel par litre. Si le mélange du bassin est homogène et que le bassin se vide au même rythme qu'il se remplit,

a) déterminer l'équation différentielle correspondant à cette situation ;

b) exprimer la quantité de sel présente en fonction du temps ;

c) déterminer la quantité de sel présente dans le réservoir après 24 minutes.

d) Après combien de temps trouverons-nous la moitié de la quantité maximale possible de sel dans ce réservoir ?

37. Un réservoir cylindrique droit de 20 cm de rayon et de 64 cm de hauteur est rempli d'un liquide. Ce réservoir, dont la base circulaire est horizontale, se vide par un orifice à un rythme proportionnel à la racine carrée de la hauteur du liquide présent. Si après 5 minutes il reste le quart du liquide initial,

a) exprimer la hauteur du liquide présent en fonction du temps.

b) En combien de temps le réservoir se videra-t-il du reste ?

Problèmes de synthèse

1. Calculer d'une façon approximative $\cos \dfrac{11\pi}{40}$ en utilisant la différentielle.

2. a) Démontrer que si $dx \to 0$, alors pour une fonction f dérivable, nous avons
$$f(a + dx) \approx f(a) + f'(a)\, dx.$$

b) Utiliser le résultat précédent pour calculer approximativement $f(3,99)$, si $f(4) = 64$ et $f'(4) = 48$.

3. L'équation des gaz de Van der Waals (physicien hollandais, 1837-1923) est :
$$\left(p + \frac{a}{v^2}\right)(v - b) = nRT,$$

où a, b, R et n sont des constantes et p, v et T désignent respectivement la pression, le volume et la température.

a) Si la température T est maintenue constante, trouver une approximation pour la variation de pression produite par une petite variation du volume du gaz.

b) Si le volume v est maintenu constant, trouver une approximation pour la variation de pression produite par une petite variation de la température du gaz.

c) Si la pression p est maintenue constante, trouver une approximation pour la variation de la température produite par une petite variation du volume du gaz.

4. Calculer les intégrales suivantes.

a) $\displaystyle\int \frac{1}{e^x + e^{-x} + 2}\, dx$

b) $\displaystyle\int \frac{x^2}{\sqrt{x - 1}}\, dx$

c) $\displaystyle\int \frac{x}{1 + x \tan x}\, dx$

d) $\displaystyle\int \frac{\sqrt{x}}{x^3 + 1}\, dx$

e) $\displaystyle\int \frac{1}{x + \sqrt{x}}\, dx$

f) $\displaystyle\int \sqrt[3]{x^5 - 2x^3}\, dx$

g) $\displaystyle\int \sqrt[3]{x^{11} - 2x^9}\, dx$

h) $\displaystyle\int \sqrt{1 - \sin t}\, dt$

5. Soit l'équation différentielle

$(x^2 + 1) \dfrac{dy}{dx} = 4xy + y$.

Résoudre cette équation différentielle et déterminer l'équation de la courbe dont l'ordonnée à l'origine est 5.

6. a) Trouver l'équation de la famille de courbes dont la pente de la tangente, en tout point (x, y) où $x \neq 0$ et $y \neq 0$, est égale à l'abscisse élevée à la puissance 2, divisée par l'ordonnée élevée à la puissance 4.

b) Trouver l'équation de la famille de courbes orthogonales à celle définie en a).

c) Déterminer l'équation de la courbe, dans les deux familles précédentes, qui passe par le point P(3, 2).

7. Trouver l'équation de la famille de courbes dont la pente de la normale en tout point (x, y) est donnée par $\dfrac{(x^2 + 1)^2}{2x}$.

8. a) Trouver l'équation de la famille de courbes orthogonales à la courbe définie par $(x - 4)^2 + y^2 = 4$.

b) Représenter graphiquement la courbe $(x - 4)^2 + y^2 = 4$ et la famille de courbes orthogonales.

c) Déterminer l'équation des courbes de la famille qui coupe la courbe $(x - 4)^2 + y^2 = 4$ aux points d'abscisse $x = 5$.

d) Trouver l'équation de la famille de courbes orthogonales à la courbe définie par $(x - a)^2 + (y - b)^2 = r^2$.

9. La vitesse d'un mobile en fonction du temps est donnée par $v(t) = t^2 - 22t + 121$, où t est en secondes et $v(t)$ en m/s. De plus, après 3 secondes, le mobile est à 300 mètres de notre point d'observation.

a) Déterminer la fonction donnant l'accélération de ce mobile.

b) Déterminer la fonction donnant la position de ce mobile.

c) Trouver la distance entre le point d'observation et l'endroit où le mobile s'arrêtera momentanément.

d) Quelle sera alors la distance parcourue par le mobile depuis son point de départ ?

10. Un mobile se déplace à une vitesse

$v = \cos^2\left(\dfrac{\pi s}{100}\right)$ où v est exprimée en mètres par seconde et s, la distance parcourue, en mètres.

a) Trouver le temps nécessaire au mobile pour parcourir 25 mètres.

b) Déterminer la distance parcourue par le mobile après 1 journée.

c) Déterminer théoriquement le temps que prendrait le mobile pour parcourir 50 mètres.

d) Déterminer la fonction donnant la vitesse et celle donnant l'accélération du mobile en fonction du temps.

11. Déterminer à quelle vitesse maximale en km/h un automobiliste peut rouler s'il veut arrêter son automobile en moins de 32 mètres, étant donné que sa décélération constante est de 8 m/s².

12. Par une nuit claire et calme, au sommet d'une montagne désertique, sans végétation, le refroidissement de la terre suit approximativement la loi de Stefan (physicien autrichien, 1835-1893). C'est-à-dire que le taux de décroissance de la température est proportionnel à la puissance quatrième de la température exprimée en kelvins. La température observée à 22 heures est de 293 K et à 24 heures, elle est de 282 K.

a) Exprimer la température T en fonction du temps.

b) Déterminer la température à 4 heures.

13. Le taux de variation d'une population P est proportionnel à la population présente à chaque instant. Déterminer la valeur de la constante de proportionnalité, si à t_1, $P = P_1$ et à t_2, $P = P_2$.

14. La loi d'Ohm, $E = RI$, doit être modifiée pour un circuit contenant une inductance. Cette loi devient $E = L\dfrac{dI}{dt} + RI$, avec R, L et E, des constantes. Exprimer I en fonction du temps sachant que lorsque $t = 0$, $I = 0$.

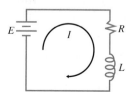

15. Un automobiliste passe de 0 km/h à 240 km/h sur une piste d'accélération longue de 0,4 km. En supposant que son accélération est constante, déterminer la durée de sa course ainsi que son accélération.

16. Une automobiliste roulant à 90 km/h applique les freins et s'arrête 50 mètres plus loin. Considérant sa décélération constante, calculer le temps requis pour s'arrêter, ainsi que sa décélération.

17. Un cube de glace de 27 cm³ fond à un rythme proportionnel à la surface extérieure du cube. Si après 5 minutes le volume du cube est de 8 cm³, trouver le volume du glaçon après 7 minutes et le temps que prend le cube de glace pour fondre entièrement.

18. Supposons une fusée se déplaçant dans l'espace où aucune force gravitationnelle n'est présente. Soit v_0, la vitesse initiale de cette fusée et m_0, sa masse initiale. Si nous éjectons du gaz de cette fusée à une vitesse u_0, la loi de conservation du moment en physique définit que le taux de variation de la vitesse de cette fusée par rapport à la masse de celle-ci est donné par $\dfrac{dv}{dm} = \dfrac{-u_0}{m}$.

a) Exprimer v en fonction de m.

b) Étudier le comportement de m lorsque $v \to +\infty$.

19. La valeur finale A d'un capital initial A_0 est donnée par $A = A_0 \left(1 + \dfrac{i}{x}\right)^{xt}$, où i est le taux d'intérêt annuel, x le nombre de capitalisations annuelles et t, le nombre d'années.

Si nous plaçons 1000 $ à un taux annuel de 6 % pour 5 ans,

a) calculer A, si la somme d'argent est capitalisée annuellement;

b) calculer A, si A est capitalisé semestriellement;

c) calculer A, si A est capitalisé mensuellement;

d) calculer A, si A est capitalisé quotidiennement;

e) calculer A, si $x \to +\infty$;

f) calculer A, si $\dfrac{dA}{dt} = 0{,}06A$ pour $A_0 = 1000$ et $t = 5$ ans;

g) comparer les résultats obtenus en e) et f).

20. Nous définissons le taux effectif I comme étant le taux qui, capitalisé annuellement, donne les mêmes intérêts qu'un taux d'intérêt i capitalisé plus qu'une fois par année.

a) Si A est capitalisé continuellement à un taux i, exprimer I en fonction de i.

b) Déterminer le taux effectif lorsque $i = 7{,}25\%$ et est capitalisé continuellement.

21. Le produit donné, pour endormir un chat au cours d'une opération, a une demi-vie de 3 heures. Une dose minimale de 18 ml/kg du produit est nécessaire pour qu'un chat reste endormi pendant une opération. Déterminer la dose à injecter à un chat de 5,5 kg pour qu'il reste endormi durant 45 minutes, sachant que le taux de concentration de la dose est proportionnel à la quantité présente.

22. Soit une cuisine de 120 m³, adjacente à un garage. Une automobile située dans le garage démarre. La concentration de monoxyde de carbone produite par l'automobile se maintient à 5 %. Si 0,8 m³/min d'air, contenant le monoxyde de carbone et provenant du garage, s'infiltre dans la cuisine et que la même quantité d'air s'échappe de la pièce vers l'extérieur de la maison,

a) déterminer la fonction donnant le volume V de monoxyde de carbone en fonction du temps t;

b) si on considère qu'une concentration de monoxyde de carbone peut être dangereuse à 1,4 %, déterminer le nombre de minutes pour atteindre cette concentration;

c) représenter graphiquement la courbe de V.

23. D'après la loi de refroidissement de Newton, nous savons que $\dfrac{dT}{dt} = K(T - M)$, où T est la température de l'objet et M, la température ambiante qui est constante. Pour un objet dont la température initiale est T_0, exprimer, de façon générale, T en fonction de t.

24. Dans un restaurant où la température est de 22 °C, Lyne et Johanne commandent toutes les deux un café qu'elles reçoivent en même temps. En recevant son café, Lyne y ajoute 10 ml de lait et laisse refroidir son café. Six minutes plus tard, Johanne ajoute la même quantité de lait à son café et toutes les deux commencent à boire leur café. Si les deux tasses contenaient initialement 250 ml de café à 85 °C et que la température du lait est de 4 °C dans les deux cas, déterminer laquelle boira son café le plus chaud au moment où elles commencent à boire en donnant la température du café de chacune et en utilisant la loi de refroidissement de Newton $\dfrac{dT}{dt} = K\,(T - M)$, où $K = -0{,}02$.

25. Par une journée d'hiver, il commence à neiger très tôt le matin, la neige tombant à un taux constant de 7 cm/h. Le service de déneigement d'une ville commence à nettoyer les rues à 7 h. À 9 h, le service a nettoyé 14 km de route et à 11 h, il a nettoyé 7 km supplémentaires. Sachant que la vitesse à laquelle le service de déneigement nettoie les rues est inversement proportionnelle à la hauteur de neige accumulée, déterminer à quelle heure il a commencé à neiger.

INTRODUCTION

NOTRE PREMIER BUT EST DE CALCULER L'AIRE DE RÉGIONS FERMÉES BORNÉES PAR DES COURBES. HISTORIQUEMENT, ARCHIMÈDE FUT L'UN DES PREMIERS À CALCULER DIFFÉRENTES AIRES EN DÉCOUPANT LA SURFACE INTÉRIEURE DE LA FIGURE EN MINCES BANDES PARALLÈLES ET EN ADDITIONNANT LES AIRES DE CES BANDES. DANS UN PREMIER TEMPS, NOUS CALCULERONS L'AIRE DE CERTAINES RÉGIONS EN UTILISANT LE MÊME PRINCIPE ET LA NOTION DE LIMITE. NOUS DÉFINIRONS ENSUITE L'INTÉGRALE DÉFINIE À L'AIDE DE SOMMES DE RIEMANN.

LA DÉMONSTRATION DU THÉORÈME FONDAMENTAL DU CALCUL INTÉGRAL NOUS PERMETTRA ULTÉRIEUREMENT DE CONSTATER LES LIENS EXISTANT ENTRE LA DIFFÉRENTIATION, L'INTÉGRATION ET L'INTÉGRALE DÉFINIE. ISAAC NEWTON (1642-1727) ET GOTTFRIED LEIBNIZ (1646-1716) FURENT LES PREMIERS À ÉTABLIR LES LIENS ENTRE LES NOTIONS PRÉCÉDENTES ; NOTONS QU'ILS TRAVAILLAIENT SÉPARÉMENT. L'UTILISATION DE CE THÉORÈME NOUS PERMETTRA DE SOLUTIONNER FACILEMENT CERTAINS PROBLÈMES DIFFICILES À RÉSOUDRE À L'AIDE DE SOMMES DE RECTANGLES.

Chapitre 3

Intégrale définie

Fils d'un pasteur protestant, Riemann avait commencé ses études universitaires en théologie et en philosophie à Göttingen dans le but de suivre les traces de son père. Mais bientôt, sa passion pour les mathématiques le porte à demander, et à obtenir, la permission de son père de réorienter sa carrière. Il va alors étudier à Berlin pour finalement revenir à Göttingen où il soutient sa thèse en 1851.

À l'époque, pour pouvoir enseigner dans une université allemande, il fallait d'abord devenir un *Privadozent*, un professeur non rémunéré, en présentant à l'université un texte écrit démontrant ses capacités et en faisant un exposé oral. C'est dans son texte écrit que Riemann introduit les « sommes de Riemann ».

(PUBLIPHOTO/SCIENCE PHOTO LIBRARY)

Georg Friedrich Bernhard RIEMANN (1826-1866)

Cauchy avait déjà abordé la question du calcul de la surface sous le graphe d'une fonction à la fin des années 1820. Toutefois, il s'était restreint aux fonctions continues ou continues par morceaux.

Riemann, pour sa part, se pose la question pour des fonctions plus générales. Par exemple, peut-on calculer la surface sous le graphe de la fonction caractéristique des nombres irrationnels, dont la valeur est un pour un nombre irrationnel et zéro, pour un nombre rationnel ? Posée environ 20 ans auparavant par Lejeune-Dirichlet, un des professeurs de Riemann, cette question oblige à réfléchir sur le sens même de la notion de surface sous une courbe. Par ailleurs, son exposé oral, qui porte sur les fondements de la géométrie, révolutionna la façon d'aborder cette discipline. Gauss, professeur à Göttingen et peut-être le plus grand mathématicien de tous les temps, fit grand cas de cette présentation. Mais, comme la majorité des écrits de Riemann, ces deux textes ne furent publiés qu'après le décès de son auteur.

Quoique timide dans sa vie sociale, Riemann, on le voit, fait preuve d'audace et d'une profonde originalité dans ses activités intellectuelles. Ses articles, peu nombreux, se veulent de véritables programmes de recherche et, de ce fait, dépassent le simple énoncé technique de résultats. Malheureusement mort trop tôt, avant d'atteindre ses 40 ans, Riemann ne pourra mener à terme ses projets. Les mathématiciens du 20ᵉ siècle s'en chargeront. Par exemple, au début de notre siècle, les travaux d'Einstein sur la relativité reposeront sur ceux de Riemann en géométrie.

Lecture suggérée :

RIEMANN, B. *Œuvres mathématiques*, Sceaux, J. Gabay, 1990.

Test préliminaire

1. Calculer l'aire des régions ombrées suivantes.

a)

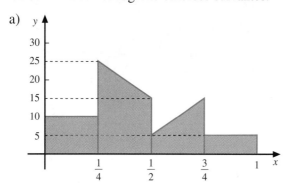

b)

$f(x) = x^2 - 2x + 2$

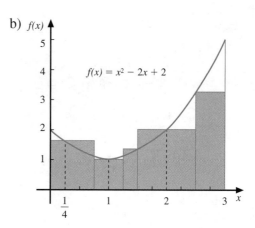

2. Déterminer l'équation de la parabole qui passe par les points P(0, 7), Q(1, 6) et R(-2, 21).

3. Compléter.

$f'(x) = \lim\limits_{h \to 0}$ _____

4. Évaluer les limites suivantes.

a) $\lim\limits_{x \to +\infty} \left(6 - \dfrac{3}{x} + \dfrac{4}{x^2} \right)$

b) $\lim\limits_{x \to +\infty} \dfrac{3x^2 - 4x + 1}{8x^2 + 5}$

5. Compléter.

a) (Théorème de la valeur intermédiaire)

Si f est une fonction telle que:

1) f est continue sur $[a, b]$;

2) $f(a) < K < f(b)$ ou $f(a) > K > f(b)$, où $K \in \mathbb{R}$, alors _____.

b) (Théorème de Lagrange)

Si f est une fonction telle que

1) f est continue sur $[a, b]$;

2) f est dérivable sur $]a, b[$; alors _____.

c) (Corollaire 2)

Si f et g sont deux fonctions telles que:

1) f et g sont continues sur $[a, b]$;

2) $f'(x) = g'(x)$, $\forall$ $x \in]a, b[$; alors _____.

6. Déterminer les intégrales suivantes.

a) $\int u^r \, du$

b) $\int \dfrac{1}{u} \, du$

c) $\int \cos u \, du$

d) $\int \sin u \, du$

e) $\int \sec^2 u \, du$

f) $\int \csc^2 u \, du$

g) $\int \sec u \tan u \, du$

h) $\int \csc u \cot u \, du$

i) $\int \dfrac{1}{\sqrt{1 - u^2}} \, du$

j) $\int \dfrac{1}{1 + u^2} \, du$

k) $\int \dfrac{1}{u\sqrt{u^2 - 1}} \, du$

l) $\int a^u \, du$

m) $\int e^u \, du$

n) $\int \sec u \, du$

o) $\int \tan u \, du$

p) $\int \csc u \, du$

3.1 Notions de sommations

Objectif d'apprentissage

À la fin de cette section, l'élève pourra utiliser le symbole Σ.

Plus précisément, l'élève sera en mesure:

- d'expliciter une somme définie à l'aide du symbole Σ;
- d'utiliser le symbole Σ pour représenter une somme;
- de connaître certaines propriétés des sommations;
- de démontrer et d'utiliser certaines formules de sommation.

Utilisation du symbole de sommation Σ*

Dans la section suivante, nous aurons à faire des sommes de termes de forme semblable, et il sera alors utile d'utiliser le symbole Σ pour présenter ces sommes.

➤ *Exemple 1*   Explicitons les termes définis par $\displaystyle\sum_{i=1}^{5} i^2$.

---

* Σ, lettre grecque (sigma) utilisée par Leinhard Euler (1707-1783).

Cette expression représente la somme de termes de la forme i^2, où i prend successivement toutes les valeurs entières à partir de 1 jusqu'à 5 inclusivement ; nous avons donc

$$\sum_{i=1}^{5} i^2 = 1^2 + 2^2 + 3^2 + 4^2 + 5^2.$$

➤ *Exemple 2*   Explicitons $\displaystyle\sum_{k=3}^{6} (2k-1)^3$.

$$\sum_{k=3}^{6} (2k-1)^3 = 5^3 + 7^3 + 9^3 + 11^3 \quad \text{(ici, } k \text{ prend les valeurs entières de 3 à 6)}$$

➤ *Exemple 3*   Explicitons $\displaystyle\sum_{i=1}^{5} 3$.

$$\sum_{i=1}^{5} 3 = 3 + 3 + 3 + 3 + 3$$

➤ *Exemple 4*   Explicitons $\displaystyle\sum_{j=4}^{29} \frac{(-1)^j (j+1)}{2^j}$.

$$\sum_{j=4}^{29} \frac{(-1)^j (j+1)}{2^j} = \frac{5}{2^4} - \frac{6}{2^5} + \frac{7}{2^6} - \ldots + \frac{29}{2^{28}} - \frac{30}{2^{29}}$$

De façon générale dans l'expression $\displaystyle\sum_{i=m}^{k} a_i$, nous disons que

– a_i est le terme général ;

– l'indice i prend toutes les valeurs entières à partir de m (la **borne inférieure**) jusqu'à k (la **borne supérieure**) inclusivement.

Ainsi, $\displaystyle\sum_{i=m}^{k} a_i = a_m + a_{m+1} + a_{m+2} + \ldots + a_{k-2} + a_{k-1} + a_k.$

Nous pouvons également utiliser le symbole Σ pour représenter une somme de termes donnée explicitement.

➤ *Exemple 5*   Représentons $\dfrac{1}{4}\left(\dfrac{1}{2}\right) + \dfrac{1}{4}\left(\dfrac{1}{2}\right)^2 + \dfrac{1}{4}\left(\dfrac{1}{2}\right)^3 + \ldots + \dfrac{1}{4}\left(\dfrac{1}{2}\right)^n$ à l'aide du symbole Σ.

$$\frac{1}{4}\left(\frac{1}{2}\right) + \frac{1}{4}\left(\frac{1}{2}\right)^2 + \ldots + \frac{1}{4}\left(\frac{1}{2}\right)^n = \sum_{k=1}^{n} \frac{1}{4}\left(\frac{1}{2}\right)^k$$

➤ *Exemple 6*   Représentons $\dfrac{1}{5^2} - \dfrac{1}{6^2} + \dfrac{1}{7^2} - \dfrac{1}{8^2} + \ldots - \dfrac{1}{100^2}$ à l'aide du symbole Σ.

$$\frac{1}{5^2} - \frac{1}{6^2} + \frac{1}{7^2} - \ldots - \frac{1}{100^2} = \sum_{j=5}^{100} \frac{(-1)^{j+1}}{j^2}$$

Nous pouvons également représenter cette somme par $\displaystyle\sum_{j=1}^{96} \frac{(-1)^{j+1}}{(j+4)^2}$.

Théorèmes sur les sommations

THÉORÈME 1	$\displaystyle\sum_{i=1}^{k} (a_i \pm b_i) = \sum_{i=1}^{k} a_i \pm \sum_{i=1}^{k} b_i$

Preuve $\displaystyle\sum_{i=1}^{k} (a_i \pm b_i) = (a_1 \pm b_1) + (a_2 \pm b_2) + \ldots + (a_k \pm b_k)$ (en explicitant la somme)

$$= (a_1 + a_2 + \ldots + a_k) \pm (b_1 + b_2 + \ldots + b_k) \quad \text{(en regroupant les termes)}$$

$$= \sum_{i=1}^{k} a_i \pm \sum_{i=1}^{k} b_i \qquad \text{(en utilisant le symbole } \Sigma)$$

➤ *Exemple 1*   Calculons $\displaystyle\sum_{i=1}^{60} (i + i^2)$, sachant que $\displaystyle\sum_{i=1}^{60} i = 1830$ et $\displaystyle\sum_{i=1}^{60} i^2 = 73\,810$.

$$\sum_{i=1}^{60} (i + i^2) = \sum_{i=1}^{60} i + \sum_{i=1}^{60} i^2 \quad \text{(théorème 1)}$$

$$= 1830 + 73\,810 = 75\,640$$

THÉORÈME 2	$\displaystyle\sum_{i=1}^{k} ca_i = c \sum_{i=1}^{k} a_i$, où $c \in \mathbb{R}$

Preuve $\displaystyle\sum_{i=1}^{k} ca_i = ca_1 + ca_2 + \ldots + ca_k$ (en explicitant la somme)

$$= c(a_1 + a_2 + \ldots + a_k) \quad \text{(mise en évidence de } c)$$

$$= c \sum_{i=1}^{k} a_i \qquad \text{(en utilisant le symbole } \Sigma)$$

➤ *Exemple 2*   Calculons $\displaystyle\sum_{i=1}^{50} \frac{i}{50}$, sachant que $\displaystyle\sum_{i=1}^{50} i = 1275$.

$$\sum_{i=1}^{50} \frac{i}{50} = \frac{1}{50} \sum_{i=1}^{50} i \qquad \text{(théorème 2)}$$

$$= \frac{1}{50} \times 1275 = 25,5$$

Remarque $\displaystyle\sum_{i=1}^{k} c = \underbrace{c + c + c + \ldots + c}_{k \text{ termes}} = kc$

➤ *Exemple 3*   Calculons $\sum\limits_{j=1}^{20} (4 - 3j^2)$, sachant que $\sum\limits_{j=1}^{20} j^2 = 2870$.

$$\sum_{j=1}^{20} (4 - 3j^2) = \sum_{j=1}^{20} 4 - \sum_{j=1}^{20} 3j^2 \quad \text{(théorème 1)}$$

$$= 4(20) - 3\sum_{j=1}^{20} j^2 \quad \text{(en évaluant et théorème 2)}$$

$$= 80 - 3(2870) = \text{-}8530$$

Formules de sommation

Démontrons que la formule suivante nous donne la somme des k premiers entiers.

FORMULE 1	$\sum\limits_{i=1}^{k} i = 1 + 2 + 3 + \ldots + k = \dfrac{k\,(k+1)}{2}$

Preuve $\sum\limits_{i=1}^{k} i = 1 + 2 + 3 + \ldots + (k-1) + k$, et

$$\sum_{i=1}^{k} i = k + (k-1) + \ldots + 2 + 1 \quad \text{(en inversant l'ordre des termes).}$$

En additionnant respectivement les membres de gauche et les membres de droite des deux équations précédentes, et en regroupant adéquatement, nous obtenons

$$2\sum_{i=1}^{k} i = \underbrace{(k+1) + (k+1) + (k+1) + \ldots + (k+1) + (k+1)}_{k \text{ termes}}$$

$$2\sum_{i=1}^{k} i = k\,(k+1),$$

d'où $\sum\limits_{i=1}^{k} i = \dfrac{k\,(k+1)}{2}.$

➤ *Exemple 1*   Évaluons $1 + 2 + 3 + \ldots + 59 + 60$.

$$1 + 2 + 3 + \ldots + 59 + 60 = \frac{60(60+1)}{2} \quad \text{(formule 1, où } k = 60)$$

$$= 1830$$

➤ *Exemple 2*   Calculons $\sum\limits_{i=20}^{153} i$.

Puisque $\sum\limits_{i=1}^{153} i = \sum\limits_{i=1}^{19} i + \sum\limits_{i=20}^{153} i$, nous obtenons

$$\sum_{i=20}^{153} i = \sum_{i=1}^{153} i - \sum_{i=1}^{19} i$$

$$= \frac{153(154)}{2} - \frac{19(20)}{2} \quad \text{(formule 1)}$$

$$= 11\ 591.$$

Démontrons que la formule suivante nous donne la somme des carrés des k premiers entiers.

FORMULE 2 $\displaystyle\sum_{i=1}^{k} i^2 = 1^2 + 2^2 + 3^2 + \ldots + (k-1)^2 + k^2 = \frac{k\,(k+1)\,(2k+1)}{6}$

Preuve   Évaluons $\displaystyle\sum_{i=1}^{k} [i^3 - (i-1)^3]$ de deux façons différentes.

1re façon

$$\sum_{i=1}^{k} [i^3 - (i-1)^3] = \sum_{i=1}^{k} [i^3 - (i^3 - 3i^2 + 3i - 1)]$$

$$= \sum_{i=1}^{k} [3i^2 - 3i + 1]$$

$$= 3\sum_{i=1}^{k} i^2 - 3\sum_{i=1}^{k} i + \sum_{i=1}^{k} 1 \quad \text{(théorèmes 1 et 2)}$$

$$= 3\sum_{i=1}^{k} i^2 - 3\,\frac{k\,(k+1)}{2} + k \quad \text{(formule 1 et Remarque)}$$

2e façon

$$\sum_{i=1}^{k} [i^3 - (i-1)^3] = [1^3 - 0^3] + [2^3 - 1^3] + \ldots + [k^3 - (k-1)^3] \quad \text{(en explicitant)}$$

$$= k^3 \quad\quad\quad\quad\quad\quad\quad\quad\quad\quad\quad\quad\quad \text{(en simplifiant)}$$

En comparant les deux résultats précédents, nous obtenons

$$3\sum_{i=1}^{k} i^2 - 3\,\frac{k\,(k+1)}{2} + k = k^3,$$

ainsi

$$3\sum_{i=1}^{k} i^2 = k^3 + 3\,\frac{k\,(k+1)}{2} - k$$

$$3\sum_{i=1}^{k} i^2 = \frac{2k^3 + 3k^2 + k}{2},$$

d'où

$$\sum_{i=1}^{k} i^2 = \frac{k\,(k+1)\,(2k+1)}{6}.$$

➤ *Exemple 3*   Évaluons $\displaystyle\sum_{i=1}^{60} i^2$.

$$\sum_{i=1}^{60} i^2 = 1^2 + 2^2 + 3^2 + \ldots + 59^2 + 60^2$$

$$= \frac{60(60+1)\,(2\times 60+1)}{6} \quad \text{(formule 2, où } k = 60)$$

$$= 73\ 810$$

➤ *Exemple 4*   Exprimons $\displaystyle\sum_{k=1}^{n-1}\left(\frac{k}{n}\right)^2$ en fonction de n.

$$\sum_{k=1}^{n-1}\left(\frac{k}{n}\right)^2 = \sum_{k=1}^{n-1}\frac{k^2}{n^2}$$

$$= \frac{1}{n^2}\sum_{k=1}^{n-1} k^2 \quad \text{(théorème 2)}$$

$$= \frac{1}{n^2}\left(\frac{(n-1)\,(n-1+1)\,(2(n-1)+1)}{6}\right) \quad \text{(formule 2, où } k = n-1)$$

$$= \frac{1}{n^2}\left(\frac{(n-1)\,n\,(2n-1)}{6}\right)$$

$$= \frac{(n-1)\,(2n-1)}{6n} \quad \text{(en simplifiant)}$$

La formule suivante donne la somme des cubes des k premiers entiers.

FORMULE 3 $\displaystyle\sum_{i=1}^{k} i^3 = 1^3 + 2^3 + 3^3 + \ldots + (k-1)^3 + k^3 = \frac{k^2\,(k+1)^2}{4}$

La démonstration est laissée à l'utilisateur.

Exercices 3.1

1. Développer les sommations suivantes.

a) $\displaystyle\sum_{k=3}^{9}\frac{k}{k^2+1}$

b) $\displaystyle\sum_{j=2}^{5}(4j^3-1)$

c) $\displaystyle\sum_{i=4}^{58} 2^{(i-1)}$

d) $\displaystyle\sum_{k=0}^{30}\frac{2k-1}{2k+1}$

e) $\displaystyle\sum_{j=3}^{7}(-1)^{(j+1)}(5+j)$

f) $\displaystyle\sum_{k=1}^{4}[(-2)^k - 2^{-k}]$

2. Utiliser le symbole Σ pour représenter les sommes suivantes.

a) $1+4+9+16+25+36+49$

b) $1+2+4+8+16+32$

c) $5+5+5+5$

d) $8+27+64+\ldots+13\ 824+15\ 625$

e) $\dfrac{-1}{2}+\dfrac{4}{3}-\dfrac{9}{4}+\ldots-\dfrac{81}{10}+\dfrac{100}{11}$

f) $1-3+5-7+9-11+13-15$

3. Évaluer les sommes suivantes à l'aide des formules.

a) $1 + 2 + 3 + \ldots + 99 + 100$

b) $\displaystyle\sum_{i=1}^{100} i^2$

c) $\displaystyle\sum_{i=1}^{42} 6$

d) $1 + 2^3 + 3^3 + \ldots + 29^3 + 30^3$

e) $\displaystyle\sum_{i=10}^{90} i$

f) $\left(\dfrac{1}{45}\right)^2 \dfrac{1}{45} + \left(\dfrac{2}{45}\right)^2 \dfrac{1}{45} + \ldots + \left(\dfrac{44}{45}\right)^2 \dfrac{1}{45}$

g) $\left(3 + \dfrac{1}{10}\right) + \left(3 + \dfrac{2}{10}\right) + \ldots + \left(3 + \dfrac{9}{10}\right)$

4. Exprimer, en utilisant les formules de sommation, les sommations suivantes en fonction de n.

a) $\displaystyle\sum_{i=1}^{n-1} i$

b) $\displaystyle\sum_{i=1}^{n-1} \dfrac{3i^2}{5n}$

c) $\displaystyle\sum_{i=1}^{n} (5i^3 + 6)$

d) $\displaystyle\sum_{i=1}^{n-1} (6i^2 - 2i)$

5. Démontrer que $\displaystyle\sum_{i=1}^{k} i = \dfrac{k(k+1)}{2}$, en évaluant

$\displaystyle\sum_{i=1}^{k} [i^2 - (i-1)^2]$ de deux façons différentes.

3.2 Calcul d'aires à l'aide de limites

Objectif d'apprentissage

À la fin de cette section, l'élève pourra calculer l'aire d'une région à l'aide de limites.

Plus précisément, l'élève sera en mesure :

- d'évaluer la somme des aires de rectangles inscrits et circonscrits à une courbe donnée f sur $[a, b]$, et d'évaluer l'aire réelle d'une région à l'aide de limites;
- de connaître la définition d'une partition d'un intervalle.

Dans cette section, nous donnerons une première méthode utilisée par Archimède[1] pour calculer l'aire d'une région fermée. Cette méthode consiste essentiellement à estimer l'aire réelle d'une région fermée à l'aide de sommes d'aires de rectangles et à prendre la limite de ces sommes.

Aires de rectangles inscrits et circonscrits sur [0, 1]

➤ *Exemple*   Soit la fonction f définie par $f(x) = x^2$ sur $[0, 1]$.

---
1. Savant grec (287-212 av. J.-C.).

Évaluons l'aire réelle de la région ci-contre, en faisant des sommes d'aires de rectangles inscrits et circonscrits.

Nous notons par A_0^1 cette aire réelle.

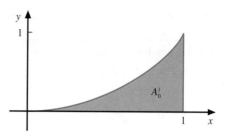

Calculons premièrement s_4, et S_4 où s_4 représente la somme des aires des quatre *rectangles inscrits* ci-dessous et S_4, la somme des aires des quatre *rectangles circonscrits* ci-dessous à la courbe de f.

Aire s_4 des 4 rectangles inscrits :

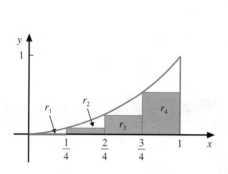

$$s_4 = A(r_1) + A(r_2) + A(r_3) + A(r_4)$$

$$= f(0)\,\frac{1}{4} + f\left(\frac{1}{4}\right)\frac{1}{4} + f\left(\frac{2}{4}\right)\frac{1}{4} + f\left(\frac{3}{4}\right)\frac{1}{4}$$

$$= \frac{1}{4}\left[f(0) + f\left(\frac{1}{4}\right) + f\left(\frac{2}{4}\right) + f\left(\frac{3}{4}\right)\right]$$

$$= \frac{1}{4}\left[0 + \frac{1}{16} + \frac{4}{16} + \frac{9}{16}\right]$$

$$= \frac{14}{64}$$

$$\simeq 0,219 \text{ unité}^2$$

Aire S_4 des 4 rectangles circonscrits :

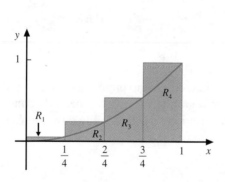

$$S_4 = A(R_1) + A(R_2) + A(R_3) + A(R_4)$$

$$= f\left(\frac{1}{4}\right)\frac{1}{4} + f\left(\frac{2}{4}\right)\frac{1}{4} + f\left(\frac{3}{4}\right)\frac{1}{4} + f(1)\,\frac{1}{4}$$

$$= \frac{1}{4}\left[f\left(\frac{1}{4}\right) + f\left(\frac{2}{4}\right) + f\left(\frac{3}{4}\right) + f(1)\right]$$

$$= \frac{1}{4}\left[\frac{1}{16} + \frac{4}{16} + \frac{9}{16} + 1\right]$$

$$= \frac{30}{64}$$

$$\simeq 0,469 \text{ unité}^2$$

Il est évident que $s_4 \leq A_0^1 \leq S_4$.

Calculons maintenant s_{10} et S_{10}, pour obtenir encore une meilleure approximation de l'aire réelle sous la courbe.

Aire s_{10} des 10 rectangles inscrits ci-dessous :

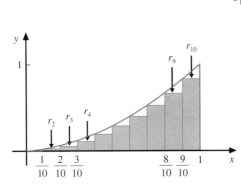

$$s_{10} = A(r_1) + A(r_2) + A(r_3) + \ldots + A(r_{10})$$

$$= f(0)\tfrac{1}{10} + f(\tfrac{1}{10})\tfrac{1}{10} + f(\tfrac{2}{10})\tfrac{1}{10} + \ldots + f(\tfrac{9}{10})\tfrac{1}{10}$$

$$= \tfrac{1}{10}\,[f(0) + f(\tfrac{1}{10}) + f(\tfrac{2}{10}) + \ldots + f(\tfrac{9}{10})]$$

$$= \frac{1}{10}\left[0 + \frac{1^2}{10^2} + \frac{2^2}{10^2} + \frac{3^2}{10^2} + \ldots + \frac{9^2}{10^2}\right]$$

$$= \frac{1}{10^3}\,[1^2 + 2^2 + 3^2 + \ldots + 9^2]$$

$$= \frac{1}{10^3}\left[\frac{9\,(10)\,(19)}{6}\right] \quad \text{(formule 2)}$$

$$= 0,285 \text{ unité}^2$$

Aire S_{10} des 10 rectangles circonscrits ci-dessous :

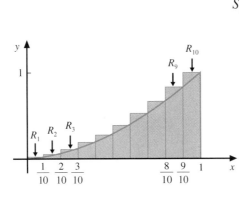

$$S_{10} = A(R_1) + A(R_2) + A(R_3) + \ldots + A(R_{10})$$

$$= f(\tfrac{1}{10})\tfrac{1}{10} + f(\tfrac{2}{10})\tfrac{1}{10} + f(\tfrac{3}{10})\tfrac{1}{10} + \ldots + f(1)\tfrac{1}{10}$$

$$= \tfrac{1}{10}\,[f(\tfrac{1}{10}) + f(\tfrac{2}{10}) + f(\tfrac{3}{10}) + \ldots + f(\tfrac{10}{10})]$$

$$= \frac{1}{10}\left[\frac{1^2}{10^2} + \frac{2^2}{10^2} + \frac{3^2}{10^2} + \ldots + \frac{10^2}{10^2}\right]$$

$$= \frac{1}{10^3}\,[1^2 + 2^2 + 3^2 + \ldots + 10^2]$$

$$= \frac{1}{10^3}\left[\frac{10\,(11)\,(21)}{6}\right] \quad \text{(formule 2)}$$

$$= 0,385 \text{ unité}^2$$

Les résultats obtenus jusqu'à maintenant, soit

$$s_4 \simeq 0,219, \qquad\qquad\qquad S_4 \simeq 0,469,$$

$$s_{10} = 0,285, \qquad\qquad\qquad S_{10} = 0,385,$$

nous révèlent que $s_4 \leq s_{10} \leq A_0^1 \leq S_{10} \leq S_4$.

Il est évident que les sommes des aires des rectangles inscrits et circonscrits s'approchent de plus en plus de l'aire réelle A_0^1 à mesure que l'on augmente le nombre de rectangles (inscrits, circonscrits).

Trouvons maintenant une formule générale pour s_n et S_n, où s_n représente la somme des aires des *n rectangles inscrits* et S_n, la somme des aires des *n rectangles circonscrits*.

Aire s_n des n rectangles inscrits ci-dessous :

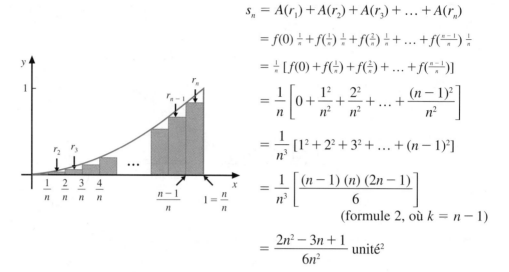

$$s_n = A(r_1) + A(r_2) + A(r_3) + \ldots + A(r_n)$$

$$= f(0)\tfrac{1}{n} + f(\tfrac{1}{n})\tfrac{1}{n} + f(\tfrac{2}{n})\tfrac{1}{n} + \ldots + f(\tfrac{n-1}{n})\tfrac{1}{n}$$

$$= \tfrac{1}{n}\left[f(0) + f(\tfrac{1}{n}) + f(\tfrac{2}{n}) + \ldots + f(\tfrac{n-1}{n}) \right]$$

$$= \frac{1}{n}\left[0 + \frac{1^2}{n^2} + \frac{2^2}{n^2} + \ldots + \frac{(n-1)^2}{n^2} \right]$$

$$= \frac{1}{n^3}\left[1^2 + 2^2 + 3^2 + \ldots + (n-1)^2 \right]$$

$$= \frac{1}{n^3}\left[\frac{(n-1)\,(n)\,(2n-1)}{6} \right]$$

(formule 2, où $k = n - 1$)

$$= \frac{2n^2 - 3n + 1}{6n^2} \text{ unité}^2$$

Aire S_n des n rectangles circonscrits ci-dessous :

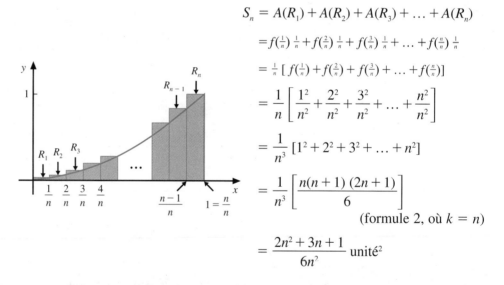

$$S_n = A(R_1) + A(R_2) + A(R_3) + \ldots + A(R_n)$$

$$= f(\tfrac{1}{n})\tfrac{1}{n} + f(\tfrac{2}{n})\tfrac{1}{n} + f(\tfrac{3}{n})\tfrac{1}{n} + \ldots + f(\tfrac{n}{n})\tfrac{1}{n}$$

$$= \tfrac{1}{n}\left[f(\tfrac{1}{n}) + f(\tfrac{2}{n}) + f(\tfrac{3}{n}) + \ldots + f(\tfrac{n}{n}) \right]$$

$$= \frac{1}{n}\left[\frac{1^2}{n^2} + \frac{2^2}{n^2} + \frac{3^2}{n^2} + \ldots + \frac{n^2}{n^2} \right]$$

$$= \frac{1}{n^3}\left[1^2 + 2^2 + 3^2 + \ldots + n^2 \right]$$

$$= \frac{1}{n^3}\left[\frac{n(n+1)\,(2n+1)}{6} \right]$$

(formule 2, où $k = n$)

$$= \frac{2n^2 + 3n + 1}{6n^2} \text{ unité}^2$$

Nous avons donc pour $n > 10$:

$$s_4 \leq s_{10} \leq \ldots \leq s_n \ldots \leq A_0^1 \leq \ldots S_n \ldots \leq S_{10} \leq S_4.$$

Lorsque n augmente indéfiniment, c'est-à-dire $n \to +\infty$, nous définissons s et S de la façon suivante.

Définition $\quad s = \lim\limits_{n \to +\infty} s_n$, lorsque la limite existe.

Définition	$S = \lim\limits_{n \to +\infty} S_n$, lorsque la limite existe.

Ainsi, nous avons $s \leq A_0^1 \leq S$ et, de plus, si $s = S$, alors $A_0^1 = s = S$.

Évaluons donc s et S.

$s = \lim\limits_{n \to +\infty} s_n$ (par définition)

$= \lim\limits_{n \to +\infty} \dfrac{2n^2 - 3n + 1}{6n^2}$

$\qquad \left(\text{car } s_n = \dfrac{2n^2 - 3n + 1}{6n^2} \right)$

$= \lim\limits_{n \to +\infty} \left(\dfrac{1}{3} - \dfrac{1}{2n} + \dfrac{1}{6n^2} \right)$

$\qquad$ (en décomposant)

$= \dfrac{1}{3}$ (en évaluant la limite)

$S = \lim\limits_{n \to +\infty} S_n$ (par définition)

$= \lim\limits_{n \to +\infty} \dfrac{2n^2 + 3n + 1}{6n^2}$

$\qquad \left(\text{car } S_n = \dfrac{2n^2 + 3n + 1}{6n^2} \right)$

$= \lim\limits_{n \to +\infty} \left(\dfrac{1}{3} + \dfrac{1}{2n} + \dfrac{1}{6n^2} \right)$

$\qquad$ (en décomposant)

$= \dfrac{1}{3}$ (en évaluant la limite)

Puisque $s = S = \dfrac{1}{3}$, nous pouvons conclure que l'aire réelle de la région est égale à $\dfrac{1}{3}$ unité^2.

En général, pour une fonction f, telle que $f(x) \geq 0$ sur $[a, b]$, où $s = \lim\limits_{n \to +\infty} s_n$ et $S = \lim\limits_{n \to +\infty} S_n$,

nous avons $s \leq A_a^b \leq S$.

De plus, si $s = S$, alors $A_a^b = s = S$.

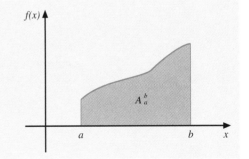

Partition d'un intervalle

Définition	Une **partition** P de $[a, b]$ est une suite de nombres réels $x_0, x_1, x_2, \ldots, x_n$ tels que $a = x_0 < x_1 < x_2 < \ldots < x_{n-1} < x_n = b$. Nous notons $P = \{x_0, x_1, x_2, \ldots, x_{n-1}, x_n\}$.

Une partition P de $[a, b]$ peut être
représentée de la façon suivante :

> **Définition**
>
> La longueur Δx_i de chaque sous-intervalle de la partition P est définie de la façon
> suivante :
> $$\Delta x_i = x_i - x_{i-1}.$$

Ainsi $\Delta x_1 = x_1 - x_0$, $\Delta x_2 = x_2 - x_1$, ..., $\Delta x_n = x_n - x_{n-1}$.

> **Définition**
>
> Une partition est dite **régulière** lorsque
> $$\Delta x_1 = \Delta x_2 = \dots = \Delta x_i = \dots = \Delta x_n.$$

Dans le cas d'une partition régulière d'un intervalle $[a, b]$, chaque sous-intervalle est
de même longueur et est noté Δx.

Ainsi $\Delta x = \dfrac{b - a}{n}$, où n représente le nombre d'intervalles de même longueur.

Une partition régulière P de $[a, b]$ peut être représentée de la façon suivante :

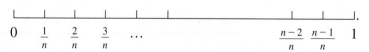

> ➤ *Exemple 1*   En séparant $[0, 1]$ en n parties égales, nous obtenons $\Delta x = \dfrac{1 - 0}{n} = \dfrac{1}{n}$. Cette
> partition peut être représentée par

$$\begin{array}{ccccccccc} \vdash & \vdash & \vdash & \vdash & \vdash & & & \vdash & \vdash & \vdash \\ 0 & \frac{1}{n} & \frac{2}{n} & \frac{3}{n} & \dots & & & \frac{n-2}{n} & \frac{n-1}{n} & 1 \end{array}.$$

> ➤ *Exemple 2*   En séparant $[2, 5]$ en n parties égales, nous obtenons $\Delta x = \dfrac{5 - 2}{n} = \dfrac{3}{n}$. Cette
> partition peut être représentée par

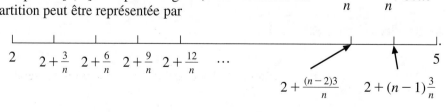

Remarque   Nous pouvons écrire 5 sous la forme $2 + \dfrac{3n}{n}$.

Aires de rectangles inscrits et circonscrits sur [a, b]

➤ *Exemple*   Soit $f(x) = -x^2 + 2x + 5$ sur $[1, 3]$.

Évaluons A_1^3, qui représente l'aire réelle entre l'axe x, la courbe d'équation $y = -x^2 + 2x + 5$, $x = 1$ et $x = 3$.

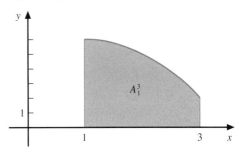

Séparons $[1, 3]$ en n parties égales, puis calculons s_n et S_n.

Dans ce cas $\Delta x = \dfrac{3-1}{n} = \dfrac{2}{n}$.

Aire s_n des n rectangles inscrits, où

$x_0 = 1$

$x_1 = 1 + \dfrac{2}{n}$

$x_2 = 1 + \dfrac{4}{n}$

$\vdots$

$x_{n-1} = 1 + (n-1)\dfrac{2}{n}$

$x_n = 1 + n\left(\dfrac{2}{n}\right) = 3.$ Ainsi,

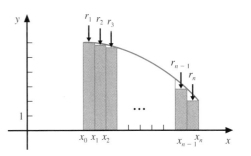

$$s_n = A(r_1) + A(r_2) + A(r_3) + \ldots + A(r_{n-1}) + A(r_n)$$

$$= f\left(1 + \frac{2}{n}\right)\frac{2}{n} + f\left(1 + \frac{4}{n}\right)\frac{2}{n} + f\left(1 + \frac{6}{n}\right)\frac{2}{n} + \ldots + f\left(1 + (n-1)\frac{2}{n}\right)\frac{2}{n} + f(3)\frac{2}{n}$$

$$= \frac{2}{n}\left[f\left(1 + \frac{2}{n}\right) + f\left(1 + \frac{4}{n}\right) + f\left(1 + \frac{6}{n}\right) + \ldots + f\left(1 + (n-1)\frac{2}{n}\right) + f\left(1 + (n)\frac{2}{n}\right)\right]$$

$$= \frac{2}{n}\left\{\left[-\left(1 + \frac{2}{n}\right)^2 + 2\left(1 + \frac{2}{n}\right) + 5\right] + \left[-\left(1 + \frac{4}{n}\right)^2 + 2\left(1 + \frac{4}{n}\right) + 5\right] + \right.$$

$$\left. \ldots + \left[-\left(1 + \frac{2n}{n}\right)^2 + 2\left(1 + \frac{2n}{n}\right) + 5\right]\right\}$$

$$= \frac{2}{n}\left\{\left[-\left(1 + \frac{4}{n} + \frac{4}{n^2}\right) + 2 + \frac{4}{n} + 5\right] + \left[-\left(1 + \frac{8}{n} + \frac{16}{n^2}\right) + 2 + \frac{8}{n} + 5\right] + \right.$$

$$\left. \ldots + \left[-\left(1 + \frac{4n}{n} + \frac{4n^2}{n^2}\right) + 2 + \frac{4n}{n} + 5\right]\right\}$$

$$= \frac{2}{n}\left\{\left(6 - \frac{4}{n^2}\right) + \left(6 - \frac{16}{n^2}\right) + \ldots + \left(6 - \frac{4n^2}{n^2}\right)\right\}$$

$$s_n = \frac{2}{n} \left\{ \underbrace{(6 + 6 + 6 + \ldots + 6)}_{n \text{ termes}} - \frac{4}{n^2} (1^2 + 2^2 + \ldots + n^2) \right\}$$

$$= \frac{2}{n} \left\{ 6n - \frac{4}{n^2} \frac{n(n+1)(2n+1)}{6} \right\} \quad \text{(formule 2, où } k = n)$$

$$= \frac{2}{n} \left\{ 6n - \frac{4}{n} \frac{(n+1)(2n+1)}{6} \right\}$$

$$= \frac{2}{n} \left(\frac{28n^2 - 12n - 4}{6n} \right)$$

$$= \frac{28n^2 - 12n - 4}{3n^2}$$

Aire S_n des n rectangles circonscrits :

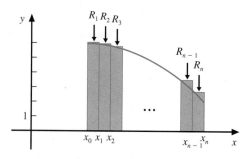

$$S_n = A(R_1) + A(R_2) + A(R_3) + \ldots + A(R_n)$$

$$= f(1)\frac{2}{n} + f\left(1 + \frac{2}{n}\right)\frac{2}{n} + f\left(1 + \frac{4}{n}\right)\frac{2}{n} + \ldots + f\left(1 + \frac{2(n-1)}{n}\right)\frac{2}{n}$$

$$= \frac{2}{n} \left\{ f(1) + f\left(1 + \frac{2}{n}\right) + f\left(1 + \frac{4}{n}\right) + \ldots + f\left(1 + \frac{2(n-1)}{n}\right) \right\}$$

$$= \frac{2}{n} \left\{ 6 + \left[-\left(1 + \frac{2}{n}\right)^2 + 2\left(1 + \frac{2}{n}\right) + 5 \right] + \left[-\left(1 + \frac{4}{n}\right)^2 + 2\left(1 + \frac{4}{n}\right) + 5 \right] + \right.$$

$$\left. \ldots + \left[-\left(1 + \frac{2(n-1)}{n}\right)^2 + 2\left(1 + \frac{2(n-1)}{n}\right) + 5 \right] \right\}$$

$$= \frac{2}{n} \left\{ 6 + \left[-\left(1 + \frac{4}{n} + \frac{4}{n^2}\right) + 2 + \frac{4}{n} + 5 \right] + \left[-\left(1 + \frac{8}{n} + \frac{16}{n^2}\right) + 2 + \frac{8}{n} + 5 \right] + \right.$$

$$\left. \ldots + \left[-\left(1 + \frac{4(n-1)}{n} + \frac{4(n-1)^2}{n^2}\right) + 2 + \frac{4(n-1)}{n} + 5 \right] \right\}$$

$$= \frac{2}{n} \left\{ 6 + \left(6 - \frac{4}{n^2}\right) + \left(6 - \frac{16}{n^2}\right) + \ldots + \left(6 - \frac{4(n-1)^2}{n^2}\right) \right\}$$

$$= \frac{2}{n} \left\{ \underbrace{(6 + 6 + 6 + \ldots + 6)}_{n \text{ termes}} - \frac{4}{n^2} (1^2 + 2^2 + \ldots + (n-1)^2) \right\}$$

$$= \frac{2}{n} \left\{ 6n - \frac{4}{n^2} \frac{(n-1)n(2n-1)}{6} \right\} \quad \text{(formule 2, où } k = n - 1)$$

$$= \frac{28n^2 + 12n - 4}{3n^2}$$

Nous avons trouvé les résultats suivants :

$$s_n = \frac{28n^2 - 12n - 4}{3n^2} \text{ et } S_n = \frac{28n^2 + 12n - 4}{3n^2}.$$

En remplaçant n par une valeur particulière dans les résultats précédents, nous obtenons les sommes suivantes :

si $n = 3$, alors $s_3 \approx 7{,}852$ et $S_3 \approx 10{,}519$;

si $n = 10$, alors $s_{10} = 8{,}92$ et $S_{10} = 9{,}72$;

si $n = 100$, alors $s_{100} = 9{,}2932$ et $S_{100} = 9{,}3737$.

En plaçant par ordre croissant les valeurs précédentes et A_1^3, nous obtenons

$$s_3 \leq s_{10} \leq s_{100} \leq A_1^3 \leq S_{100} \leq S_{10} \leq S_3.$$

Évaluons s et S.

$$s = \lim_{n \to +\infty} s_n \qquad \text{(par définition)}$$
$$= \lim_{n \to +\infty} \frac{28n^2 - 12n - 4}{3n^2}$$
$$= \lim_{n \to +\infty} \left[\frac{28}{3} - \frac{4}{n} - \frac{4}{3n^2} \right]$$
$$= \frac{28}{3} \qquad \text{(en évaluant la limite)}$$

$$S = \lim_{n \to +\infty} S_n \qquad \text{(par définition)}$$
$$= \lim_{n \to +\infty} \frac{28n^2 + 12n - 4}{3n^2}$$
$$= \lim_{n \to +\infty} \left[\frac{28}{3} + \frac{4}{n} - \frac{4}{3n^2} \right]$$
$$= \frac{28}{3} \qquad \text{(en évaluant la limite)}$$

Puisque $s = S = \dfrac{28}{3}$, nous pouvons conclure que l'aire réelle A_1^3 de la région est égale à $\dfrac{28}{3}$ unités².

Exercices 3.2

1. Pour chacun des intervalles suivants, évaluer la longueur Δx de chaque sous-intervalle si nous séparons l'intervalle en un nombre donné n de parties égales.

a) $[0, 1]$, $n = 40$

b) $[1, 5]$, $n = 10$

c) $[-1, 6]$, $n = 100$

d) $[a, b]$, $n = 36$

2. Représenter la partition régulière de l'intervalle pour le n donné.

a) $[0, 1]$, $n = 5$

b) $[0, 3]$, $n = 20$

c) $[2, 7]$, $n = 51$

3. Évaluer les sommes suivantes.

a) s_4 si $f(x) = 9 - x^2$ sur $[0, 2]$.

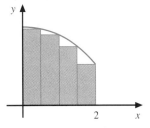

b) S_4 si $f(x) = 9 - x^2$ sur $[0, 2]$.

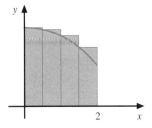

c) s_5 si $f(x) = 2x^2 + 1$ sur $[0, 1]$.

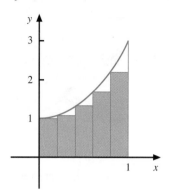

d) S_5 si $f(x) = 2x^2 + 1$ sur $[0, 1]$.

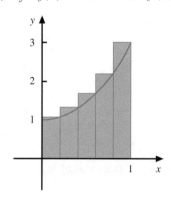

4. Représenter graphiquement et évaluer.

a) s_4 si $f(x) = \sqrt{x}$ sur $[0, 4]$.

b) s_4 si $f(x) = \dfrac{1}{x}$ sur $[1, 3]$.

c) s_5 si $f(x) = x^2 - 4x + 5$ sur $[0, 5]$.

d) S_5 si $f(x) = x^2 - 4x + 5$ sur $[0, 5]$.

5. Soit $f(x) = x^3$ sur $[0, 1]$.

a) Représenter graphiquement et évaluer S_4.

b) Évaluer S_{100}.

c) Comparer S_4, S_{100} et l'aire réelle.

6. Soit $f(x) = x^2$ sur $[1, 2]$.

a) En sachant que $s_n = \dfrac{14n^2 - 9n + 1}{6n^2}$, évaluer $\lim\limits_{n \to +\infty} s_n$.

b) En sachant que $S_n = \dfrac{14n^2 + 9n + 1}{6n^2}$, évaluer $\lim\limits_{n \to +\infty} S_n$.

c) Déterminer A_1^2; expliquer votre résultat.

7. Soit $f(x) = x^2 + 3x + 1$ sur $[0, 1]$.

a) Représenter graphiquement et évaluer s_n.

b) Évaluer S_n.

c) Évaluer s et S.

d) Évaluer A_0^1.

8. Soit $f(x) = 0{,}1x^3 + 15$ sur $[0, 10]$.

a) Déterminer S_n.

b) Déterminer S.

3.3 Intégrale définie

Objectif d'apprentissage

À la fin de cette section, l'élève pourra calculer des sommes de Riemann.

Plus précisément, l'élève sera en mesure:

- de connaître la définition d'une somme de Riemann;
- de connaître la définition de l'intégrale définie;
- de connaître certaines propriétés de l'intégrale définie;
- d'utiliser le théorème de la moyenne pour l'intégrale définie.

Dans cette section, nous généraliserons la notion de calcul d'aire à l'aide de sommes d'aires de rectangles. Par la suite, nous donnerons la définition de l'intégrale définie et certaines de ses propriétés.

Somme de Riemann

Définition

Soit une fonction f continue sur $[a, b]$ et P une partition quelconque de $[a, b]$. Nous appelons **somme de Riemann** toute somme de la forme

$$\sum_{i=1}^{n} f(c_i)\, \Delta x_i, \text{ où } c_i \in [x_{i-1}, x_i].$$

➤ *Exemple*

Soit la fonction f continue et non négative sur $[a, b]$, et la partition P telle que

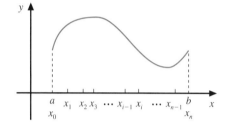

$P - \{x_0, x_1, x_2, ..., x_{n-1}, x_n\}$, où $a = x_0 < x_1 < x_2 < ... < x_n = b$.

Choisissons dans chaque sous-intervalle $[x_{i-1}, x_i]$ une valeur quelconque c_i, c'est-à-dire $c_1 \in [x_0, x_1]$, $c_2 \in [x_1, x_2]$, ..., $c_i \in [x_{i-1}, x_i]$, ...

Sur chaque sous-intervalle, $f(c_i)$ correspond à la hauteur du rectangle de base Δx_i.
Ainsi l'aire A_i de ce rectangle sera donnée par :

$A_i = f(c_i)\, \Delta x_i$

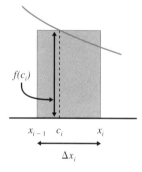

Soit SR_n la somme des aires des n rectangles, c'est-à-dire :

$$SR_n = A_1 + A_2 + A_3 + ... + A_i + ... + A_n$$
$$= f(c_1)\, \Delta x_1 + f(c_2)\, \Delta x_2 + f(c_3)\, \Delta x_3 + ... + f(c_i)\, \Delta x_i + ... + f(c_n)\, \Delta x_n$$
$$= \sum_{i=1}^{n} f(c_i)\, \Delta x_i.$$

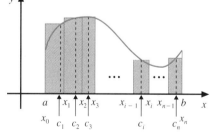

Ainsi SR_n est une somme de Riemann.

Remarque Dans la section précédente, s_n et S_n étaient également des sommes de Riemann. Dans le cas de s_n, chaque c_i était choisi tel que $f(c_i)$ donnait le minimum de la fonction sur le sous-intervalle. Dans le cas de S_n, chaque c_i était choisi tel que $f(c_i)$ donnait le maximum de la fonction sur le sous-intervalle. De plus, tous les Δx_i étaient égaux.

Intégrale définie

Lorsque f est continue et non négative sur $[a, b]$, toute somme de Riemann donne une approximation de l'aire réelle entre la courbe, l'axe x entre $x = a$ et $x = b$. Pour obtenir une meilleure approximation de l'aire, il suffit d'augmenter indéfiniment le nombre de rectangles ($n \to +\infty$), tout en s'assurant que la longueur de la base de chaque rectangle tend vers zéro ($\max \Delta x_i \to 0$).

Nous énonçons maintenant un théorème que nous acceptons sans démonstration.

Théorème 1	Si f est une fonction continue sur $[a, b]$, alors il existe un nombre réel A tel que $$\lim_{(\max \Delta x_i) \to 0} \sum_{i=1}^{n} f(c_i)\, \Delta x_i = A, \text{ où } c_i \in [x_{i-1}, x_i].$$

En particulier lorsque la fonction f est continue et non négative sur $[a, b]$, alors la valeur A correspond à l'aire réelle A_a^b.

Définition	Soit f une fonction continue sur $[a, b]$. Nous définissons l'**intégrale définie** de f sur $[a, b]$, notée $\displaystyle\int_a^b f(x)\, dx$, comme suit : $$\int_a^b f(x)\, dx = \lim_{(\max \Delta x_i) \to 0} \sum_{i=1}^{n} f(c_i)\, \Delta x_i, \text{ où } c_i \in [x_{i-1}, x_i].$$

Lorsque $\displaystyle\int_a^b f(x)\, dx$ existe, nous disons que f est *intégrable* sur $[a, b]$, et nous appelons a la *borne inférieure* de l'intégrale définie et b, la *borne supérieure* de l'intégrale définie.

Il est très important de remarquer que l'intégrale définie $\displaystyle\int_a^b f(x)\, dx$ est un nombre réel, alors que l'intégrale indéfinie $\int f(x)\, dx$ est une famille de fonctions, c'est-à-dire :

$$\int_a^b f(x)\, dx = A, \text{ où } A \in \mathbb{R}, \text{ et } \int f(x)\, dx = F(x) + C, \text{ où } F'(x) = f(x).$$

De plus, si f est continue et non négative sur $[a, b]$, nous pouvons exprimer A_a^b à l'aide de l'intégrale définie de la façon suivante :

$$A_a^b = \int_a^b f(x)\, dx.$$

Théorème 2	Pour toute partition P, où $P = \{x_0, x_1, x_2, \ldots, x_{n-1}, x_n\}$, d'un intervalle $[a, b]$, nous avons $$\sum_{i=1}^{n} \Delta x_i = b - a.$$

Preuve $\displaystyle\sum_{i=1}^{n} \Delta x_i = \Delta x_1 + \Delta x_2 + \ldots + \Delta x_{n-1} + \Delta x_n$

$\qquad\qquad = (x_1 - x_0) + (x_2 - x_1) + \ldots + (x_{n-1} - x_{n-2}) + (x_n - x_{n-1})$ (par définition de Δx_i)

$\qquad\qquad = x_n - x_0$ (en simplifiant)

$\qquad\qquad = b - a$ (car $x_n = b$ et $x_0 = a$)

➤ *Exemple 1*   Évaluons $\displaystyle\int_{2}^{7} 4\, dx$ à partir de la définition de l'intégrale définie.

Soit $P = \{x_0, x_1, x_2, \ldots, x_{n-1}, x_n\}$, une partition quelconque de $[2, 7]$, où $x_0 = 2$ et $x_n = 7$.

Sur chaque sous-intervalle $[x_{i-1}, x_i]$, choisissons un c_i quelconque.

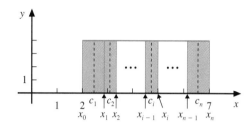

$\displaystyle\int_{2}^{7} 4\, dx = \lim_{(\max \Delta x_i) \to 0} \sum_{i=1}^{n} f(c_i)\, \Delta x_i$ (par définition)

$\qquad\qquad = \lim_{(\max \Delta x_i) \to 0} \sum_{i=1}^{n} 4\, \Delta x_i$ (car $f(x) = 4\ \forall\ x \in [2, 7]$)

$\qquad\qquad = \lim_{(\max \Delta x_i) \to 0} 4 \sum_{i=1}^{n} \Delta x_i$ (théorème 2, page 107)

$\qquad\qquad = \lim_{(\max \Delta x_i) \to 0} (4\,(7 - 2))$ (théorème 2, page 122)

$\qquad\qquad = 20$ (en évaluant)

Puisque la fonction est continue et non négative sur $[2, 7]$, la valeur 20 trouvée correspond à l'aire réelle A_2^7.

➤ *Exemple 2*   Évaluons $\displaystyle\int_{2}^{6} (1 - x)\, dx$ à partir de la définition de l'intégrale définie.

Soit $P = \{x_0, x_1, x_2, \ldots, x_{n-1}, x_n\}$, une partition quelconque de $[2, 6]$, où $x_0 = 2$ et $x_n = 6$. Sur chaque sous-intervalle $[x_{i-1}, x_i]$, choisissons c_i comme étant le point milieu de l'intervalle, c'est-à-dire $c_i = \dfrac{x_{i-1} + x_i}{2}$.

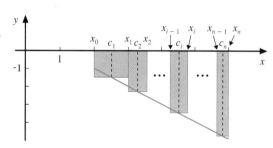

Puisque $\displaystyle\int_{2}^{6} (1 - x)\, dx = \lim_{(\max \Delta x_i) \to 0} \sum_{i=1}^{n} f(c_i)\, \Delta x_i$, calculons d'abord $\displaystyle\sum_{i=1}^{n} f(c_i)\, \Delta x_i$.

$\displaystyle\sum_{i=1}^{n} f(c_i)\, \Delta x_i = f(c_1)\, \Delta x_1 + f(c_2)\, \Delta x_2 + \ldots + f(c_n)\, \Delta x_n$

$$= \left(1 - \frac{x_0 + x_1}{2}\right)(x_1 - x_0) + \left(1 - \frac{x_1 + x_2}{2}\right)(x_2 - x_1) +$$

$$\dots + \left(1 - \frac{x_{n-1} + x_n}{2}\right)(x_n - x_{n-1})$$

$$= \left(x_1 - x_0 - \frac{(x_0 + x_1)(x_1 - x_0)}{2}\right) + \left(x_2 - x_1 - \frac{(x_1 + x_2)(x_2 - x_1)}{2}\right) +$$

$$\dots + \left(x_n - x_{n-1} - \frac{(x_{n-1} + x_n)(x_n - x_{n-1})}{2}\right)$$

$$= x_n - x_0 - \frac{1}{2}(x_1^2 - x_0^2 + x_2^2 - x_1^2 + \dots + x_n^2 - x_{n-1}^2) \quad \text{(en effectuant)}$$

$$= x_n - x_0 - \frac{1}{2}(x_n^2 - x_0^2) \quad \text{(en effectuant)}$$

$$= 6 - 2 - \frac{1}{2}(6^2 - 2^2) \quad \text{(car } x_0 = 2 \text{ et } x_n = 6)$$

$$= -12$$

$$\text{donc} \int_2^6 (1 - x)\, dx = \lim_{(\max \Delta x_i) \to 0} (-12) \quad \left(\text{car} \sum_{i=1}^n f(c_i)\, \Delta x_i = -12\right)$$

$$= -12$$

Propriétés de l'intégrale définie

Définition	Pour toute fonction f intégrable, $\int_a^a f(x)\, dx = 0$, pour tout $a \in \mathbb{R}$.

➤ *Exemple 1* $\int_2^2 (x + 4)\, dx = 0$

Définition	Pour toute fonction f intégrable sur $[a, b]$, $\int_b^a f(x)\, dx = -\int_a^b f(x)\, dx$.

➤ *Exemple 2*   Si $\int_7^9 f(x)\, dx = 10$, alors $\int_9^7 f(x)\, dx = -10$.

THÉORÈME 3	Si f est une fonction continue sur $[a, b]$ et $c \in\,]a, b[$, alors $$\int_a^b f(x)\, dx = \int_a^c f(x)\, dx + \int_c^b f(x)\, dx.$$

Nous admettons ce théorème sans démonstration ; cependant, l'exemple suivant illustre le théorème dans le cas où f est continue et $f(x) \geq 0$ sur $[a, b]$.

➤ *Exemple 3*   Soit une fonction f continue telle que $f(x) \geq 0$ sur $[a, b]$.

Ainsi

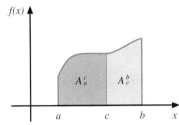

$$\int_a^b f(x)\,dx = A_a^b$$

$$= A_a^c + A_c^b$$

$$= \int_a^c f(x)\,dx + \int_c^b f(x)\,dx.$$

| THÉORÈME 4 | Si f et g sont deux fonctions continues sur $[a, b]$, alors $$\int_a^b [f(x) + g(x)]\,dx = \int_a^b f(x)\,dx + \int_a^b g(x)\,dx.$$ |

Preuve   Soit $P = \{x_0, x_1, x_2, \ldots, x_{n-1}, x_n\}$ une partition de $[a, b]$.

$$\int_a^b [f(x) + g(x)]\,dx = \lim_{(\max \Delta x_i) \to 0} \sum_{i=1}^n [f(c_i) + g(c_i)]\,\Delta x_i \qquad \text{(par définition)}$$

$$= \lim_{(\max \Delta x_i) \to 0} \sum_{i=1}^n [f(c_i)\,\Delta x_i + g(c_i)\,\Delta x_i]$$

$$= \lim_{(\max \Delta x_i) \to 0} \left(\sum_{i=1}^n f(c_i)\,\Delta x_i + \sum_{i=1}^n g(c_i)\,\Delta x_i \right) \qquad \text{(théorème 1, page 107)}$$

$$= \lim_{(\max \Delta x_i) \to 0} \sum_{i=1}^n f(c_i)\,\Delta x_i + \lim_{(\max \Delta x_i) \to 0} \sum_{i=1}^n g(c_i)\,\Delta x_i \qquad \begin{array}{l}\text{(propriété des} \\ \text{limites)}\end{array}$$

$$= \int_a^b f(x)\,dx + \int_a^b g(x)\,dx \qquad \text{(par définition)}$$

| THÉORÈME 5 | Si f est une fonction continue sur $[a, b]$ et $K \in \mathbb{R}$, alors $$\int_a^b K f(x)\,dx = K \int_a^b f(x)\,dx.$$ |

Preuve   Soit $P = \{x_0, x_1, x_2, \ldots, x_{n-1}, x_n\}$, une partition de $[a, b]$.

$$\int_a^b K f(x)\,dx = \lim_{(\max \Delta x_i) \to 0} \sum_{i=1}^n K f(c_i)\,\Delta x_i \qquad \text{(par définition)}$$

$$= \lim_{(\max \Delta x_i) \to 0} K \sum_{i=1}^n f(c_i)\,\Delta x_i \qquad \text{(théorème 2, page 107)}$$

$$= K \left(\lim_{(\max \Delta x_i) \to 0} \sum_{i=1}^{n} f(c_i) \, \Delta x_i \right) \quad \text{(propriété des limites)}$$

$$= K \int_{a}^{b} f(x) \, dx \qquad \text{(par définition)}$$

➤ *Exemple 4*   Calculons $\int_{-1}^{4} [3 \, f(x) - 4 \, g(x)] \, dx$, si $\int_{-1}^{4} f(x) \, dx = \text{-7}$ et $\int_{4}^{-1} g(x) \, dx = 2$.

$$\int_{-1}^{4} [3 \, f(x) - 4 \, g(x)] \, dx = \int_{-1}^{4} 3 \, f(x) \, dx - \int_{-1}^{4} 4 \, g(x) \, dx \qquad \text{(théorème 4)}$$

$$= 3 \int_{-1}^{4} f(x) \, dx - 4 \int_{-1}^{4} g(x) \, dx \qquad \text{(théorème 5)}$$

$$= 3 \int_{-1}^{4} f(x) \, dx - 4 \left(\text{-} \int_{4}^{-1} g(x) \, dx \right) \qquad \text{(par définition)}$$

$$= 3(\text{-7}) + 4(2) \qquad \text{(en remplaçant)}$$

$$= \text{-13}$$

THÉORÈME 6 **THÉORÈME DE** **LA MOYENNE** **POUR L'INTÉGRALE** **DÉFINIE**	Si f est une fonction continue sur $[a, b]$, alors il existe au moins un nombre $c \in [a, b]$ tel que $\int_{a}^{b} f(x) \, dx = f(c) \, (b - a).$

Nous allons démontrer ce théorème dans le cas particulier où f est une fonction non négative sur $[a, b]$.

Preuve   Soit m le minimum et M le maximum de f sur $[a, b]$ (par le théorème des valeurs extrêmes).

Nous constatons graphiquement que $m(b - a) \leq \int_{a}^{b} f(x) \, dx \leq M(b - a)$.

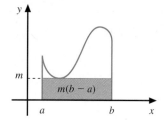 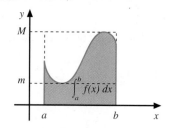 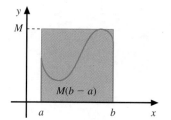

Ainsi $m \leq \dfrac{1}{(b-a)} \int_{a}^{b} f(x) \, dx \leq M$ (en divisant par $(b - a)$).

Puisque $\dfrac{1}{(b-a)} \int_{a}^{b} f(x) \, dx$ est compris entre m et M alors, par le théorème de la valeur intermédiaire, il existe un $c \in [a, b]$ tel que

$$\frac{1}{(b-a)} \int_a^b f(x)\, dx = f(c),$$

d'où $\quad \int_a^b f(x)\, dx = f(c)\,(b-a).$

Interprétation géométrique du théorème de la moyenne pour l'intégrale définie.

Le théorème de la moyenne nous indique qu'il existe une droite parallèle à l'axe x, formant le côté supérieur d'un rectangle dont les autres côtés sont $x = a$, $x = b$ et l'axe x, et telle que l'aire de ce rectangle est égale à A_a^b; cette droite parallèle à l'axe x rencontre au moins une fois la courbe de f sur $[a, b]$. L'abscisse d'un de ces points d'intersection est le nombre c du théorème de la moyenne.

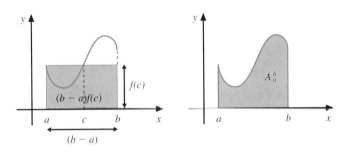

► *Exemple 5*   Déterminons la valeur du théorème de la moyenne pour l'intégrale définie, si $f(x) = x^2$ sur $[2, 5]$, sachant que $\int_2^5 x^2\, dx = \dfrac{117}{3}$.

Puisque $\int_a^b f(x)\, dx = f(c)\,(b-a)$ (théorème 6)

alors $\qquad \int_2^5 x^2\, dx = c^2\,(5-2)$ (car $f(x) = x^2$, $a = 2$ et $b = 5$)

$$\frac{117}{3} = 3c^2$$

$$c = \pm\sqrt{13},$$

d'où $\qquad\qquad c \approx 3{,}606$ (car $c \in [2, 5]$).

Représentation graphique

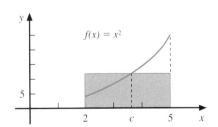

Exercices 3.3

1. Pour chacune des fonctions suivantes, calculer les sommes de Riemann correspondantes.

a)

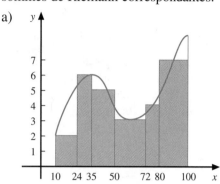

b)

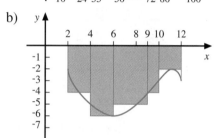

c)

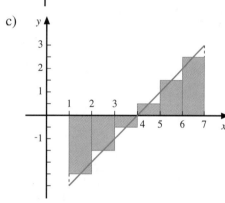

2. Soit $f(x) = x^2 + 2x - 3$ sur $[0, 2]$ et la partition $P = \{0, 0,6, 0,8, 1,2, 1,7, 2\}$ sur $[0, 2]$. Calculer la somme de Riemann correspondante pour $c_i \in [x_{i-1}, x_i]$ tel que :

a) $c_i = x_{i-1}$;

b) $c_i = x_i$;

c) c_i est le point milieu de $[x_{i-1}, x_i]$.

3. a) Donner la définition de $\int_a^b f(x)\,dx$.

b) Évaluer $\int_3^7 6\,dx$ à partir de la définition de l'intégrale définie.

c) Évaluer $\int_1^5 x\,dx$ à partir de la définition de l'intégrale définie, où c_i est le point milieu de $[x_{i-1}, x_i]$. Représenter graphiquement la somme de Riemann.

4. a) Si $f(x) = c$ sur $[a, b]$, où $c \in \mathbb{R}$, évaluer $\int_a^b c\,dx$.

b) Évaluer, à l'aide du résultat de a), $\int_{-1}^4 \frac{1}{2}\,dx$.

c) Évaluer, à l'aide du résultat de a), $\int_{-10}^{-1} (-3)\,dx$.

5. Soit $f(x) = x$ sur $[a, b]$ et la partition $P = \{x_0, x_1, x_2, \ldots, x_{n-1}, x_n\}$ où $x_0 = a$ et $x_n = b$.

a) En utilisant sur chaque sous-intervalle le point milieu, déterminer SR_n.

b) Évaluer $\int_a^b x\,dx$.

c) Lorsque $0 < a < b$, représenter et interpréter $\int_a^b x\,dx$.

6. À l'aide du résultat trouvé au numéro 5, évaluer

a) $\int_2^9 x\,dx$;   b) $\int_{-4}^1 x\,dx$;   c) $\int_{-3}^3 x\,dx$.

7. Sachant que $\int_0^3 f(x)\,dx = 5$, $\int_3^5 f(x)\,dx = -6$ et que $\int_5^9 f(x)\,dx = 8$, évaluer :

a) $\int_3^9 f(x)\,dx$;   b) $\int_9^3 f(x)\,dx$;   c) $\int_0^9 f(x)\,dx$.

8. Sachant que $\int_2^5 f(x)\,dx = 4$ et que $\int_2^5 g(x)\,dx = 3$, évaluer :

a) $\int_2^5 [f(x) + g(x)]\,dx$;

b) $\int_2^2 8f(x)\,dx$;

c) $\int_2^5 [5g(x) - 2f(x)]\,dx$.

9. À l'aide des propriétés des intégrales définies et des résultats suivants, $\int_a^b x^2\, dx = \dfrac{b^3 - a^3}{3}$, $\int_a^b x\, dx = \dfrac{b^2 - a^2}{2}$ et $\int_a^b c\, dx = c(b - a)$, évaluer les intégrales suivantes.

a) $\int_1^4 (3x - 5)\, dx$

b) $\int_{-3}^2 6x^2\, dx$

c) $\int_1^3 (3x^2 - 9x + 2)\, dx$

10. Représenter graphiquement les régions dont l'aire est donnée par les intégrales définies suivantes, calculer l'aire et déduire la valeur des intégrales définies.

a) $\int_1^6 3\, dx$

b) $\int_1^4 (2x + 3)\, dx$

11. Dans chacun des cas suivants, donner l'équation que nous obtenons en appliquant le théorème de la moyenne pour l'intégrale définie à la fonction donnée, et déterminer la valeur c du théorème si :

a) $f(x) = x^3$ et $\int_2^8 x^3\, dx = 1020$;

b) $f(x) = \dfrac{1}{x}$ et $\int_2^6 \dfrac{1}{x}\, dx = \ln 3$;

c) $f(x) = \dfrac{1}{x^2}$ et $\int_3^9 \dfrac{1}{x^2}\, dx = \dfrac{2}{9}$.

3.4 Le théorème fondamental du calcul

Objectif d'apprentissage

À la fin de cette section, l'élève pourra calculer certaines intégrales définies en utilisant le théorème fondamental du calcul.

Plus précisément, l'élève sera en mesure :

- de démontrer le théorème fondamental du calcul ;
- d'évaluer des intégrales définies en utilisant le théorème fondamental du calcul ;
- d'évaluer des intégrales définies par changement de variable ;
- d'évaluer des intégrales définies par changement de variable et en changeant les bornes d'intégration.

Dans les sections précédentes, nous avons calculé l'aire de différentes régions en faisant la somme des aires des rectangles inscrits et circonscrits. Cela nous a permis d'obtenir la valeur de l'aire réelle en évaluant $\lim\limits_{x \to +\infty} s_n$ et $\lim\limits_{x \to +\infty} S_n$.

Nous avons également évalué des intégrales définies, à partir de la définition, c'est-à-dire :

$$\int_a^b f(x)\, dx = \lim_{(\max \Delta x_i) \to 0} \sum_{i=1}^n f(c_i)\, \Delta x_i, \text{ où } c_i \in [x_{i-1}, x_i].$$

Notons cependant que, dans nos exemples, nous avons limité l'utilisation de cette méthode de calcul d'aires et d'intégrales définies à des fonctions polynomiales de degré inférieur à 4.

Cependant, lorsqu'il s'agit d'évaluer des intégrales définies de fonctions telles que $\sqrt{x}$, $\sin x$, e^x, $\ln x$, etc., cette méthode devient impraticable.

Énonçons et démontrons maintenant un théorème qui relie les notions de dérivée, d'intégrale indéfinie et d'intégrale définie. Nous pourrons alors évaluer des intégrales définies en utilisant ce théorème.

Théorème fondamental du calcul

THÉORÈME 1
THÉORÈME FONDAMENTAL DU CALCUL

Soit f une fonction continue sur un intervalle ouvert I, et $a \in I$.

1re partie   Si $A(x) = \displaystyle\int_a^x f(t)\, dt$, où $x \in I$, alors $A(x)$ est une primitive de $f(x)$,

c'est-à-dire $A'(x) = \dfrac{d}{dx}\left[\displaystyle\int_a^x f(t)\, dt\right] = f(x)$.

2e partie   Si $F(x)$ est une primitive quelconque de $f(x)$, alors

$$\int_a^b f(t)\, dt = F(b) - F(a), \text{ où } a \text{ et } b \in I.$$

Nous allons démontrer ce théorème dans le cas particulier où f est une fonction non négative sur I.

Preuve   *1re partie*

Soit $a \in I$ et $x \in I$, tel que $a < x$, ainsi

$A(x) = \displaystyle\int_a^x f(t)\, dt$ représente l'aire de la région ci-contre.

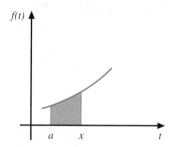

Soit $h > 0$, tel que $(x + h) \in I$, ainsi

$A(x + h) = \displaystyle\int_a^{x+h} f(t)\, dt$ représente l'aire de la région ci-contre.

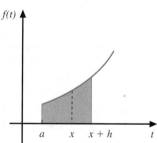

Nous avons donc

$$A(x + h) - A(x) = \int_a^{x+h} f(t)\, dt - \int_a^x f(t)\, dt$$

$$= \int_x^{x+h} f(t)\, dt$$

(théorème 3, page 124)

qui représente l'aire de la région ci-contre.

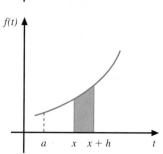

Par le théorème de la moyenne pour l'intégrale définie, nous avons

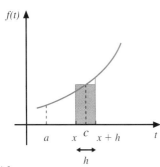

$$\int_x^{x+h} f(t)\, dt = f(c)\, h, \text{ où } c \in [x, x+h].$$

Ainsi $A(x+h) - A(x) = f(c)\, h$

$$\frac{A(x+h) - A(x)}{h} = f(c) \quad \text{(en divisant par } h\text{)}.$$

Dans le cas où $h < 0$, nous procédons de façon analogue. Alors,

$$\lim_{h \to 0} \frac{A(x+h) - A(x)}{h} = \lim_{h \to 0} f(c) \quad \begin{array}{l}\text{(en prenant la limite de chaque membre}\\\text{de l'équation)}\end{array}$$

$$A'(x) = \lim_{h \to 0} f(c) \quad \text{(par définition de } A'(x))$$

$$A'(x) = \lim_{c \to x} f(c) \quad \text{(car si } h \to 0, \text{ alors } c \to x)$$

$$A'(x) = f(x) \quad \text{(car } f \text{ est continue)},$$

d'où $A(x)$ est une primitive de $f(x)$.

Preuve   *2ᵉ partie*

Soit $a \in I$ et $b \in I$, tel que $a \leq b$.

Puisque $F(x)$ est également une primitive de $f(x)$, alors

$$A(x) = F(x) + C \qquad \text{(corollaire 2, chapitre 1).}$$

Ainsi $A(a) = F(a) + C \qquad \text{(en posant } x = a)$

$$0 = F(a) + C \qquad \left(\text{car } A(a) = \int_a^a f(t)\, dt = 0\right),$$

donc $C = {-}F(a).$

Alors $A(x) = F(x) - F(a) \qquad \text{(car } C = {-}F(a)),$

ainsi $A(b) = F(b) - F(a) \qquad \text{(en posant } x = b),$

d'où $\displaystyle\int_a^b f(t)\, dt = F(b) - F(a) \qquad \left(\text{car } A(b) = \int_a^b f(t)\, dt\right).$

➤ *Exemple 1*   Déterminons $\dfrac{d}{dx}\left[\displaystyle\int_2^x (t^3 - 5t)\, dt\right].$

$$\frac{d}{dx}\left[\int_2^x (t^3 - 5t)\, dt\right] = x^3 - 5x. \qquad \text{(théorème 1)}$$

➤ *Exemple 2*   Déterminons $\dfrac{d}{du}\left[\displaystyle\int_u^5 \text{Arc tan } x\, dx\right].$

$$\frac{d}{du}\left[\int_u^5 \text{Arc tan } x\, dx\right] = \frac{d}{du}\left[{-}\int_5^u \text{Arc tan } x\, dx\right] \quad \text{(par définition)}$$

$$= \frac{-d}{du}\left[\int_5^u \text{Arc tan } x\, dx\right]$$

$$= {-}\text{Arc tan } u \qquad \text{(théorème 1)}$$

Évaluation d'intégrales définies à l'aide du théorème fondamental du calcul

Voici un résumé des étapes à suivre pour évaluer une intégrale définie.

> *1re étape :*   Déterminer une primitive $F(x)$ de $f(x)$.
>
> *2e étape :*   Évaluer F à la borne supérieure b pour obtenir $F(b)$.
>
> *3e étape :*   Évaluer F à la borne inférieure a pour obtenir $F(a)$.
>
> *4e étape :*   Calculer $F(b) - F(a)$ pour obtenir $\int_a^b f(x)\,dx$.

Nous utilisons la notation suivante pour calculer des intégrales définies.

$$\int_a^b f(x)\,dx = (F(x) + C)\,\Big|_a^b = F(b) - F(a)$$

➤ *Exemple 1*   Évaluons $\int_2^5 (3x^2 + 4x)\,dx$, à l'aide du théorème fondamental du calcul.

$$\int_2^5 (3x^2 + 4x)\,dx = (x^3 + 2x^2 + C)\,\Big|_2^5 \quad (1^{re}\ \text{étape})$$

$$= \underbrace{((5)^3 + 2(5)^2 + C)}_{2^e\ \text{étape}} - \underbrace{((2)^3 + 2(2)^2 + C)}_{3^e\ \text{étape}}$$

$$= (175 + C) - (16 + C)$$

$$= 159 \qquad (4^e\ \text{étape})$$

THÉORÈME 2

Si $F(x)$ est une primitive de $f(x)$, alors

$$(F(x) + C)\,\Big|_a^b = F(x)\,\Big|_a^b.$$

Preuve $(F(x) + C)\,\Big|_a^b = (F(b) + C) - (F(a) + C)$

$$= F(b) + C - F(a) - C$$

$$= F(b) - F(a)$$

$$= F(x)\,\Big|_a^b$$

Dorénavant, nous n'écrirons plus la constante d'intégration dans le calcul des intégrales définies.

➤ *Exemple 2*   Évaluons $\int_0^{0,5} \dfrac{1}{\sqrt{1-x^2}}\, dx$.

$$\int_0^{0,5} \frac{1}{\sqrt{1-x^2}}\, dx = \text{Arc sin } x \;\Big|_0^{0,5}$$

$$= (\text{Arc sin } 0,5) - (\text{Arc sin } 0)$$

$$= \frac{\pi}{6} - 0 = \frac{\pi}{6}$$

➤ *Exemple 3*   Évaluons $\int_1^4 \dfrac{x-4}{\sqrt{x}}\, dx$.

$$\int_1^4 \frac{x-4}{\sqrt{x}}\, dx = \int_1^4 \left(x^{\frac{1}{2}} - 4x^{\frac{-1}{2}}\right) dx$$

$$= \left(\frac{2x^{\frac{3}{2}}}{3} - 8x^{\frac{1}{2}}\right)\Big|_1^4$$

$$= \left(\frac{2}{3}(4)^{\frac{3}{2}} - 8(4)^{\frac{1}{2}}\right) - \left(\frac{2}{3}(1)^{\frac{3}{2}} - 8(1)^{\frac{1}{2}}\right) = \frac{-10}{3}$$

Dans le cas où

f est continue et non négative sur $[a, b]$,

$\displaystyle\int_a^b f(x)\, dx$ correspond à l'aire entre la

courbe de f, l'axe x, $x = a$ et $x = b$.

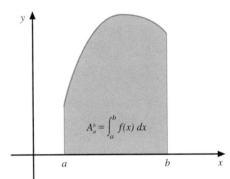

➤ *Exemple 4*   Soit $f(x) = -x^2 + 2x + 5$ sur $[1, 3]$. Évaluons l'aire de la région comprise entre la courbe de f, l'axe x, $x = 1$ et $x = 3$.

Puisque f est continue et non négative sur $[1, 3]$,

$$A_1^3 = \int_1^3 (-x^2 + 2x + 5)\, dx$$

$$= \left(\frac{-x^3}{3} + x^2 + 5x\right)\Big|_1^3$$

$$= 15 - \frac{17}{3}$$

$$= \frac{28}{3}, \text{ donc } \frac{28}{3}\ \text{u}^2.$$

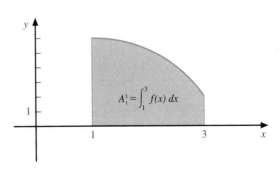

Nous avons déjà évalué A_1^3 de cette fonction, à l'aide de $\displaystyle\lim_{n\to+\infty} s_n$ et de $\displaystyle\lim_{n\to+\infty} S_n$, dans l'Exemple de la page 117.

➤ *Exemple 5*   Évaluons $\displaystyle\int_{-1}^{5} |x - 3|\ dx$.

Puisque $|x - 3| = \begin{cases} x - 3 & \text{si} \quad x \geq 3 \\ 3 - x & \text{si} \quad x < 3 \end{cases}$ (par définition),

alors $\displaystyle\int_{-1}^{5} |x - 3|\ dx = \int_{-1}^{3} |x - 3|\ dx + \int_{3}^{5} |x - 3|\ dx$

$$= \int_{-1}^{3} (3 - x)\ dx + \int_{3}^{5} (x - 3)\ dx$$

$$= \left(3x - \frac{x^2}{2}\right)\Big|_{-1}^{3} + \left(\frac{x^2}{2} - 3x\right)\Big|_{3}^{5}$$

$$= \left[\frac{9}{2} - \left(\frac{-7}{2}\right)\right] + \left[\frac{-5}{2} - \left(\frac{-9}{2}\right)\right] = 10.$$

L'utilisateur peut vérifier que l'aire ombrée ci-contre est égale à 10 u², car f est non négative sur [-1, 5].

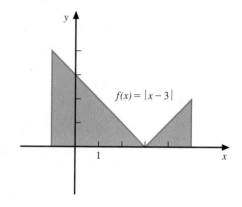

Dans le cas où f n'est pas toujours non négative sur $[a, b]$, $\displaystyle\int_{a}^{b} f(x)\ dx$ ne correspond pas à l'aire entre la courbe de f, l'axe x, $x = a$ et $x = b$.

➤ *Exemple 6*   Évaluons $\displaystyle\int_{-3}^{1} x\ dx$.

$$\int_{-3}^{1} x\ dx = \frac{x^2}{2}\Big|_{-3}^{1} = \frac{1}{2} - \frac{9}{2} = {-4}$$

L'utilisateur peut vérifier que l'aire ombrée ci-contre est égale à 5 u².

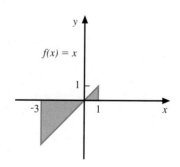

Changement de variable dans l'intégrale définie

Une première méthode pour évaluer une intégrale définie, où un changement de variable est nécessaire, est la suivante :

1re étape :   Déterminer l'intégrale indéfinie.

2e étape :   Évaluer l'intégrale définie à l'aide du théorème fondamental du calcul.

➤ *Exemple 1*   Évaluons $\int_0^4 x \sqrt{x^2 + 9} \, dx$.

1re étape : Déterminons d'abord l'intégrale indéfinie $\int x \sqrt{x^2 + 9} \, dx$.

Posons $u = x^2 + 9$

$$du = 2x \, dx, \text{ d'où } x \, dx = \frac{du}{2}.$$

Ainsi $\int x \sqrt{x^2 + 9} \, dx = \int \underbrace{(x^2 + 9)^{\frac{1}{2}}}_{u^{\frac{1}{2}}} \underbrace{x \, dx}_{\frac{du}{2}}$

$$= \int u^{\frac{1}{2}} \frac{du}{2}$$

$$= \frac{1}{2} \int u^{\frac{1}{2}} \, du$$

$$= \frac{1}{3} u^{\frac{3}{2}} + C = \frac{1}{3} (x^2 + 9)^{\frac{3}{2}} + C.$$

2e étape : Évaluons l'intégrale définie :

$$\int_0^4 x \sqrt{x^2 + 9} \, dx = \frac{1}{3} (x^2 + 9)^{\frac{3}{2}} \Big|_0^4 = \left[\frac{1}{3} (25)^{\frac{3}{2}} \right] - \left[\frac{1}{3} (9)^{\frac{3}{2}} \right] = \frac{98}{3}.$$

➤ *Exemple 2*   Évaluons $\int_0^{\frac{\pi}{2}} \sin^3 4\theta \cos 4\theta \, d\theta$.

1re étape : Déterminons d'abord $\int \sin^3 4\theta \cos 4\theta \, d\theta$.

Posons $u = \sin 4\theta$

$$du = 4 \cos 4\theta \, d\theta, \text{ d'où } \cos 4\theta \, d\theta = \frac{du}{4}.$$

Ainsi $\int \sin^3 4\theta \cos 4\theta \, d\theta = \int u^3 \frac{du}{4}$

$$= \frac{u^4}{16} + C = \frac{\sin^4 4\theta}{16} + C.$$

2e étape : Évaluons l'intégrale définie :

$$\int_0^{\frac{\pi}{2}} \sin^3 4\theta \cos 4\theta \, d\theta = \frac{\sin^4 4\theta}{16} \Big|_0^{\frac{\pi}{2}} = \frac{\sin^4 2\pi}{16} - \frac{\sin^4 0}{16} = 0.$$

Une deuxième méthode pour évaluer une intégrale définie, où un changement de variable est nécessaire, consiste à changer les bornes d'intégration en fonction de la nouvelle variable, afin d'éviter de revenir à la variable initiale.

THÉORÈME 3

Si g' est une fonction continue sur $[a, b]$ telle que $g'(x) \neq 0$ sur $]a, b[$ et si f est une fonction continue sur un intervalle I contenant toutes les valeurs u, où $u = g(x)$ et $x \in [a, b]$, alors

$$\int_a^b f(g(x))\, g'(x)\, dx = \int_{g(a)}^{g(b)} f(u)\, du.$$

Preuve   Pour $F(x)$ une primitive de $f(x)$, nous avons

$$\int_a^b f(g(x))\, g'(x)\, dx = F(g(x))\Big|_a^b \qquad \text{(théorème fondamental du calcul)}$$

$$= F(g(b)) - F(g(a))$$

$$= F(u)\Big|_{g(a)}^{g(b)} \qquad \text{(car } u = g(x))$$

$$= \int_{g(a)}^{g(b)} f(u)\, du \qquad \text{(théorème fondamental du calcul).}$$

➤ *Exemple 3*   Réévaluons $\displaystyle\int_0^4 x\,\sqrt{x^2 + 9}\, dx$ à l'aide du théorème précédent (voir l'Exemple 1, page 135).

Posons $u = x^2 + 9$

$\qquad du = 2x\, dx$, d'où $x\, dx = \dfrac{du}{2}$.

Si $x = 0$, alors $u = 0^2 + 9 = 9$, et si $x = 4$, alors $u = 4^2 + 9 = 25$.

Ainsi $\displaystyle\int_0^4 x\,\sqrt{x^2 + 9}\, dx = \int_9^{25} u^{\frac{1}{2}}\, \dfrac{du}{2}$ (théorème 3)

$$= \dfrac{u^{\frac{3}{2}}}{3}\bigg|_9^{25}$$

$$= \dfrac{(25)^{\frac{3}{2}}}{3} - \dfrac{9^{\frac{3}{2}}}{3} = \dfrac{98}{3}.$$

Exercices 3.4

1. Utiliser le théorème fondamental du calcul pour évaluer chacune des intégrales suivantes.

a) $\int_2^6 5 \, dx$

b) $\int_{-1}^1 x^3 \, dx$

c) $\int_1^4 (1 - \sqrt{x}) \, dx$

d) $\int_0^{\frac{\pi}{2}} 2 \sin \theta \, d\theta$

e) $\int_1^e \frac{3}{t} \, dt$

f) $\int_0^1 \frac{1}{1+x^2} \, dx$

g) $\int_{\frac{-\pi}{3}}^0 \sec u \tan u \, du$

h) $\int_{-1}^2 \frac{4e^x + 1}{2} \, dx$

i) $\int_0^2 (x^3 + 3^x) \, dx$

j) $\int_{\frac{-\pi}{5}}^{\frac{\pi}{5}} \sec^2 \theta \, d\theta$

k) $\int_0^{0,5} \frac{-2}{\sqrt{1-x^2}} \, dx$

l) $\int_1^8 \left(\frac{2}{x^3} - \frac{4}{\sqrt[3]{x}} \right) dx$

e) $\int_4^9 \frac{1}{\sqrt{x}\,(1+\sqrt{x})^3} \, dx$

f) $\int_{\frac{\pi}{6}}^{\frac{3\pi}{4}} \csc^4 \theta \cot \theta \, d\theta$

g) $\int_0^{\frac{\pi}{2}} \cos x \, e^{\sin x} \, dx$

h) $\int_0^{\sqrt{\frac{\pi}{2}}} x \cos \left(\frac{\pi}{2} + x^2 \right) dx$

i) $\int_{\frac{1}{2}}^1 \frac{\text{Arc} \sin x}{\sqrt{1-x^2}} \, dx$

j) $\int_{\frac{\pi^2}{16}}^{\frac{\pi^2}{9}} \frac{\sec^2 \sqrt{x}}{\sqrt{x}} \, dx$

k) $\int_{-4}^1 \frac{3x}{x^2+1} \, dx$

l) $\int_1^2 \frac{-3}{(5x-2)^2} \, dx$

2. Évaluer les intégrales définies suivantes en utilisant un changement de variable sans changer les bornes d'intégration.

a) $\int_2^4 \frac{1}{3+5x} \, dx$

b) $\int_0^4 \frac{4x}{\sqrt{x^2+9}} \, dx$

c) $\int_0^{\frac{\pi}{12}} \tan^2 3\theta \, \sec^2 3\theta \, d\theta$

3. Réévaluer les intégrales définies du numéro précédent en utilisant un changement de variable et en changeant les bornes d'intégration.

4. Évaluer les intégrales définies suivantes en utilisant un changement de variable.

a) $\int_0^1 (1+x^3)^4 \, 5x^2 \, dx$

b) $\int_0^4 x \sqrt{25-x^2} \, dx$

c) $\int_3^4 \frac{x}{\sqrt{25-x^2}} \, dx$

d) $\int_\pi^{2\pi} \frac{\cos x}{2+\sin x} \, dx$

5. Évaluer les intégrales définies suivantes.

a) $\int_1^2 x^2 (3 - x^4) \, dx$

b) $\int_{-1}^1 x^2 (x^3 - 1)^4 \, dx$

c) $\int_{\frac{\pi}{2}}^\pi \cos 2t \, dt$

d) $\int_2^6 \frac{(x+1)^2}{x} \, dx$

e) $\int_{\frac{-\pi}{3}}^{\frac{-\pi}{4}} \frac{\sec^2 \theta}{\tan^2 \theta} \, d\theta$

f) $\int_0^{\frac{\pi}{4}} \sec \theta \, d\theta$

g) $\int_{\sqrt{e}}^{e^2} \frac{1}{x \ln x} \, dx$

h) $\int_{\frac{-\pi}{2}}^{\frac{\pi}{2}} \frac{\cos x}{1 + \sin^2 x} \, dx$

6. Sachant que $\int_a^b f(x) \, dx = F(x) \Big|_a^b$, déterminer une primitive $F(x)$ et $f(x)$ si:

a) $\int_{-1}^5 f(x) \, dx = 4(5)^3 - 4(-1)^3$;

b) $\int_2^7 f(x) \, dx = \ln \left(\frac{7}{2} \right)$;

c) $\displaystyle\int_a^b f(x)\,dx = (4b^2 + b) - (4a^2 + a)$;

d) $\displaystyle\int_3^5 f(x)\,dx = -(\pi - 5)^4 + (\pi - 3)^4$;

e) $\displaystyle\int_{-3}^{-1} f(x)\,dx = \frac{1}{e} - \frac{1}{e^3}$;

f) $\displaystyle\int_1^7 f(x)\,dx = \frac{1}{7} - 1$.

7. Déterminer $F(x)$, puis calculer $F'(x)$ si:

a) $\displaystyle F(x) = \int_{\frac{\pi}{2}}^x \cos t\,dt$;

b) $\displaystyle F(x) = \int_1^x e^{2t}\,dt$;

c) $\displaystyle F(x) = \int_1^x \frac{1}{t}\,dt$;

d) $\displaystyle F(x) = \int_x^4 (3t^2 - 4t + 5)\,dt$.

8. Déterminer.

a) $F'(x)$, si $\displaystyle F(x) = \int_1^x \sec^3 t\,dt$

b) $F'(x)$, si $\displaystyle F(x) = \int_x^2 \ln u\,du$

c) $\displaystyle \frac{d}{dx}\left[\int_1^x \frac{d}{dt}(te^t)\,dt\right]$

9. Calculer l'aire des régions ombrées suivantes à l'aide de l'intégrale définie.

a)

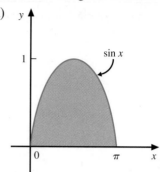

b)

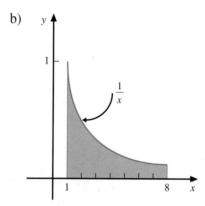

10. Vérifier à l'aide du théorème fondamental du calcul que:

a) $\displaystyle\int_a^a f(x)\,dx = 0$;

b) $\displaystyle\int_a^b f(x)\,dx + \int_b^c f(x)\,dx = \int_a^c f(x)\,dx$;

c) $\displaystyle\int_a^b k\,f(x)\,dx = k\int_a^b f(x)\,dx$.

3.5 Calcul d'aires à l'aide de l'intégrale définie

Objectifs d'apprentissage

À la fin de cette section, l'élève pourra calculer l'aire de régions fermées et résoudre certains problèmes à l'aide de l'intégrale définie.

Plus précisément, l'élève sera en mesure :

- de calculer l'aire d'une région comprise entre une courbe définie par y, où $y \geq 0$ (x, où $x \geq 0$), et un axe sur un intervalle donné ;
- de calculer l'aire d'une région fermée définie par y, où $y \geq 0$ (x, où $x \geq 0$), après avoir déterminé l'intervalle $[a, b]$;
- de calculer l'aire d'une région située entre deux courbes continues sur un intervalle $[a, b]$;
- d'utiliser l'intégrale définie pour résoudre certains problèmes dans des domaines autres que les mathématiques.

Nous avons d'abord défini à la section 3.3 l'intégrale définie comme étant

$$\int_a^b f(x)\, dx = \lim_{(\max \Delta x_i) \to 0} \sum_{i=1}^n f(c_i)\, \Delta x_i.$$

Puis à la section 3.4, le théorème fondamental du calcul nous a permis d'évaluer cette intégrale définie comme suit :

$$\int_a^b f(x)\, dx = F(x)\Big|_a^b = F(b) - F(a).$$

Dans cette section, nous relierons ces deux notions pour calculer l'aire d'une région.

Aire de régions délimitées par une courbe et un axe sur un intervalle donné

➤ *Exemple 1* Déterminons, à l'aide de l'intégrale définie, l'aire de la région fermée comprise entre la courbe de f, l'axe x, $x = 0$ et $x = 4$ si $f(x) = 8 - 2x$.

1ʳᵉ étape : Représentons graphiquement la région.

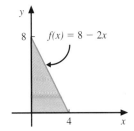

2ᵉ étape : Représentons graphiquement un élément (rectangle) de l'aire totale et calculons l'aire de cet élément.

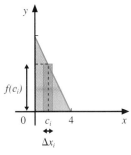

Aire du rectangle $= f(c_i)\, \Delta x_i$

Pour déterminer l'aire réelle A_0^4 de la région, il faut faire la somme des aires des rectangles et calculer la limite lorsque (max Δx_i) tend vers zéro de cette somme.

3e *étape :* Aire réelle $= \displaystyle\lim_{(\text{max } \Delta x_i) \to 0} \sum_{i=1}^{n} f(c_i)\, \Delta x_i.$

$$= \int_0^4 f(x)\, dx \qquad \text{(par définition)}$$

$$= \int_0^4 (8 - 2x)\, dx \quad \text{(car } f(x) = 8 - 2x)$$

$$= (8x - x^2)\Big|_0^4 \qquad \text{(théorème fondamental du calcul)}$$

$$= 16 - 0$$

$$= 16, \text{ d'où } A_0^4 = 16 \text{ u}^2.$$

▶ *Exemple 2*   Déterminons, à l'aide de l'intégrale définie, l'aire de la région fermée comprise entre la courbe définie par $x = y^2 + 1$, l'axe y, $y = -2$ et $y = 3$.

1re *étape :* Représentons graphique-ment la région.

2e *étape :* Représentons graphique-ment un élément (rectangle) de l'aire totale et calculons l'aire de cet élément.

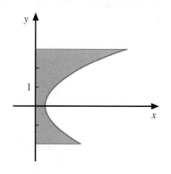

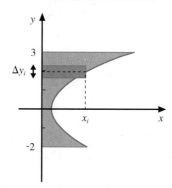

Aire du rectangle $= x_i\, \Delta y_i.$

3e *étape :* Aire réelle $= \displaystyle\lim_{(\text{max } \Delta y_i) \to 0} \sum_{i=1}^{n} x_i\, \Delta y_i$

$$= \int_{-2}^{3} x\, dy \qquad \text{(par définition)}$$

$$= \int_{-2}^{3} (y^2 + 1)\, dy \quad \text{(car } x = y^2 + 1)$$

$$= \left(\frac{y^3}{3} + y\right)\Big|_{-2}^{3} \qquad \text{(théorème fondamental du calcul)}$$

$$= (9 + 3) - \left(\frac{-8}{3} - 2\right)$$

$$= \frac{50}{3}, \text{ d'où } A_{-2}^3 = \frac{50}{3} \text{ u}^2.$$

Remarque Pour simplifier l'écriture, nous écrirons $y\,\Delta x$ (au lieu de $f(c_i)\,\Delta x_i$) et $x\,\Delta y$ (au lieu de $x_i\,\Delta y_i$). Par la suite nous passerons directement à l'intégrale définie, c'est-à-dire $\int y\,dx$ (ou $\int x\,dy$) pour évaluer l'aire.

➤ *Exemple 3*   Déterminons l'aire de la région délimitée par $y = x^2$, $y = 0$, $x = 1$ et $x = 3$.

Représentons sur le même graphique la région et un élément de l'aire totale.

L'aire du rectangle est donnée par $y\,\Delta x$,

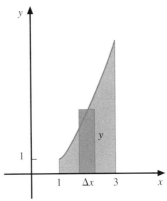

donc $A_1^3 = \displaystyle\int_1^3 y\,dx$

$\displaystyle = \int_1^3 x^2\,dx$ (car $y = x^2$)

$\displaystyle = \frac{x^3}{3}\bigg|_1^3$

$\displaystyle = \frac{26}{3}$, donc $\dfrac{26}{3}\,u^2$.

➤ *Exemple 4*   Déterminons l'aire de la région délimitée par $y = x^2$ $(x \geq 0)$, $x = 0$, $y - 1$ et $y = 9$.

Représentons sur le même graphique la région et un élément de l'aire totale.

L'aire du rectangle est donnée par $x\,\Delta y$,

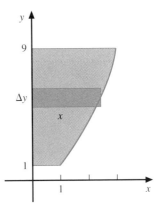

donc $A_1^9 = \displaystyle\int_1^9 x\,dy$

$\displaystyle = \int_1^9 \sqrt{y}\,dy$ (car si $y = x^2$, $x = \sqrt{y}$)

$\displaystyle = \frac{2}{3} y^{\frac{3}{2}}\bigg|_1^9$

$\displaystyle = \frac{52}{3}$, donc $\dfrac{52}{3}\,u^2$.

Aire de régions fermées délimitées par une courbe et un axe

➤ *Exemple 1*   Déterminons, à l'aide de l'intégrale définie, l'aire de la région fermée comprise entre la courbe de f et l'axe x si $f(x) = -x^2 - 2x + 8$.

Déterminons d'abord les zéros de la fonction f et représentons sur le même graphique la région et un élément de l'aire totale.

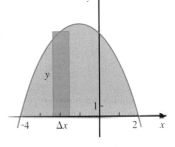

$$f(x) = 0$$

$$-x^2 - 2x + 8 = 0$$

$-(x + 4)\,(x - 2) = 0$, d'où les zéros sont -4 et 2.

L'aire du rectangle est donnée par $y\,\Delta x$,

donc $A_{-4}^2 = \displaystyle\int_{-4}^2 y\,dx$

$$= \int_{-4}^{2} (-x^2 - 2x + 8) \, dx \quad (\text{car } y = -x^2 - 2x + 8)$$

$$= \left(\frac{-x^3}{3} - x^2 + 8x \right) \Big|_{-4}^{2}$$

$$= \left(\frac{-2^3}{3} - 2^2 + 8(2) \right) - \left(\frac{-(-4)^3}{3} - (-4)^2 + 8(-4) \right) = 36, \text{ donc } 36 \text{ u}^2.$$

➤ *Exemple 2*   Déterminons, à l'aide de l'intégrale définie, l'aire de la région fermée comprise entre la courbe définie par $\dfrac{x}{3} = 1 - y^4$ et l'axe y.

Déterminons d'abord les intersections de la courbe et de l'axe y en posant $x = 0$.
$$0 = 1 - y^4 = (1 + y)(1 - y)(1 + y^2),$$
d'où la courbe rencontre l'axe y en $y = -1$ et $y = 1$.

Représentons sur un même graphique la région et un élément de l'aire totale.

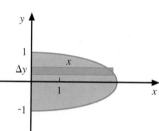

L'aire du rectangle est donnée par $x \, \Delta y$,

donc $A_{-1}^{1} = \displaystyle\int_{-1}^{1} x \, dy$

$$= \int_{-1}^{1} (3 - 3y^4) \, dy \quad (\text{car } x = 3 - 3y^4)$$

$$= \left(3y - \frac{3y^5}{5} \right) \Big|_{-1}^{1} = \frac{24}{5}, \text{ donc } \frac{24}{5} \text{ u}^2.$$

Aire de régions fermées comprises entre deux courbes

1er cas : Les courbes n'ont aucun point d'intersection sur $[a, b]$ donné.

Représentons sur le même graphique la région délimitée par les courbes $y_1 = f(x)$, $y_2 = g(x)$, $x = a$ et $x = b$, ainsi qu'un élément de l'aire totale.

L'aire du rectangle est donnée par :

aire du rectangle = hauteur · base

$$= (y_1 - y_2) \, \Delta x,$$

donc $\qquad A_a^b = \displaystyle\int_a^b (y_1 - y_2) \, dx.$

Remarque Si $f(x) > g(x)$ sur $[a, b]$, alors la position des fonctions f et g n'est pas importante pour calculer l'aire de la région limitée entre ces courbes sur $[a, b]$.

En effet, pour les trois cas suivants,

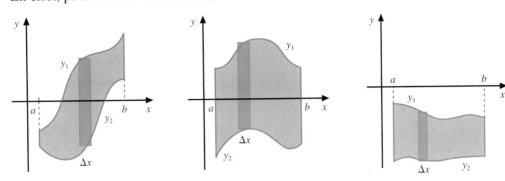

nous obtenons toujours que l'aire du rectangle est donnée par :

aire du rectangle = hauteur · base = $(y_1 - y_2)\, \Delta x$,

donc $\qquad A_a^b = \displaystyle\int_a^b (y_1 - y_2)\, dx.$

➤ *Exemple 1*   Déterminons l'aire de la région fermée délimitée par $y_1 = x^2 - 6x + 8$ et $y_2 = x - 5$ sur $[1, 6]$.

En représentant sur le même graphique la région ainsi qu'un élément de l'aire totale, nous obtenons :

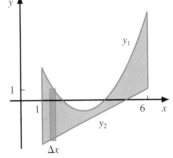

L'aire du rectangle est donnée par $(y_1 - y_2)\, \Delta x$,

donc $A_1^6 = \displaystyle\int_1^6 (y_1 - y_2)\, dx$

$\qquad = \displaystyle\int_1^6 [(x^2 - 6x + 8) - (x - 5)]\, dx \quad$ (car $y_1 = x^2 - 6x + 8$ et $y_2 = x - 5$)

$\qquad = \displaystyle\int_1^6 (x^2 - 7x + 13)\, dx$

$\qquad = \left(\dfrac{x^3}{3} - \dfrac{7x^2}{2} + 13x\right)\Big|_1^6 = \dfrac{85}{6}$, donc $\dfrac{85}{6}\ \text{u}^2$.

➤ *Exemple 2*   Déterminons l'aire de la région fermée délimitée par la courbe d'équation $y = x^2 - 4x - 5$ et l'axe x sur $[1, 3]$.

En représentant sur le même graphique la région ainsi qu'un élément de l'aire totale, nous obtenons :

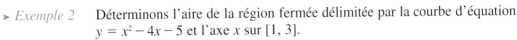

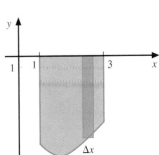

L'aire du rectangle est donnée par $(0 - y)\, \Delta x$,

$$\text{donc } A_1^3 = \int_1^3 (0 - y)\, dx$$

$$= \int_1^3 [0 - (x^2 - 4x - 5)]\, dx \quad (\text{car } y = x^2 - 4x - 5)$$

$$= \int_1^3 (-x^2 + 4x + 5)\, dx$$

$$= \left(\frac{-x^3}{3} + 2x^2 + 5x \right) \Big|_1^3 = \frac{52}{3}, \text{ donc } \frac{52}{3}\, \text{u}^2.$$

➤ *Exemple 3*   Déterminons l'aire de la région fermée délimitée par $x_1 = -y$ et $x_2 = 6y - y^2$ lorsque $y \in [1, 6]$.

En représentant sur le même graphique la région ainsi qu'un élément de l'aire totale, nous obtenons :

L'aire du rectangle est donnée par $(x_2 - x_1)\, \Delta y$,

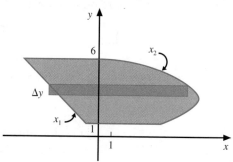

$$\text{donc } A_1^6 = \int_1^6 (x_2 - x_1)\, dy$$

$$= \int_1^6 [(6y - y^2) - (-y)]\, dy \quad (\text{car } x_2 = 6y - y^2 \text{ et } x_1 = -y)$$

$$= \int_1^6 (-y^2 + 7y)\, dy$$

$$= \left(\frac{-y^3}{3} + \frac{7y^2}{2} \right) \Big|_1^6 = \frac{305}{6}, \text{ donc } \frac{305}{6}\, \text{u}^2.$$

2e cas : Les courbes se rencontrent en au moins une valeur $c \in\,]a, b[$ où $[a, b]$ est donné.

Voici les étapes à suivre pour déterminer l'aire entre les courbes y_1 et y_2 sur $[a, b]$.

1re étape : Déterminer les points de rencontre des deux courbes en posant $y_1 = y_2$ et en résolvant.

2e étape : Représenter les régions ainsi qu'un élément de l'aire sur chacune des régions. Cette représentation nous permet de déterminer si la hauteur du rectangle est $(y_1 - y_2)$ ou bien $(y_2 - y_1)$.

3e étape : Évaluer l'aire de chacune des régions à l'aide de l'intégrale définie et en faire la somme pour trouver l'aire totale.

➤ *Exemple 4*   Déterminons l'aire de la région fermée délimitée par $y_1 = x^2$ et $y_2 = 8 - x^2$ sur $[1, 4]$.

Déterminons d'abord les points d'intersection des courbes en posant $y_1 = y_2$.

$$y_1 = y_2$$
$$x^2 = 8 - x^2$$
$$2x^2 - 8 = 0$$
$$2(x - 2)(x + 2) = 0,$$

donc $x = 2$ $\qquad$ (-2 est à rejeter, car -2 $\notin$ [1, 4]).

Représentons sur le même graphique les régions R_1 et R_2 ainsi qu'un élément de l'aire sur chacune des régions.

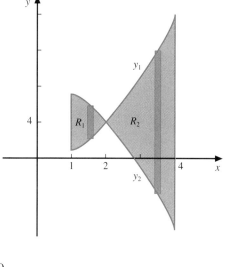

Sur [1, 2], l'aire du rectangle est donnée par $(y_2 - y_1)\,\Delta x$,

donc $A_1^2 = \displaystyle\int_1^2 (y_2 - y_1)\,dx$

$\qquad = \displaystyle\int_1^2 (8 - x^2 - x^2)\,dx$

$\qquad$ (car $y_2 = 8 - x^2$ et $y_1 = x^2$)

$\qquad = \displaystyle\int_1^2 (8 - 2x^2)\,dx$

$\qquad = \left(8x - \dfrac{2x^3}{3}\right)\Big|_1^2 = \dfrac{10}{3}$, donc $\dfrac{10}{3}$ u².

Sur [2, 4], l'aire du rectangle est donnée par $(y_1 - y_2)\,\Delta x$,

donc $A_2^4 = \displaystyle\int_2^4 (y_1 - y_2)\,dx$

$\qquad = \displaystyle\int_2^4 [x^2 - (8 - x^2)]\,dx$ $\qquad$ (car $y_1 = x^2$ et $y_2 = 8 - x^2$)

$\qquad = \displaystyle\int_2^4 (2x^2 - 8)\,dx$

$\qquad = \left(\dfrac{2x^3}{3} - 8x\right)\Big|_2^4 = \dfrac{64}{3}$, donc $\dfrac{64}{3}$ u².

D'où $A_1^4 = A_1^2 + A_2^4 = \dfrac{10}{3} + \dfrac{64}{3} = \dfrac{74}{3}$, donc $\dfrac{74}{3}$ u².

➤ *Exemple 5* $\qquad$ Déterminons l'aire des régions fermées comprises entre les courbes définies par $x = \dfrac{y^2}{2}$ et $x - y = 4$ lorsque $y \in [-3, 5]$.

Trouvons d'abord les points d'intersection de ces deux courbes.

Nous avons $\dfrac{y^2}{2} = y + 4$

$\qquad\qquad y^2 = 2y + 8$

$\qquad y^2 - 2y - 8 = 0$

$$(y-4)(y+2) = 0,$$

donc $y = 4$ ou $y = \text{-}2$. Les points d'intersection sont $(8, 4)$ et $(2, \text{-}2)$.

Représentons sur le même graphique les régions R_1, R_2 et R_3 ainsi qu'un élément de l'aire sur chacune des régions.

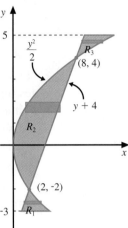

$$A_{\text{-}3}^{5} = A_{\text{-}3}^{\text{-}2} + A_{\text{-}2}^{4} + A_{4}^{5}$$

$$= \int_{\text{-}3}^{\text{-}2}\left[\frac{y^2}{2} - (y+4)\right] dy + \int_{\text{-}2}^{4}\left(y+4-\frac{y^2}{2}\right) dy + \int_{4}^{5}\left[\frac{y^2}{2} - (y+4)\right] dy$$

$$= \frac{5}{3} + 18 + \frac{5}{3} = \frac{64}{3}, \text{ donc } \frac{64}{3}\ \text{u}^2.$$

3ᵉ cas : Les courbes se rencontrent en au moins deux points.

Dans ce cas, nous obtenons une région fermée et les points de rencontre des deux courbes détermineront l'intervalle sur lequel nous aurons à intégrer.

➤ *Exemple 6*   Déterminons l'aire de la région fermée délimitée par $y_1 = x^2 - 4$ et $y_2 = 14 - x^2$.

Déterminons d'abord les points d'intersection des deux courbes en posant $y_1 = y_2$.

$$y_1 = y_2$$

$$x^2 - 4 = 14 - x^2$$

$$2x^2 - 18 = 0$$

$$2(x+3)(x-3) = 0,$$

donc $x = \text{-}3$ et $x = 3$. Les points d'intersection sont $(\text{-}3, 5)$ et $(3, 5)$.

Représentons sur le même graphique la région ainsi qu'un élément de l'aire totale.

Donc $A_{\text{-}3}^{3} = \displaystyle\int_{\text{-}3}^{3} [(14 - x^2) - (x^2 - 4)]\ dx$

$$= \int_{\text{-}3}^{3} (\text{-}2x^2 + 18)\ dx$$

$$= \left(\frac{\text{-}2x^3}{3} + 18x\right)\Bigg|_{\text{-}3}^{3} = 72, \text{ donc } 72\ \text{u}^2.$$

➤ *Exemple 7*   Déterminons l'aire des régions limitées par la courbe d'équation $y_1 = x^3$ et la courbe d'équation $y_2 = 6x - x^2$.

Trouvons d'abord les points d'intersection de ces deux courbes en posant $y_1 = y_2$.

$$y_1 = y_2$$
$$x^3 = 6x - x^2$$
$$x^3 + x^2 - 6x = 0$$
$$x(x^2 + x - 6) = 0$$
$$x(x + 3)(x - 2) = 0,$$

donc $x = 0$, $x = -3$ ou $x = 2$. Les points d'intersection sont $(0, 0)$, $(-3, -27)$ et $(2, 8)$.

Représentons sur le même graphique les régions R_1 et R_2 ainsi qu'un élément de l'aire sur chacune des régions.

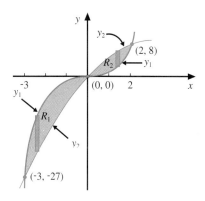

$$A_{-3}^2 = A_{-3}^0 + A_0^2$$

$$= \int_{-3}^0 [x^3 - (6x - x^2)]\, dx + \int_0^2 (6x - x^2 - x^3)\, dx$$

$$= \frac{63}{4} + \frac{16}{3} = \frac{253}{12}, \text{ donc } \frac{253}{12}\, \text{u}^2.$$

Applications de l'intégrale définie

► *Exemple 1*   Soit un mobile dont la vitesse en fonction du temps est donnée par $v(t) = t^2 + 5$, où t est en secondes et $v(t)$ en m/s. Déterminons la distance parcourue par ce mobile entre 3 s et 6 s.

Nous avons déjà vu que $s = \int v\, dt$ $\left(\text{car } \dfrac{ds}{dt} = v\right)$.

Ainsi $s = \int (t^2 + 5)\, dt,$

donc $s(t) = \dfrac{t^3}{3} + 5t + C.$

Nous voulons la distance parcourue par ce mobile entre 3 s et 6 s, qui est obtenue en évaluant $s(6) - s(3)$.

Donc la distance parcourue est donnée par

$s(6) - s(3) = (102 + C) - (24 + C) = 78$, c'est-à-dire 78 mètres.

Or $s(6) - s(3) = \displaystyle\int_3^6 v(t)\, dt$ (d'après le théorème fondamental du calcul).

Ce qui correspond à l'aire entre la courbe de v, l'axe t, $t = 3$ et $t = 6$, puisque $v(t) \geq 0$, $\forall\, t \in [3, 6]$.

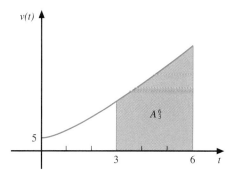

➤ *Exemple 2*   Le revenu marginal d'une manufacture est donné par $R_m = 3 - 0,04q + 0,003q^2$ où q représente le nombre d'unités et R_m est exprimé en \$/unité. Déterminons le revenu additionnel du manufacturier si le nombre d'unités vendues passe de 100 à 200.

Nous avons $R = \int R_m \, dq$, car, par définition, $R_m(q) = R'(q)$.

Ainsi $R(200) - R(100) = \displaystyle\int_{100}^{200} (3 - 0,04q + 0,003q^2) \, dq$

$$= (3q - 0,02q^2 + 0,001q^3) \Big|_{100}^{200}$$

$= 6700$, donc le revenu additionnel est de 6700 \$.

➤ *Exemple 3*   Un réservoir contenant déjà 75 litres d'eau se remplit d'eau au rythme de $\dfrac{50}{\sqrt{t+1}}$ ℓ/min.

Déterminons la quantité d'eau dans le réservoir au bout de 15 minutes.

Puisque $\dfrac{dQ}{dt} = \dfrac{50}{\sqrt{t+1}}$

$$dQ = \dfrac{50}{\sqrt{t+1}} \, dt,$$

ainsi $Q(t) = \displaystyle\int \dfrac{50}{\sqrt{t+1}} \, dt,$

donc $Q(15) - Q(0) = \displaystyle\int_0^{15} \dfrac{50}{\sqrt{t+1}} \, dt$

$$Q(15) - Q(0) = 100\sqrt{t+1} \,\Big|_0^{15}$$

$$= 400 - 100$$

$$Q(15) = 300 + Q(0)$$

$$= 300 + 75 \qquad (\text{car } Q(0) = 75),$$

d'où $Q(15) = 375$ litres.

➤ *Exemple 4*   Une compagnie de pétrole estime que la consommation moyenne annuelle de pétrole pour les 10 prochaines années sera donnée par $C(t) = 3 \times 10^6 \, e^{0,03t}$, où t est en années et $C(t)$ est en kilolitres. Déterminons la quantité totale requise pour les 5 premières années à compter d'aujourd'hui.

Nous pouvons obtenir une approximation de la quantité $Q(5)$ totale requise comme suit :

$Q(5) \approx C(0)1 + C(1)1 + C(2)1 + C(3)1 + C(4)1$

$\approx 15\ 941\ 887$ kilolitres.

Ce résultat est une sous-estimation, car cette somme représente l'aire des rectangles inscrits représentés sur le graphique ci-contre.

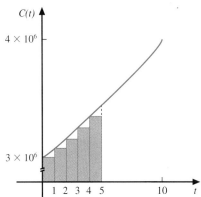

Par contre, à l'aide de l'intégrale définie, nous obtenons $Q(5)$ comme suit :

$$Q(5) - Q(0) = \int_0^5 3 \times 10^6 \, e^{0,03t} \, dt$$

$$= \frac{3 \times 10^6}{0,03} \, e^{0,03t} \Big|_0^5$$

d'où $\quad Q(5) = 16\ 183\ 424 \quad$ (car $Q(0) = 0$),

donc la quantité totale requise est de 16 183 424 kilolitres.

Exercices 3.5

1. Représenter graphiquement chacune des régions fermées suivantes, un élément de l'aire totale et calculer l'aire des régions.

   a) $y = x^2 + 1$, $y = 0$, $x = -1$ et $x = 2$

   b) $y = e^x$, $y = 0$, $x = 0$ et $x = 1$

   c) $y = \sqrt{x}$, $y = 0$ et $x \in [0, 9]$

   d) $y = \sqrt{x}$, $x = 0$ et $y \in [0, 3]$

   e) $x = 9 - y^2$, $x = 0$, $y = -1$ et $y = 2$

   f) $y = \dfrac{1}{1 + x^2}$, $y = 0$, $x \in [-1, 1]$

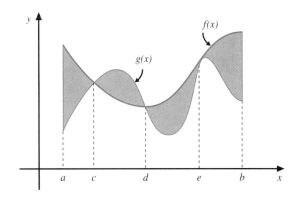

2. Calculer l'aire de chacune des régions fermées suivantes situées sous la courbe de f et au-dessus de l'axe x. Représenter graphiquement pour chaque région un élément de l'aire totale.

   a) $f(x) = 6x - x^2$

   b) $f(x) = x^3 - 6x^2 + 8x$

   c) $f(x) = \cos x$ sur $[-\pi, \pi]$

3. Calculer l'aire de chacune des régions délimitées par la courbe et l'axe y. Représenter pour chaque région un élément de l'aire totale.

   a) $x = y^2 - 2y - 3$ b) $x = \sin \dfrac{y}{2}$ sur $[0, 2\pi]$

4. Sur le graphique suivant, les courbes f et g se rencontrent en $x = c$, $x = d$ et $x = e$. Exprimer l'aire totale des régions ombrées en fonction d'intégrales définies.

5. Calculer l'aire de chacune des régions fermées situées entre les courbes données. Représenter pour chaque région un élément de l'aire totale.

   a) $f(x) = x + 1$ et $g(x) = x^2 - 2x - 3$

   b) $x_1 = \dfrac{y^2}{2}$ et $x_2 = y + 4$

   c) $y_1 = x^2$ et $y_2 = 18 - x^2$

   d) $x_1 = 4y^2 - 2$ et $x_2 = y^2 + 1$

   e) $y_1 = x^3 - 6x^2 + 8x$ et $y_2 = 0$

   f) $x_1 = \dfrac{y^3}{4}$ et $x_2 = y$

6. Calculer l'aire de chacune des régions suivantes situées entre les courbes sur l'intervalle $[a, b]$ donné. Représenter pour chaque région un élément de l'aire totale.

   a) $y_1 = x$ et $y_2 = x^2$ sur $[-1, 1]$.

b) $x_1 = 2y$ et $x_2 = y^2 + y - 2$ sur [-3, 3].

c) $f(x) = 1 + 2x$ et $g(x) = e^{-x}$ sur [-1, 1].

d) $y_1 = x^2$ et $y_2 = \dfrac{2}{x^2 + 1}$ sur [0, 2].

7. Calculer l'aire des régions ombrées suivantes.

a)

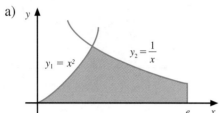

b)

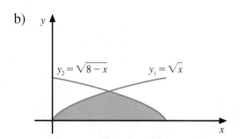

c)

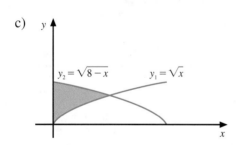

d)

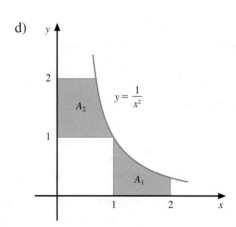

8. Soit $f(x) = x^3$ et $g(x) = \sqrt[3]{x}$ sur [0, 1]. Déterminer la valeur des aires A_1, A_2, A_3 et A_4 suivantes.

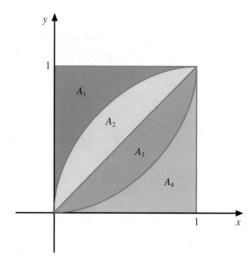

9. Soit A_1 et A_2, l'aire des régions ombrées ci-contre.

Démontrer que $A_2 = \dfrac{A_1}{3}$

pour tout $a > 0$.

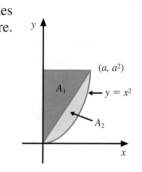

10. a) Évaluer $\displaystyle\int_1^4 \frac{1}{t}\, dt$; représenter graphiquement et interpréter votre résultat.

b) Définir ln 8 à l'aide d'une intégrale définie ; représenter graphiquement et interpréter votre résultat.

c) Définir $\ln \dfrac{1}{2}$ à l'aide d'une intégrale définie ; représenter graphiquement et interpréter votre résultat.

d) Définir la fonction ln x, où $x \in]0, +\infty$, à l'aide d'une intégrale définie.

11. Du haut d'une tour de 125 m, nous laissons tomber une balle. Sachant que l'accélération due à la gravité est de 9,8 m/s², déterminer à l'aide de l'intégrale définie :

a) son changement de vitesse durant les 3 premières secondes ; les 2 secondes suivantes ;

b) la distance parcourue durant les 2 premières secondes ; les 3 secondes suivantes.

12. Le coût marginal d'une manufacture est donné par $C_m(q) = 5 + e^{\frac{-q}{100}}$ où q représente le nombre d'unités et C_m est exprimé en \$/unité. Déterminer le coût de fabrication lorsque le nombre d'unités fabriquées passe de 50 à 100.

13. Une compagnie souhaite que l'achat d'un ordinateur au coût initial de 5000 \$ lui procure un taux d'accroissement des revenus totaux estimé par la fonction $R_m(t) = 200(45 - 2t - t^2)$ et un taux d'accroissement des coûts totaux estimé par la fonction $C_m(t) = 200(5 + t)$, où t est en années, $R_m(t)$ et $C_m(t)$ sont exprimés en dollars.

a) Déterminer le revenu total dû à cet achat durant les 3 premières années.

b) Déterminer le coût total dû à cet achat durant les 3 premières années.

c) Déterminer le profit réalisé durant les 3 premières années.

d) Sachant que le profit est maximal lorsque $R_m(t) = C_m(t)$, déterminer le profit maximal réalisé grâce à l'achat de cet ordinateur.

e) Représenter graphiquement $R_m(t)$ et $C_m(t)$. Dire à quoi correspond le profit maximal.

14. Un réservoir contenant 500 litres se remplit d'eau au rythme de $\left(35 + \dfrac{1}{\sqrt{t}} \right)$ l/min.

a) Déterminer la quantité d'eau dans le réservoir après 2 heures.

b) Après combien de temps le réservoir contiendra-t-il 1000 litres d'eau ?

3.6 Calcul d'aires par approximation

Objectif d'apprentissage

À la fin de cette section, l'élève pourra calculer approximativement des intégrales définies de fonctions où il serait difficile de trouver une primitive.

Plus précisément, l'élève sera en mesure:

- de calculer approximativement des intégrales définies à l'aide de la méthode des trapèzes ;
- de calculer approximativement des intégrales définies à l'aide de la méthode de Simpson.

Nous avons d'abord calculé des aires de régions fermées à l'aide de sommes de Riemann. Par la suite, nous avons calculé des aires de régions fermées à l'aide de l'intégrale définie évaluée, en utilisant le théorème fondamental du calcul.

Cependant, pour certaines fonctions, il est difficile ou même impossible de trouver une primitive, par exemple : $\sqrt{1 + x^2}$ et e^{x^2}.

Nous ne pouvons pas alors facilement utiliser le théorème fondamental du calcul pour calculer l'aire de la région délimitée par les courbes de ces fonctions, l'axe x, $x = a$ et $x = b$.

Dans cette section, nous étudierons deux méthodes, la *méthode des trapèzes* et la *méthode de Simpson*, permettant de calculer approximativement l'aire des régions précédentes.

Méthode des trapèzes

Cette méthode diffère de celle des sommes de Riemann par le choix de la figure géométrique utilisée pour calculer l'aire. Avec la somme de Riemann, on utilise des rectangles, tandis qu'avec cette méthode, on utilise des trapèzes.

Remarque L'utilisation de trapèzes, pour le calcul approximatif de l'aire d'une région fermée, nous donne généralement une meilleure approximation que l'utilisation de rectangles inscrits ou circonscrits.

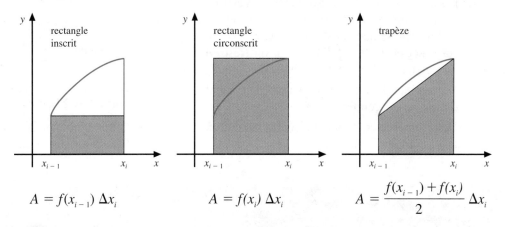

$$A = f(x_{i-1})\, \Delta x_i \qquad A = f(x_i)\, \Delta x_i \qquad A = \frac{f(x_{i-1}) + f(x_i)}{2}\, \Delta x_i$$

THÉORÈME 1 MÉTHODE DES TRAPÈZES	Si f est une fonction continue et non négative sur $[a, b]$ et $P = \{x_0, x_1, x_2, \ldots, x_{n-1}, x_n\}$ une partition régulière de $[a, b]$, alors $$\int_a^b f(x)\, dx \approx \frac{b-a}{2n}\left[f(x_0) + 2f(x_1) + 2f(x_2) + \ldots + 2f(x_{n-1}) + f(x_n)\right].$$

Preuve

$$A_a^b \approx A(T_1) + A(T_2) + A(T_3) + \ldots + A(T_{n-1}) + A(T_n)$$

$$\approx \frac{f(x_0) + f(x_1)}{2}\, \Delta x + \frac{f(x_1) + f(x_2)}{2}\, \Delta x + \ldots + \frac{f(x_{n-2}) + f(x_{n-1})}{2}\, \Delta x + \frac{f(x_{n-1}) + f(x_n)}{2}\, \Delta x$$

$$\approx \frac{\Delta x}{2}\left[f(x_0) + f(x_1) + f(x_1) + f(x_2) + \ldots + f(x_{n-2}) + f(x_{n-1}) + f(x_{n-1}) + f(x_n)\right]$$

$$\approx \frac{\Delta x}{2}\left[f(x_0) + 2f(x_1) + 2f(x_2) + \ldots + 2f(x_{n-1}) + f(x_n)\right]$$

$$\approx \frac{b-a}{2n}\left[f(x_0) + 2f(x_1) + 2f(x_2) + \ldots + 2f(x_{n-1}) + f(x_n)\right] \left(\text{car } \Delta x = \frac{b-a}{n}\right),$$

d'où $\displaystyle\int_a^b f(x)\, dx \approx \frac{b-a}{2n}\left[f(x_0) + 2f(x_1) + 2f(x_2) + \ldots + 2f(x_{n-1}) + f(x_n)\right].$

➤ *Exemple 1*   Calculons approximativement $\displaystyle\int_1^4 x^2\, dx$ à l'aide de la méthode des trapèzes avec $n = 6$.

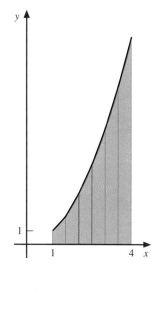

Puisque $\dfrac{b-a}{n} = \dfrac{4-1}{6} = \dfrac{1}{2}$,

nous avons

$$P = \left\{1, \frac{3}{2}, 2, \frac{5}{2}, 3, \frac{7}{2}, 4\right\}.$$

Ainsi,

$$\int_1^4 x^2\, dx \approx \frac{1}{2 \cdot 2}\left[f(1) + 2f\left(\frac{3}{2}\right) + 2f(2) + 2f\left(\frac{5}{2}\right) + 2f(3) + 2f\left(\frac{7}{2}\right) + f(4)\right]$$

$$\approx \frac{1}{4}\left[1 + 2\left(\frac{9}{4}\right) + 2(4) + 2\left(\frac{25}{4}\right) + 2(9) + 2\left(\frac{49}{4}\right) + 16\right]$$

$$\approx 21{,}125.$$

En évaluant $\displaystyle\int_1^4 x^2\, dx$, à l'aide du théorème fondamental du calcul, nous trouvons

$$\int_1^4 x^2\, dx = \frac{x^3}{3}\bigg|_1^4 = 21.$$

Il suffit d'augmenter le nombre n de trapèzes pour obtenir une meilleure approximation de $\displaystyle\int_a^b f(x)\, dx$.

L'erreur E commise en utilisant la méthode des trapèzes pour calculer approximativement $\displaystyle\int_a^b f(x)\, dx$ satisfait

$$|E| \leq \frac{(b-a)^3 M}{12n^2},$$

où n est le nombre de trapèzes, M est la valeur maximale de $|f''(x)|$ sur $[a, b]$ et $\dfrac{(b-a)^3 M}{12n^2}$ est l'erreur maximale possible en utilisant cette méthode.

La démonstration de cette inégalité dépasse le niveau de ce cours.

Dans l'exemple 1, nous avons

$$|E| \leq \frac{(4-1)^3 \, 2}{12(6)^2} \quad \text{(puisque } f''(x) = 2, \text{ alors } M = 2\text{)},$$

d'où $|E| \leq 0{,}125$.

➤ *Exemple 2*   a) Calculons approximativement $\displaystyle\int_0^2 \sqrt{1+x^2} \, dx$ à l'aide de la méthode des trapèzes avec $n = 5$.

Puisque $\dfrac{b-a}{n} = \dfrac{2-0}{5} = \dfrac{2}{5}$, nous avons $P = \left\{0, \dfrac{2}{5}, \dfrac{4}{5}, \dfrac{6}{5}, \dfrac{8}{5}, 2\right\}$. Ainsi

$$\int_0^2 \sqrt{1+x^2} \, dx \approx \frac{1}{5}\left[f(0) + 2f\!\left(\frac{2}{5}\right) + 2f\!\left(\frac{4}{5}\right) + 2f\!\left(\frac{6}{5}\right) + 2f\!\left(\frac{8}{5}\right) + f(2)\right]$$

$$\approx \frac{1}{5}\left[\sqrt{1} + 2\sqrt{\frac{29}{25}} + 2\sqrt{\frac{41}{25}} + 2\sqrt{\frac{61}{25}} + 2\sqrt{\frac{89}{25}} + \sqrt{5}\right]$$

$$\approx 2{,}97.$$

b) Calculons l'erreur maximale commise de cette approximation.

En calculant $f''(x)$, nous obtenons $f''(x) = \dfrac{1}{(1+x^2)^{\frac{3}{2}}}$.

Puisque $\left|\dfrac{1}{(1+x^2)^{\frac{3}{2}}}\right| \leq 1$, $\forall \, x \in [0, 2]$, alors $M = 1$.

Ainsi $|E| \leq \dfrac{(2-0)^3 \, 1}{12(5)^2}$, d'où $|E| \leq 0{,}02\overline{6}$.

Méthode de Simpson[2]

Dans cette méthode d'approximation, nous utilisons des portions de parabole au lieu de segments de droite pour calculer approximativement l'aire d'une région fermée.

Soit f une fonction continue et non négative passant par les trois points non colinéaires suivants, (x_{i-1}, y_{i-1}), (x_i, y_i) et (x_{i+1}, y_{i+1}), où $\Delta x = (x_i - x_{i-1}) = (x_{i+1} - x_i)$.

Soit $p(x) = ax^2 + bx + c$, l'équation de l'unique parabole passant par les trois points précédents.

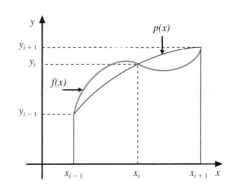

2. Thomas Simpson (1710-1761), mathématicien anglais.

Pour déterminer les valeurs de a, b et c, effectuons la translation horizontale qui fait correspondre le point (x_{i-1}, y_{i-1}) au point $(-h, y_{i-1})$, le point (x_i, y_i) au point $(0, y_i)$ et le point (x_{i+1}, y_{i+1}) au point (h, y_{i+1}).

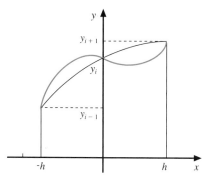

Donc $y_{i-1} = a(-h)^2 + b(-h) + c$ ①

$$y_i = a(0)^2 + b(0) + c \quad ②$$

$$y_{i+1} = a(h)^2 + b(h) + c \quad ③.$$

De ②, nous obtenons $c = y_i$.

En additionnant ① + ③, nous avons

$$y_{i-1} + y_{i+1} = 2ah^2 + 2c$$

$$y_{i-1} + y_{i+1} = 2ah^2 + 2y_i \quad (\text{car } c = y_i),$$

donc $\qquad a = \dfrac{y_{i-1} + y_{i+1} - 2y_i}{2h^2}.$

En substituant les valeurs trouvées pour c et a dans ③, nous obtenons

$$y_{i+1} = \left(\frac{y_{i-1} + y_{i+1} - 2y_i}{2h^2} \right) h^2 + bh + y_i, \text{ donc } b = \frac{y_{i+1} - y_{i-1}}{2h}.$$

Calculons maintenant $\displaystyle\int_{-h}^{h} p(x)\, dx$, correspondant à l'aire de la région ombrée suivante qui est une approximation de l'aire réelle $A_{x_{i-1}}^{x_{i+1}}$.

$$\int_{-h}^{h} p(x)\, dx = \int_{-h}^{h} (ax^2 + bx + c)\, dx$$

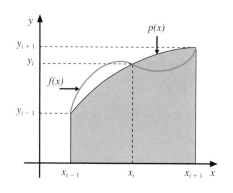

$$= \left(\frac{ax^3}{3} + \frac{bx^2}{2} + cx \right)\Big|_{-h}^{h}$$

$$= \frac{2ah^3}{3} + 2ch$$

$$= \frac{h}{3}\left[2ah^2 + 6c \right]$$

$$= \frac{h}{3}\left[2\left(\frac{y_{i-1} + y_{i+1} - 2y_i}{2h^2} \right) h^2 + 6y_i \right]$$

$$= \frac{h}{3}\left[y_{i-1} + 4y_i + y_{i+1} \right]$$

Nous avons donc démontré que

$$\int_{x_{i-1}}^{x_{i+1}} p(x)\, dx = \frac{\Delta x}{3}\left[y_{i-1} + 4y_i + y_{i+1} \right] \quad (\text{car } h = \Delta x).$$

THÉORÈME 2 MÉTHODE DE SIMPSON	Si f est une fonction continue et non négative sur $[a, b]$ et P une partition régulière telle que $P = \{x_0, x_1, x_2, ..., x_{n-1}, x_n\}$, où n est un nombre pair, alors $$\int_a^b f(x)\,dx \approx \frac{b-a}{3n}\left[f(x_0) + 4f(x_1) + 2f(x_2) + 4f(x_3) + 2f(x_4) + ... + 2f(x_{n-2}) + 4f(x_{n-1}) + f(x_n)\right].$$

Preuve Appliquons le résultat démontré précédemment aux polynômes $p_1(x)$ sur $[x_0, x_2]$, $p_2(x)$ sur $[x_2, x_4]$, $p_3(x)$ sur $[x_4, x_6]$, ..., et $p_{\frac{n}{2}}(x)$ sur $[x_{n-2}, x_n]$.

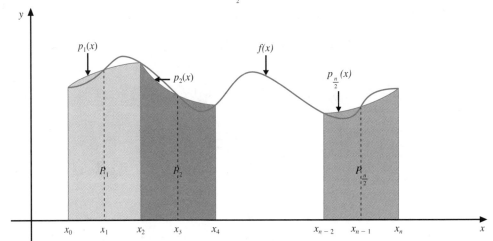

$$A_a^b \approx A(P_1) + A(P_2) + A(P_3) + ... + A(P_{\frac{n}{2}})$$

$$\approx \int_{x_0}^{x_2} p_1(x)\,dx + \int_{x_2}^{x_4} p_2(x)\,dx + ... + \int_{x_{n-2}}^{x_n} p_{\frac{n}{2}}(x)\,dx$$

$$\approx \frac{\Delta x}{3}\left[f(x_0) + 4f(x_1) + f(x_2)\right] + \frac{\Delta x}{3}\left[f(x_2) + 4f(x_3) + f(x_4)\right] + ... + \frac{\Delta x}{3}\left[f(x_{n-2}) + 4f(x_{n-1}) + f(x_n)\right]$$

$$\approx \frac{\Delta x}{3}\left[f(x_0) + 4f(x_1) + 2f(x_2) + 4f(x_3) + ... + 2f(x_{n-2}) + 4f(x_{n-1}) + f(x_n)\right]$$

$$\approx \frac{b-a}{3n}\left[f(x_0) + 4f(x_1) + 2f(x_2) + 4f(x_3) + ... + 2f(x_{n-2}) + 4f(x_{n-1}) + f(x_n)\right] \quad \left(\text{car } \Delta x = \frac{b-a}{n}\right),$$

d'où $\displaystyle\int_a^b f(x)\,dx \approx \frac{b-a}{3n}\left[f(x_0) + 4f(x_1) + 2f(x_2) + 4f(x_3) + 2f(x_4) + ... + 2f(x_{n-2}) + 4f(x_{n-1}) + f(x_n)\right].$

➤ *Exemple 1* Calculons approximativement $\displaystyle\int_1^3 \frac{1}{x}\,dx$ à l'aide de la méthode de Simpson avec $n = 6$.

Puisque $\dfrac{b-a}{n} = \dfrac{3-1}{6} = \dfrac{1}{3}$, nous avons $P = \left\{1, \dfrac{4}{3}, \dfrac{5}{3}, 2, \dfrac{7}{3}, \dfrac{8}{3}, 3\right\}$. Ainsi,

$$\int_1^3 \frac{1}{x}\,dx \approx \frac{3-1}{3(6)}\left[f(1) + 4f\left(\frac{4}{3}\right) + 2f\left(\frac{5}{3}\right) + 4f(2) + 2f\left(\frac{7}{3}\right) + 4f\left(\frac{8}{3}\right) + f(3)\right]$$

$$\approx \frac{1}{9}\left[1 + 4\left(\frac{3}{4}\right) + 2\left(\frac{3}{5}\right) + 4\left(\frac{1}{2}\right) + 2\left(\frac{3}{7}\right) + 4\left(\frac{3}{8}\right) + \frac{1}{3}\right] \approx 1{,}098\,942.$$

En évaluant $\displaystyle\int_1^3 \frac{1}{x}\,dx$, à l'aide du théorème fondamental du calcul, nous trouvons

$$\int_1^3 \frac{1}{x}\,dx = \ln x \ \Big|_1^3 = \ln 3 = 1{,}098\ 612\ldots$$

L'erreur E commise en utilisant la méthode de Simpson pour calculer approximativement $\displaystyle\int_a^b f(x)\,dx$ satisfait

$$|E| \le \frac{(b-a)^5\,M}{180n^4},$$

où n est le nombre de sous-intervalles, M est la valeur maximale de $|f^{(4)}(x)|$ sur $[a,\,b]$ et $\dfrac{(b-a)^5\,M}{180n^4}$ est l'erreur maximale possible en utilisant cette méthode.

La démonstration de cette inégalité dépasse le niveau de ce cours.

Dans l'exemple 1, nous avons $f(x) = \dfrac{1}{x}$, donc $f^{(4)}(x) = \dfrac{4!}{x^5}$.

Puisque $\left|\dfrac{4!}{x^5}\right| \le 4!$, $\forall\, x \in [1,\,3]$, alors $M = 4!$.

Ainsi $|E| \le \dfrac{(3-1)^5\,4!}{180(6)^4}$, d'où $|E| \le 0{,}003\ 292$

➤ *Exemple 2*   Déterminons la valeur de n suffisante telle que $|E| \le 0{,}000\ 1$ lorsque nous voulons évaluer approximativement $\displaystyle\int_1^3 \frac{1}{x}\,dx$ à l'aide de la méthode de Simpson.

Puisque $|E| \le \dfrac{(b-a)^5\,M}{180n^4}$, il suffit de trouver la valeur de n telle que

$\dfrac{(b-a)^5\,M}{180n^4} \le 0{,}000\ 1$, c'est-à-dire $\dfrac{(3-1)^5\,4!}{180n^4} \le 0{,}000\ 1$ (car $M = 4!$)

$$n^4 \ge \frac{2^5\,4!}{180\,(0{,}000\ 1)}, \text{ c'est-à-dire } n \ge 14{,}3\ldots,$$

d'où $n = 16$ suffit pour que $|E| \le 0{,}000\ 1$.

➤ *Exemple 3*   Calculons approximativement $\displaystyle\int_{-1}^3 e^{\frac{-x^2}{2}}\,dx$, à l'aide de la méthode de Simpson avec $n = 4$.

Soit $P = \{-1, 0, 1, 2, 3\}$. Ainsi

$$\int_1^3 e^{\frac{-x^2}{2}}\,dx \approx \frac{3-(-1)}{3(4)}\left[f(-1) + 4f(0) + 2f(1) + 4f(2) + f(3)\right]$$

$$\approx \frac{1}{3}\left[e^{\frac{-1}{2}} + 4 + 2e^{\frac{-1}{2}} + 4e^{-2} + e^{\frac{-9}{2}}\right]$$

$$\approx 2{,}124.$$

Exercices 3.6

1. Soit $f(x) = x^3$, où $x \in [0, 2]$.

   a) Calculer approximativement $\int_0^2 f(x)\, dx$ à l'aide de la méthode des trapèzes avec $n = 6$.

   b) Déterminer l'erreur maximale possible en utilisant la méthode précédente.

   c) Calculer $\int_0^2 f(x)\, dx$ à l'aide du théorème fondamental du calcul et déterminer l'erreur réelle commise en comparant avec la réponse obtenue en a).

2. Calculer approximativement les intégrales définies suivantes à l'aide de la méthode des trapèzes avec le n donné.

   a) $\int_0^4 \sqrt{x^3 + 1}\, dx$, $n = 8$

   b) $\int_0^1 \sin x^2\, dx$, $n = 5$

3. a) Calculer approximativement $\int_1^3 \ln x^2\, dx$ à l'aide de la méthode des trapèzes avec $n = 4$.

   b) Déterminer l'erreur maximale possible en utilisant la méthode précédente.

   c) Déterminer la valeur de n telle que $|E| \leq 0{,}01$.

   d) Déterminer la valeur de n telle que $|E| \leq 10^{-3}$.

4. Soit $f(x) = 2x^3 + x$, où $x \in [1, 4]$.

   a) Calculer approximativement $\int_1^4 f(x)\, dx$ à l'aide de la méthode de Simpson avec $n = 6$.

   b) Déterminer l'erreur maximale possible en utilisant la méthode précédente.

   c) Calculer $\int_1^4 f(x)\, dx$ à l'aide du théorème fondamental du calcul.

5. Calculer approximativement les intégrales définies suivantes à l'aide de la méthode de Simpson avec le n donné.

   a) $\int_{-1}^5 \sqrt{x^4 + 1}\, dx$, $n = 6$

   b) $\int_{-2}^0 \frac{1}{e^{x^2}}\, dx$, $n = 4$

6. a) Calculer approximativement $\int_1^6 \ln x\, dx$, à l'aide de la méthode de Simpson avec $n = 4$.

   b) Déterminer l'erreur maximale possible en utilisant la méthode précédente.

   c) Déterminer la valeur de n telle que $|E| \leq 0{,}1$.

   d) Déterminer la valeur de n telle que $|E| \leq \frac{1}{10^2}$.

7. Soit $f(x) = \frac{1}{\sqrt{4x + 5}}$, où $x \in [1, 5]$.

   a) Calculer approximativement $\int_1^5 f(x)\, dx$ à l'aide de la méthode des trapèzes avec $n = 4$.

   b) Calculer approximativement $\int_1^5 f(x)\, dx$ à l'aide de la méthode de Simpson avec $n = 4$.

   c) Calculer $\int_1^5 f(x)\, dx$ à l'aide du théorème fondamental du calcul.

Réseau de concepts

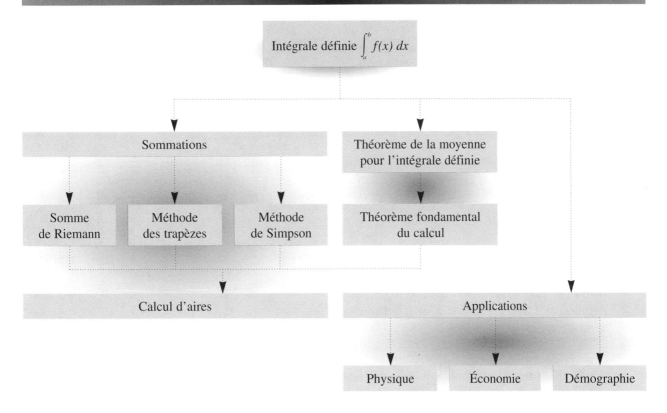

Exercices récapitulatifs

1. Évaluer les sommes suivantes.

a) $\displaystyle\sum_{i=1}^{100} i^3$

b) $\displaystyle\sum_{i=1}^{100} (i+50)$

c) $\displaystyle\sum_{i=1}^{20} (2i^3 - 3i^2 - 5i)$

2. Trouver une expression équivalente aux sommations suivantes à l'aide des formules.

a) $\dfrac{1}{n^2} \cdot \dfrac{1}{n} + \left(\dfrac{2}{n}\right)^2 \cdot \dfrac{1}{n} + \left(\dfrac{3}{n}\right)^2 \cdot \dfrac{1}{n} + \left(\dfrac{4}{n}\right)^2 \cdot \dfrac{1}{n} +$

$\quad \ldots + \left(\dfrac{n-1}{n}\right)^2 \cdot \dfrac{1}{n} + \dfrac{1}{n}$

b) $\left[2 + \dfrac{5}{n} + \dfrac{7}{n^2}\right] + \left[2 + \dfrac{10}{n} + \dfrac{28}{n^2}\right] +$

$\quad \ldots + \left[2 + \dfrac{5(n-1)}{n} + \dfrac{7(n-1)^2}{n^2}\right]$

3. Démontrer que $\displaystyle\sum_{i=1}^{k} i^3 = \dfrac{k^2\,(k+1)^2}{4}$ en évaluant

$\displaystyle\sum_{i=1}^{k} [i^4 - (i-1)^4]$ de deux façons différentes.

4. Évaluer et représenter graphiquement.

a) s_3 si $f(x) = \sqrt{9 - x^2}$ sur $[0, 3]$.

b) S_4 si $f(x) = \dfrac{6}{x+1}$ sur $[1, 2]$.

5. Pour chacune des fonctions suivantes, déterminer s_n, S_n, calculer s et S, et évaluer l'aire sous la courbe sur l'intervalle donné.

a) $f(x) = 4 - 2x$ sur $[0, 1]$

b) $f(x) = 5x^2 + 3$ sur $[0, 1]$

c) $f(x) = 2x^3 + 4$ sur $[0, 1]$

d) $f(x) = x^2 + 4x + 3$ sur $[1, 4]$

6. Déterminer une fonction f telle que
$s_2 = s_4 = \dots = s_n =$ Aire réelle $= S_n = \dots = S_4 = S_2$
sur $[a, b]$.

7. a) Pour la fonction f définie par $f(x) = x^2$ sur $[0, b]$, évaluer l'aire sous la courbe en trouvant s et S.

b) Utiliser a) pour évaluer l'aire de la région suivante.

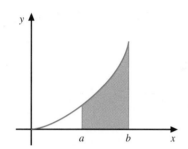

c) Utiliser b) pour déterminer l'aire de la région limitée par $f(x) = x^2$, l'axe x et les droites d'équation $x = 2$ et $x = 5$.

8. Soit f une fonction continue sur $\mathbb{R}$. Utiliser les propriétés de l'intégrale définie pour déterminer la valeur de a et de b dans les équations suivantes.

a) $\displaystyle\int_0^3 f(x)\, dx + \int_3^7 f(x)\, dx = \int_a^b f(x)\, dx$

b) $\displaystyle\int_4^7 f(x)\, dx = -\int_a^b f(x)\, dx$

c) $\displaystyle\int_{-2}^5 f(x)\, dx - \int_7^5 f(x)\, dx = \int_a^b f(x)\, dx$

d) $\displaystyle\int_3^5 f(x)\, dx + \int_a^b f(x)\, dx = \int_3^4 f(x)\, dx$

e) $\displaystyle\int_\pi^{2\pi} f(x)\, dx - \int_a^b f(x)\, dx = \int_{4\pi}^{2\pi} f(x)\, dx$

f) $\displaystyle\int_{-1}^2 f(x)\, dx - \int_4^a f(x)\, dx = \int_{-1}^b f(x)\, dx$

9. Évaluer les intégrales définies suivantes.

a) $\displaystyle\int_1^4 \left(\sqrt{x} + \frac{1}{\sqrt{x}}\right) dx$

b) $\displaystyle\int_2^4 \frac{(x+1)^2}{x}\, dx$

c) $\displaystyle\int_1^2 \frac{2}{x\sqrt{x^2-1}}\, dx$

d) $\displaystyle\int_{-1}^1 [(x^3 + 1)\,(x + 4)]\, dx$

e) $\displaystyle\int_{-r}^r \pi(r^2 - y^2)\, dy$

f) $\displaystyle\int_0^3 \frac{6x + x^2 + 5}{1 + x}\, dx$

g) $\displaystyle\int_0^1 \frac{3x^4 + 4x^2 + 4}{x^2 + 1}\, dx$

h) $\displaystyle\int_0^1 \left(\frac{e^x}{2} + 2x^e + e\right) dx$

i) $\displaystyle\int_{-\pi}^0 (x\sin^2 x^2 + x\cos^2 x^2)\, dx$

j) $\displaystyle\int_0^\pi (\cos^5 x + 2\cos^3 x\sin^2 x + \cos x\sin^4 x)\, dx$

10. Évaluer les intégrales définies suivantes.

a) $\displaystyle\int_{-8}^{-5} \frac{x + 2}{x^2 + 5x + 6}\, dx$

b) $\displaystyle\int_0^{\sqrt{\pi}} 3x^2\,(x + \sin x^3)\, dx$

c) $\displaystyle\int_{-2}^{-1} \frac{1}{9x^2 + 6x + 1}\, dx$

d) $\displaystyle\int_1^2 \frac{e^{\frac{1}{x}}}{x^2}\, dx$

e) $\displaystyle\int_1^9 \frac{1}{\sqrt{x}\,(1 + \sqrt{x})}\, dx$

f) $\displaystyle\int_{\frac{\pi}{6}}^{\frac{\pi}{4}} (\sin x + \cos x)^2\, dx$

g) $\displaystyle\int_{-1}^0 (x^3 + 2x + 1)^3\,(6x^2 + 4)\, dx$

h) $\displaystyle\int_{-1}^1 (4^{-2x} - e^{-x})\, dx$

i) $\displaystyle\int_1^4 \left(1 - \frac{1}{x^2}\right)\left(x + \frac{1}{x}\right)^{-2} dx$

j) $\displaystyle\int_{-\frac{\pi}{6}}^{\frac{\pi}{6}} \frac{\cos x}{1 + \sin x}\, dx$

k) $\int_0^{\frac{\pi}{3}} \sqrt[3]{\sin^2 x} \, \sqrt[3]{\tan x} \, dx$

l) $\int_0^{\frac{\pi}{4}} \sin^2 \theta \, d\theta$

11. Calculer l'aire des régions fermées, délimitées par les courbes suivantes.

a) $y = x^3$, $y = 0$, $x = -2$ et $x = 3$

b) $y = x^3 - x$ et $y = 0$

c) $y = x$, $y = x^2$, $x = 0$ et $x = 3$

d) $y = 6x - x^2$ et $y = x^2 - 2x$

e) $y = x$ et $y = x^3 - 5x$

f) $y = x^3 - x^2$ et $y = 3x^2$

g) $y = x^3 + x$ et $y = 3x^2 - x$

h) $y = 4 - x$ et $y = \dfrac{3}{x}$

i) $y = \dfrac{1}{x}$, $y = \dfrac{1}{x^2}$, $x = 0{,}5$ et $x = 2$

j) $x = y^2 - 2y$ et $x = 0$

k) $x = y^2 + 1$ et $x = 5$

l) $x = \dfrac{y^2}{2}$ et $x = \dfrac{y}{2} + 1$

12. Calculer l'aire des régions fermées, délimitées par les courbes suivantes.

a) $y = \sin x$, $y = 0$, $x = \dfrac{-\pi}{3}$ et $x = \dfrac{\pi}{4}$

b) $y = \cos x$, $y = \sin x$, $x = 0$ et $x = \pi$

c) $y = \sec x$, $y = \sin x$, $x = \dfrac{-\pi}{4}$ et $x = \dfrac{\pi}{4}$

d) $y = \tan x$, $y = \cot x$, $x = \dfrac{\pi}{6}$ et $x = \dfrac{\pi}{3}$

e) $y = \cos x$, $y = 1$ et $x = \dfrac{\pi}{2}$

f) $y = x^2 + 1$, $y = \cos x$, $x = \dfrac{-\pi}{2}$ et $x = \dfrac{\pi}{2}$

13. Calculer l'aire des régions fermées suivantes.

a) $y = \dfrac{x}{(x^2 + 1)^2}$, $y = 0$ et $x \in [1, 2]$

b) $y = \cos \pi x$, $y = 0$ et $x \in [0, 1]$

c) $y = xe^{x^2}$, $y = -1$ et $x \in [0, 1]$

d) $y = -x^2$, $y = 2^{-x}$ et $x \in [-3, 3]$

e) $y = x^2 (x^3 - 8)^4$ et $y = 0$

f) $y = x^{\frac{1}{3}} (1 - x^{\frac{4}{3}})^{\frac{1}{3}}$ et $y = 0$

g) $y = \dfrac{x - 2}{\sqrt{x^2 - 4x + 9}}$, $y = 0$ et $x = 0$

h) $y = \dfrac{1}{x + 1}$, $y = \dfrac{x}{x^2 + 1}$ et $x = 0$

i) $y = 2 + \cos\left(\dfrac{x}{2}\right)$, $y = \sin 2x$ et $x \in [0, \pi]$

j) $y^2 = 4x$ et $x^2 = 4y$

14. Calculer l'aire des régions ombrées suivantes.

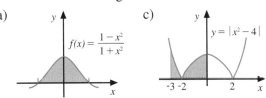

a)

c)

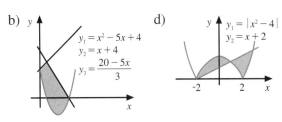

b)

d)

15. a) Déterminer la valeur c du théorème de la moyenne pour l'intégrale définie pour la fonction f définie par $f(x) = x^2 - 14x + 58$ sur $[2, 6]$. Représenter graphiquement.

b) Même question pour $f(x) = e^x$ sur $[0, 2]$.

16. Soit $f(x) = 4x + 6 - x^2$ sur $[0, 5]$. Déterminer les valeurs c_1 et c_2 telles que $A_1 + A_3 = A_2$ sur le graphique suivant.

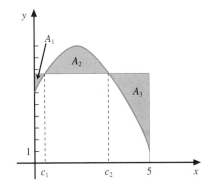

17. Soit f, la fonction représentant la température en °C d'une journée donnée à partir de 6 h jusqu'à 18 h, définie par $f(t) = -0,15t^2 + 2,4t + 20$ où t est en heures. Déterminer la température moyenne de cette journée entre 6 h et 18 h.

18. Calculer approximativement les intégrales définies suivantes à l'aide de la méthode des trapèzes avec le n donné.

a) $\displaystyle\int_0^4 \frac{1}{\sqrt{x^2+1}}\,dx$, $n = 4$

b) $\displaystyle\int_0^\pi \sin\sqrt{x}\,dx$, $n = 3$

19. a) Calculer approximativement $\displaystyle\int_1^3 \frac{1}{x+1}\,dx$, à l'aide de la méthode des trapèzes avec $n = 4$.

b) Déterminer l'erreur maximale possible en utilisant la méthode précédente.

c) Déterminer la valeur de n telle que $|E| \leq 10^{-3}$.

d) Calculer $\displaystyle\int_1^3 \frac{1}{x+1}\,dx$ à l'aide du théorème fondamental du calcul.

20. Calculer approximativement les intégrales définies suivantes à l'aide de la méthode de Simpson avec le n donné.

a) $\displaystyle\int_0^2 \sqrt{9+4x^2}\,dx$, $n = 4$

b) $\displaystyle\int_1^3 e^{x^2}\,dx$, $n = 6$

21. a) Calculer approximativement $\displaystyle\int_0^\pi \sin x\,dx$, à l'aide de la méthode de Simpson avec $n = 4$.

b) Déterminer l'erreur maximale possible en utilisant la méthode précédente.

c) Déterminer la valeur de n telle que $|E| \leq 10^{-3}$.

d) Calculer $\displaystyle\int_0^\pi \sin x\,dx$, à l'aide du théorème fondamental du calcul.

22. Soit $f(x) = \dfrac{6x}{\sqrt{6x^2+1}}$, où $x \in [0, 2]$.

Calculer $\displaystyle\int_0^2 f(x)\,dx$

a) approximativement, à l'aide de la méthode des trapèzes avec $n = 4$;

b) approximativement, à l'aide de la méthode de Simpson avec $n = 4$;

c) à l'aide du théorème fondamental du calcul.

23. Soit $v(t) = t^2 + 5$ l'équation de la vitesse en m/s d'un mobile en fonction du temps en secondes, où $0 \leq t \leq 6$.

a) Calculer S_6 et interpréter votre résultat.

b) Calculer A_0^6 et interpréter votre résultat.

24. Soit un mobile dont la vitesse en fonction du temps est donnée par $v(t) = 25 - 2t$, où t est en secondes et $v(t)$ en m/s. Déterminer la distance parcourue entre $t = 0$ s et le temps où le mobile s'immobilise.

25. En estimant que le taux de dépréciation d'une automobile de 21 600 \$ est donné, après t années, par $D(t) = 300t - 3600$, où D s'exprime en \$/an, et $0 \leq t \leq 6$,

a) quel sera le montant de la dépréciation de cette automobile pendant la troisième année ?

b) quel sera le montant de la dépréciation de cette automobile pendant les 3 premières années ?

c) quelle sera la valeur de l'automobile après 5 ans ?

26. Une agence environnementale estime que le taux de variation de la quantité de pollution (en tonnes métriques par an), qu'une manufacture pompe dans une rivière, est donné par $f(x) = 0,1x^3 + 15$, où x représente le temps en années ; $x = 0$ correspond à l'année 1990. Calculer la quantité totale de pollution pompée dans la rivière de 1990 à 2000,

a) de façon approximative en calculant s_{10} et S_{10} ;

b) de façon approximative en utilisant respectivement la méthode des trapèzes et la méthode de Simpson avec $n = 10$;

c) à l'aide de l'intégrale définie.

Problèmes de synthèse

1. a) Déterminer les valeurs de a, b et c telles que
$$1^5 + 2^5 + 3^5 + 4^5 + \ldots + n^5 = \frac{n^2(2n^4 + 6n^3 + 5n^2 + an + b)}{c}.$$

b) Évaluer $\displaystyle\sum_{i=1}^{10} i^5$ à l'aide de la formule précédente.

2. Soit une fonction f continue, positive et croissante sur $[a, b]$, et P une partition régulière de $[a, b]$.

a) Démontrer que $S_n - s_n = (f(b) - f(a))\left(\dfrac{b-a}{n}\right)$.

b) Sachant que $S = \displaystyle\lim_{n\to+\infty} S_n$ et que $s = \displaystyle\lim_{n\to+\infty} s_n$, démontrer que $S = s$.

3. Soit $f(x) = \begin{cases} 1 & \text{si} \quad x \in \mathbb{Q} \\ 2 & \text{si} \quad x \in \mathbb{R} \setminus \mathbb{Q} \end{cases}$, où $x \in [0, 1]$.
Calculer s et S.

4. Évaluer les limites suivantes, déterminer une intégrale définie correspondante et évaluer cette intégrale à l'aide du théorème fondamental.

a) $\displaystyle\lim_{n\to+\infty} \sum_{i=1}^{n} \left[5\left(\frac{i}{n}\right) + 3\right]\frac{1}{n}$

b) $\displaystyle\lim_{n\to+\infty} \sum_{i=1}^{n} \left[\left(\frac{3i}{n}\right)^2 + 1\right]\frac{3}{n}$

5. Évaluer les intégrales définies suivantes.

a) $\displaystyle\int_{e}^{ee} \frac{1}{x \ln \sqrt{x}}\, dx$

b) $\displaystyle\int_{\frac{1}{3}}^{3} \sqrt{(2x - x^{-1})^2 + 8}\, dx$

c) $\displaystyle\int_{-2}^{1} [3 - |2x + 3|]\, dx$

d) $\displaystyle\int_{0}^{2} (|x^3 - 1|)^9\, x^2\, dx$

e) $\displaystyle\int_{0}^{\frac{\pi}{4}} \frac{\sin x}{1 + \sin x}\, dx$

f) $\displaystyle\int_{2}^{7} x\sqrt{x + 2}\, dx$

6. Calculer l'aire des régions fermées suivantes.

a) $y = (x - 2)^2 + 2$, $y = 0$, $y = -6x + 30$ et $x = 0$

b) $\sqrt{x} + \sqrt{y} = 3$, $x = 1$ et $y = 1$

c) $y = e^{|x|}$, où $x \in [-1, 2]$

d) $y = e^{-2x}$, $y = e^{3x}$, $y = 0$, $x = -1$ et $x = 1$

e) $xy^2 = 1$ et $y = 3 - 2\sqrt{x}$

f) $y = \ln x$, $x = 0$, $y = 0$ et $y = 3$

g) $y = \text{Arc sin } x$, $y = 0$ et $x \in [0, 1]$

h) $y = \sin\left(\dfrac{\pi x}{2}\right)$ et $y = x^2$

i) $y = \cos x$ et $y = \dfrac{4x^2}{\pi^2} - \dfrac{4x}{\pi} + 1$

j) $y = \cos x$, $y = \dfrac{2x^2}{\pi^2} - \dfrac{4x}{\pi} + 1$, où $x \in [0, 2\pi]$

7. Calculer l'aire des régions ombrées suivantes.

a)
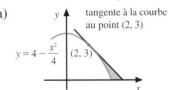

b)
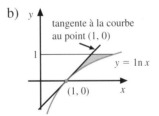

c)
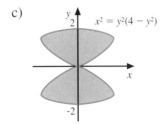

d)
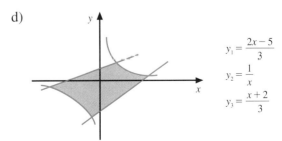

8. Calculer l'aire de la région fermée comprise entre la courbe définie par $y = x^2 - 2x + 4$, la tangente à la courbe au point $(2, f(2))$ et la tangente à la courbe au point $(-2, f(-2))$.

9. Déterminer l'aire du triangle limité par les droites suivantes: $3y - x = 15$, $y + 4x = 18$ et $4y + 3x = -6$.

10. Soit les fonctions $f(x) = x^2$ et $g(x) = mx$, où $m > 0$. Déterminer la valeur de m, telle que l'aire, comprise entre les courbes de f et de g, soit égale à $12,348$ u^2.

11. Soit les fonctions $f(x) = 2x^3 - 15x^2 + 36x$ et $g(x) = mx$. Déterminer l'aire de la région comprise entre la courbe de f et celle de g:

a) si g passe par le maximum relatif de f;

b) si g passe par le minimum relatif de f.

12. Déterminer le point $(c, f(c))$ tel que la somme des aires des régions A_1 et A_2 soit minimale si:

a)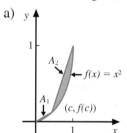

b)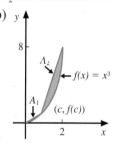

13. Soit la fonction f définie par $f(x) = x^3$, où $x \in [0, 1]$. Déterminer le point $(c, f(c))$ de la courbe tel que

a) l'aire de la région A_1 égale l'aire de la région A_2;

b) la somme des aires A_1 et A_2 soit minimale;

c) la somme des aires A_1 et A_2 soit maximale.

14. a) Calculer l'aire de la région comprise entre $f(x) = x^5$ et $g(x) = x^{\frac{1}{5}}$.

b) Déterminer le pourcentage de l'aire ombrée suivante par rapport à l'aire du carré de côté un.

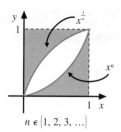

$n \in \{1, 2, 3, \dots\}$

15. Nous savons que les courbes représentant la demande et l'offre d'un produit se coupent à un point (q_e, p_e), appelé le point d'équilibre.

Nous appelons A_1 la demande excédentaire et A_2 l'offre excédentaire.

Déterminer la demande excédentaire et l'offre excédentaire lorsque $D(q) = 16 - q^2$ et $O(q) = 2q + 1$, où q, représentant le nombre d'articles, est en centaines, D et O en milliers de dollars.

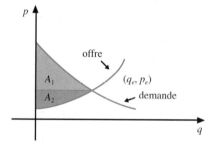

16. Soit $f(x) = x^2$, $g(x) = \dfrac{1}{x^2}$ et $h(x) = 4$.

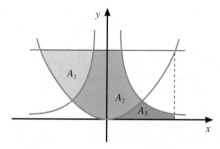

Déterminer l'aire des régions A_1, A_2 et A_3.

17. Soit $f(x) = \sqrt{x}$, où $x \in [0, 1]$ et

$$P = \left\{ 0, \left(\frac{1}{n}\right)^2, \left(\frac{2}{n}\right)^2, \dots, \left(\frac{k-1}{n}\right)^2, \left(\frac{k}{n}\right)^2, \dots \left(\frac{n-1}{n}\right)^2, 1 \right\}$$

une partition de $[0, 1]$.

a) Calculer Δx_k et $f(x_k)$.

b) Exprimer en fonction de n la somme de Riemann suivante $\sum_{k=1}^{n} f(x_k)\,\Delta x_k$.

c) Calculer $\int_{0}^{1} \sqrt{x}\,dx$, à l'aide de la $\lim_{n \to +\infty} \sum_{k=1}^{n} f(x_k)\,\Delta x_k$.

18. Soit $f(x) = x^2$, où $x \in [0, b]$, et $c \in [0, b]$ tel que la tangente à la courbe de f au point $(c, f(c))$ soit parallèle à la sécante passant par les points $(0, f(0))$ et $(b, f(b))$.

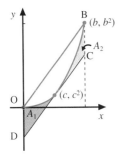

a) Déterminer le rapport entre A_1 et A_2.

b) Calculer l'aire du parallélogramme OBCD.

c) Calculer la distance entre la tangente et la sécante.

19. La population mondiale en 1995 était de 5,7 milliards d'habitants. Sachant que la population augmente au rythme de 2 % par année,

a) déterminer la fonction donnant la population en fonction du temps ;

b) déterminer la population mondiale moyenne pour les 20 prochaines années.

20. Une compagnie achète un nouvel appareil au coût de 2500 $. Elle estime que son revenu marginal sera donné par $R_m(t) = 100\,(18 - 3\sqrt{t})$ et que son coût marginal sera donné par $C_m(t) = 100(2 + \sqrt{t})$, où t est en mois, $R_m(t)$ et $C_m(t)$ sont exprimés en dollars. Déterminer le profit maximal réalisé grâce à l'achat de ce nouvel appareil.

21. Soit un objet de masse m_1, situé en une valeur a sur l'axe x, et un second objet de masse m_2 situé à la gauche du premier objet sur l'axe x. La loi de gravitation de Newton définit le travail W requis pour déplacer le second objet de $c_2 < a$ à $c_1 < a$, par

$$W = \int_{c_1}^{c_2} \frac{Gm_1\,m_2}{(x - a)^2}\,dx,\ \text{où } G \text{ est une constante.}$$

Exprimer W en fonction de c_1 et c_2.

22. Un objet est lâché du haut d'un édifice de 44,1 mètres. Déterminer la vitesse moyenne de cet objet entre le moment où il est lâché et le moment où il touche le sol.

23. Soit $f(x) = (x - a)\,(b - x)$, où $x \in [a, b]$.
Déterminer les valeurs c_1 et c_2 du théorème de la moyenne.

24. a) Utiliser le théorème de la moyenne pour les intégrales pour démontrer que
$$\frac{b - a}{b} < \int_{a}^{b} \frac{1}{t}\,dt < \frac{b - a}{a},\ \text{où } 0 < a < b.$$

b) À l'aide des inégalités précédentes, démontrer que
$$\frac{1}{n + 1} < \ln\left(\frac{n + 1}{n}\right) < \frac{1}{n},\ \text{où } n \text{ est un entier positif.}$$

25. Soit f une fonction continue sur $[0, 1]$ et dérivable sur $]0, 1[$ telle que $f(0) = 0$ et $\int_{0}^{1} f(x)\,dx = 1$.

Démontrer qu'il existe au moins une valeur $c \in]0, 1[$, telle que $f'(c) = 2$.

26. Soit $f(x) = \sqrt{16 - x^2}$, où $x \in [0, 4]$ et P est une partition régulière de $[0, 4]$ avec $n = 4$. Calculer approximativement $\int_{0}^{4} f(x)\,dx$,

a) à l'aide d'une somme de Riemann en utilisant sur chaque sous-intervalle le point milieu ;

b) à l'aide de la méthode des trapèzes avec $n = 4$;

c) à l'aide de la méthode de Simpson avec $n = 4$;

d) en calculant l'aire réelle A_0^4.

Chapitre 4

INTRODUCTION

LE BUT DE CE CHAPITRE EST DE DÉVELOPPER D'AUTRES TECHNIQUES D'INTÉGRATION PERMETTANT DE DÉTERMINER DES PRIMITIVES ET DES INTÉGRALES DÉFINIES. À LA MÉTHODE DE CHANGEMENT DE VARIABLE, NOUS AJOUTERONS LA TECHNIQUE D'INTÉGRATION PAR PARTIES, L'INTÉGRATION DE FONCTIONS TRIGONOMÉTRIQUES, L'INTÉGRATION PAR SUBSTITUTION TRIGONOMÉTRIQUE ET L'INTÉGRATION DE FONCTIONS PAR DÉCOMPOSITION EN UNE SOMME DE FRACTIONS PARTIELLES.

Techniques d'intégration

Exposé tout au long de sa jeunesse à la fois à la théologie, à la philologie et aux mathématiques par son père, pasteur protestant à Riehen près de Bâle en Suisse, Euler choisit définitivement les mathématiques vers l'âge de 16 ans. Son premier professeur de mathématiques supérieures avait été Jean Bernoulli, le correspondant du marquis de L'Hospital. La méthode pédagogique de Bernoulli était simple mais efficace avec un jeune esprit de la trempe d'Euler; proposer à son étudiant des lectures, souvent ardues, et lui permettre de le rencontrer le samedi pour éclaircir quelques points difficiles.

Les liens d'Euler avec la famille Bernoulli, dont plusieurs autres membres jouissaient d'une grande réputation dans les milieux mathématiques et scientifiques européens, lui permirent en 1727 d'être invité à devenir membre de l'Académie des sciences de Saint-Pétersbourg. Pendant 14 ans, il en fut l'un des membres les plus éminents. Lorsqu'en 1740 Anna

Leonahrd EULER (1707-1783)

(JEAN-LOUP CHARMET)

Léopoldovna devint régente, le climat politique s'alourdit en Russie. Profitant de cette conjoncture, Frédéric le Grand invita Euler à venir s'installer à Berlin. Euler accepta. Pendant les 25 années suivantes, il domina la vie scientifique non seulement de la capitale prussienne mais de l'Europe entière. À partir de 1759 toutefois, les relations entre le mathématicien et le roi s'envenimèrent. La tsarine de Russie, Catherine II, offrit alors à Euler de revenir à Saint-Pétersbourg. C'est ainsi que ce dernier et plusieurs membres de sa famille retrouvèrent en 1766 le sol russe pour ne plus le quitter. Cet empressement de deux des souverains les plus dynamiques du 18e siècle illustre bien l'estime que l'on portait à Euler.

Ayant perdu l'usage de son œil droit en 1738, Euler devint complètement aveugle en 1771. Malgré tout, fort d'une mémoire extraordinaire, il continua, et même intensifia, son activité scientifique, dictant ses œuvres à plusieurs collaborateurs dont ses fils Johann Albrecht et Christoph. Par ses travaux, le calcul différentiel et intégral devint l'outil par excellence du développement de la physique. Nous lui devons la notation fonctionnelle $f(x)$, les symboles e, base des logarithmes naturels, i, pour $\sqrt{-1}$, π et le signe de sommation Σ. Son œuvre compte 886 livres et articles qui, réunis, couvrent plusieurs rayons de bibliothèque.

Lecture suggérée:

EULER, L., J.B. LABEY. *Introduction à l'analyse infinitésimale*, traduction du latin au français, avec des notes et des éclaircissements par J.B. Labey, Paris, ACL–éditions, 1987.

Test préliminaire

I. Compléter les égalités.

a) $\sin (A + B) =$

b) $\sin (A - B) =$

c) $\cos (A + B) =$

d) $\cos (A - B) =$

e) $1 - \sin^2 \theta =$

f) $1 + \tan^2 \theta =$

g) $\sec^2 \theta - 1 =$

h) $x = \sin \theta \Rightarrow \theta =$

i) $x = \tan \theta \Rightarrow \theta =$

j) $x = \dfrac{2}{3} \sec \theta \Rightarrow \theta =$

2. Soit le triangle rectangle ci-contre. Exprimer les fonctions trigonométriques suivantes en se servant de la mesure des côtés a, b et c.

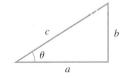

a) $\sin \theta =$ d) $\sec \theta =$

b) $\cos \theta =$ e) $\csc \theta =$

c) $\tan \theta =$ f) $\cot \theta =$

3. Exprimer en fonction de $\cos 2\theta$.

a) $\cos^2 \theta$ b) $\sin^2 \theta$

4. Exprimer $\sin 2\theta$ en fonction de $\sin \theta$ et $\cos \theta$.

5. Déterminer la valeur C si :

a) $x^2 + 4x + 7 = (x+2)^2 + C$;

b) $12 - 4x^2 - 4x = C - (2x+1)^2$;

c) $9x^2 + 24x + 11 = (3x+4)^2 + C$.

6. Décomposer en facteurs les expressions suivantes.

a) $x^2 - y^2$ b) $x^3 - y^3$ c) $x^3 + y^3$

7. Effectuer les opérations suivantes.

a) $\dfrac{A}{x} + \dfrac{B}{x^2} + \dfrac{Cx+D}{3x^2+4}$ b) $\dfrac{2x^3 + 6x^2 + 6x - 1}{x^2 + x + 1}$

8. Résoudre le système d'équations suivant.

$$3x - y + 2z = 7$$
$$x + 2y - z = 0$$
$$2x - 4y + 3z = 8$$

9. Calculer les intégrales suivantes.

a) $\int e^{\frac{x}{2}} \, dx$ d) $\int \sec x \, dx$

b) $\int \cos 2\theta \, d\theta$ e) $\int \tan u \, du$

c) $\int \sin\left(\dfrac{x}{3}\right) dx$ f) $\int \csc x \, dx$

10. Compléter.

a) Si $u = f(x)$, alors $du =$

b) Si $dv = g'(x) \, dx$, alors $v =$

c) Si $F(x)$ est une primitive de $f(x)$,

alors $\displaystyle\int_a^b f(x) \, dx =$

4.1 Intégration par parties

Objectif d'apprentissage

À la fin de la présente section, l'élève pourra intégrer certaines fonctions à l'aide de la technique d'intégration par parties.

Plus précisément, l'élève sera en mesure :

- de démontrer la formule d'intégration par parties ;
- d'utiliser la formule d'intégration par parties pour résoudre certaines intégrales où $\int v \, du$ est directement intégrable ;
- d'utiliser la formule d'intégration par parties pour résoudre certaines intégrales où $\int v \, du$ se calcule par changement de variable ou par artifices de calcul ;
- d'utiliser plusieurs fois la formule d'intégration par parties dans un même problème ;
- d'utiliser la formule d'intégration par parties pour résoudre certaines intégrales où nous obtenons une intégrale identique à l'intégrale initiale ;
- d'utiliser la formule d'intégration par parties pour obtenir des formules de réduction ;
- d'utiliser la formule d'intégration par parties pour calculer des intégrales définies.

Formule d'intégration par parties

Soit u et v, deux fonctions différentiables exprimées en fonction d'une même variable.

Nous avons déjà vu que

$$d(uv) = v\,du + u\,dv,$$

donc $u\,dv = d(uv) - v\,du$

$$\int u\,dv = \int d(uv) - \int v\,du \quad \text{(en intégrant les deux membres),}$$

d'où $\int u\,dv = uv - \int v\,du \qquad \text{(car } \int d(uv) = uv\text{).}$

Ainsi, nous avons la formule d'intégration suivante.

FORMULE D'INTÉGRATION PAR PARTIES	$\int u\,dv = uv - \int v\,du$

Par cette formule, nous voyons que le calcul de $\int u\,dv$ est ramené au calcul de $\int v\,du$ qui, normalement, devrait être plus simple à calculer que $\int u\,dv$.

▶ *Exemple 1*   Calculons $\int xe^x\,dx$.

Puisque nous voulons utiliser la formule d'intégration par parties, il faut associer $\int xe^x\,dx$ à $\int u\,dv$. Ici, plusieurs choix sont possibles, par exemple :

$$\int \underbrace{x}_{u}\ \underbrace{e^x\,dx}_{dv} \quad \text{ou} \quad \int \underbrace{xe^x}_{u}\ \underbrace{dx}_{dv} \quad \text{ou bien} \quad \int \underbrace{e^x}_{u}\ \underbrace{x\,dx}_{dv}.$$

En posant $u = x$ et $dv = e^x\,dx$,

nous obtenons $du = dx$ et $v = e^x + C_1$.

du est obtenue en différentiant u, et v est obtenue en intégrant dv. Normalement, cette intégrale devrait être facile à calculer.

Donc, de $\int u\,dv = u\ \ v\ \ - \int v\,du,$

nous obtenons $\int x\ e^x\,dx = x\ (e^x + C_1) - \int (e^x + C_1)\,dx$

$$= xe^x + C_1x - [e^x + C_1x + C_2] \quad \text{(en intégrant)}$$

$$= xe^x + C_1x - e^x - C_1x - C_2$$

$$= xe^x - e^x + C \qquad \text{(en simplifiant).}$$

Remarque À l'avenir, nous omettrons d'écrire la constante C_1 provenant de l'intégration de dv, car celle-ci se simplifie toujours. Nous ajouterons la constante d'intégration C, une fois l'intégration terminée.

Le lecteur peut, s'il le désire, tenter d'intégrer la même fonction en utilisant les autres choix possibles de u et de dv. Par le fait même, il réalisera que $\int v\,du$ sera plus difficile à calculer que l'intégrale initiale.

▶ *Exemple 2*   Calculons $\int x^3 \ln x\,dx$.

En posant $u = \ln x$ et $dv = x^3\,dx$,

nous obtenons $du = \dfrac{1}{x}\,dx$ et $v = \dfrac{x^4}{4}$.

Donc $\int \underbrace{x^3}_{dv} \underbrace{\ln x \, dx}_{u} = (\ln x)\underbrace{\left(\dfrac{x^4}{4}\right)}_{u \quad v} - \underbrace{\int \dfrac{x^4}{4}}_{v} \underbrace{\dfrac{1}{x} \, dx}_{du}$

$$= \dfrac{x^4 \ln x}{4} - \dfrac{1}{4}\int x^3 \, dx$$

$$= \dfrac{x^4 \ln x}{4} - \dfrac{x^4}{16} + C.$$

Dans certains cas, pour résoudre $\int v \, du$, provenant de la formule d'intégration par parties, nous devons effectuer un changement de variable ou un artifice de calcul.

➤ *Exemple 3*   Calculons $\int \text{Arc tan } x \, dx$.

En posant $\quad u = \text{Arc tan } x \quad$ et $\quad dv = dx,$

nous obtenons $du = \dfrac{1}{1+x^2} \, dx \quad$ et $\quad v = x.$

Donc $\int \underbrace{\text{Arc tan } x}_{u} \underbrace{dx}_{dv} = \underbrace{(\text{Arc tan } x)}_{u} \underbrace{(x)}_{v} - \int \underbrace{x}_{v} \cdot \underbrace{\dfrac{1}{1+x^2} \, dx}_{du}$

$$= x \, \text{Arc tan } x - \int \dfrac{x}{1+x^2} \, dx.$$

Pour calculer $\int \dfrac{x}{1+x^2} \, dx$, il faut utiliser la méthode du changement de variable

en posant $h = 1 + x^2$, ainsi $dh = 2x \, dx$, donc $x \, dx = \dfrac{1}{2} \, dh$

$$\int \dfrac{x}{1+x^2} \, dx = \dfrac{1}{2}\int \dfrac{1}{h} \, dh = \dfrac{1}{2}\ln |h| = \dfrac{1}{2}\ln (1+x^2).$$

Nous avons alors $\int \text{Arc tan } x \, dx = x \, \text{Arc tan } x - \dfrac{1}{2}\ln(1+x^2) + C.$

➤ *Exemple 4*   Calculons $\int x \, \text{Arc tan } x \, dx$.

En posant $\quad u = \text{Arc tan } x \quad$ et $\quad dv = x \, dx,$

nous obtenons $du = \dfrac{1}{1+x^2} \, dx \quad$ et $\quad v = \dfrac{x^2}{2}.$

Donc $\int \underbrace{x \underbrace{\text{Arc tan } x}_{u} \, dx}_{dv} = (\text{Arc tan } x)\underbrace{\dfrac{x^2}{2}}_{u \quad v} - \int \underbrace{\dfrac{x^2}{2}}_{v} \cdot \underbrace{\dfrac{1}{1+x^2} \, dx}_{du}$

$$= \dfrac{x^2 \, \text{Arc tan } x}{2} - \dfrac{1}{2}\int \dfrac{x^2}{1+x^2} \, dx$$

$$= \dfrac{x^2 \, \text{Arc tan } x}{2} - \dfrac{1}{2}\int \left[1 - \dfrac{1}{x^2+1}\right] dx \quad \text{(en divisant } x^2 \text{ par } (x^2+1))$$

$$= \dfrac{x^2 \, \text{Arc tan } x}{2} - \dfrac{x}{2} + \dfrac{\text{Arc tan } x}{2} + C.$$

Utilisations successives de la formule d'intégration par parties

Il peut arriver que nous ayons à utiliser plus d'une fois la formule d'intégration par parties.

➤ *Exemple* Calculons $\int x^3 \sin 4x\, dx$ que nous notons I.

En posant $u = x^3$ et $dv = \sin 4x\, dx$,

nous obtenons $du = 3x^2\, dx$ et $v = \dfrac{-\cos 4x}{4}$.

Donc $I = \dfrac{-x^3 \cos 4x}{4} - \int \dfrac{-\cos 4x}{4}\, 3x^2\, dx$

$$I = \dfrac{-x^3 \cos 4x}{4} + \dfrac{3}{4} \int x^2 \cos 4x\, dx \qquad \text{(équation 1).}$$

Pour calculer $\int x^2 \cos 4x\, dx$, provenant de l'équation 1,

posons $u = x^2$ et $dv = \cos 4x\, dx$,

$du = 2x\, dx$ et $v = \dfrac{\sin 4x}{4}$.

Ainsi $\int x^2 \cos 4x\, dx = \dfrac{x^2 \sin 4x}{4} - \int \dfrac{\sin 4x}{4}\, 2x\, dx$,

donc $I = \dfrac{-x^3 \cos 4x}{4} + \dfrac{3}{4} \left[\dfrac{x^2 \sin 4x}{4} - \dfrac{1}{2} \int x \sin 4x\, dx \right]$ (en remplaçant dans l'équation 1)

$$I = \dfrac{-x^3 \cos 4x}{4} + \dfrac{3x^2 \sin 4x}{16} - \dfrac{3}{8} \int x \sin 4x\, dx \qquad \text{(équation 2).}$$

Pour calculer $\int x \sin 4x\, dx$, provenant de l'équation 2,

posons $u = x$ et $dv = \sin 4x\, dx$,

$du = dx$ et $v = \dfrac{-\cos 4x}{4}$.

Ainsi $\int x \sin 4x\, dx = \dfrac{-x \cos 4x}{4} - \int \dfrac{-\cos 4x}{4}\, dx$,

donc $I = \dfrac{-x^3 \cos 4x}{4} + \dfrac{3x^2 \sin 4x}{16} - \dfrac{3}{8} \left[\dfrac{-x \cos 4x}{4} + \dfrac{1}{4} \int \cos 4x\, dx \right]$

$$= \dfrac{-x^3 \cos 4x}{4} + \dfrac{3x^2 \sin 4x}{16} + \dfrac{3}{32} x \cos 4x - \dfrac{3}{32} \int \cos 4x\, dx,$$

d'où $I = \dfrac{-x^3 \cos 4x}{4} + \dfrac{3x^2 \sin 4x}{16} + \dfrac{3}{32} x \cos 4x - \dfrac{3}{128} \sin 4x + C.$

Cas où nous obtenons une intégrale identique à l'intégrale initiale

➤ *Exemple 1* Calculons $\int \sin^2 x\, dx$, que nous notons I.

Pour utiliser la formule d'intégration par parties, il faut d'abord transformer I.

$I = \int \sin^2 x \, dx = \int \sin x \sin x \, dx.$

En posant $u = \sin x$ et $dv = \sin x \, dx,$

nous obtenons $du = \cos x \, dx$ et $v = -\cos x.$

Donc $I = -\sin x \cos x - \int (-\cos x) \cos x \, dx$

$\qquad = -\sin x \cos x + \int \cos^2 x \, dx$

$\qquad = -\sin x \cos x + \int (1 - \sin^2 x) \, dx \quad (\text{car } \cos^2 x = 1 - \sin^2 x)$

$\qquad = -\sin x \cos x + \int 1 \, dx - \int \sin^2 x \, dx$

$\qquad = -\sin x \cos x + x + C_1 - I \qquad (\text{car } \int \sin^2 x \, dx = I)$

$2I = -\sin x \cos x + x + C_1.$

Ainsi $I = \dfrac{-\sin x \cos x + x}{2} + C \qquad \left(\text{où } \dfrac{C_1}{2} = C\right),$

d'où $$\int \sin^2 x \, dx = \frac{-\sin x \cos x + x}{2} + C.$$

L'utilisateur peut vérifier que le résultat obtenu est identique à celui obtenu au chapitre 2 (Exemple 3, page 88), lorsque nous avons utilisé l'identité trigonométrique $\sin^2 x = \dfrac{1 - \cos 2x}{2}$ pour calculer $\int \sin^2 x \, dx.$

À l'avenir, nous écrirons la constante d'intégration C uniquement à la fin du calcul de $I.$

➤ *Exemple 2*   Calculons $\int \sec^3 x \, dx$, que nous notons $I.$

Pour utiliser la formule d'intégration par parties, il faut d'abord transformer I:

$I = \int \sec^3 x \, dx = \int \sec x \sec^2 x \, dx.$

En posant $u = \sec x$ et $dv = \sec^2 x \, dx,$

nous obtenons $du = \sec x \tan x \, dx$ et $v = \tan x.$

Donc $I = \sec x \tan x - \int \tan x \sec x \tan x \, dx$

$\qquad = \sec x \tan x - \int \sec x \tan^2 x \, dx$

$\qquad = \sec x \tan x - \int \sec x (\sec^2 x - 1) \, dx \quad (\text{car } \tan^2 x = \sec^2 x - 1)$

$\qquad = \sec x \tan x - \int (\sec^3 x - \sec x) \, dx$

$\qquad = \sec x \tan x - \int \sec^3 x \, dx + \int \sec x \, dx$

$\qquad = \sec x \tan x - I + \ln |\sec x + \tan x| \quad (\text{car } \int \sec^3 x \, dx = I)$

$2I = \sec x \tan x + \ln |\sec x + \tan x|.$

Ainsi $I = \dfrac{\sec x \tan x + \ln |\sec x + \tan x|}{2} + C,$

d'où $\displaystyle\int \sec^3 x\, dx = \frac{1}{2}\left[\sec x \tan x + \ln |\sec x + \tan x|\right] + C.$

➤ *Exemple 3*   Calculons $\displaystyle\int e^{2x}\cos 3x\, dx$, que nous notons I.

En posant $u = e^{2x}$ et $dv = \cos 3x\, dx$,

nous obtenons $du = 2e^{2x}\, dx$ et $v = \dfrac{\sin 3x}{3}.$

Donc $I = \dfrac{e^{2x}\sin 3x}{3} - \dfrac{2}{3}\displaystyle\int e^{2x}\sin 3x\, dx$ (équation 1).

Pour calculer $\displaystyle\int e^{2x}\sin 3x\, dx$, provenant de l'équation 1,

posons $u = e^{2x}$ et $dv = \sin 3x\, dx$,

$du = 2e^{2x}\, dx$ et $v = \dfrac{-\cos 3x}{3}.$

Ainsi $\displaystyle\int e^{2x}\sin 3x\, dx = \dfrac{-e^{2x}\cos 3x}{3} - \displaystyle\int \dfrac{-\cos 3x}{3} 2e^{2x}\, dx$

donc $I = \dfrac{e^{2x}\sin 3x}{3} - \dfrac{2}{3}\left[\dfrac{-e^{2x}\cos 3x}{3} + \dfrac{2}{3}\displaystyle\int e^{2x}\cos 3x\, dx\right]$

$= \dfrac{e^{2x}\sin 3x}{3} + \dfrac{2e^{2x}\cos 3x}{9} - \dfrac{4}{9}\displaystyle\int e^{2x}\cos 3x\, dx.$

Nous pouvons observer que cette dernière intégrale est identique à l'intégrale initiale,

ainsi $I = \dfrac{e^{2x}\sin 3x}{3} + \dfrac{2e^{2x}\cos 3x}{9} - \dfrac{4}{9} I.$

$I + \dfrac{4}{9} I = \dfrac{e^{2x}\sin 3x}{3} + \dfrac{2e^{2x}\cos 3x}{9}$

$\dfrac{13}{9} I = \dfrac{e^{2x}\sin 3x}{3} + \dfrac{2e^{2x}\cos 3x}{9}$

$I = \dfrac{9}{13}\left[\dfrac{e^{2x}\sin 3x}{3} + \dfrac{2e^{2x}\cos 3x}{9}\right] + C,$

d'où $I = \dfrac{e^{2x}(3\sin 3x + 2\cos 3x)}{13} + C.$

Formules de réduction

Dans certains cas où nous devons utiliser plusieurs fois la formule d'intégration par parties pour trouver une primitive, il est possible d'utiliser une *formule de réduction* nous permettant de trouver plus rapidement cette primitive.

➤ *Exemple 1*   Déterminons une formule de réduction pour $\int x^n\, e^{ax}\, dx$, où $a \in \mathbb{R}$ et $n \in \{1, 2, 3, \ldots\}$.

En posant $\qquad u = x^n \qquad\qquad$ et $\quad dv = e^{ax}\, dx,$

nous obtenons $du = nx^{n-1}\, dx \quad$ et $\quad v = \dfrac{e^{ax}}{a}.$

Donc $\int x^n\, e^{ax}\, dx = \dfrac{x^n\, e^{ax}}{a} - \dfrac{n}{a} \int x^{n-1}\, e^{ax}\, dx.$

Nous remarquons que la dernière intégrale a la même forme que l'intégrale initiale, sauf pour l'exposant n qui a diminué de 1. Une telle formule est appelée *formule de réduction*.

D'où nous obtenons la formule de réduction suivante.

$$\int x^n\, e^{ax}\, dx = \frac{x^n\, e^{ax}}{a} - \frac{n}{a} \int x^{n-1}\, e^{ax}\, dx$$

➤ *Exemple 2*   Calculons $\int x^2\, e^{3x}\, dx$ en utilisant la formule de réduction précédente.

$$\int x^2\, e^{3x}\, dx = \frac{x^2\, e^{3x}}{3} - \frac{2}{3} \int x\, e^{3x}\, dx \qquad \text{(formule de réduction, où } n = 2\text{)}$$

$$= \frac{x^2\, e^{3x}}{3} - \frac{2}{3}\left[\frac{x\, e^{3x}}{3} - \frac{1}{3} \int e^{3x}\, dx\right] \text{(formule de réduction, où } n = 1\text{)}$$

$$= \frac{x^2\, e^{3x}}{3} - \frac{2}{9} x\, e^{3x} + \frac{2}{9} \int e^{3x}\, dx,$$

d'où $\int x^2\, e^{3x}\, dx = \dfrac{x^2\, e^{3x}}{3} - \dfrac{2}{9} x\, e^{3x} + \dfrac{2}{27} e^{3x} + C.$

➤ *Exemple 3*   Déterminons une formule de réduction pour $\int \sin^n x\, dx$, où $n \in \{1, 2, 3, \ldots\}$.

Pour utiliser la formule d'intégration par parties, il faut d'abord transformer $\int \sin^n x\, dx$.

Soit $I = \int \sin^n x\, dx = \int \sin^{n-1} x \sin x\, dx.$

En posant $\qquad u = \sin^{n-1} x \qquad\qquad$ et $\quad dv = \sin x\, dx,$

nous obtenons $du = (n-1) \sin^{n-2} x \cos x\, dx \quad$ et $\quad v = -\cos x.$

Donc $\quad I = -\sin^{n-1} x \cos x + (n-1) \int \cos x \sin^{n-2} x \cos x\, dx$

$$= -\sin^{n-1} x \cos x + (n-1) \int \cos^2 x \sin^{n-2} x\, dx$$

$$= -\sin^{n-1} x \cos x + (n-1) \int (1 - \sin^2 x) \sin^{n-2} x\, dx$$

$$= -\sin^{n-1} x \cos x + (n-1) \int [\sin^{n-2} x - \sin^n x]\, dx$$

$$= -\sin^{n-1} x \cos x + (n-1) \int \sin^{n-2} x\, dx - (n-1) \int \sin^n x\, dx$$

$$= -\sin^{n-1} x \cos x + (n-1) \int \sin^{n-2} x\, dx - (n-1)\, I.$$

$$I + (n-1)\, I = -\sin^{n-1} x \cos x + (n-1) \int \sin^{n-2} x\, dx$$

$$nI = -\sin^{n-1} x \cos x + (n-1) \int \sin^{n-2} x\, dx$$

$$I = \frac{-\sin^{n-1} x \cos x}{n} + \frac{n-1}{n} \int \sin^{n-2} x\, dx.$$

Nous remarquons que la dernière inté[grale]
initiale, sauf pour l'exposant n qui a dim[inué].

D'où nous obtenons la formule de réduction s[uivante].

$$\int \sin^n x \, dx = \frac{-\sin^{n-1} x \cos x}{n} + \frac{n-1}{n} \int \sin$$

Lorsque n est impair, la dernière intégrale à effectuer sera $\int \sin x \, dx$, et lorsq[ue n est]
pair, la dernière intégrale à effectuer sera $\int dx$.

Utilisation de la formule d'intégration par parties pour calculer des intégrales définies

L'utilisation de l'intégration par parties et du théorème fondamental du calcul permet de calculer des intégrales définies.

➤ *Exemple 1*   Calculons $\int_0^2 xe^{-x} \, dx$.

1re étape   Calculons d'abord $\int xe^{-x} \, dx$.

En posant $u = x$ et $dv = e^{-x} \, dx$,

nous obtenons $du = dx$ et $v = -e^{-x}$.

Donc $\int xe^{-x} \, dx = -xe^{-x} + \int e^{-x} \, dx$

$$= -xe^{-x} - e^{-x} + C.$$

2e étape   Calculons ensuite l'intégrale définie.

$$\int_0^2 xe^{-x} \, dx = (-xe^{-x} - e^{-x}) \Big|_0^2 \quad \text{(théorème fondamental du calcul)}$$

$$= (-2e^{-2} - e^{-2}) - (-1)$$

$$= -3e^{-2} + 1 = 1 - \frac{3}{e^2}.$$

➤ *Exemple 2*   Calculons l'aire de la région limitée par la courbe d'équation $y = \ln x$, l'axe x lorsque $x \in [1, e]$.

$$A_1^e = \int_1^e y \, dx = \int_1^e \ln x \, dx.$$

1re étape   Calculons d'abord $\int \ln x \, dx$.

En posant $u = \ln x$ et $dv = dx$,

nous obtenons $du = \dfrac{1}{x} \, dx$ et $v = x$.

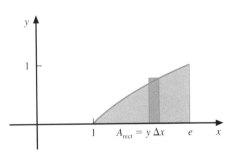

Donc $\int \ln x \, dx = x \ln x - \int dx$

$$= x \ln x - x + C.$$

...rale définie.

$$-e) - (0 - 1) = 1,$$

---

c) $\int \sec^n x\, dx = \dfrac{\sec^{n-2} x \tan x}{n-1} + \dfrac{n-2}{n-1} \int \sec^{n-2} x\, dx,$

où $n \in \{2, 3, 4, \ldots\}$.

8. Utiliser les formules de réduction précédentes pour calculer :

a) $\int \ln^3 x\, dx$; c) $\int \sec^4 x\, dx$;

b) $\int \cos^5 x\, dx$; d) $\int \sec^5 x\, dx$.

9. Évaluer les intégrales définies suivantes.

a) $\displaystyle\int_0^1 x e^{3x}\, dx$ d) $\displaystyle\int_0^1 \operatorname{Arc} \tan x\, dx$

b) $\displaystyle\int_1^e x \ln x\, dx$ e) $\displaystyle\int_0^\pi \cos^5 x\, dx$

c) $\displaystyle\int_0^\pi x^2 \sin x\, dx$ f) $\displaystyle\int_0^1 \operatorname{Arc} \sin x\, dx$

10. Calculer l'aire de la région ombrée suivante.

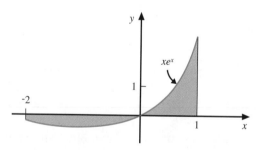

11. Déterminer l'aire de la région fermée limitée par la courbe d'équation $y = \operatorname{Arc} \tan x$, l'axe x, $x = -1$ et $x = 1$.

12. Dans les intégrales suivantes, déterminer les valeurs de u et de dv qui nous permettraient d'intégrer par parties.

a) $\int (\text{polynôme}) \sin ax\, dx$

b) $\int (\text{polynôme}) \ln x\, dx$

c) $\int (\text{polynôme}) e^{ax}\, dx$

d) $\int (\text{polynôme}) \operatorname{Arc} \tan x\, dx$

3. Calculer les intégrales su...

a) $\int x \sec^2 6x\, dx$ d) $\int x^2 \operatorname{Arc} \cos\ \ldots\, dx$

b) $\int \operatorname{Arc} \sin 5x\, dx$ e) $\int x^3 e^{x^2}\, dx$

c) $\int x \sec x \tan x\, dx$ f) $\int x^2 \operatorname{Arc} \tan x\, dx$

4. Calculer les intégrales suivantes.

a) $\int x^2 \sin x\, dx$ c) $\int x^3 \cos 4x\, dx$

b) $\int x^2 e^{4x}\, dx$ d) $\int x^2 \ln^2 x\, dx$

5. Calculer les intégrales suivantes.

a) $\int e^x \sin x\, dx$ d) $\int \cos (\ln x)\, dx$

b) $\int e^{-x} \cos 2x\, dx$ e) $\int \sin 3x \cos 4x\, dx$

c) $\int \cos^2 x\, dx$ f) $\int \csc^3 x\, dx$

6. Calculer les intégrales suivantes.

a) $\int \log x\, dx$ d) $\int x^3 \sin 2x\, dx$

b) $\int x \ln^2 x\, dx$ e) $\int \sin x \sin 4x\, dx$

c) $\int x^2 \ln x\, dx$ f) $\displaystyle\int \dfrac{x}{\sqrt{1+x}}\, dx$

7. Démontrer les formules de réduction suivantes.

a) $\int \ln^n x\, dx = x \ln^n x - n \int \ln^{n-1} x\, dx,$
où $n \in \{1, 2, 3, \ldots\}$.

b) $\int \cos^n x\, dx = \dfrac{\cos^{n-1} x \sin x}{n} + \dfrac{n-1}{n} \int \cos^{n-2} x\, dx,$
où $n \in \{1, 2, 3, \ldots\}$.

13. Calculer les intégrales suivante, où $a, b \neq 0$.

a) $\int e^{ax} \sin bx \, dx$

b) $\int ax \sin bx \, dx$

c) $\int \dfrac{x}{\sqrt{ax + b}} \, dx$

d) $\int \sin ax \cos bx \, dx \ (a \neq \pm b)$

4.2 Intégration de fonctions trigonométriques

Objectif d'apprentissage

À la fin de la présente section, l'élève pourra intégrer certaines fonctions trigonométriques en utilisant des identités trigonométriques et des changements de variable.

Plus précisément, l'élève sera en mesure de :

- calculer des intégrales de la forme $\int \sin^m x \cos^n x \, dx$, lorsque m ou n est impair ;
- calculer des intégrales de la forme $\int \sin^m x \cos^n x \, dx$, lorsque m et n sont pairs ;
- calculer des intégrales de la forme $\int \sin ax \cos bx \, dx$, $\int \sin ax \sin bx \, dx$ et $\int \cos ax \cos bx \, dx$;
- calculer des intégrales de la forme $\int \tan^n x \, dx$;
- calculer des intégrales de la forme $\int \sec^n x \, dx$;
- calculer des intégrales de la forme $\int \sec^n x \tan^m x \, dx$.

Voici une liste d'identités trigonométriques qui pourront être utiles lors du calcul de certaines intégrales de fonctions trigonométriques.

$$\sin^2 A + \cos^2 A = 1 \qquad (1)$$

$$1 + \tan^2 A = \sec^2 A \qquad (2)$$

$$1 + \cot^2 A = \csc^2 A \qquad (3)$$

$$\sin^2 A = \frac{1 - \cos 2A}{2} \qquad (4)$$

$$\cos^2 A = \frac{1 + \cos 2A}{2} \qquad (5)$$

$$\sin A \cos A = \frac{1}{2} \sin 2A \qquad (6)$$

$$\sin A \cos B = \frac{1}{2} \left[\sin (A - B) + \sin (A + B) \right] \qquad (7)$$

$$\sin A \sin B = \frac{1}{2} \left[\cos (A - B) - \cos (A + B) \right] \qquad (8)$$

$$\cos A \cos B = \frac{1}{2} \left[\cos (A - B) + \cos (A + B) \right] \qquad (9)$$

$$1 - \cos B = 2 \sin^2 \left(\frac{B}{2} \right) \qquad (10)$$

$$1 + \cos B = 2 \cos^2 \left(\frac{B}{2} \right) \qquad (11)$$

Intégrales de la forme $\int \sin^m x \cos^n x\, dx$, lorsque m ou n est un nombre impair plus grand ou égal à 3

Pour résoudre des intégrales de cette forme, nous choisissons la fonction trigonométrique affectée de l'exposant impair et nous transformons celle-ci en utilisant l'identité $\sin^2 x + \cos^2 x = 1$, de façon à obtenir cette fonction affectée de l'exposant 1. Par la suite, nous utilisons un changement de variable approprié.

➤ *Exemple 1*   Calculons $\int \sin^4 x \cos^5 x\, dx$.

$$\int \sin^4 x \cos^5 x\, dx = \int \sin^4 x \cos^4 x \cos x\, dx$$
$$= \int \sin^4 x\, (\cos^2 x)^2 \cos x\, dx$$
$$= \int \sin^4 x\, (1 - \sin^2 x)^2 \cos x\, dx.$$

Posons $u = \sin x$,

donc $du = \cos x\, dx$.

Ainsi $\int \sin^4 x\, (1 - \sin^2 x)^2 \cos x\, dx = \int u^4 (1 - u^2)^2\, du$
$$= \int u^4 (1 - 2u^2 + u^4)\, du$$
$$= \int (u^4 - 2u^6 + u^8)\, du$$
$$= \frac{u^5}{5} - \frac{2u^7}{7} + \frac{u^9}{9} + C,$$

d'où $\int \sin^4 x \cos^5 x\, dx = \dfrac{\sin^5 x}{5} - \dfrac{2 \sin^7 x}{7} + \dfrac{\sin^9 x}{9} + C.$

Dans le cas particulier où nous avons $\int \cos^m x\, dx$ ou $\int \sin^m x\, dx$, lorsque m est un nombre impair plus grand ou égal à 3, nous procédons de la façon suivante.

➤ *Exemple 2*   Calculons $\int \sin^7 x\, dx$.

$$\int \sin^7 x\, dx = \int \sin^6 x \sin x\, dx$$
$$= \int (\sin^2 x)^3 \sin x\, dx$$
$$= \int (1 - \cos^2 x)^3 \sin x\, dx.$$

Posons $u = \cos x$,

donc $du = \text{-}\sin x\, dx$.

Ainsi $\int (1 - \cos^2 x)^3 \sin x\, dx = \text{-}\int (1 - u^2)^3\, du$
$$= \text{-}\int (1 - 3u^2 + 3u^4 - u^6)\, du$$
$$= \text{-}\left(u - u^3 + \frac{3u^5}{5} - \frac{u^7}{7} \right) + C,$$

d'où $\int \sin^7 x\, dx = \text{-}\cos x + \cos^3 x - \dfrac{3 \cos^5 x}{5} + \dfrac{\cos^7 x}{7} + C.$

Remarque Dans le cas où m et n sont tous les deux impairs, nous pouvons choisir de transformer l'une ou l'autre des fonctions; par contre, les calculs sont plus simples en choisissant de transformer le facteur dont l'exposant est le moins élevé.

Intégrales de la forme $\int \sin^m x \cos^n x\, dx$, lorsque m et n sont pairs et non négatifs

Pour résoudre des intégrales de cette forme, nous pouvons utiliser les identités (4), (5) ou (6).

➤ *Exemple 1*   Calculons $\int \sin^2 x \cos^4 x\, dx$.

$$\int \sin^2 x \cos^4 x\, dx = \int (\sin x \cos x)^2 \cos^2 x\, dx$$

$$= \int \left(\frac{\sin 2x}{2}\right)^2 \cos^2 x\, dx \qquad \text{(identité 6)}$$

$$= \frac{1}{4} \int \sin^2 2x \left(\frac{1 + \cos 2x}{2}\right) dx \quad \text{(identité 5)}$$

$$= \frac{1}{8} \left[\int \sin^2 2x\, dx + \int \sin^2 2x \cos 2x\, dx\right]$$

$$= \frac{1}{8} \left[\int \frac{1 - \cos 4x}{2}\, dx + \int \sin^2 2x \cos 2x\, dx\right] \quad \text{(identité 4)}$$

$$= \frac{1}{8} \left[\frac{1}{2}\left(\int dx - \int \cos 4x\, dx\right) + \int \sin^2 2x \cos 2x\, dx\right]$$

$$= \frac{1}{8} \left[\frac{1}{2}\left(x - \frac{\sin 4x}{4}\right) + \frac{\sin^3 2x}{6}\right] + C$$

$$= \frac{x}{16} - \frac{\sin 4x}{64} + \frac{\sin^3 2x}{48} + C$$

Dans le cas particulier où nous avons $\int \cos^m x\, dx$ ou $\int \sin^m x\, dx$, lorsque m est pair, nous pouvons utiliser les identités 4 ou 5, pour obtenir des fonctions trigonométriques à la puissance 1.

➤ *Exemple 2*   Calculons $\int \sin^4 5x\, dx$.

$$\int \sin^4 5x\, dx = \int (\sin^2 5x)^2\, dx$$

$$= \int \left(\frac{1 - \cos 10x}{2}\right)^2 dx \quad \text{(identité 4)}$$

$$= \frac{1}{4} \int (1 - 2\cos 10x + \cos^2 10x)\, dx$$

$$= \frac{1}{4} \left[\int 1\, dx - 2 \int \cos 10x\, dx + \int \cos^2 10x\, dx\right]$$

$$= \frac{1}{4} \left[x - \frac{\sin 10x}{5} + \int \left(\frac{1 + \cos 20x}{2}\right) dx\right] \quad \text{(identité 5)}$$

$$= \frac{1}{4} \left[x - \frac{\sin 10x}{5} + \frac{1}{2}\left(x + \frac{\sin 20x}{20}\right)\right] + C$$

$$= \frac{3x}{8} - \frac{\sin 10x}{20} + \frac{\sin 20x}{160} + C$$

Intégrales de la forme $\int \sin ax \cos bx\, dx$, $\int \sin ax \sin bx\, dx$ et $\int \cos ax \cos bx\, dx$

Pour résoudre des intégrales de ces formes, nous pouvons utiliser les identités 7, 8 et 9.

➤ *Exemple 1* Calculons $\int \sin 5x \sin 2x\, dx$.

Nous avons $\sin 5x \sin 2x = \dfrac{1}{2}(\cos 3x - \cos 7x)$ (identité 8).

Ainsi $\int \sin 5x \sin 2x\, dx = \dfrac{1}{2}\int(\cos 3x - \cos 7x)\, dx$

$$= \dfrac{1}{2}\left(\dfrac{\sin 3x}{3} - \dfrac{\sin 7x}{7}\right) + C.$$

➤ *Exemple 2* Calculons $\int \sin\left(\dfrac{x}{3}\right)\cos\left(\dfrac{x}{2}\right) dx$.

Nous avons $\sin\left(\dfrac{x}{3}\right)\cos\left(\dfrac{x}{2}\right) = \dfrac{1}{2}\left(\sin\left(\dfrac{-x}{6}\right) + \sin\left(\dfrac{5x}{6}\right)\right)$ (identité 7).

Ainsi $\int \sin\left(\dfrac{x}{3}\right)\cos\left(\dfrac{x}{2}\right) dx = \dfrac{1}{2}\int\left(\sin\left(\dfrac{-x}{6}\right) + \sin\left(\dfrac{5x}{6}\right)\right) dx$

$$= \dfrac{1}{2}\left(6\cos\left(\dfrac{-x}{6}\right) - \dfrac{6}{5}\cos\left(\dfrac{5x}{6}\right)\right) + C.$$

Certaines intégrales peuvent nécessiter l'utilisation de plusieurs identités.

➤ *Exemple 3* Calculons $\int \sin^2 3x \cos^2 2x\, dx$.

$\int \sin^2 3x \cos^2 2x\, dx = \int (\sin 3x \cos 2x)^2\, dx$

$$= \int\left[\dfrac{1}{2}(\sin x + \sin 5x)\right]^2 dx \quad \text{(identité 7)}$$

$$= \dfrac{1}{4}\int(\sin^2 x + 2\sin x \sin 5x + \sin^2 5x)\, dx$$

$$= \dfrac{1}{4}\int\left[\dfrac{1 - \cos 2x}{2} + \cos 4x - \cos 6x + \dfrac{1 - \cos 10x}{2}\right] dx$$

$$\text{(identités 4 et 8)}$$

$$= \dfrac{1}{4}\left[\dfrac{x}{2} - \dfrac{\sin 2x}{4} + \dfrac{\sin 4x}{4} - \dfrac{\sin 6x}{6} + \dfrac{x}{2} - \dfrac{\sin 10x}{20}\right] + C$$

$$= \dfrac{x}{4} - \dfrac{\sin 2x}{16} + \dfrac{\sin 4x}{16} - \dfrac{\sin 6x}{24} - \dfrac{\sin 10x}{80} + C$$

Intégrales de la forme $\int \tan^n x\, dx$, lorsque $n \in \mathbb{N}$ et $n \geq 2$

Pour intégrer des fonctions de la forme $\tan^n x$, nous pouvons transformer cette fonction de la façon suivante:

$\tan^n x = \tan^{n-2} x \tan^2 x$

$\qquad = \tan^{n-2} x (\sec^2 x - 1)$ (identité 2).

➤ *Exemple*   Calculons $\int \tan^5 x \, dx$.

$$\int \tan^5 x \, dx = \int \tan^3 x \tan^2 x \, dx$$

$$= \int \tan^3 x \, (\sec^2 x - 1) \, dx \qquad \text{(identité 2)}$$

$$= \int \tan^3 x \sec^2 x \, dx - \int \tan^3 x \, dx$$

$$= \int \tan^3 x \sec^2 x \, dx - \int \tan x \tan^2 x \, dx$$

$$= \int \tan^3 x \sec^2 x \, dx - \int \tan x \, (\sec^2 x - 1) \, dx \quad \text{(identité 2)}$$

$$= \int \tan^3 x \sec^2 x \, dx - \int \tan x \sec^2 x \, dx + \int \tan x \, dx$$

Posons $u = \tan x$,

donc $du = \sec^2 x \, dx$.

Ainsi $\int \tan^3 x \sec^2 x \, dx = \int u^3 \, du = \dfrac{u^4}{4} + C_1 = \dfrac{\tan^4 x}{4} + C_1$

$\qquad \int \tan x \sec^2 x \, dx = \int u \, du - \dfrac{u^2}{2} + C_2 = \dfrac{\tan^2 x}{2} + C_2;$

de plus $\qquad \int \tan x \, dx = \ln |\sec x| + C_3,$

d'où $\int \tan^5 x \, dx = \dfrac{\tan^4 x}{4} - \dfrac{\tan^2 x}{2} + \ln |\sec x| + C.$

Pour résoudre des intégrales de la forme $\int \tan^n x \, dx$, où $n \in \mathbb{N}$ et $n \geq 2$, nous pouvons également utiliser la formule de réduction suivante (Exercices 4.2, numéro 7 a)).

$$\int \tan^n x \, dx = \frac{\tan^{n-1} x}{n - 1} - \int \tan^{n-2} x \, dx$$

Intégrales de la forme $\int \sec^n x \, dx$, lorsque $n \in \mathbb{N}$ et $n \geq 3$

Dans le cas où n est pair et $n \geq 3$, nous pouvons utiliser l'identité 2 ou la formule de réduction suivante (Exercices 4.1, numéro 7 c)).

$$\int \sec^n x \, dx = \frac{\sec^{n-2} x \tan x}{n - 1} + \frac{n - 2}{n - 1} \int \sec^{n-2} x \, dx$$

➤ *Exemple*   Calculons $\int \sec^6 x \, dx$ en utilisant l'identité 2.

$$\int \sec^6 x \, dx = \int (\sec^2 x)^2 \sec^2 x \, dx$$

$$= \int (\tan^2 x + 1)^2 \sec^2 x \, dx \quad \text{(identité 2)}$$

Nous pouvons alors utiliser le changement de variable suivant pour calculer l'intégrale.

Posons $u = \tan x$,

donc $du = \sec^2 x \, dx$.

Ainsi $\int (\tan^2 x + 1)^2 \sec^2 x \, dx = \int (u^2 + 1)^2 \, du$

$$= \int (u^4 + 2u^2 + 1) \, du$$

$$= \frac{u^5}{5} + \frac{2u^3}{3} + u + C,$$

d'où $\int \sec^6 x \, dx = \dfrac{\tan^5 x}{5} + \dfrac{2 \tan^3 x}{3} + \tan x + C.$

Dans le cas où n est impair et $n \geq 3$, nous pouvons utiliser la formule d'intégration par parties ou la formule de réduction précédente.

Intégrales de la forme $\int \sec^n x \tan^m x \, dx$

1ᵉʳ cas n est pair.

Pour intégrer des fonctions de cette forme, nous pouvons transformer, si nécessaire, la fonction initiale de façon à obtenir le facteur $\sec^2 x$, et utiliser l'identité 2 par la suite.

➤ *Exemple 1*   Calculons $\int \tan^{\frac{1}{3}} x \sec^6 x \, dx.$

$$\int \tan^{\frac{1}{3}} x \sec^6 x \, dx = \int \tan^{\frac{1}{3}} x \sec^4 x \sec^2 x \, dx$$

$$= \int \tan^{\frac{1}{3}} x \, (1 + \tan^2 x)^2 \sec^2 x \, dx \quad \text{(identité 2)}$$

Posons $u = \tan x$,

donc $du = \sec^2 x \, dx.$

Ainsi $\int \tan^{\frac{1}{3}} x (1 + \tan^2 x)^2 \sec^2 x \, dx = \int u^{\frac{1}{3}} (1 + u^2)^2 \, du$

$$= \int \left(u^{\frac{1}{3}} + 2u^{\frac{7}{3}} + u^{\frac{13}{3}} \right) du$$

$$= \frac{3u^{\frac{4}{3}}}{4} + \frac{3u^{\frac{10}{3}}}{5} + \frac{3u^{\frac{16}{3}}}{16} + C,$$

d'où $\int \tan^{\frac{1}{3}} x \sec^6 x \, dx = \dfrac{3 \tan^{\frac{4}{3}} x}{4} + \dfrac{3 \tan^{\frac{10}{3}} x}{5} + \dfrac{3 \tan^{\frac{16}{3}} x}{16} + C.$

2ᵉ cas n et m sont impairs.

Pour intégrer des fonctions de cette forme, nous pouvons transformer, si nécessaire, la fonction initiale de façon à obtenir le facteur $\sec x \tan x$, et utiliser l'identité 2 par la suite.

➤ *Exemple 2*   Calculons $\int \sec^5 2x \tan^3 2x \, dx.$

$$\int \sec^5 2x \tan^3 2x \, dx = \int \sec^4 2x \tan^2 2x \sec 2x \tan 2x \, dx$$

$$= \int \sec^4 2x \, (\sec^2 2x - 1) \sec 2x \tan 2x \, dx \quad \text{(identité 2)}$$

Posons $u = \sec 2x \, dx$,

donc $du = 2 \sec 2x \tan 2x \, dx.$

$$\text{Ainsi } \int \sec^4 2x \,(\sec^2 2x - 1)\, \sec 2x \tan 2x \, dx = \int u^4(u^2 - 1)\, \frac{du}{2}$$

$$= \frac{1}{2} \int (u^6 - u^4) \, du$$

$$= \frac{1}{2}\left(\frac{u^7}{7} - \frac{u^5}{5}\right) + C,$$

$$\text{d'où } \int \sec^5 2x \tan^3 2x \, dx = \frac{\sec^7 2x}{14} - \frac{\sec^5 2x}{10} + C.$$

3ᵉ cas n est impair et m est pair.

Pour intégrer des fonctions de cette forme, nous pouvons utiliser l'identité 2 pour retrouver seulement des termes de la forme $\sec^k x$.

➤ *Exemple 3*   Calculons $\int \sec x \tan^4 x \, dx$.

$$\int \sec x \tan^4 x \, dx = \int \sec x \, (\sec^2 x - 1)^2 \, dx \quad \text{(identité 2)}$$

$$= \int (\sec^5 x - 2 \sec^3 x + \sec x) \, dx$$

$$= \int \sec^5 x \, dx - 2 \int \sec^3 x \, dx + \int \sec x \, dx$$

$$\text{Or } \int \sec^5 x \, dx = \frac{\sec^3 x \tan x}{4} + \frac{3}{4}\left[\frac{\sec x \tan x + \ln |\sec x + \tan x|}{2}\right] + C_1$$

(formule de réduction, page 181)

$$\int \sec^3 x \, dx = \frac{\sec x \tan x + \ln |\sec x + \tan x|}{2} + C_2 \quad \text{(formule de réduction,}$$
page 181)

$$\int \sec x \, dx = \ln |\sec x + \tan x| + C_3,$$

$$\text{d'où } \int \sec x \tan^4 x \, dx = \frac{\sec^3 x \tan x}{4} - \frac{5 \sec x \tan x}{8} + \frac{3 \ln |\sec x + \tan x|}{8} + C.$$

Remarque   Pour calculer des intégrales de la forme $\int \cot^n x \, dx$, $\int \csc^n x \, dx$ ou $\int \csc^n x \cot^m x \, dx$, nous utilisons l'identité 3 et un processus analogue à celui utilisé pour calculer $\int \tan^n x \, dx$, $\int \sec^n x \, dx$ ou $\int \sec^n x \tan^m x \, dx$.

De plus, lorsque les intégrales à effectuer ont une forme différente de celles étudiées précédemment, nous pouvons transformer l'intégrande en fonction d'autres fonctions trigonométriques afin d'appliquer les méthodes d'intégration précédentes.

➤ *Exemple 4*   Calculons $\int \sin^3 x \tan^2 x \, dx$.

$$\int \sin^3 x \tan^2 x \, dx = \int \frac{\sin^3 x \sin^2 x \, dx}{\cos^2 x} \, dx \quad \left(\text{car } \tan x = \frac{\sin x}{\cos x}\right)$$

$$= \int \frac{\sin^5 x}{\cos^2 x} \, dx$$

$$= \int \frac{(\sin^2 x)^2 \sin x}{\cos^2 x} \, dx$$

$$= \int \frac{(1 - \cos^2 x)^2 \sin x}{\cos^2 x} \, dx$$

Posons $u = \cos x$,

donc $du = -\sin x\, dx$.

Ainsi $\displaystyle\int \frac{(1 - \cos^2 x)^2 \sin x}{\cos^2 x}\, dx = -\int \frac{(1 - u^2)^2}{u^2}\, du$

$$= -\int (u^{-2} - 2 + u^2)\, du$$

$$= -\left(-u^{-1} - 2u + \frac{u^3}{3}\right) + C,$$

d'où $\displaystyle\int \sin^3 x \tan^2 x\, dx = \frac{1}{\cos x} + 2\cos x - \frac{\cos^3 x}{3} + C.$

Exercices 4.2

1. Calculer les intégrales suivantes.

a) $\displaystyle\int \sin^2 x \cos^3 x\, dx$

b) $\displaystyle\int \sin^3 5x \cos^2 5x\, dx$

c) $\displaystyle\int \sin^2 x \cos^2 x\, dx$

d) $\displaystyle\int \sin 5x \cos 2x\, dx$

e) $\displaystyle\int \cos^4 3x\, dx$

f) $\displaystyle\int \cos^3 x \sqrt{\sin x}\, dx$

g) $\displaystyle\int \cos\left(\frac{x}{2}\right) \cos\left(\frac{x}{4}\right) dx$

h) $\displaystyle\int \sin^4 x \cos^2 x\, dx$

2. Calculer les intégrales suivantes.

a) $\displaystyle\int \tan^3 2x\, dx$ d) $\displaystyle\int \tan^3 x \sec x\, dx$

b) $\displaystyle\int \tan^4 x\, dx$ e) $\displaystyle\int \sec^3 x \tan^2 x\, dx$

c) $\displaystyle\int \sec^4 x \tan^2 x\, dx$ f) $\displaystyle\int \sec^3 5x \tan^3 5x\, dx$

3. Calculer les intégrales suivantes.

a) $\displaystyle\int \cot^3 x\, dx$ d) $\displaystyle\int \csc^3 x \cot^4 x\, dx$

b) $\displaystyle\int \cot^4 5x\, dx$ e) $\displaystyle\int \csc^4 x \cot^3 x\, dx$

c) $\displaystyle\int \csc^4 x\, dx$ f) $\displaystyle\int \cot^2 x \csc x\, dx$

4. Calculer les intégrales suivantes.

a) $\displaystyle\int \tan 3x \sec^5 3x\, dx$

b) $\displaystyle\int \sec^4 2x \tan^5 2x\, dx$

c) $\displaystyle\int \sin\left(\frac{x}{2}\right) \cos\left(\frac{2x}{3}\right) dx$

d) $\displaystyle\int \frac{\cos^4 x}{\sin^6 x}\, dx$

e) $\displaystyle\int \frac{\cos^3 x}{\sqrt{\sin x}}\, dx$

f) $\displaystyle\int \cot^3 2x \csc^4 2x\, dx$

g) $\displaystyle\int \sec^7 x\, dx$

h) $\displaystyle\int (1 + \sin^2 x)(1 + \cos^2 x)\, dx$

5. Calculer les intégrales définies suivantes.

a) $\displaystyle\int_0^{\frac{\pi}{4}} \cos^2 x\, dx$ d) $\displaystyle\int_{\pi}^{2\pi} \cos^2 x \sin^3 x\, dx$

b) $\displaystyle\int_{\frac{-\pi}{2}}^{\frac{\pi}{2}} \cos^3 x \sin^2 x\, dx$ e) $\displaystyle\int_0^{2\pi} \sin 4x \cos 3x\, dx$

c) $\displaystyle\int_0^{\frac{\pi}{4}} \sec^4 x\, dx$ f) $\displaystyle\int_{\frac{\pi}{4}}^{\frac{\pi}{2}} \cot^4 x \csc^4 x\, dx$

6. Calculer l'aire de la région fermée délimitée par les courbes définies par $f(x) = \sin^2 x$, $g(x) = \cos^3 x$, $x = \dfrac{\pi}{2}$ et $x = \pi$.

7. a) Démontrer la formule de réduction suivante.

$$\int \tan^n x\, dx = \frac{\tan^{n-1} x}{n-1} - \int \tan^{n-2} x\, dx,\ \text{où}$$

$n \in \mathbb{N}$ et $n \geq 2$.

b) Calculer $\displaystyle\int \tan^4 x\, dx$ en utilisant la formule de réduction précédente.

c) Calculer $\displaystyle\int \tan^7 x\, dx$ en utilisant la formule de réduction précédente.

4.3 Intégration par substitution trigonométrique

Objectif d'apprentissage

À la fin de la présente section, l'élève pourra intégrer certaines fonctions à l'aide de substitutions trigonométriques.

Plus précisément, l'élève sera en mesure:

- de construire un triangle à partir d'une équation trigonométrique;
- d'intégrer des fonctions contenant une expression de la forme $\sqrt{a^2 - x^2}$;
- d'intégrer des fonctions contenant une expression de la forme $\sqrt{a^2 + x^2}$;
- d'intégrer des fonctions contenant une expression de la forme $\sqrt{x^2 - a^2}$;
- d'intégrer des fonctions contenant des expressions de la forme $a^2 - b^2x^2$, $a^2 + b^2x^2$ ou $b^2x^2 - a^2$;
- d'intégrer des fonctions contenant une expression de la forme $ax^2 + bx + c$, $a \neq 0$;
- d'intégrer des fonctions en utilisant des substitutions diverses.

Certaines intégrales contenant des expressions de la forme $\sqrt{a^2 - x^2}$, $\sqrt{a^2 + x^2}$ ou $\sqrt{x^2 - a^2}$ peuvent être effectuées à l'aide de substitutions telles que $x = a \sin \theta$, $x = a \tan \theta$ ou $x = a \sec \theta$.

Ce type de substitution est appelé *substitution trigonométrique*.

Construction de triangles rectangles

Les réponses obtenues, en effectuant une substitution trigonométrique, doivent fréquemment être transformées en termes de la fonction utilisée dans la substitution trigonométrique.

La construction d'un triangle rectangle approprié et l'utilisation du théorème de Pythagore permettent d'effectuer facilement ces transformations.

➤ *Exemple 1*   Construisons un triangle rectangle satisfaisant l'équation $\sin \theta = \dfrac{3}{5}$.

Nous savons que $\sin \theta = \dfrac{\text{côté opposé}}{\text{hypoténuse}}$.

Nous pouvons donc construire un triangle rectangle dont le côté opposé à l'angle θ serait 3 et l'hypoténuse, 5.

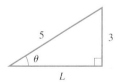

Il est maintenant possible, à l'aide du théorème de Pythagore, de déterminer la longueur L du côté adjacent à l'angle θ. En effet, $L = \sqrt{25 - 9} = 4$.

À partir du triangle rectangle obtenu, nous pouvons déterminer l'expression correspondant aux autres fonctions trigonométriques.

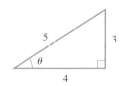

Ainsi $\tan \theta = \dfrac{3}{4}$, $\cos \theta = \dfrac{4}{5}$,

$\sec \theta = \dfrac{5}{4}$, $\csc \theta = \dfrac{5}{3}$ et $\cot \theta = \dfrac{4}{3}$.

Remarque Dans toutes nos constructions, $\theta \in \left]0, \dfrac{\pi}{2}\right[$.

➤ *Exemple 2* Exprimons $\theta + \csc \theta$ en fonction de x si $\sec \theta = \dfrac{3x}{2}$.

Construisons d'abord un triangle rectangle satisfaisant l'équation $\sec \theta = \dfrac{3x}{2}$.

Sachant que $\sec \theta = \dfrac{\text{hypoténuse}}{\text{côté adjacent}}$, nous pouvons construire

le triangle suivant où $L = \sqrt{9x^2 - 4}$.

D'où $\theta + \csc \theta = \text{Arc sec} \left(\dfrac{3x}{2}\right) + \dfrac{3x}{\sqrt{9x^2 - 4}}$.

Intégration de fonctions contenant une expression de la forme $\sqrt{a^2 - x^2}$

Pour résoudre des intégrales de fonctions contenant une expression de la forme $\sqrt{a^2 - x^2}$, nous posons $x = a \sin \theta$, où $a > 0$ et $\theta \in \left[\dfrac{-\pi}{2}, \dfrac{\pi}{2}\right]$. Ainsi $a \cos \theta \geq 0$, ce qui nous permet de simplifier l'expression $\sqrt{a^2 - x^2}$ de la façon suivante :

$$\sqrt{a^2 - x^2} = \sqrt{a^2 - a^2 \sin^2 \theta} = \sqrt{a^2(1 - \sin^2 \theta)} = \sqrt{a^2 \cos^2 \theta} = a \cos \theta.$$

Le tableau suivant contient les éléments nécessaires pour résoudre des intégrales contenant une expression de la forme $\sqrt{a^2 - x^2}$.

Forme	Substitution	Différentielle	Représentation
$\sqrt{a^2 - x^2}$	$x = a \sin \theta$ $\left(\sin \theta = \dfrac{x}{a}\right)$	$dx = a \cos \theta \, d\theta$	

➤ *Exemple 1* Calculons $\displaystyle\int \dfrac{x^2}{\sqrt{16 - x^2}} \, dx$.

Posons $x = 4 \sin \theta$ $\left(\sin \theta = \dfrac{x}{4}\right)$,

donc $dx = 4 \cos \theta \, d\theta$.

Ainsi $\displaystyle\int \dfrac{x^2}{\sqrt{16 - x^2}} \, dx = \int \dfrac{16 \sin^2 \theta \, 4 \cos \theta}{\sqrt{16 - 16 \sin^2 \theta}} \, d\theta$ (en substituant)

$= 64 \displaystyle\int \dfrac{\sin^2 \theta \cos \theta}{\sqrt{16(1 - \sin^2 \theta)}} \, d\theta$

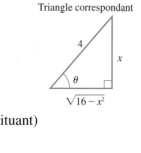

Triangle correspondant

$$= \frac{64}{4} \int \frac{\sin^2 \theta \cos \theta}{\cos \theta} \, d\theta$$

$$= 16 \int \sin^2 \theta \, d\theta$$

$$= 16 \int \frac{1 - \cos 2\theta}{2} \, d\theta \quad \left(\text{car } \sin^2 \theta = \frac{1 - \cos 2\theta}{2} \right)$$

$$= 8 \left(\theta - \frac{\sin 2\theta}{2} \right) + C$$

$$= 8\theta - 4 \sin 2\theta + C$$

$$= 8\theta - 8 \sin \theta \cos \theta + C \quad (\sin 2\theta = 2 \sin \theta \cos \theta)$$

$$= 8 \operatorname{Arc\ sin} \left(\frac{x}{4} \right) - \frac{x\sqrt{16 - x^2}}{2} + C.$$

➤ *Exemple 2*   Calculons $\displaystyle\int \frac{x^2}{(7 - x^2)^{\frac{3}{2}}} \, dx$.

Triangle correspondant

Puisque $a^2 = 7$, alors $a = \sqrt{7}$.

Nous posons $x = \sqrt{7} \sin \theta \quad \left(\sin \theta = \dfrac{x}{\sqrt{7}} \right)$,

donc $dx = \sqrt{7} \cos \theta \, d\theta$.

Ainsi $\displaystyle\int \frac{x^2}{(7 - x^2)^{\frac{3}{2}}} \, dx = \int \frac{7 \sin^2 \theta \, \sqrt{7} \cos \theta}{(7 - 7 \sin^2 \theta)^{\frac{3}{2}}} \, d\theta$ (en substituant)

$$= 7\sqrt{7} \int \frac{\sin^2 \theta \cos \theta}{[7(1 - \sin^2 \theta)]^{\frac{3}{2}}} \, d\theta$$

$$= \frac{7\sqrt{7}}{7^{\frac{3}{2}}} \int \frac{\sin^2 \theta \cos \theta}{(\cos^2 \theta)^{\frac{3}{2}}} \, d\theta$$

$$= \int \frac{\sin^2 \theta \cos \theta}{\cos^3 \theta} \, d\theta$$

$$= \int \frac{\sin^2 \theta}{\cos^2 \theta} \, d\theta$$

$$= \int \tan^2 \theta \, d\theta$$

$$= \int (\sec^2 \theta - 1) \, d\theta$$

$$= \tan \theta - \theta + C$$

$$= \frac{x}{\sqrt{7 - x^2}} - \operatorname{Arc\ sin} \left(\frac{x}{\sqrt{7}} \right) + C.$$

➤ *Exemple 3*   Démontrons que l'aire A d'un cercle de rayon r, défini par $x^2 + y^2 = r^2$, est égale à πr^2 u².

Nous savons que l'aire totale est égale à quatre fois l'aire de la partie ombrée.

$$\text{Aire}_{\text{rect}} = (y - 0)\, \Delta x$$

$$\text{Aire}_{\text{partie ombrée}} = \int_0^r y\, dx$$

$$= \int_0^r \sqrt{r^2 - x^2}\, dx \quad (\text{car } y = \sqrt{r^2 - x^2})$$

Posons $x = r \sin \theta \quad \left(\sin \theta = \dfrac{x}{r} \right)$,

donc $dx = r \cos \theta\, d\theta$.

Ainsi $\displaystyle \int \sqrt{r^2 - x^2}\, dx = \int \sqrt{r^2 - r^2 \sin^2 \theta}\; r \cos \theta\, d\theta$

$$= r \int \sqrt{r^2(1 - \sin^2 \theta)}\, \cos \theta\, d\theta$$

$$= r^2 \int \cos \theta \cos \theta\, d\theta$$

$$= r^2 \int \cos^2 \theta\, d\theta$$

$$= r^2 \int \frac{1 + \cos 2\theta}{2}\, d\theta \quad \left(\text{car } \cos^2 \theta = \frac{1 + \cos 2\theta}{2} \right)$$

$$= \frac{r^2}{2} \left[\theta + \frac{\sin 2\theta}{2} \right] + C$$

$$= \frac{r^2}{2} \left[\theta + \frac{2 \sin \theta \cos \theta}{2} \right] + C$$

$$= \frac{r^2}{2} \left[\theta + \sin \theta \cos \theta \right] + C$$

$$= \frac{r^2}{2} \left[\text{Arc sin} \left(\frac{x}{r} \right) + \frac{x}{r} \cdot \frac{\sqrt{r^2 - x^2}}{r} \right] + C.$$

Donc $\displaystyle \int_0^r \sqrt{r^2 - x^2}\, dx = \frac{r^2}{2} \left[\text{Arc sin} \left(\frac{x}{r} \right) + \frac{x\sqrt{r^2 - x^2}}{r^2} \right] \Bigg|_0^r$

$$= \frac{r^2}{2} [\text{Arc sin } 1 + 0] - \frac{r^2}{2} [\text{Arc sin } 0 + 0] = \frac{\pi r^2}{4}.$$

D'où $A = 4\left(\dfrac{\pi r^2}{4} \right) = \pi r^2$, c'est-à-dire πr^2 u².

Triangle correspondant

Intégration de fonctions contenant une expression de la forme $\sqrt{a^2 + x^2}$

Pour résoudre des intégrales de fonctions contenant une expression de la forme $\sqrt{a^2 + x^2}$, nous posons $x = a \tan \theta$, où $a > 0$ et $\theta \in \left] \dfrac{-\pi}{2}, \dfrac{\pi}{2} \right[$. Ainsi $a \sec \theta > 0$, ce qui nous permet de simplifier l'expression $\sqrt{a^2 + x^2}$ de la façon suivante:

$$\sqrt{a^2 + x^2} = \sqrt{a^2 + a^2 \tan^2 \theta} = \sqrt{a^2(1 + \tan^2 \theta)} = \sqrt{a^2 \sec^2 \theta} = a \sec \theta.$$

Le tableau suivant contient les éléments nécessaires pour résoudre des intégrales contenant une expression de la forme $\sqrt{a^2 + x^2}$.

Forme	Substitution	Différentielle	Représentation
$\sqrt{a^2 + x^2}$	$x = a \tan \theta$ $\left(\tan \theta = \dfrac{x}{a} \right)$	$dx = a \sec^2 \theta \, d\theta$	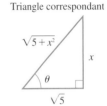

➤ *Exemple 1*   Calculons $\displaystyle\int \frac{4}{x\sqrt{5 + x^2}} \, dx$.

Triangle correspondant

Puisque $a^2 = 5$, alors $a = \sqrt{5}$.

Nous posons $x = \sqrt{5} \tan \theta$ $\left(\tan \theta = \dfrac{x}{\sqrt{5}} \right)$,

donc $dx = \sqrt{5} \sec^2 \theta \, d\theta$.

Ainsi $\displaystyle\int \frac{4}{x\sqrt{5 + x^2}} \, dx = 4 \int \frac{\sqrt{5} \sec^2 \theta}{\sqrt{5} \tan \theta \, \sqrt{5 + 5 \tan^2 \theta}} \, d\theta$ (en substituant)

$$= 4 \int \frac{\sec^2 \theta}{\tan \theta \, \sqrt{5(1 + \tan^2 \theta)}} \, d\theta$$

$$= \frac{4}{\sqrt{5}} \int \frac{\sec^2 \theta}{\tan \theta \, \sec \theta} \, d\theta$$

$$= \frac{4}{\sqrt{5}} \int \csc \theta \, d\theta$$

$$= \frac{4}{\sqrt{5}} \ln |\csc \theta - \cot \theta| + C$$

$$= \frac{4}{\sqrt{5}} \ln \left| \frac{\sqrt{5 + x^2}}{x} - \frac{\sqrt{5}}{x} \right| + C.$$

➤ *Exemple 2*   Calculons $\displaystyle\int \sqrt{x^2 + 1} \, dx$.

Puisque $a^2 = 1$, alors $a = 1$.

Triangle correspondant

Nous posons $x = \tan \theta$ $\left(\tan \theta = \dfrac{x}{1} \right)$,

donc $dx = \sec^2 \theta \, d\theta$.

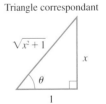

Ainsi $\displaystyle\int \sqrt{x^2 + 1} \, dx = \int \sqrt{\tan^2 \theta + 1} \, \sec^2 \theta \, d\theta$ (en substituant)

$$= \int \sec \theta \, \sec^2 \theta \, d\theta$$

$$= \int \sec^3 \theta \, d\theta$$

$$= \frac{1}{2}\left[\sec\theta\tan\theta + \ln|\sec\theta + \tan\theta|\right] + C \quad \text{(Exemple 2, page 172)}$$

$$= \frac{1}{2}\left[\sqrt{x^2+1}\,x + \ln|\sqrt{x^2+1} + x|\right] + C$$

$$= \frac{x\sqrt{x^2+1} + \ln|\sqrt{x^2+1} + x|}{2} + C.$$

Intégration de fonctions contenant une expression de la forme $\sqrt{x^2 - a^2}$

Pour résoudre des intégrales de fonctions contenant une expression de la forme $\sqrt{x^2 - a^2}$, nous posons $x = a\sec\theta$, où $a > 0$ et $\theta \in \left[0, \frac{\pi}{2}\right[\cup \left[\pi, \frac{3\pi}{2}\right[$.

Ainsi $a\tan\theta \geq 0$, ce qui nous permet de simplifier l'expression $\sqrt{x^2 - a^2}$ de la façon suivante :

$$\sqrt{x^2 - a^2} = \sqrt{a^2\sec^2\theta - a^2} = \sqrt{a^2(\sec^2\theta - 1)} = \sqrt{a^2\tan^2\theta} = a\tan\theta.$$

Le tableau suivant contient les éléments nécessaires pour résoudre des intégrales contenant une expression de la forme $\sqrt{x^2 - a^2}$.

Forme	Substitution	Différentielle	Représentation
$\sqrt{x^2 - a^2}$	$x = a\sec\theta$ $\left(\sec\theta = \dfrac{x}{a}\right)$	$dx = a\sec\theta\tan\theta\,d\theta$	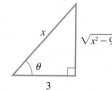

➤ *Exemple 1*   Calculons $\displaystyle\int \frac{3x^2 - 4}{\sqrt{x^2 - 9}}\,dx$.

Posons $x = 3\sec\theta \quad \left(\sec\theta = \dfrac{x}{3}\right)$,

donc $dx = 3\sec\theta\tan\theta\,d\theta$.

Triangle correspondant

Ainsi $\displaystyle\int \frac{3x^2 - 4}{\sqrt{x^2 - 9}}\,dx = \int \frac{(3\cdot 9\sec^2\theta - 4)}{\sqrt{9\sec^2\theta - 9}}\,3\sec\theta\tan\theta\,d\theta$ (en substituant)

$$= 3\int \frac{(27\sec^2\theta - 4)\sec\theta\tan\theta}{\sqrt{9(\sec^2\theta - 1)}}\,d\theta$$

$$= \frac{3}{3}\int \frac{(27\sec^2\theta - 4)\sec\theta\tan\theta}{\tan\theta}\,d\theta$$

$$= \int (27\sec^3\theta - 4\sec\theta)\,d\theta$$

$$= 27\int \sec^3\theta\,d\theta - 4\int \sec\theta\,d\theta$$

$$= 27\left(\frac{\sec\theta\tan\theta + \ln|\sec\theta + \tan\theta|}{2}\right) - 4\ln|\sec\theta + \tan\theta| + C$$

$$= \frac{27}{2} \sec \theta \tan \theta + \frac{19}{2} \ln |\sec \theta + \tan \theta| + C,$$

d'où $\displaystyle\int \frac{3x^2 - 4}{\sqrt{x^2 - 9}} \, dx = \frac{3}{2} x\sqrt{x^2 - 9} + \frac{19}{2} \ln \left| \frac{x}{3} + \frac{\sqrt{x^2 - 9}}{3} \right| + C.$

Cette dernière réponse peut être transformée comme suit.

$$\int \frac{3x^2 - 4}{\sqrt{x^2 - 9}} \, dx = \frac{3}{2} x\sqrt{x^2 - 9} + \frac{19}{2} \ln \left| \frac{x + \sqrt{x^2 - 9}}{3} \right| + C$$

$$= \frac{3}{2} x\sqrt{x^2 - 9} + \frac{19}{2} \left(\ln |x + \sqrt{x^2 - 9}| - \ln 3 \right) + C$$

$$= \frac{3}{2} x\sqrt{x^2 - 9} + \frac{19}{2} \ln |x + \sqrt{x^2 - 9}| + C_1$$

Remarque Certaines intégrales contenant des expressions de la forme $a^2 - x^2$, $a^2 + x^2$ ou $x^2 - a^2$ peuvent également être effectuées à l'aide de substitutions trigonométriques en respectant le domaine de définition de l'intégrande.

► *Exemple 2*   Calculons $\displaystyle\int \frac{1}{9 - x^2} \, dx$ que nous notons I.

Puisque $a^2 = 9$, alors $a = 3$.

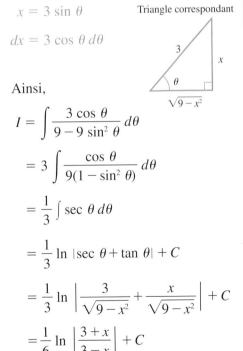

Pour $|x| < 3$, nous posons

$$x = 3 \sin \theta$$

Triangle correspondant

$$dx = 3 \cos \theta \, d\theta$$

Ainsi,

$$I = \int \frac{3 \cos \theta}{9 - 9 \sin^2 \theta} \, d\theta$$

$$= 3 \int \frac{\cos \theta}{9(1 - \sin^2 \theta)} \, d\theta$$

$$= \frac{1}{3} \int \sec \theta \, d\theta$$

$$= \frac{1}{3} \ln |\sec \theta + \tan \theta| + C$$

$$= \frac{1}{3} \ln \left| \frac{3}{\sqrt{9 - x^2}} + \frac{x}{\sqrt{9 - x^2}} \right| + C$$

$$= \frac{1}{6} \ln \left| \frac{3 + x}{3 - x} \right| + C$$

Pour $|x| > 3$, nous posons

$$x = 3 \sec \theta$$

Triangle correspondant

$$dx = 3 \sec \theta \tan \theta \, d\theta.$$

Ainsi,

$$I = \int \frac{3 \sec \theta \tan \theta}{9 - 9 \sec^2 \theta} \, d\theta$$

$$= 3 \int \frac{\sec \theta \tan \theta}{9(1 - \sec^2 \theta)} \, d\theta$$

$$= \frac{-1}{3} \int \csc \theta \, d\theta$$

$$= \frac{1}{3} \ln |\csc \theta + \cot \theta| + C$$

$$= \frac{1}{3} \ln \left| \frac{x}{\sqrt{x^2 - 9}} + \frac{3}{\sqrt{x^2 - 9}} \right| + C$$

$$= \frac{1}{6} \ln \left| \frac{3 + x}{x - 3} \right| + C$$

Nous constatons que les deux réponses obtenues sont égales. De façon générale, il suffira à l'avenir, pour trouver une primitive, d'utiliser une seule substitution trigonométrique et d'exprimer la réponse sans radicaux afin de respecter le domaine de définition de l'intégrande. Par contre, dans le calcul d'une intégrale définie où le changement de bornes serait demandé, le choix de la substitution trigonométrique dépend des bornes initiales.

Intégration de fonctions contenant une expression de la forme $a^2 - b^2x^2$, $a^2 + b^2x^2$ ou $b^2x^2 - a^2$

Le tableau suivant contient les éléments nécessaires pour résoudre des intégrales contenant une expression de la forme $a^2 - b^2x^2$, $a^2 + b^2x^2$ ou $b^2x^2 - a^2$.

Forme	Substitution	Différentielle	Représentation
$a^2 - b^2x^2$	$b^2x^2 = a^2 \sin^2 \theta$, d'où $x = \dfrac{a}{b} \sin \theta$ $\left(\sin \theta = \dfrac{bx}{a}\right)$	$dx = \dfrac{a}{b} \cos \theta \, d\theta$	
$a^2 + b^2x^2$	$b^2x^2 = a^2 \tan^2 \theta$, d'où $x = \dfrac{a}{b} \tan \theta$ $\left(\tan \theta = \dfrac{bx}{a}\right)$	$dx = \dfrac{a}{b} \sec^2 \theta \, d\theta$	
$b^2x^2 - a^2$	$b^2x^2 = a^2 \sec^2 \theta$, d'où $x = \dfrac{a}{b} \sec \theta$ $\left(\sec \theta = \dfrac{bx}{a}\right)$	$dx = \dfrac{a}{b} \sec \theta \tan \theta \, d\theta$	

➤ *Exemple 1*   Calculons $\displaystyle\int \dfrac{1}{1 + 25x^2} \, dx$.

Puisque $\quad 1 + 25x^2 = 1 + (5x)^2$,

nous posons $\quad 5x = \tan \theta$.

Ainsi $\qquad x = \dfrac{\tan \theta}{5} \quad \left(\tan \theta = \dfrac{5x}{1}\right)$,

Triangle correspondant

donc $\qquad dx = \dfrac{\sec^2 \theta}{5} \, d\theta$.

Ainsi $\displaystyle\int \dfrac{1}{1 + 25x^2} \, dx = \dfrac{1}{5} \int \dfrac{\sec^2 \theta}{1 + \tan^2 \theta} \, d\theta \quad$ (en substituant)

$\qquad\qquad\qquad\qquad = \dfrac{1}{5} \int 1 \, d\theta$

$\qquad\qquad\qquad\qquad = \dfrac{1}{5} \theta + C$

$\qquad\qquad\qquad\qquad = \dfrac{1}{5} \text{Arc} \tan 5x + C.$

➤ *Exemple 2*   Calculons $\displaystyle\int \frac{\sqrt{4x^2 - 9}}{x}\, dx$.

Puisque $4x^2 - 9 = (2x)^2 - 3^2$,

nous posons $2x = 3 \sec\theta$.

Ainsi $x = \dfrac{3}{2} \sec\theta$ $\left(\sec\theta = \dfrac{2x}{3}\right)$,

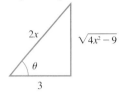

Triangle correspondant

donc $dx = \dfrac{3}{2} \sec\theta \tan\theta\, d\theta$.

Ainsi $\displaystyle\int \frac{\sqrt{4x^2 - 9}}{x}\, dx = \frac{3}{2} \int \frac{\sqrt{9\sec^2\theta - 9}\ \sec\theta \tan\theta}{\dfrac{3}{2}\sec\theta}\, d\theta$ (en substituant)

$$= \int \frac{\sqrt{9(\sec^2\theta - 1)}\ \sec\theta \tan\theta}{\sec\theta}\, d\theta$$

$$= 3 \int \tan\theta \tan\theta\, d\theta$$

$$= 3 \int \tan^2\theta\, d\theta$$

$$= 3 \int (\sec^2\theta - 1)\, d\theta$$

$$= 3(\tan\theta - \theta) + C$$

$$= 3\left(\frac{\sqrt{4x^2 - 9}}{3} - \text{Arc sec}\left(\frac{2x}{3}\right)\right) + C$$

$$= \sqrt{4x^2 - 9} - 3\ \text{Arc sec}\left(\frac{2x}{3}\right) + C.$$

Intégration de fonctions contenant une expression de la forme $ax^2 + bx + c$, où $a \neq 0$

Pour résoudre des intégrales de fonctions contenant une expression de la forme $ax^2 + bx + c$, où $a \neq 0$, nous pouvons compléter le carré de $ax^2 + bx + c$ pour ensuite utiliser une substitution trigonométrique.

Compléter le carré de $ax^2 + bx + c$ consiste à transformer l'expression de la façon suivante :

$$ax^2 + bx + c = a\left(x^2 + \frac{b}{a}x\right) + c$$

$$= a\left(x^2 + \frac{b}{a}x + \left(\frac{b}{2a}\right)^2 - \left(\frac{b}{2a}\right)^2\right) + c$$

$$= a\left(x^2 + \frac{b}{a}x + \frac{b^2}{4a^2}\right) + c - \frac{b^2}{4a}$$

$$= a\left(x + \frac{b}{2a}\right)^2 + \left(c - \frac{b^2}{4a}\right).$$

➤ *Exemple 1*   Complétons le carré de $3x^2 + 7x - 1$.

$$3x^2 + 7x - 1 = 3\left(x^2 + \frac{7}{3}x\right) - 1$$

$$= 3\left(x^2 + \frac{7}{3}x + \left(\frac{7}{6}\right)^2 - \left(\frac{7}{6}\right)^2\right) - 1$$

$$= 3\left(x^2 + \frac{7}{3}x + \left(\frac{7}{6}\right)^2 - \frac{49}{36}\right) - 1$$

$$= 3\left(x^2 + \frac{7}{3}x + \left(\frac{7}{6}\right)^2\right) - \frac{49}{12} - 1$$

$$= 3\left(x + \frac{7}{6}\right)^2 - \frac{61}{12}$$

De façon analogue, nous avons :

➤ *Exemple 2* $x^2 + 6x + 4 = (x+3)^2 - 5$.

➤ *Exemple 3* $6x - x^2 = 9 - (x-3)^2$

➤ *Exemple 4*   Calculons $\displaystyle\int \frac{1}{\sqrt{x^2 - 4x + 13}}\, dx$.

$$\int \frac{1}{\sqrt{x^2 - 4x + 13}}\, dx = \int \frac{1}{\sqrt{(x-2)^2 + 9}}\, dx \quad \text{(en complétant le carré)}$$

Posons $u = x - 2$, donc

$$du = dx.$$

Ainsi $\displaystyle\int \frac{1}{\sqrt{(x-2)^2 + 9}}\, dx = \int \frac{1}{\sqrt{u^2 + 9}}\, du.$

Posons $\displaystyle u = 3\tan\theta \quad \left(\tan\theta = \frac{u}{3}\right),$

donc $\quad du = 3\sec^2\theta\, d\theta.$

Triangle correspondant

Ainsi $\displaystyle\int \frac{1}{\sqrt{u^2 + 9}}\, du = \int \frac{3\sec^2\theta}{\sqrt{9\tan^2\theta + 9}}\, d\theta$

$$= \int \frac{3\sec^2\theta}{3\sec\theta}\, d\theta$$

$$= \int \sec\theta\, d\theta$$

$$= \ln|\sec\theta + \tan\theta| + C$$

$$= \ln\left|\frac{\sqrt{u^2 + 9}}{3} + \frac{u}{3}\right| + C$$

$$= \ln\left|\frac{\sqrt{(x-2)^2 + 9}}{3} + \frac{x-2}{3}\right| + C \quad \text{(car } u = x - 2\text{)}$$

$$= \ln|\sqrt{x^2 - 4x + 13} + x - 2| + C_1.$$

Remarque Dans l'intégrale précédente, au lieu de poser successivement

$$1) \ u = x - 2 \text{ et}$$

$$2) \ u = 3 \tan \theta,$$

nous aurions pu faire directement la substitution trigonométrique suivante, $x - 2 = 3 \tan \theta$, afin de calculer l'intégrale.

➤ *Exemple 5*   Calculons $\displaystyle\int \frac{x + 5}{\sqrt{6x - x^2}} \, dx$.

$$\int \frac{x + 5}{\sqrt{6x - x^2}} \, dx = \int \frac{x + 5}{\sqrt{9 - (x - 3)^2}} \, dx \quad \text{(en complétant le carré)}$$

Posons $x - 3 = 3 \sin \theta$ $\left(\sin \theta = \dfrac{x - 3}{3} \right)$,

ainsi $x = 3 + 3 \sin \theta$

donc $dx = 3 \cos \theta \, d\theta$.

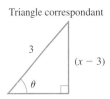

Triangle correspondant

Ainsi $\displaystyle\int \frac{x + 5}{\sqrt{9 - (x - 3)^2}} \, dx = \int \frac{[(3 + 3 \sin \theta) + 5] \, 3 \cos \theta}{\sqrt{9 - (3 \sin \theta)^2}} \, d\theta$ (en substituant)

$$= \int \frac{(8 + 3 \sin \theta) \, 3 \cos \theta}{\sqrt{9(1 - \sin^2 \theta)}} \, d\theta$$

$$= \int (8 + 3 \sin \theta) \, d\theta$$

$$= 8\theta - 3 \cos \theta + C$$

$$= 8 \operatorname{Arc\,sin} \left(\frac{x - 3}{3} \right) - \sqrt{9 - (x - 3)^2} + C$$

$$= 8 \operatorname{Arc\,sin} \left(\frac{x - 3}{3} \right) - \sqrt{6x - x^2} + C.$$

Intégration de fonctions en utilisant des substitutions diverses

➤ *Exemple 1*   Calculons $\displaystyle\int \frac{1}{\sqrt{2 + \sqrt{x}}} \, dx$.

En considérant l'expression sous radical comme une expression semblable à $a^2 + u^2$, où $a^2 = 2$ et $u^2 = \sqrt{x}$,

nous posons $\sqrt{x} = 2 \tan^2 \theta$ $\left(\tan \theta = \sqrt{\dfrac{\sqrt{x}}{2}} = \dfrac{\sqrt[4]{x}}{\sqrt{2}} \right)$,

ainsi $x = 4 \tan^4 \theta$,

donc $dx = 16 \tan^3 \theta \sec^2 \theta \, d\theta$.

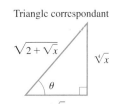

Triangle correspondant

Ainsi $\displaystyle\int \frac{1}{\sqrt{2+\sqrt{x}}}\,dx = 16 \int \frac{\tan^3\theta \sec^2\theta}{\sqrt{2+2\tan^2\theta}}\,d\theta$ (en substituant)

$$= \frac{16}{\sqrt{2}} \int \tan^3\theta \sec\theta\,d\theta$$

$$= 8\sqrt{2} \int \tan^2\theta \tan\theta \sec\theta\,d\theta$$

$$= 8\sqrt{2} \int (\sec^2\theta - 1)\tan\theta \sec\theta\,d\theta$$

$$= 8\sqrt{2}\left[\frac{\sec^3\theta}{3} - \sec\theta\right] + C$$

$$= 8\sqrt{2}\left[\frac{1}{3}\left(\frac{\sqrt{2+\sqrt{x}}}{\sqrt{2}}\right)^3 - \frac{\sqrt{2+\sqrt{x}}}{\sqrt{2}}\right] + C.$$

Pour intégrer certaines fonctions rationnelles contenant $\sin x$ ou $\cos x$, la substitution suivante peut être utile.

Soit $u = \tan\dfrac{x}{2}$,

alors $x = 2 \operatorname{Arc\,tan} u$,

donc $dx = \dfrac{2}{1+u^2}\,du$.

De ce triangle, nous obtenons

$\sin\left(\dfrac{x}{2}\right) = \dfrac{u}{\sqrt{1+u^2}}$ et $\cos\left(\dfrac{x}{2}\right) = \dfrac{1}{\sqrt{1+u^2}}$ et à l'aide des identités trigonométriques, $\sin 2A = 2\sin A \cos A$ et $\cos 2A = \cos^2 A - \sin^2 A$, nous avons

$$\sin x = 2\sin\left(\frac{x}{2}\right)\cos\left(\frac{x}{2}\right) \qquad\qquad \cos x = \cos^2\left(\frac{x}{2}\right) - \sin^2\left(\frac{x}{2}\right)$$

$$= 2\,\frac{u}{\sqrt{1+u^2}}\,\frac{1}{\sqrt{1+u^2}} \qquad\qquad = \left(\frac{1}{\sqrt{1+u^2}}\right)^2 - \left(\frac{u}{\sqrt{1+u^2}}\right)^2$$

$$= \frac{2u}{1+u^2} \qquad\qquad\qquad\qquad = \frac{1-u^2}{1+u^2}$$

Le tableau suivant contient les éléments nécessaires pour résoudre des intégrales de fonctions rationnelles contenant $\sin x$ ou $\cos x$.

$u = \tan\left(\dfrac{x}{2}\right)$	$x = 2\operatorname{Arc\,tan} u$	$dx = \dfrac{2}{1+u^2}\,du$
$\sin x = \dfrac{2u}{1+u^2}$		$\cos x = \dfrac{1-u^2}{1+u^2}$

➤ *Exemple 2*   Calculons $\displaystyle\int \frac{1}{1-\sin x}\,dx$.

À l'aide du tableau précédent, nous posons $\sin x = \dfrac{2u}{1+u^2}$ et $dx = \dfrac{2}{1+u^2}\,du$.

Ainsi,

$$\int \frac{1}{1 - \sin x}\, dx = \int \frac{\dfrac{2}{1+u^2}}{1 - \dfrac{2u}{1+u^2}}\, du \quad \text{(en substituant)}$$

$$= \int \frac{\dfrac{2}{1+u^2}}{\dfrac{1+u^2-2u}{1+u^2}}\, du$$

$$= \int \frac{2}{(u-1)^2}\, du$$

$$= \frac{-2}{u-1} + C$$

$$= \frac{-2}{\tan\left(\dfrac{x}{2}\right) - 1} + C \quad \left(\text{car } u = \tan\left(\frac{x}{2}\right)\right).$$

Remarque L'intégrale précédente a déjà été calculée (Exemple 2, page 69) en utilisant le conjugué de $1 - \sin x$. Par contre, l'utilisation de la notion de conjugué ne nous permet pas de calculer l'intégrale suivante.

➤ *Exemple 3*   Calculons $\displaystyle\int \frac{1}{5 + \cos x}\, dx$.

À l'aide du tableau de la page 196, nous posons $\cos x = \dfrac{1-u^2}{1+u^2}$ et $dx = \dfrac{2}{1+u^2}\, du$.

Ainsi,

$$\int \frac{1}{5 + \cos x}\, dx = \int \frac{\dfrac{2}{1+u^2}}{5 + \left(\dfrac{1-u^2}{1+u^2}\right)}\, du \qquad \text{(en substituant)}$$

$$= \int \frac{\dfrac{2}{1+u^2}}{\dfrac{5 + 5u^2 + 1 - u^2}{1+u^2}}\, du$$

$$= \int \frac{1}{2u^2 + 3}\, du$$

$$= \frac{\sqrt{6}}{6} \operatorname{Arc\,tan}\left(\frac{\sqrt{6}}{3}\, u\right) + C \qquad \left(\begin{array}{l}\text{par substitution trigonométrique,}\\[4pt]\qquad\qquad \text{où } u = \sqrt{\dfrac{3}{2}}\tan\theta\end{array}\right)$$

$$= \frac{\sqrt{6}}{6} \operatorname{Arc\,tan}\left(\frac{\sqrt{6}}{3}\tan\left(\frac{x}{2}\right)\right) + C \quad \left(\text{car } u = \tan\left(\frac{x}{2}\right)\right).$$

Exercices 4.3

1. Sachant que $\sin \theta = \dfrac{x}{5}$, où $\theta \in \left]0, \dfrac{\pi}{2}\right[$,

a) représenter le triangle correspondant;

b) déterminer $\cos \theta$; $\tan \theta$; $\csc \theta$; θ.

2. Sachant que $\sec \theta = \dfrac{3u}{\sqrt{7}}$, où $\theta \in \left]0, \dfrac{\pi}{2}\right[$,

a) représenter le triangle correspondant;

b) déterminer $\sin \theta$; $\sin 2\theta$; $\cot \theta$; θ.

3. Compléter le carré et écrire les expressions suivantes sous la forme $r(x - k)^2 + s$.

a) $x^2 + 4x + 1$

b) $x^2 - 5x + 7$

c) $x^2 - 8x$

d) $4x^2 + 12x + 11$

e) $2 - x^2 - 7x$

f) $10x - x^2$

4. Calculer les intégrales suivantes.

a) $\displaystyle\int \dfrac{1}{\sqrt{4 - x^2}}\, dx$

b) $\displaystyle\int \dfrac{1}{1 - x^2}\, dx$

c) $\displaystyle\int \dfrac{x^3}{\sqrt{9 - x^2}}\, dx$

d) $\displaystyle\int \dfrac{1}{(16 - x^2)^{\frac{3}{2}}}\, dx$

e) $\displaystyle\int \sqrt{5 - x^2}\, dx$

f) $\displaystyle\int \dfrac{\sqrt{9 - \dfrac{x^2}{4}}}{x}\, dx$

5. Calculer les intégrales suivantes.

a) $\displaystyle\int \dfrac{1}{x\sqrt{x^2 + 1}}\, dx$

b) $\displaystyle\int \dfrac{1}{(x^2 + 36)^{\frac{3}{2}}}\, dx$

c) $\displaystyle\int \sqrt{4x^2 + 9}\, dx$

d) $\displaystyle\int \dfrac{1}{x^2\sqrt{3 + x^2}}\, dx$

e) $\displaystyle\int \dfrac{\sqrt{9x^2 + 1}}{x^4}\, dx$

f) $\displaystyle\int \dfrac{1}{x(9 + x^2)^2}\, dx$

6. Calculer les intégrales suivantes.

a) $\displaystyle\int \dfrac{\sqrt{x^2 - 1}}{x}\, dx$

b) $\displaystyle\int \dfrac{x^2}{\sqrt{9x^2 - 1}}\, dx$

c) $\displaystyle\int \dfrac{\sqrt{9x^2 - 1}}{x^2}\, dx$

d) $\displaystyle\int \dfrac{1}{x^2\sqrt{5x^2 - 3}}\, dx$

e) $\displaystyle\int \dfrac{1}{(x^2 - 16)^{\frac{3}{2}}}\, dx$

f) $\displaystyle\int \sqrt{x^2 - \dfrac{1}{4}}\, dx$

7. Calculer les intégrales suivantes.

a) $\displaystyle\int \dfrac{1}{(3 - x^2 - 2x)^{\frac{3}{2}}}\, dx$

b) $\displaystyle\int \dfrac{1}{\sqrt{4x^2 + 12x + 25}}\, dx$

c) $\displaystyle\int \dfrac{x}{\sqrt{x^2 - 6x}}\, dx$

8. Calculer les intégrales suivantes.

a) $\displaystyle\int \dfrac{1}{\sqrt{1 - \sqrt{x}}}\, dx$

b) $\displaystyle\int \dfrac{1}{x(\sqrt{x} - 4)}\, dx$

c) $\displaystyle\int \dfrac{1}{x\sqrt{x + 1}}\, dx$

d) $\displaystyle\int \dfrac{1}{1 + \sin x + \cos x}\, dx$

e) $\displaystyle\int \dfrac{1}{\tan x + \sin x}\, dx$

f) $\displaystyle\int \dfrac{1}{1 - 2\sin x}\, dx$

9. Calculer les intégrales définies suivantes.

a) $\displaystyle\int_0^2 \sqrt{4 - x^2}\, dx$

b) $\displaystyle\int_1^{\sqrt{2}} \dfrac{1}{\sqrt{2x^2 - 1}}\, dx$

c) $\displaystyle\int_{-2}^2 \dfrac{1}{\sqrt{x^2 + 4x + 13}}\, dx$

10. Calculer les intégrales suivantes.

a) $\displaystyle\int \dfrac{1}{x^2\sqrt{4 - 9x^2}}\, dx$

b) $\displaystyle\int \dfrac{6}{x^4\sqrt{x^2 - 1}}\, dx$

c) $\displaystyle\int \dfrac{1}{\sqrt{2x - x^2}}\, dx$

d) $\displaystyle\int \dfrac{\sqrt{9 + x^2}}{x^3}\, dx$

e) $\displaystyle\int \dfrac{x^2}{\sqrt{36 - x^2}}\, dx$

f) $\displaystyle\int \sqrt{18 + 4x^2 - 12x}\, dx$

g) $\displaystyle\int \dfrac{x}{\sqrt{x^4 + 1}}\, dx$

h) $\displaystyle\int \dfrac{1}{2 + \cos x}\, dx$

11. Démontrer les formules suivantes.

a) $\displaystyle\int \dfrac{\sqrt{a^2 - x^2}}{x^2}\, dx = \dfrac{-\sqrt{a^2 - x^2}}{x} - \text{Arc} \sin \dfrac{x}{a} + C$

b) $\displaystyle\int \dfrac{\sqrt{x^2 + a^2}}{x}\, dx$

$= \sqrt{x^2 + a^2} - a \ln \left| \dfrac{a + \sqrt{x^2 + a^2}}{x} \right| + C$

c) $\int x^2 \sqrt{x^2 - a^2}\, dx$

$= \dfrac{x}{8}(2x^2 - a^2)\sqrt{x^2 - a^2} - \dfrac{a^4}{8} \ln |x + \sqrt{x^2 - a^2}| + C$

12. Utiliser les formules précédentes pour calculer

a) $\displaystyle\int \frac{\sqrt{5 - x^2}}{7x^2}\, dx$;   c) $\displaystyle\int_3^5 x^2\sqrt{x^2 - 9}\, dx$.

b) $\displaystyle\int \frac{\sqrt{9x^2 + 4}}{x}\, dx$;

13. Calculer l'aire des régions fermées suivantes et représenter graphiquement.

a) $f(x) = 5$ et $g(x) = \sqrt{x^2 + 16}$

b) $\dfrac{x^2}{4} + \dfrac{y^2}{9} = 1$

c) $f(x) = \sqrt{1 - \sqrt{x}}$, $x = 0$ et $y = 0$

14. Soit le cercle $x^2 + y^2 = r^2$ et la droite $x = a$, où $0 < a < r$.

a) Calculer l'aire de la région ombrée.

b) Calculer cette aire si $a = \dfrac{r}{2}$.

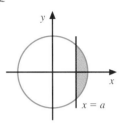

4.4 Intégration de fonctions par décomposition en une somme de fractions partielles

Objectif d'apprentissage

À la fin de la présente section, l'élève pourra intégrer certaines fonctions de la forme $\dfrac{f(x)}{g(x)}$, après les avoir décomposées en une somme de fractions partielles.

Plus précisément, l'élève sera en mesure de :

- décomposer en une somme de fractions partielles des fonctions rationnelles dont le degré du numérateur est plus petit que le degré du dénominateur ;
- transformer, à l'aide d'un changement de variable, certaines fonctions de façon à obtenir une fonction rationnelle ;
- résoudre l'équation logistique à l'aide de la décomposition en une somme de fractions partielles.

Nous avons déjà vu que, lorsque le degré du numérateur est plus grand ou égal au degré du dénominateur, nous pouvons effectuer la division avant d'intégrer.

➤ *Exemple*   Calculons $\displaystyle\int \frac{3x^2 - 4x + 5}{x^2 + 1}\, dx$.

Puisque le degré du numérateur est égal au degré du dénominateur, effectuons d'abord la division :

$\dfrac{3x^2 - 4x + 5}{x^2 + 1} = 3 + \dfrac{-4x + 2}{x^2 + 1}$.

Ainsi $\displaystyle\int \frac{3x^2 - 4x + 5}{x^2 + 1}\, dx = \int \left[3 + \frac{-4x + 2}{x^2 + 1} \right] dx$

$$= \int 3 \, dx - 4 \int \frac{x}{x^2 + 1} \, dx + 2 \int \frac{dx}{x^2 + 1}$$

$$= 3x - 2 \ln (x^2 + 1) + 2 \, \text{Arc tan } x + C.$$

Nous verrons maintenant une méthode permettant d'intégrer des fonctions où le degré du numérateur est plus petit que le degré du dénominateur. Cette méthode consiste à décomposer la fonction rationnelle en une somme de fractions partielles, puis à intégrer chaque terme obtenu à l'aide des méthodes déjà vues.

Décomposition en une somme de fractions partielles

En effectuant $\dfrac{4}{x+1} + \dfrac{5}{x}$, après avoir trouvé un dénominateur commun, nous obtenons

$$\frac{4}{(x+1)} + \frac{5}{x} = \frac{4x + 5(x+1)}{x(x+1)} = \frac{9x + 5}{x(x+1)} = \frac{9x + 5}{x^2 + x}.$$

La décomposition en une somme de fractions partielles est le cheminement inverse, c'est-à-dire partir de $\dfrac{9x + 5}{x^2 + x}$ pour obtenir $\dfrac{4}{x+1} + \dfrac{5}{x}$.

Pour décomposer en une somme de fractions partielles des fonctions rationnelles dont le degré du numérateur est plus petit que le degré du dénominateur, nous devons décomposer le dénominateur en *facteurs irréductibles* et, selon ce que nous obtenons, nous devons procéder de la façon suivante.

1er cas　Chaque facteur irréductible de degré 1, de la forme $ax + b$, non répété au dénominateur, engendre une fraction de la forme $\dfrac{A}{ax + b}$.

➤ *Exemple 1*　$\dfrac{5x - 2}{x(3x + 1)(x - 4)} = \dfrac{A}{x} + \dfrac{B}{3x + 1} + \dfrac{C}{x - 4}$　(où A, B et C sont des inconnues à déterminer)

➤ *Exemple 2*　Décomposons $\dfrac{9x + 5}{x^2 + x}$ en une somme de fractions partielles et déterminons la valeur de chaque inconnue en résolvant le système correspondant.

$$\frac{9x + 5}{x^2 + x} = \frac{9x + 5}{x(x + 1)} \qquad \text{(en factorisant le dénominateur)}$$

$$= \frac{A}{x} + \frac{B}{x + 1} \qquad \text{(où } A \text{ et } B \text{ sont des inconnues à déterminer)}$$

$$= \frac{A(x + 1) + Bx}{x(x + 1)} \qquad \text{(en effectuant)}$$

$$= \frac{Ax + A + Bx}{x(x + 1)} = \frac{(A + B)\, x + A}{x(x + 1)}.$$

Ainsi $\dfrac{9x + 5}{x^2 + x} = \dfrac{(A + B)\, x + A}{x^2 + x}$.

Puisque les dénominateurs sont identiques, les numérateurs le seront aussi.

Donc $9x + 5 = (A + B)\, x + A$.

Les coefficients des mêmes puissances de x devant être égaux, nous obtenons le système d'équations suivant :

① $A + B = 9$ (coefficients de x);

② $\quad A = 5$ (termes constants, c'est-à-dire coefficients de x^0).

En résolvant ce système, nous obtenons $A = 5$ et $B = 4$;

donc $\dfrac{9x + 5}{x^2 + x} = \dfrac{5}{x} + \dfrac{4}{x + 1}$ (en remplaçant A et B par leur valeur respective).

➤ *Exemple 3*   Décomposons $\dfrac{3 - 4x}{x^3 - 5x^2 + 6x}$ en une somme de fractions partielles et déterminons la valeur de chaque inconnue en donnant à x des valeurs appropriées.

$$\frac{3 - 4x}{x^3 - 5x^2 + 6x} = \frac{3 - 4x}{x(x - 3)(x - 2)} \qquad \text{(en factorisant)}$$

$$= \frac{A}{x} + \frac{B}{x - 3} + \frac{C}{x - 2} \qquad \text{(où } A, B \text{ et } C \text{ sont des inconnues à déterminer)}$$

$$= \frac{A(x - 3)(x - 2) + Bx(x - 2) + Cx(x - 3)}{x(x - 3)(x - 2)} \qquad \text{(en effectuant)}$$

En égalant les numérateurs, nous obtenons
$$3 - 4x = A(x - 3)(x - 2) + Bx(x - 2) + Cx(x - 3).$$

Remplaçons successivement x, dans chacun des membres de l'équation précédente, par les valeurs qui annulent les facteurs du dénominateur. Ainsi,

si $x = 0$, nous obtenons $3 = 6A$, d'où $A = \dfrac{1}{2}$;

si $x = 2$, nous obtenons $-5 = -2C$, d'où $C = \dfrac{5}{2}$;

si $x = 3$, nous obtenons $-9 = 3B$, d'où $B = -3$.

Donc $\dfrac{3 - 4x}{x^3 - 5x^2 + 6x} = \dfrac{\frac{1}{2}}{x} + \dfrac{-3}{x - 3} + \dfrac{\frac{5}{2}}{x - 2}$.

Remarque   Cette dernière méthode est plus rapide uniquement dans le 1er cas.

2e cas   Chaque facteur irréductible de degré 1, de la forme $(ax + b)^k$, au dénominateur, engendre k fractions partielles de la forme

$$\frac{A_1}{ax + b} + \frac{A_2}{(ax + b)^2} + \frac{A_3}{(ax + b)^3} + \ldots + \frac{A_k}{(ax + b)^k}.$$

➤ *Exemple 4* $\dfrac{x}{(2x + 3)^4} = \dfrac{A}{2x + 3} + \dfrac{B}{(2x + 3)^2} + \dfrac{C}{(2x + 3)^3} + \dfrac{D}{(2x + 3)^4}$

➤ *Exemple 5* $\dfrac{9x^7}{(3x + 1)^2 (1 - x)^3} = \dfrac{A}{(3x + 1)} + \dfrac{B}{(3x + 1)^2} + \dfrac{C}{(1 - x)} + \dfrac{D}{(1 - x)^2} + \dfrac{E}{(1 - x)^3}$

Dans certaines décompositions en une somme de fractions partielles, nous pouvons avoir plusieurs cas dans un même problème.

➤ *Exemple 6* $\dfrac{5x-1}{x^4(2+x)^2(5-2x)} = \dfrac{A}{x} + \dfrac{B}{x^2} + \dfrac{C}{x^3} + \dfrac{D}{x^4} + \dfrac{E}{(2+x)} + \dfrac{F}{(2+x)^2} + \dfrac{G}{(5-2x)}$

(1er cas et 2e cas)

3e cas   Chaque facteur irréductible de degré 2, de la forme $ax^2 + bx + c$, non répété au dénominateur, engendre une fraction de la forme

$$\dfrac{Ax+B}{ax^2+bx+c}.$$

➤ *Exemple 7* $\dfrac{3x}{(x^2+1)(x^2+x+1)} = \dfrac{Ax+B}{x^2+1} + \dfrac{Cx+D}{x^2+x+1}$

➤ *Exemple 8* $\dfrac{5-x^2}{x^3+4x} = \dfrac{5-x^2}{x(x^2+4)} = \dfrac{A}{x} + \dfrac{Bx+C}{x^2+4}$ (1er cas et 3e cas)

➤ *Exemple 9* $\dfrac{3}{(x^2+x-2)(x^2+x+2)} = \dfrac{3}{(x+2)(x-1)(x^2+x+2)}$

$$= \dfrac{A}{x+2} + \dfrac{B}{x-1} + \dfrac{Cx+D}{x^2+x+2} \quad (1^{er}\ cas\ et\ 3^e\ cas)$$

4e cas   Chaque facteur irréductible de degré 2, de la forme $(ax^2 + bx + c)^k$, au dénominateur, engendre k fractions partielles de la forme

$$\dfrac{A_1x+B_1}{ax^2+bx+c} + \dfrac{A_2x+B_2}{(ax^2+bx+c)^2} + \dfrac{A_3x+B_3}{(ax^2+bx+c)^3} + \ldots + \dfrac{A_kx+B_k}{(ax^2+bx+c)^k}.$$

➤ *Exemple 10* $\dfrac{3x^4+2x}{(x^2+1)^3} = \dfrac{Ax+b}{x^2+1} + \dfrac{Cx+D}{(x^2+1)^2} + \dfrac{Ex+F}{(x^2+1)^3}$

➤ *Exemple 11* $\dfrac{3-2x}{(x^2-1)^2(x^2-x+1)^2} = \dfrac{3-2x}{(x-1)^2(x+1)^2(x^2-x+1)^2}$

$$= \dfrac{A}{(x-1)} + \dfrac{B}{(x-1)^2} + \dfrac{C}{(x+1)} + \dfrac{D}{(x+1)^2} + \dfrac{Ex+F}{(x^2-x+1)} + \dfrac{Gx+H}{(x^2-x+1)^2} \quad \begin{array}{l}(2^e\ cas\ et \\ 4^e\ cas)\end{array}$$

Pour chacun des cas précédents, nous pouvons déterminer la valeur des inconnues A, B, C, D, ..., de la façon suivante :

1. Mettre les fractions partielles au même dénominateur commun.
2. Regrouper les termes de même degré.
3. Égaler les numérateurs des deux membres de l'équation.
4. Égaler les coefficients des mêmes puissances de x.
5. Résoudre le système d'équations pour trouver A, B, C, D, ...

➤ *Exemple 12*   Décomposons $\dfrac{3x^4 - x^3 + 2x^2 - x + 2}{x(x^2+1)^2}$ en une somme de fractions partielles et

déterminons la valeur de chaque inconnue.

Dans cette fraction, le degré du numérateur est 4 et le degré du dénominateur est 5. Nous pouvons donc décomposer directement (sans diviser).

$$\dfrac{3x^4 - x^3 + 2x^2 - x + 2}{x(x^2+1)^2} = \dfrac{A}{x} + \dfrac{Bx+C}{x^2+1} + \dfrac{Dx+E}{(x^2+1)^2}$$

$$= \frac{A(x^2+1)^2 + (Bx+C)\,x(x^2+1) + (Dx+E)\,x}{x(x^2+1)^2}$$

$$= \frac{A(x^4+2x^2+1) + (Bx+C)\,(x^3+x) + Dx^2 + Ex}{x(x^2+1)^2}$$

$$= \frac{Ax^4 + 2Ax^2 + A + Bx^4 + Bx^2 + Cx^3 + Cx + Dx^2 + Ex}{x(x^2+1)^2}$$

$$= \frac{(A+B)\,x^4 + Cx^3 + (2A+B+D)\,x^2 + (C+E)\,x + A}{x(x^2+1)^2},$$

donc $3x^4 - x^3 + 2x^2 - x + 2 = (A+B)\,x^4 + Cx^3 + (2A+B+D)\,x^2 + (C+E)\,x + A$.

Nous obtenons le système d'équations suivant :

① $\qquad A + B = 3 \quad$ (coefficients de x^4) ;

② $\qquad\qquad C = \text{-}1 \quad$ (coefficients de x^3) ;

③ $2A + B + D = 2 \quad$ (coefficients de x^2) ;

④ $\qquad C + E = \text{-}1 \quad$ (coefficients de x) ;

⑤ $\qquad\qquad A = 2 \quad$ (termes constants).

En résolvant ce système, nous trouvons $A = 2$, $B = 1$, $C = \text{-}1$, $D = \text{-}3$ et $E = 0$,

d'où $\dfrac{3x^4 - x^3 + 2x^2 - x + 2}{x(x^2+1)^2} = \dfrac{2}{x} + \dfrac{x-1}{x^2+1} + \dfrac{\text{-}3x}{(x^2+1)^2}.$

Intégration de fonctions rationnelles

En décomposant l'intégrande en une somme de fractions partielles, nous obtenons une somme d'intégrales. Pour calculer celles-ci, nous aurons à utiliser des méthodes d'intégration vues précédemment : changement de variable, intégration par parties, substitutions trigonométriques, etc.

➤ *Exemple 1*   Calculons $\displaystyle\int \frac{3x^4 - x^3 + 2x^2 - x + 2}{x(x^2+1)^2}\, dx.$

Nous avons déjà décomposé cette fonction à l'exemple 12 précédent et avons obtenu

$$\frac{3x^4 - x^3 + 2x^2 - x + 2}{x(x^2+1)^2} = \frac{2}{x} + \frac{x-1}{x^2+1} - \frac{3x}{(x^2+1)^2}. \text{ Ainsi}$$

$$\int \frac{3x^4 - x^3 + 2x^2 - x + 2}{x(x^2+1)^2}\, dx = \int \left[\frac{2}{x} + \frac{x-1}{x^2+1} - \frac{3x}{(x^2+1)^2}\right] dx$$

$$= \int \frac{2}{x}\, dx + \int \frac{x}{x^2+1}\, dx - \int \frac{1}{x^2+1}\, dx - \int \frac{3x}{(x^2+1)^2}\, dx$$

$$= 2\ln|x| + \frac{\ln|x^2+1|}{2} - \text{Arc tan } x + \frac{3}{2(x^2+1)} + C$$

$$= \ln(x^2\sqrt{x^2+1}) - \text{Arc tan } x + \frac{3}{2(x^2+1)} + C.$$

➤ *Exemple 2*   Calculons $\displaystyle\int \frac{3x^5 + 8x^3 + 8x - 1}{(x^2+1)^2}\, dx$.

Puisque le degré du numérateur est 5 et que le degré du dénominateur est 4, effectuons d'abord la division.

$$\frac{3x^5 + 8x^3 + 8x - 1}{x^4 + 2x^2 + 1} = 3x + \frac{2x^3 + 5x - 1}{(x^2+1)^2}$$

En décomposant $\dfrac{2x^3 + 5x - 1}{(x^2+1)^2}$, où le degré du numérateur est plus petit que le degré du dénominateur, nous obtenons

$$\frac{2x^3 + 5x - 1}{(x^2+1)^2} = \frac{Ax + B}{x^2+1} + \frac{Cx + D}{(x^2+1)^2} = \frac{(Ax+B)\,(x^2+1) + (Cx+D)}{(x^2+1)^2}$$

$$= \frac{Ax^3 + Bx^2 + (A+C)\,x + B + D}{(x^2+1)^2},$$

donc $2x^3 + 5x - 1 = Ax^3 + Bx^2 + (A+C)\,x + B + D$.

Nous obtenons le système d'équations suivant :

① $A = 2$ (coefficients de x^3) ;

② $B = 0$ (coefficients de x^2) ;

③ $A + C = 5$ (coefficients de x) ;

④ $B + D = \text{-}1$ (termes constants).

En résolvant ce système, nous trouvons $A = 2$, $B = 0$, $C = 3$ et $D = \text{-}1$,

donc $\displaystyle\frac{2x^3 + 5x - 1}{(x^2+1)^2} = \frac{2x}{x^2+1} + \frac{3x - 1}{(x^2+1)^2},$

d'où $\displaystyle\frac{3x^5 + 8x^3 + 8x - 1}{(x^2+1)^2} = 3x + \frac{2x}{x^2+1} + \frac{3x - 1}{(x^2+1)^2}.$

Ainsi $\displaystyle\int \frac{3x^5 + 8x^3 + 8x - 1}{(x^2+1)^2}\, dx = \int \left[3x + \frac{2x}{x^2+1} + \frac{3x-1}{(x^2+1)^2}\right] dx$

$$= \int 3x\, dx + \int \frac{2x}{x^2+1}\, dx + \int \frac{3x}{(x^2+1)^2}\, dx - \int \frac{1}{(x^2+1)^2}\, dx$$

$$= \frac{3x^2}{2} + \ln |x^2+1| - \frac{3}{2(x^2+1)} - \frac{1}{2} \operatorname{Arc tan} x - \frac{x}{2(x^2+1)} + C.$$

La dernière intégrale a été résolue en posant $x = \tan \theta$.

➤ *Exemple 3*   Calculons $\displaystyle\int \frac{2x^2 + 6x + 3}{x^3(2x+1)}\, dx$.

En décomposant, nous obtenons

$$\frac{2x^2 + 6x + 3}{x^3(2x+1)} = \frac{A}{x} + \frac{B}{x^2} + \frac{C}{x^3} + \frac{D}{2x+1}$$

$$= \frac{Ax^2(2x+1) + Bx(2x+1) + C(2x+1) + Dx^3}{x^3(2x+1)}$$

$$= \frac{(2A + D)\, x^3 + (A + 2B)\, x^2 + (B + 2C)\, x + C}{x^3(2x + 1)},$$

donc $2x^2 + 6x + 3 = (2A + D)\, x^3 + (A + 2B)\, x^2 + (B + 2C)\, x + C$.

Nous obtenons le système d'équations suivant :

① $2A + D = 0$ (coefficients de x^3) ;

② $A + 2B = 2$ (coefficients de x^2) ;

③ $B + 2C = 6$ (coefficients de x) ;

④ $\qquad C = 3$ (termes constants).

En résolvant ce système, nous trouvons $A = 2$, $B = 0$, $C = 3$ et $D = \text{-}4$,

donc $\displaystyle\int \frac{2x^2 + 6x + 3}{x^3(2x + 1)}\, dx = \int \left[\frac{2}{x} + \frac{3}{x^3} - \frac{4}{2x + 1} \right] dx$

$$= 2 \ln |x| - \frac{3}{2x^2} - 2 \ln |2x + 1| + C$$

$$= \ln \left(\frac{x}{2x + 1} \right)^2 - \frac{3}{2x^2} + C.$$

➤ *Exemple 4*   Calculons $\displaystyle\int \frac{5x^3 + 10x^2 + 10x + 1}{(x^2 + 2x + 2)^2}\, dx$.

En décomposant, nous obtenons

$$\frac{5x^3 + 10x^2 + 10x + 1}{(x^2 + 2x + 2)^2} = \frac{Ax + B}{x^2 + 2x + 2} + \frac{Cx + D}{(x^2 + 2x + 2)^2}$$

$$= \frac{5x + 0}{x^2 + 2x + 2} + \frac{0x + 1}{(x^2 + 2x + 2)^2},$$

donc $\displaystyle\int \frac{5x^3 + 10x^2 + 10x + 1}{(x^2 + 2x + 2)^2}\, dx = \int \left[\frac{5x}{x^2 + 2x + 2} + \frac{1}{(x^2 + 2x + 2)^2} \right] dx$

$$= \int \left[\frac{5x}{(x + 1)^2 + 1} + \frac{1}{((x + 1)^2 + 1)^2} \right] dx$$

(en complétant le carré).

À l'aide de la substitution trigonométrique $(x + 1) = \tan \theta$, nous obtenons

$$\int \frac{5x^3 + 10x^2 + 10x + 1}{(x^2 + 2x + 2)^2}\, dx$$

$$= \frac{5}{2} \ln (x^2 + 2x + 2) - \frac{9\, \text{Arc tan}\, (x + 1)}{2} + \frac{x + 1}{2(x^2 + 2x + 2)} + C.$$

Intégration de fonctions non rationnelles

Dans certains cas, il est possible d'utiliser un changement de variable de façon à obtenir une fonction rationnelle.

➤ *Exemple 1*   Calculons $\displaystyle\int \frac{4}{1 + \sqrt{x}}\, dx$.

En posant $\qquad u = \sqrt{x}$,

nous obtenons $u^2 = x$,

donc $\qquad 2u\,du = dx$.

Ainsi $\displaystyle\int \frac{4}{1+\sqrt{x}}\,dx = 4\int \frac{2u}{1+u}\,du$

$\qquad\qquad\qquad = 8\int \frac{u}{u+1}\,du$

$\qquad\qquad\qquad = 8\int \left[1 - \frac{1}{u+1}\right]du \qquad$ (en divisant)

$\qquad\qquad\qquad = 8\,[u - \ln|u+1|] + C$

$\qquad\qquad\qquad = 8\,[\sqrt{x} - \ln|\sqrt{x}+1|] + C \quad$ (car $u = \sqrt{x}$).

➤ *Exemple 2*   Calculons $\displaystyle\int \frac{8\cos x}{\sin^2 x + 2\sin x - 3}\,dx$.

En posant $\qquad u = \sin x$,

nous obtenons $du = \cos x\,dx$.

Ainsi $\displaystyle\int \frac{8\cos x}{\sin^2 x + 2\sin x - 3}\,dx = \int \frac{8}{u^2 + 2u - 3}\,du$

$\qquad\qquad\qquad\qquad\qquad\qquad = \int \frac{8}{(u+3)(u-1)}\,du.$

En décomposant en fractions partielles, nous obtenons

$$\frac{8}{(u+3)(u-1)} = \frac{A}{u+3} + \frac{B}{u-1} = \frac{-2}{u+3} + \frac{2}{u-1}.$$

Ainsi $\displaystyle\int \frac{8}{(u+3)(u-1)}\,du = -2\ln|u+3| + 2\ln|u-1| + C$

$\qquad\qquad\qquad\qquad\qquad = 2\ln\left|\frac{u-1}{u+3}\right| + C,$

d'où $\displaystyle\int \frac{8\cos x}{\sin^2 x + 2\sin x - 3}\,dx = 2\ln\left|\frac{\sin x - 1}{\sin x + 3}\right| + C$ (car $u = \sin x$).

Équation logistique

Définition	Une équation différentielle de la forme $\dfrac{dx}{dt} = kx(b-x)$, où k et b sont des constantes réelles, est appelée **équation logistique**.

➤ *Exemple 1*   Dans un village de 5000 habitants, le taux de croissance du nombre de personnes propageant une rumeur est à la fois proportionnel au nombre P de personnes

P.172 C

connaissant la rumeur et au nombre de personnes ignorant la rumeur. Nous avons donc $\dfrac{dP}{dt} = kP(5000 - P)$, où t est en semaines. Si la constante de proportionnalité k est égale à 0,002 et qu'au départ 50 personnes propagent la rumeur, nous obtenons $\dfrac{dP}{dt} = 0{,}002P(5000 - P)$ (équation logistique).

Résolvons cette équation pour obtenir P en fonction de t.

$$\frac{dP}{P(5000 - P)} = 0{,}002 \, dt \quad \text{(en regroupant)}$$

$$\int \frac{1}{P(5000 - P)} \, dP = \int 0{,}002 \, dt \,;$$

$$\text{or } \frac{1}{P(5000 - P)} = \frac{A}{P} + \frac{B}{5000 - P} = \frac{\dfrac{1}{5000}}{P} + \frac{\dfrac{1}{5000}}{5000 - P}, \text{ donc}$$

$$\int \left[\frac{1}{5000P} + \frac{1}{5000(5000 - P)} \right] dP = \int 0{,}002 \, dt$$

$$\text{d'où } \frac{1}{5000} \ln (P) - \frac{1}{5000} \ln (5000 - P) = 0{,}002t + C_1$$

$$\frac{1}{5000} \ln \left(\frac{P}{5000 - P} \right) = 0{,}002t + C_1$$

$$\ln \left(\frac{P}{5000 - P} \right) = 10t + C_2$$

$$\left(\frac{P}{5000 - P} \right) = Ce^{10t}$$

$$P = \frac{5000Ce^{10t}}{1 + Ce^{10t}}.$$

En remplaçant t par 0 et P par 50, nous obtenons

$$50 = \frac{5000C}{1 + C}, \text{ donc } C = \frac{1}{99}.$$

Ainsi, à chaque instant t, le nombre de personnes qui propagent la rumeur est donné par

$$P = \frac{5000 \left(\dfrac{1}{99} \right) e^{10t}}{1 + \dfrac{1}{99} e^{10t}} = \frac{5000e^{10t}}{99 + e^{10t}} = \frac{5000}{1 + 99e^{-10t}}.$$

La représentation graphique de cette courbe est :

Le minimum est au point (0, 50), le point d'inflexion est $\left(\dfrac{\ln 99}{10}, 2500\right)$ et

$\displaystyle\lim_{t\to+\infty} \dfrac{5000}{1+99e^{-10t}} = 5000$, ce qui signifie que, théoriquement, il faut un temps infini pour que tous les habitants prennent connaissance de la rumeur. La droite $P = 5000$ est une asymptote horizontale. Ce graphique a une *forme sigmoïde*.

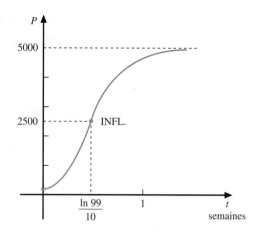

De façon plus générale, nous pouvons résoudre, à l'aide de la décomposition en une somme de fractions partielles, des équations de la forme

$$\dfrac{dx}{dt} = k(a-x)\,(b-x), \text{ où } k, a \text{ et } b \text{ sont des constantes réelles.}$$

➤ *Exemple 2*   Deux substances chimiques, S_1 et S_2, réagissent pour former une nouvelle substance S. Chaque gramme de cette nouvelle substance est composé de $\dfrac{3}{7}$ g de S_1 et de $\dfrac{4}{7}$ g de S_2. Si, au départ, nous avons 9 g de S_1 et 16 g de S_2 et si le taux de croissance de la quantité Q de la substance S est proportionnel au produit des quantités S_1 et S_2 non transformées,

déterminons Q en fonction de t si, après 10 minutes, la quantité Q est de 14 g.

$$\dfrac{dQ}{dt} = k_1\left(9-\dfrac{3}{7}Q\right)\left(16-\dfrac{4}{7}Q\right) = k_1\left(\dfrac{63-3Q}{7}\right)\left(\dfrac{112-4Q}{7}\right)$$

$$= \dfrac{12k_1}{49}\,(21-Q)\,(28-Q),$$

ainsi $\dfrac{dQ}{dt} = k(21-Q)\,(28-Q)\quad \left(\text{où } k = \dfrac{12k_1}{49}\right),$

donc

$$\dfrac{dQ}{(21-Q)\,(28-Q)} = k\,dt$$

$$\int \dfrac{1}{(21-Q)\,(28-Q)}\,dQ = \int k\,dt$$

$$\int\left(\dfrac{1}{7(21-Q)} - \dfrac{1}{7(28-Q)}\right)dQ = \int k\,dt \quad \text{(en décomposant)}$$

$$\dfrac{-1}{7}\ln(21-Q) + \dfrac{1}{7}\ln(28-Q) = kt + C_1$$

$$\dfrac{1}{7}\ln\left(\dfrac{28-Q}{21-Q}\right) = kt + C_1.$$

Nous savons que $Q = 0$, si $t = 0$.

Ainsi $C_1 = \dfrac{1}{7} \ln\left(\dfrac{4}{3}\right)$.

L'équation devient

$$\frac{1}{7} \ln\left(\frac{28 - Q}{21 - Q}\right) = kt + \frac{1}{7} \ln\left(\frac{4}{3}\right).$$

De plus nous savons que $Q = 14$, si $t = 10$.

Ainsi $\dfrac{1}{7} \ln\left(\dfrac{28 - 14}{21 - 14}\right) = k(10) + \dfrac{1}{7} \ln\left(\dfrac{4}{3}\right)$,

$$\text{donc } k = \frac{\ln\left(\dfrac{3}{2}\right)}{70},$$

$$\text{donc } \frac{1}{7} \ln\left(\frac{28 - Q}{21 - Q}\right) = \frac{\ln\left(\dfrac{3}{2}\right)}{70} t + \frac{1}{7} \ln\left(\frac{4}{3}\right) \quad \text{(équation 1)},$$

$$\text{d'où } Q = 21 \left(\frac{\left(\dfrac{3}{2}\right)^{\frac{t}{10}} - 1}{\left(\dfrac{3}{2}\right)^{\frac{t}{10}} - 0{,}75} \right) \quad \text{(équation 2)}.$$

Déterminons théoriquement la quantité maximale $Q_{\max}$ de la substance S.

$$Q_{\max} = \lim_{t \to +\infty} 21 \left(\frac{\left(\dfrac{3}{2}\right)^{\frac{t}{10}} - 1}{\left(\dfrac{3}{2}\right)^{\frac{t}{10}} - 0{,}75} \right) \quad \left(\text{indétermination de la forme } \frac{+\infty}{+\infty}\right).$$

$$= 21 \lim_{t \to +\infty} \frac{\left(\dfrac{3}{2}\right)^{\frac{t}{10}} \ln\left(\dfrac{3}{2}\right) \dfrac{1}{10}}{\left(\dfrac{3}{2}\right)^{\frac{t}{10}} \ln\left(\dfrac{3}{2}\right) \dfrac{1}{10}} \quad \text{(règle de L'Hospital)}$$

$$= 21, \text{ d'où } Q_{\max} = 21 \text{ g}.$$

Exercices 4.4

1. Décomposer en une somme de fractions partielles, sans trouver la valeur des inconnues.

a) $\dfrac{1}{x^2 + 2x - 3}$

b) $\dfrac{5x^2}{x^2 - 3x - 4}$

c) $\dfrac{3x^2 + 7x - 1}{3x^4 + 4x^3}$

d) $\dfrac{x^2 + 1}{x + 1}$

e) $\dfrac{5}{x^3 - x}$

f) $\dfrac{6}{x^3 + x}$

g) $\dfrac{4}{x^4 + x}$

h) $\dfrac{1}{(x^4 - 1)^2}$

i) $\dfrac{3x - 4}{(x + 1)^3 (x^2 + x + 1)^2}$

j) $\dfrac{8}{(x^3 - x)(x^2 - x)(x^3 + x)}$

2. Calculer les intégrales suivantes.

a) $\displaystyle\int \frac{8x+9}{(x-2)\,(x+3)}\,dx$

b) $\displaystyle\int \frac{-x-7}{x^2-x-2}\,dx$

c) $\displaystyle\int \frac{3x^2-21x-12}{x(x+1)\,(x-3)}\,dx$

d) $\displaystyle\int \frac{3(x+2)\,(x-1)}{(x-2)\,(x+1)}\,dx$

e) $\displaystyle\int \frac{x^2+4x-1}{x^3-x}\,dx$

f) $\displaystyle\int \frac{8x^3-5x^2-11x+14}{(x^2-1)\,(x^2-4)}\,dx$

3. Calculer les intégrales suivantes.

a) $\displaystyle\int \frac{x}{(x-1)^2}\,dx$

b) $\displaystyle\int \frac{x^2+8x+2}{x(x+1)^2}\,dx$

c) $\displaystyle\int \frac{8x^3+36x^2+42x+27}{x(2x+3)^3}\,dx$

d) $\displaystyle\int \frac{4x^3+x^2+2x+1}{x^3(x+1)^2}\,dx$

e) $\displaystyle\int \frac{x^5+4}{x^3+x^2}\,dx$

f) $\displaystyle\int \frac{12x^2+37x+27}{(2x+3)^2}\,dx$

4. Calculer les intégrales suivantes.

a) $\displaystyle\int \frac{7x^2-5x+3}{x^3+x}\,dx$

b) $\displaystyle\int \frac{-2x^3+5x^2-4x+20}{x^2(x^2-x+5)}\,dx$

c) $\displaystyle\int \frac{7x^3-x^2+17x-3}{(x^2+3)\,(x^2+1)}\,dx$

d) $\displaystyle\int \frac{8x^5+20x^3+7x}{(2x^2+5)}\,dx$

5. Calculer les intégrales suivantes.

a) $\displaystyle\int \frac{x^6+x^2+8}{x(x^2+2)^3}\,dx$

b) $\displaystyle\int \frac{2x^5+4x^3+x^2+1}{(x^2+1)^2}\,dx$

c) $\displaystyle\int \frac{x^4+10x^2+30x+25}{x^2(x^2+3x+5)^2}\,dx$

6. Calculer les intégrales suivantes en utilisant la substitution donnée.

a) $\displaystyle\int \frac{\sec^2 x}{\tan^2 x-4}\,dx\,;\,u=\tan x$

b) $\displaystyle\int \frac{\cos x}{\sin^3 x-\sin^2 x}\,dx\,;\,u=\sin x$

c) $\displaystyle\int \frac{(2e^x+1)e^x}{(e^x-2)^2}\,dx\,;\,u=e^x$

d) $\displaystyle\int \frac{2+\sqrt{x}}{x+1}\,dx\,;\,u=\sqrt{x}$

e) $\displaystyle\int \frac{1}{x\sqrt{x+1}}\,dx\,;\,u=\sqrt{x+1}$

f) $\displaystyle\int \frac{(7\ln^2 x-5\ln x+3)}{(x\ln^3 x+x\ln x)}\,dx\,;\,u=\ln x$

7. Calculer les intégrales définies suivantes.

a) $\displaystyle\int_{-3}^{2} \frac{x-17}{x^2+x-12}\,dx$

c) $\displaystyle\int_{1}^{2} \frac{5x^2+3x+2}{x(x+1)^2}\,dx$

b) $\displaystyle\int_{0}^{1} \frac{x^2}{1+x^2}\,dx$

d) $\displaystyle\int_{0}^{1} \frac{x^4}{(x+1)^3}\,dx$

8. Calculer les intégrales suivantes.

a) $\displaystyle\int \frac{x^2+13x+10}{(x-1)\,(x+2)\,(x+3)}\,dx$

b) $\displaystyle\int \frac{4x-2x^2-10}{(x-1)\,(3+x^2)}\,dx$

c) $\displaystyle\int \frac{5x^4-20x^3+22x^2-9x+8}{(2-x)^2}\,dx$

d) $\displaystyle\int \frac{6x^2+7x+19}{(x-1)\,(x^2+2x+5)}\,dx$

e) $\displaystyle\int \frac{3x^4-x^3+2x^2-x+2}{x(x^2+1)^2}\,dx$

f) $\displaystyle\int \frac{5\cos x}{\sin^2 x\,(1+\sin^2 x)}\,dx$

9. Calculer l'aire de la région fermée suivante.

$y=\dfrac{4-x}{x^2-4},\,y=0,\,x=3$ et $x=4$.

10. Soit l'équation logistique définie par
$$\frac{dQ}{dt} = 10Q(100 - Q).$$

  a) Exprimer Q en fonction de t.

  b) Si à $t = 0$, $Q = 10$, exprimer Q en fonction de t.

  c) Évaluer $\lim\limits_{t \to +\infty} Q(t)$.

11. Un écologiste estime qu'un lac artificiel peut contenir un maximum de 2400 truites. Nous ensemençons ce lac avec 400 truites. Supposons qu'un modèle logistique de croissance s'applique à cette population avec une constante de proportionnalité égale à 0,000 15, où la variable t est en mois.

  a) Écrire l'équation logistique correspondante.

  b) Résoudre cette équation afin d'exprimer le nombre de truites en fonction du temps.

  c) Déterminer le nombre de truites après 3 mois.

  d) Après combien de mois la population sera-t-elle à 75 % de la capacité maximale ?

12. Dans une réaction chimique, une substance R se transforme en une nouvelle substance S. Nous savons que le taux de variation de la nouvelle substance S est donné par l'équation différentielle suivante, $\dfrac{dQ}{dt} = k(1500 - Q)(500 + Q)$, où Q est la quantité en grammes de la substance

S, et t est en minutes. Si, après 10 minutes, nous trouvons 1000 grammes de la substance S, alors qu'il y en avait 500 grammes au début,

  a) exprimer Q en fonction de t ;

  b) déterminer la quantité de la substance S après 20 minutes.

  c) Après combien de temps trouverons-nous 1400 grammes de la substance S ?

  d) Déterminer théoriquement la quantité maximale de la substance S.

13. Dans une culture de bactéries, où le maximum de bactéries peut être de 32 000 bactéries, le taux de croissance est à la fois proportionnel à la quantité P de bactéries présentes et à $32\,000 - P$. Si, au départ, il y avait 2000 bactéries et qu'après 6 heures le nombre de bactéries est de 8000,

  a) donner l'équation logistique correspondant à cette situation ;

  b) exprimer P en fonction de t.

  c) Trouver le nombre de bactéries présentes après 10 heures.

  d) Après combien de temps compterons-nous 80 % de la population maximale ?

  e) Vérifier théoriquement que la population maximale est de 32 000.

  f) Donner l'esquisse du graphique de l'équation trouvée en b).

Réseau de concepts

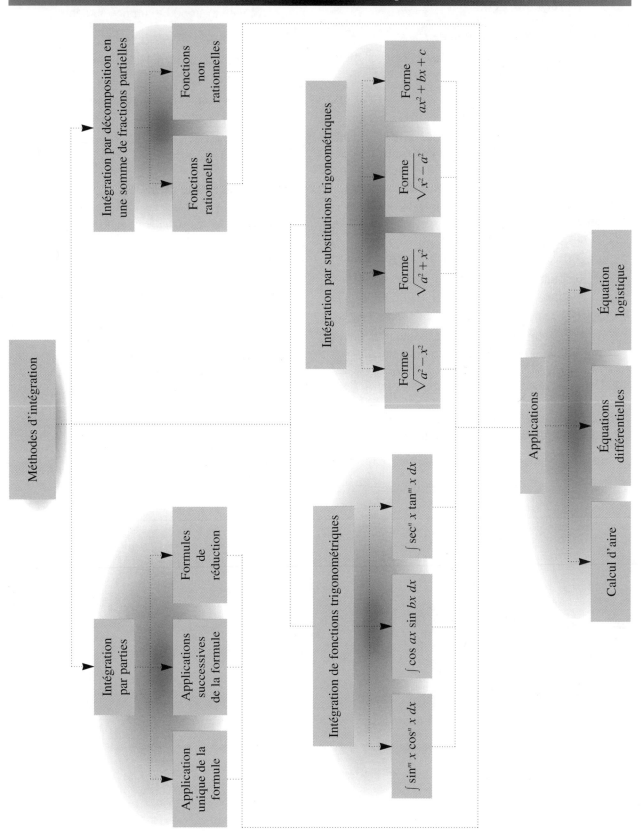

Exercices récapitulatifs

1. Calculer les intégrales suivantes.

a) $\int 5x \cos x \, dx$

b) $\int x^2 \, e^{-\frac{x}{3}} \, dx$

c) $\int x \, \text{Arc sec } x \, dx$

d) $\int \dfrac{\cos x}{e^x} \, dx$

e) $\int \dfrac{\ln^2 x}{x^2} \, dx$

f) $\int x e^x \cos x \, dx$

2. Calculer les intégrales suivantes.

a) $\int (4 + \cos x)^2 \, dx$

b) $\int \left(\dfrac{\sec^2 x}{\tan x} + \dfrac{\sec x}{\tan^2 x} \right) dx$

c) $\int (1 - \sec^2 x)^2 \, dx$

d) $\int \sin^6 2x \, dx$

e) $\int \sec^3 x \tan^4 x \, dx$

f) $\int (\cos 3x \cos 2x)^2 \, dx$

3. Calculer $\int \sin 3x \cos 2x \, dx$

a) en utilisant l'intégration par parties;

b) en utilisant l'identité trigonométrique appropriée.

4. Calculer les intégrales suivantes.

a) $\int \dfrac{\sqrt{x^2 - 16}}{3x} \, dx$

b) $\int \dfrac{1}{(1 - 2x^2)^{\frac{5}{2}}} \, dx$

c) $\int \dfrac{4}{(1 + 4x^2)^2} \, dx$

d) $\int \sqrt{(x+1)(x+5)} \, dx$

e) $\int \dfrac{1}{x \sqrt{1 - \dfrac{x}{4}}} \, dx$

f) $\int \dfrac{2 \sin x - 3 \cos x}{1 + \cos x} \, dx$

5. Calculer les intégrales suivantes.

a) $\int \dfrac{7x + 26}{(x - 2)(3x + 4)} \, dx$

b) $\int \dfrac{2x^4 + 2x^3 - 2x^2 - 3x - 2}{x^3 + x^2 - 2x} \, dx$

c) $\int \dfrac{6x^3 + x^2 - 63}{x^4 - 81} \, dx$

d) $\int \dfrac{10 + 2x^2 - 7x^3 + 9x}{x^3(2x + 5)} \, dx$

e) $\int \dfrac{3x^3 + 12x + 1}{(x^2 + 4)^2} \, dx$

f) $\int \dfrac{\sin x}{\cos^2 x - 7 \cos x + 12} \, dx$

6. Calculer $\int \dfrac{x}{16 - x^2} \, dx$, de trois façons différentes.

7. Calculer les intégrales suivantes.

a) $\int (5x^2 + 8) \ln x \, dx$

b) $\int \sin^3 (5x) \cos^4 (5x) \, dx$

c) $\int x^2 \sqrt{4 + x^2} \, dx$

d) $\int \dfrac{x \, \text{Arc sec } x}{\sqrt{x^2 - 1}} \, dx$

e) $\int \dfrac{5x^3 + 4x^2 + 11x + 4}{(x^2 + 1)^2} \, dx$

f) $\int \dfrac{x}{(x^2 + 2x + 10)^{\frac{3}{2}}} \, dx$

g) $\int e^x (\sin x + \cos x) \, dx$

h) $\int \dfrac{\sec^3 \sqrt{x} \tan^3 \sqrt{x}}{\sqrt{x}} \, dx$

i) $\int \dfrac{x^3 + x}{(1 - x^2)^2} \, dx$

j) $\int \dfrac{x^4 + x^2 + 1}{x^5 + 4x^3} \, dx$

k) $\int \dfrac{x + 1}{\sqrt{2x^2 - 6x + 4}} \, dx$

l) $\int \dfrac{2 - \sin x}{2 + \sin x} \, dx$

8. a) Trouver une formule de réduction pour $\int x^n \cos x \, dx$ et pour $\int x^n \sin x \, dx$

b) Utiliser les formules précédentes pour calculer $\int x^3 \sin x \, dx$.

9. Calculer les intégrales définies suivantes.

a) $\int_{-\frac{\pi}{2}}^{\frac{\pi}{2}} x \sin x \, dx$

b) $\displaystyle\int_0^{\frac{\pi}{4}} \tan^2 x \sec^4 x \, dx$

c) $\displaystyle\int_0^1 \frac{3x^2 + 3x + 2}{(x+1)(x^2+1)} \, dx$

10. Déterminer l'aire des régions fermées suivantes.

a) $y = (4 - x^2) e^x$ et $y = 0$

b) $y = 3 \sin^3 x$, $y = 0$, $x = 0$ et $x = 2\pi$

c) $y = \dfrac{2x}{\sqrt{x^4 + 1}}$, $y = 0$, $x = -1$ et $x = 2$

d) $y = \dfrac{x^3}{(x^2 + 4)^2}$, $y = 0$, $x = -2$ et $x = 2$

e) $y = e^x \sin x$, $y = 0$, $x = -\pi$ et $x = \pi$

11. Soit une population P dont le taux d'accroissement est donné par $\dfrac{dP}{dt} = te^{\frac{t}{15}}$, où t est exprimé en mois. Si la population initiale est de 20 000 habitants,

a) exprimer la population P en fonction du temps ;

b) déterminer la population dans 1 an ; dans 2 ans.

12. Une maladie contagieuse se propage, dans une ville de 75 000 habitants, à un rythme qui est à la fois proportionnel au nombre P de personnes atteintes et au nombre de personnes non atteintes. Supposons que 150 cas de maladie soient signalés au début de l'épidémie et qu'après 15 jours nous comptions 1500 cas.

a) Donner l'équation logistique correspondant à cette situation.

b) Exprimer P en fonction de t.

c) Trouver le nombre de cas de maladie après 30 jours.

d) Déterminer le temps qu'il faudra à la maladie pour frapper la moitié de la population.

13. D'après un politicologue, le taux de variation du pourcentage P de popularité d'une candidate à une élection est donné par $\dfrac{dP}{dt} = kP(1 - P)$.

Si, au départ, 20 % des électeurs sont en faveur de cette candidate et, qu'un mois après, ce nombre correspond à 30 %,

a) après combien de mois son pourcentage de popularité sera-t-il de 40 % ?

b) Si les élections ont lieu trois mois après le début de la campagne électorale, cette candidate peut-elle espérer remporter cette élection ?

Problèmes de synthèse

1. Calculer les intégrales suivantes.

a) $\displaystyle\int x^5 e^{x^3} \, dx$

b) $\displaystyle\int \frac{\text{Arc tan } \sqrt{x}}{\sqrt{x}} \, dx$

c) $\displaystyle\int_2^3 \frac{x}{x^2 - 1} \, dx$

d) $\displaystyle\int \tan^3 x \sqrt{\sec x} \, dx$

e) $\displaystyle\int_0^3 \frac{x}{\sqrt{x + 1}} \, dx$

f) $\displaystyle\int e^x \sqrt{1 + e^{2x}} \, dx$

g) $\displaystyle\int_0^{\frac{\pi}{2}} \frac{2 + \sin x}{1 + \cos x} \, dx$

h) $\displaystyle\int (\text{Arc sin } x)^2 \, dx$

i) $\displaystyle\int \frac{\cos x}{\sin x \sqrt{1 + \sin^2 x}} \, dx$

j) $\displaystyle\int_0^1 \frac{1}{x^3 + 3x^2 + 3x + 1} \, dx$

k) $\displaystyle\int \frac{1}{e^x + e^{-x}} \, dx$

l) $\displaystyle\int \frac{e^x}{1 - e^{3x}} \, dx$

2. Calculer les intégrales suivantes.

a) $\int \cos \sqrt{x}\, dx$

b) $\int_1^4 \frac{\ln x}{\sqrt{x}}\, dx$

c) $\int_0^{\frac{\pi}{4}} \frac{\sin^4 \theta}{\cos^2 \theta}\, d\theta$

d) $\int \frac{8}{x^2 \sqrt{x-4}}\, dx$

e) $\int \frac{x^2 + 2x + 1}{(x^2 + 2x + 4)^{\frac{3}{2}}}\, dx$

f) $\int \frac{\sin x}{(1 + \sin x)^2}\, dx$

g) $\int \sqrt{e^x - 1}\, dx$

h) $\int \frac{\cos x}{\sin^2 x + \sin x - 6}\, dx$

i) $\int_1^4 \frac{1}{2 + \sqrt{x}}\, dx$

j) $\int_0^1 \frac{2x^3 - 8x^2 + 9x + 1}{(x-2)^2}\, dx$

k) $\int \frac{1}{x\sqrt{\sqrt{x}-4}}\, dx$

l) $\int \frac{16x^4}{\sqrt{1-x^2}}\, dx$

3. Calculer les intégrales suivantes, où $a \in \mathbb{R}$.

a) $\int x^2 \sqrt{a^2 - x^2}\, dx$

b) $\int \frac{\sqrt{x^2 + a^2}}{x^2}\, dx$

c) $\int (x^2 - a^2)^{\frac{3}{2}}\, dx$

4. Calculer chacune des intégrales suivantes de deux façons différentes.

a) $\int \cos 3x \cos (5x + 4)\, dx$

b) $\int \frac{1}{x^3 - x}\, dx$

c) $\int \frac{1}{\sqrt{x}\,(1 - \sqrt[3]{x})}\, dx$

d) $\int \frac{\cos x}{\sin x \sqrt{1 + \sin x}}\, dx$

5. Trouver une formule de réduction pour chacune des intégrales suivantes.

a) $\int x^k (\ln x)^n\, dx$, où $k \neq -1$

b) $\int \tan^n (ax)\, dx$

6. a) Trouver une formule de réduction pour
$$\int_0^{\frac{\pi}{2}} \sin^n x\, dx.$$

b) Évaluer $\int_0^{\frac{\pi}{2}} \sin^7 x\, dx$.

c) Évaluer $\int_0^{\frac{\pi}{2}} \sin^{20} x\, dx$.

7. Calculer l'aire de la région fermée délimitée par

a) $y = \frac{1 - x^2}{\sqrt{x^2 + 1}}$ et $y = 0$;

b) $y = \frac{37x^2}{(x - 6)\,(x^2 + 1)}$ et $y = \frac{37}{x - 7}$;

c) $\frac{x^2}{a^2} + \frac{y^2}{b^2} = 1$;

d) $y = \ln x$, la tangente à cette courbe au point $(1, f(1))$ et $x = 2$.

8. Calculer l'aire des régions ombrées suivantes.

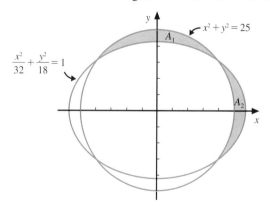

9. Soit $f(x) = kxe^x$, où $k > 0$.
Si $A_0^4 = 1$, calculer A_1^3.

10. Soit la fonction f, définie par $f(x) = \frac{x(x + 4)}{(x + 2)^2}$.

a) Calculer l'aire de la région fermée limitée par la courbe de f, l'axe x sur $[0, 2]$.

b) Déterminer la valeur c du théorème de la moyenne pour l'intégrale définie sur cet intervalle.

11. Une particule se déplaçant en ligne droite a une accélération de $a(t) = \sin^2\left(\dfrac{t}{2}\right)$, où t est en secondes et $a(t)$ est en m/s².

  a) Déterminer la fonction donnant la vitesse de cette particule, sachant que $v(0) = 0$.

  b) Déterminer la fonction donnant la position de cette particule, sachant que $s(0) = 2$.

  c) Quelle distance a parcourue cette particule sur $\left[0 \text{ s}, \dfrac{\pi}{2} \text{ s}\right]$?

12. Soit un mobile dont la vitesse en fonction du temps est donnée par $v(t) = \dfrac{36}{(t+1)(t+3)}$, où t est en secondes et $v(t)$, en m/s.

  a) Déterminer la distance parcourue par ce mobile sur $[0 \text{ s}, 2 \text{ s}]$; $[2 \text{ s}, 4 \text{ s}]$.

  b) Déterminer l'accélération de ce mobile après 2 s.

13. Une compagnie estime que son revenu marginal est donné par $R_m(q) = 10^3(2q - qe^{-0,5q})$, où q est exprimé en milliers d'unités et $R_m(q)$, en dollars par milliers d'unités. Déterminer le revenu de cette compagnie si elle vend 6000 unités.

14. Soit l'équation logistique définie par

$$\frac{dx}{dt} = kx(N - x).$$

  a) Exprimer x en fonction de t.

  b) Donner l'esquisse du graphique de cette fonction et donner les coordonnées du point d'inflexion.

15. Le taux de croissance d'une plante de 10 cm de hauteur est à la fois proportionnel à la hauteur h de cette plante et à $(60 - h)$. Si après trois jours d'observation, la plante mesure 12 cm de hauteur,

  a) exprimer h en fonction de t ;

  b) déterminer la hauteur de la plante après deux semaines.

  c) Après combien de jours la plante atteindra-t-elle la moitié de sa hauteur maximale ?

16. Inconsciente de la consommation d'énergie, une personne laisse couler dans sa baignoire de l'eau à 48 °C. Trouvant l'eau trop chaude, cette personne décide d'attendre que la température de l'eau s'abaisse. Sachant que la température de la pièce est de 22 °C et qu'en 5 minutes la température de l'eau s'est abaissée de 8 °C, déterminer le temps que cette personne devra attendre, après avoir laissé couler l'eau, si elle désire prendre son bain lorsque l'eau est à 34 °C.

17. Deux éléments réagissent pour former un nouveau produit. Le taux de variation de la concentration C du nouveau produit est donné par $\dfrac{dC}{dt} = \dfrac{(7 - C)(1 - C)}{1200}$, où C représente la concentration au temps t et t est en minutes.

  a) Exprimer C en fonction de t.

  b) Déterminer la concentration après 10 minutes ; après 1 heure.

  c) En combien de temps la concentration passe-t-elle de 40 % à 60 % ?

Chapitre 5

INTRODUCTION

NOUS AVONS DÉJÀ UTILISÉ L'INTÉGRALE DÉFINIE POUR CALCULER L'AIRE D'UNE RÉGION. DANS CE CHAPITRE, NOUS UTILISERONS LE MÊME OUTIL POUR CALCULER DES VOLUMES DE SOLIDES, DES LONGUEURS DE COURBES ET DES AIRES DE SURFACES. NOUS DÉMONTRERONS EN OUTRE DES FORMULES DE LONGUEUR, D'AIRE ET DE VOLUME DÉJÀ CONNUES.

FINALEMENT, NOUS ÉTENDRONS LE CONCEPT D'INTÉGRALE DÉFINIE À DES FONCTIONS CONTINUES SUR DES INTER-VALLES INFINIS ET À DES FONCTIONS QUI TENDENT VERS $\pm\infty$ POUR UNE OU PLUSIEURS VALEURS D'UN INTERVALLE I QUELCONQUE. CE DERNIER TYPE D'INTÉGRALES SERVIRA AU CHAPITRE SUIVANT À DÉTER-MINER LA CONVERGENCE DE CERTAINES SÉRIES.

Applications de l'intégrale définie et intégrales impropres

PORTRAIT

Le 16 novembre 1717, un gendarme trouve un bébé abandonné sur les marches de l'église Saint-Jean-Le-Rond, à Paris. On lui donne le nom de Jean Le Rond. Son père biologique est le chevalier Destouches-Canon, général d'artillerie, qui retrouve l'enfant et le place chez Mme Rousseau, la femme d'un vitrier.

À 12 ans, le jeune Jean commence ses études au collège des Quatre-Nations (dans les locaux aujourd'hui occupés par l'Académie des sciences et l'Académie française). Après 1735, il fait des études en droit puis, momentanément, en médecine. Il se consacre ensuite aux mathématiques. C'est à cette époque qu'il ajoute à son nom le « d'Alembert » par lequel il sera dénommé par la suite.

De 1739 à 1741, il fait parvenir six mémoires à l'Académie des sciences de Paris qui l'élit adjoint en astronomie en 1741. En 1746, alors que sa production en mathématiques et en physique mathématique s'est enrichie, il est élu géomètre associé.

(Jean-Loup Charmet)

Jean Le Rond d'Alembert (1717-1783)

Le jeune d'Alembert n'a toutefois pas que des intérêts mathématiques. De fait, un peu comme son ami Voltaire, il a un esprit vif qui le fait apprécier dans les salons parisiens. À partir des années 1750, son nom est étroitement associé à la publication de l'*Encyclopédie*, ou *Dictionnaire raisonné des sciences, des arts et des métiers*, l'une des entreprises intellectuelles les plus importantes du 18e siècle, le siècle des lumières. D'Alembert en rédige le *Discours préliminaire*. Il écrit aussi presque tous les articles mathématiques de ce monument à la connaissance et à ses bienfaits. On dit que c'est à la suite de la publication du *Discours préliminaire* qu'il est élu en 1754 à l'Académie française, dont il deviendra le secrétaire perpétuel en 1772.

D'Alembert reprend son activité créatrice en mathématiques dans les années 1760. Dans le volume 5 de ses *Opuscules mathématiques*, il énonce le critère de convergence connu aujourd'hui sous le nom de « critère de d'Alembert ». D'Alembert est aussi le précurseur de Cauchy en ce que, contrairement à Euler et aux mathématiciens de son époque, il conçoit la dérivée d'une fonction comme étant la limite du quotient de la variation de la fonction et de la variation de la variable. Toutefois, il ne possède pas encore les outils nécessaires pour bien préciser ce qu'est une limite et reste de ce fait isolé dans sa conception du calcul différentiel et intégral.

Lecture suggérée:

DEDRON, P. et J. ITARD. *Mathématiques et mathématiciens*, Paris, Magnard, 1959, p. 250 à 257.

Test préliminaire

1. Soit le triangle équilatéral ci-dessous. Exprimer h en fonction de c.

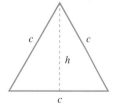

2. Soit le triangle isocèle ci-dessous. Exprimer h en fonction de b et de c.

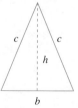

3. Compléter.

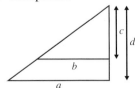

a) $\dfrac{a}{b} =$

b) $\dfrac{b}{c} =$

4. Donner la formule déterminant la distance d entre les points $A(x_1, y_1)$ et $B(x_2, y_2)$.

5. Évaluer les limites suivantes.

a) $\displaystyle\lim_{x\to-\infty} e^x$

b) $\displaystyle\lim_{x\to+\infty} e^x$

c) $\displaystyle\lim_{x\to0^+} \ln x$

d) $\displaystyle\lim_{x\to+\infty} \ln x$

e) $\displaystyle\lim_{x\to-\infty} \text{Arc tan } x$

f) $\displaystyle\lim_{x\to+\infty} \text{Arc tan } x$

6. Évaluer les limites suivantes à l'aide de la règle de L'Hospital.

a) $\displaystyle\lim_{x\to0} \dfrac{\sin x}{x}$

b) $\displaystyle\lim_{x\to+\infty} \dfrac{x}{e^x}$

c) $\displaystyle\lim_{x\to-\infty} xe^x$

d) $\displaystyle\lim_{x\to0^+} x \ln x$

7. Exprimer l'aire entre une courbe f, où f est non négative, l'axe x, $x = a$ et $x = b$, à l'aide

a) d'une somme de Riemann ;

b) de l'intégrale définie.

8. Calculer les intégrales suivantes.

a) $\displaystyle\int \sec^3 \theta \, d\theta$

b) $\displaystyle\int \cos^2 \theta \, d\theta$

5.1 Volume de solides de révolution

Objectif d'apprentissage

À la fin de cette section, l'élève pourra calculer des volumes de solides de révolution.

Plus précisément, l'élève sera en mesure de :

- représenter graphiquement une région donnée ainsi que le solide de révolution engendré par la rotation de cette région autour d'un axe donné ;
- calculer le volume d'un solide de révolution en utilisant la méthode du disque ;
- calculer le volume d'un solide de révolution en utilisant la méthode du tube, appelée aussi méthode de la coquille cylindrique.

Dans cette section, nous verrons comment l'intégrale définie nous permettra d'évaluer le volume d'un solide de révolution engendré par la rotation d'une région plane autour d'une droite appelée *axe de révolution*.

Représentation graphique de solides de révolution

En faisant tourner les régions ci-dessous autour de l'axe indiqué, nous obtenons les solides de révolution correspondants.

➤ *Exemple 1*   Autour de l'axe x.

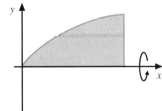
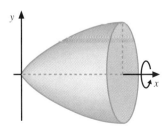

➤ *Exemple 2*   Autour de l'axe y.

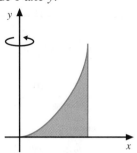

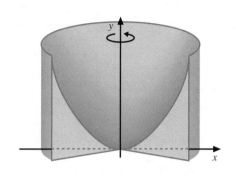

➤ *Exemple 3*   Autour de $x = 6$.

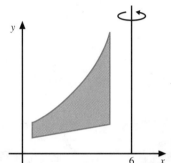

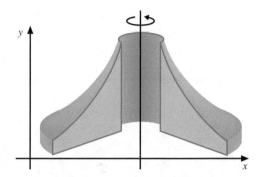

Méthode du disque

Soit le disque ci-contre de rayon R et d'épaisseur E; alors le volume du disque, noté V_D, est donné par $V_D = \pi R^2 E$.

➤ *Exemple 1*   Soit la région délimitée par la courbe $y = \sqrt{x}$, l'axe x, $x = 1$ et $x = 9$.

Calculons le volume du solide de révolution engendré par la rotation de cette région autour de l'axe x.

1re *étape*   Représentons graphiquement la région délimitée par les équations et un élément de surface de la région.

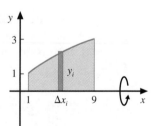

2e *étape*   En faisant tourner cette région autour de l'axe x, nous obtenons le solide de révolution dont nous voulons calculer le volume.

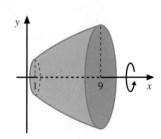

3ᵉ étape   Représentons graphiquement le disque obtenu par la rotation de l'élément précédent et calculons son volume V_D.

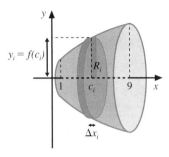

$$V_D = \pi R_i^2 \, \Delta x_i$$
$$= \pi [f(c_i)]^2 \, \Delta x_i \quad (\text{car } R_i = f(c_i))$$
$$= \pi [y_i]^2 \, \Delta x_i \quad (\text{car } y_i = f(c_i))$$

4ᵉ étape   Pour déterminer le volume réel V du solide, il faut faire la somme des volumes des disques et calculer la limite de cette somme lorsque $(\max \Delta x_i)$ tend vers zéro.

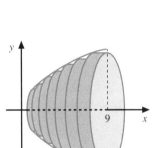

$$V = \lim_{(\max \Delta x_i) \to 0} \sum_{i=1}^{n} \pi [y_i]^2 \, \Delta x_i$$

$$= \int_1^9 \pi y^2 \, dx \quad \begin{array}{l}\text{(définition de}\\ \text{l'intégrale définie)}\end{array}$$

$$= \pi \int_1^9 y^2 \, dx$$

$$= \pi \int_1^9 (\sqrt{x})^2 \, dx \quad (\text{car } y = \sqrt{x})$$

$$= \pi \int_1^9 x \, dx$$

$$= \pi \left. \frac{x^2}{2} \right|_1^9$$

$$= 40\pi, \text{ donc } 40\pi \text{ u}^3.$$

➤ *Exemple 2*   Calculons le volume du solide de révolution engendré par la région délimitée par $y = \sqrt{x}$, l'axe y, $y = 1$ et $y = 3$, tournant autour de l'axe y.

Représentons graphiquement la région délimitée par les équations et un élément de surface de la région.

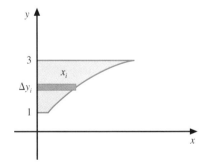

En représentant le solide de révolution engendré ainsi qu'un disque nous obtenons

$$V_D = \pi R_i^2 \, \Delta y_i$$
$$= \pi [x_i]^2 \, \Delta y_i \quad (\text{car } R_i = x_i)$$

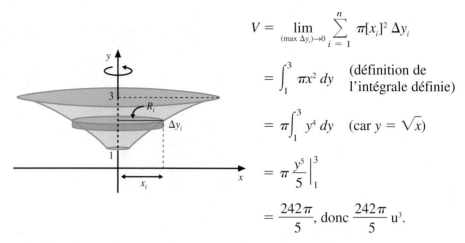

$$V = \lim_{(\max \Delta y_i)\to 0} \sum_{i=1}^{n} \pi[x_i]^2 \, \Delta y_i$$

$$= \int_1^3 \pi x^2 \, dy \quad \begin{array}{l}\text{(définition de}\\ \text{l'intégrale définie)}\end{array}$$

$$= \pi \int_1^3 y^4 \, dy \quad (\text{car } y = \sqrt{x})$$

$$= \pi \left.\frac{y^5}{5}\right|_1^3$$

$$= \frac{242\pi}{5}, \text{ donc } \frac{242\pi}{5} \text{ u}^3.$$

➤ *Exemple 3*   Calculons le volume du solide de révolution engendré par la région délimitée par $y = x^2 - 6$, $y = 5$, $x = 1$ et $x = 3$, tournant autour de $y = 5$.

Représentons graphiquement la région délimitée par les équations et un élément de surface de la région.

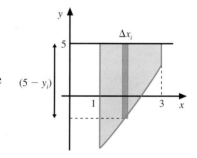

En représentant le solide de révolution engendré ainsi qu'un disque, nous obtenons

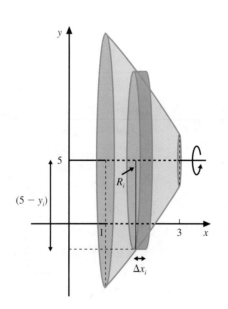

$$V_D = \pi R_i^2 \, \Delta x_i$$

$$= \pi[5 - y_i]^2 \, \Delta x_i \quad (\text{car } R_i = 5 - y_i)$$

$$V = \lim_{(\max \Delta x_i)\to 0} \sum_{i=1}^{n} \pi[5 - y_i]^2 \, \Delta x_i$$

$$= \int_1^3 \pi[5 - y]^2 \, dx \quad \begin{array}{l}\text{(définition de}\\ \text{l'intégrale}\\ \text{définie)}\end{array}$$

$$= \pi \int_1^3 [5 - (x^2 - 6)]^2 \, dx \\ \quad\quad\quad\quad (\text{car } y = x^2 - 6)$$

$$= \pi \int_1^3 (121 - 22x^2 + x^4) \, dx$$

$$= \pi \left.\left(121x - \frac{22x^3}{3} + \frac{x^5}{5}\right)\right|_1^3$$

$$= \frac{1496\pi}{15}, \text{ donc } \frac{1496\pi}{15} \text{ u}^3.$$

Il peut arriver que, pour calculer le volume d'un solide, nous soyons obligés de faire une différence entre deux volumes.

▶ *Exemple 4*   Calculons le volume obtenu en faisant tourner autour de l'axe x la région délimitée par les courbes définies par $y_1 = x^2$ et $y_2 = \sqrt{8x}$.

Représentons graphiquement la région délimitée par les équations ainsi que le solide de révolution correspondant. Notons que, pour trouver les points d'intersection de ces deux courbes, il suffit de poser

$$y_1 = y_2, \text{ c'est-à-dire}$$

$$x^2 = \sqrt{8x}, \text{ et de résoudre cette équation.}$$

En élevant au carré, nous obtenons $x^4 = 8x$

$$x^4 - 8x = 0$$

$$x(x^3 - 8) = 0,$$

d'où $x = 0$ ou $x = 2$.

Région délimitée par les équations   Solide de révolution

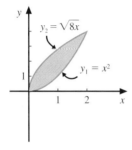 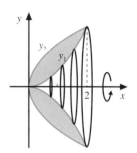

Le volume V cherché est obtenu en calculant la différence entre les volumes V_2 et V_1, où V_2 est le volume du solide engendré par la rotation autour de l'axe x de la région délimitée par la courbe y_2, l'axe x et $x = 2$, et V_1 est le volume du solide engendré par la rotation autour de l'axe x de la région délimitée par la courbe y_1, l'axe x et $x = 2$.

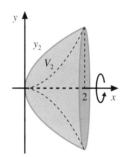 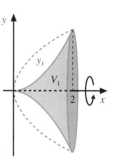

Ainsi $V = V_2 - V_1$

$$= \int_0^2 \pi(y_2)^2 \, dx - \int_0^2 \pi(y_1)^2 \, dx$$

$$= \pi \int_0^2 8x \, dx - \pi \int_0^2 x^4 \, dx \quad (\text{car } y_2 = \sqrt{8x} \text{ et } y_1 = x^2)$$

$$= \pi \, 4x^2 \Big|_0^2 - \pi \frac{x^5}{5} \Big|_0^2 = 16\pi - \frac{32}{5} \pi = \frac{48\pi}{5}, \text{ donc } \frac{48\pi}{5} \text{ u}^3.$$

➤ *Exemple 5*   Calculons le volume du solide de révolution engendré par la région délimitée par $y = x^2 + 2$, $y = 1$, $x = 1$ et $x = 3$, tournant autour de $x = -1$.

En représentant la région et le solide de révolution, nous obtenons

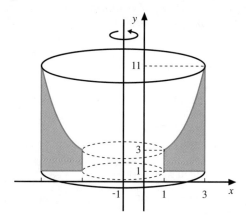

Nous avons $V = V_1 - V_2 - V_3$, où

V_1 est le volume du solide S_1 obtenu en faisant tourner la région délimitée par $x = -1$, $x = 3$, $y = 1$ et $y = 11$ autour de $x = -1$.

V_2 est le volume du solide S_2 obtenu en faisant tourner la région délimitée par $x = 1$, $y = 1$, $y = 3$ et $x = -1$ autour de $x = -1$.

V_3 est le volume du solide S_3 obtenu en faisant tourner la région délimitée par $y = x^2 + 2$, $y = 3$, $y = 11$ et $x = -1$ autour de $x = -1$.

En calculant V_1, V_2 et V_3, nous obtenons

$$V_1 = \pi 4^2 \times 10 \qquad \text{(car } S_1 \text{ est un cylindre circulaire droit de rayon 4 et de hauteur 10)}$$

$$= 160\pi$$

$$V_2 = \pi 2^2 \times 2 \qquad \text{(car } S_2 \text{ est un cylindre circulaire droit de rayon 2 et de hauteur 2)}$$

$$= 8\pi$$

$$V_3 = \int_3^{11} \pi[x - (-1)]^2 \, dy$$

$$= \pi \int_3^{11} [\sqrt{y - 2} + 1]^2 \, dy \qquad \text{(car } y = x^2 + 2, \text{ donc } x = \sqrt{y - 2})$$

$$= \frac{248\pi}{3},$$

d'où $V = 160\pi - 8\pi - \dfrac{248\pi}{3} = \dfrac{208\pi}{3}$, donc $\dfrac{208\pi}{3}$ u³.

Élaborons maintenant une méthode qui nous permettra de résoudre plus facilement le problème de l'exemple précédent.

Méthode du tube

Soit le tube ci-contre de rayon intérieur R_I, de rayon extérieur R_E et de hauteur H; alors le volume du tube, noté V_T, est donné par

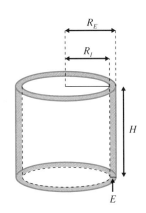

$$V_T = \pi R_E^2 H - \pi R_I^2 H$$

$$= \pi H (R_E^2 - R_I^2)$$

$$= \pi H (R_E + R_I)(R_E - R_I)$$

$$= \pi H (2R) E \qquad \begin{array}{l}(R \text{ est la valeur moyenne du rayon,} \\ \qquad E \text{ est l'épaisseur du tube)}\end{array}$$

$$= 2\pi RHE.$$

Nous pouvons également calculer le volume du tube de la façon suivante. En coupant le tube précédent, nous obtenons approximativement le parallélépipède ci-contre dont le volume est $2\pi RHE$.

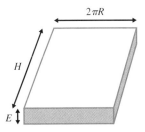

➤ *Exemple 1*   Calculons le volume obtenu en faisant tourner autour de l'axe y la région délimitée par $y = -x^2 + 6x - 5$ et l'axe x.

Représentons graphiquement la région, un tube et le solide de révolution.

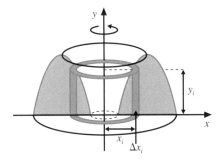

Puisque $y = (1 - x)(x - 5)$, la courbe coupe l'axe x en $x = 1$ et $x = 5$.

$$V_T = 2\pi RHE$$

$$= 2\pi (x_i - 0)(y_i - 0)\, \Delta x_i$$

$$= 2\pi x_i y_i\, \Delta x_i$$

Pour déterminer le volume réel V de notre solide, il faut faire la somme des volumes des tubes et calculer la limite de cette somme lorsque $(\max \Delta x_i)$ tend vers zéro.

$$V = \lim_{(\max \Delta x_i) \to 0} \sum_{i=1}^{n} 2\pi x_i y_i\, \Delta x_i$$

$$= \int_1^5 2\pi xy\, dx \qquad \text{(définition de l'intégrale définie)}$$

$$= 2\pi \int_1^5 x(-x^2 + 6x - 5)\, dx \qquad \text{(car } y = -x^2 + 6x - 5)$$

$$= 2\pi \left(\frac{-x^4}{4} + 2x^3 - \frac{5x^2}{2} \right) \Big|_1^5$$

$$= 64\pi, \text{ donc } 64\pi \text{ u}^3.$$

➤ *Exemple 2*   Calculons le volume obtenu en faisant tourner autour de $y = 6$ la région délimitée par $y = x^2$, $y = 4$ et $x \geq 1$.

Représentons graphiquement la région, un tube et le solide de révolution.

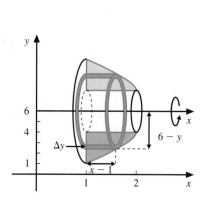

$$V_T = 2\pi RHE$$

$$= 2\pi(6 - y)(x - 1)\,\Delta y$$

$$V = \int_1^4 2\pi(6 - y)(x - 1)\,dy$$

$$= 2\pi \int_1^4 (6 - y)(\sqrt{y} - 1)\,dy$$
$$\text{(car } y = x^2, \text{ donc } x = \sqrt{y})$$

$$= 2\pi \int_1^4 (6y^{\frac{1}{2}} - y^{\frac{3}{2}} - 6 + y)\,dy$$

$$= 2\pi \left(4y^{\frac{3}{2}} - \frac{2}{5}y^{\frac{5}{2}} - 6y + \frac{y^2}{2} \right) \Big|_1^4$$

$$= \frac{51\pi}{5}, \text{ donc } \frac{51\pi}{5} \text{ u}^3.$$

➤ *Exemple 3*   Recalculons, à l'aide de la méthode du tube, le volume V du solide de révolution engendré par la région délimitée par $y = x^2 + 2$, $y = 1$, $x = 1$ et $x = 3$, tournant autour de $x = -1$ (voir l'Exemple 5 de la page 224).

Représentons graphiquement la région, le solide de révolution et un tube.

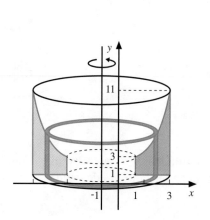

$$V_T = 2\pi RHE$$

$$= 2\pi(x - (-1))(y - 1)\,\Delta x$$

$$V = \int_1^3 2\pi(x + 1)(y - 1)\,dx$$

$$= 2\pi \int_1^3 (x + 1)(x^2 + 1)\,dx$$
$$\text{(car } y = x^2 + 2)$$

$$= 2\pi \int_1^3 (x^3 + x^2 + x + 1)\,dx$$

$$= 2\pi \left(\frac{x^4}{4} + \frac{x^3}{3} + \frac{x^2}{2} + x \right) \Big|_1^3$$

$$= \frac{208\pi}{3}, \text{ donc } \frac{208\pi}{3} \text{ u}^3.$$

Nous avons vu deux méthodes nous permettant de calculer le volume d'un solide de révolution : la *méthode du disque* et la *méthode du tube*.

Même si la majorité des problèmes peuvent être résolus en utilisant l'une ou l'autre des méthodes, l'utilisateur aura avantage à choisir celle qui facilite le calcul du volume.

Il est conseillé de bien représenter graphiquement le solide de révolution afin de pouvoir déterminer la valeur des éléments R, H et E nécessaires selon le cas.

Méthode	Volume	À déterminer
Disque	$\pi R^2 E$	R, E
Tube	$2\pi RHE$	R, H, E

Exercices 5.1

1. Déterminer, en utilisant la méthode du disque, le volume du solide de révolution engendré par la rotation de la région délimitée par les équations suivantes autour de l'axe de rotation donné. Représenter graphiquement les solides de a) et de b).

    a) $y = x^2$, $y = 0$, $x = 0$ et $x = 3$; axe x

    b) $y = x^2$, $y = 9$ et $x \geq 0$; axe y

    c) $y = \sqrt{3 - x^2}$, $x = 0$ et $y = 0$; axe x

    d) $y = x^3$, $y = 0$, $x = 0$ et $x = 2$; $x = 2$

    e) $y = 1 - x^2$ et $y = -3$; $y = -3$

    f) $x = y^2 - 10$ et $x = -1$; $x = -1$

2. Déterminer, en utilisant la méthode du tube, le volume du solide de révolution engendré par la rotation de la région délimitée par les équations suivantes autour de l'axe de rotation donné. Représenter graphiquement le solide de c).

    a) $y = x^2$, $y = 0$, $x = 0$ et $x = 3$; axe x

    b) $y = x^2$, $y = 9$ et $x \geq 0$; axe y

    c) $y = (x - 1)^2$, $y = 0$, $x = 0$ et $x = 2$; axe y

    d) $y = e^{x^2}$, $y = -2$, $x = 0$ et $x = 1$; axe y

    e) $y = \dfrac{1}{1 + x^2}$, $y = 0$, $x = 0$ et $x = 1$; axe y

    f) $y = \dfrac{1}{1 + x^2}$, $y = 0$, $x = 0$ et $x = 1$; $x = 1$

3. Déterminer le volume du solide de révolution engendré par la rotation de la région délimitée par les équations suivantes autour de l'axe de rotation donné. Représenter graphiquement le solide de b).

    a) $y = x^2$ et $y = -x^2 + 6x$; axe x

    b) $y = x^2$ et $y = -x^2 + 6x$; axe y

    c) $y = x$, $y = 4x^2 + 3$, $x = 1$ et $x = 4$; $x = 5$

    d) $y = x$ et $y = x^2$; $y = -1$

4. Soit la région délimitée par $y = x^2$, $y = 4$ et $x \geq 0$. Utiliser la méthode du disque et la méthode du tube pour évaluer le volume du solide de révolution engendré par la rotation de la région autour de

    a) l'axe x;   f) $x = -2$;

    b) l'axe y;   g) $y = -2$;

    c) $y = 4$;   h) $x = 6$;

    d) $y = 5$;   i) $y = 1$;

    e) $x = 2$;   j) $x = 1$.

5. Déterminer, en utilisant la méthode du disque, le volume obtenu en faisant tourner, autour de l'axe x, la région située au-dessus de l'axe x, délimitée par le demi-cercle de rayon 2 centré à l'origine. Identifier le solide obtenu.

6. Soit la région délimitée par $y = \dfrac{3x}{5}$, $y = 0$, $x = 0$ et $x = 10$ qu'on fait tourner autour de l'axe x.

    a) Identifier le solide de révolution obtenu.

    b) Calculer, en utilisant la méthode du disque, le volume de ce solide.

7. Soit l'ellipse définie par l'équation $\dfrac{x^2}{9} + \dfrac{y^2}{4} = 1$.

Déterminer le volume obtenu en faisant tourner :

a) la partie de l'ellipse située en haut de l'axe x, autour de l'axe x ;

b) la partie de l'ellipse située à la droite de l'axe y, autour de l'axe y.

8. Déterminer et représenter graphiquement le volume obtenu en faisant tourner autour de l'axe y la région délimitée par $x^2 + y^2 = 4$ et $x \geq 1$.

9. Un tee de golf a approximativement les dimensions du solide de révolution obtenu en faisant tourner, autour de l'axe x, la région fermée comprise entre $f(x)$, $g(x)$ et l'axe x, où

$$f(x) = \begin{cases} 0,4x & \text{si} \quad 0 \leq x < 0,5 \\ 0,20 & \text{si} \quad 0,5 \leq x < 4 \\ 0,20(x^2 - 7x + 13) & \text{si} \quad 4 \leq x < 5 \\ 0,6 & \text{si} \quad 5 \leq x \leq 5,3 \end{cases}$$

et $g(x) = 2(x - 5)$ si $5 \leq x \leq 5,3$.

Si x, $f(x)$ et $g(x)$ sont mesurées en centimètres, déterminer le volume du tee.

5.2 Volume de solides de section connue

Plus précisément, l'élève sera en mesure de :

- calculer le volume d'un solide en utilisant la méthode du découpage en tranches.

Objectif d'apprentissage

À la fin de cette section, l'élève pourra calculer le volume de solides de section connue.

Nous verrons dans cette section une méthode permettant de calculer le volume V d'un solide qui n'est pas obtenu par la révolution d'une région autour d'un axe.

Cette méthode consiste à découper le solide en minces tranches, appelées *sections*, d'épaisseur E, à l'aide de plans perpendiculaires à un axe. Il suffit alors d'évaluer le volume ΔV_i de chaque section et de calculer la somme des volumes de toutes ces sections.

Ainsi $\Delta V_i \approx$ (aire d'une section) • (épaisseur de la section),
en particulier pour des sections perpendiculaires…

…à l'axe x, nous avons

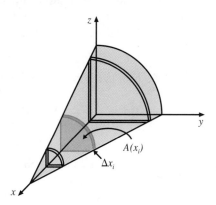

…à l'axe y, nous avons

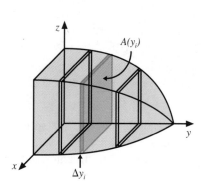

$$\Delta V_i \approx A(x_i)\ \Delta x_i\ ;$$

ainsi $V = \displaystyle\lim_{(\max\ \Delta x_i)\to 0} \sum_{i=1}^{n} A(x_i)\ \Delta x_i,$

d'où, par définition de l'intégrale définie, nous avons

$$V = \int_{a}^{b} A(x)\ dx \text{ si } x \in [a, b].$$

$$\Delta V_i \approx A(y_i)\ \Delta y_i\ ;$$

ainsi $V = \displaystyle\lim_{(\max\ \Delta y_i)\to 0} \sum_{i=1}^{n} A(y_i)\ \Delta y_i,$

d'où, par définition de l'intégrale définie, nous avons

$$V = \int_{c}^{d} A(y)\ dy \text{ si } y \in [c, d].$$

➤ *Exemple 1*   Calculons le volume d'un solide dont la base est la région délimitée par $y = (x - 2)^2$, $y = 0$, $x = 0$ et $x = 2$, où chaque section plane perpendiculaire à l'axe x est un demi-cercle dont le diamètre appartient à la base du solide.

Représentons graphiquement, dans $\mathbb{R}^2$, la base du solide, ainsi que dans $\mathbb{R}^3$, une section du solide ainsi que le solide.

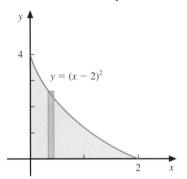 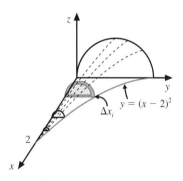

Volume de la section $\approx$ (aire du demi-cercle) $\cdot$ (épaisseur de la section)

$$\Delta V_i \approx \frac{1}{2}\pi \left(\frac{y_i}{2}\right)^2 \cdot \Delta x_i \qquad \left(\text{car le rayon du demi-cercle est égal à } \frac{y_i}{2}\right)$$

$$\approx \frac{\pi y_i^2}{8}\ \Delta x_i$$

Ainsi $V = \displaystyle\int_{0}^{2} \frac{\pi y^2}{8}\ dx$

$$= \frac{\pi}{8} \int_{0}^{2} ((x-2)^2)^2\ dx \quad (\text{car } y = (x-2)^2)$$

$$= \frac{\pi}{8} \left.\frac{(x-2)^5}{5}\right|_{0}^{2}$$

$$= \frac{4\pi}{5}, \text{ donc } \frac{4\pi}{5}\ u^3.$$

➤ *Exemple 2*   Calculons le volume d'un solide dont la base est un cercle de rayon 3 et dont toute section plane perpendiculaire à l'axe y est un triangle équilatéral.

Représentons le solide ainsi qu'une section.

Volume de la section ≈ (aire du triangle) · (épaisseur de la section)

$$\Delta V \approx \frac{2xh}{2} \cdot \Delta y$$

$$\approx x\sqrt{3}x\,\Delta y$$
(car $h = \sqrt{3}x$, par Pythagore).

Ainsi $V = \displaystyle\int_{-3}^{3} \sqrt{3}x^2\,dy$

$$= \sqrt{3}\int_{3}^{3} (9 - y^2)\,dy \quad (\text{car } x^2 + y^2 = 9)$$

$$= 36\sqrt{3}, \text{ donc } 36\sqrt{3} \text{ u}^3.$$

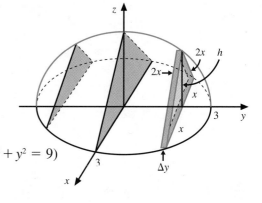

Nous procédons de façon analogue lorsque les sections sont perpendiculaires à l'axe z.

➤ *Exemple 3*   Calculons le volume d'une pyramide de hauteur 8 et de base carrée de côté 6.

Représentons la pyramide ainsi qu'une section.

Calculons le volume de la section.

$$\Delta V \approx (\text{aire d'une section}) \cdot (\text{épaisseur de la section})$$

$$\Delta V \approx (2x \cdot 2y) \cdot \Delta z$$

$$\approx 4x^2\,\Delta z \quad (\text{car } y = x),$$

d'où $V = \displaystyle\int_{0}^{8} 4x^2\,dz.$

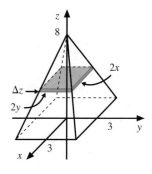

Trouvons la relation entre la variable x et la variable z, à l'aide des triangles semblables ci-contre.

Nous avons $\dfrac{x}{3} = \dfrac{8 - z}{8}$,

donc $\quad x = \dfrac{3(8 - z)}{8}.$

Ainsi $V = \displaystyle\int_{0}^{8} 4\left[\frac{3(8 - z)}{8}\right]^2 dz$

$$= \frac{-3(8 - z)^3}{16}\Big|_{0}^{8}$$

$$= 96, \text{ donc } 96 \text{ u}^3.$$

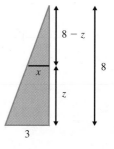

➤ *Exemple 4*   Une entaille est pratiquée à l'aide de deux plans dans un cylindre circulaire droit dont le rayon est de 9 cm. Le premier plan est parallèle à la base du cylindre et le second fait un angle de 30° avec la base. Les deux plans se coupent suivant une droite passant par le centre du cylindre. Calculons le volume de l'entaille.

Représentons le solide ainsi qu'une section.

Calculons le volume de chaque section.

$\Delta V \approx$ (aire d'un triangle) $\cdot$ (épaisseur de la section)

$$\approx \frac{y \cdot h}{2} \cdot \Delta x$$

$$\approx \frac{y \, y \tan 30°}{2} \cdot \Delta x \quad \left(\text{car } \tan 30° = \frac{h}{y} \right).$$

Ainsi $V = \displaystyle\int_{-9}^{9} \frac{y^2 \tan 30°}{2} \, dx$

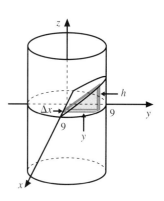

$$= \frac{\tan 30°}{2} \int_{-9}^{9} (81 - x^2) \, dx \quad (\text{car } x^2 + y^2 = 81)$$

$$= 486 \tan 30°$$

$$\approx 280,6, \text{ donc environ } 280,6 \text{ cm}^3.$$

Exercices 5.2

1. La base d'un solide est la région fermée du plan XY délimitée par la courbe $y = x^2$, $y = 0$ et $x = 4$. Chaque section du solide, dans un plan perpendiculaire à l'axe x, est un demi-cercle dont le diamètre appartient à la base du solide. Représenter graphiquement la base et une section du solide, et calculer son volume.

2. La base d'un solide est la région fermée du plan XY délimitée par la courbe $y = 2x$, l'axe y et la droite $y = 6$. Chaque section du solide, dans un plan perpendiculaire à l'axe y, est un carré dont l'un des côtés appartient à la base du solide. Représenter graphiquement la base, le solide et une section du solide, et calculer son volume.

3. La base d'un solide est la région fermée du plan XY délimitée par la courbe $y = x^2$, l'axe x et la droite $x = 2$. Chaque section du solide est un carré dont un des côtés appartient à la base du solide. Calculer le volume du solide lorsque chaque section du solide est dans un plan perpendiculaire

a) à l'axe x;   b) à l'axe y.

4. La base d'un solide est située dans le premier quadrant et est limitée par les axes et la droite d'équation $2x + 6y = 12$. Calculer le volume du solide si toute section plane, perpendiculaire à l'axe x, est

a) un demi-cercle;   b) un carré;

c) un triangle dont la hauteur égale 3 fois la base.

5. La base d'un solide, située dans le premier quadrant, est limitée par les axes et par le cercle $x^2 + y^2 = 9$. Calculer le volume du solide si toute section plane, perpendiculaire à l'axe y, est

a) un demi-cercle;   b) un carré.

6. Un solide possède une base circulaire de rayon 4. Chaque section plane perpendiculaire à un diamètre fixe est un triangle rectangle isocèle. Calculer le volume du solide lorsque

a) un des côtés égaux est situé dans la base du solide;

b) l'hypoténuse est située dans la base du solide.

7. La base d'un solide est la région fermée délimitée par $y_1 = x^2$ et $y_2 = 2x$. Chaque section plane perpendiculaire est un rectangle dont la hauteur est le double de la base qui est située dans la base du solide.

Représenter graphiquement la base et une section du solide, et calculer son volume lorsque toute section plane est perpendiculaire

a) à l'axe x;   b) à l'axe y.

8. a) Exprimer à l'aide d'une intégrale définie le volume d'une pyramide à base carrée dont le côté mesure a et dont la hauteur mesure h. Calculer ce volume.

b) Déterminer le volume de la pyramide de Chéops si sa hauteur est approximativement 147 mètres et sa base, 230 mètres.

9. La base d'un solide est la région fermée délimitée par le demi-cercle défini par l'équation $x^2 + y^2 = 9$, où $y \geq 0$, et l'axe x. Chaque section du solide est un demi-cercle dont le diamètre appartient à la base du solide. Calculer le volume du solide lorsque chaque section du solide est dans un plan perpendiculaire

a) à l'axe x ;

b) à l'axe y.

c) Identifier le solide obtenu en b).

10. Soit un solide tel que toute section plane perpendiculaire à l'axe y est un cercle. Calculer le volume de ce solide et identifier ce dernier si possible, lorsque le diamètre de chaque cercle a ses extrémités situées

a) sur les droites $y = 3x - 3$ et $y = -3x + 21$ lorsque $y \in [0, 9]$;

b) sur le cercle $(x - 3)^2 + (y - 3)^2 = 9$.

11. Une entaille est pratiquée dans un cylindre de rayon R, à l'aide de deux plans qui se coupent suivant une droite passant par le centre du cylindre.

a) Calculer le volume de l'entaille si le premier plan est parallèle à la base du cylindre et le second plan fait un angle de $\alpha°$ avec la base.

b) Déterminer l'angle α nécessaire pour obtenir une entaille de volume égal à 2000 cm³ si le rayon du cylindre est de 15 cm.

5.3 Longueur de courbes

Objectif d'apprentissage

À la fin de cette section, l'élève pourra calculer la longueur d'une courbe plane.

Plus précisément, l'élève sera en mesure :

- de démontrer des formules permettant de calculer la longueur de courbes planes ;
- d'utiliser les formules précédentes ;
- d'évaluer la longueur de courbes définies à l'aide d'équations paramétriques.

Une méthode utilisée par les Grecs pour estimer la longueur de la circonférence d'un cercle consistait à inscrire, dans le cercle, un polygone de n côtés et à calculer son périmètre. Il est facile de constater que plus n est grand, plus le périmètre du polygone s'approche de la longueur de la circonférence du cercle.

Nous utilisons un processus analogue pour démontrer des formules permettant de calculer la longueur de courbes planes.

Longueur de courbes planes

THÉORÈME 1

Soit une fonction f, telle que f' est continue sur $[a, b]$. La longueur L de la courbe joignant les points $R(a, f(a))$ et $S(b, f(b))$ est donnée par

$$L = \int_a^b \sqrt{1 + (f'(x))^2} \, dx, \text{ ou par}$$

$$L = \int_a^b \sqrt{1 + \left(\frac{dy}{dx}\right)^2} \, dx \quad \text{(notation de Leibniz)}.$$

Preuve Soit $P = \{x_0, x_1, x_2, ..., x_n\}$, une partition de $[a, b]$ et $P_i(x_i, y_i)$, les points correspondants sur la courbe de f.

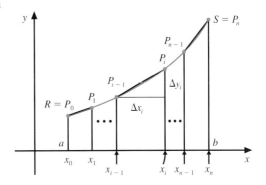

La distance entre P_{i-1} et P_i est donnée par $\overline{P_{i-1} P_i} = \sqrt{(\Delta x_i)^2 + (\Delta y_i)^2}$ et la longueur approximative ΔL_i de l'arc $P_{i-1} P_i$ est donnée par $\Delta L_i \approx \sqrt{(\Delta x_i)^2 + (\Delta y_i)^2}$, où $\Delta y_i = f(x_i) - f(x_{i-1})$.

Étant donné que f est continue et dérivable sur $[a, b]$, f possède les mêmes propriétés sur chaque $[x_{i-1}, x_i]$; ainsi, par le théorème de Lagrange, il existe un nombre $c_i \in]x_{i-1}, x_i[$ tel que $f(x_i) - f(x_{i-1}) = f'(c_i)(x_i - x_{i-1})$,

ainsi $\hspace{3cm} \Delta y_i = f'(c_i) \, \Delta x_i$.

Donc $\Delta L_i \approx \sqrt{(\Delta x_i)^2 + (f'(c_i) \, \Delta x_i)^2}$

$\hspace{1.5cm} \approx \sqrt{[1 + (f'(c_i))^2] \, (\Delta x_i)^2}$

$\hspace{1.5cm} \approx \sqrt{1 + (f'(c_i))^2} \, \Delta x_i$.

Ainsi $\quad L = \lim_{(\max \Delta x_i) \to 0} \sum_{i=1}^{n} \sqrt{1 + (f'(c_i))^2} \, \Delta x_i$

$\hspace{1.8cm} = \int_a^b \sqrt{1 + (f'(x))^2} \, dx \quad$ (par définition de l'intégrale définie).

➤ *Exemple 1* Calculons la longueur de la courbe d'équation $y = 1 + x^{\frac{3}{2}}$, où $x \in [0, 4]$.

En calculant $\dfrac{dy}{dx}$, nous obtenons $\dfrac{dy}{dx} = \dfrac{3x^{\frac{1}{2}}}{2}$. Cette fonction est définie $\forall x \in [0, 4]$.

Représentons graphiquement la courbe et calculons L.

$$L = \int_0^4 \sqrt{1 + \left(\frac{dy}{dx}\right)^2}\, dx \quad \text{(théorème 1)}$$

$$= \int_0^4 \sqrt{1 + \left(\frac{3}{2}x^{\frac{1}{2}}\right)^2}\, dx$$

$$= \int_0^4 \sqrt{1 + \frac{9}{4}x}\, dx$$

$$= \frac{8}{27}\left(1 + \frac{9}{4}x\right)^{\frac{3}{2}}\Bigg|_0^4$$

$\approx 9{,}07$, donc environ 9,07 u.

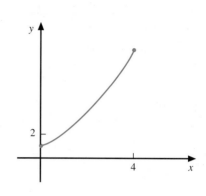

Dans certains cas, il peut être avantageux, ou même essentiel, d'exprimer x en fonction de y.

La longueur L de la courbe est alors donnée par

$$L = \int_c^d \sqrt{1 + \left(\frac{dx}{dy}\right)^2}\, dy.$$

► *Exemple 2*   Calculons la longueur de la courbe d'équation $y = 4x^{\frac{2}{3}}$ si $x \in [-1, 8]$.

En calculant $\dfrac{dy}{dx}$, nous obtenons $\dfrac{dy}{dx} = \dfrac{8}{3x^{\frac{1}{3}}}$. Cette fonction n'est pas définie en

$x = 0$, où $0 \in [-1, 8]$.

Dans ce cas, il faut exprimer x en fonction

de y, ainsi $x = \pm\, \dfrac{y^{\frac{3}{2}}}{8}$.

Représentation graphique

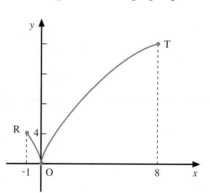

Soit L_1 la longueur de la courbe de R à O et L_2, la longueur de la courbe de O à T.

Sur RO, $0 \le y \le 4$ et $x = \dfrac{-y^{\frac{3}{2}}}{8}$, d'où $\dfrac{dx}{dy} = \dfrac{-3y^{\frac{1}{2}}}{16}$.

Sur OT, $0 \le y \le 16$ et $x = \dfrac{y^{\frac{3}{2}}}{8}$, d'où $\dfrac{dx}{dy} = \dfrac{3y^{\frac{1}{2}}}{16}$.

Ainsi la longueur L de la courbe est donnée par

$$L = L_1 + L_2$$

$$= \int_0^4 \sqrt{1 + \frac{9y}{256}}\, dy + \int_0^{16} \sqrt{1 + \frac{9y}{256}}\, dy$$

$$= \frac{512}{27}\left(1 + \frac{9y}{256}\right)^{\frac{3}{2}} \Big|_0^4 + \frac{512}{27}\left(1 + \frac{9y}{256}\right)^{\frac{3}{2}} \Big|_0^{16}$$

$$\approx 22{,}21, \text{ donc environ } 22{,}21 \text{ u.}$$

Équations paramétriques

Définition	Lorsque les coordonnées (x, y) d'un point P appartenant à une courbe sont exprimées en fonction d'une troisième variable, à l'aide d'équations de la forme $x = f(t)$ et $y = g(t)$, où $t \in [a, b]$, nous appelons ces équations les **équations paramétriques** de la courbe et t est le **paramètre**.

➤ *Exemple 1* Représentons graphiquement la courbe définie par les équations paramétriques $x = 3t + 1$ et $y = 6t + 5$, où $t \in [-1, 2]$.

Complétons le tableau suivant en donnant des valeurs à t et en calculant la valeur correspondante pour x et y.

Représentation graphique

t	$x = 3t + 1$	$y = 6t + 5$
-1	-2	-1
0	1	5
$\frac{1}{3}$	2	7
1	4	11
2	7	17

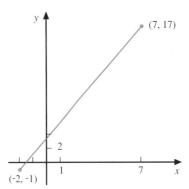

Remarque Il est possible dans certains cas de trouver une relation entre x et y en éliminant la variable t. Dans l'exemple précédent, en isolant t de l'équation $x = 3t + 1$, nous trouvons $t = \frac{x - 1}{3}$; en remplaçant t par cette valeur dans l'équation $y = 6t + 5$, nous trouvons $y = 6\left(\frac{x - 1}{3}\right) + 5$, ainsi $y = 2x + 3$, où $x \in [-2, 7]$.

Énonçons maintenant un théorème permettant de calculer la longueur d'une courbe définie à l'aide des équations paramétriques $x = f(t)$ et $y = g(t)$, où $t \in [a, b]$.

THÉORÈME 2

Soit une courbe définie par $x = f(t)$ et $y = g(t)$, où f' et g' sont continues, $\forall t \epsilon [a, b]$. La longueur L de la courbe joignant les points $(f(a), g(a))$ et $(f(b), g(b))$ est donnée par

$$L = \int_a^b \sqrt{(f'(t))^2 + (g'(t))^2}\, dt,\ \text{ou par}$$

$$L = \int_a^b \sqrt{\left(\frac{dx}{dt}\right)^2 + \left(\frac{dy}{dt}\right)^2}\, dt \quad \text{(notation de Leibniz)}.$$

Preuve Soit $P = \{t_0, t_1, t_2, ..., t_n\}$ une partition de $[a, b]$. De façon analogue à la démonstration précédente,

nous avons $\Delta L_i \approx \sqrt{(\Delta x_i)^2 + (\Delta y_i)^2}$ et en appliquant le théorème de Lagrange aux fonctions f et g sur $[t_{i-1}, t_i]$, nous obtenons

$$\Delta x_i = f'(c_i)\, \Delta t_i \text{ où } c_i \epsilon\ ]t_{i-1}, t_i[$$

et $\Delta y_i = g'(d_i)\, \Delta t_i$ où $d_i \epsilon\ ]t_{i-1}, t_i[$

Donc $\Delta L_i \approx \sqrt{(f'(c_i)\, \Delta t_i)^2 + (g'(d_i)\, \Delta t_i)^2}$

$$\approx \sqrt{(f'(c_i))^2 + (g'(d_i))^2}\, \Delta t_i$$

Ainsi $L = \displaystyle\lim_{(\max \Delta t_i)\to 0} \sum_{i=1}^n \sqrt{(f'(c_i))^2 + (g'(d_i))^2}\, \Delta t_i$

$$= \int_a^b \sqrt{(f'(t))^2 + (g'(t))^2}\, dt \quad \text{(par définition de l'intégrale définie)}$$

▶ *Exemple 2* Calculons, à l'aide de la formule précédente, la longueur de la circonférence d'un cercle de rayon r.

L'équation de ce cercle est $x^2 + y^2 = r^2$ et, sous forme paramétrique, $x = r \cos \theta$ et $y = r \sin \theta$, où $\theta \epsilon [0, 2\pi]$ est le paramètre.

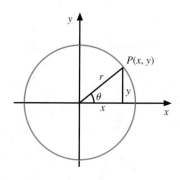

Ainsi $\dfrac{dx}{d\theta} = -r \sin \theta$ et $\dfrac{dy}{d\theta} = r \cos \theta$,

donc $L = \displaystyle\int_0^{2\pi} \sqrt{(-r \sin \theta)^2 + (r \cos \theta)^2}\, d\theta$

$$= \int_0^{2\pi} \sqrt{r^2(\sin^2 \theta + \cos^2 \theta)}\, d\theta$$

$$= \int_0^{2\pi} r\, d\theta$$

$$= r\theta \Big|_0^{2\pi}$$

$$= 2\pi r, \text{ donc } 2\pi r \text{ u.}$$

Exercices 5.3

1. Déterminer l'intégrale définie (sans l'évaluer) donnant la longueur de l'arc de courbe.

a) $y = x^3 + x$, où $x \in [0, 2]$

b) $x = ye^y$, où $y \in [-1, 1]$

c) $x = 4 \cos 2\theta$, $y = 3 \sin 4\theta$, où $\theta \in [-\pi, 0]$

2. Soit $y = x^3 + 1$, où $x \in [1, 2]$, et les équations paramétriques correspondantes $x = t^2 + 1$ et $y = t^6 + 3t^4 + 3t^2 + 2$, où $t \geq 0$.

Déterminer l'intégrale définie (sans l'évaluer) donnant la longueur de l'arc de courbe en fonction

a) de la variable x ;

b) de la variable y ;

c) de la variable t.

3. Déterminer la longueur des courbes suivantes sur l'intervalle donné.

a) $3x - 4y + 1 = 0$, où $y \in [-1, 5]$

b) $y = \ln \cos x$, où $x \in \left[0, \dfrac{\pi}{4}\right]$

c) $9x^2 = 16y^3$, où $x \in [0, 4\sqrt{3}]$

d) $y = \dfrac{(x^2 + 2)^{\frac{3}{2}}}{3}$, où $x \in [-2, 4]$

e) $y = \ln x$, où $x \in [\sqrt{3}, \sqrt{15}]$

f) $x = \dfrac{y^4}{4} + \dfrac{1}{8y^2}$, où $y \in [1, 3]$.

4. Soit la courbe définie par l'équation $y^2 = x^3$. Donner l'esquisse de cette courbe lorsque $-1 \leq y \leq 8$ et déterminer la longueur de cette courbe.

5. Donner l'esquisse de la courbe définie par les équations paramétriques suivantes.

a) $x = t - 2$, $y = 5 - 2t$; $t \in [-1, 5[$

b) $x = t - 1$, $y = t^2 - 2t$; $t \in [-2, 3]$

c) $x = 3 \cos t$, $y = 3 \sin t$; $t \in [0, 2\pi]$

d) $x = 5 \cos \theta$, $y = 3 \sin \theta$; $\theta \in [0, 2\pi]$

6. Déterminer la longueur des courbes suivantes sur l'intervalle donné.

a) $x = 3t + 1$, $y = 1 - 4t$; $t \in [-2, 3]$

b) $x = \sin^2 \theta$, $y = \cos^2 \theta$; $\theta \in \left[0, \dfrac{\pi}{2}\right]$

c) $x = 3t$, $y = \dfrac{4t^{\frac{3}{2}}}{3}$; $t \in [0, 4]$

d) $x = \sin t - \cos t$, $y = \sin t + \cos t$; $t \in \left[0, \dfrac{\pi}{2}\right]$

7. La forme générale de l'équation d'un arc de courbe appelé *chaînette* est donnée par

$$f(x) = \dfrac{a\left(e^{\frac{x}{a}} + e^{\frac{x}{a}}\right)}{2}.$$

a) Représenter graphiquement la chaînette définie par $f(x) = \dfrac{5\left(e^{\frac{x}{5}} + e^{\frac{x}{5}}\right)}{2}$ lorsque $-5 \leq x \leq 5$.

b) Calculer la longueur de cette chaînette.

8. Déterminer la longueur de la courbe ci-contre, appelée *astroïde*, définie par $x = a \cos^3 t$ et $y = a \sin^3 t$.

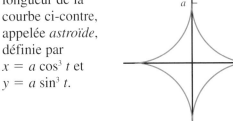

9. D'un tertre de départ, plus haut de 11 mètres que le vert, un golfeur frappe une balle qui suit une trajectoire d'équation $y = 25 - 0,01x^2$ et dont la représentation est donnée dans le graphique ci-dessous. Déterminer la longueur de la trajectoire de la balle.

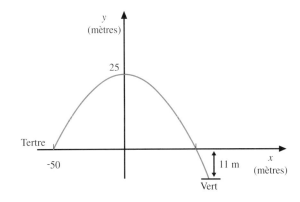

5.4 Aire de surfaces de révolution

Objectif d'apprentissage

À la fin de cette section, l'élève pourra calculer l'aire d'une surface de révolution engendrée par la rotation d'une courbe autour d'un axe.

Plus précisément, l'élève sera en mesure:

- de démontrer la formule permettant de calculer l'aire d'une surface de révolution;
- d'utiliser la formule précédente;
- d'évaluer l'aire d'une surface de révolution engendrée par la rotation d'une courbe définie à l'aide d'équations paramétriques.

Rappelons d'abord que, pour un tronc de cône de rayons r_1 et r_2, et d'apothème L, l'aire S de la surface latérale est donnée par $S = \pi(r_1 + r_2)L$.

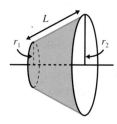

Aire d'une surface de révolution

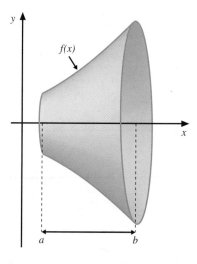

Nous voulons déterminer l'aire S de la surface engendrée par la rotation de la courbe, définie par $y = f(x)$, où $x \in [a, b]$, autour de l'axe x.

THÉORÈME 1

Soit une fonction f, telle que $f(x) \geq 0$ sur $[a, b]$ et telle que f' est continue sur $[a, b]$. L'aire S de la surface engendrée par la rotation de la courbe autour de l'axe x est donnée par

$$S = \int_a^b 2\pi f(x) \sqrt{1 + (f'(x))^2} \, dx, \text{ ou par}$$

$$S = \int_a^b 2\pi y \sqrt{1 + \left(\frac{dy}{dx}\right)^2} \, dx \quad \text{(notation de Leibniz).}$$

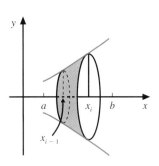

Preuve   Soit $P = \{x_0, x_1, \ldots x_{i-1}, x_i, \ldots x_n\}$, une partition de $[a, b]$ et ΔS_k, l'aire de la portion de surface de révolution engendrée par la rotation de la courbe comprise entre $x = x_{i-1}$ et $x = x_i$.

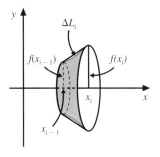

ΔS_i est approximativement égal à l'aire de la surface latérale d'un tronc de cône de rayons $r_1 = f(x_{i-1})$, $r_2 = f(x_i)$ et d'apothème $\Delta L_i = \sqrt{(\Delta x_i)^2 + (\Delta y_i)^2}$ où $\Delta x_i = x_i - x_{i-1}$ et $\Delta y_i = f(x_i) - f(x_{i-1})$,

donc $\Delta S_i \approx \pi[f(x_{i-1}) + f(x_i)] \sqrt{(\Delta x_i)^2 + (\Delta y_i)^2}$.

En appliquant le théorème de Lagrange, nous avons $\Delta y_i = f'(c_i) \Delta x_i$ où $c_i \in]x_{i-1}, x_i[$,

ainsi $\Delta S_i \approx \pi[f(x_{i-1}) + f(x_i)] \sqrt{1 + (f'(c_i))^2} \, \Delta x_i$.

Ainsi $S = \displaystyle\lim_{(\max \Delta x_i) \to 0} \sum_{i=1}^{n} \pi[f(x_{i-1}) + f(x_i)] \sqrt{1 + (f'(c_i))^2} \, \Delta x_i$

$= \displaystyle\int_a^b 2\pi f(x) \sqrt{1 + (f'(x))^2} \, dx$ (par définition de l'intégrale définie).

Remarque De façon générale $S = \displaystyle\int_m^n 2\pi R \, dL$, où $dL = \sqrt{(dx)^2 + (dy)^2}$ et R est la distance moyenne entre l'axe de rotation et l'élément d'arc de longueur approximativement égale à dL. Nous devons exprimer R et dL en fonction d'une seule variable et déterminer les bornes d'intégration m et n.

➤ *Exemple 1*   Soit $y = x^3$, où $x \in [1, 2]$. Calculons l'aire de la surface de révolution engendrée par la rotation de cette courbe autour de l'axe x. Représentons graphiquement la courbe et la surface de révolution.

$S = \displaystyle\int_1^2 2\pi y \sqrt{1 + \left(\frac{dy}{dx}\right)^2} \, dx \quad \left(\text{car } R = y \text{ et } dL = \sqrt{1 + \left(\frac{dy}{dx}\right)^2} \, dx \right)$

$= 2\pi \displaystyle\int_1^2 x^3 \sqrt{1 + (3x^2)^2} \, dx \quad \left(\text{car } y = x^3 \text{ et } \frac{dy}{dx} = 3x^2 \right)$

$= \dfrac{\pi}{27} (1 + 9x^4)^{\frac{3}{2}} \Big|_1^2$

$\approx 199{,}48$, donc environ $199{,}48 \; u^2$.

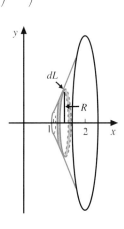

➤ *Exemple 2*   Calculons l'aire de la surface engendrée par la rotation de $y = x^2$ autour de l'axe y, où $1 \leq x \leq 3$. Représentons graphiquement la courbe et la surface de révolution.

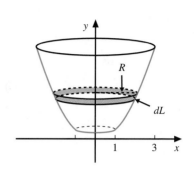

$$S = \int_1^3 2\pi x \sqrt{1 + \left(\frac{dy}{dx}\right)^2}\, dx$$

$$\left(\text{car } R = x \text{ et } dL = \sqrt{1 + \left(\frac{dy}{dx}\right)^2}\, dx\right)$$

$$= 2\pi \int_1^3 x \sqrt{1 + 4x^2}\, dx \quad \left(\text{car } \frac{dy}{dx} = 2x\right)$$

$$= \frac{\pi}{6}(1 + 4x^2)^{\frac{3}{2}}\ \Big|_1^3$$

$$\approx 111{,}99, \text{ donc environ } 111{,}99 \text{ u}^2.$$

➤ *Exemple 3*   Calculons l'aire de la surface engendrée par la rotation de $y = \sqrt{2x}$ autour de la droite $y = 5$ lorsque $1 \leq x \leq 8$. Représentons graphiquement la courbe et la surface de révolution.

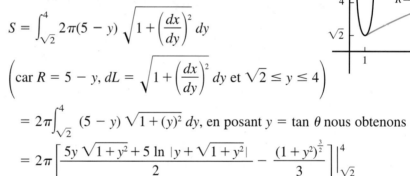

$$S = \int_{\sqrt{2}}^{4} 2\pi(5 - y) \sqrt{1 + \left(\frac{dx}{dy}\right)^2}\, dy$$

$$\left(\text{car } R = 5 - y,\ dL = \sqrt{1 + \left(\frac{dx}{dy}\right)^2}\, dy \text{ et } \sqrt{2} \leq y \leq 4\right)$$

$$= 2\pi \int_{\sqrt{2}}^{4} (5 - y) \sqrt{1 + (y)^2}\, dy, \text{ en posant } y = \tan\theta \text{ nous obtenons}$$

$$= 2\pi \left[\frac{5y \sqrt{1 + y^2} + 5 \ln |y + \sqrt{1 + y^2}|}{2} - \frac{(1 + y^2)^{\frac{3}{2}}}{3} \right] \Big|_{\sqrt{2}}^{4}$$

$$\approx 99{,}6, \text{ donc environ } 99{,}6 \text{ u}^2.$$

Remarque Il est parfois préférable d'exprimer les variables x et y à l'aide d'équations paramétriques lorsque nous voulons calculer l'aire d'une surface de révolution. Dans ce cas, lorsque t est le paramètre, l'équation

$$dL = \sqrt{(dx)^2 + (dy)^2} \text{ devient}$$

$$dL = \sqrt{\left(\frac{dx}{dt}\right)^2 + \left(\frac{dy}{dt}\right)^2}\, dt.$$

➤ *Exemple 4*   Calculons l'aire de la sphère de rayon r engendrée par la rotation autour de l'axe x de la partie supérieure du cercle d'équation $x^2 + y^2 = r^2$.

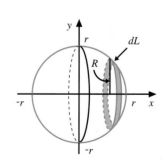

Représentons graphiquement la courbe et la surface de révolution.

En exprimant x et y à l'aide d'équations paramétriques, nous obtenons $x = r \cos t$ et $y = r \sin t$, où $0 \leq t \leq \pi$. Ainsi

$$S = \int_0^\pi 2\pi y \sqrt{\left(\frac{dx}{dt}\right)^2 + \left(\frac{dy}{dt}\right)^2}\, dt \quad \left(\text{car } R = y \text{ et } dL = \sqrt{\left(\frac{dx}{dt}\right)^2 + \left(\frac{dy}{dt}\right)^2}\, dt\right)$$

$$= 2\pi \int_0^\pi r \sin t \sqrt{(\text{-}r \sin t)^2 + (r \cos t)^2}\, dt$$

$$= 2\pi r \int_0^\pi \sin t \sqrt{r^2 (\sin^2 t + \cos^2 t)}\, dt$$

$$= 2\pi r^2 \int_0^\pi \sin t\, dt$$

$$= 2\pi r^2 (\text{-}\cos t)\Big|_0^\pi = 4\pi r^2, \text{ donc } 4\pi r^2 \text{ u}^2.$$

Exercices 5.4

1. Donner la formule déterminant l'aire de la surface engendrée par la rotation de la courbe strictement croissante, définie par $y = f(x)$ ou par $x = g(y)$ joignant les points (a, c) et (b, d), autour de l'axe de rotation donné en fonction de la variable demandée, si f' et g' sont continues.

a) Autour de l'axe x en fonction de x.

b) Autour de l'axe x en fonction de y.

c) Autour de l'axe y en fonction de x.

d) Autour de l'axe y en fonction de y.

e) Autour de $y = k_1$, $k_1 < c$ en fonction de x.

f) Autour de $x = k_2$, $k_2 > b$ en fonction de x.

2. Calculer l'aire de la surface engendrée par la rotation de la courbe autour de l'axe donné sur l'intervalle indiqué.

a) $y = 3x$ autour de l'axe x, si $x \in [2, 5]$.

b) $y = 3x$ autour de l'axe y, si $x \in [2, 5]$.

c) $y = 3x$ autour de $y = 21$, si $x \in [2, 5]$.

d) $y = x^{\frac{1}{3}}$ autour de l'axe y, si $8 \leq x \leq 27$.

e) $y = \dfrac{2x^{\frac{3}{2}}}{3} - \dfrac{x^{\frac{1}{2}}}{2}$ autour de l'axe x, si $x \in [1, 3]$.

f) $x = \sqrt{y}$ autour de l'axe y, si $0 \leq y \leq 9$.

3. Calculer l'aire de la surface engendrée par la rotation de la courbe autour de l'axe donné sur l'intervalle indiqué.

a) $x = 5 + \sin t$, $y = 3 + \cos t$ autour de l'axe x, si $t \in [0, 2\pi]$.

b) $x = 5 + \sin t$, $y = 3 + \cos t$ autour de l'axe y, si $t \in [0, 2\pi]$.

c) $x = 5 + \sin t$, $y = 3 + \cos t$ autour de $x = 7$, si $t \in [0, 2\pi]$.

d) $x = 3t$, $y = 2t^2 + 4$ autour de l'axe y, si $t \in [0, 1]$.

4. Soit $y = 4x$, où $x \in [0, 3]$.

a) Représenter graphiquement la surface engendrée par la rotation de cette courbe autour de l'axe y, identifier cette surface de révolution et calculer son aire.

b) Représenter graphiquement la surface engendrée par la rotation de cette courbe autour de l'axe x, identifier cette surface de révolution et calculer son aire.

5. Démontrer, en utilisant la méthode de surface de révolution, que l'aire S de la surface latérale d'un cône de rayon r et de hauteur h est donnée par $S = \pi r L$, où $L = \sqrt{r^2 + h^2}$.

6. Calculer l'aire de la *calotte*, c'est-à-dire la surface engendrée par la rotation, autour de l'axe x, de la portion supérieure de cercle d'équation $x^2 + y^2 = 4$ lorsque $x \in [1, 2]$. Représenter graphiquement.

7. Calculer l'aire de la surface engendrée par la partie supérieure de l'astroïde définie par $x = a \cos^3 t$ et $y = a \sin^3 t$ tournant autour de l'axe x. Représenter graphiquement.

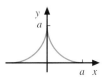

5.5 Intégrales impropres

Objectif d'apprentissage

À la fin de cette section, l'élève pourra évaluer des intégrales impropres.

Plus précisément, l'élève sera en mesure :

- de déterminer si une intégrale donnée est une intégrale impropre ;
- d'évaluer des intégrales impropres lorsque f tend vers l'infini pour une ou plusieurs valeurs de l'intervalle $[a, b]$;
- d'évaluer des intégrales impropres lorsqu'au moins une des bornes d'intégration est infinie ;
- d'utiliser le théorème du test de comparaison pour les intégrales impropres.

Jusqu'à maintenant, nous avons calculé des intégrales définies de la forme $\int_a^b f(x)\, dx$, pour des fonctions continues sur $[a, b]$.

Dans cette section, nous étendrons le concept d'intégrale définie à des fonctions qui tendent vers $\pm\infty$ pour une ou plusieurs valeurs d'un intervalle I quelconque et à des fonctions continues sur des intervalles infinis.

Définition

L'intégrale $\int_a^b f(x)\, dx$ est une **intégrale impropre** si

1) f tend vers $\pm\infty$ en une ou plusieurs valeurs de l'intervalle $[a, b]$

ou

2) au moins une des bornes d'intégration est infinie.

➤ *Exemple 1* $\int_0^1 \dfrac{1}{x}\, dx$ est une intégrale impropre, car $\dfrac{1}{x}$ tend vers $+\infty$ lorsque $x \to 0^+$ et $0 \in [0, 1]$.

➤ *Exemple 2* $\int_1^5 \dfrac{-1}{(x-2)^2}\, dx$ est une intégrale impropre, car $\dfrac{-1}{(x-2)^2}$ tend vers $-\infty$ lorsque $x \to 2$ et $2 \in [1, 5]$.

➤ *Exemple 3* $\int_3^{+\infty} (5+x)^2\, dx$ est une intégrale impropre, car une des bornes d'intégration est infinie.

Intégrales de fonctions tendant vers $\pm\infty$

1er cas

Définition

Lorsque f est continue sur $[a, b[$ et $\lim\limits_{x \to b^-} f(x) = \pm\infty$, alors

$$\int_a^b f(x)\, dx = \lim_{t \to b^-} \int_a^t f(x)\, dx, \text{ si la limite existe.}$$

➤ *Exemple 1*   Calculons $\displaystyle\int_0^1 \frac{1}{\sqrt{1 - x^2}}\, dx$, qui correspond à l'aire de la région délimitée par la courbe de l'intégrande, l'axe x, $x = 0$ et $x = 1$.

Puisque $\displaystyle\lim_{x \to 1^-} \frac{1}{\sqrt{1 - x^2}} = +\infty$, alors

$$\int_0^1 \frac{1}{\sqrt{1 - x^2}}\, dx = \lim_{t \to 1^-} \int_0^t \frac{1}{\sqrt{1 - x^2}}\, dx \quad \text{(par définition)}$$

$$= \lim_{t \to 1^-} \left[\text{Arc sin } x \Big|_0^t \right] \quad \text{(en intégrant)}$$

$$= \lim_{t \to 1^-} [\text{Arc sin } t - \text{Arc sin } 0]$$

$$= \text{Arc sin } 1 \quad \text{(en évaluant la limite)}$$

$$= \frac{\pi}{2}.$$

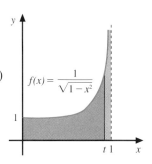

Ainsi, l'aire de la région ci-dessus est égale à $\dfrac{\pi}{2}$ u², même si la région n'est pas fermée.

➤ *Exemple 2*   Calculons $\displaystyle\int_0^4 \frac{-1}{(4 - x)^2}\, dx$.

Puisque $\displaystyle\lim_{t \to 4^-} \frac{-1}{(4 - x)^2} = -\infty$, alors

$$\int_0^4 \frac{-1}{(4 - x)^2}\, dx = \lim_{t \to 4^-} \int_0^t \frac{-1}{(4 - x)^2}\, dx \quad \text{(par définition)}$$

$$= \lim_{t \to 4^-} \left[\frac{-1}{4 - x} \Big|_0^t \right] \quad \text{(en intégrant)}$$

$$= \lim_{t \to 4^-} \left[\frac{-1}{(4 - t)} + \frac{1}{4} \right]$$

$$= -\infty \quad \text{(en évaluant la limite)}.$$

Définitions

1) L'intégrale impropre est **convergente** si la limite définissant cette intégrale existe et est finie.

2) L'intégrale impropre est **divergente** si la limite définissant cette intégrale n'existe pas ou est infinie.

Dans l'exemple 1 précédent, l'intégrale impropre est convergente et dans l'exemple 2 précédent, l'intégrale impropre est divergente.

2ᵉ cas

Définition

Lorsque f est continue sur $]a, b]$ et $\displaystyle\lim_{x \to a^+} f(x) = \pm\infty$, alors

$$\int_a^b f(x)\, dx = \lim_{s \to a^+} \int_s^b f(x)\, dx, \text{ si la limite existe.}$$

➤ *Exemple 3*   Calculons $\int_0^1 \dfrac{1}{x}\,dx$, qui correspond à l'aire de la région délimitée par la courbe de l'intégrande, l'axe x, $x = 0$ et $x = 1$.

Puisque $\lim\limits_{x \to 0^+} \dfrac{1}{x} = +\infty$, alors

$$\int_0^1 \frac{1}{x}\,dx = \lim_{s \to 0^+} \int_s^1 \frac{1}{x}\,dx \quad \text{(par définition)}$$

$$= \lim_{s \to 0^+} \left[\ln x \, \Big|_s^1 \right]$$

$$= \lim_{s \to 0^+} [\ln 1 - \ln s]$$

$$= +\infty.$$

De plus, $\int_0^1 \dfrac{1}{x}\,dx$ est une intégrale divergente.

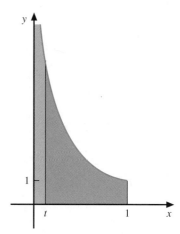

Ainsi, l'aire de la région ci-dessus est infinie.

3ᵉ cas

Définition

Lorsque f est continue sur $]a, b[$, $\lim\limits_{x \to a^+} f(x) = \pm\infty$ et $\lim\limits_{x \to b^-} f(x) = \pm\infty$, alors

$$\int_a^b f(x)\,dx = \lim_{s \to a^+} \int_s^c f(x)\,dx + \lim_{t \to b^-} \int_c^t f(x)\,dx, \text{ où } c \in \,]a, b[, \text{ si les limites existent.}$$

Remarque $\int_a^b f(x)\,dx$ est convergente si chacune des intégrales du membre de droite est convergente. Si l'une des intégrales du membre de droite est divergente, alors $\int_a^b f(x)\,dx$ est divergente.

➤ *Exemple 4*   Calculons $\int_0^2 \dfrac{5x - 6}{x(x - 2)}\,dx$ et déterminons si elle est convergente ou divergente.

Puisque $\lim\limits_{x \to 0^+} \dfrac{5x - 6}{x(x - 2)} = +\infty$ et $\lim\limits_{x \to 2^-} \dfrac{5x - 6}{x(x - 2)} = -\infty$, alors en choisissant $c = 1$, où $1 \in \,]0, 2[$, nous avons

$$\int_0^2 \frac{5x - 6}{x(x - 2)}\,dx = \lim_{s \to 0^+} \int_s^1 \frac{5x - 6}{x(x - 2)}\,dx + \lim_{t \to 2^-} \int_1^t \frac{5x - 6}{x(x - 2)}\,dx \quad \text{(par définition)}$$

$$= \lim_{s \to 0^+} \int_s^1 \left[\frac{3}{x} + \frac{2}{x - 2} \right] dx + \lim_{t \to 2^-} \int_1^t \left[\frac{3}{x} + \frac{2}{x - 2} \right] dx \text{ (en décomposant)}$$

$$= \lim_{s \to 0^+} \left[(3 \ln |x| + 2 \ln |x - 2|) \, \Big|_s^1 \right] + \lim_{t \to 2^-} \left[(3 \ln |x| + 2 \ln |x - 2|) \, \Big|_1^t \right]$$

$$= \lim_{s \to 0^+} [0 - (3 \ln s + 2 \ln |s-2|)] + \lim_{t \to 2^-} [(3 \ln t + 2 \ln |t-2|) - 0]$$

$$= [+\infty - 2 \ln 2] + [3 \ln 2 - \infty]$$

$$= +\infty - \infty.$$

Puisque chacune des intégrales du membre de droite est divergente, alors l'intégrale est divergente.

4ᵉ cas

Définition

Lorsque f est non continue en au moins une valeur $c \in]a, b[$ et $\lim_{x \to c^-} f(x) = \pm\infty$ ou $\lim_{x \to c^+} f(x) = \pm\infty$, alors

$$\int_a^b f(x)\,dx = \lim_{t \to c^-} \int_a^t f(x)\,dx + \lim_{s \to c^+} \int_s^b f(x)\,dx, \text{ si les limites existent.}$$

➤ *Exemple 5*   Calculons $\displaystyle\int_{-1}^8 \frac{1}{x^{\frac{1}{3}}}\,dx$ et déterminons si elle est convergente ou divergente.

Puisque $\displaystyle\lim_{x \to 0^-} \frac{1}{x^{\frac{1}{3}}} = -\infty$ et $\displaystyle\lim_{x \to 0^+} \frac{1}{x^{\frac{1}{3}}} = +\infty$, alors

$$\int_{-1}^8 \frac{1}{x^{\frac{1}{3}}}\,dx = \lim_{t \to 0^-} \int_{-1}^t \frac{1}{x^{\frac{1}{3}}}\,dx + \lim_{s \to 0^+} \int_s^8 \frac{1}{x^{\frac{1}{3}}}\,dx \quad \text{(par définition)}$$

$$= \lim_{t \to 0^-} \left[\frac{3x^{\frac{2}{3}}}{2} \Big|_{-1}^t \right] + \lim_{s \to 0^+} \left[\frac{3x^{\frac{2}{3}}}{2} \Big|_s^8 \right]$$

$$= \lim_{t \to 0^-} \left[\frac{3t^{\frac{2}{3}}}{2} - \frac{3(-1)^{\frac{2}{3}}}{2} \right] + \lim_{s \to 0^+} \left[\frac{3(8)^{\frac{2}{3}}}{2} - \frac{3s^{\frac{2}{3}}}{2} \right]$$

$$= \left[0 - \frac{3}{2} \right] + [6 - 0] = \frac{9}{2},$$

d'où l'intégrale est convergente.

Intégrales de fonctions où au moins une des bornes d'intégration est infinie

5ᵉ cas

Définition

Lorsque la borne supérieure est $+\infty$, alors

$$\int_a^{+\infty} f(x)\,dx = \lim_{M \to +\infty} \int_a^M f(x)\,dx, \text{ si la limite existe.}$$

➤ *Exemple 1*   Calculons $\displaystyle\int_1^{+\infty} \frac{1}{x}\, dx$, qui correspond à l'aire de la région délimitée par la courbe de l'intégrande, l'axe x et $x \geq 1$.

$$\int_1^{+\infty} \frac{1}{x}\, dx = \lim_{M \to +\infty} \int_1^M \frac{1}{x}\, dx \quad \text{(par définition)}$$

$$= \lim_{M \to +\infty} \left[\ln |x| \Big|_1^M \right]$$

$$= \lim_{M \to +\infty} [\ln M - \ln 1]$$

$$= +\infty$$

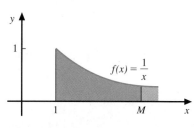

Ainsi, l'aire de la région
ci-dessus est infinie.

➤ *Exemple 2*   Calculons le volume V du solide de révolution engendré par la région délimitée par $y = \dfrac{1}{x^2}$, l'axe x et $x \geq 1$, tournant autour de l'axe x.

Représentons le volume de révolution.

$$V = \pi \int_1^{+\infty} y^2\, dx \qquad \text{(méthode du disque)}$$

$$= \pi \int_1^{+\infty} \frac{1}{x^4}\, dx \qquad \left(\text{car } y = \frac{1}{x^2} \right)$$

$$= \pi \lim_{M \to +\infty} \int_1^M \frac{1}{x^4}\, dx \quad \text{(par définition)}$$

$$= \pi \lim_{M \to +\infty} \left[\frac{-1}{3x^3} \Big|_1^M \right]$$

$$= \pi \lim_{M \to +\infty} \left[\frac{-1}{3M^3} + \frac{1}{3} \right]$$

$$= \frac{\pi}{3}, \text{ donc } \frac{\pi}{3}\, \text{u}^3.$$

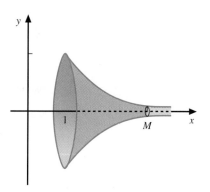

Ainsi, le volume ci-dessus
est égal à $\dfrac{\pi}{3}\, \text{u}^3$.

6e cas

Définition

Lorsque la borne inférieure est -∞, alors

$$\int_{-\infty}^b f(x)\, dx = \lim_{N \to -\infty} \int_N^b f(x)\, dx, \text{ si la limite existe.}$$

➤ *Exemple 3*   Calculons $\displaystyle\int_{-\infty}^0 x e^x\, dx$.

$$\int_{-\infty}^0 x e^x\, dx = \lim_{N \to -\infty} \int_N^0 x e^x\, dx \qquad \text{(par définition)}$$

$$= \lim_{N \to -\infty} \left[(x e^x - e^x) \Big|_N^0 \right] \quad \text{(en intégrant par parties)}$$

$$= \lim_{N \to -\infty} [(0 - 1) - (Ne^N - e^N)]$$

$$= -1 - \lim_{N \to -\infty} (Ne^N - e^N)$$

$$= -1 - \lim_{N \to -\infty} Ne^N + \lim_{N \to -\infty} e^N$$

$$= -1 - \lim_{N \to -\infty} \frac{N}{e^{-N}} + 0 \qquad \left(\text{car } \lim_{N \to -\infty} Ne^N \text{ est une indétermination de la forme } (-\infty \bullet 0)\right)$$

$$= -1 - \lim_{N \to -\infty} \frac{1}{-e^{-N}} \qquad \text{(règle de L'Hospital)}$$

$$= -1$$

➤ *Exemple 4*   Calculons $\displaystyle\int_{-\infty}^{\frac{\pi}{2}} \cos x \, dx$.

$$\int_{-\infty}^{\frac{\pi}{2}} \cos x \, dx = \lim_{N \to -\infty} \int_{N}^{\frac{\pi}{2}} \cos x \, dx \qquad \text{(par définition)}$$

$$= \lim_{N \to -\infty} \left[\sin x \Big|_{N}^{\frac{\pi}{2}} \right]$$

$$= \lim_{N \to -\infty} \left[\sin \frac{\pi}{2} - \sin N \right]$$

$$= 1 - \lim_{N \to -\infty} \sin N$$

Puisque $\displaystyle\lim_{N \to -\infty} \sin N$ n'existe pas, l'intégrale impropre $\displaystyle\int_{-\infty}^{\frac{\pi}{2}} \cos x \, dx$ est divergente.

7ᵉ cas

Définition

Lorsque les deux bornes sont infinies, alors

$$\int_{-\infty}^{+\infty} f(x) \, dx = \lim_{N \to -\infty} \int_{N}^{c} f(x) \, dx + \lim_{M \to +\infty} \int_{c}^{M} f(x) \, dx, \text{ où } c \in \mathbb{R}, \text{ si les limites existent.}$$

➤ *Exemple 5*   Calculons $\displaystyle\int_{-\infty}^{+\infty} e^x \, dx$ et déterminons si elle est convergente ou divergente.

$$\int_{-\infty}^{+\infty} e^x \, dx = \lim_{N \to -\infty} \int_{N}^{0} e^x \, dx + \lim_{M \to +\infty} \int_{0}^{M} e^x \, dx \qquad \text{(par définition)}$$

$$= \lim_{N \to -\infty} \left[e^x \Big|_{N}^{0} \right] + \lim_{M \to +\infty} \left[e^x \Big|_{0}^{M} \right]$$

$$= \lim_{N \to -\infty} [e^0 - e^N] + \lim_{M \to +\infty} [e^M - e^0]$$

$$= (1 - 0) + (+\infty - 1)$$

$$= +\infty,$$

d'où l'intégrale est divergente.

Dans certaines intégrales impropres, nous pouvons retrouver simultanément plusieurs des cas étudiés précédemment.

➤ *Exemple 6*   Calculons $\displaystyle\int_0^{+\infty} \dfrac{1}{(x-1)^{\frac{1}{3}}}\,dx$.

Puisque $\displaystyle\lim_{x\to 1^-} \dfrac{1}{(x-1)^{\frac{1}{3}}} = -\infty$ et $\displaystyle\lim_{x\to 1^+} \dfrac{1}{(x-1)^{\frac{1}{3}}} = +\infty$, alors

$$\int_0^{+\infty} \dfrac{1}{(x-1)^{\frac{1}{3}}}\,dx = \int_0^1 \dfrac{1}{(x-1)^{\frac{1}{3}}}\,dx + \int_1^2 \dfrac{1}{(x-1)^{\frac{1}{3}}}\,dx + \int_2^{+\infty} \dfrac{1}{(x-1)^{\frac{1}{3}}}\,dx$$

(4e, 3e et 5e cas)

$$= \lim_{s\to 1^-} \int_0^s \dfrac{1}{(x-1)^{\frac{1}{3}}}\,dx + \lim_{t\to 1^+} \int_t^2 \dfrac{1}{(x-1)^{\frac{1}{3}}}\,dx + \lim_{M\to +\infty} \int_2^M \dfrac{1}{(x-1)^{\frac{1}{3}}}\,dx$$

(par définitions)

$$= \dfrac{-3}{2} + \dfrac{3}{2} + \infty$$

$$= +\infty.$$

Test de comparaison pour les intégrales impropres

Énonçons maintenant un théorème que nous acceptons sans démonstration, mais que nous justifions graphiquement. Ce théorème permet de déterminer la convergence ou la divergence d'intégrales impropres où il est difficile, ou même impossible, de trouver une primitive.

THÉORÈME **TEST DE** **COMPARAISON**	Soit f et g, deux fonctions continues sur $[a, {}^{+\infty}$ telles que $0 \le f(x) \le g(x)$ $\forall x \in [a, {}^{+\infty}$. Alors, 1) si $\displaystyle\int_a^{+\infty} g(x)\,dx$ est convergente, alors $\displaystyle\int_a^{+\infty} f(x)\,dx$ est convergente ; 2) si $\displaystyle\int_a^{+\infty} f(x)\,dx$ est divergente, alors $\displaystyle\int_a^{+\infty} g(x)\,dx$ est divergente.

Soit l'aire A_1 définie par $A_1 = \displaystyle\int_a^{+\infty} g(x)\,dx$ et l'aire

A_2 définie par $A_2 = \displaystyle\int_a^{+\infty} f(x)\,dx$.

En comparant graphiquement A_1 et A_2, nous constatons que $A_2 \le A_1$. Donc si A_1 est finie, alors A_2 est finie et si A_2 est infinie, alors A_1 est infinie.

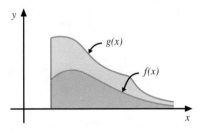

➤ *Exemple 1*   Déterminons si $\displaystyle\int_1^{+\infty} e^{-x^2}\,dx$ est convergente ou divergente à l'aide du théorème du test de comparaison puisqu'il est impossible de trouver une primitive de e^{-x^2}.

Puisque $-x^2 \leq -x$, $\forall x \in [1, {}^+\infty$, alors $e^{-x^2} \leq e^{-x}$ (car e^x est une fonction croissante).

De plus, $\displaystyle\int_1^{+\infty} e^{-x}\, dx$ est convergente, car $\displaystyle\int_1^{+\infty} e^{-x}\, dx = \dfrac{1}{e}$.

D'où $\displaystyle\int_1^{+\infty} e^{-x^2}\, dx$ est convergente.

► *Exemple 2*   Déterminons si $\displaystyle\int_2^{+\infty} \dfrac{1}{\sqrt[7]{x^7 - 1}}\, dx$ est convergente ou divergente à l'aide du théorème du test de comparaison.

Puisque $\sqrt[7]{x^7 - 1} \leq x$, $\forall x \in [2, {}^+\infty$,

alors $\dfrac{1}{\sqrt[7]{x^7 - 1}} \geq \dfrac{1}{x}$.

De plus, $\displaystyle\int_2^{+\infty} \dfrac{1}{x}\, dx = {}^+\infty$.

D'où $\displaystyle\int_2^{+\infty} \dfrac{1}{\sqrt[7]{x^7 - 1}}\, dx$ est divergente.

Exercices 5.5

1. Parmi les intégrales suivantes, identifier les intégrales impropres et exprimer celles-ci à l'aide de limites.

a) $\displaystyle\int_3^5 \dfrac{1}{x - 3}\, dx$ e) $\displaystyle\int_{-\infty}^2 \dfrac{1}{\sqrt{x^2 + 1}}\, dx$

b) $\displaystyle\int_4^5 \dfrac{1}{x - 3}\, dx$ f) $\displaystyle\int_{-1}^1 \dfrac{e^x}{e^x - 1}\, dx$

c) $\displaystyle\int_0^5 \dfrac{1}{x - 3}\, dx$ g) $\displaystyle\int_0^1 \text{Arc tan } x\, dx$

d) $\displaystyle\int_{-\frac{\pi}{2}}^0 \tan x\, dx$ h) $\displaystyle\int_{-\infty}^{+\infty} \dfrac{1}{x}\, dx$

2. Calculer, si possible, les intégrales suivantes.

a) $\displaystyle\int_0^1 \dfrac{1}{x}\, dx$ d) $\displaystyle\int_0^1 \dfrac{1}{(x - 1)^5}\, dx$

b) $\displaystyle\int_{-\frac{1}{5}}^0 \dfrac{1}{x^2}\, dx$ e) $\displaystyle\int_0^8 \dfrac{1}{\sqrt[3]{x - 8}}\, dx$

c) $\displaystyle\int_0^4 \dfrac{1}{\sqrt{x}}\, dx$ f) $\displaystyle\int_0^{\frac{\pi}{2}} \tan x\, dx$

3. Calculer, si possible, les intégrales suivantes et déterminer si elles sont convergentes (C) ou divergentes (D).

a) $\displaystyle\int_{-1}^2 \dfrac{7}{x^2}\, dx$ c) $\displaystyle\int_0^4 \dfrac{2x - 4}{(x^2 - 4x)}\, dx$

b) $\displaystyle\int_{-1}^1 \dfrac{x}{\sqrt{1 - x^2}}\, dx$

4. Calculer, si possible, les intégrales suivantes et déterminer si elles sont convergentes (C) ou divergentes (D).

a) $\displaystyle\int_1^{+\infty} \dfrac{1}{\sqrt{x}}\, dx$ d) $\displaystyle\int_0^{+\infty} \sin x\, dx$

b) $\displaystyle\int_1^{+\infty} \dfrac{4}{x^3}\, dx$ e) $\displaystyle\int_1^{+\infty} \dfrac{1}{1 + x^2}\, dx$

c) $\displaystyle\int_{-\infty}^0 e^{-x}\, dx$ f) $\displaystyle\int_0^{+\infty} 3^x\, dx$

5. Calculer, si possible, les intégrales suivantes et déterminer si elles sont convergentes (C) ou divergentes (D).

a) $\displaystyle\int_{-\infty}^{+\infty} 2e^{-x}\, dx$ b) $\displaystyle\int_{-\infty}^{+\infty} xe^{-x^2}\, dx$ c) $\displaystyle\int_{-\infty}^{+\infty} x\, dx$

6. Calculer, si possible, les intégrales suivantes.

a) $\displaystyle\int_0^{+\infty} \dfrac{1}{x}\, dx$ b) $\displaystyle\int_{-\infty}^0 \dfrac{1}{x^2}\, dx$

c) $\displaystyle\int_{1}^{+\infty} \frac{1}{x\sqrt{x^2-1}}\, dx$

b) $y = \dfrac{1}{x^2}$, $y = 0$ et $x \geq 1$;

c) $y = \dfrac{1}{1+x^2}$, $y = 0$ et $x \in \mathbb{R}$;

d) $y = \dfrac{1}{\sqrt[3]{x-1}}$, $y = 0$, $x = 0$ et $x = 9$.

7. Calculer, si possible, les intégrales impropres suivantes et déterminer si elles sont convergentes (C) ou divergentes (D).

a) $\displaystyle\int_{0}^{16} \frac{1}{(x-8)^{\frac{2}{3}}}\, dx$ \qquad e) $\displaystyle\int_{-\infty}^{+\infty} \frac{e^{\text{Arc tan } x}}{1+x^2}\, dx$

b) $\displaystyle\int_{-\infty}^{1} \frac{1}{\sqrt{5-x}}\, dx$ \qquad f) $\displaystyle\int_{0}^{1} \frac{e^{\sqrt{x}}}{\sqrt{x}}\, dx$

c) $\displaystyle\int_{3}^{+\infty} \frac{1}{x\ln x}\, dx$ \qquad g) $\displaystyle\int_{0}^{2} \left(\frac{1}{x^2}+\frac{1}{x-2}\right) dx$

d) $\displaystyle\int_{3}^{+\infty} \frac{1}{x\ln^2 x}\, dx$ \qquad h) $\displaystyle\int_{0}^{+\infty} 8xe^{-2x}\, dx$

8. Déterminer les valeurs de $p > 0$ pour lesquelles les intégrales suivantes sont convergentes et pour lesquelles les intégrales suivantes sont divergentes.

a) $\displaystyle\int_{0}^{1} \frac{1}{x^p}\, dx$ \qquad b) $\displaystyle\int_{1}^{+\infty} \frac{1}{x^p}\, dx$ \qquad c) $\displaystyle\int_{0}^{+\infty} \frac{1}{x^p}\, dx$

9. Déterminer et représenter graphiquement les aires suivantes délimitées par

a) $y = \dfrac{1}{\sqrt{x}}$, $y = 0$ et $x \geq 1$;

10. Déterminer si les intégrales suivantes sont convergentes ou divergentes en utilisant le test de comparaison et les résultats appropriés du numéro précédent.

a) $\displaystyle\int_{1}^{+\infty} \frac{1}{x^4+1}\, dx$ \qquad b) $\displaystyle\int_{1}^{+\infty} \frac{1}{\sqrt{\sqrt{x}-0{,}5}}\, dx$

11. Soit la région délimitée par la courbe de f définie par $f(x) = \dfrac{1}{x^2}$, où $x \geq 1$, et l'axe x. Déterminer le volume engendré par la rotation de la région précédente autour de

a) l'axe x ; \qquad b) l'axe y.

12. À la suite de l'explosion d'un réacteur nucléaire, un gaz se dégage dans l'air au rythme $Q'(t)$ défini par $Q'(t) = 0{,}15 \times 2^{\frac{-t}{37}}$, où t est en années et $Q'(t)$ est en m³/an. Déterminer la quantité totale de gaz accumulée durant la vie infinie de ce réacteur.

Réseau de concepts

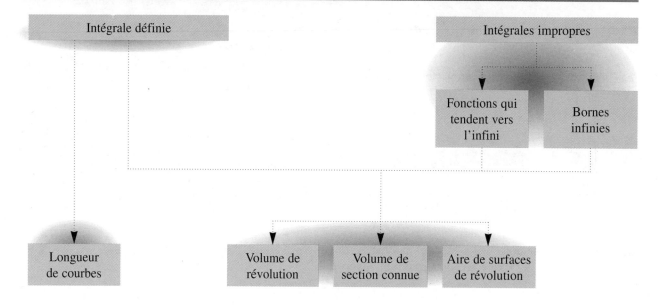

Exercices récapitulatifs

1. Soit la région fermée délimitée par $y = x^2$, $y = 0$ et $x = 2$. Utiliser la méthode du disque et la méthode du tube pour évaluer le volume du solide de révolution engendré par la rotation de la région précédente autour de
   a) l'axe x ;
   b) l'axe y ;
   c) $y = 4$;
   d) $y = 5$;
   e) $x = 2$;
   f) $x = -2$;
   g) $y = -2$;
   h) $x = 6$.

2. Déterminer le volume du solide de révolution engendré par la rotation de la région délimitée par les équations autour de l'axe de rotation donné. Représenter graphiquement b), c) et d).
   a) $y = e^x$, $y = e^{-x}$, $x = 0$ et $x = 2$; axe x.
   b) $y = \dfrac{1}{x^2 + 2}$, $y = \dfrac{1}{(x^2 + 2)^2}$, $x = 0$ et $x = 2$; axe y.
   c) $y = \cos x$, $y = 0$ et $x \in [0, \pi]$; axe x.
   d) $y = \cos x$, $y = 0$ et $x \in [0, \pi]$; axe y.

3. a) Quelle région pouvons-nous faire tourner autour de l'axe x pour engendrer un cône de rayon r et de hauteur h ?
   b) Exprimer le volume du cône à l'aide d'une intégrale définie et calculer ce volume.

4. a) Quelle région pouvons-nous faire tourner autour de l'axe x pour engendrer une sphère de rayon R ?
   b) Exprimer le volume de la sphère à l'aide d'une intégrale définie et calculer ce volume.
   c) Si un trou de rayon r est percé verticalement dans le centre d'une sphère de rayon R, déterminer le volume restant.
   d) Si $r = \dfrac{R}{2}$, calculer le volume du solide obtenu.
   e) Si $R = 2$ cm, déterminer r tel que le volume du trou soit égal au volume restant.

5. Un solide possède une base circulaire de rayon 4. Chaque section plane, perpendiculaire à un diamètre fixe, est un triangle isocèle de hauteur 3. Calculer le volume de ce solide.

6. La base d'un solide est la région délimitée par $y = e^x$, $y = x$, $x = 0$ et $x = 3$. Chaque section du solide, dans un plan perpendiculaire à l'axe x, est un carré dont un des côtés appartient à la base. Calculer le volume de ce solide.

7. La base d'un solide est la région délimitée par $y = \cos x$, $y = \sin x$, $x = 0$ et $x = \dfrac{\pi}{2}$. Chaque section du solide, dans un plan perpendiculaire à l'axe x, est un demi-cercle dont le diamètre appartient à la base. Calculer le volume de ce solide.

8. a) Nous coupons une sphère de rayon R par un plan qui passe à une distance a du centre de la sphère. Calculer le volume des deux parties.
   b) Soit un réservoir d'eau de forme sphérique dont le rayon est de 10 mètres. Calculer le volume d'eau dans le réservoir s'il contient 2 mètres d'eau de hauteur ; s'il contient 13 mètres d'eau de hauteur.
   c) Dans les deux cas, calculer la masse d'eau si la densité de l'eau est approximativement 1000 kg/m^3.
   d) Soit un réservoir d'eau formé de la partie inférieure d'une demi-sphère dont le rayon est de R mètres. Calculer le pourcentage d'espace occupé par l'eau lorsque nous trouvons $\dfrac{R}{2}$ mètres d'eau dans cette demi-sphère.

9. Déterminer la longueur des courbes suivantes sur l'intervalle donné.
   a) $y = \dfrac{1}{3} (x^{\frac{3}{2}} - 3\sqrt{x})$; $x \in [1, 9]$
   b) $(x + 1)^2 = 16y^3$; $y \in \left[0, \dfrac{2}{3}\right]$
   c) $y = x^2$; $x \in [0, 1]$
   d) $\sin x = e^y$; $x \in \left[\dfrac{\pi}{4}, \dfrac{\pi}{2}\right]$
   e) $x = e^t \sin t$, $y = e^t \cos t$; $t \in \left[0, \dfrac{\pi}{2}\right]$
   f) $x = 1 - 2t^2$, $y = 1 + t^3$; $t \in [0, 1]$

10. La hauteur H d'un fil électrique reliant deux pylônes est donnée par l'équation

$$H(x) = 500\left(e^{\frac{x}{1000}} + e^{\frac{-x}{1000}}\right) - 980,\ \text{où}$$

$x \in [\text{-100 m, 100 m}]$.

  a) Déterminer la hauteur minimale H_1 entre le fil et le sol, et la hauteur H_2 des pylônes.

  b) Déterminer la longueur L de ce fil.

11. Nous voulons joindre les villes A et B. Deux chemins sont possibles : le premier, C_1, défini par l'arc de courbe d'équation $y = 4x^2$ et le second, C_2, défini par l'arc de courbe d'équation $y = 4x^{\frac{2}{3}}$. Déterminer l'économie réalisée en choisissant le chemin le plus court, si le coût de construction est de 1 000 000 \$/km.

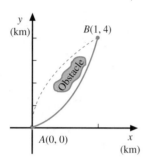

12. Calculer l'aire de la surface engendrée par la rotation de la courbe autour de l'axe donné sur l'intervalle indiqué.

  a) $y = e^x + \dfrac{e^{-x}}{4}$, $x \in [0, 1]$ autour de l'axe x ; autour de l'axe y.

  b) $x = \sin^2 t$, $y = \cos^2 t$, $t \in \left[0, \dfrac{\pi}{4}\right]$ autour de l'axe x ; autour de l'axe y.

13. Si un litre de peinture, au coût moyen de 6 \$ le litre, couvre une superficie d'environ 10 m², déterminer le coût d'achat de la peinture nécessaire pour peinturer la partie intérieure de la calotte ci-dessus provenant d'une sphère de rayon $r = 25$ m.

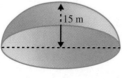

14. Soit la courbe définie par $x = \ln(\sec t + \tan t)$ et $y = \sec t$ où $t \in \left[0, \dfrac{\pi}{4}\right]$. Calculer la longueur L de cette courbe et l'aire S de la surface engendrée par la rotation de cette courbe autour de l'axe x.

15. Calculer, si possible, les intégrales impropres suivantes et déterminer si elles sont convergentes (C) ou divergentes (D).

  a) $\displaystyle\int_0^1 \frac{(1 + \sqrt{x})^5}{\sqrt{x}}\,dx$ e) $\displaystyle\int_{-1}^1 \frac{1}{\sqrt{1 - x^2}}\,dx$

  b) $\displaystyle\int_{-\infty}^0 \frac{x^2}{x^2 + 1}\,dx$ f) $\displaystyle\int_{-\infty}^\infty \frac{x^2}{e^{x^3}}\,dx$

  c) $\displaystyle\int_0^{+\infty} \frac{\sin\left(\dfrac{\pi}{x}\right)}{x^2}\,dx$ g) $\displaystyle\int_{-1}^1 \frac{|x|}{x}\,dx$

  d) $\displaystyle\int_{-1}^8 \frac{1}{\sqrt[3]{x^5}}\,dx$ h) $\displaystyle\int_0^{+\infty} x\sin x\,dx$

16. Déterminer l'aire des régions délimitées par

  a) $y = \dfrac{1}{\sqrt{x}}$, $y = 0$, $x = 0$ et $x = 1$;

  b) $y = \dfrac{1}{x^2}$, $y = 0$, $x = 0$ et $x = 1$;

  c) $y = xe^{\frac{-x^2}{2}}$, $y = 0$ et $x \in \mathbb{R}$;

  d) $y = \dfrac{x}{\sqrt{4 - x^2}}$, $y = 0$, $x = \text{-2}$ et $x = 2$.

17. Soit la région délimitée par la courbe de f définie par $f(x) = \dfrac{1}{x^p}$, où $x \geq 1$ et l'axe x. Déterminer la valeur de p pour que le volume de révolution engendré par cette région autour de

  a) l'axe x soit fini ; calculer ce volume ;

  b) l'axe y soit fini ; calculer ce volume.

18. La base d'un solide est la région du plan XY délimitée par la courbe $y = \dfrac{1}{x^{\frac{2}{3}}}$, l'axe x et $x \geq 1$.

Calculer le volume du solide si toute section, plane perpendiculaire à l'axe x, est

  a) un carré ;

  b) un rectangle dont la hauteur est égale à la racine carrée de la base.

19. Un puits de pétrole produit au rythme $Q'(t)$ défini par $Q'(t) = \dfrac{100t}{(t^2 + 2)^2}$, où t est en années et $Q'(t)$ est en millions de barils par an. Si nous émettons l'hypothèse que ce rythme puisse être conservé, déterminer la production totale de ce puits.

20. Soit la région délimitée par $y = x^2$, l'axe x, $x = 0$ et $x = 3$.

a) Calculer l'aire et le périmètre de cette région.

b) Calculer le volume du solide de révolution obtenu en faisant tourner cette région autour de l'axe x; autour de l'axe y.

c) Calculer le volume du solide dont la base est cette région où chaque section perpendiculaire à l'axe x est un demi-cercle; où chaque section perpendiculaire à l'axe y est un demi-cercle.

d) Calculer l'aire de la surface engendrée par la rotation de la courbe $y = x^2$, où $x \in [0, 3]$, autour de l'axe x; autour de l'axe y.

Problèmes de synthèse

1. Calculer les intégrales suivantes et déterminer, dans le cas des intégrales impropres, si elles sont convergentes (C) ou divergentes D.

a) $\displaystyle\int_0^1 x^2 \ln x \, dx$

b) $\displaystyle\int \frac{x \ln x}{(x^2 + 1)^2} \, dx$

c) $\displaystyle\int_0^{+\infty} e^x \sin x \, dx$

d) $\displaystyle\int_{-\infty}^0 e^x \cos x \, dx$

e) $\displaystyle\int_0^{\frac{\pi}{2}} \frac{7 \sin \theta + \cos \theta}{\sin \theta + \cos \theta} \, d\theta$

f) $\displaystyle\int_0^{+\infty} \frac{1}{1 + e^x} \, dx$

g) $\displaystyle\int \frac{1}{\sqrt{x} + \sqrt[3]{x}} \, dx$

h) $\displaystyle\int_0^{\frac{\pi}{2}} \frac{1}{1 - \sin x} \, dx$

i) $\displaystyle\int_{-\infty}^{+\infty} \frac{x e^{-x^2}}{\sqrt[3]{e^{-x^2} - 1}} \, dx$

j) $\displaystyle\int_0^1 \frac{x^{\frac{2}{5}} + 1}{x^{\frac{2}{5}} - 4} \, dx$

k) $\displaystyle\int_1^2 \frac{x - 2}{\sqrt{x - 1}} \, dx$

l) $\displaystyle\int_{\frac{\pi}{4}}^{\frac{\pi}{2}} \frac{1}{\sin \theta \cos \theta \sqrt{\tan^2 \theta - 1}} \, d\theta$

2. Soit la région fermée délimitée par $y = \sin x$, $y = \cos x$ et $x \in \left[0, \dfrac{\pi}{4}\right]$.

a) Calculer l'aire entre ces deux courbes.

b) Calculer le volume du solide de révolution engendré par la région autour de l'axe x; de l'axe y.

c) La région précédente est la base d'un solide où chaque section du solide est un carré dont un des côtés appartient à la base du solide. Calculer le volume du solide lorsque chaque section du solide est dans un plan perpendiculaire à l'axe x; à l'axe y.

3. Soit la région fermée délimitée par $y = \ln x$, $y = 0$ et $x \in [1, e]$.

a) Déterminer le volume du solide de révolution engendré par la rotation de la région autour de l'axe x; de l'axe y.

b) Calculer le périmètre de la région.

c) Calculer l'aire de la surface engendrée par la rotation de la courbe autour de l'axe y.

4. Calculer le volume d'un tronc de cône de hauteur h, de petit rayon r et de grand rayon R obtenu par la rotation de la région ci-contre autour de l'axe x.

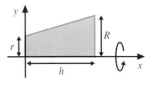

5. Soit l'ellipse définie par l'équation $\dfrac{x^2}{a^2} + \dfrac{y^2}{b^2} = 1$.

Déterminer le volume obtenu en faisant tourner

a) la région de l'ellipse située à la droite de l'axe y, autour de l'axe y ;

b) la région de l'ellipse située en haut de l'axe x, autour de l'axe x.

6. a) Déterminer le volume V et l'aire A d'un tore, qui est un solide de révolution engendré par la rotation du cercle d'équation $(x - a)^2 + y^2 = r^2$, également défini par les équations paramétriques $x = a + r \cos t$ et $y = r \sin t$, tournant autour de l'axe y, où $a > r$. Représenter graphiquement.

b) Comparer le volume V_1 d'un tore engendré par un cercle de rayon 2 avec $a = 3$ et le volume V_2 d'un tore engendré par un cercle de rayon 1 avec $a = 10$.

c) Déterminer la valeur de a dans l'équation d'un tore engendré par un cercle de rayon 1 qui aurait le même volume que le tore précédent de volume V_1.

7. a) Déterminer le volume d'une pyramide dont la base est un triangle équilatéral de côté a et dont la hauteur est h.

b) Calculer le volume de la pyramide délimitée par le plan $x + y + z = 1$ et les plans XY, XZ et YZ. Représenter graphiquement.

8. Le réservoir d'un camion de lait a la forme d'un cylindre d'une longueur de 12 m et d'un diamètre de 2 m. Déterminer le nombre de litres contenus dans le réservoir s'il est rempli de 1,5 m de lait, sachant que 1000 L de lait occupent un volume de 1 m³.

9. Trouver le volume commun de deux cylindres de rayon 4, dont les axes se coupent à angle droit.

10. Déterminer la longueur L des courbes suivantes sur l'intervalle donné ainsi que l'aire S de la surface engendrée par la rotation autour de l'axe x.

a) $y = e^x$; $x \in [0, 1]$.

b) $x = a(t - \sin t)$ et $y = a(1 - \cos t)$, où $t \in [0, 2\pi]$, définissant un arc de *cycloïde*, dont la représentation graphique est donnée ci-contre.

11. La hauteur d'un fil téléphonique reliant un poteau à une maison est donnée par l'équation

$$y = \frac{a\left(e^{\frac{x}{a}} + e^{\frac{x}{a}}\right)}{2}.$$

À l'aide de la représentation ci-dessous, déterminer la valeur de a et calculer la longueur du fil.

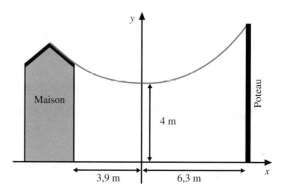

12. Une route doit traverser une rivière par un pont perpendiculaire à cette dernière. Pour accéder au pont, nous utilisons la courbe définie sur le graphique ci-dessous, où l'arc AB a l'allure de la courbe $y = x^3$ sur $[-1, 0]$ et l'arc CD a l'allure de la courbe $y = x^3$ sur $[0, 1]$.

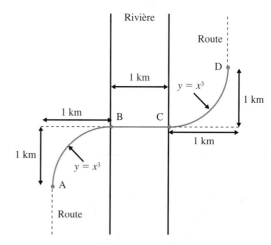

a) Calculer la longueur approximative L_1 de l'arc de courbe reliant C à D, à l'aide de la méthode de Simpson, avec $n = 4$, ainsi que la longueur approximative L de l'arc de courbe reliant A à D.

b) Quelle longueur aurait la route si nous pouvions joindre A et D en ligne droite ?

13. Soit la région fermée délimitée par $y = \sin x$ et $y = 0$, où $x \in [0, 2\pi]$.

a) Calculer l'aire de cette région.

b) Calculer le volume du solide de révolution engendré par la rotation de cette région autour de l'axe x.

c) Calculer l'aire d'une surface engendrée par la rotation de l'arc de la courbe autour de l'axe x.

d) Calculer la longueur totale approximative L de la courbe, à l'aide de la méthode des trapèzes, avec $n = 4$ sur $[0, \pi]$.

14. Soit la région délimitée par $y = \dfrac{1}{x^2 + 1}$, $y = 0$

et $x \in [0, {}^+\infty$. Calculer le volume du solide de révolution engendré par la rotation de cette région autour de l'axe x; autour de l'axe y.

15. Soit la fonction f définie par $y = e^{-x}$ où $x \geq 0$.

a) Calculer l'aire de la région délimitée par cette courbe et l'axe x.

b) Calculer le volume engendré par la rotation de la région précédente autour de l'axe x; autour de l'axe y; autour de $y = 1$.

16. Les économistes estiment que le capital P, qu'il faut investir aujourd'hui pour s'assurer perpétuellement une somme annuelle $f(t)$, est donné par $P = \displaystyle\int_0^{+\infty} f(t)\, e^{-it}\, dt$, où i est le taux d'intérêt composé continuellement. Déterminer la somme à investir aujourd'hui, à un taux d'intérêt $i = 10\,\%$, pour s'assurer

a) une somme constante de 1000 \$/an;

b) une somme variable de $1000(1,06)^t$ \$/an en tenant compte de l'inflation.

17. Soit la région R délimitée par $y = x^{\frac{3}{2}}$, $y = 0$, $x = 1$ et $x = 4$.

a) Calculer l'aire et le périmètre de cette région.

b) Calculer le volume du solide de révolution obtenu en faisant tourner cette région autour de l'axe x; autour de l'axe y.

c) Calculer le volume du solide dont la base est la région R, où chaque section plane du solide est un carré perpendiculaire à l'axe x; à l'axe y.

18. Soit le triangle dont les sommets sont les points $(2, 1)$, $(8, 1)$ et $(5, 7)$. Déterminer le volume du

solide obtenu en faisant tourner cette région autour

a) de l'axe x; de l'axe y;

b) de $x = 5$; de $y = 1$.

19. Les dimensions d'une piscine de forme elliptique sont les suivantes.

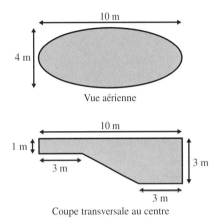

Vue aérienne

Coupe transversale au centre

Déterminer la capacité maximale, en litres, de cette piscine.

20. Soit un mobile dont l'accélération est donnée par $a(t) = \dfrac{-20}{t^3}$ pour $t \geq 1$, où $a(t)$ est en m/s^2.

Sachant que la vitesse du mobile après 1 s est de 10 m/s, calculer la distance maximale que le mobile peut parcourir.

21. a) Un réservoir sphérique, de rayon R mètres, contient du liquide dont la profondeur est de h mètres, où $h \leq R$. Exprimer le volume du liquide en fonction de R et de h.

b) Nous remplissons un réservoir de cette forme, dont le rayon est de 10 mètres, au rythme constant de 0,05 m^3/s. Après combien de temps le réservoir contiendra-t-il 5 m d'eau? Après combien de temps le réservoir contiendra-t-il $\dfrac{2000\pi}{3}$ m^3 de liquide?

c) Déterminer à quelle vitesse le niveau d'eau monte lorsque la profondeur d'eau est de 1 m; 9 m.

22. Un verre de vin a approximativement les dimensions du solide de révolution engendré par la courbe d'équation $y = \dfrac{4x^2}{3}$, où $x \in [0, 3]$ et x est en cm, autour de l'axe y. Nous vidons, à l'aide d'une paille, le verre à un rythme de 3 cm³/s.

a) Déterminer le volume maximal de vin contenu dans ce verre.

b) Exprimer le volume de vin contenu dans le verre en fonction du temps ; en fonction de la hauteur de vin contenu dans le verre.

c) Exprimer, en fonction de la hauteur, la vitesse de décroissance de la hauteur du vin contenu dans le verre.

d) Calculer cette vitesse lorsque la hauteur du vin dans le verre est de 6 cm ; lorsque le verre contient la moitié du volume maximal ; après 50 s.

e) Après combien de temps le verre sera-t-il vide ?

23. Soit la fonction f définie par

$$f(x) = \begin{cases} cxe^{-3x} & \text{si} \quad x \geq 0 \\ 0 & \text{si} \quad x < 0. \end{cases}$$

a) Déterminer la valeur de c telle que $\int_{-\infty}^{+\infty} f(x)\, dx = 1$.

b) En utilisant le résultat trouvé en a), calculer $\int_{0}^{2} f(x)\, dx$, $\int_{2}^{+\infty} f(x)\, dx$ et $\int_{0}^{+\infty} x\, f(x)\, dx$.

24. Démontrer que $\int_{0}^{+\infty} x^n\, e^{-x}\, dx = n!$, où $n \in \{1, 2, 3, \ldots\}$.

INTRODUCTION

DANS CE CHAPITRE, NOUS ÉTUDIERONS D'ABORD DES FONCTIONS, APPELÉES SUITES, DONT LE DOMAINE DE DÉFINITION EST UN SOUS-ENSEMBLE DES ENTIERS. NOUS DÉTERMINERONS LA CONVERGENCE OU LA DIVERGENCE DE SUITES EN ÉVALUANT LA LIMITE APPROPRIÉE.

ENSUITE, NOUS EFFECTUERONS LA SOMME INFINIE DES TERMES DE CES SUITES, CE QUE NOUS APPELONS SÉRIES. NOUS DÉTERMINERONS, À L'AIDE DE DIFFÉRENTS CRITÈRES, LA CONVERGENCE OU LA DIVERGENCE DE SÉRIES. FINALEMENT, NOUS DÉVELOPPERONS CERTAINES FONCTIONS EN SÉRIE DE TAYLOR ET EN SÉRIE DE MACLAURIN.

CES DÉVELOPPEMENTS NOUS PERMETTENT EN PARTICULIER DE CALCULER DES INTÉGRALES DÉFINIES DE FONCTIONS DONT LA PRIMITIVE N'EST PAS CONNUE.

Suites et séries

PORTRAIT

Deux mathématiciens marquèrent profondément la vie et l'œuvre de Colin Maclaurin. Le premier, Robert Simson, enseignait à l'Université de Glasgow, où Colin avait entrepris en 1709 ses études des classiques et de la théologie. Simson tentait à cette époque de faire revivre la géométrie euclidienne classique. Il incita Maclaurin à poursuivre une carrière en mathématiques. Maclaurin devint, de fait, l'un des grands mathématiciens anglais du 18e siècle. Son style mathématique demeura toujours géométrique, poursuivant, sinon accentuant, la tradition anglaise d'utilisation d'un minimum de symbolisme en calcul différentiel et intégral au profit d'une exposition géométrique.

Lors d'une visite à Londres en 1719 – année au cours de laquelle Maclaurin est élu « Fellow » de la Société Royale de Londres –, il rencontre Newton. Alors âgé de près de 80 ans, Newton est impressionné par son jeune visiteur. Il se souviendra d'ailleurs de Maclaurin lorsque ce dernier, de retour d'un séjour de quelques années en France, sera à la recherche d'un poste. En effet, lorsqu'en 1724 l'Université d'Édimbourg

**Colin MACLAURIN
(1698-1746)**

(CORBIS-BETTMANN)

recherche un assistant pour son professeur de mathématiques vieillissant, Newton s'empresse de soutenir la candidature de Maclaurin. Inutile de dire qu'avec un tel appui, Maclaurin obtient le poste. L'année suivante, la chaire de mathématiques lui revient de plein droit. Il l'occupera jusqu'en 1745. Cette année-là, une partie de la noblesse écossaise, catholique, se révolte contre le roi d'Angleterre, protestant, en faveur d'un descendant du roi Jacques II, détrôné en 1689. Édimbourg est assiégé. Maclaurin organise la défense de la ville. Il fait ériger hâtivement des fortifications. La ville tombe cependant bientôt et Maclaurin, épuisé, doit chercher refuge en Angleterre. La ville ne sera pas occupée longtemps et, peu après, Maclaurin revient à Édimbourg. Sa santé s'est toutefois complètement détériorée. Il ne se remettra pas de son épuisement et mourra quelques mois plus tard. Il n'avait que 48 ans.

C'est dans son volumineux *Treatise of Fluxions*, publié en 1742, que Maclaurin introduit la série qui porte son nom (voir la page 309). On y trouve aussi, énoncé pour la première fois, le critère de l'intégrale de la convergence d'une série à termes positifs (voir la page 285). Ce traité a été écrit dans le but de répondre aux critiques virulentes contre le calcul différentiel et intégral de Newton, en particulier celles du révérent Berkeley, contenues dans son livre *The Analyst: A Letter Addressed to an Infidel Mathematician*.

Lectures suggérées :

COLLETTE, J.-P. *Histoire des mathématiques*, tome 2, Montréal, Éditions du Renouveau Pédagogique, p. 101 à 103.
SCOTT, J.-F. « Maclaurin », *Dictionary of Scientific Biography*, vol. 8, New York, Gillispie, G.C. éditeur, 1973, p. 609 à 612.

Test préliminaire

1. Donner la définition.

a) $n!$ b) $0!$

2. Évaluer.

a) $3!$ b) $50!$ c) $\dfrac{150!}{148!}$

3. Simplifier.

a) $\dfrac{n!}{n}$ c) $\dfrac{3^{n+1}\,(n-1)!}{3^{n}\,(n+1)!}$

b) $\dfrac{(n+1)!}{n!}$ d) $\dfrac{(2k)!}{(2k+2)!}$

4. Déterminer, sous forme d'intervalle, les valeurs qui satisfont les inégalités suivantes.

a) $|x| < 2$

b) $|x - 4| \leq 7$

c) $|3x - 2| < 14$

d) $\left|\dfrac{1}{x}\right| \leq 5$

5. Déterminer la valeur minimale qu'il faut donner à n pour que

a) $\left(\dfrac{1}{3}\right)^n < 0{,}01$;

b) $(0{,}6)^n < 0{,}001$;

c) $\dfrac{1}{3^n(n - 1)!} < 0{,}0001$;

d) $\dfrac{(0{,}01)^n}{(2n)!} < 10^{-6}$

6. Compléter.

a) Si $f'(x) > 0$ sur $]a, b[$, alors f _____.

b) Si $f'(x) < 0$ sur $]a, b[$, alors f _____.

7. Évaluer en utilisant la règle de L'Hospital.

a) $\displaystyle\lim_{x\to 0} \dfrac{\sin x}{x}$

b) $\displaystyle\lim_{k\to +\infty} \dfrac{\ln k}{\sqrt{k}}$

c) $\displaystyle\lim_{n\to +\infty} \left(1 + \dfrac{1}{n}\right)^n$

d) $\displaystyle\lim_{n\to +\infty} \sqrt[n]{n}$

8. Déterminer la formule de sommation correspondant à chacune des sommes suivantes.

a) $1 + 2 + 3 + \ldots + n$

b) $\displaystyle\sum_{i=1}^{n} i^2$

6.1 Suites

Objectif d'apprentissage

À la fin de cette section, l'élève pourra résoudre certains problèmes impliquant des suites.

Plus précisément, l'élève sera en mesure :

- de donner la définition d'une suite et d'utiliser la notation appropriée ;
- de déterminer le terme général d'une suite ;
- de représenter graphiquement une suite ;
- de déterminer la convergence ou la divergence d'une suite ;
- de déterminer si une suite est bornée ;
- de déterminer la croissance ou la décroissance d'une suite.

Jusqu'à maintenant, nous avons étudié des fonctions de $\mathbb{R}$ dans $\mathbb{R}$.

Dans cette section, notre étude portera sur les fonctions de E dans $\mathbb{R}$, où E est un ensemble d'entiers.

Définitions et notations

Définition

Une **suite** est une fonction dont le domaine de définition est un ensemble contenant tous les entiers plus grands ou égaux à un entier m donné et dont l'image est un sous-ensemble de $\mathbb{R}$.

► *Exemple 1* Déterminons le domaine et l'image de la suite définie par $f(n) = \dfrac{2}{3^n}$, où $n \geq 4$.

dom $f = \{4, 5, 6, \ldots, n, \ldots\}$

$$\operatorname{im} f = \left\{ \frac{2}{3^4}, \frac{2}{3^5}, \frac{2}{3^6}, \ldots, \frac{2}{3^n}, \ldots \right\}$$

Nous pouvons définir la suite précédente en utilisant la notation $\left\{ \frac{2}{3^n} \right\}_{n \geq 4}$.

➤ *Exemple 2*   Déterminons le domaine et l'image de $\{(-1)^n(2n + 1)\}_{n \geq 0}$.

Le domaine est $\{0, 1, 2, 3, \ldots, n, \ldots\}$ et
l'image est $\{1, -3, 5, -7, \ldots, (-1)^n(2n + 1), \ldots\}$.

Remarque Par convention, lorsque la valeur initiale du domaine de la suite n'est pas donnée, cette valeur initiale est 1. Il est à noter que les définitions et théorèmes qui suivent sont énoncés avec la convention précédente. Toutefois, ces définitions et théorèmes demeurent valables pour un domaine quelconque.

➤ *Exemple 3*   Déterminons le domaine et l'image de $\left\{ \frac{3}{n} \right\}$.

Le domaine est $\{1, 2, 3, 4, \ldots, n, \ldots\}$ et

l'image est $\left\{ 3, \frac{3}{2}, 1, \frac{3}{4}, \frac{3}{5}, 2, \ldots, \frac{3}{n}, \ldots \right\}$.

Définition

De façon générale, nous notons par $\{a_n\}$ la suite dont les termes sont $a_1, a_2, a_3, \ldots,$ $a_n, \ldots,$

où a_1 correspond au premier terme de la suite,
   a_2 correspond au deuxième terme de la suite,

   $\vdots$

   a_n correspond au n^e terme de la suite

et a_n est appelé **terme général** de la suite et nous écrivons

$$\{a_n\} = \{a_1, a_2, \ldots, a_n, \ldots\}.$$

➤ *Exemple 4*   Soit la suite $\{n!\}$. Déterminons les cinq premiers termes de cette suite.

En posant $n = 1$, nous trouvons $a_1 = 1$;

en posant $n = 2$, nous trouvons $a_2 = 2$;

en posant $n = 3$, nous trouvons $a_3 = 6$;

en posant $n = 4$, nous trouvons $a_4 = 24$;

en posant $n = 5$, nous trouvons $a_5 = 120$.

Ainsi, $\{n!\} = \{1, 2, 6, 24, 120, \ldots, n!, \ldots\}$.

Il peut être utile de connaître les premiers termes de certaines suites afin de nous faciliter la tâche lorsque nous aurons à trouver le terme général d'une suite. Par exemple :

$\{n\} = \{1, 2, 3, 4, 5, \ldots\}$;	$\{2^n\} = \{2, 4, 8, 16, 32, \ldots\}$;
$\{n^2\} = \{1, 4, 9, 16, 25, \ldots\}$;	$\{3^n\} = \{3, 9, 27, 81, 243, \ldots\}$;
$\{n^3\} = \{1, 8, 27, 64, 125, \ldots\}$;	$\{(-1)^n\} = \{-1, 1, -1, 1, -1, \ldots\}$.

► *Exemple 5*   Déterminons le terme général de la suite $\left\{\dfrac{1}{2}, \dfrac{2}{5}, \dfrac{3}{10}, \dfrac{4}{17}, ...\right\}$.

En observant, nous constatons que le numérateur de chaque terme correspond aux termes de la suite $\{n\}$ et que le dénominateur correspond aux termes de la suite $\{n^2\}$ auxquels 1 est ajouté.

Nous pouvons déduire que $a_n = \dfrac{n}{n^2 + 1}$ vérifie les termes de la suite pour $n = 1, 2, 3, 4, ...$

► *Exemple 6*   Déterminons le terme général de la suite $\left\{\dfrac{1}{2}, \dfrac{-1}{4}, \dfrac{1}{8}, \dfrac{-1}{16}, \dfrac{1}{32}, ...\right\}$.

En observant, nous constatons que le numérateur prend successivement les valeurs 1 et -1, et que le dénominateur est une puissance de 2, d'où

$a_n = \dfrac{(-1)^{n+1}}{2^n}$ vérifie les termes de la suite pour $n = 1, 2, 3, 4, 5, ...$

Définition	Une suite est définie par **récurrence** lorsque la valeur du premier terme ou des premiers termes est donnée et que le terme général est défini en fonction du terme précédent ou des termes précédents.

► *Exemple 7*   Calculons les cinq premiers termes de la suite $\{a_n\}$ définie par $a_1 = 5$ et $a_n = 1 + \dfrac{1}{a_{n-1}}$, si $n \geq 2$.

Pour trouver a_2, a_3, a_4, a_5, il faut utiliser l'égalité $a_n = 1 + \dfrac{1}{a_{n-1}}$, où $n = 2, 3, 4$ et 5.

Ainsi $a_2 = 1 + \dfrac{1}{a_1} = 1 + \dfrac{1}{5} = \dfrac{6}{5}$;

$a_3 = 1 + \dfrac{1}{a_2} = 1 + \dfrac{1}{\left(\dfrac{6}{5}\right)} = \dfrac{11}{6}$;

$a_4 = 1 + \dfrac{1}{a_3} = 1 + \dfrac{1}{\left(\dfrac{11}{6}\right)} = \dfrac{17}{11}$;

$a_5 = 1 + \dfrac{1}{a_4} = 1 + \dfrac{1}{\left(\dfrac{17}{11}\right)} = \dfrac{28}{17}$;

d'où les cinq premiers termes de la suite sont : $5, \dfrac{6}{5}, \dfrac{11}{6}, \dfrac{17}{11}, \dfrac{28}{17}$.

► *Exemple 8*   Calculons les premiers termes de la suite de Fibonacci[1], définie par $a_1 = 1$, $a_2 = 1$ et $a_n = a_{n-2} + a_{n-1}$, si $n \geq 3$.

---

1. Léonard Fibonacci (1175-1240), mathématicien italien.

$$a_1 = 1\,;$$

$$a_2 = 1\,;$$

$$a_3 = a_1 + a_2 = 1 + 1 = 2\,;$$

$$a_4 = a_2 + a_3 = 1 + 2 = 3\,;$$

$$a_5 = a_3 + a_4 = 2 + 3 = 5\,;$$

Ainsi, la suite de Fibonacci est $\{1, 1, 2, 3, 5, 8, 13, 21, \dots\}$.

Représentation graphique d'une suite

Pour représenter graphiquement une suite, il suffit de situer dans le plan cartésien les points (n, a_n), où n appartient au domaine de définition de la suite.

➤ *Exemple*   Représentons graphiquement la suite $\left\{\dfrac{1}{n}\right\}$ ainsi que la fonction $f(x) = \dfrac{1}{x}$, où $x \geq 1$.

En donnant successivement à n les valeurs $1, 2, 3, \dots$, nous obtenons les points $(1, 1)$, $\left(2, \dfrac{1}{2}\right)$, $\left(3, \dfrac{1}{3}\right)$, ...

D'où nous obtenons le graphique suivant.

Nous pouvons constater que le graphique de la suite $\left\{\dfrac{1}{n}\right\}$ est un sous-ensemble du graphique de la fonction f définie par $f(x) = \dfrac{1}{x}$.

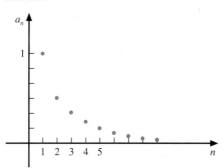

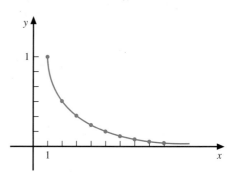

Énonçons maintenant un théorème que nous acceptons sans démonstration.

THÉORÈME 1

Soit une suite $\{a_n\}$ et une fonction f, telles que $a_n = f(n)$ si $n \geq m$, où $m \in \mathbb{N}$. Si $\displaystyle\lim_{x \to +\infty} f(x)$ existe, alors

$$\lim_{n \to +\infty} a_n = \lim_{x \to +\infty} f(x).$$

Ainsi, le comportement à l'infini d'une suite $\{a_n\}$ où $a_n = f(n)$ est semblable à celui de la fonction à l'infini lorsque $\displaystyle\lim_{x \to +\infty} f(x)$ existe.

En appliquant le théorème 1 à la suite $\left\{\dfrac{1}{n}\right\}$ de l'exemple, nous avons $\displaystyle\lim_{n \to +\infty} \dfrac{1}{n} = \lim_{x \to +\infty} \dfrac{1}{x}$.

Puisque $\displaystyle\lim_{x \to +\infty} \dfrac{1}{x} = 0$, alors $\displaystyle\lim_{n \to +\infty} \dfrac{1}{n} = 0$.

Convergence et divergence d'une suite

Définition	Une suite $\{a_n\}$ converge (ou est convergente) si $\lim\limits_{n \to +\infty} a_n = L$, où $L \in \mathbb{R}$.

➤ *Exemple 1* La suite $\left\{\dfrac{1}{n}\right\}$ converge, car $\lim\limits_{n \to +\infty} \dfrac{1}{n} = 0$ (voir l'Exemple à la page 262).

➤ *Exemple 2* Déterminons si la suite $\left\{\dfrac{n-1}{n}\right\}$ est convergente.

$\lim\limits_{n \to +\infty} \dfrac{n-1}{n}$ est une indétermination de la forme $\dfrac{+\infty}{+\infty}$,

or $\lim\limits_{n \to +\infty} \dfrac{n-1}{n} = \lim\limits_{n \to +\infty} \dfrac{n\left(1 - \dfrac{1}{n}\right)}{n}$

$= \lim\limits_{n \to +\infty} \left(1 - \dfrac{1}{n}\right)$

$= 1.$

D'où la suite est convergente et converge vers 1.

Représentation graphique

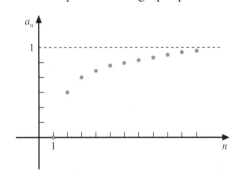

Nous pouvons également lever l'indétermination précédente comme suit :

$\lim\limits_{n \to +\infty} \dfrac{n-1}{n} = \lim\limits_{x \to +\infty} \dfrac{x-1}{x}$ (théorème 1)

$= \lim\limits_{x \to +\infty} \dfrac{1}{1}$ $\left(\begin{array}{l}\text{en appliquant la règle de L'Hospital} \\ \text{à une indétermination de la forme } \dfrac{+\infty}{+\infty}\end{array}\right)$

$= 1.$

Définition	Une suite $\{a_n\}$ diverge (ou est divergente) si $\lim\limits_{n \to +\infty} a_n = +\infty$ ou $\lim\limits_{n \to +\infty} a_n = -\infty$ ou $\lim\limits_{n \to +\infty} a_n$ n'existe pas.

➤ *Exemple 3*   La suite $\{n + 1\}$ diverge, car $\lim\limits_{n \to +\infty} (n + 1) = +\infty$.

Représentation graphique

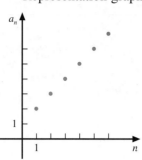

➤ *Exemple 4*   Déterminons si la suite $\{(-1)^n\}$ est convergente ou divergente.

Puisque $\lim\limits_{n \to +\infty} (-1)^n = \begin{cases} 1 & \text{si } n \text{ est pair,} \\ -1 & \text{si } n \text{ est impair,} \end{cases}$

alors $\lim\limits_{n \to +\infty} (-1)^n$ n'existe pas.

Puisque la limite n'existe pas, alors la suite est divergente.

Représentation graphique

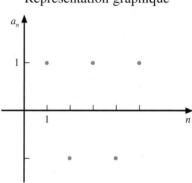

Énonçons maintenant un théorème sur la limite d'une somme, d'un produit et d'un quotient de suites.

THÉORÈME 2

Si $\lim\limits_{n \to +\infty} a_n = L$ et $\lim\limits_{n \to +\infty} b_n = M$, où $\{a_n\}$ et $\{b_n\}$ sont des suites, alors

1) $\lim\limits_{n \to +\infty} (a_n \pm b_n) = \lim\limits_{n \to +\infty} a_n \pm \lim\limits_{n \to +\infty} b_n = L \pm M$;

2) $\lim\limits_{n \to +\infty} (a_n b_n) = \left(\lim\limits_{n \to +\infty} a_n \right)\left(\lim\limits_{n \to +\infty} b_n \right) = LM$;

3) $\lim\limits_{n \to +\infty} (k\, b_n) = k \lim\limits_{n \to +\infty} b_n = kM$, où $k \in \mathbb{R}$;

4) $\lim\limits_{n \to +\infty} \dfrac{a_n}{b_n} = \dfrac{\lim\limits_{n \to +\infty} a_n}{\lim\limits_{n \to +\infty} b_n} = \dfrac{L}{M}$, si $b_n \neq 0$ et $M \neq 0$.

➤ *Exemple 5*   Évaluons $\lim\limits_{n \to +\infty} \left[\left(1 + \dfrac{1}{n} \right)^n \left(4 + \dfrac{1}{n} \right) \right]$.

Soit $\{a_n\} = \left\{\left(1 + \dfrac{1}{n}\right)^n\right\}$ et $\{b_n\} = \left\{4 + \dfrac{1}{n}\right\}$.

Puisque $\lim\limits_{n \to +\infty} \left(1 + \dfrac{1}{n}\right)^n = \lim\limits_{x \to +\infty} \left(1 + \dfrac{1}{x}\right)^x$ (théorème 1)

$$= e \qquad \text{(voir les Exercices 1.5, numéro 9 a), page 42)}$$

et $\lim\limits_{n \to +\infty} \left(4 + \dfrac{1}{n}\right) = 4$, alors

$$\lim\limits_{n \to +\infty} \left[\left(1 + \dfrac{1}{n}\right)^n \left(4 + \dfrac{1}{n}\right)\right] = 4e \qquad \text{(théorème 2)}.$$

THÉORÈME 3 THÉORÈME SANDWICH	Soit $\{a_n\}$, $\{b_n\}$ et $\{c_n\}$, des suites telles que $a_n \leq c_n \leq b_n$, pour $n \geq m$, où $m \in \mathbb{N}$. Si $\lim\limits_{n \to +\infty} a_n = L$ et $\lim\limits_{n \to +\infty} b_n = L$, alors $\lim\limits_{n \to +\infty} c_n = L$.

➤ *Exemple 6*   Évaluons $\lim\limits_{n \to +\infty} \dfrac{(-1)^n}{n}$.

Puisque $\underbrace{\dfrac{-1}{n}}_{a_n} \leq \underbrace{\dfrac{(-1)^n}{n}}_{c_n} \leq \underbrace{\dfrac{1}{n}}_{b_n}$,

et que $\lim\limits_{n \to +\infty} \dfrac{-1}{n} = 0$ et $\lim\limits_{n \to +\infty} \dfrac{1}{n} = 0$,

alors $\lim\limits_{n \to +\infty} \dfrac{(-1)^n}{n} = 0$ \qquad (théorème 3).

➤ *Exemple 7*   Évaluons $\lim\limits_{n \to +\infty} \dfrac{3^n}{n!}$.

En développant $\dfrac{3^n}{n!}$, nous obtenons

$$\dfrac{3^n}{n!} = \dfrac{3}{n} \cdot \dfrac{3}{n-1} \cdot \dfrac{3}{n-2} \cdot \ldots \cdot \dfrac{3}{4} \cdot \dfrac{3}{3} \cdot \dfrac{3}{2} \cdot 3$$

$$\leq \dfrac{3}{n} \cdot 1 \cdot 1 \cdot \ldots 1 \cdot 1 \cdot \dfrac{3}{2} \cdot 3 \qquad \text{(pour } n \geq 4)$$

$$\leq \dfrac{27}{2n}.$$

Puisque $0 \leq \underbrace{\dfrac{3^n}{n!}}_{c_n} \leq \underbrace{\dfrac{27}{2n}}_{b_n}$ \qquad (pour $n \geq 4$)
$\underbrace{}_{a_n}$

et que $\lim\limits_{n \to +\infty} 0 = 0$ et $\lim\limits_{n \to +\infty} \dfrac{27}{2n} = 0$, alors $\lim\limits_{n \to +\infty} \dfrac{3^n}{n!} = 0$.

Suite bornée, suite croissante et suite décroissante

Définitions

La suite $\{a_n\}$, où $n \in \mathbb{N}$, est

1) **bornée supérieurement**, s'il existe un nombre $M \in \mathbb{R}$, tel que $a_n \leq M$, $\forall\, n \in \mathbb{N}$; nous dirons que M est un majorant ;

2) **bornée inférieurement**, s'il existe un nombre $m \in \mathbb{R}$, tel que $m \leq a_n$, $\forall\, n \in \mathbb{N}$; nous dirons que m est un minorant ;

3) **bornée**, si elle est bornée supérieurement et inférieurement.

Nous notons B le plus petit des majorants, que nous appelons *borne supérieure*.

Nous notons b le plus grand des minorants, que nous appelons *borne inférieure*.

➤ *Exemple 1* La suite $\left\{\dfrac{n-1}{n}\right\}$, que nous avons déjà représentée graphiquement, est une suite bornée.

En énumérant les termes de cette suite, nous obtenons $\left\{0, \dfrac{1}{2}, \dfrac{2}{3}, \dfrac{3}{4}, \ldots, \dfrac{n-1}{n}, \ldots\right\}$.

Puisque $0 \leq \dfrac{n-1}{n} \leq 1$, $\forall\, n \geq 1$, alors la borne inférieure b est égale à 0 ($b = 0$) et la borne supérieure B est égale à 1 ($B = 1$).

➤ *Exemple 2* La suite $\{n+1\} = \{2, 3, 4, \ldots, n+1, \ldots\}$, que nous avons déjà représentée graphiquement, est une suite bornée inférieurement où la borne inférieure b est égale à 2, car $(n+1) \geq 2$, $\forall\, n \geq 1$, et non bornée supérieurement. D'où la suite est non bornée.

➤ *Exemple 3* La suite $\{(-1)^{n+1}\, n\}$, dont la représentation graphique est donnée ci-contre, n'est ni bornée supérieurement ni bornée inférieurement.

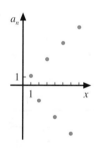

En effet,

$$\lim_{n \to +\infty} (-1)^{n+1}\, n = \begin{cases} +\infty, & \text{si } n \text{ est impair,} \\ -\infty, & \text{si } n \text{ est pair.} \end{cases}$$

THÉORÈME 4

Soit une suite $\{a_n\}$.

1) Si la suite $\{a_n\}$ converge, alors la suite est bornée.

2) Si la suite $\{a_n\}$ est non bornée, alors la suite diverge.

Remarque Les parties 1) et 2) sont équivalentes.

Définitions

Une suite $\{a_n\}$, où $n \in \mathbb{N}$, est

1) croissante si $a_n \leq a_{n+1}$, $\forall n \in \mathbb{N}$;

2) strictement croissante si $a_n < a_{n+1}$, $\forall n \in \mathbb{N}$;

3) décroissante si $a_n \geq a_{n+1}$, $\forall n \in \mathbb{N}$;

4) strictement décroissante si $a_n > a_{n+1}$, $\forall n \in \mathbb{N}$.

➤ *Exemple 4*   Étudions la croissance ou la décroissance de la suite $\left\{\dfrac{1}{n^2}\right\}$.

Puisque $a_n = \dfrac{1}{n^2}$, nous avons $a_{n+1} = \dfrac{1}{(n+1)^2}$.

Ainsi $\dfrac{1}{n^2} > \dfrac{1}{(n+1)^2}$ (car $n^2 < (n+1)^2$, $\forall n \in \mathbb{N}$).

Donc la suite $\left\{\dfrac{1}{n^2}\right\}$ est strictement décroissante.

Dans certains cas, il est possible d'utiliser la dérivée de la fonction $f(x)$, où $x \in [1, {}^+\infty$, pour déterminer la croissance ou la décroissance de la suite $\{a_n\}$ où $a_n = f(n)$.

Ainsi, dans l'exemple précédent, $f(x) = \dfrac{1}{x^2}$ et $f'(x) = \dfrac{-2}{x^3} < 0$, $\forall x \in [1, {}^+\infty$.

La fonction étant strictement décroissante, nous déduisons que la suite est strictement décroissante.

THÉORÈME 5

Soit une suite $\{a_n\}$.

1) Si la suite $\{a_n\}$ est croissante et bornée supérieurement, alors la suite converge vers la borne supérieure B.

2) Si la suite $\{a_n\}$ est décroissante et bornée inférieurement, alors la suite converge vers la borne inférieure b.

➤ *Exemple 5*   Déterminons, sans évaluer la limite, si la suite $\left\{\dfrac{3n}{4n+1}\right\}$ est convergente ou divergente.

Cette suite est strictement croissante, car en considérant la fonction

$$f(x) = \frac{3x}{4x+1}, \text{ nous trouvons } f'(x) = \frac{3}{(4x+1)^2} > 0, \forall x \in [1, {}^+\infty.$$

Cette suite est bornée supérieurement, car $\dfrac{3n}{4n+1} \leq \dfrac{4n}{4n+1} \leq \dfrac{4n}{4n} = 1$.

Donc cette suite est convergente.

Exercices 6.1

1. Énumérer les cinq premiers termes des suites suivantes.

a) $\{2n - 1\}_{n \geq 5}$

b) $\{2^n - 1\}$

c) $\left\{\dfrac{(-1)^n}{n}\right\}$

d) $\left\{\dfrac{n - 1}{n^2 + 1}\right\}$

e) $\left\{\dfrac{n + 1}{3^n}\right\}_{n \geq 3}$

f) $\{5\}$

g) $\left\{\dfrac{(-1)^{n + 1}}{n!}\right\}$

h) $\{\sin n\pi\}$

i) $\left\{\dfrac{(-2)^n + 8}{5 - n^2}\right\}$

2. Énumérer les cinq premiers termes des suites suivantes.

a) $a_1 = 5$ et $a_{n + 1} = \dfrac{1}{a_n}$ pour $n \geq 1$

b) $a_1 = 1$ et $a_n = 2a_{n - 1} + 5$ pour $n \geq 2$

c) $a_1 = 2$, $a_2 = 3$ et $a_{n + 2} = 2a_n + a_{n + 1}$ pour $n \geq 1$

d) $a_1 = 4$ et $a_{n + 1} - a_n = \dfrac{-a_n}{2}$ pour $n \geq 1$

3. Déterminer le terme général a_n d'une suite $\{a_n\}$ dont les cinq premiers termes sont les suivants.

a) $\{1, 4, 9, 16, 25, \ldots\}$

b) $\{0, 3, 8, 15, 24, \ldots\}$

c) $\{4, 4, 4, 4, 4, \ldots\}$

d) $\{4, -4, 4, -4, 4, \ldots\}$

e) $\{1, 3, 5, 7, 9, \ldots\}$

f) $\left\{\dfrac{1}{4}, \dfrac{1}{6}, \dfrac{1}{8}, \dfrac{1}{10}, \dfrac{1}{12}, \ldots\right\}$

g) $\left\{1, \dfrac{-1}{3}, \dfrac{1}{9}, \dfrac{-1}{27}, \dfrac{1}{81}, \ldots\right\}$

h) $\left\{2, \dfrac{5}{2}, \dfrac{8}{3}, \dfrac{11}{4}, \dfrac{14}{5}, \ldots\right\}$

i) $\{1, 2, 6, 24, 120, \ldots\}$

j) $\left\{\dfrac{1}{2}, \dfrac{1}{3}, \dfrac{1}{7}, \dfrac{1}{25}, \dfrac{1}{121}, \ldots\right\}$

k) $\left\{-2, \dfrac{3}{4}, \dfrac{8}{9}, \dfrac{13}{16}, \dfrac{18}{25}, \ldots\right\}$

l) $\left\{\dfrac{-2}{3}, \dfrac{4}{5}, \dfrac{-6}{7}, \dfrac{8}{9}, \dfrac{-10}{11}, \ldots\right\}$

4. Représenter graphiquement les suites suivantes.

a) $\left\{\dfrac{1}{\sqrt{n}}\right\}$

b) $\left\{2 + \dfrac{(-1)^n}{n}\right\}$

c) $\{(-1)^{n + 1} 2^n\}$

d) $a_1 = 1$, $a_2 = 1$ et $a_{n + 2} = a_n + a_{n + 1}$ pour $n \geq 1$

5. Calculer $\lim\limits_{n \to +\infty} a_n$ des suites suivantes et déterminer si elles divergent (D) ou convergent (C).

a) $\left\{\dfrac{1}{\sqrt{n}}\right\}$

b) $\left\{5 - \dfrac{(-1)^n}{\sqrt{n}}\right\}$

c) $\left\{\dfrac{3n^2 - 2n + 1}{4 - 5n^2}\right\}$

d) $\left\{\dfrac{(-1)^n n^2}{n^2 + 1}\right\}$

e) $\left\{\dfrac{5n^3}{n^2 + 1}\right\}$

f) $\{\sin n\}$

g) $\left\{\sin \dfrac{1}{n}\right\}$

h) $\{ne^{-n}\}$

i) $\{e^{\frac{1}{n}}\}$

j) $\{n \ln n\}$

k) $\left\{\dfrac{n - 1}{n!}\right\}$

l) $\left\{\dfrac{n! - 1}{n!}\right\}$

m) $\{\cos n\pi\}$

n) $\left\{\cos \dfrac{\pi}{n}\right\}$

o) $\{1, 2, 3, 1, 2, 3, \ldots\}$

6. a) Évaluer $\lim\limits_{n \to +\infty} r^n$ selon les différentes valeurs de r.

b) Évaluer les limites suivantes.

$$\lim_{n \to +\infty} \left(\dfrac{9}{10}\right)^n; \quad \lim_{n \to +\infty} \dfrac{5^n}{4^n}; \quad \lim_{n \to +\infty} \left(5 - \left(\dfrac{-4}{3}\right)^n\right)$$

7. Trouver le terme général a_n des suites suivantes et déterminer, en évaluant la limite, si ces suites convergent ou divergent.

a) $\left\{\dfrac{1}{3}, \dfrac{8}{9}, 1, \dfrac{64}{81}, \dfrac{125}{243}, \ldots\right\}$

b) $\left\{ \dfrac{3}{2}, \dfrac{5}{4}, \dfrac{9}{8}, \dfrac{17}{16}, \dfrac{33}{32}, \ldots \right\}$

c) $\left\{ 1, \dfrac{3}{2}, \dfrac{7}{3}, \dfrac{15}{4}, \dfrac{31}{5}, \ldots \right\}$

d) $\left\{ \dfrac{1}{3}, \dfrac{-1}{2}, \dfrac{3}{5}, \dfrac{-2}{3}, \dfrac{5}{7}, \ldots \right\}$

e) $a_1 = 1$ et $a_n = \left(\dfrac{-1}{3} \right) a_{n-1}$ pour $n \geq 2$

f) $a_1 = 1$ et $a_{n+1} = n a_n$ pour $n \geq 1$

8. Évaluer $\lim\limits_{n \to +\infty} \dfrac{\sin n}{n}$ en utilisant le théorème sandwich.

9. Déterminer si les suites suivantes sont bornées, bornées supérieurement ou bornées inférieurement ; dans chaque cas, trouver la borne inférieure b et (ou) la borne supérieure B.

a) $\left\{ 1 + \dfrac{3}{n} \right\}$

b) $\left\{ \dfrac{n^2 + 1}{n} \right\}_{n \geq 3}$

c) $\{ (-1)^n n^2 \}$

d) $\{ 3 - n \}_{n \geq 5}$

e) $\{ e^{\frac{1}{n}} \}$

f) $\{ \cos n\pi \}$

10. Déterminer si les suites suivantes sont croissantes, strictement croissantes, décroissantes, strictement décroissantes ou ni croissantes ni décroissantes.

a) $\left\{ \dfrac{-1}{n+1} \right\}$

b) $\left\{ \dfrac{(-1)^n}{n} \right\}$

c) $\left\{ \dfrac{n+1}{n} \right\}$

d) $\{ (2n - 9)^2 \}_{n \geq 4}$

11. Répondre par vrai (V) ou faux (F) et donner un contre-exemple lorsque c'est faux.

a) Toute suite bornée converge.

b) Toute suite convergente est bornée.

c) Toute suite croissante est bornée.

d) Toute suite croissante est bornée inférieurement.

e) Toute suite décroissante bornée converge.

f) Toute suite non bornée est divergente.

12. Déterminer a_1 pour que la suite $\{ a_n \}$, définie par la relation de récurrence $5a_{n+1} = 3a_n + 7$, où $n \geq 1$, soit constante.

13. Soit une culture de bactéries contenant initialement 500 bactéries. Chaque bactérie produit deux bactéries à l'heure. Si aucune bactérie ne meurt et que toutes produisent pendant 12 heures,

a) déterminer la fonction donnant le nombre de bactéries présentes en fonction du temps.

b) Après combien de temps le nombre de bactéries sera-t-il égal à 29 524 500 ?

14. Pour chacune des suites suivantes, déterminer a_{n+1} et calculer $\dfrac{a_{n+1}}{a_n}$.

a) $\{ 3n - 2 \}$

b) $\left\{ \dfrac{3}{n!} \right\}$

c) $\left\{ \dfrac{n-1}{4^n} \right\}$

d) $\left\{ \dfrac{(-3)^{n+2}}{(2n)!} \right\}$

6.2 Séries, série harmonique et séries géométriques

Objectifs d'apprentissage

À la fin de cette section, l'élève pourra donner la définition d'une série et déterminer la convergence de certaines séries.

Plus précisément, l'élève sera en mesure:

- de donner les définitions de sommes partielles, série convergente et série divergente;
- de déterminer la convergence ou la divergence d'une série en utilisant les sommes partielles;
- de démontrer et d'appliquer quelques théorèmes sur les séries;
- de reconnaître une série harmonique et de démontrer qu'elle diverge;
- de reconnaître une série géométrique, de déterminer si elle converge ou diverge et de calculer sa somme dans certains cas.

Certains problèmes mathématiques exigent de faire la somme d'un nombre infini de termes.

Par exemple, au chapitre 2, nous avons évalué l'aire de régions fermées en calculant une somme infinie d'aires de rectangles, à l'aide de la limite.

Dans cette section, nous allons étudier l'addition d'un nombre infini de termes, notée

$$\sum_{i=1}^{+\infty} a_i = a_1 + a_2 + a_3 + \ldots + a_n + \ldots$$

Cette somme d'un nombre infini de termes peut être soit finie, soit infinie ou ne pas être définie.

Remarque Il ne faut pas confondre suite et série. Par exemple, $\{2^n\}$ est la suite $\{2, 2^2, 2^3, 2^4, \ldots\}$, tandis que $\sum_{n=1}^{+\infty} 2^n$ est la série $2 + 2^2 + 2^3 + 2^4 + \ldots$

Convergence et divergence d'une série

Définition   Soit une suite $\{a_n\}$. La somme infinie $\sum_{i=1}^{+\infty} a_i = a_1 + a_2 + a_3 + \ldots + a_n + \ldots$ est appelée **série infinie** (ou **série**).

Dans la définition précédente, chaque a_i est appelé *terme* de la série.

Avant de donner une définition théorique de la convergence et de la divergence d'une série, nous présenterons trois exemples où, d'une façon intuitive, nous pouvons déterminer le résultat de la somme infinie de termes.

➤ *Exemple 1*   Évaluons $\displaystyle\sum_{i=1}^{+\infty} i$.

En énumérant les termes de cette somme, nous trouvons

$$\sum_{i=1}^{+\infty} i = 1 + 2 + 3 + 4 + 5 + \ldots + n + \ldots$$

Nous pouvons constater qu'en additionnant les termes du membre de droite, nous obtenons $+\infty$, ainsi $\displaystyle\sum_{i=1}^{\infty} i = +\infty$.

Puisque la somme est infinie, nous dirons que la série est divergente.

➤ *Exemple 2*   Évaluons $\displaystyle\sum_{i=1}^{+\infty} \frac{1}{2^i}$.

En énumérant les termes de cette somme, nous trouvons

$$\sum_{i=1}^{+\infty} \frac{1}{2^i} = \frac{1}{2} + \frac{1}{4} + \frac{1}{8} + \frac{1}{16} + \ldots + \frac{1}{2^n} + \ldots$$

Nous pouvons considérer la somme des termes du membre de droite comme équivalente à l'aire d'un carré de côté de longueur 1, subdivisé comme dans la représentation ci-contre.

Puisque l'aire du carré est égale à 1 u², alors $\displaystyle\sum_{i=1}^{+\infty} \frac{1}{2^i} = 1$.

Puisque la somme est finie, nous dirons que la série est convergente.

➤ *Exemple 3*   Évaluons $\displaystyle\sum_{i=1}^{+\infty} (-1)^i$.

En énumérant les termes de cette somme, nous trouvons

$$\sum_{i=1}^{+\infty} (-1)^i = -1 + 1 - 1 + 1 - 1 + \ldots$$

Nous pouvons constater qu'en additionnant les termes du membre de droite, nous obtenons -1 lorsque le nombre de termes additionnés est impair, et 0 lorsque ce nombre de termes est pair. Dans ce cas, la somme n'est pas définie.

Ainsi $\displaystyle\sum_{i=1}^{+\infty} (-1)^i$ n'est pas définie.

Puisque la somme n'est pas définie, nous dirons que la série est divergente.

D'une façon générale, nous aurons à faire une étude plus approfondie afin de déterminer la convergence ou la divergence d'une série infinie.

Définition

Soit la série $\displaystyle\sum_{i=1}^{+\infty} a_i = a_1 + a_2 + a_3 + \ldots + a_n + \ldots$

La somme des n premiers termes d'une série, notée S_n, est appelée **somme partielle** et est définie comme suit :

$$S_n = a_1 + a_2 + a_3 + \ldots + a_{n-1} + a_n = \sum_{i=1}^{n} a_i.$$

De la définition précédente, nous avons

$S_1 = a_1$

$S_2 = a_1 + a_2$

$S_3 = a_1 + a_2 + a_3$

$\vdots$

$S_{n-1} = a_1 + a_2 + a_3 + \ldots + a_{n-1}$

$S_n = a_1 + a_2 + a_3 + \ldots + a_{n-1} + a_n.$

Puisque $S_n = \underbrace{a_1 + a_2 + a_3 + \ldots + a_{n-1}}_{S_{n-1}} + a_n$, nous avons

$$S_n = S_{n-1} + a_n, \text{ d'où } a_n = S_n - S_{n-1}.$$

Cette dernière égalité peut être utilisée pour déterminer les termes a_i d'une série dont nous connaissons S_n.

De plus, nous pouvons écrire que

$$\sum_{i=1}^{+\infty} a_i = \lim_{n \to +\infty} \sum_{i=1}^{n} a_i = \lim_{n \to +\infty} S_n.$$

Définition

La série $\displaystyle\sum_{i=1}^{+\infty} a_i$ converge (ou est convergente) si la suite $\{S_n\}$ des sommes partielles converge, c'est-à-dire si $\displaystyle\lim_{n \to +\infty} S_n = S$, où $S \in \mathbb{R}$.

Dans la définition précédente, le nombre réel S est appelé *somme* de la série.

Ainsi, si $\displaystyle\lim_{n \to +\infty} S_n = S$, alors $\displaystyle\sum_{i=1}^{+\infty} a_i = S$.

Définition

La série $\displaystyle\sum_{i=1}^{+\infty} a_i$ diverge (ou est divergente) si la suite $\{S_n\}$ des sommes partielles diverge, c'est-à-dire si $\displaystyle\lim_{n \to +\infty} S_n = \pm\infty$ ou si cette limite n'existe pas.

Ainsi, si $\lim\limits_{n \to +\infty} S_n = +\infty$, alors $\sum\limits_{i=1}^{+\infty} a_i = +\infty$,

si $\lim\limits_{n \to +\infty} S_n = -\infty$, alors $\sum\limits_{i=1}^{+\infty} a_i = -\infty$ et

si $\lim\limits_{n \to +\infty} S_n$ n'existe pas, alors $\sum\limits_{i=1}^{+\infty} a_i$ n'est pas définie.

Dans tous les cas précédents, la série est divergente.

Déterminons maintenant de façon formelle, à l'aide des définitions précédentes, la convergence ou la divergence des séries des exemples 1, 2 et 3 précédents.

➤ *Exemple 4*   Démontrons, en utilisant la définition appropriée, que $\sum\limits_{i=1}^{+\infty} i$ diverge.

Puisque $\sum\limits_{i=1}^{+\infty} i = 1 + 2 + 3 + \ldots + n + \ldots$, alors

$S_1 = 1$

$S_2 = 1 + 2 = 3$

$S_3 = 1 + 2 + 3 = 6$

$\vdots$

$S_n = 1 + 2 + 3 + \ldots + n = \dfrac{n(n+1)}{2}$ (voir le Test préliminaire n° 8 a), page 259).

En évaluant la limite de S_n, nous obtenons

$\lim\limits_{n \to +\infty} S_n = \lim\limits_{n \to +\infty} \dfrac{n(n+1)}{2} = +\infty$.

Donc $\sum\limits_{i=1}^{+\infty} i = +\infty$, d'où la série diverge.

➤ *Exemple 5*   Démontrons, en utilisant la définition appropriée, que $\sum\limits_{i=1}^{+\infty} \dfrac{1}{2^i}$ converge.

Puisque $\sum\limits_{i=1}^{+\infty} \dfrac{1}{2^i} = \dfrac{1}{2} + \dfrac{1}{4} + \dfrac{1}{8} + \ldots + \dfrac{1}{2^n} + \ldots$, alors

$S_1 = \dfrac{1}{2}$

$S_2 = \dfrac{1}{2} + \dfrac{1}{4} = \dfrac{3}{4}$

$S_3 = \dfrac{1}{2} + \dfrac{1}{4} + \dfrac{1}{8} = \dfrac{7}{8}$

$S_4 = \dfrac{1}{2} + \dfrac{1}{4} + \dfrac{1}{8} + \dfrac{1}{16} = \dfrac{15}{16}$

$$\vdots$$

$$S_n = \frac{1}{2} + \frac{1}{4} + \frac{1}{8} + \frac{1}{16} + \ldots + \frac{1}{2^n} = \frac{2^n - 1}{2^n}.$$

En évaluant la limite de S_n, nous obtenons

$$\lim_{n \to +\infty} S_n = \lim_{n \to +\infty} \frac{2^n - 1}{2^n}$$

$$= \lim_{x \to +\infty} \frac{2^x - 1}{2^x} \quad \text{(théorème 1, page 262)}$$

$$= 1 \qquad \text{(en appliquant la règle de L'Hospital).}$$

Donc $\displaystyle\sum_{i=1}^{+\infty} \frac{1}{2^i} = 1$, d'où la série converge.

➤ *Exemple 6*   Démontrons, en utilisant la définition appropriée, que $\displaystyle\sum_{i=1}^{+\infty} (-1)^i$ est divergente.

Puisque $\displaystyle\sum_{i=1}^{+\infty} (-1)^i = -1 + 1 - 1 + \ldots + (-1)^n + \ldots$, alors

$$S_1 = -1$$
$$S_2 = 0$$
$$S_3 = -1$$
$$S_4 = 0$$
$$\vdots$$
$$S_n = \begin{cases} -1, \text{ si } n \text{ est impair,} \\ 0, \text{ si } n \text{ est pair.} \end{cases}$$

Ainsi, $\displaystyle\lim_{n \to +\infty} S_n$ n'existe pas.

Donc $\displaystyle\sum_{i=1}^{+\infty} (-1)^i$ n'est pas définie, d'où la série diverge.

Énonçons maintenant quelques théorèmes sur la convergence de séries.

THÉORÈME 1

Si $\displaystyle\sum_{i=1}^{+\infty} a_i$ et $\displaystyle\sum_{i=1}^{+\infty} b_i$ convergent, alors $\displaystyle\sum_{i=1}^{+\infty} (a_i \pm b_i)$ converge également et

$$\sum_{i=1}^{+\infty} (a_i \pm b_i) = \sum_{i=1}^{+\infty} a_i \pm \sum_{i=1}^{+\infty} b_i.$$

Preuve   Soit $\displaystyle\sum_{i=1}^{+\infty} a_i = S$ et $\displaystyle\sum_{i=1}^{+\infty} b_i = T$.

$$\sum_{i=1}^{+\infty} (a_i \pm b_i) = \lim_{n \to +\infty} \sum_{i=1}^{n} (a_i \pm b_i)$$

$$= \lim_{n \to +\infty} \left(\sum_{i=1}^{n} a_i \pm \sum_{i=1}^{n} b_i \right)$$

$$= \lim_{n \to +\infty} (S_n \pm T_n) \qquad \left(\text{car } S_n = \sum_{i=1}^{n} a_i \text{ et } T_n = \sum_{i=1}^{n} b_i \right)$$

$$= \lim_{n \to +\infty} S_n \pm \lim_{n \to +\infty} T_n$$

$$= S \pm T$$

$$= \sum_{i=1}^{+\infty} a_i \pm \sum_{i=1}^{+\infty} b_i$$

THÉORÈME 2	Si $\sum_{i=1}^{+\infty} a_i$ converge, alors $\sum_{i-1}^{+\infty} ca_i$ converge également, $\forall\, c \in \mathbb{R}$ et $$\sum_{i=1}^{+\infty} ca_i = c \sum_{i=1}^{+\infty} a_i.$$

La démonstration est laissée à l'utilisateur.

THÉORÈME 3	Si $\sum_{i=1}^{+\infty} a_i$ diverge, alors $\sum_{i=1}^{+\infty} ca_i$ diverge également, $\forall\, c \in \mathbb{R}$ et $c \neq 0$. De plus, lorsque $\sum_{i=1}^{+\infty} a_i = \pm\infty$, alors $\sum_{i=1}^{+\infty} ca_i = c \sum_{i=1}^{+\infty} a_i$, $\forall\, c \in \mathbb{R}$ et $c \neq 0$.

La démonstration est laissée à l'utilisateur.

THÉORÈME 4	Si nous ajoutons ou retranchons un nombre fini de termes à une série $\sum_{i=1}^{+\infty} a_i$, alors la série obtenue converge si $\sum_{i=1}^{+\infty} a_i$ converge et elle diverge si $\sum_{i=1}^{+\infty} a_i$ diverge.

La démonstration est laissée à l'utilisateur.

Série harmonique

Définition	La série $\displaystyle\sum_{i=1}^{+\infty} \frac{1}{i} = 1 + \frac{1}{2} + \frac{1}{3} + \frac{1}{4} + \ldots + \frac{1}{n} + \ldots$ est appelée **série harmonique**.

THÉORÈME 5	La série harmonique $\displaystyle\sum_{i=1}^{+\infty} \frac{1}{i}$ est divergente et $\displaystyle\sum_{i=1}^{+\infty} \frac{1}{i} = +\infty$.

Preuve   Démontrons que la suite des sommes partielles est divergente.

$$S_{2^n} = 1 + \frac{1}{2} + \frac{1}{3} + \frac{1}{4} + \frac{1}{5} + \frac{1}{6} + \ldots + \frac{1}{2^n}$$

$$= 1 + \frac{1}{2} + \left(\frac{1}{3} + \frac{1}{4}\right) + \left(\frac{1}{5} + \frac{1}{6} + \frac{1}{7} + \frac{1}{8}\right) + \left(\frac{1}{9} + \ldots + \frac{1}{16}\right) + \ldots + \left(\frac{1}{2^{n-1}+1} + \ldots + \frac{1}{2^n}\right)$$

$$\geq 1 + \frac{1}{2} + \underbrace{\left(\frac{1}{4} + \frac{1}{4}\right)}_{\frac{1}{2}} + \underbrace{\left(\frac{1}{8} + \frac{1}{8} + \frac{1}{8} + \frac{1}{8}\right)}_{\frac{1}{2}} + \underbrace{\left(\frac{1}{16} + \ldots + \frac{1}{16}\right)}_{\frac{1}{2}} + \ldots + \underbrace{\left(\frac{1}{2^n} + \ldots + \frac{1}{2^n}\right)}_{\frac{1}{2}}.$$

Ainsi, $S_{2^n} \geq 1 + n\left(\dfrac{1}{2}\right)$.

Puisque $\displaystyle\lim_{n \to +\infty}\left[1 + n\left(\frac{1}{2}\right)\right] = +\infty$, alors $\displaystyle\lim_{n \to +\infty} S_{2^n} = +\infty$.

Ainsi, la suite $\{S_n\}$ des sommes partielles diverge également vers $+\infty$, d'où la série harmonique est divergente, et $\displaystyle\sum_{i=1}^{+\infty} \frac{1}{i} = +\infty$.

➤ *Exemple 1*   Démontrons que $\displaystyle\sum_{i=1}^{+\infty} \frac{2}{i}$ diverge.

$$\sum_{i=1}^{+\infty} \frac{2}{i} = \sum_{i=1}^{+\infty} 2\left(\frac{1}{i}\right)$$

$$= 2\sum_{i=1}^{+\infty} \frac{1}{i} \qquad \text{(théorème 3)}$$

$$= +\infty \qquad\qquad \text{(théorème 5)}$$

d'où $\displaystyle\sum_{i=1}^{+\infty} \frac{2}{i}$ diverge.

➤ *Exemple 2*   Démontrons que $\displaystyle\sum_{n=100}^{+\infty} \frac{-1}{5n}$ diverge.

$$\sum_{n=100}^{+\infty} \frac{-1}{5n} = \sum_{n=100}^{+\infty} \left(\frac{-1}{5}\right) \frac{1}{n}$$

$$= \frac{-1}{5} \sum_{n=100}^{+\infty} \frac{1}{n} \qquad \text{(théorème 3)}$$

$$= -\infty \qquad \text{(théorèmes 4 et 5)},$$

La série $\sum\limits_{n=100}^{+\infty}$ diverge, car elle a été obtenue en retranchant les 99 premiers termes de la série harmonique.

Série géométrique

Une série de la forme $\sum\limits_{i=1}^{+\infty} ar^{i-1} = a + ar + ar^2 + ar^3 + \ldots + ar^{n-1} + \ldots$, où $a \neq 0$, est appelée **série géométrique** de premier terme a et de **raison** r, où $a \in \mathbb{R}$ et $r \in \mathbb{R}$.

Dans une série géométrique, de premier terme a, chacun des autres termes de la série est obtenu en multipliant le terme précédent par la raison r.

➤ *Exemple 1*   La série $2 + \dfrac{2}{3} + \dfrac{2}{9} + \dfrac{2}{27} + \ldots$ est une série géométrique de premier terme 2 et de raison $\dfrac{1}{3}$.

➤ *Exemple 2*   Déterminons les premiers termes et le terme général de la série géométrique dont le premier terme est 4 et la raison est $\dfrac{-3}{5}$.

$$a_1 = 4$$

$$a_2 = a_1\left(\frac{-3}{5}\right) = 4\left(\frac{-3}{5}\right)$$

$$a_3 = a_2\left(\frac{-3}{5}\right) = 4\left(\frac{-3}{5}\right)\left(\frac{-3}{5}\right) = 4\left(\frac{-3}{5}\right)^2$$

$$a_4 = a_3\left(\frac{-3}{5}\right) = 4\left(\frac{-3}{5}\right)^2\left(\frac{-3}{5}\right) = 4\left(\frac{-3}{5}\right)^3$$

$$\vdots$$

$$a_n = 4\left(\frac{-3}{5}\right)^{n-1},$$

d'où nous obtenons la série géométrique

$$\sum_{i=1}^{+\infty} 4\left(\frac{-3}{5}\right)^{i-1} = 4 - \frac{12}{5} + \frac{36}{25} - \frac{108}{125} + \ldots + 4\left(\frac{-3}{5}\right)^{n-1} + \ldots$$

Remarque Pour déterminer si une série $\displaystyle\sum_{n=1}^{+\infty} a_n$ est une série géométrique, il suffit de vérifier si le rapport $\dfrac{a_{n+1}}{a_n}$ de deux termes consécutifs quelconques est constant pour tout n. Lorsque le rapport est constant, nous avons $\dfrac{a_{n+1}}{a_n} = r$, où r est la raison de la série géométrique.

➤ *Exemple 3*   Vérifions si la série $\displaystyle\sum_{n=1}^{+\infty} \dfrac{3^n}{5^{n+1}}$ est une série géométrique et, si oui, trouvons la raison r et le premier terme a.

Pour déterminer si cette série est géométrique, il suffit de vérifier si $\dfrac{a_{n+1}}{a_n}$ est constant pour tout n.

$$\frac{a_{n+1}}{a_n} = \frac{\dfrac{3^{n+1}}{5^{n+2}}}{\dfrac{3^n}{5^{n+1}}} = \frac{3}{5}, \text{ pour tout } n.$$

Ainsi, cette série est géométrique de raison r où $r = \dfrac{3}{5}$ et de premier terme a où $a = \dfrac{3}{25}$.

➤ *Exemple 4*   Déterminons si la série $\displaystyle\sum_{n=1}^{+\infty} \dfrac{n}{3^n}$ est une série géométrique.

Nous avons $\dfrac{a_{n+1}}{a_n} = \dfrac{\dfrac{n+1}{3^{n+1}}}{\dfrac{n}{3^n}} = \dfrac{n+1}{3n}$.

Puisque le rapport dépend de n, il n'est pas constant. Donc cette série n'est pas une série géométrique.

THÉORÈME 6 **SÉRIE** **GÉOMÉTRIQUE**	La série géométrique $\displaystyle\sum_{n=1}^{+\infty} ar^{n-1}$ 1) converge si $\lvert r \rvert < 1$ et dans ce cas $\displaystyle\sum_{n=1}^{+\infty} ar^{n-1} = \dfrac{a}{1-r}$; 2) diverge si $\lvert r \rvert \geq 1$.

Preuve   Puisque $S_n = a + ar + ar^2 + \ldots + ar^{n-1}$ (par définition),

nous avons $rS_n = ar + ar^2 + ar^3 + \ldots + ar^{n-1} + ar^n$.

En soustrayant les deux membres des égalités précédentes, nous obtenons

$S_n - rS_n = a - ar^n$

$S_n(1 - r) = a(1 - r^n),$

d'où, pour $r \neq 1$, la somme partielle S_n des n premiers termes de la série est donnée

par
$$S_n = \frac{a(1 - r^n)}{1 - r}$$

Pour déterminer la convergence ou la divergence de cette série, nous devons évaluer $\lim_{n \to +\infty} S_n$.

Ainsi, $\lim_{n \to +\infty} S_n = \lim_{n \to +\infty} \dfrac{a(1 - r^n)}{1 - r}$

$\lim_{n \to +\infty} S_n = \dfrac{a}{1 - r} \lim_{n \to +\infty} (1 - r^n)$

$\lim_{n \to +\infty} S_n = \dfrac{a}{1 - r} \left(1 - \lim_{n \to +\infty} r^n\right).$

1) Si $|r| < 1$, alors

$\lim_{n \to +\infty} r^n = 0$ donc $\lim_{n \to +\infty} S_n = \dfrac{a}{1 - r}$,

d'où la série $\displaystyle\sum_{n = 1}^{+\infty} ar^{n-1}$ converge et $\displaystyle\sum_{n = 1}^{+\infty} ar^{n-1} = \dfrac{a}{1 - r}$.

2) Si $|r| \geq 1$, alors nous avons trois cas à étudier.

   a) Cas où $r \leq -1$

   $\lim_{n \to +\infty} r^n$ n'existe pas donc $\lim_{n \to +\infty} S_n$ n'existe pas.

   b) Cas où $r > 1$

   $\lim_{n \to +\infty} r^n = +\infty$ donc $\lim_{n \to +\infty} S_n = \begin{cases} +\infty & \text{si } a > 0, \\ -\infty & \text{si } a < 0. \end{cases}$

   c) Cas où $r = 1$

   Dans ce cas $S_n = a + a + a + \ldots + a$

   $\qquad\qquad = na,$

   donc $\lim_{n \to +\infty} S_n = \begin{cases} +\infty & \text{si } a > 0, \\ -\infty & \text{si } a < 0, \end{cases}$

   d'où la série $\displaystyle\sum_{n = 1}^{+\infty} ar^{n-1}$ diverge pour $|r| \geq 1$.

Ainsi, pour une série géométrique de premier terme a et de raison r, nous avons le tableau suivant.

$-1 < r < 1$	Série convergente	$S = \dfrac{a}{1 - r}$
$r \geq 1$	Série divergente	$S = +\infty$, si $a > 0$ $S = -\infty$, si $a < 0$
$r \leq -1$	Série divergente	S est non définie.

➤ *Exemple 5*   Déterminons si la série géométrique $\sum\limits_{n=1}^{+\infty} \dfrac{1}{2^n}$ est convergente ou divergente et déterminons, si possible, la somme de cette série.

Nous avons $a = \dfrac{1}{2}$ et $r = \dfrac{1}{2}$.

Puisque $|r| < 1$, cette série converge et la somme est égale à $\dfrac{a}{1-r}$ (théorème 6).

Ainsi $\sum\limits_{n=1}^{+\infty} \dfrac{1}{2^n} = \dfrac{\dfrac{1}{2}}{1 - \dfrac{1}{2}} = 1$ (voir l'Exemple 2 à la page 271 et l'Exemple 5, page 273).

➤ *Exemple 6*   Calculons, si possible, la somme S de la série géométrique suivante.

$$5 - \dfrac{10}{3} + \dfrac{20}{9} - \dfrac{40}{27} + \dfrac{80}{81} - \dfrac{160}{243} + \ldots$$

Nous avons $a = 5$ et $r = \dfrac{-2}{3}$.

Puisque $|r| < 1$, cette série converge et

$$5 - \dfrac{10}{3} + \dfrac{20}{9} - \dfrac{40}{27} + \ldots = \dfrac{5}{1 - \left(\dfrac{-2}{3}\right)} \qquad \text{(théorème 6),}$$

d'où $S = 3$.

➤ *Exemple 7*   Soit la série géométrique $\sum\limits_{n=1}^{+\infty} \dfrac{3^n}{2}$, où $a = \dfrac{3}{2}$ et $r = 3$.

Puisque $|r| \geq 1$, cette série diverge.

Ainsi $\sum\limits_{n=1}^{+\infty} \dfrac{3^n}{2} = +\infty$ (car $a > 0$, $r > 1$).

Par contre, même si elle diverge, il est possible d'évaluer la somme d'un nombre fini de termes de cette série en utilisant la formule trouvée pour S_n. Calculons, par exemple, la somme des 10 premiers termes de cette série.

De $S_n = \dfrac{a(1 - r^n)}{1-r}$, nous obtenons

$$S_{10} = \dfrac{\dfrac{3}{2}(1 - 3^{10})}{1-3} \qquad \left(\text{car } a = \dfrac{3}{2} \text{ et } r = 3\right)$$

$$= 44\,286.$$

➤ *Exemple 8*   Supposons qu'une balle de plastique soit lâchée, sans vitesse initiale, d'une hauteur de 3 mètres au-dessus d'un sol horizontal. À chaque rebondissement, elle atteint les $\dfrac{4}{5}$ de la hauteur précédente. Exprimons théoriquement, à l'aide d'une série, la distance totale D parcourue par cette balle.

$$D = 3 + \underbrace{\left[\frac{4}{5}(3) + \frac{4}{5}(3)\right]}_{1^{er} \text{ bond}} + \underbrace{\left[\frac{4}{5}\left(\frac{4}{5}(3)\right) + \frac{4}{5}\left(\frac{4}{5}(3)\right)\right]}_{2^e \text{ bond}} + \ldots$$

$$= 3 + 2\left(\frac{4}{5}\right)(3) + 2\left(\frac{4}{5}\right)^2(3) + 2\left(\frac{4}{5}\right)^3(3) + \ldots$$

$$= 3 + 6\sum_{n=1}^{+\infty}\left(\frac{4}{5}\right)^n.$$

Or, $\displaystyle\sum_{n=1}^{+\infty}\left(\frac{4}{5}\right)^n$ est une série géométrique où $a = \dfrac{4}{5}$ et $r = \dfrac{4}{5}$; puisque $|r| < 1$,

nous avons $\displaystyle\sum_{n=1}^{+\infty}\left(\frac{4}{5}\right)^n = \dfrac{\dfrac{4}{5}}{1 - \dfrac{4}{5}} = 4$ \qquad (théorème 6),

d'où \qquad\qquad $D = 3 + (6 \times 4) = 27$, donc 27 mètres.

Exercices 6.2

1. Pour chacune des séries suivantes,
  – trouver une expression pour S_n et évaluer $\displaystyle\lim_{n\to+\infty} S_n$;
  – déterminer si la suite $\{S_n\}$ converge ou diverge et donner, si possible, la somme de la série.

a) $\displaystyle\sum_{i=1}^{+\infty} \frac{1}{10}$ \qquad c) $1 + 4 + 9 + 16 + \ldots$

b) $\displaystyle\sum_{i=1}^{+\infty} \frac{1}{i(i+1)}$ \qquad d) $\displaystyle\sum_{j=1}^{+\infty} (-1)^j$

e) $0,3 + 0,03 + 0,003 + 0,0003 + \ldots$

f) $\displaystyle\sum_{k=1}^{+\infty} \left(\frac{1}{k+1} - \frac{1}{k+2}\right)$

2. En utilisant les résultats suivants

$$\sum_{n=1}^{+\infty} \frac{1}{n^2} = \frac{\pi^2}{6}, \sum_{n=1}^{+\infty} \frac{1}{n} = +\infty,$$

$$\sum_{n=1}^{+\infty} \frac{(-1)^{n+1}}{n} = \ln 2 \text{ et } \sum_{n=0}^{+\infty} \frac{1}{n!} = e,$$

déterminer si les séries suivantes convergent (C) ou divergent (D) et déterminer, si possible, leur somme.

a) $\displaystyle\sum_{n=1}^{+\infty} \left(\frac{1}{n^2} + \frac{(-1)^{n+1}}{n}\right)$ \qquad d) $\displaystyle\sum_{n=1}^{+\infty} \frac{1-n}{n^2}$

b) $\displaystyle\sum_{n=0}^{+\infty} \frac{1}{5n!}$ \qquad e) $\displaystyle\sum_{n=3}^{+\infty} \frac{5}{n!}$

c) $\displaystyle\sum_{n=4}^{+\infty} \frac{1}{n^2}$ \qquad f) $\displaystyle\sum_{n=2}^{+\infty} \frac{2(-1)^{n+1}}{n}$

3. Donner un exemple dans lequel $\displaystyle\sum_{n=1}^{+\infty} a_n$ et $\displaystyle\sum_{n=1}^{+\infty} b_n$ divergent mais où $\displaystyle\sum_{n=1}^{+\infty} (a_n + b_n)$ converge.

4. Démontrer que les séries suivantes divergent en les exprimant en fonction de la série harmonique.

a) $\displaystyle\sum_{n=1}^{+\infty} \frac{5}{n}$ \qquad b) $\dfrac{1}{100} + \dfrac{1}{200} + \dfrac{1}{300} + \dfrac{1}{400} + \ldots$

c) $\dfrac{1}{100} + \dfrac{1}{101} + \dfrac{1}{102} + \dfrac{1}{103} + \ldots$

d) $\displaystyle\sum_{n=1000}^{+\infty} \frac{-1}{4n}$

5. Déterminer si les séries suivantes sont des séries géométriques; si oui, donner la valeur de a et la valeur de r.

a) $1 + \dfrac{1}{2} + \dfrac{1}{4} + \dfrac{1}{8} + \dfrac{1}{16} + \dfrac{1}{32} + \ldots$

b) $1 + \dfrac{1}{3} + \dfrac{1}{9} + \dfrac{1}{27} + \dfrac{1}{80} + \dfrac{1}{240} + \ldots$

c) $1 - 4 + 16 - 64 + 256 - 1024 + \ldots$

d) $5 + 10 + 5 + 10 + 5 + \ldots$

e) $\dfrac{1}{3} - \dfrac{1}{3\sqrt{3}} + \dfrac{1}{9} - \dfrac{1}{9\sqrt{3}} + \dfrac{1}{27} - \ldots$

f) $x - x^3 + x^5 - x^7 + x^9 - \ldots$

g) $\displaystyle\sum_{n=4}^{+\infty} \dfrac{n}{10^n}$
i) $\displaystyle\sum_{n=2}^{+\infty} \dfrac{2^{n+3}}{(-5)^n}$

h) $\displaystyle\sum_{n=0}^{+\infty} \dfrac{9}{10^n}$
j) $\displaystyle\sum_{n=1}^{+\infty} \dfrac{2^n}{n!}$

6. Déterminer les quatre premiers termes des séries géométriques suivantes et exprimer ces séries en utilisant le symbole de sommation.

a) $a = 2$ et $r = \dfrac{1}{3}$.

b) $a = 2$ et $r = \dfrac{-2}{3}$.

c) $a = 1$ et $r = -1$.

d) Le troisième terme est $\dfrac{36}{25}$ et $r = \dfrac{3}{5}$.

7. Soit une série géométrique de premier terme a et de raison r. Utiliser le théorème 6 pour compléter le tableau suivant.

Valeurs de r	C ou D	Somme
$< r <$		
$r \geq$		$a >$
		$a <$
$r \leq$		

8. Pour chacune des séries géométriques suivantes, déterminer la valeur de a et la valeur de r, déterminer si elle converge ou diverge et donner, si possible, la somme de la série.

a) $\displaystyle\sum_{n=0}^{+\infty} \dfrac{3}{2^n}$
g) $\displaystyle\sum_{k=3}^{+\infty} -2\left(\dfrac{5}{4}\right)^k$

b) $\displaystyle\sum_{j=1}^{+\infty} \dfrac{3^j}{5^{j-1}}$
h) $\displaystyle\sum_{n=0}^{+\infty} \dfrac{1}{2 \times 3^n}$

c) $\displaystyle\sum_{n=0}^{+\infty} \left(\dfrac{\pi}{3}\right)^n$
i) $\displaystyle\sum_{j=3}^{+\infty} \left(\dfrac{-2}{3}\right)^j$

d) $\displaystyle\sum_{n=0}^{+\infty} (-2)^n$
j) $\displaystyle\sum_{n=4}^{+\infty} \dfrac{3}{(-2)^n}$

e) $\displaystyle\sum_{j=1}^{+\infty} \left(\dfrac{5}{7}\right)^j$
k) $\displaystyle\sum_{n=1}^{+\infty} \dfrac{3^{n+2}}{4^{n-1}}$

f) $\displaystyle\sum_{j=1}^{+\infty} \left(\dfrac{7}{5}\right)^j$
l) $\displaystyle\sum_{k=0}^{+\infty} \dfrac{(-5)^k}{2^{k+3}}$

9. Calculer, si possible, la somme des séries suivantes.

a) $\displaystyle\sum_{k=1}^{+\infty} \left[\left(\dfrac{1}{3}\right)^k + \left(\dfrac{2}{3}\right)^k\right]$

b) $\displaystyle\sum_{n=2}^{+\infty} \left(\dfrac{1}{2^n} + \dfrac{1}{n}\right)$

c) $\displaystyle\sum_{k=1}^{+\infty} \left(\dfrac{1 + 2^k}{5^k}\right)$

10. Déterminer pour quelles valeurs de x les séries géométriques suivantes convergent et déterminer pour ces valeurs de x la somme S de ces séries en fonction de x.

a) $\displaystyle\sum_{n=0}^{+\infty} x^n$
b) $\displaystyle\sum_{n=0}^{+\infty} (-x)^n$
c) $\displaystyle\sum_{n=1}^{+\infty} \left(\dfrac{1}{x}\right)^n$

d) $1 - x^2 + x^4 - x^6 + x^8 - x^{10} + \ldots$

11. Calculer les sommes partielles et les sommes des séries suivantes.

a) $\displaystyle\sum_{k=1}^{25} 2^k$; $\displaystyle\sum_{k=1}^{+\infty} 2^k$

b) $\displaystyle\sum_{n=0}^{999} \left(\dfrac{1001}{1000}\right)^n$; $\displaystyle\sum_{n=0}^{+\infty} \left(\dfrac{1001}{1000}\right)^n$

c) $\dfrac{16}{9} + \dfrac{32}{27} + \dfrac{64}{81} + \dfrac{128}{243} + \ldots + \dfrac{16\,384}{531\,441}$;

$\dfrac{16}{9} + \dfrac{32}{27} + \dfrac{64}{81} + \ldots$

12. Une balle de plastique est lâchée, sans vitesse initiale, d'une hauteur de 4 mètres. À chaque rebondissement, elle atteint les $\dfrac{2}{3}$ de la hauteur précédente.

a) Exprimer h_n, la hauteur (en mètres) atteinte par la balle après son n^e rebondissement, en fonction de n et de sa hauteur initiale.

b) Quelle est la hauteur atteinte par la balle au 5e rebondissement ?

c) À partir de quel rebondissement la balle remonte-t-elle à une hauteur inférieure à 3 centimètres ?

d) Calculer théoriquement la distance totale parcourue par cette balle.

13. Soit un mobile partant du point R(1, 2) et se déplaçant indéfiniment selon le trajet suivant.

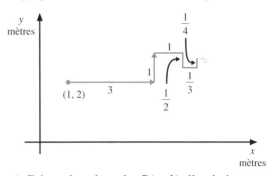

a) Déterminer le point P(a, b) d'arrivée.

b) Déterminer la distance D parcourue par ce mobile.

6.3 Séries à termes positifs et séries alternées

Objectifs d'apprentissage

À la fin de la présente section, l'élève pourra déterminer, à l'aide d'un critère approprié, si une série à termes positifs converge ou diverge. De plus, il pourra déterminer si une série alternée converge et si elle converge absolument.

Plus précisément, l'élève sera en mesure :

- d'utiliser le critère du terme général pour déterminer si une série diverge ;
- d'utiliser le critère de l'intégrale pour déterminer si une série à termes positifs converge ou diverge ;
- d'utiliser le critère de comparaison pour déterminer si une série à termes positifs converge ou diverge ;
- d'utiliser le critère du polynôme pour déterminer si une série à termes positifs converge ou diverge ;
- d'utiliser le critère de D'Alembert (critère du rapport) pour déterminer si une série à termes positifs converge ou diverge ;
- d'utiliser le critère de Cauchy (critère de la racine n^e) pour déterminer si une série à termes positifs converge ou diverge ;
- de déterminer si une série alternée converge ou diverge ;
- d'évaluer approximativement la somme d'une série alternée convergente ;
- de déterminer si une série est absolument convergente ou conditionnellement convergente.

Nous étudierons dans cette section des séries autres que harmonique et géométrique. Même s'il n'est pas toujours possible d'évaluer la somme d'une série, nous établirons des critères de convergence permettant de déterminer si les séries convergent ou divergent. Dans un premier temps, nous donnerons une condition nécessaire à la convergence d'une série quelconque. Notre étude portera ensuite sur les séries à termes positifs et nous terminerons cette section par l'étude de séries alternées.

Critère du terme général

> **THÉORÈME 1**
> **CRITÈRE DU TERME GÉNÉRAL**
>
> Soit une série $\displaystyle\sum_{i=1}^{+\infty} a_i$ quelconque.
>
> 1) Si $\displaystyle\sum_{i=1}^{+\infty} a_i$ converge, alors $\displaystyle\lim_{n \to +\infty} a_n = 0$.
>
> 2) Si $\displaystyle\lim_{n \to +\infty} a_n \neq 0$, alors $\displaystyle\sum_{i=1}^{+\infty} a_i$ diverge.

Preuve 1) Puisque $\displaystyle\sum_{i=1}^{+\infty} a_i$ converge, alors $\displaystyle\lim_{n \to +\infty} S_n = S$ (par définition de la convergence d'une série).

Or $a_n = (a_1 + a_2 + a_3 + \ldots + a_n) - (a_1 + a_2 + a_3 + \ldots + a_{n-1})$

$= S_n - S_{n-1}$ (par définition de S_n et de S_{n-1}).

Ainsi $\displaystyle\lim_{n \to +\infty} a_n = \lim_{n \to +\infty} (S_n - S_{n-1})$

$\displaystyle = \lim_{n \to +\infty} S_n - \lim_{n \to +\infty} S_{n-1}$

$= S - S$ $\left(\text{car } \displaystyle\lim_{n \to +\infty} S_{n-1} = S\right)$

$= 0,$

d'où $\displaystyle\lim_{n \to +\infty} a_n = 0$.

La partie 2) est équivalente à la partie 1).

Remarque La condition $\left(\displaystyle\lim_{n \to +\infty} a_n = 0\right)$ est nécessaire, mais non suffisante, pour qu'une série converge, ce qui signifie que

i) si $\displaystyle\lim_{n \to +\infty} a_n = 0$, alors nous ne pouvons rien conclure sur la convergence ou la divergence de la série ;

ii) si $\displaystyle\lim_{n \to +\infty} a_n \neq 0$, alors la série diverge.

➤ *Exemple 1*   Soit la série harmonique $\displaystyle\sum_{i=1}^{+\infty} \frac{1}{i}$.

Nous avons que $\displaystyle\lim_{n \to +\infty} \frac{1}{n} = 0$ et nous savons que cette série est divergente

(théorème 5, page 276).

➤ *Exemple 2*   Soit la série géométrique $\displaystyle\sum_{i=1}^{+\infty} \frac{1}{2^i}$. Nous avons que $\displaystyle\lim_{n \to +\infty} \frac{1}{2^n} = 0$ et nous savons

que cette série est convergente, car $r = \dfrac{1}{2}$ (théorème 6, page 278).

➤ *Exemple 3*   Appliquons le théorème 1 à la série $\displaystyle\sum_{i=1}^{+\infty} \frac{2i}{3i+4}$.

Puisque $\displaystyle\lim_{n\to+\infty} \frac{2n}{3n+4} = \frac{2}{3}$; alors

$\displaystyle\lim_{n\to+\infty} \frac{2n}{3n+4} \neq 0$, d'où la série $\displaystyle\sum_{i=1}^{+\infty} \frac{2i}{3i+4}$ diverge.

Étudions maintenant quelques critères permettant de déterminer si des *séries à termes positifs* convergent ou divergent.

Critère de l'intégrale

<table>
<tr>
<td>THÉORÈME 2
CRITÈRE DE
L'INTÉGRALE</td>
<td>Soit $\displaystyle\sum_{k=1}^{+\infty} a_k$, où $a_k > 0$, et f, une fonction positive, continue et décroissante sur $[1, +\infty$, telle que $f(k) = a_k$ pour tout $k \geq 1$.

1) Si $\displaystyle\int_{1}^{+\infty} f(x)\, dx$ converge, alors $\displaystyle\sum_{k=1}^{+\infty} a_k$ converge.

2) Si $\displaystyle\int_{1}^{+\infty} f(x)\, dx$ diverge, alors $\displaystyle\sum_{k=1}^{+\infty} a_k$ diverge.</td>
</tr>
</table>

Preuve   1) Si $\displaystyle\int_{1}^{+\infty} f(x)\, dx$ converge, alors $\displaystyle\int_{1}^{+\infty} f(x)\, dx = A$.

Nous avons

$$S_n = a_1 + a_2 + a_3 + \ldots + a_n$$

$$= a_1 + f(2) + f(3) + \ldots + f(n) \quad (\text{car } f(k) = a_k)$$

$$= a_1 + [f(2) \cdot 1 + f(3) \cdot 1 + \ldots + f(n) \cdot 1]$$

$$\leq a_1 + \int_{1}^{n} f(x)\, dx \quad (\text{voir graphique ci-contre})$$

$$\leq a_1 + \int_{1}^{+\infty} f(x)\, dx = a_1 + A.$$

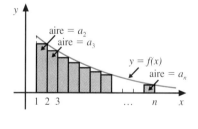

Ainsi, la suite $\{S_n\}$ est bornée supérieurement. De plus, puisque $S_{n+1} = S_n + a_{n+1}$ (où $a_{n+1} > 0$), alors

$S_{n+1} > S_n$, ainsi la suite $\{S_n\}$ est croissante.

Donc, par le théorème 5 de 6.1, la suite $\{S_n\}$ est convergente,

d'où $\displaystyle\sum_{k=1}^{+\infty} a_k$ converge   (par définition).

2) Si $\displaystyle\int_{1}^{+\infty} f(x)\,dx$ diverge, alors $\displaystyle\int_{1}^{+\infty} f(x)\,dx = {}^{+\infty}$.

Nous avons

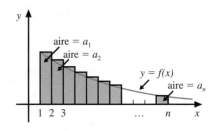

$$S_n = a_1 + a_2 + a_3 + \dots + a_n$$
$$= f(1) + f(2) + f(3) + \dots + f(n)$$
$$= f(1)\cdot 1 + f(2)\cdot 1 + f(3)\cdot 1 + \dots + f(n)\cdot 1$$
$$\geq \int_{1}^{n} f(x)\,dx \quad \text{(voir le graphique ci-contre).}$$

Alors $\displaystyle\lim_{n\to+\infty} S_n \geq \lim_{n\to+\infty} \int_{1}^{n} f(x)\,dx = {}^{+\infty}$,

ainsi $\{S_n\}$ est une suite divergente, d'où $\displaystyle\sum_{k=1}^{+\infty} a_k$ diverge $\qquad$ (par définition).

➤ *Exemple 1* Déterminons si $\displaystyle\sum_{n=1}^{+\infty} \frac{1}{n^2}$ converge ou diverge à l'aide du critère de l'intégrale.

Soit $f(x) = \dfrac{1}{x^2}$ sur $[1, {}^{+\infty}$. Cette fonction est positive et continue sur $[1, {}^{+\infty}$, et

elle est décroissante sur $[1, {}^{+\infty}$, car $f'(x) = \dfrac{-2}{x^3} < 0$.

De plus, $\displaystyle\int_{1}^{+\infty} \frac{1}{x^2}\,dx = \lim_{M\to+\infty} \int_{1}^{M} \frac{1}{x^2}\,dx = \lim_{M\to+\infty} \frac{-1}{x}\ \Big|_{1}^{M} = 1$.

Donc $\displaystyle\int_{1}^{+\infty} \frac{1}{x^2}\,dx$ converge, d'où $\displaystyle\sum_{n=1}^{+\infty} \frac{1}{n^2}$ converge.

Remarque Ce critère nous permet de déterminer la convergence d'une série, mais il ne nous permet pas d'évaluer la valeur exacte de la somme. De plus, nous pouvons également utiliser le critère de l'intégrale pour déterminer la convergence ou la divergence d'une série de la forme $\displaystyle\sum_{k=n}^{+\infty} a_k$ en évaluant $\displaystyle\int_{n}^{+\infty} f(x)\,dx$, où $f(k) = a_k$ pour tout $k \geq n$.

➤ *Exemple 2* Déterminons si $\displaystyle\sum_{k=4}^{+\infty} \frac{k}{3k^2 - 2}$ converge ou diverge, à l'aide du critère de l'intégrale.

Soit $f(x) = \dfrac{x}{3x^2 - 2}$ sur $[4, {}^{+\infty}$. Cette fonction est positive et continue sur $[4, {}^{+\infty}$,

et elle est décroissante sur $[4, {}^{+\infty}$, car $f'(x) = \dfrac{-(3x^2 + 2)}{(3x^2 - 2)^2} < 0$.

De plus, $\displaystyle\int_{4}^{+\infty} \frac{x}{3x^2 - 2}\,dx = \lim_{M\to+\infty} \int_{4}^{M} \frac{x}{3x^2 - 2}\,dx$

$$= \lim_{M\to+\infty} \frac{\ln|3x^2 - 2|}{6}\ \Big|_{4}^{M} = {}^{+\infty}.$$

Donc, $\displaystyle\int_{4}^{+\infty} \frac{x}{3x^2 - 2}\, dx$ diverge, d'où $\displaystyle\sum_{k=4}^{+\infty} \frac{k}{3k^2 - 2}$ diverge.

Séries de Riemann

Définition	Une série de la forme $\displaystyle\sum_{n=1}^{+\infty} \frac{1}{n^p} = 1 + \frac{1}{2^p} + \frac{1}{3^p} + \frac{1}{4^p} + \ldots + \frac{1}{n^p} + \ldots$, où $p \in \mathbb{R}$, est appelée **série de Riemann** (ou **série-p**).

> *Exemple 1*   La série $1 + \dfrac{1}{2^3} + \dfrac{1}{3^3} + \dfrac{1}{4^3} + \ldots + \dfrac{1}{n^3} + \ldots$ est une série de Riemann, où $p = 3$.

En utilisant le critère de l'intégrale, nous pouvons démontrer le théorème suivant.

THÉORÈME 3 **SÉRIE DE** **RIEMANN**	Soit une série de Riemann, $\displaystyle\sum_{n=1}^{+\infty} \frac{1}{n^p}$, où $p \in \mathbb{R}$. 1) Si $p \leq 1$, alors $\displaystyle\sum_{n=1}^{+\infty} \frac{1}{n^p}$ diverge. 2) Si $p > 1$, alors $\displaystyle\sum_{n=1}^{+\infty} \frac{1}{n^p}$ converge.

La démonstration est laissée à l'utilisateur.

> *Exemple 2*   La série-p $\displaystyle\sum_{n=1}^{+\infty} \frac{1}{n^2} = 1 + \frac{1}{2^2} + \frac{1}{3^2} + \frac{1}{4^2} + \ldots$, où $p = 2$, est convergente, car $p > 1$.

> *Exemple 3*   Déterminons la convergence ou la divergence de la série
>
> $$\sum_{n=5}^{+\infty} \frac{1}{\sqrt{n}} = \frac{1}{\sqrt{5}} + \frac{1}{\sqrt{6}} + \frac{1}{\sqrt{7}} + \ldots$$
>
> Puisque $\displaystyle\sum_{n=5}^{+\infty} \frac{1}{\sqrt{n}}$ a été obtenue en retranchant les quatre premiers termes de la série de Riemann $\displaystyle\sum_{n=1}^{+\infty} \frac{1}{n^{\frac{1}{2}}}$, où $p = \dfrac{1}{2}$, et que cette série est divergente, car $p \leq 1$,
>
> alors $\displaystyle\sum_{n=5}^{+\infty} \frac{1}{\sqrt{n}}$ est divergente   (théorème 4, page 275).

Critère de comparaison

> **THÉORÈME 4**
> **CRITÈRE DE COMPARAISON**
>
> Soit les séries $\displaystyle\sum_{k=1}^{+\infty} a_k$ et $\displaystyle\sum_{k=1}^{+\infty} b_k$ telles que $0 < a_k \leq b_k$ pour tout $k \geq 1$.
>
> 1) Si $\displaystyle\sum_{k=1}^{+\infty} b_k$ converge, alors $\displaystyle\sum_{k=1}^{+\infty} a_k$ converge.
>
> 2) Si $\displaystyle\sum_{k=1}^{+\infty} a_k$ diverge, alors $\displaystyle\sum_{k=1}^{+\infty} b_k$ diverge.

Preuve   Soit $S_n = a_1 + a_2 + \ldots + a_n$ et $T_n = b_1 + b_2 + \ldots + b_n$, $S_n \leq T_n$ (car $a_k \leq b_k$ pour tout k).

1) Si $\displaystyle\sum_{k=1}^{+\infty} b_k$ converge, alors $\displaystyle\lim_{n \to +\infty} T_n = T$,

ainsi $S_n \leq T_n \leq T$.

De plus, $\{S_n\}$ est une suite croissante (car $a_k \geq 0$) bornée supérieurement, donc elle

converge c'est-à-dire $\displaystyle\lim_{n \to +\infty} S_n = S$, d'où $\displaystyle\sum_{k=1}^{+\infty} a_k$ converge   (théorème 5, page 267).

2) Si $\displaystyle\sum_{k=1}^{+\infty} a_k$ diverge, alors $\displaystyle\lim_{n \to +\infty} S_n = +\infty$,

ainsi $\displaystyle\lim_{n \to +\infty} T_n \geq \lim_{n \to +\infty} S_n = +\infty$.

Puisque $\{T_n\}$ est une suite divergente, alors $\displaystyle\sum_{k=1}^{+\infty} b_k$ diverge   (par définition).

Pour utiliser efficacement le critère de comparaison, il faut comparer la série donnée à une autre série dont on connaît la convergence ou la divergence.

➤ *Exemple 1*   Déterminons si $\displaystyle\sum_{n=1}^{+\infty} \frac{1}{5n^2 + 3n}$ converge ou diverge, à l'aide du critère de comparaison.

Puisque $\dfrac{1}{5n^2 + 3n} \leq \dfrac{1}{n^2}$ pour $n \geq 1$ et que $\displaystyle\sum_{n=1}^{+\infty} \frac{1}{n^2}$ converge (série de Riemann

où $p = 2$), alors $\displaystyle\sum_{n=1}^{+\infty} \frac{1}{5n^2 + 3n}$ converge.

➤ *Exemple 2*   Déterminons si $\displaystyle\sum_{n=2}^{+\infty} \frac{1}{\sqrt{n} - 1}$ converge ou diverge, à l'aide du critère de comparaison.

Puisque $\dfrac{1}{\sqrt{n-1}} \geq \dfrac{1}{n}$ pour $n \geq 2$ et que $\displaystyle\sum_{n=2}^{+\infty} \dfrac{1}{n}$ diverge (série harmonique),

alors $\displaystyle\sum_{n=2}^{+\infty} \dfrac{1}{\sqrt{n-1}}$ diverge.

➤ *Exemple 3*   Déterminons si $\displaystyle\sum_{n=4}^{+\infty} \dfrac{n-3}{n^2+7}$ converge ou diverge, à l'aide du critère de

comparaison.

Il est facile de vérifier que $\dfrac{n-3}{n^2+7} \leq \dfrac{1}{n}$ pour $n \geq 4$
$$(\text{car } n^2 - 3n \leq n^2 + 7 \ \forall \ n \geq 4).$$

Cependant, cette comparaison est inutile, car $\displaystyle\sum_{n=4}^{+\infty} \dfrac{1}{n}$ diverge.

Par contre, $n - 3 \geq \dfrac{n}{4}$ et $n^2 + 7 \leq 2n^2$ pour $n \geq 4$, d'où $\dfrac{n-3}{n^2+7} \geq \dfrac{\dfrac{n}{4}}{2n^2} = \dfrac{1}{8n}$

pour $n \geq 4$ et $\displaystyle\sum_{n=4}^{+\infty} \dfrac{1}{8n}$ diverge, d'où $\displaystyle\sum_{n=4}^{+\infty} \dfrac{n-3}{n^2+7}$ diverge.

Critère du polynôme

Nous acceptons le théorème suivant sans démonstration.

THÉORÈME 5 **CRITÈRE DU POLYNÔME**	Soit la série $\displaystyle\sum_{k=1}^{+\infty} a_k$, où $a_k > 0$ et $a_k = \dfrac{P(k)}{Q(k)}$, $P(k)$ et $Q(k)$ étant respectivement deux polynômes de degrés p et q, et soit $d = (q - p)$. 1) Si $d \leq 1$, alors $\displaystyle\sum_{k=1}^{+\infty} a_k$ diverge. 2) Si $d > 1$, alors $\displaystyle\sum_{k=1}^{+\infty} a_k$ converge.

➤ *Exemple 1*   Déterminons si $\displaystyle\sum_{n=1}^{+\infty} \dfrac{n}{n^3+1}$ converge ou diverge, à l'aide du critère du

polynôme.

Puisque le degré p du numérateur est 1 et le degré q du dénominateur est 3, nous

avons $d = (3 - 1) = 2$. Puisque $d > 1$, alors $\displaystyle\sum_{n=1}^{+\infty} \dfrac{n}{n^3+1}$ converge.

➤ *Exemple 2*   En utilisant le critère du polynôme pour la série $\sum\limits_{n=4}^{+\infty} \dfrac{n-3}{n^2+7}$ de l'Exemple 3

à la page 289, nous obtenons $d = 2 - 1 = 1$. Puisque $d \leq 1$, alors $\sum\limits_{n=4}^{+\infty} \dfrac{n-3}{n^2+7}$

diverge.

Critère de D'Alembert[2] (critère du rapport)

Nous acceptons le théorème suivant sans démonstration.

THÉORÈME 6 **CRITÈRE DE** **D'ALEMBERT**	Soit la série $\sum\limits_{k=1}^{+\infty} a_k$, où $a_k > 0$, et soit $R = \lim\limits_{n\to+\infty} \dfrac{a_{n+1}}{a_n}$. 1) Si $R < 1$, alors $\sum\limits_{k=1}^{+\infty} a_k$ converge. 2) Si $R > 1$, alors $\sum\limits_{k=1}^{+\infty} a_k$ diverge. 3) Si $R = 1$, alors nous ne pouvons rien conclure sur la convergence ou la divergence de la série.

➤ *Exemple 1*   Déterminons $\sum\limits_{k=1}^{+\infty} \dfrac{1}{k!}$ converge ou diverge, à l'aide du critère de D'Alembert.

Calculons R.

$$R = \lim_{n\to+\infty} \frac{a_{n+1}}{a_n} = \lim_{n\to+\infty} \frac{\dfrac{1}{(n+1)!}}{\dfrac{1}{n!}}$$

$$= \lim_{n\to+\infty} \frac{n!}{(n+1)!}$$

$$= \lim_{n\to+\infty} \frac{1}{n+1} \qquad \text{(en simplifiant)}$$

$$= 0.$$

Puisque $R < 1$, alors $\sum\limits_{k=1}^{+\infty} \dfrac{1}{k!}$ converge.

➤ *Exemple 2*   Déterminons si $\sum\limits_{i=1}^{+\infty} \dfrac{3^{i+2}}{2i+1}$ converge ou diverge, à l'aide du critère de D'Alembert.

$$R = \lim_{n\to+\infty} \frac{a_{n+1}}{a_n} = \lim_{n\to+\infty} \frac{\dfrac{3^{(n+1)+2}}{2(n+1)+1}}{\dfrac{3^{n+2}}{2n+1}}$$

---

2. Jean Le Rond D'Alembert (1717-1783), mathématicien français.

$$= \lim_{n \to +\infty} \frac{3^{n+3}}{2n+3} \cdot \frac{2n+1}{3^{n+2}}$$

$$= \lim_{n \to +\infty} \frac{3(2n+1)}{(2n+3)} \qquad \text{(en simplifiant)}$$

$$= 3.$$

Puisque $R > 1$, alors $\displaystyle\sum_{i=1}^{+\infty} \frac{3^{i+2}}{2i+1}$ diverge.

➤ *Exemple 3* Déterminons si $\displaystyle\sum_{n=1}^{+\infty} \frac{n^2}{n^3 - 4}$ converge ou diverge.

$$R = \lim_{n \to +\infty} \frac{a_{n+1}}{a_n} = \lim_{n \to +\infty} \frac{\dfrac{(n+1)^2}{(n+1)^3 - 4}}{\dfrac{n^2}{n^3 - 4}}$$

$$= \lim_{n \to +\infty} \frac{(n+1)^2 \, (n^3 - 4)}{[(n+1)^3 - 4] \, n^2}$$

$$= 1.$$

Puisque $R = 1$, nous ne pouvons rien conclure sur la convergence ou la divergence de cette série en utilisant le critère de D'Alembert.

Par contre, en utilisant le critère du polynôme, nous avons $p = 2$ et $q = 3$, donc $d = 3 - 2 = 1$. Puisque $d \le 1$, alors $\displaystyle\sum_{n=1}^{+\infty} \frac{n^2}{n^3 - 4}$ diverge.

Remarque Le critère de D'Alembert nous permet de déterminer la convergence ou la divergence d'une série surtout lorsque nous retrouvons dans le terme général de la série une expression de la forme $n!$ ou a^n.

Critère de Cauchy[3] (critère de la racine n^e)

Nous acceptons le théorème suivant sans démonstration.

THÉORÈME 7 **CRITÈRE DE** **CAUCHY**	Soit la série $\displaystyle\sum_{k=1}^{+\infty} a_k$, où $a_k > 0$, et soit $R = \lim\limits_{n \to +\infty} \sqrt[n]{a_n}$. 1) Si $R < 1$, alors $\displaystyle\sum_{k=1}^{+\infty} a_k$ converge. 2) Si $R > 1$, alors $\displaystyle\sum_{k=1}^{+\infty} a_k$ diverge. 3) Si $R = 1$, alors nous ne pouvons rien conclure sur la convergence ou la divergence de la série.

3. Voir l'encadré sur ce mathématicien français, page 2.

➤ *Exemple 1*   Déterminons si $\sum\limits_{n=2}^{+\infty} \dfrac{1}{(\ln n)^n}$ converge ou diverge, à l'aide du critère de Cauchy.

Calculons R.

$$R = \lim_{n \to +\infty} \sqrt[n]{a_n} = \lim_{n \to +\infty} \left(\dfrac{1}{(\ln n)^n} \right)^{\frac{1}{n}}$$

$$= \lim_{n \to +\infty} \dfrac{1}{\ln n}$$

$$= 0.$$

Puisque $R < 1$, alors $\sum\limits_{n=2}^{+\infty} \dfrac{1}{(\ln n)^n}$ converge.

➤ *Exemple 2*   Déterminons si $\sum\limits_{n=1}^{+\infty} \dfrac{5^n}{n}$ converge ou diverge, à l'aide du critère de Cauchy.

$$R = \lim_{n \to +\infty} \sqrt[n]{a_n} = \lim_{n \to +\infty} \sqrt[n]{\dfrac{5^n}{n}}$$

$$= \lim_{n \to +\infty} \dfrac{5}{\sqrt[n]{n}}$$

$$= 5 \qquad \begin{array}{l} \text{(car } \lim\limits_{x \to +\infty} \sqrt[x]{x} = 1 \text{, résultat obtenu à l'aide} \\ \text{de la règle de L'Hospital).} \end{array}$$

Puisque $R > 1$, alors $\sum\limits_{n=1}^{+\infty} \dfrac{5^n}{n}$ diverge.

Remarque Le critère de Cauchy nous permet de déterminer la convergence ou la divergence d'une série surtout lorsque nous retrouvons dans le terme général de la série une expression de la forme $(f(n))^n$.

Séries alternées et convergence absolue

Nous étudions maintenant des séries où les termes sont alternativement positifs et négatifs.

Définition

Une série alternée est une série de la forme

$$\sum_{k=1}^{+\infty} (-1)^k a_k \text{ ou de la forme } \sum_{k=1}^{+\infty} (-1)^{k+1} a_k, \text{ où } a_k > 0.$$

➤ *Exemple*   La série $\sum\limits_{i=1}^{+\infty} (-1)^i \dfrac{1}{i} = -1 + \dfrac{1}{2} - \dfrac{1}{3} + \ldots + \dfrac{(-1)^n}{n} + \ldots$ est une série alternée.

Cette série est appelée *série harmonique alternée*.

Nous donnons maintenant un critère qui nous permettra de déterminer si une série alternée converge ou diverge. Nous acceptons ce critère sans démonstration.

THÉORÈME 8 **CRITÈRE DE LA** **SÉRIE ALTERNÉE**	Soit les séries alternées $\displaystyle\sum_{k=1}^{+\infty} (-1)^k a_k$ et $\displaystyle\sum_{k=1}^{+\infty} (-1)^{k+1} a_k$, où $a_k > 0$. Si i) la suite $\{a_k\}$ est décroissante à partir d'un certain indice et ii) $\displaystyle\lim_{k\to+\infty} a_k = 0$, alors les séries $\displaystyle\sum_{k=1}^{+\infty} (-1)^k a_k$ et $\displaystyle\sum_{k=1}^{+\infty} (-1)^{k+1} a_k$ convergent.

➤ *Exemple 1* Déterminons si $\displaystyle\sum_{k=1}^{+\infty} \frac{(-1)^{k+1}}{k}$ converge ou diverge, à l'aide du critère de la série

alternée.

i) La suite $\left\{\dfrac{1}{k}\right\}$ est décroissante, car en posant $f(x) = \dfrac{1}{x}$, nous obtenons

$f'(x) = \dfrac{1}{x^2} < 0$ pour tout x.

ii) $\displaystyle\lim_{k\to+\infty} \frac{1}{k} = 0$.

D'où $\displaystyle\sum_{k=1}^{+\infty} \frac{(-1)^{k+1}}{k}$ converge   (théorème 8).

➤ *Exemple 2* Déterminons si $\displaystyle\sum_{n=1}^{+\infty} \frac{(-1)^n (n+4)}{n}$ converge ou diverge, à l'aide du critère de la

série alternée.

i) La suite $\left\{\dfrac{n+4}{n}\right\}$ est décroissante, car en posant $f(x) = \dfrac{x+4}{x}$, nous obtenons

$f'(x) = \dfrac{-4}{x^2} < 0$ pour tout x.

ii) $\displaystyle\lim_{n\to+\infty} \frac{n+4}{n} = 1 \neq 0$.

D'où $\displaystyle\sum_{n=1}^{+\infty} \frac{(-1)^n (n+4)}{n}$ diverge   (théorème 1).

Nous énonçons maintenant un théorème qui nous permettra d'évaluer approximativement la somme d'une série alternée convergente.

THÉORÈME 9	Soit $S = \displaystyle\sum_{k=1}^{+\infty} (-1)^{k+1} a_k$, la somme des termes d'une série alternée convergente, où $a_k > 0$. Si $a_1 \geq a_2 \geq a_3 \geq \ldots \geq a_n \geq \ldots$ et $\displaystyle\lim_{n\to+\infty} a_n = 0$, alors $|S - S_n| \leq a_{n+1}$.

Ce théorème signifie qu'en calculant approximativement S à l'aide de S_n,

où $S_n = \displaystyle\sum_{k=1}^{n} (-1)^{k+1} a_k$, l'erreur E maximale commise est inférieure ou égale au

premier terme non utilisé dans la somme partielle, c'est-à-dire $E \leq a_{n+1}$.

➤ *Exemple 3*   Soit la série harmonique alternée $\displaystyle\sum_{k=1}^{+\infty} \frac{(-1)^{k+1}}{k}$ qui satisfait les hypothèses des

deux théorèmes précédents. Évaluons approximativement S, la somme de cette série, à l'aide de S_4 et déterminons l'erreur maximale E commise.

Soit $S = \underbrace{1 - \dfrac{1}{2} + \dfrac{1}{3} - \dfrac{1}{4}}_{S_4} + \underbrace{\dfrac{1}{5}}_{a_5} - \dfrac{1}{6} + \dfrac{1}{7} - \dfrac{1}{8} + \ldots$

et $S_4 = 0{,}58\overline{3}$.

Ainsi $|S - S_4| \leq a_5$ (théorème 8)

$\quad |S - 0{,}58\overline{3}| \leq \dfrac{1}{5}$

$\quad 0{,}58\overline{3} - 0{,}2 \leq S \leq 0{,}58\overline{3} + 0{,}2,$

donc $S = 0{,}58\overline{3} \pm 0{,}2$.

D'où $S \approx 0{,}58\overline{3}$ et $E \leq 0{,}2$.

➤ *Exemple 4*   Déterminons, pour la série précédente, la valeur de n permettant d'évaluer approximativement S avec $E < 0{,}1$ et évaluons approximativement S.

Puisque $E \leq a_{n+1} = \dfrac{1}{n+1}$, il suffit de déterminer n tel que $\dfrac{1}{n+1} < 0{,}1$.

En résolvant l'inéquation précédente, nous obtenons $n > 9$, donc $n = 10$ est suffisant.

Ainsi $S = \left(1 - \dfrac{1}{2} + \dfrac{1}{3} - \dfrac{1}{4} + \ldots + \dfrac{1}{9} - \dfrac{1}{10}\right) \pm \dfrac{1}{11}$, d'où $S \approx 0{,}646$ et $E < 0{,}1$.

Définition   Une série $\displaystyle\sum_{k=1}^{+\infty} a_k$, où $a_k \in \mathbb{R}$, est **absolument convergente** si $\displaystyle\sum_{k=1}^{+\infty} |a_k|$ converge.

➤ *Exemple 5*   Déterminons si la série $\displaystyle\sum_{k=1}^{+\infty} \frac{(-1)^{k+1}}{k^2} = 1 - \dfrac{1}{4} + \dfrac{1}{9} - \dfrac{1}{16} + \dfrac{1}{25} - \dfrac{1}{36} + \ldots$

est absolument convergente.

Il faut vérifier si $\displaystyle\sum_{k=1}^{+\infty} \left| \frac{(-1)^{k+1}}{k^2} \right|$ converge.

Puisque $\displaystyle\sum_{k=1}^{+\infty} \left| \frac{(-1)^{k+1}}{k^2} \right| = \displaystyle\sum_{k=1}^{+\infty} \frac{1}{k^2}$, qui est une série-$p$, où $p = 2$, cette série est

convergente, car $p > 1$, d'où $\displaystyle\sum_{k=1}^{+\infty} \frac{(-1)^{k+1}}{k^2}$ est absolument convergente.

Remarque Pour déterminer si une série est absolument convergente, il suffit d'utiliser un des critères étudiés auparavant pour les séries à termes positifs. Par exemple, pour le critère de D'Alembert, nous devons évaluer $\lim\limits_{n \to +\infty} \left| \dfrac{a_{n+1}}{a_n} \right|$ et, à partir du résultat obtenu, déterminer si la série $\sum\limits_{k=1}^{+\infty} |a_k|$ converge ou diverge.

THÉORÈME 10	Si $\sum\limits_{k=1}^{+\infty} |a_k|$ converge, alors $\sum\limits_{k=1}^{+\infty} a_k$ converge.

Ce théorème signifie que toute série absolument convergente est convergente.

► *Exemple 6*   Démontrons que $\sum\limits_{n=1}^{+\infty} \dfrac{\sin n}{n^5}$ converge.

Puisque $\left| \dfrac{\sin n}{n^5} \right| \le \dfrac{1}{n^5}$ (car $|\sin n| \le 1$)

et que $\sum\limits_{n=1}^{+\infty} \dfrac{1}{n^5}$ converge   (série de Riemann, où $p = 5$),

alors $\sum\limits_{n=1}^{+\infty} \left| \dfrac{\sin n}{n^5} \right|$ converge   (critère de comparaison).

D'où $\sum\limits_{n=1}^{+\infty} \dfrac{\sin n}{n^5}$ converge   (théorème 10).

Par contre, la réciproque du théorème 10 est fausse.

► *Exemple 7*   Nous avons déjà démontré (Exemple 1, page 293) que la série harmonique alternée $\sum\limits_{n=1}^{+\infty} \dfrac{(-1)^{n+1}}{n}$ converge. Par contre, $\sum\limits_{n=1}^{+\infty} \left| \dfrac{(-1)^{n+1}}{n} \right| = \sum\limits_{n=1}^{+\infty} \dfrac{1}{n}$ est la série harmonique qui est une série divergente.

Définition	Une série $\sum\limits_{k=1}^{+\infty} a_k$ est **conditionnellement convergente** si i) $\sum\limits_{k=1}^{+\infty} a_k$ converge et ii) $\sum\limits_{k=1}^{+\infty} |a_k|$ diverge.

► *Exemple 8*   La série $\sum\limits_{n=1}^{+\infty} \dfrac{(-1)^{n+1}}{n}$ est conditionnellement convergente, car

i) $\displaystyle\sum_{n=1}^{+\infty} \frac{(-1)^{n+1}}{n}$ converge   (Exemple 1, page 293) et

ii) $\displaystyle\sum_{n=1}^{+\infty} \left| \frac{(-1)^{n+1}}{n} \right|$ diverge   (série harmonique).

Il est parfois difficile de choisir un test adéquat pour déterminer la convergence ou la divergence d'une série. Le tableau suivant contient une démarche possible à suivre pour déterminer la convergence ou la divergence d'une série.

---

1. Utiliser le critère du terme général.

2. Si la série est une série alternée,
   a) géométrique, utiliser le critère de la série géométrique ;
   b) non géométrique, utiliser le critère de la série alternée.

3. Vérifier si c'est une série
   a) de Riemann ; si c'est le cas, utiliser le critère de la série de Riemann ;
   b) dont le terme général est un quotient de polynômes ; si c'est le cas, utiliser le critère du polynôme ;
   c) géométrique ; si c'est le cas, utiliser le critère de la série géométrique.

4. Dans le cas où aucun des critères précédents ne s'applique,
   a) si le terme général est facile à intégrer, utiliser le critère de l'intégrale ;
   b) si le terme général contient des factorielles ou des puissances, utiliser le critère de D'Alembert ;
   c) si le terme général contient des puissances, utiliser le critère de Cauchy.

5. Utiliser le critère de comparaison.

Exercices 6.3

1. Compléter le tableau suivant.

	Calculs à effectuer	Conclusion
Critère du terme général		
Série géométrique		
Critère de l'intégrale		
Série de Riemann		
Critère de comparaison		
Critère du polynôme		
Critère de D'Alembert		
Critère de Cauchy		
Critère de la série alternée		

2. Déterminer, à l'aide du critère du terme général, si les séries suivantes divergent ou peuvent converger.

a) $\displaystyle\sum_{n=1}^{+\infty} \frac{3n+4}{n}$

b) $\displaystyle\sum_{n=10}^{+\infty} \left(1 + \frac{1}{n^2} \right)$

c) $\displaystyle\sum_{n=1}^{+\infty} \frac{n+1}{n^2}$

d) $\displaystyle\sum_{n=1}^{+\infty} (-1)^n$

e) $\dfrac{1}{4} - \dfrac{1}{5} + \dfrac{1}{6} - \dfrac{1}{7} + \ldots$

f) $1 + 1 + \dfrac{1}{2} + \dfrac{1}{6} + \dfrac{1}{24} + \dfrac{1}{120} + \ldots$

g) $\dfrac{1}{105} + \dfrac{2}{205} + \dfrac{3}{305} + \dfrac{4}{405} + \ldots$

h) $\dfrac{5}{\ln 2} + \dfrac{7}{\ln 3} + \dfrac{9}{\ln 4} + \dfrac{11}{\ln 5} + \ldots$

3. Déterminer, à l'aide du critère de l'intégrale, si les séries suivantes convergent ou divergent.

a) $\displaystyle\sum_{n=1}^{+\infty} \dfrac{1}{\sqrt{n}}$

b) $\displaystyle\sum_{k=4}^{+\infty} \dfrac{7}{k-3}$

c) $\displaystyle\sum_{n=3}^{+\infty} \dfrac{1}{(5n+1)^{\frac{3}{2}}}$

d) $\dfrac{1}{2} + \dfrac{1}{5} + \dfrac{1}{10} + \dfrac{1}{17} + \ldots$

e) $\dfrac{2}{3} + \dfrac{3}{8} + \dfrac{4}{15} + \dfrac{5}{24} + \ldots$

4. Démontrer, à l'aide du critère de l'intégrale, que la série harmonique $\displaystyle\sum_{n=1}^{+\infty} \dfrac{1}{n}$ diverge.

5. Déterminer si les séries de Riemann suivantes convergent ou divergent.

a) $1 + \dfrac{1}{\sqrt[3]{2}} + \dfrac{1}{\sqrt[3]{3}} + \dfrac{1}{\sqrt[3]{4}} + \ldots$

b) $1 + \dfrac{1}{8} + \dfrac{1}{27} + \dfrac{1}{64} + \ldots$

6. Soit les séries $\displaystyle\sum_{k=1}^{+\infty} a_k$ et $\displaystyle\sum_{k=1}^{+\infty} b_k$ telles que $0 < a_k \leq b_k$ pour tout $k \geq 1$. Compléter.

a) Si $\displaystyle\sum_{k=1}^{+\infty} b_k = S$, alors $\displaystyle\sum_{k=1}^{+\infty} a_k \ldots$

b) Si $\displaystyle\sum_{k=1}^{+\infty} b_k = +\infty$, alors $\displaystyle\sum_{k=1}^{+\infty} a_k \ldots$

c) Si $\displaystyle\sum_{k=1}^{+\infty} a_k = S$, alors $\displaystyle\sum_{k=1}^{+\infty} b_k \ldots$

d) Si $\displaystyle\sum_{k=1}^{+\infty} a_k = +\infty$, alors $\displaystyle\sum_{k=1}^{+\infty} b_k \ldots$

7. Déterminer, à l'aide du critère de comparaison, si les séries suivantes convergent ou divergent.

a) $\displaystyle\sum_{n=1}^{+\infty} \dfrac{1}{n^2 + 5}$

b) $\displaystyle\sum_{k=1}^{+\infty} \dfrac{5k+4}{5k^2 - 1}$

c) $\displaystyle\sum_{n=1}^{+\infty} \dfrac{1}{3^n + n}$

d) $2 + \dfrac{2}{3} + \dfrac{2}{7} + \dfrac{2}{15} + \dfrac{2}{31} + \ldots$

8. Déterminer, à l'aide du critère du polynôme, si les séries suivantes convergent ou divergent.

a) $\displaystyle\sum_{n=1}^{+\infty} \dfrac{1}{n^2 + 5}$ c) $\displaystyle\sum_{n=3}^{+\infty} \dfrac{5n^4 + 3n^3}{(n^2-1)(n^2+1)}$

b) $\displaystyle\sum_{n=1}^{+\infty} \dfrac{3n^5 + 1}{(n^2+1)^3}$ d) $2 + \dfrac{5}{8} + \dfrac{8}{27} + \dfrac{11}{64} + \ldots$

9. Déterminer, à l'aide du critère de D'Alembert, si les séries suivantes convergent ou divergent. Dans le cas où le critère de D'Alembert ne nous permettrait pas de tirer une conclusion, utiliser un autre critère.

a) $\displaystyle\sum_{n=1}^{+\infty} \dfrac{3^n}{n!}$ d) $\displaystyle\sum_{n=4}^{+\infty} \dfrac{n}{e^n}$

b) $\displaystyle\sum_{n=0}^{+\infty} \dfrac{1}{n^2 + 1}$ e) $\displaystyle\sum_{n=1}^{+\infty} \dfrac{n!}{e^n}$

c) $\displaystyle\sum_{n=1}^{+\infty} \dfrac{4^n}{2n+3}$ f) $\displaystyle\sum_{n=1}^{+\infty} \dfrac{n^n}{n!}$

10. Déterminer, à l'aide du critère de Cauchy, si les séries suivantes convergent ou divergent. Dans le cas où le critère de Cauchy ne nous permettrait pas de tirer une conclusion, utiliser un autre critère.

a) $\displaystyle\sum_{k=1}^{+\infty} \dfrac{2^k}{k^k}$ c) $\displaystyle\sum_{n=1}^{+\infty} \dfrac{1}{n^2}$

b) $\displaystyle\sum_{k=5}^{+\infty} \dfrac{e^k}{k^3}$ d) $\displaystyle\sum_{n=1}^{+\infty} \left(\dfrac{2n^2 + 5}{3n^2}\right)^n$

11. Déterminer si les séries alternées suivantes convergent ou divergent.

a) $\displaystyle\sum_{k=1}^{+\infty} \frac{(-1)^k}{k^2}$

b) $\displaystyle\sum_{n=1}^{+\infty} \frac{(-1)^{n+1}(3n^2+4)}{n^2}$

c) $1 - \dfrac{1}{\sqrt{2}} + \dfrac{1}{\sqrt{3}} - \dfrac{1}{\sqrt{4}} + \dfrac{1}{\sqrt{5}} - \dfrac{1}{\sqrt{6}} + \ldots$

d) $\dfrac{-1}{5} + \dfrac{2}{25} - \dfrac{6}{125} + \dfrac{24}{625} - \dfrac{120}{3125} + \ldots$

12. Déterminer, parmi les séries alternées du numéro précédent, celles qui sont absolument convergentes et celles qui sont conditionnellement convergentes.

13. Utiliser le théorème 9 pour évaluer approximativement la somme S des séries suivantes pour le n donné et calculer l'erreur E maximale commise.

a) $\displaystyle\sum_{k=1}^{+\infty} \frac{(-1)^{k+1}}{\sqrt{k}}$, où $n = 5$.

b) $\displaystyle\sum_{k=1}^{+\infty} \frac{(-1)^k}{k^2}$, où $n = 4$.

c) $\displaystyle\sum_{k=1}^{+\infty} \frac{(-1)^{k-1}}{(k-1)!}$, où $n = 6$.

14. Déterminer, pour les séries suivantes, la valeur de n permettant d'évaluer approximativement S avec le E donné et évaluer approximativement S.

a) $\displaystyle\sum_{k=1}^{+\infty} \frac{(-1)^{k+1}}{k!}$, avec $E < 0,001$

b) $\displaystyle\sum_{k=1}^{+\infty} \frac{(-1)^k}{k^k}$, avec $E < 0,0001$

c) $0,1 - \dfrac{(0,1)^3}{3!} + \dfrac{(0,1)^5}{5!} - \dfrac{(0,1)^7}{7!} + \dfrac{(0,1)^9}{9!} - \ldots,$
avec $E < 10^{-6}$

15. Déterminer, en indiquant le critère utilisé, si les séries suivantes convergent (C) ou divergent (D).

a) $\displaystyle\sum_{n=1}^{+\infty} \frac{1}{(n+1)^2}$

b) $\displaystyle\sum_{n=3}^{+\infty} \frac{(n+7)}{n!}$

c) $\displaystyle\sum_{n=1}^{+\infty} \left(\frac{n}{2n+7}\right)^n$

d) $\displaystyle\sum_{k=1}^{+\infty} \frac{2^k}{7k}$

e) $\displaystyle\sum_{n=1}^{+\infty} \frac{\text{Arc tan } n}{n^2+1}$

f) $\displaystyle\sum_{n=1}^{+\infty} \frac{1}{7\sqrt{n}-1}$

g) $\displaystyle\sum_{n=2}^{+\infty} \frac{n}{\ln n}$

h) $\displaystyle\sum_{n=1}^{+\infty} \frac{(-1)^{n+1}}{3n+1}$

i) $\displaystyle\sum_{n=4}^{+\infty} \frac{e^{\sqrt{n}}}{\sqrt{n}}$

j) $\displaystyle\sum_{n=3}^{+\infty} \frac{\sqrt{n}}{n^2+5}$

k) $\displaystyle\sum_{k=1}^{+\infty} \frac{k^3}{3^{k+1}}$

l) $\displaystyle\sum_{k=1}^{+\infty} \frac{1}{\left(\frac{1}{3}\right)^k + 5^k}$

16. Déterminer si les séries suivantes convergent (C) ou divergent (D).

a) $\displaystyle\sum_{k=1}^{+\infty} ke^{-k}$

b) $\displaystyle\sum_{n=1}^{+\infty} \frac{1}{n^n}$

c) $\displaystyle\sum_{k=1}^{+\infty} \sin\left(\frac{k\pi}{2}\right)$

d) $\displaystyle\sum_{n=8}^{+\infty} \frac{1}{2\sqrt[3]{n}-1}$

e) $\displaystyle\sum_{n=1}^{+\infty} \frac{2n+1}{n(1+n^2)}$

f) $\displaystyle\sum_{k=1}^{+\infty} \frac{(-1)^k(3+k^2)}{k^3}$

g) $\displaystyle\sum_{k=2}^{+\infty} \frac{1}{k\sqrt{\ln k}}$

h) $\displaystyle\sum_{k=2}^{+\infty} \frac{1}{k\ln^3 k}$

i) $\displaystyle\sum_{n=0}^{+\infty} \frac{e^n}{n!}$

j) $\displaystyle\sum_{n=1}^{+\infty} \frac{(-1)^{n+1}n^2}{2n^2+1}$

k) $\displaystyle\sum_{n=1}^{+\infty} \left(\frac{3n}{1+n^2}\right)^n$

l) $\displaystyle\sum_{n=1}^{+\infty} \frac{\cos n\pi}{3n+1}$

17. Exprimer les séries suivantes sous la forme de sommation et déterminer si elles convergent (C) ou divergent (D).

a) $\dfrac{1}{3^2} + \dfrac{1}{6^2} + \dfrac{1}{9^2} + \dfrac{1}{12^2} + \dfrac{1}{15^2} + \ldots$

b) $\dfrac{1}{e} + \dfrac{2}{e^4} + \dfrac{3}{e^9} + \dfrac{4}{e^{16}} + \dfrac{5}{e^{25}} + \ldots$

c) $\dfrac{1}{3} + \dfrac{2}{5} + \dfrac{3}{7} + \dfrac{4}{9} + \dfrac{5}{11} + \ldots$

d) $\dfrac{1}{2} - \dfrac{2}{5} + \dfrac{3}{10} - \dfrac{4}{17} + \dfrac{5}{26} - \ldots$

e) $\dfrac{3}{4} + \dfrac{9}{8} + \dfrac{27}{12} + \dfrac{81}{16} + \dfrac{243}{20} + \ldots$

6.4 Séries de puissances

Objectif d'apprentissage

À la fin de cette section, l'élève pourra déterminer les valeurs pour lesquelles une série de puissances converge ou diverge.

Plus précisément, l'élève sera en mesure :

- de reconnaître une série de puissances;
- de déterminer l'intervalle de convergence d'une série de puissances;
- de déterminer le rayon de convergence d'une série de puissances;
- de calculer la dérivée d'une série de puissances convergente;
- de calculer la primitive d'une série de puissances convergente.

Dans les sections précédentes, nous avons étudié des séries de nombres réels. Dans cette section, nous étudierons des séries dont les termes sont des polynômes.

Convergence et divergence de séries de puissances

Définition

Une série de la forme

$$\sum_{k=0}^{+\infty} c_k(x - a)^k = c_0 + c_1(x - a) + c_2(x - a)^2 + c_3(x - a)^3 + \ldots + c_n(x - a)^n + \ldots,$$

où $c_k \in \mathbb{R}$, $a \in \mathbb{R}$ et x est une variable réelle, est appelée **série de puissances** en $(x - a)$.

Dans le cas particulier où $a = 0$, nous avons la définition suivante.

Définition

Une série de la forme

$$\sum_{k=0}^{+\infty} c_k x^k = c_0 + c_1 x + c_2 x^2 + c_3 x^3 + \ldots + c_n x^n + \ldots, \text{ où } c_k \in \mathbb{R} \text{ et } x \text{ est une variable}$$

réelle, est appelée **série de puissances** en x ou **série entière**.

Remarque En général, nous pouvons considérer une série de puissances comme un polynôme de degré infini.

➤ *Exemple 1* La série

$$\sum_{k=0}^{+\infty} (k + 1)(x - 2)^k - 1 + 2(x - 2) + 3(x - 2)^2 + \ldots + (n + 1)(x - 2)^n + \ldots$$

est une série de puissances en $(x - 2)$.

➤ *Exemple 2* La série $\sum_{k=0}^{+\infty} x^k = 1 + x + x^2 + x^3 + \ldots + x^n + \ldots$ est une série de puissances en x.

Une série de puissances peut converger ou diverger, selon la valeur de la variable.

➤ *Exemple 3*   Soit la série de puissances $\displaystyle\sum_{n=0}^{+\infty} x^n$.

En donnant à x la valeur $\dfrac{1}{2}$, nous obtenons la série $\displaystyle\sum_{n=0}^{+\infty} \left(\dfrac{1}{2}\right)^n$ qui est convergente

$\left(\text{série géométrique où } |r| = \dfrac{1}{2} < 1\right)$.

En donnant à x la valeur 3, nous obtenons la série $\displaystyle\sum_{n=0}^{+\infty} 3^n$ qui est divergente

(série géométrique où $|r| = 3 > 1$).

Définition

Soit $b \in \mathbb{R}$. La série de puissances $\displaystyle\sum_{k=0}^{+\infty} c_k(x-a)^k$

i) converge pour $x = b$ si la série de nombres réels $\displaystyle\sum_{k=0}^{+\infty} c_k(b-a)^k$ converge,

ii) diverge pour $x = b$ si la série de nombres réels $\displaystyle\sum_{k=0}^{+\infty} c_k(b-a)^k$ diverge.

Définition

L'ensemble de toutes les valeurs de x pour lesquelles la série de puissances $\displaystyle\sum_{k=0}^{+\infty} c_k(x-a)^k$ converge s'appelle l'**intervalle de convergence** de cette série.

Il est facile de vérifier qu'une série de puissances de la forme $\displaystyle\sum_{k=0}^{+\infty} c_k(x-a)^k$ converge pour au moins la valeur $x = a$, de même qu'une série de puissances de la forme $\displaystyle\sum_{k=0}^{+\infty} c_k x^k$ converge pour au moins la valeur $x = 0$.

Pour déterminer l'intervalle de convergence d'une série de puissances, nous utiliserons le critère généralisé de D'Alembert ou le critère généralisé de Cauchy, car les critères de D'Alembert et de Cauchy sont valables uniquement pour des séries à termes positifs.

Nous acceptons les théorèmes suivants sans démonstration.

**THÉORÈME 1
CRITÈRE
GÉNÉRALISÉ DE
D'ALEMBERT**

Soit la série $\displaystyle\sum_{k=1}^{+\infty} a_k$, où $a_k \neq 0$, et soit $R = \displaystyle\lim_{n\to+\infty} \left| \frac{a_{n+1}}{a_n} \right|$.

1) Si $R < 1$, alors $\displaystyle\sum_{k=1}^{+\infty} a_k$ converge absolument; donc $\displaystyle\sum_{k=1}^{+\infty} a_k$ converge.

2) Si $R > 1$, alors $\displaystyle\sum_{k=1}^{+\infty} a_k$ diverge.

3) Si $R = 1$, alors nous ne pouvons rien conclure sur la convergence ou la divergence de la série.

**THÉORÈME 2
CRITÈRE
GÉNÉRALISÉ
DE CAUCHY**

Soit la série $\displaystyle\sum_{k=1}^{+\infty} a_k$ et soit $R = \displaystyle\lim_{n\to+\infty} \sqrt[n]{|a_n|}$.

1) Si $R < 1$, alors $\displaystyle\sum_{k=1}^{+\infty} a_k$ converge absolument; donc $\displaystyle\sum_{k=1}^{+\infty}$ converge.

2) Si $R > 1$, alors $\displaystyle\sum_{k=1}^{+\infty} a_k$ diverge.

3) Si $R = 1$, alors nous ne pouvons rien conclure sur la convergence ou la divergence de la série.

➤ *Exemple 4*   Déterminons l'intervalle de convergence de la série de puissances $\displaystyle\sum_{k=0}^{+\infty} \frac{x^k}{(k+1)}$.

Si $x = 0$, alors $\displaystyle\sum_{k=0}^{+\infty} \frac{x^k}{(k+1)} = \sum_{k=0}^{+\infty} \frac{0^k}{k+1} = 0 + 0 + 0 + \ldots = 0$, d'où la série converge.

Si $x \neq 0$, appliquons le critère généralisé de D'Alembert.

$$R = \lim_{n\to+\infty} \left| \frac{a_{n+1}}{a_n} \right| = \lim_{n\to+\infty} \left| \frac{\dfrac{x^{n+1}}{n+2}}{\dfrac{x^n}{n+1}} \right|$$

$$= \lim_{n\to+\infty} \left| \frac{x(n+1)}{(n+2)} \right|$$

$$= |x| \lim_{n\to+\infty} \left(\frac{n+1}{n+2} \right)$$

$$= |x| \, (1) \qquad \left(\text{car } \lim_{n\to\infty} \left(\frac{n+1}{n+2} \right) = 1 \right)$$

$$= |x|$$

Lorsque $R < 1$, c'est-à-dire $|x| < 1$, la série converge.

Lorsque $R > 1$, c'est-à-dire $|x| > 1$, la série diverge.

Lorsque $R = 1$, c'est-à-dire $|x| = 1$, nous ne pouvons rien conclure sur la convergence ou la divergence de la série.

Nous devons alors étudier le cas où $|x| = 1$, c'est-à-dire $x = 1$ ou $x = -1$.

Si $x = 1$, alors $\displaystyle\sum_{k=0}^{+\infty} \frac{x^k}{(k+1)} = \sum_{k=0}^{+\infty} \frac{1}{k+1} = 1 + \frac{1}{2} + \frac{1}{3} + \frac{1}{4} + \dots$ est une série divergente (série harmonique).

Si $x = -1$, alors $\displaystyle\sum_{k=0}^{+\infty} \frac{x^k}{(k+1)} = \sum_{k=0}^{+\infty} \frac{(-1)^k}{k+1} = 1 - \frac{1}{2} + \frac{1}{3} - \frac{1}{4} + \dots$ est une série convergente (car cette série vérifie les deux conditions pour qu'une série alternée converge).

Donc la série converge pour $|x| < 1$ et pour $x = -1$, c'est-à-dire pour $x \in [-1, 1[$.

D'où $[-1, 1[$ est l'intervalle de convergence de la série de puissances.

Définition

Soit une série de puissances de la forme $\displaystyle\sum_{k=0}^{+\infty} c_k(x - a)^k$. Si

i) la série converge pour x tel que $|x - a| < r$ et

ii) la série diverge pour x tel que $|x - a| > r$,

alors le nombre r est appelé le **rayon de convergence** de la série.

Remarque Pour toute série de puissances, nous avons un des cas suivants.

1er *cas :* Elle converge sur un intervalle d'une des formes suivantes $]m, n[$, $]m, n]$, $[m, n[$ ou $[m, n]$, alors $r = \dfrac{n - m}{2}$.

2e *cas :* Elle converge pour une seule valeur, alors $r = 0$.

3e *cas :* Elle converge pour toutes les valeurs de x, alors nous posons $r = +\infty$.

Dans l'Exemple 4 précédent, où $a = 0$, puisque la série converge pour $|x| < 1$ et diverge pour $|x| > 1$, le rayon de convergence r de cette série est 1, donc $r = 1$.

Nous aurions pu également déterminer le rayon de convergence comme suit : puisque l'intervalle de convergence est $[-1, 1[$, alors $r = \dfrac{1 - (-1)}{2} = 1$.

➤ *Exemple 5*   Déterminons l'intervalle de convergence et le rayon de convergence de la série de puissances $\displaystyle\sum_{k=0}^{+\infty} k!(x - 2)^k$.

Si $x = 2$, alors $\displaystyle\sum_{k=0}^{+\infty} k!(x - 2)^k = \sum_{k=0}^{+\infty} k!(0)^k = 0 + 0 + 0 + \dots = 0$, d'où la série converge.

Si $x \neq 2$, appliquons le critère généralisé de D'Alembert.

$$R = \lim_{n \to +\infty} \left| \frac{a_{n+1}}{a_n} \right| = \lim_{n \to +\infty} \left| \frac{(n+1)! \, (x-2)^{n+1}}{n! \, (x-2)^n} \right|$$

$$= \lim_{n \to +\infty} \left| (n+1) \, (x-2) \right|$$

$$= |x-2| \lim_{n \to +\infty} (n+1)$$

$$= +\infty \qquad\qquad (\text{car } x \neq 2).$$

Puisque $R > 1$, la série de puissances $\displaystyle\sum_{k=0}^{+\infty} k!(x-2)^k$ diverge pour toutes

valeurs de x différentes de 2.

Donc la série converge seulement pour $x = 2$, d'où le rayon de convergence est $r = 0$.

➤ *Exemple 6*   Déterminons l'intervalle de convergence et le rayon de convergence de la série de puissances $\displaystyle\sum_{k=3}^{+\infty} \frac{x^k}{(\ln k)^k}$.

En appliquant le critère généralisé de Cauchy, nous obtenons

$$R = \lim_{n \to +\infty} \sqrt[n]{|a_n|} = \lim_{n \to +\infty} \left| \frac{x^n}{(\ln n)^n} \right|^{\frac{1}{n}}$$

$$= \lim_{n \to +\infty} \frac{|x|}{\ln n}$$

$$= |x| \lim_{n \to +\infty} \left(\frac{1}{\ln n} \right)$$

$$= 0.$$

Puisque $R < 1$, la série de puissances $\displaystyle\sum_{k=3}^{+\infty} \frac{x^k}{(\ln k)^k}$ converge pour toutes les

valeurs de x. Donc l'intervalle de convergence de cette série est $-\infty$, $+\infty$ et le rayon de convergence est $r = +\infty$.

➤ *Exemple 7*   Déterminons l'intervalle de convergence et le rayon de convergence de $\displaystyle\sum_{k=0}^{+\infty} \frac{(x-1)^{2k}}{9^k}$.

En appliquant le critère généralisé de Cauchy, nous obtenons

$$R = \lim_{n \to +\infty} \sqrt[n]{|a_n|} = \lim_{n \to +\infty} \left| \frac{(x-1)^{2n}}{9^n} \right|^{\frac{1}{n}}$$

$$= \lim_{n \to +\infty} \frac{|(x-1)^2|}{9}$$

$$= \frac{(x-1)^2}{9}.$$

Lorsque $R < 1$, c'est-à-dire $\dfrac{(x-1)^2}{9} < 1$, donc $-2 < x < 4$, la série converge.

Lorsque $R > 1$, c'est-à-dire $\dfrac{(x-1)^2}{9} > 1$, donc $x > 4$ ou $x < -2$, la série diverge.

Lorsque $R = 1$, c'est-à-dire $\dfrac{(x-1)^2}{9} = 1$, nous ne pouvons rien conclure sur la convergence ou la divergence de la série.

Nous devons alors étudier le cas où $\dfrac{(x-1)^2}{9} = 1$, c'est-à-dire $x = 4$ ou $x = -2$.

Si $x = 4$, $\displaystyle\sum_{k=0}^{+\infty} \dfrac{(x-1)^{2k}}{9^k} = \sum_{k=0}^{+\infty} \dfrac{3^{2k}}{9^k} = 1 + 1 + 1 + 1 + \ldots$ est une série divergente.

Si $x = -2$, $\displaystyle\sum_{k=0}^{+\infty} \dfrac{(x-1)^{2k}}{9^k} = \sum_{k=0}^{+\infty} \dfrac{(-3)^{2k}}{9^k} = 1 + 1 + 1 + 1 + \ldots$ est une série divergente.

D'où l'intervalle de convergence de la série de puissances $\displaystyle\sum_{k=0}^{+\infty} \dfrac{(x-1)^{2k}}{9^k}$ est $]-2, 4[$ et le rayon de convergence est $r = \dfrac{4 - (-2)}{2} = 3$.

➤ *Exemple 8*   Déterminons l'intervalle de convergence et le rayon de convergence de $\displaystyle\sum_{k=1}^{+\infty} \dfrac{(3x+4)^k}{k\,7^k}$.

Si $x = \dfrac{-4}{3}$, la série converge.

Si $x \neq \dfrac{-4}{3}$, appliquons le critère généralisé de D'Alembert.

$$R = \lim_{n\to+\infty} \left| \dfrac{a_{n+1}}{a_n} \right| = \lim_{n\to+\infty} \left| \dfrac{\dfrac{(3x+4)^{n+1}}{(n+1)\,7^{n+1}}}{\dfrac{(3x+4)^n}{n\,7^n}} \right|$$

$$= \lim_{n\to+\infty} \left| \dfrac{(3x+4)^n}{7(n+1)} \right|$$

$$= \dfrac{|3x+4|}{7} \lim_{n\to+\infty} \left(\dfrac{n}{n+1} \right)$$

$$= \dfrac{|3x+4|}{7}.$$

Lorsque $R < 1$, c'est-à-dire $\dfrac{|3x+4|}{7} < 1$, la série converge.

Lorsque $R > 1$, c'est-à-dire $\dfrac{|3x+4|}{3} > 1$, la série diverge.

Lorsque $R = 1$, c'est-à-dire $\dfrac{|3x+4|}{3} = 1$, nous ne pouvons rien conclure sur la convergence ou la divergence de la série.

Nous devons alors étudier le cas où $\dfrac{|3x + 4|}{3} = 1$, c'est-à-dire $x = \dfrac{-11}{3}$ ou $x = 1$.

Si $x = \dfrac{-11}{3}$, $\displaystyle\sum_{k=1}^{+\infty} \dfrac{(3x + 4)^k}{k\,7^k} = \sum_{k=1}^{+\infty} \dfrac{(-1)^k}{k} = -1 + \dfrac{1}{2} - \dfrac{1}{3} + \dfrac{1}{4} - \ldots$ est une série convergente.

Si $x = 1$, $\displaystyle\sum_{k=1}^{+\infty} \dfrac{(3x + 4)^k}{k\,7^k} = \sum_{k=1}^{+\infty} \dfrac{1}{k} = 1 + \dfrac{1}{2} + \dfrac{1}{3} + \dfrac{1}{4} + \ldots$ est une série divergente.

D'où l'intervalle de convergence de la série de puissances $\displaystyle\sum_{k=1}^{+\infty} \dfrac{(3x + 4)^k}{k\,7^k}$

est $\left[\dfrac{-11}{3}, 1\right[$ et $r = \dfrac{7}{3}$.

Dérivation et intégration de séries de puissances

Énonçons d'abord un théorème, que nous acceptons sans démonstration, qui nous permet de calculer la dérivée d'une série de puissances en calculant la dérivée de celle-ci terme à terme.

THÉORÈME 3

Soit la série de puissances $\displaystyle\sum_{k=0}^{+\infty} c_k(x - a)^k$ dont le rayon de convergence est r, où $r \neq 0$.

Si pour $|x - a| < r$, nous définissons

$$f(x) = \sum_{k=0}^{+\infty} c_k(x - a)^k = c_0 + c_1(x - a) + c_2(x - a)^2 + \ldots + c_n(x - a)^n + \ldots,\text{ alors}$$

1) f est différentiable pour x tel que $|x - a| < r$ et

2) $f'(x) = c_1 + 2c_2(x - a) + 3c_3(x - a)^2 + \ldots + nc_n(x - a)^{n-1} + \ldots$

$$= \sum_{k=1}^{+\infty} kc_k(x - a)^{k-1}.$$

► *Exemple 1*   Soit la série $\displaystyle\sum_{k=0}^{+\infty} \dfrac{x^k}{k!}$. Déterminons le rayon r de convergence de cette série et appliquons le théorème 3 précédent.

Si $x = 0$, la série converge.

Si $x \neq 0$, appliquons le critère généralisé de D'Alembert.

$$R = \lim_{n \to +\infty} \left| \dfrac{a_{n+1}}{a_n} \right| = \lim_{n \to +\infty} \left| \dfrac{\dfrac{x^{n+1}}{(n+1)!}}{\dfrac{x^n}{n!}} \right| = |x| \lim_{n \to +\infty} \left(\dfrac{1}{n+1} \right) = 0$$

Puisque $R < 1$, la série converge pour toutes les valeurs de x, alors $r = +\infty$.

Si $f(x) = 1 + x + \dfrac{x^2}{2!} + \dfrac{x^3}{3!} + \dfrac{x^4}{4!} + \ldots + \dfrac{x^n}{n!} + \ldots$, pour $x \in \mathbb{R}$, alors en calculant la dérivée terme à terme, nous obtenons

$$f'(x) = 0 + 1 + \frac{2x}{2!} + \frac{3x^2}{3!} + \frac{4x^3}{4!} + \ldots + \frac{nx^{n-1}}{n!} + \ldots \quad \text{(théorème 3)}$$

$$= 1 + x + \frac{x^2}{2!} + \frac{x^3}{3!} + \ldots + \frac{x^{n-1}}{(n-1)!} + \frac{x^n}{n!} + \ldots, \text{ pour } x \in \mathbb{R}.$$

Dans l'exemple précédent, nous remarquons que $f'(x) = f(x)$, $\forall x \in \mathbb{R}$. Déterminons la fonction f qui satisfait l'équation différentielle précédente.

Puisque $\dfrac{dy}{dx} = y$ \qquad (où $y = f(x)$),

alors $\ln|y| = x + C_1$ \quad (en résolvant l'équation différentielle),

ainsi \quad $y = Ce^x$, où $C > 0$.

Puisque $f(0) = 1$, alors $C = 1$, d'où $f(x) = e^x$.

Nous pouvons donc exprimer la fonction e^x comme une série de puissances de la façon suivante.

$$e^x = 1 + x + \frac{x^2}{2!} + \frac{x^3}{3!} + \ldots + \frac{x^n}{n!} + \ldots = \sum_{k=0}^{+\infty} \frac{x^k}{k!}, \forall x \in \mathbb{R}.$$

Énonçons maintenant un théorème, que nous acceptons sans démonstration, qui nous permet de calculer l'intégrale d'une série de puissances en intégrant celle-ci terme à terme.

THÉORÈME 4

Soit la série de puissances $\displaystyle\sum_{k=0}^{+\infty} c_k(x-a)^k$ dont le rayon de convergence $r \neq 0$.

Si pour $|x-a| < r$, nous définissons

$$f(x) = \sum_{k=0}^{+\infty} c_k(x-a)^k = c_0 + c_1(x-a) + c_2(x-a)^2 + \ldots + c_n(x-a)^n + \ldots, \text{ alors}$$

1) f est intégrable pour x tel que $|x-a| < r$ et

2) la primitive $F(x)$ est donnée par

$$F(x) = c_0(x-a) + \frac{c_1(x-a)^2}{2} + \frac{c_2(x-a)^3}{3} + \ldots + \frac{c_n(x-a)^{n+1}}{n+1} + \ldots + C$$

$$= \sum_{k=0}^{+\infty} \frac{c_k(x-a)^{k+1}}{k+1} + C.$$

► *Exemple 2*   Soit la série $\sum\limits_{k=0}^{+\infty} (-x)^k$. Déterminons le rayon r de convergence, appliquons le théorème 4 précédent et déterminons l'intervalle de convergence de la nouvelle série obtenue.

Cette série de puissances est une série géométrique de raison $-x$ qui converge pour $|-x| < 1$, c'est-à-dire $|x| < 1$, donc $r = 1$. De plus, la somme de cette série géométrique est donnée par $\dfrac{1}{1-(-x)}$ si $|x| < 1$.

Si $f(x) = \sum\limits_{k=0}^{+\infty} (-x)^k$, pour $|x| < 1$, alors

$$\dfrac{1}{1+x} = 1 - x + x^2 - x^3 + \ldots + (-x)^n + \ldots \text{ pour } |x| < 1.$$

En intégrant terme à terme, nous obtenons

$$\ln(1+x) = x - \dfrac{x^2}{2} + \dfrac{x^3}{3} - \dfrac{x^4}{4} + \ldots + \dfrac{(-1)^n x^{n+1}}{n+1} + \ldots + C \text{ pour } |x| < 1 \quad \text{(théorème 4)}.$$

En posant $x = 0$, nous obtenons $\ln 1 = 0 + C$, d'où $C = 0$.

Cette série converge pour $|x| < 1$. Étudions le cas où $|x| = 1$ c'est-à-dire $x = -1$ ou $x = 1$.

Si $x = -1$, alors

$$\sum\limits_{k=0}^{+\infty} \dfrac{(-1)^k x^{k+1}}{k+1} = \sum\limits_{k=0}^{+\infty} \dfrac{(-1)^k (-1)^{k+1}}{k+1} = -1 - \dfrac{1}{2} - \dfrac{1}{3} - \dfrac{1}{4} - \ldots, \text{ d'où la série diverge}$$

(série harmonique négative).

Si $x = 1$, alors

$$\sum\limits_{k=0}^{+\infty} \dfrac{(-1)^k x^{k+1}}{k+1} = \sum\limits_{k=0}^{+\infty} \dfrac{(-1)^k (1)^{k+1}}{k+1} = 1 - \dfrac{1}{2} + \dfrac{1}{3} - \dfrac{1}{4} + \ldots, \text{ d'où la série converge}$$

(série harmonique alternée),

donc l'intervalle de convergence de la nouvelle série est $]-1, 1]$.

Ainsi $\ln(1+x) = x - \dfrac{x^2}{2} + \dfrac{x^3}{3} - \dfrac{x^4}{4} + \ldots + \dfrac{(-1)^n x^{n+1}}{n+1} + \ldots$ pour $x \in \,]-1, 1]$

$$= \sum\limits_{k=0}^{+\infty} \dfrac{(-1)^k x^{k+1}}{k+1} \text{ pour } x \in \,]-1, 1].$$

Exercices 6.4

1. Déterminer, en utilisant le critère généralisé de D'Alembert, l'intervalle I de convergence et le rayon r de convergence des séries de puissances suivantes.

a) $\sum\limits_{k=0}^{+\infty} \dfrac{x^k}{2^k}$ b) $\sum\limits_{k=1}^{+\infty} \dfrac{(-x)^k}{k^2}$

c) $\displaystyle\sum_{k=0}^{+\infty} k!(x+5)^k$ d) $\displaystyle\sum_{k=0}^{+\infty} \frac{(3x+4)^k}{k!}$

2. Déterminer, en utilisant le critère généralisé de Cauchy, l'intervalle I de convergence et le rayon r de convergence des séries de puissances suivantes.

a) $\displaystyle\sum_{k=0}^{+\infty} \frac{(x-4)^k}{3^k}$ c) $\displaystyle\sum_{k=3}^{+\infty} \frac{(2x)^k}{k^k}$

b) $\displaystyle\sum_{k=1}^{+\infty} 3^k(x-5)^k$ d) $\displaystyle\sum_{k=1}^{+\infty} \frac{(2x-3)^k}{k^3}$

3. Déterminer l'intervalle I de convergence des séries entières suivantes.

a) $\displaystyle\sum_{k=0}^{+\infty} (kx)^k$ c) $\displaystyle\sum_{k=1}^{+\infty} \frac{x^k}{k}$

b) $\displaystyle\sum_{k=0}^{+\infty} kx^k$ d) $\displaystyle\sum_{k=5}^{+\infty} \left(\frac{x}{k}\right)^k$

4. Pour une série entière de la forme $\displaystyle\sum_{k=0}^{+\infty} c_k x^k$, déterminer, selon la valeur donnée r du rayon de convergence, les intervalles de convergence possibles de la série.

a) $r = 0$ c) $r = r_0$

b) $r = 1$ d) $r = +\infty$

5. Soit $f(x) = \displaystyle\sum_{k=0}^{+\infty} \frac{(-1)^k x^{2k}}{(2k)!}$.

a) Écrire les premiers termes de cette série.

b) Déterminer le rayon de convergence de cette série.

c) Calculer $f'(x)$ et déterminer son rayon de convergence.

d) Si $F(0) = 0$, calculer $F(x)$, la primitive de $f(x)$ et déterminer son rayon de convergence.

e) Évaluer $f'(x) + F(x)$.

6. Soit la série de puissances $f(x) = \displaystyle\sum_{k=0}^{+\infty} x^k$.

a) Déterminer l'intervalle I de convergence et le rayon r de convergence de cette série.

b) Exprimer la somme $f(x)$ de cette série, à l'aide d'une fonction rationnelle.

c) À partir de b), trouver la série correspondant à la fonction $\ln(1-x)$ ainsi que l'intervalle I de convergence de cette série.

d) Donner l'équation obtenue en remplaçant x par -1 dans les deux membres de l'équation trouvée en c).

e) Évaluer approximativement $\ln 2$ en utilisant les cinq premiers termes de la série et déterminer l'erreur maximale commise.

f) Trouver la série correspondant à la fonction $\dfrac{1}{(1-x)^2}$ ainsi que l'intervalle I de convergence de cette série.

7. Soit $g(x) = x - \dfrac{x^3}{3!} + \dfrac{x^5}{5!} - \dfrac{x^7}{7!} + \dfrac{x^9}{9!} - \dots$ et

$$f(x) = 1 - \frac{x^2}{2!} + \frac{x^4}{4!} - \frac{x^6}{6!} + \frac{x^8}{8!} - \dots$$

a) Évaluer $g(0)$ et $f(0)$.

b) Déterminer $g'(x)$, $f'(x)$ en fonction de $f(x)$ et $g(x)$.

c) Déterminer $g''(x)$, $f''(x)$ en fonction de $f(x)$ et $g(x)$.

d) Trouver deux fonctions trigonométriques qui satisfont a), b) et c).

8. Déterminer l'intervalle de convergence et le rayon de convergence des séries de puissances suivantes.

a) $\displaystyle\sum_{k=0}^{+\infty} \frac{(x+5)^k}{2^k}$ e) $\displaystyle\sum_{k=4}^{+\infty} (3x)^k$

b) $\displaystyle\sum_{k=0}^{+\infty} \frac{(x-1)^k}{3^k}$ f) $\displaystyle\sum_{k=5}^{+\infty} \frac{(3x)^{k-5}}{k}$

c) $\displaystyle\sum_{k=0}^{+\infty} \frac{(-x)^k}{k!}$ g) $\displaystyle\sum_{k=0}^{+\infty} \frac{(x-1)^k}{k^3+2}$

d) $\displaystyle\sum_{k=1}^{+\infty} \frac{x^k}{\sqrt{k}}$ h) $\displaystyle\sum_{k=0}^{+\infty} \frac{kx^k}{k^2+1}$

6.5 Séries de Taylor et de Maclaurin

Objectif d'apprentissage

À la fin de cette section, l'élève pourra développer certaines fonctions en série de puissances.

Plus précisément, l'élève sera en mesure :

- de déterminer les coefficients des termes d'une série de puissances représentant une fonction f;
- de connaître les définitions d'une série de Taylor et d'une série de Maclaurin;
- de développer certaines fonctions en série de Taylor et en série de Maclaurin à l'aide des définitions précédentes;
- de calculer des approximations à l'aide des séries de Taylor ou de Maclaurin;
- de développer certaines fonctions en série de Taylor ou de Maclaurin à l'aide de substitutions ou d'opérations mathématiques;
- d'évaluer approximativement des intégrales définies à l'aide des séries de Taylor ou de Maclaurin.

Dans la section précédente, nous avons exprimé e^x et $\ln(1+x)$ comme une série de puissances et nous avons obtenu les résultats suivants.

$$e^x = 1 + x + \frac{x^2}{2!} + \frac{x^3}{3!} + \ldots + \frac{x^n}{n!} + \ldots = \sum_{k=0}^{+\infty} \frac{x^k}{k!}, \ \forall \ x \in \mathbb{R} \qquad \text{(Exemple 1, page 305)}$$

$$\ln(1+x) = x - \frac{x^2}{2} + \frac{x^3}{3} - \frac{x^4}{4} + \ldots + \frac{(-1)^n x^{n+1}}{n+1} + \ldots = \sum_{k=0}^{+\infty} \frac{(-1)^k x^{k+1}}{k+1} \ \text{pour } x \in \ ]\text{-}1, 1]$$

$$\text{(Exemple 2, page 307)}$$

Nous verrons dans cette section des méthodes permettant de développer d'autres fonctions indéfiniment dérivables en série de puissances, ainsi que quelques-unes des utilités d'un tel développement.

Développement en séries de Taylor[4] et de Maclaurin[5]

THÉORÈME 1	Si f est une fonction indéfiniment dérivable, telle que $f(x) = \sum_{k=0}^{+\infty} c_k (x-a)^k$, dont le rayon de convergence est r, où $r \neq 0$, alors les coefficients c_k des termes de la série de puissances sont $$c_k = \frac{f^{(k)}(a)}{k!} \ \text{pour } k = 0, 1, 2, \ldots$$

Preuve   Écrivons la fonction f et calculons ses premières dérivées.

---

4. Brook Taylor (1685-1731), mathématicien anglais.

5. Voir l'encadré sur ce mathématicien anglais, page 258.

$$f(x) = c_0 + c_1(x-a) + c_2(x-a)^2 + c_3(x-a)^3 + c_4(x-a)^4 + \ldots \qquad (1)$$

$$f'(x) = c_1 + 2c_2(x-a) + 3c_3(x-a)^2 + 4c_4(x-a)^3 + \ldots \qquad (2)$$

$$f''(x) = 2c_2 + 3 \cdot 2c_3(x-a) + 4 \cdot 3c_4(x-a)^2 + 5 \cdot 4c_5(x-a)^3 + \ldots \qquad (3)$$

$$f'''(x) = 3 \cdot 2c_3 + 4 \cdot 3 \cdot 2c_4(x-a) + 5 \cdot 4 \cdot 3c_5(x-a)^2 + \ldots \qquad (4)$$

$$f^{(4)}(x) = 4!c_4 + 5 \cdot 4 \cdot 3 \cdot 2c_5(x-a) + 6 \cdot 5 \cdot 4 \cdot 3c_6(x-a)^2 + \ldots \qquad (5)$$

et ainsi de suite. En remplaçant x par a dans les équations précédentes, nous obtenons

de (1) $f(a) = c_0$,   d'où $c_0 = f(a) = \dfrac{f^{(0)}(a)}{0!}$;

de (2) $f'(a) = c_1$,   d'où $c_1 = f'(a) = \dfrac{f^{(1)}(a)}{1!}$;

de (3) $f''(a) = 2c_2$,   d'où $c_2 = \dfrac{f''(a)}{2} = \dfrac{f^{(2)}(a)}{2!}$;

de (4) $f'''(a) = 3 \cdot 2c_3$, d'où $c_3 = \dfrac{f'''(a)}{3!} = \dfrac{f^{(3)}(a)}{3!}$;

de (5) $f^{(4)}(a) = 4!c_4$,   d'où $c_4 = \dfrac{f^{(4)}(a)}{4!}$;

$$\vdots \qquad\qquad \vdots$$

$$f^{(k)}(a) = k!c_k, \quad \text{d'où } c_k = \frac{f^{(k)}(a)}{k!}.$$

Nous venons de démontrer que $c_k = \dfrac{f^{(k)}(a)}{k!}$; ainsi

$$f(x) = \sum_{k=0}^{+\infty} c_k(x-a)^k = c_0(x-a)^0 + c_1(x-a)^1 + c_2(x-a)^2 + c_3(x-a)^3 + \ldots$$

$$= f(a) + f'(a)(x-a) + \frac{f^{(2)}(a)}{2!}(x-a)^2 + \frac{f^{(3)}(a)}{3!}(x-a)^3 + \ldots$$

$$= \sum_{k=0}^{+\infty} \frac{f^{(k)}(a)}{k!}(x-a)^k.$$

Définition

Soit f une fonction indéfiniment dérivable en $x = a$. Le développement en **série de Taylor** de la fonction f, autour de a, est donné par

$$f(x) = \sum_{k=0}^{+\infty} \frac{f^{(k)}(a)}{k!}(x-a)^k$$

$$= f(a) + f'(a)(x-a) + \frac{f''(a)}{2!}(x-a)^2 + \ldots + \frac{f^{(n)}(a)}{n!}(x-a)^n + \ldots,$$

pour tout x dans l'intervalle de convergence.

Dans le cas particulier où $a = 0$, nous obtenons la définition suivante.

Définition

Soit f une fonction indéfiniment dérivable en $x = 0$. Le développement en **série de Maclaurin** de la fonction f, autour de 0, est donné par

$$f(x) = \sum_{k=0}^{+\infty} \frac{f^{(k)}(0)}{k!}\, x^k$$

$$= f(0) + f'(0)\, x + \frac{f''(0)}{2!}\, x^2 + \frac{f'''(0)}{3!}\, x^3 + \dots + \frac{f^{(n)}(0)}{n!}\, x^n + \dots,$$

pour tout x dans l'intervalle de convergence.

Pour chaque fonction f et chaque valeur a, le développement en série de Taylor, ou en série de Maclaurin ($a = 0$), est unique.

➤ *Exemple 1*   Développons la fonction f définie par $f(x) = e^x$ en série de Maclaurin.

Pour développer une fonction en série de Maclaurin, nous devons évaluer $f(0)$, $f'(0), f''(0), f^{(3)}(0), \dots, f^{(n)}(0), \dots$

$f(x) = e^x$, d'où $f(0) = 1$

$f'(x) = e^x$, d'où $f'(0) = 1$

$f''(x) = e^x$, d'où $f''(0) = 1$

$\qquad\vdots\qquad\qquad\qquad\vdots$

$f^{(n)}(x) = e^x$, d'où $f^{(n)}(0) = 1.$

Puisque, par définition,

$$f(x) = f(0) + f'(0)x + \frac{f''(0)}{2!}\, x^2 + \frac{f'''(0)}{3!}\, x^3 + \dots + \frac{f^{(n)}(0)}{n!}\, x^n + \dots,$$

en substituant par les valeurs obtenues, nous obtenons

$$e^x = 1 + x + \frac{x^2}{2!} + \frac{x^3}{3!} + \frac{x^4}{4!} + \dots + \frac{x^n}{n!} + \dots$$

pour tout $x \in \mathbb{R}$, car ce résultat est identique au développement donné à l'exemple 1, page 305, où nous avons démontré que le rayon de convergence de cette série est $+\infty$.

En représentant successivement $f(x) = e^x$ ainsi que quelques polynômes correspondant aux premiers termes du développement précédent, nous obtenons les quatre graphiques de la page suivante.

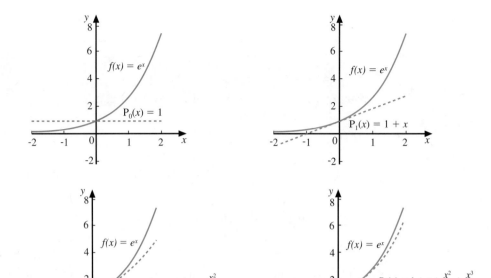

Nous constatons que plus le degré du polynôme $P_n(x)$ est élevé, plus le graphique de ce polynôme est semblable à celui de $f(x)$. De plus, pour des valeurs près de 0, les polynômes $P_n(x)$ peuvent être utilisés pour évaluer approximativement la fonction $f(x)$ en ces valeurs.

Calculons $P_0(x)$, $P_1(x)$, $P_2(x)$, $P_3(x)$ et $f(x)$, où $f(x) = e^x$, pour des valeurs de x voisines de 0.

x	$P_0(x)$	$P_1(x)$	$P_2(x)$	$P_3(x)$	e^x
-1	1	0	0,5	$0,\overline{3}$	0,367 8…
0	1	1	1	1	1
0,2	1	1,2	1,22	$1,221\overline{3}$	1,221 4…
1	1	2	2,5	$2,\overline{6}$	2,718 2…
2	1	3	5	$6,\overline{3}$	7,389 0…

➤ *Exemple 2*   Développons la fonction f définie par $f(x) = \ln x$ en série de Taylor, autour de $a = 1$.

Nous devons d'abord évaluer $f(1)$, $f'(1)$, $f''(1)$, $f^{(3)}(1)$, … $f^{(n)}(1)$, …

$$f(x) = \ln x, \qquad \text{d'où} \quad f(1) = 0;$$

$$f'(x) = \frac{1}{x}, \qquad \text{d'où} \quad f'(1) = 1;$$

$$f''(x) = \frac{-1}{x^2}, \qquad \text{d'où} \quad f''(1) = -1;$$

$$f^{(3)}(x) = \frac{2}{x^3}, \qquad \text{d'où} \; f^{(3)}(1) = 2;$$

$$f^{(4)}(x) = \frac{-3!}{x^4}, \qquad \text{d'où } f^{(4)}(1) = -3!\,;$$

$$f^{(5)}(x) = \frac{4!}{x^5}, \qquad \text{d'où } f^{(5)}(1) = 4!\,;$$

$$\vdots \qquad\qquad\qquad \vdots$$

$$f^{(n)}(x) = \frac{(-1)^{n-1}\,(n-1)!}{x^n}, \text{ d'où } f^{(n)}(1) = (-1)^{n-1}\,(n-1)!.$$

Puisque, par définition,

$$f(x) = f(1) + f'(1)(x-1) + \frac{f''(1)}{2!}(x-1)^2 + \frac{f^{(3)}(1)}{3!}(x-1)^3 + \ldots + \frac{f^{(n)}(1)}{n!}(x-1)^n + \ldots,$$

en substituant par les valeurs obtenues, nous obtenons

$$\ln x = 0 + 1(x-1) - \frac{1}{2!}(x-1)^2 + \frac{2}{3!}(x-1)^3 - \ldots + \frac{(-1)^n\,(n-1)!}{n!}(x-1)^n + \ldots,$$

d'où

$$\ln x = (x-1) - \frac{(x-1)^2}{2} + \frac{(x-1)^3}{3} - \frac{(x-1)^4}{4} + \ldots + \frac{(-1)^{n-1}}{n}(x-1)^n + \ldots$$

D'après le critère généralisé de D'Alembert, cette série converge pour $x \in \,]0, 2[$. De plus, cette série diverge pour $x = 0$ et elle converge pour $x = 2$. Donc l'intervalle de convergence de cette série est $]0, 2]$ et $r = 1$.

➤ *Exemple 3*   Développons la fonction f définie par $f(x) = \cos x$ en série de Maclaurin.

$$f(x) = \cos x, \qquad \text{d'où} \qquad f(0) = 1\,;$$
$$f'(x) = -\sin x, \qquad \text{d'où} \qquad f'(0) = 0\,;$$
$$f''(x) = -\cos x, \qquad \text{d'où} \qquad f''(0) = -1\,;$$
$$f^{(3)}(x) = \sin x, \qquad \text{d'où} \qquad f^{(3)}(0) = 0\,;$$
$$f^{(4)}(x) = \cos x, \qquad \text{d'où} \qquad f^{(4)}(0) = 1\,;$$
$$\vdots \qquad\qquad\qquad \vdots$$
$$f^{(2k)}(x) = (-1)^k \cos x, \quad \text{d'où} \quad f^{(2k)}(0) = (-1)^k\,;$$
$$f^{(2k+1)}(x) = (-1)^{k+1} \sin x, \text{ d'où } f^{(2k+1)}(0) = 0\,;$$

d'où

$$\cos x = 1 - \frac{x^2}{2!} + \frac{x^4}{4!} - \frac{x^6}{6!} + \ldots + \frac{(-1)^n}{(2n)!}x^{2n} + \ldots$$

D'après le critère généralisé de D'Alembert, cette série converge pour tout $x \in \mathbb{R}$, et $r = \infty$.

En représentant successivement $f(x) = \cos x$ ainsi que quelques polynômes correspondant aux premiers termes du développement précédent, nous obtenons les quatre graphiques de la page suivante.

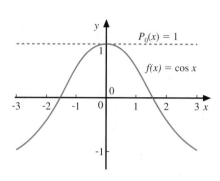

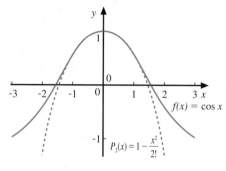

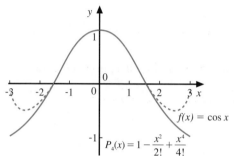

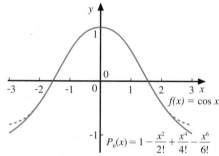

Approximation à l'aide des séries de Taylor ou de Maclaurin

➤ *Exemple 1*   Calculons approximativement la valeur du nombre e en utilisant le développement en série de Maclaurin obtenu, page 311, pour la fonction $f(x) = e^x$.

$$e^x = 1 + x + \frac{x^2}{2!} + \frac{x^3}{3!} + \frac{x^4}{4!} + \ldots + \frac{x^n}{n!} + \ldots$$

En remplaçant x par 1 dans cette équation, nous obtenons

$$e = 1 + 1 + \frac{1}{2!} + \frac{1}{3!} + \frac{1}{4!} + \ldots + \frac{1}{n!} + \ldots$$

Pour déterminer approximativement la valeur de e, il suffit de calculer la somme des premiers termes du développement. Plus le nombre de termes utilisés est grand, meilleure est l'approximation.

En additionnant trois termes, $e \approx 1 + 1 + \frac{1}{2!} = 2{,}5$.

En additionnant quatre termes, $e \approx 1 + 1 + \frac{1}{2!} + \frac{1}{3!} = 2{,}\overline{6}$.

En additionnant cinq termes, $e \approx 2{,}708\overline{3}$.

En additionnant huit termes, $e \approx 2{,}718\ 254$.

Remarque Dans cet exemple, le calcul de l'erreur commise dépasse le niveau du cours. Cependant, lorsque, dans le calcul approximatif d'une valeur, nous utilisons une série alternée, nous pouvons calculer l'erreur à l'aide du théorème 9, page 293.

➤ *Exemple 2*   Calculons approximativement la valeur de cos 0,8 en utilisant le développement en série de Maclaurin obtenu, page 313, pour la fonction $f(x) = \cos x$.

$$\cos x = 1 - \frac{x^2}{2!} + \frac{x^4}{4!} - \frac{x^6}{6!} + \frac{x^8}{8!} - \ldots + \frac{(-1)^n x^{2n}}{(2n)!} + \ldots$$

En remplaçant x par 0,8 dans cette équation, nous obtenons

$$\cos 0{,}8 = 1 - \frac{(0{,}8)^2}{2!} + \frac{(0{,}8)^4}{4!} - \frac{(0{,}8)^6}{6!} + \frac{(0{,}8)^8}{8!} - \ldots + \frac{(-1)^n (0{,}8)^{2n}}{(2n)!} + \ldots$$

En additionnant 3 termes, nous obtenons

$$\cos 0{,}8 \approx 1 - \frac{(0{,}8)^2}{2!} + \frac{(0{,}8)^4}{4!}, \text{ avec } E \leq \frac{(0{,}8)^6}{6!} \quad \text{(théorème 9, page 293),}$$

d'où $\cos 0{,}8 \approx 0{,}697$, avec $E \leq 0{,}000\ 364\ldots$

➤ *Exemple 3*   Calculons approximativement, avec une erreur maximale de 0,001, la valeur de ln 1,5, en utilisant le développement en série de Taylor obtenu, page 313, pour la fonction $f(x) = \ln x$ autour de $a = 1$.

$$\ln x = (x - 1) - \frac{(x-1)^2}{2} + \frac{(x-1)^3}{3} - \ldots + \frac{(-1)^{n-1}(x-1)^n}{n} + \ldots$$

En remplaçant x par 1,5 dans cette équation, nous obtenons

$$\ln 1{,}5 = 0{,}5 - \frac{(0{,}5)^2}{2} + \frac{(0{,}5)^3}{3} - \ldots + \frac{(-1)^{n-1}(0{,}5)^n}{n} + \ldots$$

Nous voulons déterminer n pour que $E < 0{,}001$.

Ainsi $E \leq a_{n+1} = \frac{(0{,}5)^{n+1}}{n+1}$. Il suffit de déterminer n tel que

$\frac{(0{,}5)^{n+1}}{n+1} < 0{,}001$. Il est facile de vérifier que $n = 7$ est suffisant,

ainsi $\ln 1{,}5 \approx 0{,}5 - \frac{(0{,}5)^2}{2} + \frac{(0{,}5)^3}{3} - \ldots + \frac{(0{,}5)^7}{7}$, avec $E < 0{,}001$,

d'où $\ln 1{,}5 \approx 0{,}4058$ avec $E < 0{,}001$.

Développement de fonctions en série à l'aide de substitutions ou d'opérations mathématiques

➤ *Exemple 1*   Développons $\cos x^3$ en remplaçant x par x^3 dans le développement de $\cos x$.

Sachant que $\cos x = 1 - \dfrac{x^2}{2!} + \dfrac{x^4}{4!} - \dfrac{x^6}{6!} + \ldots \forall\ x \in \mathbb{R}$,

nous obtenons $\cos x^3 = 1 - \dfrac{x^6}{2!} + \dfrac{x^{12}}{4!} - \dfrac{x^{18}}{6!} + \ldots, \forall\ x \in \mathbb{R}$.

Remarque Nous aurions obtenu le même résultat en développant, à partir de la définition, $f(x) = \cos x^3$ en série de Maclaurin. Cependant, cette méthode aurait exigé des calculs plus compliqués, en particulier pour obtenir $f'(x), f''(x), f'''(x), \ldots, f^{(n)}(x)$. Il en est de même pour les exemples suivants.

➤ *Exemple 2*   Développons $f(x) = x \cos x$ en série de Maclaurin en multipliant x par le développement en série de $\cos x$.

Sachant que $\cos x = 1 - \dfrac{x^2}{2!} + \dfrac{x^4}{4!} - \dfrac{x^6}{6!} + \ldots, \forall\ x \in \mathbb{R}$,

nous obtenons $x \cos x = x\left(1 - \dfrac{x^2}{2!} + \dfrac{x^4}{4!} - \dfrac{x^6}{6!} + \ldots\right)$,

d'où $x \cos x = x - \dfrac{x^3}{2!} + \dfrac{x^5}{4!} - \dfrac{x^7}{6!} + \ldots, \forall\ x \in \mathbb{R}$.

➤ *Exemple 3*   Développons $\cos^2 x$ en série de Maclaurin en élevant au carré le développement de $\cos x$.

Sachant que $\cos x = 1 - \dfrac{x^2}{2!} + \dfrac{x^4}{4!} - \dfrac{x^6}{6!} + \dfrac{x^8}{8!} - \ldots \ \forall \ x \in \mathbb{R}$, nous obtenons

$$\cos^2 x = \left(1 - \frac{x^2}{2!} + \frac{x^4}{4!} - \frac{x^6}{6!} + \frac{x^8}{8!} - \ldots\right)^2$$

$$= \left(1 - \frac{x^2}{2!} + \frac{x^4}{4!} - \frac{x^6}{6!} + \frac{x^8}{8!} - \ldots\right)\left(1 - \frac{x^2}{2!} + \frac{x^4}{4!} - \frac{x^6}{6!} + \frac{x^8}{8!} - \ldots\right)$$

$$= 1 - \frac{x^2}{2!} + \frac{x^4}{4!} - \frac{x^6}{6!} + \frac{x^8}{8!} - \ldots$$

$$- \frac{x^2}{2!} + \frac{x^4}{2!2!} - \frac{x^6}{2!4!} + \frac{x^8}{2!6!} - \ldots$$

$$\frac{x^4}{4!} - \frac{x^6}{4!2!} + \frac{x^8}{4!4!} - \ldots$$

$$- \frac{x^6}{6!} + \frac{x^8}{6!2!} - \ldots$$

$$\frac{x^8}{8!} - \ldots$$

$$\vdots$$

d'où $\cos^2 x = 1 - \dfrac{2x^2}{2!} + \dfrac{8x^4}{4!} - \dfrac{32x^6}{6!} + \dfrac{128x^8}{8!} - \ldots, \ \forall \ x \in \mathbb{R}$.

➤ *Exemple 4*   Développons $f(x) = \dfrac{1}{1 + x^2}$ en série de Maclaurin en effectuant la division de 1 par $1 + x^2$.

$$
\begin{array}{ll}
1 & \underline{\vert\, 1 + x^2} \\
\ominus \quad \ominus & \overline{1 - x^2 + x^4 - x^6 + x^8 - \ldots} \\
\underline{1 + x^2} & \\
\quad - x^2 & \\
\quad \oplus \quad \oplus & \\
\quad \underline{- x^2 - x^4} & \\
\qquad x^4 & \\
\qquad \ominus \quad \ominus & \\
\qquad \underline{x^4 + x^6} & \\
\qquad \quad - x^6 & \\
\qquad \quad \oplus \quad \oplus & \\
\qquad \quad \underline{- x^6 - x^8} & \\
\qquad \qquad x^8 & \\
\qquad \qquad \vdots &
\end{array}
$$

Ainsi, $\dfrac{1}{1 + x^2} = 1 - x^2 + x^4 - x^6 + \ldots + (-1)^n x^{2n} + \ldots$, où $x \in\ ]{-1},\ 1[$ et $r = 1$.

➤ *Exemple 5*   En intégrant les deux membres de l'équation obtenue dans l'exemple précédent, nous obtenons

$$\int \frac{1}{1+x^2}\, dx = \int [1 - x^2 + x^4 - x^6 + \ldots]\, dx$$

$$\text{Arc tan } x = x - \frac{x^3}{3} + \frac{x^5}{5} - \frac{x^7}{7} + \ldots + C.$$

Puisque Arc tan $0 = 0$, nous obtenons $C = 0$, d'où

$$\text{Arc tan } x = x - \frac{x^3}{3} + \frac{x^5}{5} - \frac{x^7}{7} + \ldots + \frac{(-1)^n x^{2n+1}}{2n+1} + \ldots \text{ pour } x \in [-1, 1].$$

Approximation d'intégrales définies à l'aide de séries de Taylor ou de Maclaurin

Une fonction telle que e^{-x^2} n'a pas de primitive. Par contre, en utilisant le développement en série de cette fonction, nous pouvons évaluer approximativement une intégrale définie de la forme $\int_a^b e^{-x^2}\, dx$.

➤ *Exemple*   Évaluons approximativement $\int_0^1 e^{-x^2}\, dx$, en utilisant le développement de e^{-x^2}.

Développons d'abord e^{-x^2} en remplaçant x par $-x^2$ dans le développement de e^x.

Sachant que $e^x = 1 + x + \dfrac{x^2}{2!} + \dfrac{x^3}{3!} + \dfrac{x^4}{4!} + \ldots \ \forall\ x \in \mathbb{R},$

nous obtenons $e^{-x^2} = 1 - x^2 + \dfrac{x^4}{2!} - \dfrac{x^6}{3!} + \dfrac{x^8}{4!} - \ldots, \ \forall\ x \in \mathbb{R}.$

Ainsi $\displaystyle\int_0^1 e^{-x^2}\, dx = \int_0^1 \left[1 - x^2 + \frac{x^4}{2!} - \frac{x^6}{3!} + \frac{x^8}{4!} - \ldots \right] dx$

$$= \left[x - \frac{x^3}{3} + \frac{x^5}{5 \cdot 2!} - \frac{x^7}{7 \cdot 3!} + \frac{x^9}{9 \cdot 4!} - \ldots \right]\Bigg|_0^1$$

$$= 1 - \frac{1}{3} + \frac{1}{5 \cdot 2!} - \frac{1}{7 \cdot 3!} + \frac{1}{9 \cdot 4!} - \ldots$$

En additionnant quatre termes, nous obtenons

$$\int_0^1 e^{-x^2}\, dx \approx 0{,}743 \text{ avec } E < \frac{1}{9 \cdot 4!} \quad \text{(théorème 9, page 293)}.$$

Exercices 6.5

1. Écrire le développement d'une fonction f
   a) en série de Maclaurin ;
   b) en série de Taylor autour de a.

2. Développer les fonctions suivantes en série de Maclaurin à partir de la définition et déterminer l'intervalle de convergence.
   a) $f(x) = \sin x$
   b) $f(x) = e^{3x}$
   c) $f(x) = \cos 2x$

3. Développer les fonctions suivantes en série de Taylor autour de la valeur a donnée à partir de la définition et déterminer l'intervalle de convergence.
   a) $f(x) = \sin x$, $a = \pi$
   b) $f(x) = \sin x$, $a = \dfrac{\pi}{2}$
   c) $f(x) = \dfrac{1}{x}$, $a = -1$
   d) $f(x) = \cos x$, $a = \pi$
   e) $f(x) = \cos x$, $a = \dfrac{\pi}{3}$
   f) $f(x) = \cos x$, $a = \dfrac{\pi}{4}$

4. Développer les fonctions suivantes en série de Maclaurin et déterminer l'intervalle de convergence.
   a) $f(x) = \ln (1 + x)$
   b) $f(x) = \ln (1 - x)$
   c) $f(x) = \ln \left(\dfrac{1 + x}{1 - x} \right)$

5. Développer les fonctions suivantes en série de Maclaurin en utilisant un développement connu et déterminer l'intervalle de convergence.
   a) $f(x) = e^{-x}$ d) $f(x) = \sin 2x$
   b) $f(x) = \cos x^2$ e) $f(x) = xe^x$
   c) $f(x) = x \sin x$ f) $f(x) = \dfrac{e^x - 1}{x}$

6. Écrire les quatre premiers termes du développement en série de Maclaurin des fonctions suivantes.

   a) $f(x) = \sec x$
   b) $f(x) = e^x \cos x$
   c) $f(x) = \sin^2 x$

7. Évaluer approximativement les valeurs suivantes et déterminer, si possible, l'erreur maximale commise.
   a) $\sin (0,2)$ en utilisant les trois premiers termes non nuls du développement en série de Maclaurin de $f(x) = \sin x$.
   b) $\sqrt{e}$ en utilisant les quatre premiers termes du développement en série de Maclaurin de $f(x) = e^x$.

8. a) Développer en série de Maclaurin
      $f(x) = \dfrac{1}{1 - x}$ et déterminer l'intervalle de convergence.
   b) Utiliser le développement obtenu en a) pour déterminer le développement de $\ln (1 - x)$ en série de Maclaurin.
   c) Évaluer approximativement $\ln 1,4$ en utilisant les quatre premiers termes du développement en série de Maclaurin de $f(x) = \ln (1 - x)$; évaluer également l'erreur maximale commise.
   d) Déterminer le nombre de termes à utiliser pour que l'erreur maximale commise en évaluant approximativement $\ln 1,4$ soit inférieure à 0,0001.

9. a) Développer la fonction g, définie par
      $g(x) = \dfrac{\sin x}{x}$, en série de Maclaurin en utilisant le développement de $f(x) = \sin x$.
   b) À l'aide du résultat précédent, calculer approximativement $\displaystyle\int_0^1 \dfrac{\sin x}{x}\, dx$ en utilisant les trois premiers termes non nuls et évaluer l'erreur maximale commise.

10. Calculer approximativement $\displaystyle\int_0^{\frac{\pi}{4}} \sin x^2 \, dx$ avec une erreur maximale $E = 10^{-4}$.

Réseau de concepts

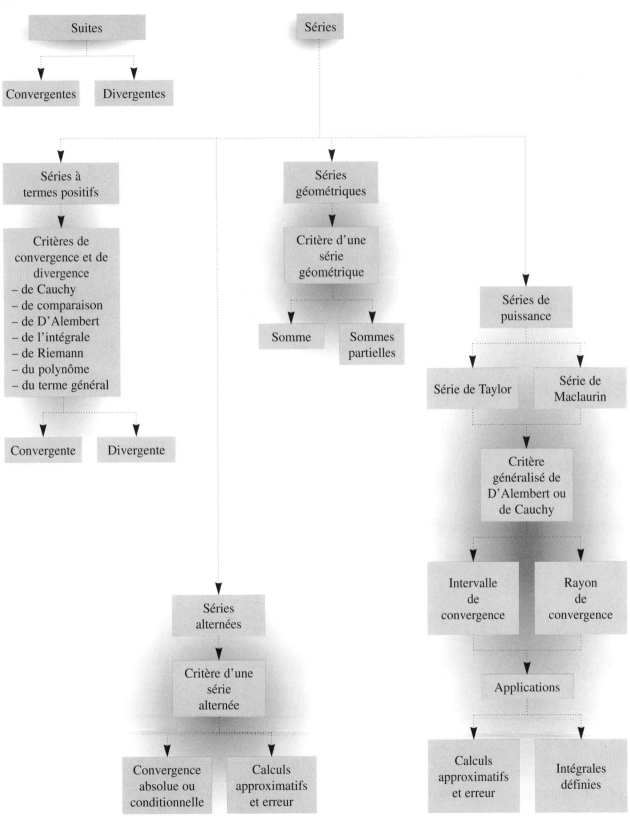

Exercices récapitulatifs

I. Énumérer les cinq premiers termes des suites suivantes.

a) $\left\{ 2 - \dfrac{n}{(-2)^n} \right\}_{n \geq 0}$

b) $\left\{ \sin \dfrac{n\pi}{2} \right\}$

c) $a_1 = 1$ et $a_n = \dfrac{n}{1 + a_{n-1}}$ pour $n \geq 2$

d) $a_1 = -2$ et $a_{n+1} = a_n + n! \, (-1)^{n+1}$ pour $n \geq 1$

2. Pour chacune des suites suivantes, évaluer $\lim\limits_{n \to +\infty} a_n$ et répondre par vrai (V) ou faux (F) aux informations suivantes. La suite est:

bornée supérieurement (B.S.); bornée inférieurement (B.I); bornée (B.); croissante (Cr.); décroissante (Déc.); convergente (Conv.); divergente (Div.).

a) $\{2\}$

b) $\left\{ \dfrac{n^2}{n+1} \right\}$

c) $\{(-1)^n\}$

d) $\left\{ \dfrac{(-1)^n}{n} \right\}$

e) $\{n(-1)^n\}$

f) $\left\{ \dfrac{3}{n} - \dfrac{n}{3} \right\}$

g) $\left\{ n + \dfrac{1}{n} \right\}$

h) $\left\{ \dfrac{8n}{4n+1} \right\}$

3. Déterminer le terme général a_n de la suite $\{a_n\}$ et évaluer $\lim\limits_{n \to +\infty} a_n$.

a) $\left\{ 2, 1, \dfrac{8}{9}, 1, \dfrac{32}{25}, \ldots \right\}$

b) $\left\{ \dfrac{1}{2}, \dfrac{4}{7}, \dfrac{3}{5}, \dfrac{8}{13}, \dfrac{5}{8}, \ldots \right\}$

c) $\left\{ 1, 4, -3, \dfrac{16}{5}, \dfrac{-25}{7}, \ldots \right\}$

4. Soit la suite $\{a_n\}$ définie par

$a_1 = 3$ et $a_{n+1} = \dfrac{1}{2} a_n + 5$, pour $n \geq 1$, et la suite $\{b_n\}$ définie par $b_n = a_n - 10$, pour $n \geq 1$.

a) Exprimer b_{n+1} en fonction de b_n.

b) Exprimer b_n et a_n en fonction de n.

5. a) Évaluer, si possible, $\lim\limits_{n \to +\infty} \sin(n\pi)$ et $\lim\limits_{x \to +\infty} \sin(\pi x)$.

b) Répondre par vrai ou faux en justifiant votre réponse.

Le comportement de la suite $\{a_n\}$, où $a_n = f(n)$ à l'infini est toujours semblable au comportement de la fonction $f(x)$ à l'infini.

6. Pour chacune des séries suivantes, trouver une expression pour S_n, déterminer si la série converge (C) ou diverge (D) et donner, si possible, la somme de la série.

a) $\displaystyle\sum_{i=1}^{+\infty} 2$

b) $\displaystyle\sum_{k=1}^{+\infty} \dfrac{2}{(2k-1)(2k+1)}$

c) $\displaystyle\sum_{n=1}^{+\infty} (n^3 - (n+1)^3)$

d) $\displaystyle\sum_{k=1}^{+\infty} \left(\dfrac{1}{k} - \dfrac{1}{k+2} \right)$

7. Déterminer si les séries suivantes sont des séries géométriques; si oui, donner la valeur de a et de r. De plus, calculer, si possible, la somme S de chacune des séries.

a) $1 + \dfrac{2}{7} + \dfrac{4}{49} + \dfrac{8}{343} + \dfrac{16}{2401} + \ldots$

b) $e - e^3 + e^5 - e^7 + e^9 - e^{11} + \ldots$

c) $\dfrac{1}{2} + \dfrac{1}{4} + \dfrac{1}{6} + \dfrac{1}{8} + \dfrac{1}{10} + \ldots$

d) $\pi + \dfrac{\pi}{2} + \dfrac{\pi}{4} + \dfrac{\pi}{8} + \dfrac{\pi}{16} + \ldots$

e) $\displaystyle\sum_{n=1}^{+\infty} \sin n\pi$

f) $\displaystyle\sum_{n=1}^{+\infty} \cos n\pi$

g) $\displaystyle\sum_{n=1}^{+\infty} \left(\dfrac{-e}{\pi} \right)^n$

h) $\displaystyle\sum_{n=100}^{+\infty} \dfrac{-1}{53n}$

8. Calculer, si possible, les sommes suivantes.

a) $\displaystyle\sum_{n=1}^{+\infty} \left(\dfrac{5}{6} \right)^n ; \displaystyle\sum_{n=1}^{20} \left(\dfrac{5}{6} \right)^n ; \displaystyle\sum_{n=1}^{40} \left(\dfrac{5}{6} \right)^n$

b) $\displaystyle\sum_{k=1}^{+\infty} (-2)^k$; $\displaystyle\sum_{k=1}^{25} (-2)^k$; $\displaystyle\sum_{k=1}^{26} (-2)^k$

c) $\displaystyle\sum_{n=0}^{+\infty} \left(\frac{-2}{3}\right)^{n+1}$; $\displaystyle\sum_{n=0}^{10} \left(\frac{-2}{3}\right)^{n+1}$; $\displaystyle\sum_{n=0}^{11} \left(\frac{-2}{3}\right)^{n+1}$

d) $1 - \dfrac{1}{\sqrt{2}} + \dfrac{1}{2} - \dfrac{2}{\sqrt{2}} + \dfrac{1}{4} - \ldots$

e) $\dfrac{1}{2} - \dfrac{1}{3} + \dfrac{1}{4} - \dfrac{1}{9} + \dfrac{1}{8} - \dfrac{1}{27} + \ldots$

f) $\displaystyle\sum_{k=0}^{+\infty} \left[\frac{2}{5^k} - \frac{3}{(-2)^{k+1}}\right]$

g) $\displaystyle\sum_{n=1}^{+\infty} \left[\frac{1}{2^{n-1}} - \frac{2}{n(n+1)}\right]$;

$\displaystyle\sum_{n=1}^{10} \left[\frac{1}{2^{n-1}} - \frac{2}{n(n+1)}\right]$

9. En supposant que chaque consommateur d'un pays dépense en moyenne 80 % de chaque dollar qu'il possède, déterminer combien de dollars supplémentaires seront dépensés si le gouvernement injecte 6 000 000 $ dans la population afin de stimuler l'économie.

10. Achille pourchasse une tortue se trouvant à une distance de 1 kilomètre; il court 100 fois plus vite que la tortue. Pendant qu'Achille parcourt les 1000 mètres le séparant de la tortue, celle-ci franchit donc 10 mètres; pendant qu'il parcourt ces 10 mètres, la tortue franchit 0,1 mètre, et ainsi de suite. Achille ne rejoindra jamais la tortue puisque, au moment où il atteint l'endroit où était la tortue, celle-ci s'est de nouveau déplacée (paradoxe de Zénon).

a) Résoudre ce paradoxe en évaluant, à l'aide de séries, les distances d_A et d_t parcourues par chacun.

b) Déterminer le nombre de mètres parcourus par la tortue avant qu'Achille ne la rejoigne.

c) Si Achille court à une vitesse de 15 kilomètres à l'heure, déterminer le temps qu'il prendra pour rejoindre la tortue.

11. Déterminer si les séries suivantes convergent (C) ou divergent (D).

a) $\displaystyle\sum_{n=1}^{+\infty} \frac{5}{n+3}$

b) $\displaystyle\sum_{n=0}^{+\infty} \frac{1}{2^n+1}$

c) $\displaystyle\sum_{k=2}^{+\infty} \frac{1}{k \ln k}$

h) $\displaystyle\sum_{n=4}^{+\infty} \frac{3}{n+\sqrt{n}}$

d) $\displaystyle\sum_{k=2}^{+\infty} \frac{1}{(\ln k)^k}$

i) $\displaystyle\sum_{k=1}^{+\infty} \left(\frac{4k^2}{4+k^2}\right)^k$

e) $\displaystyle\sum_{n=1}^{+\infty} \frac{n(\ln n)^n}{n^2+1}$

j) $\displaystyle\sum_{n=1}^{+\infty} \frac{(-1)^n \cos n\pi}{n}$

f) $\displaystyle\sum_{k=2}^{+\infty} \frac{(-1)^k}{k \ln k}$

k) $\displaystyle\sum_{n=1}^{+\infty} \frac{n!(n+1)!}{(2n)!}$

g) $\displaystyle\sum_{n=1}^{+\infty} \frac{3}{n\sqrt{n}}$

l) $\displaystyle\sum_{k=1}^{+\infty} \frac{(3k)^k}{(2k+1)^k}$

12. Déterminer si les séries suivantes convergent (C) ou divergent (D). Dans le cas des séries géométriques, calculer, si possible, la somme S.

a) $\displaystyle\sum_{n=1}^{+\infty} \frac{3n}{4n^2+1}$

g) $\displaystyle\sum_{n=1}^{+\infty} \left(1 + \frac{1}{n}\right)^n$

b) $\displaystyle\sum_{n=1}^{+\infty} \frac{(-1)^n 3n}{4n^2+1}$

h) $\displaystyle\sum_{n=1}^{+\infty} \frac{e^{-\sqrt{n}}}{\sqrt{n}}$

c) $\displaystyle\sum_{n=2}^{+\infty} \frac{5^{n+4}}{4^n}$

i) $\displaystyle\sum_{n=7}^{+\infty} \frac{8}{n^2(4+\ln n)}$

d) $\displaystyle\sum_{n=0}^{+\infty} \frac{n! \, 2^n}{5^n}$

j) $\displaystyle\sum_{n=1}^{+\infty} \frac{4^n+5^n}{9^n}$

e) $\displaystyle\sum_{n=1}^{+\infty} \frac{n \, 2^n}{5^n}$

k) $\displaystyle\sum_{n=1}^{+\infty} n^2 \left(\frac{99}{100}\right)^n$

f) $\displaystyle\sum_{n=1}^{+\infty} \frac{(-5)^n}{8^{n-1}}$

l) $\displaystyle\sum_{k=1}^{+\infty} \frac{(-\pi)^{2k}}{(\sqrt{98})^k}$

13. Déterminer si les séries suivantes sont convergentes (C), absolument convergentes (A C), conditionnellement convergentes (C C) ou divergentes (D).

a) $\displaystyle\sum_{n=1}^{+\infty} \frac{(-1)^n}{5n}$

d) $\displaystyle\sum_{n=3}^{+\infty} \frac{n(-4)^{n+2}}{5^n}$

b) $\displaystyle\sum_{n=1}^{+\infty} \frac{(-1)^{n+1}}{(2n)^2}$

e) $\displaystyle\sum_{n=1}^{+\infty} \frac{n!}{(-3)^n}$

c) $\displaystyle\sum_{n=1}^{+\infty} \frac{(-1)^n n}{n+1}$

f) $\displaystyle\sum_{k=2}^{+\infty} \frac{(-1)^k \ln k}{k}$

14. Évaluer approximativement la somme S des séries suivantes pour le n donné et calculer l'erreur E maximale commise.

a) $\displaystyle\sum_{k=1}^{+\infty} \frac{(-1)^k \sqrt{k}}{k+2}$, où $n = 5$.

b) $\displaystyle\sum_{k=1}^{+\infty} \frac{\cos k\pi}{k^3}$, où $n = 4$.

15. Déterminer, pour la série $\displaystyle\sum_{k=1}^{+\infty} \frac{\cos k\pi}{k^3}$, la valeur de n permettant d'évaluer approximativement S avec $E < 10^{-6}$.

16. Déterminer l'intervalle de convergence et le rayon de convergence des séries de puissances suivantes.

a) $\displaystyle\sum_{k=1}^{+\infty} \frac{(-4)^k(x+2)^k}{k}$ f) $\displaystyle\sum_{k=0}^{+\infty} \frac{(x-2)^{2k}}{16^k}$

b) $\displaystyle\sum_{k=1}^{+\infty} \frac{(2x-7)^k}{k(k+1)}$ g) $\displaystyle\sum_{k=1}^{+\infty} \frac{x^{2k+1}}{k}$

c) $\displaystyle\sum_{k=2}^{+\infty} (\ln k)\, x^k$ h) $\displaystyle\sum_{k=0}^{+\infty} \frac{(3x-4)^k}{5^k}$

d) $\displaystyle\sum_{k=2}^{+\infty} \frac{(\ln k)\, x^k}{k^3}$ i) $\displaystyle\sum_{k=0}^{+\infty} \left(\frac{k}{7}\right)^k (x-5)^k$

e) $\displaystyle\sum_{k=0}^{+\infty} \frac{k!(x-3)^k}{(2k)!}$ j) $\displaystyle\sum_{k=1}^{+\infty} \frac{(k-1)\, x^k}{k^{2k}}$

17. Développer les fonctions suivantes en série de Maclaurin à partir de la définition et déterminer l'intervalle de convergence.

a) $f(x) = \dfrac{1}{1+x}$ c) $f(x) = \sin(-3x)$

b) $f(x) = e^{-x}$ d) $f(x) = \ln(1-2x)$

18. Donner le développement en série de Taylor autour de la valeur a donnée des fonctions suivantes et déterminer l'intervalle de convergence.

a) $f(x) = \sin x$, $a = \dfrac{\pi}{6}$

b) $f(x) = e^x$, $a = 1$

c) $f(x) = \dfrac{x-2}{x+2}$, $a = 2$

d) $f(x) = \sin 2x$, $a = \pi$

19. Soit $f(x) = \cos x$.

a) Donner le développement en série de Taylor de f autour de $a = \dfrac{\pi}{2}$.

b) Évaluer approximativement $\cos\left(\dfrac{\pi}{2} - 0{,}5\right)$ en utilisant les deux premiers termes non nuls du développement précédent et déterminer l'erreur maximale commise.

20. Écrire les premiers termes du développement en série de Maclaurin des fonctions suivantes en utilisant un développement connu.

a) $f(x) = \tan x$ c) $f(x) = e^x \sin x$

b) $f(x) = \sin x \cos x$ d) $f(x) = \dfrac{\ln(1+x)}{x}$

21. Calculer approximativement les intégrales suivantes avec une erreur maximale E donnée.

a) $\displaystyle\int_0^{\frac{1}{2}} \frac{dx}{1+x^4}$, $E = 10^{-5}$

b) $\displaystyle\int_0^{0,1} \cos\sqrt{x}\, dx$, $E = 10^{-6}$

Problèmes de synthèse

1. Déterminer, en évaluant la limite, si les suites suivantes convergent ou divergent.

a) $\left\{ n \sin\dfrac{\pi}{n} \right\}$ d) $\left\{ \dfrac{1+2+3+\ldots+n}{n} \right\}$

b) $\left\{ \sqrt[n]{2n} \right\}$ e) $\left\{ \left(\dfrac{n+3}{n}\right)^n \right\}$

c) $\left\{ \sqrt{n+1} - \sqrt{n} \right\}$

2. Soit la suite $\{|a_n|\}$ décroissante telle que $a_1 a_2 = \dfrac{9}{2}$, $a_1 + a_2 = \dfrac{9}{2}$ et $a_n = \dfrac{a_{n-1}}{-2}$, pour $n \geq 3$. Déterminer les cinq premiers termes de cette suite.

3. Soit la suite $\{a_n\}$ telle que
$$a_n = \frac{1}{\sqrt{5}}\left(\frac{1+\sqrt{5}}{2}\right)^n - \frac{1}{\sqrt{5}}\left(\frac{1-\sqrt{5}}{2}\right)^n.$$

a) Déterminer a_1, a_2, a_3.

b) Démontrer que a_n est le terme général de la suite de Fibonacci.

4. Pour chacune des séries suivantes, trouver une expression pour S_n, déterminer si la série converge (C) ou diverge (D) et donner, si possible, la somme S de la série.

a) $\displaystyle\sum_{j=1}^{+\infty} (-j)^3$

b) $\displaystyle\sum_{n=1}^{+\infty} (-1)^n\, 2n$

c) $3 + 4 + 1 + \dfrac{1}{2} + \dfrac{1}{4} + \dfrac{1}{8} + \ldots$

d) $\displaystyle\sum_{n=1}^{+\infty} \left[\dfrac{1}{n+2} - \dfrac{1}{n+3} \right]$

5. Calculer les sommes suivantes.

a) $\displaystyle\sum_{n=8}^{34} (-1)^n\, 2n$ et $\displaystyle\sum_{n=7}^{35} (-1)^n\, 2n$

b) $\displaystyle\sum_{k=15}^{25} 2^k$ et $\displaystyle\sum_{k=15}^{25} (-2)^k$

c) $\displaystyle\sum_{k=20}^{30} \dfrac{2^{k+1}}{3^k}$ et $\displaystyle\sum_{k=31}^{+\infty} \dfrac{2^{k+1}}{3^k}$

6. Déterminer si les séries suivantes convergent (C) ou divergent (D).

a) $\displaystyle\sum_{n=1}^{+\infty} \dfrac{n!}{n^n}$

b) $\displaystyle\sum_{n=1}^{+\infty} \dfrac{8}{4 + \ln n}$

c) $\displaystyle\sum_{n=0}^{+\infty} \dfrac{(2n)!}{(n!)^2}$

d) $\displaystyle\sum_{n=0}^{+\infty} \dfrac{(2n)!}{(n^2)!}$

e) $\displaystyle\sum_{k=2}^{+\infty} \dfrac{\ln k}{k^2}$

f) $\displaystyle\sum_{n=1}^{+\infty} \left(\dfrac{n}{n+1} \right)^{n^2}$

g) $\displaystyle\sum_{k=1}^{+\infty} \dfrac{\text{Arc tan } \sqrt{k}}{\sqrt{k}\,(k+1)}$

h) $\displaystyle\sum_{k=1}^{+\infty} \dfrac{k + \dfrac{3}{k}}{\sqrt{k^5 + \ln k}}$

i) $\displaystyle\sum_{n=1}^{+\infty} \dfrac{n^{2n}}{(2n)!}$

j) $\displaystyle\sum_{n=1}^{+\infty} \dfrac{n^n}{(n!)^2}$

k) $\displaystyle\sum_{k=4}^{+\infty} \dfrac{1}{k \sqrt[k]{k}}$

l) $\displaystyle\sum_{k=1}^{+\infty} \dfrac{1}{1 + (-1)^k 2k}$

7. Évaluer la somme des séries suivantes.

a) $\dfrac{1}{2} + \dfrac{1}{4} - \dfrac{1}{8} - \dfrac{1}{16} + \dfrac{1}{32} + \dfrac{1}{64} - \dfrac{1}{128} - \ldots$

b) $5 - 3 - \dfrac{5}{3} - \dfrac{3}{5} + \dfrac{5}{9} - \dfrac{3}{25} - \dfrac{5}{27} - \dfrac{3}{125} + \dfrac{5}{81} - \ldots$

c) Une série telle que
$a_1 = 1$, et pour $n \geq 1$,
$a_{2n} = 2\,a_{2n-1}$ et $a_{2n+1} = \dfrac{a_{2n}}{3}$.

8. Déterminer le rayon de convergence des séries de puissances suivantes.

a) $\displaystyle\sum_{k=1}^{+\infty} \dfrac{k^k x^k}{k!}$

b) $\displaystyle\sum_{k=1}^{+\infty} \dfrac{k!\,x^k}{k^k}$

9. Déterminer l'intervalle de convergence et le rayon de convergence des séries de puissances suivantes.

a) $\displaystyle\sum_{k=1}^{+\infty} \dfrac{[1 + (-1)^{k+1}]\, x^k}{k^2}$

b) $\displaystyle\sum_{k=0}^{+\infty} \dfrac{(ax - b)^k}{c^k}$ où $a > 0$ et $c > 0$.

10. Déterminer pour quelles valeurs de x les séries de fonctions suivantes convergent.

a) $\displaystyle\sum_{k=1}^{+\infty} \dfrac{1}{kx^k}$

b) $\displaystyle\sum_{k=1}^{+\infty} \dfrac{1}{k^2 x^k}$

c) $\displaystyle\sum_{k=0}^{+\infty} \dfrac{1}{k!\,x^k}$

d) $\displaystyle\sum_{k=1}^{+\infty} \dfrac{k^k}{x^k}$

11. Soit r, le rayon de convergence de la série de puissances $\displaystyle\sum_{k=0}^{+\infty} c_k x^k$. Déterminer le rayon de convergence de la série de puissances $\displaystyle\sum_{k=0}^{+\infty} c_k x^{mk}$ où $m > 0$.

12. Développer en série de Maclaurin les fonctions suivantes et déterminer l'intervalle de convergence de chacune.

a) $\sinh x = \dfrac{e^x - e^{-x}}{2}$

b) $\cosh x = \dfrac{e^x + e^{-x}}{2}$

13. Démontrer que $\lim\limits_{x \to 0} \dfrac{\sin x}{x} = 1$ en utilisant le développement en série de Maclaurin de la fonction $f(x) = \dfrac{\sin x}{x}$.

14. Soit $f(x) = \sqrt{x}$.

   a) Écrire les cinq premiers termes du développement de la fonction f, en série de Taylor, autour de 4.

   b) Évaluer approximativement $\sqrt{4{,}3}$ en utilisant les quatre premiers termes du développement précédent et déterminer l'erreur maximale commise.

15. Soit $f(x) = x^5$.

   a) Développer la fonction f en série de Taylor autour de $a = 1$.

   b) Calculer la valeur exacte de 1,02 à l'aide du développement précédent.

16. Soit une série géométrique dont le premier terme est 1 et la raison $-x^2$.

   a) Écrire les premiers termes et le terme général de cette série.

   b) Déterminer l'intervalle de convergence et le rayon de convergence de cette série.

   c) Exprimer la somme $f(x)$ de cette série à l'aide d'une fonction rationnelle.

   d) À partir de c), trouver la série correspondant à la fonction Arc tan x.

   e) Déterminer l'intervalle de convergence et le rayon de convergence de cette série.

   f) Donner l'équation obtenue en remplaçant x par 1 dans les deux membres de l'équation trouvée en d).

17. Calculer approximativement les intégrales suivantes avec une erreur maximale E donnée.

   a) $\displaystyle\int_0^{\frac{\pi}{6}} \cos x^2 \, dx$, $E = 10^{-4}$

   b) $\displaystyle\int_0^{\frac{1}{2}} e^{-x^3} \, dx$, $E = 10^{-4}$

18. Soit $f(x) = e^{-x^4}$, où $x \in \left[0, \dfrac{1}{2}\right]$. Calculer approximativement, à l'aide des trois premiers termes

du développement approprié, le volume du solide de révolution engendré par la rotation de la région précédente autour de l'axe donné et déterminer l'erreur maximale commise.

   a) Autour de l'axe x.

   b) Autour de l'axe y.

19. Certaines personnes atteintes d'une maladie doivent prendre une dose quotidienne de 20 mg d'un certain médicament. Si, chaque jour, l'organisme élimine 25 % du médicament présent,

   a) déterminer la quantité de médicament présente dans l'organisme après 10 jours ;

   b) déterminer la quantité maximale de médicament présente dans l'organisme d'une personne qui doit prendre ce médicament le reste de ses jours.

20. Une perpétuité est une suite de versements, échelonnés de façon régulière, commençant à une date déterminée et continuant sans fin. La valeur actuelle A d'une perpétuité est donnée par $A = \displaystyle\sum_{k=0}^{+\infty} V(1 + i)^{-k}$, où V est le montant du versement périodique et i, le taux d'intérêt par période de capitalisation. Déterminer la valeur actuelle d'une perpétuité de 100 \$ versée mensuellement si le taux d'intérêt est de 1 %, capitalisé mensuellement.

21. Soit une suite f telle que $f(0) = 100$ et $\dfrac{f(n + 1) - f(n)}{f(n)} = k$, où $n = 0, 1, 2, 3, \dots$ Nous appelons la valeur réelle k, le taux de croissance de f, et la valeur $f(n)$, l'indice de f pour la valeur n.

   a) Exprimer $f(n + 1)$ en fonction de $f(n)$ et de k. Déterminer $f(1)$, $f(2)$ et $f(3)$.

   b) Exprimer $f(n)$ en fonction de k et de n.

   c) Dans deux pays, A et B, nous considérons la suite S des salaires et la suite P des prix. Ces deux suites obéissent à une loi de la même forme que la suite f précédente, mais avec des taux de croissance différents. $S(n)$ et $P(n)$ sont respectivement l'indice des salaires et l'indice des prix au 31 décembre d'une année où $n = 0, 1, 2, 3, \dots$ avec $S(0) = P(0) = 100$.

À l'aide du tableau suivant,

	Pays A	Pays B
Taux de croissance des salaires	0,05	0,08
Taux de croissance des prix	0,04	0,09

calcuter, pour chacun des deux pays, l'indice des salaires au 31 décembre de la 6e année.

d) En combien d'années les salaires auront-ils doublé ?

e) Le rapport $\dfrac{S(n)}{P(n)}$ détermine le pouvoir d'achat d'un travailleur au 31 décembre de l'année n. Calculer le pouvoir d'achat d'un travailleur au 31 décembre dans les deux pays, lorsque $n = 0$; $n - 3$; $n - 6$.

22. Une série de la forme
$a + (a + d) + (a + 2d) + (a + 3d) + \ldots$ est appe-lée *série arithmétique* de premier terme a et de raison d.

a) Exprimer S_n en fonction de a et d.

b) Déterminer le 50e terme a_{50} d'une série arith-métique où $a = 45$ et $d = 3$, et calculer S_{50}.

c) Déterminer a et d si $a_{41} = 80$ et $a_{51} = 2a_{41}$.

d) Évaluer S si
$S = 258 + 251 + 244 + \ldots - 288 - 295$.

23. Les 5e, 7e et 12e termes d'une série arithmétique sont des termes consécutifs d'une série géomé-trique. Déterminer la raison de cette série géo-métrique.

24. Soit une série géométrique, telle que $a_1 + a_2 = 60$ et $a_1 + a_2 + a_3 + a_4 + \ldots + a_n + \ldots = 64$. Détermi-ner a_1 et r.

25. Soit un carré dont la longueur des côtés est égale à 1 mètre. Sur chaque côté, nous construisons un carré dont le nouveau côté mesure le tiers du côté initial. Sur chaque nouveau côté, nous construisons un nouveau carré dont la longueur est le tiers du côté précédent, et ainsi de suite.

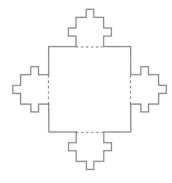

a) Déterminer l'aire totale A de la région obte-nue.

b) Déterminer la longueur totale L de la courbe qui entoure cette région.

c) Déterminer l'aire A_{10} de la région et la lon-gueur L_{10} de la courbe après dix étapes.

26. Soit a_1, a_2, a_3, a_4, a_5, les cinq premiers ter-mes d'une série géométrique de raison r, où $S = a_1 + a_5$ et $s = a_2 + a_4$. Si nous posons $a_3 = k$, où $k > 0$,

a) démontrer que $s^2 = kS + 2k^2$.

b) Déterminer r et a_1 si $s = \dfrac{26}{3}$ et $S = \dfrac{97}{9}$.

27. Soit $\displaystyle\sum_{n=1}^{+\infty} (-1)^n a_n$, telle que $0 < a_{n+1} < a_n$ pour tout n et telle que $\displaystyle\lim_{n \to +\infty} a_n = 0$, et soit le diagramme suivant.

$$\underset{S_n}{\vdash}\;\;\overset{a_{n+1}}{\longrightarrow}\;\;\underset{S_{n+1}}{\vdash}$$

a) Représenter sur le diagramme
a_{n+2}, S_{n+2}, a_{n+3}, S_{n+3}, a_{n+4}, S_{n+4}, $\ldots$, S,
où $S = \displaystyle\sum_{n=1}^{+\infty} (-1)^n a_n$.

b) Comparer $|S - S_n|$ et a_{n+1}, pour tout n.

28. Soit $\displaystyle\sum_{k=1}^{+\infty} a_k$, où $a_k > 0$, et f une fonction posi-tive, continue et décroissante sur $[1, +\infty$ telle que $f(k) = a_k$ pour tout $k > 1$. Démontrer que si $\displaystyle\int_1^{+\infty} f(x)\, dx$ converge, alors

$$a_1 \le \sum_{k=1}^{+\infty} a_k \le a_1 + \int_1^{+\infty} f(x)\, dx.$$

29. À l'aide du résultat précédent, trouver b et c tels que $b \leq \sum_{k=1}^{+\infty} a_k \leq c$ pour les séries suivantes.

a) $\sum_{k=1}^{+\infty} \dfrac{1}{k^2}$ b) $\sum_{k=1}^{+\infty} \dfrac{2}{k^5}$ c) $\sum_{k=1}^{+\infty} ke^{-k^2}$

30. a) Déterminer pour quelles valeurs de p,
$$\sum_{k=2}^{+\infty} \dfrac{1}{k(\ln k)^p}$$ converge.

b) Trouver b et c tels que $b \leq \sum_{k=2}^{+\infty} \dfrac{1}{k(\ln k)^2} \leq c$.

31. Démontrer, à l'aide du critère de l'intégrale, que la série de Riemann diverge pour $p \leq 1$ et converge pour $p > 1$.

32. Démontrer que le développement en série entière, où $r > 0$, d'une fonction f est unique sur son intervalle de convergence, si la fonction est indéfiniment dérivable.

33. Soit le nombre i défini par $i^2 = -1$.
   a) Utiliser les développements en série de e^{ix}, $\sin x$ et $\cos x$ pour exprimer e^{ix} en fonction de $\sin x$, de $\cos x$ et de i.
   b) Déterminer la valeur de $e^{i\pi}$.

34. Soit les fonctions *sinus hyperbolique* et *cosinus hyperbolique* respectivement définies comme suit :
$$\sinh x = \dfrac{e^x - e^{-x}}{2} \text{ et } \cosh x = \dfrac{e^x + e^{-x}}{2}.$$

Démontrer que :
   a) $\sin(ix) = i \sinh x$;
   b) $\cos(ix) = \cosh x$.

35. Le problème suivant correspond à l'évolution simultanée de deux populations, dans un habitat fermé, dont l'une sert d'aliment à l'autre. Par exemple, une zone québécoise constitue un habitat fermé pour les chevreuils et les loups, ces derniers se nourrissant à peu près exclusivement des premiers.

Soit C et L, le nombre, en tout temps, de chevreuils et de loups.

D'une part, le taux de naissance des chevreuils est proportionnel au nombre de chevreuils présents et le taux de mortalité de ces derniers, non dévorés par les loups, est également proportionnel à leur nombre. Soit n_1 et m_1, les constantes de proportionnalité respectives telles que $n_1 > m_1$. De plus, le taux de mortalité des chevreuils dévorés par les loups est à la fois proportionnel au nombre de chevreuils et au nombre de loups présents. Soit p la constante de proportionnalité.

D'autre part, le taux de naissance des loups est à la fois proportionnel au nombre de chevreuils et au nombre de loups présents, et le taux de mortalité de ces derniers est proportionnel au nombre de loups présents. Soit h et m_2, les constantes de proportionnalité respectives.

a) Déterminer $\dfrac{dC}{dt}$ et $\dfrac{dL}{dt}$.

b) Établir la relation entre C et L, et l'exprimer sous la forme $K = f(C)g(L)$, où K désigne une constante.

Le graphique résultant de l'évolution des deux populations est le suivant.

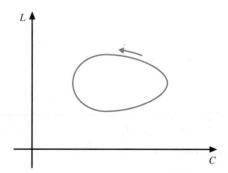

c) Pour quelles valeurs de C la tangente à la courbe est-elle parallèle à l'axe horizontal, et pour quelles valeurs de L la tangente à la courbe est-elle parallèle à l'axe vertical ?

d) Si le cycle est dans le sens indiqué par la flèche représentée sur le graphique, interpréter l'évolution des populations.

Chapitre 1

Test préliminaire (page 2)

1. a) 1 b) $\sec^2 x$ c) $\csc^2 x$

2. a) $\dfrac{\sin \theta}{\cos \theta}$ b) $\dfrac{\cos \theta}{\sin \theta}$ c) $\dfrac{1}{\cos \theta}$ d) $\dfrac{1}{\sin \theta}$

3. a) 0 b) 1
c) $\log_b M + \log_b N$ $(M, N \in \mathbb{R}^+)$
d) $\log_b M - \log_b N$ $(M, N \in \mathbb{R}^+)$
e) $N \log_b M$ $(M \in \mathbb{R}^+, N \in \mathbb{R})$
f) N g) $\dfrac{\ln x}{\ln b}$ h) M i) 1 j) $\ln B$

4. a), d)

5. a) f et h b) r c) g et r

6. a) $\lim\limits_{x \to 3} \dfrac{x^2 - 9}{4x - 12}$ est une indétermination de la forme $\dfrac{0}{0}$.

$\lim\limits_{x \to 3} \dfrac{x^2 - 9}{4x - 12} = \lim\limits_{x \to 3} \dfrac{(x - 3)(x + 3)}{4(x - 3)}$ (en factorisant)

$= \lim\limits_{x \to 3} \dfrac{(x + 3)}{4}$ (en simplifiant)

$= \dfrac{3}{2}$ (en évaluant la limite)

b) $\lim\limits_{x \to +\infty} \dfrac{5x^2 + 7x - 1}{x^2 - 4}$ est une indétermination de la forme $\dfrac{+\infty}{+\infty}$.

$\lim\limits_{x \to +\infty} \dfrac{5x^2 + 7x - 1}{x^2 - 4} = \lim\limits_{x \to +\infty} \dfrac{x^2\left(5 + \dfrac{7}{x} - \dfrac{1}{x^2}\right)}{x^2\left(1 - \dfrac{4}{x^2}\right)}$ (en factorisant)

$= \lim\limits_{x \to +\infty} \dfrac{\left(5 + \dfrac{7}{x} - \dfrac{1}{x^2}\right)}{\left(1 - \dfrac{4}{x^2}\right)}$ (en simplifiant)

$= 5$ (en évaluant la limite)

c) $\lim\limits_{x \to 1} \dfrac{x^3 - 1}{\dfrac{1}{x} - 1}$ est une indétermination de la forme $\dfrac{0}{0}$.

$\lim\limits_{x \to 1} \dfrac{x^3 - 1}{\dfrac{1}{x} - 1} = \lim\limits_{x \to 1} \dfrac{(x - 1)(x^2 + x + 1)}{\dfrac{1 - x}{x}}$ (en effectuant)

$= \lim\limits_{x \to 1} \dfrac{x(x - 1)(x^2 + x + 1)}{(1 - x)}$

$= \lim\limits_{x \to 1} -x(x^2 + x + 1)$ (en simplifiant)

$= -3$ (en évaluant la limite)

d) $\lim\limits_{x \to 9} \dfrac{3 - \sqrt{x}}{x - 9}$ est une indétermination de la forme $\dfrac{0}{0}$.

$\lim\limits_{x \to 9} \dfrac{3 - \sqrt{x}}{x - 9} = \lim\limits_{x \to 9} \left[\dfrac{3 - \sqrt{x}}{x - 9} \times \dfrac{3 + \sqrt{x}}{3 + \sqrt{x}}\right]$ (conjugué)

$= \lim\limits_{x \to 9} \dfrac{9 - x}{(x - 9)(3 + \sqrt{x})}$ (en effectuant)

$= \lim\limits_{x \to 9} \dfrac{-1}{3 + \sqrt{x}}$ (en simplifiant)

$= \dfrac{-1}{6}$ (en évaluant la limite)

7. a) $+\infty$ b) 0 c) 1 d) $-\infty$ e) $+\infty$
f) $+\infty$ g) $-\infty$ h) 0 i) $+\infty$ j) $-\infty$

8. Sachant que l'équation d'une droite passant par $(a, f(a))$ et $(b, f(b))$ est donnée par

$\dfrac{y - f(a)}{x - a} = \dfrac{f(b) - f(a)}{b - a}$, nous avons

$y = f(a) + \dfrac{f(b) - f(a)}{b - a}(x - a)$.

9. a) $30°$ b) $90°$ c) $63,4...°$
d) $135°$ e) $30°$ f) $14,4...°$

10. a) Non définie. b) $\dfrac{2\pi}{3}$ rad c) $-1,47...$ rad
d) $\dfrac{\pi}{2}$ rad e) Non définie. f) $\dfrac{\pi}{2}$ rad

Exercices

Exercices 1.1 (page 7)

1. a) $f'(x) = 20x^3 + 6x - \dfrac{5}{\sqrt{x}}$

b) $f'(x) = -42(1 - 7x)^5$

c) $f'(x) = 5(x - 2)^4(7x + 3) + (x - 2)^5 \, 7$
$= (x - 2)^4(42x + 1)$

d) $f'(x) = \dfrac{2x(4 - x^2) - (x^2 - 3)(-2x)}{(4 - x^2)^2} = \dfrac{2x}{(4 - x^2)^2}$

e) $f'(x) = 15x^2 \sqrt{4 - x} + 5x^3 \dfrac{(-1)}{2\sqrt{4 - x}} = \dfrac{5x^2(24 - 7x)}{2\sqrt{4 - x}}$

f) $f'(x) = \dfrac{1}{2\sqrt{\dfrac{1 + 3x}{1 - 3x}}}\left[\dfrac{3(1 - 3x) - (-3)(1 + 3x)}{(1 - 3x)^2}\right]$

$= \sqrt{\dfrac{1 - 3x}{1 + 3x}} \, \dfrac{3}{(1 - 3x)^2} = \dfrac{3}{\sqrt{(1 + 3x)(1 - 3x)^3}}$

g) $f'(x) = 18[(x^2 - 5)^8 + x^7]^{17} [8(x^2 - 5)^7 \, 2x + 7x^6]$

h) $f'(x) = \dfrac{-2}{3}\left(\dfrac{x^2}{1 - x}\right)^{-\frac{5}{3}}\left[\dfrac{2x(1 - x) + x^2}{(1 - x)^2}\right] = \dfrac{-2(2 - x)}{3x^{\frac{7}{3}}(1 - x)^{\frac{1}{3}}}$

i) $f'(x) = \dfrac{2ax(a + x^2)^3 - ax^2 \, 3(a + x^2)^2 \, 2x}{(a + x^2)^6}$

$= \dfrac{2ax(a - 2x^2)}{(a + x^2)^4}$

2. a) $f'(x) = \dfrac{\cos \sqrt{x}}{2\sqrt{x}} - \dfrac{\sin x}{2\sqrt{\cos x}}$

b) $f'(x) = 16x \tan^3(2x^2 - 1)\sec^2(2x^2 - 1)$

c) $f'(x) = \dfrac{-1}{x^2} \csc\left(\dfrac{x - 1}{x}\right)\cot\left(\dfrac{x - 1}{x}\right)$

d) $f'(x) = 2\cos 2x \cos(x^2 - 3x) - (2x - 3)\sin 2x \sin(x^2 - 3x)$

e) $f'(x) = \dfrac{5 \sec(5x-4)\tan(5x-4)}{3\sqrt[3]{\sec^2(5x-4)}}$

$= \dfrac{5}{3}\sqrt[3]{\sec(5x-4)}\tan(5x-4)$

f) $f'(x) = \dfrac{-8x\csc^2 8x - \cot 8x}{8x^2}$

g) $f'(x) = -\csc^2(x^3 + \sin x^2)[3x^2 + 2x\cos x^2]$

h) $f'(x) = 0$

3. a) $\dfrac{dy}{dx} = e^{\sin x}\cos x \cot x - e^{\sin x}\csc^2 x$

b) $\dfrac{dy}{dx} = \dfrac{-4}{(e^x - e^{-x})^2}$

c) $\dfrac{dy}{dx} = \dfrac{e^x\left(\dfrac{1}{x}\right) - e^x \ln x}{(e^x)^2} - \dfrac{\cos(\ln x)}{x} - 1$

$= \dfrac{1 - x\ln x}{xe^x} - \dfrac{\cos(\ln x)}{x} - 1$

d) $\dfrac{dy}{dx} = \dfrac{3}{x\ln 3} + 4x^3\, 3^{x^4}\ln 3$

e) $\dfrac{dy}{dx} = -\sin x\, e^{\cos x}\ln\sec x + e^{\cos x}\tan x$

f) $\dfrac{dy}{dx} = \dfrac{\sec x\tan x + \sec^2 x}{\sec x + \tan x} = \sec x$

g) $\dfrac{dy}{dx} = \dfrac{1}{x\ln x}$ h) $\dfrac{dy}{dx} = \dfrac{2}{(e^x - 2)\ln 10}$

4. a) $f'(x) = \dfrac{3x^2 - 3}{\sqrt{1 - (x^3 - 3x)^2}}$

b) $f'(x) = \dfrac{-2(1 + x^2)}{(1 - x^2)^2\sqrt{1 - \left(\dfrac{2x}{1 - x^2}\right)^2}}$

c) $f'(x) = \dfrac{\cos x}{1 + (\sin x)^2}$

d) $f'(x) = \dfrac{1}{x\ln x\sqrt{(\ln x)^2 - 1}}$

e) $f'(x) = \dfrac{-2}{(2x-1)\sqrt{(2x-1)^2 - 1}} + \dfrac{4}{x\sqrt{x^8 - 1}}$

f) $f'(x) = \dfrac{3(\text{Arc sec } x)^2\,\text{Arc cot}(x^2-1)}{x\sqrt{x^2 - 1}} - \dfrac{2x(\text{Arc sec } x)^3}{1 + (x^2 - 1)^2}$

g) $f'(x) = \dfrac{3(\text{Arc sin } x)^2}{\sqrt{1 - x^2}} + \dfrac{3x^2}{\sqrt{1 - x^6}}$

h) $f'(x) = \dfrac{\sec^2 x}{1 + \tan^2 x} = 1$

5. a) Il faut d'abord trouver où la courbe f coupe l'axe des x, c'est-à-dire résoudre :

$f(x) = 0$

$x^3 - x^2 - 6x = 0$

$x(x + 2)(x - 3) = 0$, d'où $x = -2$, $x = 0$ ou $x = 3$.

Sachant que $f'(x) = 3x^2 - 2x - 6$, nous savons que la pente de la tangente $L_1 = f'(-2) = 10$.

b) La pente de la tangente $L_2 = f'(a) = 7{,}75$.

Il faut résoudre $3a^2 - 2a - 6 = 7{,}75$,

c'est-à-dire $3a^2 - 2a - 13{,}75 = 0$;

d'où le point cherché est $(2{,}5,\ f(2{,}5))$.

6. $m_{\tan} = f'(x) = \dfrac{1}{1 + x^2} = \dfrac{1}{2}$, d'où $x = 1$ ou $x = -1$.

Les points cherchés sont $(1,\ f(1))$, c'est-à-dire $\left(1,\ \dfrac{\pi}{4}\right)$ et

$(-1,\ f(-1))$, c'est-à-dire $\left(-1,\ \dfrac{-\pi}{4}\right)$.

7. a) $f'(x) = \dfrac{-(-\sin x)}{\cos x} = \tan x$ et

$g'(x) = \dfrac{\sec x\tan x}{\sec x} = \tan x$, d'où $f'(x) = g'(x)$.

b) $f'(x) = \dfrac{-(-\csc x\cot x - \csc^2 x)}{(\csc x + \cot x)} = \csc x$ et

$g'(x) = \dfrac{-\csc x\cot x + \csc^2 x}{(\csc x - \cot x)} = \csc x$,

d'où $f'(x) = g'(x)$.

8. $f'(x) = \sec^2 x, f'(0) = 1$ et

$g'(x) = \dfrac{-1}{1 - x}, g'(0) = -1$, d'où $\dfrac{f'(0)}{g'(0)} = -1$.

Exercices 1.2   *(page 13)*

1. a) $(4x^2 + 9y^2)' = (36)'$

$8x + 18yy' = 0$, d'où $y' = \dfrac{-4x}{9y}$.

b) $(3x^2y - 4xy^2)' = (9x + 5y)'$

$6xy + 3x^2y' - 4y^2 - 8xyy' = 9 + 5y'$

$3x^2y' - 8xyy' - 5y' = 9 - 6xy + 4y^2$

$y'(3x^2 - 8xy - 5) = 9 - 6xy + 4y^2$,

d'où $y' = \dfrac{9 - 6xy + 4y^2}{3x^2 - 8xy - 5}$.

c) $(e^{\tan x} + \sec e^y)' = (3x)'$

$e^{\tan x}\sec^2 x + \sec e^y\tan e^y\, e^yy' = 3$,

d'où $y' = \dfrac{3 - e^{\tan x}\sec^2 x}{e^y\sec e^y\tan e^y}$.

d) $(\sqrt{x^2 + y^2})' = (5x + 1)'$

$\dfrac{2x + 2yy'}{2\sqrt{x^2 + y^2}} = 5$, d'où $y' = \dfrac{5\sqrt{x^2 + y^2} - x}{y}$.

e) $(y\cos x)' = (7x^2 - 3x\cos y)'$

$y'\cos x - y\sin x = 14x - 3\cos y + 3x\sin y\, y'$

$y'\cos x - 3x\sin y\, y' = 14x - 3\cos y + y\sin x$

$y'(\cos x - 3x\sin y) = 14x - 3\cos y + y\sin x$,

d'où $y' = \dfrac{14x - 3\cos y + y\sin x}{\cos x - 3x\sin y}$.

f) $(\ln(x^2 + y^3))' = (ye^x)'$

$\dfrac{2x + 3y^2y'}{x^2 + y^3} = y'e^x + ye^x$

$2x + 3y^2y' = y'e^x(x^2 + y^3) + ye^x(x^2 + y^3)$

$3y^2y' - y'e^x(x^2 + y^3) = ye^x(x^2 + y^3) - 2x$

$y'(3y^2 - x^2e^x - y^3e^x) = x^2ye^x + y^4e^x - 2x$,

d'où $y' = \dfrac{x^2ye^x + y^4e^x - 2x}{3y^2 - x^2e^x - y^3e^x}$.

2. a) $\left(\dfrac{x}{y}\right)' = \left(\dfrac{y^2}{x}\right)'$

$\dfrac{y - y'x}{y^2} = \dfrac{2yy'x - y^2}{x^2}$

$x^2y - x^3y' = 2xy^3y' - y^4$

$x^2y + y^4 = (2xy^3 + x^3)y'$, d'où $y' = \dfrac{x^2y + y^4}{2xy^3 + x^3}$.

b) Nous obtenons, en transformant,

$x^2 = y^3$ (pour $x \neq 0$ et $y \neq 0$)

$(x^2)' = (y^3)'$

$2x = 3y^2y'$, d'où $y' = \dfrac{2x}{3y^2}$.

c) $\dfrac{x^2y + y^4}{2xy^3 + x^3} = \dfrac{y^3y + y^4}{2xx^2 + x^3}$ (car $x^2 = y^3$ pour $x \neq 0$ et $y \neq 0$)

$= \dfrac{2y^4}{3x^3}$

$= \dfrac{2yy^3}{3xx^2}$

$= \dfrac{2yx^2}{3xy^3}$ (car $x^2 = y^3$)

$= \dfrac{2x}{3y^2}$

3. a) $y' = \dfrac{2x - 3x^2y + y^3}{x^3 - 3xy^2}$;

pente de la tangente au point $(-1, -1) = y'_{(-1, -1)} = 0$.

b) $y' = \dfrac{10x^4\sqrt{xy} - y}{x}$; $y'_{(2, 8)} = 316$

c) $y' = \dfrac{-\cos x}{\sin y}$; $y'_{\left(\frac{\pi}{6}, \frac{\pi}{3}\right)} = -1$

d) $y' = \dfrac{2e^{2x-y} - 2x}{e^{2x-y}}$; $y'_{(2, 4)} = -2$

e) $y' = \dfrac{y}{x + y(x + y)^2}$ ou $y' = \dfrac{1 - y^2}{2xy + 3y^2 + 1}$;

$y'_{\left(\frac{-10}{3}, 2\right)} = 9$

f) $y' = 5 - \dfrac{1}{x}$; $y'_{(e, 5e - 1)} = 5 - \dfrac{1}{e}$

4. a) $y' = \dfrac{2x + 1}{1 - 2y}$. Si $x = 0$, alors $y = 1$ ou $y = 0$.

D'où $y'_{(0, 1)} = -1$ et $y'_{(0, 0)} = 1$.

b) $y' = \dfrac{5y - 2xy^2}{5x}$ ou $y' = \dfrac{5 - 2xy}{6 + x^2}$

Si $y = 1$, alors $x = 2$ ou $x = 3$.

D'où $y'_{(2, 1)} = \dfrac{1}{10}$ et $y'_{(3, 1)} = \dfrac{-1}{15}$.

5. a) $y' = \dfrac{-(3x^2y + y^3)}{x^3 + 3xy^2}$ b) $y'_{(1, 1)} = -1$

c) $y'' = \dfrac{-(6xy + 6x^2y' + 6y^2y' + 6xy(y')^2)}{x^3 + 3xy^2}$ d) $y''_{(1, 1)} = 0$

6. a) $y'' = \dfrac{x(y')^2 \sin y - 2y' \cos y}{x \cos y}$ et $y''_{(3, 0)} = \dfrac{2}{9}$

b) $y'' = 2y + (2x - 1)y'$ et $y''_{(1, e)} = 3e$

7. a) $y'_{\left(5, \frac{3\sqrt{7}}{4}\right)} = \dfrac{-9}{4\sqrt{7}}$

b) Au point $\left(-3, \dfrac{-3\sqrt{7}}{4}\right)$.

Exercices I.3 *(page 16)*

I. a) $\ln y = \ln x^{\sin x}$

$\ln y = \sin x \ln x$

$\dfrac{y'}{y} = \cos x \ln x + \dfrac{\sin x}{x}$,

d'où $y' = x^{\sin x}\left(\cos x \ln x + \dfrac{\sin x}{x}\right)$.

b) $((3x + 1)^{(1 - 2x)})' = (e^{(1 - 2x)\ln(3x + 1)})'$

$= e^{(1 - 2x)\ln(3x + 1)}\left(-2 \ln(3x + 1) + \dfrac{3(1 - 2x)}{3x + 1}\right)$

$= (3x + 1)^{(1 - 2x)}\left(-2 \ln(3x + 1) + \dfrac{3(1 - 2x)}{3x + 1}\right)$

2. a) $y' = (2x)^{3x}(3 \ln 2x + 3) = 3(2x)^{3x}(1 + \ln 2x)$

b) $y' = (\sin x)^{\cos x}\left(-\sin x \ln(\sin x) + \dfrac{\cos^2 x}{\sin x}\right)$

c) $y' = (\tan x^2)^{\pi x^3}\left(3\pi x^2 \ln(\tan x^2) + \pi x^3 \dfrac{\sec^2 x^2}{\tan x^2}(2x)\right)$

$= \pi x^2 (\tan x^2)^{\pi x^3}\left(3 \ln(\tan x^2) + \dfrac{2x^2 \sec^2 x^2}{\tan x^2}\right)$

d) $y' = \dfrac{2x^{\ln x} \ln x}{x} = 2x^{(\ln x - 1)} \ln x$

e) $y' = (\ln x)^x\left(\ln(\ln x) + \dfrac{1}{\ln x}\right)$

f) $y' = (x)^{e^x}\left(e^x \ln x + \dfrac{e^x}{x}\right) = e^x(x)^{e^x}\left(\dfrac{1}{x} + \ln x\right)$

3. a) $y = \ln(3 - 2x) + \ln(5 + 4x^2)$

$y' = \dfrac{-2}{3 - 2x} + \dfrac{8x}{5 + 4x^2}$

b) $y = \ln(x^2 - 4x) - \ln(3x + 1)$

$y' = \dfrac{2x - 4}{x^2 - 4x} - \dfrac{3}{3x + 1}$

c) $y = \ln(x^2 + 4) + 3 \ln(5 - x) - \ln(2x - 1) - \ln(x^3 + 1)$

$y' = \dfrac{2x}{x^2 + 4} - \dfrac{3}{5 - x} - \dfrac{2}{2x - 1} - \dfrac{3x^2}{x^3 + 1}$

4. a) $\dfrac{dy}{dx} = \sqrt{x} \sqrt[3]{1 - x} \sqrt[5]{4 + 5x}\left(\dfrac{1}{2x} - \dfrac{1}{3(1 - x)} + \dfrac{1}{(4 + 5x)}\right)$

b) $\dfrac{dy}{dx} = \dfrac{-1}{3}\sqrt[3]{\dfrac{1 - x^4}{5x^2 + 5}}\left(\dfrac{4x^3}{1 - x^4} + \dfrac{2x}{x^2 + 1}\right)$

c) $\dfrac{dy}{dx} = \dfrac{(x^3 + 5x)^7 \sin x}{\sqrt{x}}\left(\dfrac{7(3x^2 + 5)}{(x^3 + 5x)} + \cot x - \dfrac{1}{2x}\right)$

5. a) Puisque $y' = (x^{3x})' + ((\cos x)^x)'$,

posons $u = x^{3x}$, ainsi $\ln u = 3x \ln x$,

donc $u' = x^{3x}(3 \ln x + 3)$;

et $v = (\cos x)^x$, ainsi $\ln v = x \ln \cos x$

donc $v' = (\cos x)^x(\ln \cos x - x \tan x)$,

d'où $y' = x^{3x}(3 \ln x + 3) + (\cos x)^x(\ln \cos x - x \tan x)$.

b) Puisque $y' = 4((\sec x)^x)'$,

posons $u = (\sec x)^x$, ainsi $\ln u = x \ln \sec x$,

donc $u' = (\sec x)^x(\ln \sec x + x \tan x)$,

d'où $y' = 4(\sec x)^x(\ln \sec x + x \tan x)$.

c) Puisque $x^y = y^x$,

$y \ln x = x \ln y$

$y' \ln x + \dfrac{y}{x} = \ln y + \dfrac{xy'}{y}$,

d'où $y' = \dfrac{xy \ln y - y^2}{xy \ln x - x^2}$.

d) Puisque $y = x^{(x^x)}$, alors $\ln y = x^x \ln x$;

ainsi $\dfrac{y'}{y} = (x^x)' \ln x + x^x (\ln x)'$

$= x^x (1 + \ln x) \ln x + \dfrac{x^x}{x}$

d'où $y' = x^{(x^x)} \left(x^x (1 + \ln x) \ln x + \dfrac{x^x}{x} \right)$.

6. $\dfrac{dy}{dx} = f(x)^{g(x)} \left(g'(x) \ln f(x) + g(x) \dfrac{f'(x)}{f(x)} \right)$

Exercices 1.4 *(page 29)*

1. a) f est continue sur $[0, 1]$; $f(0) = -1$ et $f(1) = 2$.
Puisque $f(0) < 0 < f(1)$, alors $\exists\, c \in\,]0, 1[$ tel que $f(c) = 0$.

b) f est continue sur $[2, 5]$; $f(2) = 6$ et $f(5) = 2,25$.
Puisque $f(5) < 4 < f(2)$, alors $\exists\, c \in\,]2, 5[$ tel que $f(c) = 4$.

2. a) Vérifions d'abord les hypothèses du théorème de Rolle:
1) f est continue sur $[-5, 2]$, car f est une fonction polynomiale;
2) f est dérivable sur $]-5, 2[$, car $f'(x) = 2x + 3$ est définie sur $]-5, 2[$;
3) $f(-5) = 6$ et $f(2) = 6$, d'où $f(-5) = f(2)$.
Alors $\exists\, c \in\,]-5, 2[$ tel que $f'(c) = 0$.
Trouvons cette valeur de c.
$$2c + 3 = 0 \qquad (\text{car } f'(x) = 2x + 3),$$
$$\text{d'où} \qquad c = \dfrac{-3}{2}.$$

b) Après avoir vérifié les hypothèses, nous trouvons $c = 3$.

c) Vérifions d'abord les hypothèses du théorème de Rolle:
1) f est continue sur $[0, 2]$, car $x^2 - 2x + 2 \neq 0$;
2) f est dérivable sur $]0, 2[$, car $f'(x) = \dfrac{4(x-1)}{(x^2-2x+2)^2}$ est définie sur $]0, 2[$;
3) $f(0) = 0$ et $f(2) = 0$, d'où $f(0) = f(2)$.
Alors $\exists\, c \in\,]0, 2[$ tel que $f'(c) = 0$.
Trouvons cette valeur de c.
$$\dfrac{4(c-1)}{(c^2-2c+2)^2} = 0 \qquad \left(\text{car } f'(x) = \dfrac{4(x-1)}{(x^2-2x+2)^2} \right),$$
$$\text{d'où} \qquad c = 1$$

d) Après avoir vérifié les hypothèses, $c = 1 - \dfrac{\sqrt{3}}{3}$.

e) Après avoir vérifié les hypothèses, $c = 1 + \dfrac{\sqrt{3}}{3}$.

f) Après avoir vérifié les hypothèses, $c = 2$.

3. a) $f(-3) \neq f(3)$

b) $f'(x) = \dfrac{2}{3\sqrt[3]{x}}$ n'est pas définie en $x = 0 \in\,]-1, 1[$.

c) f est discontinue à $x = 1 \in [0, 3]$.

d) f est non dérivable en $x = 1 \in\,]0, 2[$.

e) f est discontinue à $x = 1 \in [1, 3]$ et à $x = 3 \in [1, 3]$.

f) f est non dérivable en $x = 0 \in\,]-3, 3[$.

4. a) Vérifions d'abord les hypothèses du théorème sur l'unicité d'un zéro.
1) f est continue sur $[-2, -1]$;
2) f est dérivable sur $]-2, -1[$, car $f'(x) = 3 - 3x^2$ est définie sur $]-2, -1[$;
3) $f(-2) > 0$ et $f(-1) < 0$;
4) $f'(x) = 3 - 3x^2 \neq 0$ si $x \in\,]-2, -1[$.
Alors il existe un et un seul $c \in\,]-2, -1[$ tel que $f(c) = 0$.

b) Vérifions d'abord les hypothèses du théorème sur l'unicité d'un zéro.
1) f est continue sur $[-1, 1]$;
2) f est dérivable sur $]-1, 1[$, car $f'(x) = \dfrac{1}{1 + x^2}$ est définie sur $]-1, 1[$;
3) $f(-1) < 0$ et $f(1) > 0$;
4) $f'(x) = \dfrac{1}{1 + x^2} \neq 0$.
Alors il existe un et un seul $c \in\,]-1, 1[$ tel que $f(c) = 0$.

5. a) Vérifions d'abord les hypothèses du théorème de Lagrange:
1) f est continue sur $[1, 4]$, car f est une fonction polynomiale;
2) f est dérivable sur $]1, 4[$, car $f'(x) = 6x + 4$ est définie sur $]1, 4[$.
Alors $\exists\, c \in\,]1, 4[$ tel que $f'(c) = \dfrac{f(4) - f(1)}{4 - 1}$.
Trouvons cette valeur de c.
$$6c + 4 = \dfrac{61 - 4}{3}, \text{ d'où } c = \dfrac{5}{2}.$$

b) Après avoir vérifié les hypothèses, $c = -1$.

c) Après avoir vérifié les hypothèses, $c = 2$.

d) f est non continue en $x = 0 \in [-1, 4]$.

e) Après avoir vérifié les hypothèses, $c = 1$.

f) f est non dérivable en $x = 1 \in\,]-2, 2[$.

g) Après avoir vérifié les hypothèses, $c = \dfrac{e^2 - 1}{2}$.

h) Après avoir vérifié les hypothèses, $c = \dfrac{\pi}{2}$.

6. Puisque les hypothèses du théorème de Lagrange sont satisfaites, alors
$$\exists\, c \in\,]a, b[\text{ tel que } f'(c) = \dfrac{f(b) - f(a)}{b - a}.$$
Trouvons cette valeur de c.
$$2Pc + Q = \dfrac{(Pb^2 + Qb + S) - (Pa^2 + Qa + S)}{b - a}$$
$$= \dfrac{Pb^2 + Qb - Pa^2 - Qa}{b - a}$$
$$= \dfrac{P(b^2 - a^2) + Q(b - a)}{b - a}$$
$$= \dfrac{(b - a)\,[P(b + a) + Q]}{b - a}$$
$$= P(b + a) + Q;$$
donc $2Pc = P(b + a)$,

d'où $c = \dfrac{b + a}{2}$, c'est-à-dire la valeur située au milieu de $[a, b]$.

7. Puisque 1) f est continue sur $[1, e]$;
2) f est dérivable sur $]1, e[$,
alors $\exists\, c \in\,]1, e[$ tel que $\dfrac{f(e) - f(1)}{e - 1} = \dfrac{1}{c}$,
d'où les coordonnées du point sont $(e - 1, \ln (e - 1))$.

8. a) Soit $f(x) = \tan x$ sur $[0, x]$ où $x \in\, \left]0, \dfrac{\pi}{2}\right[$.

Vérifions les hypothèses du théorème de Lagrange:
1) f est continue sur $[0, x]$, car f est continue sur $\left[0, \dfrac{\pi}{2}\right[$;

2) f est dérivable sur $]0, x[$, car $f'(x) = \sec^2 x$ est définie sur $\left]0, \dfrac{\pi}{2}\right[$.

Alors $\exists\, c \in\,]0, x[$ tel que $\dfrac{f(x) - f(0)}{x - 0} = f'(c)$,

donc $\dfrac{\tan x - \tan 0}{x - 0} = \sec^2 c$

$\qquad \dfrac{\tan x}{x} > 1$ $\left(\text{car } \sec^2 c > 1 \text{ sur } \left]0, \dfrac{\pi}{2}\right[\right)$,

d'où $\qquad \tan x > x,\ \forall\, x \in \left]0, \dfrac{\pi}{2}\right[$.

b) Soit $f(x) = e^x$ sur $[0, x]$ où $x \in\,]0, +\infty[$.
   Les hypothèses étant vérifiées, $\exists\, c \in\,]0, x[$ tel que

$\dfrac{e^x - 1}{x - 0} = e^c$

$\dfrac{e^x - 1}{x} > 1$ $\quad$ (car $e^c > 1$ sur $]0, +\infty[$),

d'où $e^x \geq (1 + x),\ \forall\, x \in [0, +\infty[$.

c) Soit $f(x) = \operatorname{Arc\,tan} x$ sur $[0, x]$ où $x \in\,]0, +\infty[$.
   Les hypothèses étant vérifiées, $\exists\, c \in\,]0, x[$ tel que

$\dfrac{\operatorname{Arc\,tan} x - \operatorname{Arc\,tan} 0}{x - 0} = \dfrac{1}{1 + c^2}$

$\dfrac{\operatorname{Arc\,tan} x}{x} < 1$ $\left(\text{car } \dfrac{1}{1 + c^2} < 1 \text{ sur }]0, +\infty[\right)$,

d'où $\operatorname{Arc\,tan} x < x,\ \forall\, x \in\,]0, +\infty[$.

d) $f(x) = (1 + x)^n - 1 - nx$ sur $[0, x]$, où $x \in\,]0, +\infty[$.
   Les hypothèses étant vérifiées, $\exists\, c \in\,]0, x[$ tel que

$\dfrac{(1 + x)^n - 1 - nx - 0}{x - 0} = n(1 + c)^{n-1} - n$

$\dfrac{(1 + x)^n - 1 - nx}{x} > 0$ $\quad$ (car $(1 + c)^{n-1} > 1$),

d'où $(1 + x)^n > (1 + nx),\ \forall\, x \in\,]0, +\infty[$.

9. a) Soit $f(x) = \sqrt{x}$ sur $[23, 25]$.
   Les hypothèses étant vérifiées, $\exists\, c \in\,]23, 25[$ tel que

$\dfrac{\sqrt{25} - \sqrt{23}}{25 - 23} = \dfrac{1}{2\sqrt{c}}$,

d'où $\quad \sqrt{23} = \sqrt{25} - \dfrac{1}{\sqrt{c}}$.

En remplaçant c par 25, nous obtenons $\sqrt{23} \approx 4{,}8$.

b) Soit $f(x) = \sqrt[4]{x}$ sur $[16, 16{,}01]$.
   Les hypothèses étant vérifiées, $\exists\, c \in\,]16, 16{,}01[$ tel que

$\dfrac{\sqrt[4]{16{,}01} - \sqrt[4]{16}}{16{,}01 - 16} = \dfrac{1}{4\sqrt[4]{c^3}}$,

d'où $\quad \sqrt[4]{16{,}01} = \sqrt[4]{16} + \dfrac{0{,}01}{4\sqrt[4]{c^3}}$.

En remplaçant c par 16, nous obtenons
$\sqrt[4]{16{,}01} \approx 2{,}000\,312\,5$.

c) Soit $f(x) = \ln x$ sur $[1, 1{,}01]$.
   Les hypothèses étant vérifiées, $\exists\, c \in\,]1, 1{,}01[$ tel que

$\dfrac{\ln(1{,}01) - \ln 1}{1{,}01 - 1} = \dfrac{1}{c}$,

d'où $\quad \ln(1{,}01) = \ln 1 + \dfrac{0{,}01}{c}$.

En remplaçant c par 1, nous obtenons $\ln(1{,}01) \approx 0{,}01$.

10. $f(x) = 7$ sur $[-2, 3]$, d'après le corollaire 1.

11. a) $f'(x) = \dfrac{1}{x}$ et $g'(x) = \dfrac{1}{x}$

b) D'après le corollaire 2, $f(x) = g(x) + C$
   $\qquad\qquad\qquad\qquad \ln 5x = \ln x + C$.
   En remplaçant x par 1, nous trouvons $C = \ln 5$.

12. a) $f'(x) = 2 \tan x \sec^2 x$ et $g'(x) = 2 \tan x \sec^2 x$

b) D'après le corollaire 2, $f(x) = g(x) + C$
   $\qquad\qquad\qquad\qquad 4 + \tan^2 x = \sec^2 x + C$.
   En remplaçant x par 0, nous trouvons $C = 3$.

13. a) Vérifions d'abord les hypothèses du théorème de Cauchy :
   1) f et g sont continues sur $[0, 3]$, car f et g sont des fonctions polynomiales ;
   2) f et g sont dérivables sur $]0, 3[$, car $f'(x) = 1$ et $g'(x) = 2x + 4$ sont définies sur $]0, 3[$;
   3) $g'(x) \neq 0$ sur $]0, 3[$ $\quad$ (car $g'(x) = 0$ si $\qquad\qquad\qquad x = -2 \in\,]0, 3[$).

   Alors $\exists\, c \in\,]0, 3[$ tel que $\dfrac{f(3) - f(0)}{g(3) - g(0)} = \dfrac{f'(c)}{g'(c)}$

   $\dfrac{4 - 1}{22 - 1} = \dfrac{1}{2c + 4}$, d'où $c = \dfrac{3}{2}$.

b) Après avoir vérifié les hypothèses, $c = \dfrac{\pi}{4}$.

14. a) Vrai, car si f est constante alors $f'(x) = 0$.
   b) Faux. $\qquad$ c) Faux.
   d) Vrai, d'après le corollaire 1.
   e) Vrai, d'après le théorème de la valeur intermédiaire.
   f) Faux. $\qquad\qquad$ g) Vrai, voir le graphique ci-dessous.

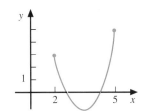

   h) Faux. $\qquad$ i) Faux.

15. a) Non
   b)

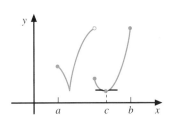

16. a) Appliquons le théorème de Lagrange à $f(x) = \sin x$ sur $[a, b]$;
   puisque la fonction satisfait les hypothèses, alors $\exists\, c \in\,]a, b[$ tel que

$\dfrac{\sin b - \sin a}{b - a} = \cos c$,

d'où $\dfrac{|\sin b - \sin a|}{|b - a|} = |\cos c|$

$$\frac{|\sin b - \sin a|}{|b - a|} \le 1 \quad (\text{car } |\cos c| \le 1).$$

Donc $|\sin b - \sin a| \le |b - a|$.

b) Même procédé qu'en a) en posant

$$f(x) = \tan x \text{ sur } [a, b], \text{ où } a, b \in \left]\frac{-\pi}{2}, \frac{\pi}{2}\right[.$$

Exercices 1.5 *(page 40)*

1. a) Indétermination de la forme $(-\infty) \cdot 0$ b) $-\infty$

c) Indétermination de la forme $\frac{+\infty}{+\infty}$ d) $-\infty$

e) Indétermination de la forme $(+\infty)^0$

f) Indétermination de la forme $1^{+\infty}$ g) 0

h) Indétermination de la forme $\frac{0}{0}$

i) Indétermination de la forme 0^0 j) 1

k) $+\infty$ l) Indétermination de la forme $(+\infty - \infty)$

2. a) $\displaystyle\lim_{x\to 1} \frac{x^2 + 4x - 5}{4x - 3 - x^2}$ $\left(\text{indétermination de la forme } \frac{0}{0}\right)$

$$\lim_{x\to 1} \frac{x^2 + 4x - 5}{4x - 3 - x^2} = \lim_{x\to 1} \frac{2x + 4}{4 - 2x} = 3$$

b) $\displaystyle\lim_{x\to 0^+} \frac{\tan x}{x^2}$ $\left(\text{indétermination de la forme } \frac{0}{0}\right)$

$$\lim_{x\to 0^+} \frac{\tan x}{x^2} = \lim_{x\to 0^+} \frac{\sec^2 x}{2x} = +\infty$$

c) $\displaystyle\lim_{x\to 0} \frac{\ln(\cos x)}{\sin 2x}$ $\left(\text{indétermination de la forme } \frac{0}{0}\right)$

$$\lim_{x\to 0} \frac{\ln(\cos x)}{\sin(2x)} = \lim_{x\to 0} \frac{-\sin x}{2\cos x \cos 2x} = 0$$

d) $\displaystyle\lim_{x\to 0} \frac{8^x - 5^x}{x}$ $\left(\text{indétermination de la forme } \frac{0}{0}\right)$

$$\lim_{x\to 0} \frac{8^x - 5^x}{5x} = \lim_{x\to 0} \frac{8^x \ln 8 - 5^x \ln 5}{5} = \frac{\ln\left(\frac{8}{5}\right)}{5}$$

e) $\displaystyle\lim_{x\to 0} \frac{e^x - e^{-x} - 2x}{x - \sin x}$ $\left(\text{indétermination de la forme } \frac{0}{0}\right)$

$$\lim_{x\to 0} \frac{e^x - e^{-x} - 2x}{x - \sin x} = \lim_{x\to 0} \frac{e^x + e^{-x} - 2}{1 - \cos x} \left(\text{ind. } \frac{0}{0}\right)$$

$$= \lim_{x\to 0} \frac{e^x - e^{-x}}{\sin x} \left(\text{ind. } \frac{0}{0}\right)$$

$$= \lim_{x\to 0} \frac{e^x + e^{-x}}{\cos x} = 2$$

f) $\displaystyle\lim_{x\to +\infty} \frac{e^{\frac{1}{3x}} - 1}{\frac{4}{x}}$ $\left(\text{indétermination de la forme } \frac{0}{0}\right)$

$$\lim_{x\to +\infty} \frac{e^{\frac{1}{3x}} - 1}{\frac{4}{x}} = \lim_{x\to +\infty} \frac{e^{\frac{1}{3x}}\left(\frac{-1}{3x^2}\right)}{\left(\frac{-4}{x^2}\right)}$$

$$= \frac{1}{12} \lim_{x\to +\infty} e^{\frac{1}{3x}} \quad \text{(en simplifiant)}$$

$$= \frac{1}{12}$$

3. a) $\displaystyle\lim_{x\to +\infty} \frac{5x^2 + 7x - 1}{7x^3 + 3x - 7}$ $\left(\text{indétermination de la forme } \frac{+\infty}{+\infty}\right)$

$$\lim_{x\to +\infty} \frac{5x^2 + 7x - 1}{7x^3 + 3x - 7} = \lim_{x\to +\infty} \frac{10x + 7}{21x^2 + 3} \left(\text{ind. } \frac{+\infty}{+\infty}\right)$$

$$= \lim_{x\to +\infty} \frac{10}{42x} = 0$$

b) $\displaystyle\lim_{x\to +\infty} \frac{\ln x^2}{\ln(1 + x)}$ $\left(\text{indétermination de la forme } \frac{+\infty}{+\infty}\right)$

$$\lim_{x\to +\infty} \frac{\ln x^2}{\ln(1 + x)} = \lim_{x\to +\infty} \frac{\frac{2}{x}}{\frac{1}{1 + x}}$$

$$= \lim_{x\to +\infty} \frac{2(1 + x)}{x} \left(\text{ind. } \frac{+\infty}{+\infty}\right)$$

$$= \lim_{x\to +\infty} \frac{2}{1} = 2$$

c) $\displaystyle\lim_{x\to +\infty} \frac{7x + \ln 5x}{9x + \ln 3x}$ $\left(\text{indétermination de la forme } \frac{+\infty}{+\infty}\right)$

$$\lim_{x\to +\infty} \frac{7x + \ln 5x}{9x + \ln 3x} = \lim_{x\to +\infty} \frac{7 + \frac{1}{x}}{9 + \frac{1}{x}} = \frac{7}{9}$$

d) $\displaystyle\lim_{x\to 0^+} \frac{\ln x}{x^{\frac{-1}{2}}}$ $\left(\text{indétermination de la forme } \frac{-\infty}{+\infty}\right)$

$$\lim_{x\to 0^+} \frac{\ln x}{x^{\frac{-1}{2}}} = \lim_{x\to 0^+} \frac{\frac{1}{x}}{\frac{-1}{2}x^{\frac{-3}{2}}}$$

$$= \lim_{x\to 0^+} -2\sqrt{x} \quad \text{(en simplifiant)}$$

$$= 0$$

e) $\displaystyle\lim_{x\to 0^+} \frac{\ln x}{e^{\frac{1}{x}}}$ $\left(\text{indétermination de la forme } \frac{-\infty}{+\infty}\right)$

$$\lim_{x\to 0^+} \frac{\ln x}{e^{\frac{1}{x}}} = \lim_{x\to 0^+} \frac{\frac{1}{x}}{e^{\frac{1}{x}}\left(\frac{-1}{x^2}\right)}$$

$$= \lim_{x\to 0^+} \frac{-x}{e^{\frac{1}{x}}} \quad \text{(en simplifiant)}$$

$$= 0$$

f) $\displaystyle\lim_{x\to \left(\frac{\pi}{4}\right)^+} \frac{\tan 2x}{1 + \sec 2x}$ $\left(\text{indétermination de la forme } \frac{-\infty}{-\infty}\right)$

$$\lim_{x\to \left(\frac{\pi}{4}\right)^+} \frac{\tan 2x}{1 + \sec 2x} = \lim_{x\to \left(\frac{\pi}{4}\right)^+} \frac{2\sec^2 2x}{2\sec 2x \tan 2x}$$

$$= \lim_{x\to \left(\frac{\pi}{4}\right)^+} \frac{\sec 2x}{\tan 2x} \quad \text{(en simplifiant)}$$

$$= \lim_{x\to \left(\frac{\pi}{4}\right)^+} \frac{1}{\sin 2x} \quad \text{(en transformant)}$$

$$= 1$$

4. a) $\displaystyle\lim_{x\to +\infty} (xe^{-x})$ $\left(\text{indétermination de la forme } (+\infty) \cdot 0\right)$

$$\lim_{x\to +\infty} (xe^{-x}) = \lim_{x\to +\infty} \frac{x}{e^x} \left(\text{ind. } \frac{+\infty}{+\infty}\right)$$

$$= \lim_{x\to+\infty} \frac{1}{e^x} = 0$$

b) $\lim_{x\to 0^+} (x \ln x)$ (indétermination de la forme $0 \cdot (-\infty)$)

$$\lim_{x\to 0^+} (x \ln x) = \lim_{x\to 0^+} \frac{\ln x}{\frac{1}{x}} \quad \left(\text{ind. } \frac{-\infty}{+\infty}\right)$$

$$= \lim_{x\to 0^+} \frac{\frac{1}{x}}{\frac{-1}{x^2}}$$

$$= \lim_{x\to 0^+} -x \quad \text{(en simplifiant)}$$

$$= 0$$

c) $\lim_{x\to+\infty} \left(4x \sin \frac{1}{5x}\right)$ (indétermination de la forme $(+\infty) \cdot 0$)

$$\lim_{x\to+\infty} \left(4x \sin \frac{1}{5x}\right) = \lim_{x\to+\infty} \frac{4\sin\frac{1}{5x}}{\frac{1}{x}} \quad \left(\text{ind. } \frac{0}{0}\right)$$

$$= \lim_{x\to+\infty} \frac{4\cos\frac{1}{5x}\left(\frac{-1}{5x^2}\right)}{\frac{-1}{x^2}}$$

$$= \lim_{x\to+\infty} \frac{4}{5}\cos\frac{1}{5x} \quad \text{(en simplifiant)}$$

$$= \frac{4}{5}$$

d) $\lim_{x\to 2^+}\left[\frac{1}{x-2}+\frac{4}{4-x^2}\right]$ (ind. de la forme $(+\infty - \infty)$)

$$\lim_{x\to 2^+}\left[\frac{1}{x-2}+\frac{4}{4-x^2}\right] = \lim_{x\to 2^+}\frac{-2-x+4}{4-x^2} \quad \left(\text{ind. } \frac{0}{0}\right)$$

$$= \lim_{x\to 2^+}\frac{-1}{-2x} = \frac{1}{4}$$

e) $\lim_{x\to 1^+}\left[\frac{1}{1-x}-\frac{1}{\ln(2-x)}\right]$ (ind. de la forme $(-\infty + \infty)$)

$$\lim_{x\to 1^+}\left[\frac{1}{1-x}-\frac{1}{\ln(2-x)}\right]$$

$$= \lim_{x\to 1^+}\frac{\ln(2-x)-(1-x)}{(1-x)\ln(2-x)} \quad \left(\text{ind. } \frac{0}{0}\right)$$

$$= \lim_{x\to 1^+}\frac{\frac{-1}{2-x}+1}{-\ln(2-x)-\frac{(1-x)}{2-x}} \quad \left(\text{ind. } \frac{0}{0}\right)$$

$$= \lim_{x\to 1^+}\frac{(1-x)}{(x-2)\ln(2-x)+(x-1)} \quad \text{(en transformant)}$$

$$= \lim_{x\to 1^+}\frac{-1}{\ln(2-x)+1+1} = \frac{-1}{2}$$

f) $\lim_{x\to 0^+}\left[\frac{1}{\text{Arc tan } x}-\frac{1}{x}\right]$ (ind. de la forme ($+\infty$ $-\infty$))

$$\lim_{x\to 0^+}\left[\frac{1}{\text{Arc tan } x}-\frac{1}{x}\right]$$

$$= \lim_{x\to 0^+}\frac{x-\text{Arc tan } x}{x\,\text{Arc tan } x} \quad \left(\text{ind. } \frac{0}{0}\right)$$

$$= \lim_{x\to 0^+}\frac{1-\frac{1}{1+x^2}}{\text{Arc tan } x+\frac{x}{1+x^2}}$$

$$= \lim_{x\to 0^+}\frac{x^2}{(1+x^2)\,\text{Arc tan } x+x} \quad \left(\text{ind. } \frac{0}{0}\right)$$

$$= \lim_{x\to 0^+}\frac{2x}{2x\,\text{Arc tan } x+1+1} = 0$$

5. a) $\lim_{x\to 0^+} x^{\sin x}$ (indétermination de la forme 0^0)

si $A = \lim_{x\to 0^+} x^{\sin x}$, alors $\ln A = \lim_{x\to 0^+} \ln x^{\sin x}$

$$\ln A = \lim_{x\to 0^+} \sin x \ln x \quad \text{(ind. } 0 \cdot (-\infty))$$

$$= \lim_{x\to 0^+} \frac{\ln x}{\csc x} \quad \left(\text{ind. } \frac{-\infty}{+\infty}\right)$$

$$= \lim_{x\to 0^+} \frac{\frac{1}{x}}{-\csc x \cot x}$$

$$= \lim_{x\to 0^+} \frac{-\sin^2 x}{x \cos x} \quad \left(\text{ind. } \frac{0}{0}\right)$$

$$= \lim_{x\to 0^+} \frac{-2 \sin x \cos x}{\cos x - x \sin x}$$

$$= 0, \text{ d'où } A = e^0 = 1$$

b) $\lim_{x\to 1^-}\left[\ln\left(\frac{1}{1-x}\right)\right]^{1-x}$ (indétermination de la forme $(+\infty)^0$)

si $A = \lim_{x\to 1^-}\left[\ln\left(\frac{1}{1-x}\right)\right]^{1-x}$, alors

$$\ln A = \lim_{x\to 1^-} \ln\left[\ln\left(\frac{1}{1-x}\right)\right]^{1-x}$$

$$\lim_{x\to 1^-} (1-x) \cdot \ln\left[\ln\left(\frac{1}{1-x}\right)\right] \quad \text{(ind. } 0 \cdot +\infty)$$

$$= \lim_{x\to 1^-} \frac{\ln\left[\ln\left(\frac{1}{1-x}\right)\right]}{\frac{1}{1-x}} \quad \left(\text{ind. } \frac{+\infty}{+\infty}\right)$$

$$= \lim_{x\to 1^-} \frac{\frac{1}{\ln\left(\frac{1}{1-x}\right)} \cdot \frac{1}{\left(\frac{1}{1-x}\right)} \cdot \frac{1}{(1-x)^2}}{\frac{1}{(1-x)^2}}$$

$$= \lim_{x\to 1^-} \frac{(1-x)}{\ln\left(\frac{1}{1-x}\right)} \quad \text{(en simplifiant)}$$

$$= 0, \text{ d'où } A = e^0 = 1$$

c) $\lim_{x\to+\infty}\left(1+\frac{4}{x^2}\right)^{x^2}$ (indétermination de la forme $1^{+\infty}$)

si $A = \lim_{x\to+\infty}\left(1+\frac{4}{x^2}\right)^{x^2}$, alors $\ln A = \lim_{x\to+\infty}\ln\left(1+\frac{4}{x^2}\right)^{x^2}$

$$\ln A = \lim_{x\to+\infty} x^2 \ln\left(1+\frac{4}{x^2}\right) \quad \text{(ind. } (+\infty) \cdot 0)$$

$$= \lim_{x\to+\infty} \frac{\ln\left(1+\frac{4}{x^2}\right)}{\frac{1}{x^2}} \quad \left(\text{ind. } \frac{0}{0}\right)$$

$$= \lim_{x \to +\infty} \frac{\dfrac{1}{\left(1 + \dfrac{4}{x^2}\right)}\left(\dfrac{-8}{x^3}\right)}{\left(\dfrac{-2}{x^3}\right)}$$

$$= \lim_{x \to +\infty} \frac{4}{1 + \dfrac{4}{x^2}} \quad \text{(en simplifiant)}$$

$$= 4, \text{ d'où } A = e^4.$$

d) $\lim\limits_{x \to 5^+} (x - 5)^{\ln(x-4)}$ (indétermination de la forme 0^0)

si $A = \lim\limits_{x \to 5^+} (x - 5)^{\ln(x-4)}$, alors $\ln A = \lim\limits_{x \to 5^+} \ln(x - 5)^{\ln(x-4)}$

$\ln A = \lim\limits_{x \to 5^+} \ln(x - 4) \cdot \ln(x - 5)$ (ind. $0 \cdot (-\infty)$)

$$= \lim_{x \to 5^+} \frac{\ln(x-5)}{\dfrac{1}{\ln(x-4)}} \quad \left(\text{ind. } \dfrac{-\infty}{+\infty}\right)$$

$$= \lim_{x \to 5^+} \frac{\dfrac{1}{x-5}}{\dfrac{-1}{(\ln(x-4))^2}\dfrac{1}{(x-4)}}$$

$$= \lim_{x \to 5^+} \frac{-(x-4)(\ln(x-4))^2}{(x-5)} \quad \left(\text{ind. } \dfrac{0}{0}\right)$$

$$= \lim_{x \to 5^+} \frac{-(\ln(x-4))^2 - 2\ln(x-4)}{1}$$

$$= 0, \text{ d'où } A = e^0 = 1.$$

e) $\lim\limits_{x \to +\infty} \left(1 - \dfrac{5}{x}\right)^{3x}$ (indétermination de la forme $1^{+\infty}$)

si $A = \lim\limits_{x \to +\infty} \left(1 - \dfrac{5}{x}\right)^{3x}$, alors $\ln A = \lim\limits_{x \to +\infty} \ln\left(1 - \dfrac{5}{x}\right)^{3x}$

$\ln A = \lim\limits_{x \to +\infty} 3x \ln\left(1 - \dfrac{5}{x}\right)$ (ind. $(+\infty) \cdot 0$)

$$= \lim_{x \to +\infty} \frac{3\ln\left(1 - \dfrac{5}{x}\right)}{\dfrac{1}{x}} \quad \left(\text{ind. } \dfrac{0}{0}\right)$$

$$= \lim_{x \to +\infty} \frac{\dfrac{3}{\left(1 - \dfrac{5}{x}\right)} \cdot \dfrac{5}{x^2}}{\dfrac{-1}{x^2}}$$

$$= \lim_{x \to +\infty} \frac{-15}{\left(1 - \dfrac{5}{x}\right)} \quad \text{(en simplifiant)}$$

$$= -15, \text{ d'où } A = e^{-15}.$$

f) $\lim\limits_{x \to 0^+} \left(1 + \dfrac{5}{x}\right)^{3x}$ (indétermination de la forme $(+\infty)^0$)

si $A = \lim\limits_{x \to 0^+} \left(1 + \dfrac{5}{x}\right)^{3x}$, alors $\ln A = \lim\limits_{x \to 0^+} \ln\left(1 + \dfrac{5}{x}\right)^{3x}$

$\ln A = \lim\limits_{x \to 0^+} 3x \ln\left(1 + \dfrac{5}{x}\right)$ (ind. $0 \cdot (+\infty)$)

$$= \lim_{x \to 0^+} \frac{3\ln\left(1 + \dfrac{5}{x}\right)}{\dfrac{1}{x}} \quad \left(\text{ind. } \dfrac{+\infty}{+\infty}\right)$$

$$= \lim_{x \to 0^+} \frac{\dfrac{3}{\left(1 + \dfrac{5}{x}\right)} \cdot \dfrac{-5}{x^2}}{\dfrac{-1}{x^2}}$$

$$= \lim_{x \to 0^+} \frac{15}{\left(1 + \dfrac{5}{x}\right)} \quad \text{(en simplifiant)}$$

$$= 0, \text{ d'où } A = e^0 = 1.$$

6. Faux, car $\lim\limits_{x \to 4} \dfrac{x^2 - 16}{\sqrt{x - 4}} = 0$.

Cette limite n'étant pas indéterminée, nous ne pouvons pas utiliser la règle de L'Hospital.

7. a) ind. $\dfrac{0}{0}$; $\dfrac{9}{2}$ b) ind. $\dfrac{+\infty}{+\infty}$; $+\infty$

c) ind. $\dfrac{+\infty}{+\infty}$; $\dfrac{4}{3}$ d) ind. $\dfrac{0}{0}$; -2

e) ind. $(+\infty - \infty)$; $\dfrac{-1}{2}$ f) ind. $0 \cdot (+\infty)$; -1

g) ind. $(+\infty)^0$; 1   h) ind. 0^0; e

i) ind. $1^{+\infty}$; e^4

8. a) 0   b) $+\infty$ c) $\dfrac{5}{4}$

d) $\dfrac{15}{2}$ e) 0   f) e

g) 4   h) e^2 i) $\dfrac{-1}{3}$

9. a) e; e b) e^{18}; 1   c) 1; 0; 1

10. a) Nous avons une indétermination de la forme $\dfrac{+\infty}{+\infty}$. Par la règle de L'Hospital,

$$\lim_{x \to +\infty} \frac{\sqrt{x^2 + 1}}{x} = \lim_{x \to +\infty} \frac{x}{\sqrt{x^2 + 1}} \quad \left(\text{ind. } \dfrac{+\infty}{+\infty}\right)$$

$$= \lim_{x \to +\infty} \frac{\sqrt{x^2 + 1}}{x} \quad \begin{array}{l}\text{(règle de}\\ \text{L'Hospital),}\end{array}$$

nous obtenons l'expression initiale; donc la règle de L'Hospital ne nous permet pas de lever l'indétermination.

Par simplification,

$$\lim_{x \to +\infty} \frac{\sqrt{x^2 + 1}}{x} = \lim_{x \to +\infty} \frac{x\sqrt{1 + \dfrac{1}{x^2}}}{x}$$

$$= \lim_{x \to +\infty} \sqrt{1 + \frac{1}{x^2}} = 1.$$

b) Nous avons une indétermination de la forme $\dfrac{0}{0}$. Par la règle de L'Hospital,

$$\lim_{x \to 0} \frac{3e^{2x} - 3e^{-2x}}{2e^{2x} - 2e^{-x}} = \lim_{x \to 0} \frac{6e^{2x} + 6e^{-2x}}{4e^{2x} + 2e^{-x}} = 2.$$

c) Nous avons une indétermination de la forme $\frac{+\infty}{+\infty}$. Par la règle de L'Hospital,

$$\lim_{x\to+\infty} \frac{3e^{2x} - 3e^{-2x}}{2e^{2x} - 2e^{-x}} = \lim_{x\to+\infty} \frac{6e^{2x} + 6e^{-2x}}{4e^{2x} + 2e^{-x}} \quad \left(\text{ind. } \frac{+\infty}{+\infty}\right)$$

$$= \lim_{x\to+\infty} \frac{12e^{2x} - 12e^{-2x}}{8e^{2x} - 2e^{-x}} \quad \left(\text{ind. } \frac{+\infty}{+\infty}\right);$$

en continuant à appliquer la règle de L'Hospital, nous obtiendrons toujours des indéterminations de la forme $\frac{+\infty}{+\infty}$.

Par simplification,

$$\lim_{x\to+\infty} \frac{3e^{2x} - 3e^{-2x}}{2e^{2x} - 2e^{-x}} = \lim_{x\to+\infty} \frac{e^{2x}(3 - 3e^{-4x})}{e^{2x}(2 - 2e^{-3x})}$$

$$= \lim_{x\to+\infty} \frac{(3 - 3e^{-4x})}{(2 - 2e^{-3x})} = \frac{3}{2}.$$

Exercices récapitulatifs (page 43)

1. a) $y' = \dfrac{15x^2y^4 - 8x^3y^{\frac{7}{2}}}{7x^4y^{\frac{5}{2}} - 20x^3y^3} = \dfrac{y(15\sqrt{y} - 8x)}{x(7x - 20\sqrt{y})}$

b) $y' = \dfrac{-y^2 \sin(xy^2)}{1 + 2xy \sin(xy^2)}$

c) $y' = \dfrac{8xy^2 - 2x \ln y}{\dfrac{x^2 + 7}{y} - 8x^2y} = \dfrac{8xy^3 - 2xy \ln y}{x^2 + 7 - 8x^2y^2}$

d) $y' = \dfrac{5 - 2x \cos(x^2 + y^2)}{2y \cos(x^2 + y^2) - 2}$

2. a) $f'(x) = 3x^2 \text{ Arc sin } x^2 + \dfrac{2x^4}{\sqrt{1 - x^4}}$

b) $f'(x) = \dfrac{12(\text{Arc sec } x^3)^3}{x\sqrt{x^6 - 1}}$

c) $f'(x) = 12[\text{Arc tan }(\sin x + x^3)]^{11} \dfrac{\cos x + 3x^2}{1 + (\sin x + x^3)^2}$

d) $f'(x) = \dfrac{\dfrac{-\sin x}{\sqrt{1 - (x-1)} \, 2\sqrt{x-1}} - \cos x \text{ Arc cos } \sqrt{x-1}}{(\sin x)^2}$

3. a) $\dfrac{dy}{dx} = (\sin x^2)^{\cos 3x} (-3 \sin 3x \ln(\sin x^2) + 2x \cos 3x \cot x^2)$

b) $\dfrac{dy}{dx} = \dfrac{10^{x^2} \cos 3x}{\sqrt{x}} \left(2x \ln 10 - 3 \tan 3x - \dfrac{1}{2x}\right)$

c) $\dfrac{dy}{dx} = \dfrac{(\ln x)^{\ln x}}{x} (1 + \ln(\ln x))$

d) $\dfrac{dy}{dx} = \dfrac{-1}{(1-x)(1 + \ln y)}$

e) $\dfrac{dy}{dx} = \dfrac{1}{5} \sqrt[5]{\dfrac{(1 - x^4) e^x}{(5x^2 - 2x + 1)}} \left(\dfrac{-4x^3}{1 - x^4} + 1 - \dfrac{10x - 2}{5x^2 - 2x + 1}\right)$

f) $\dfrac{dy}{dx} = \left(\dfrac{1-x}{x}\right)^{x-1} \left(\dfrac{1}{x} + \ln\left(\dfrac{1-x}{x}\right)\right)$

4. a) $f'(0) = \dfrac{\pi}{2} - 2$ b) $\dfrac{dy}{dx} = \dfrac{\text{Arc sin } y - 12\sqrt{x} - 14xy^4}{\dfrac{8}{y^3} - 28x^2y^3 - \dfrac{x}{\sqrt{1 - y^2}}}$

c) $f''\left(\dfrac{-1}{2}\right) = \dfrac{32}{25}$ d) $y'_{(1, 6)} = 6(1 + \ln 2)$

5. a) -2   b) 4

6. Évaluons d'abord la dérivée, $y' = \dfrac{6 - 2x}{2y - 8}$.

a) La tangente à la courbe est horizontale si sa pente est égale à 0.
Posons $y' = 0$ d'où $x = 3$.
En remplaçant x par 3 dans $x^2 + y^2 - 6x - 8y = 0$, nous trouvons $y = 9$ ou $y = -1$.
Donc, les points cherchés sont (3, 9) et (3, -1).

b) La tangente à la courbe est verticale si la dérivée n'est pas définie, c'est-à-dire lorsque $y = 4$.
De façon analogue, nous trouvons les points (-2, 4) et (8, 4).

7. a) $y^2 = x$ (en élevant au carré)
$2yy' = 1$
$y' = \dfrac{1}{2y} = \dfrac{1}{2\sqrt{x}}$ (car $y = \sqrt{x}$)

b) $y^b = x^a$ (en élevant à la puissance b)
$by^{b-1}y' = ax^{a-1}$
$y' = \dfrac{ax^{a-1}}{by^{b-1}} = \dfrac{a}{b} \dfrac{x^{a-1}}{\left(x^{\frac{a}{b}}\right)^{b-1}}$ (car $y = x^{\frac{a}{b}}$),

d'où $y' = \dfrac{a}{b} x^{\left(\frac{a}{b} - 1\right)}$.

8. Lorsque les hypothèses sont vérifiées (travail laissé à l'utilisateur), nous donnons uniquement la valeur c.

a) $c = \dfrac{4 - \sqrt{7}}{3}$ ou $c = \dfrac{4 + \sqrt{7}}{3}$ b) $c = \dfrac{2 + \sqrt{19}}{3}$
c) f est non dérivable en $x = 3 \in]1, 5[$.   d) $c = 1$
e) f est non continue en $x = 0 \in [-1, 1]$.   f) $c = 1$
g) $f(1) \neq f(9)$ h) $c = 2$

9. a) [2, 3]   b) [1, 2], [2, 3], [3, 4] et [4, 5].

10. Lorsque les hypothèses sont vérifiées (travail laissé à l'utilisateur), nous donnons uniquement la valeur c.

a) $c = \dfrac{4\sqrt{3}}{3}$ ou $c = \dfrac{-4\sqrt{3}}{3}$
b) f est non dérivable en $x = 1 \in]-2, 2[$
c) $c = \dfrac{8\sqrt{3}}{9}$ d) $c = -\sqrt{\dfrac{4}{\pi} - 1}$
e) f est non continue en $x = 0 \in [-1, 1]$.
f) $c = \dfrac{369 - \sqrt{53\,217}}{32} \approx 4{,}32$

11. a) Alors $\exists\, c \in]a, b[$ tel que $f'(c) = 0$.
b) Théorème de Rolle.

12. a) $c_1 = 4$ b) $c_2 = \dfrac{8\sqrt{3}}{3}$ c) $c = \dfrac{16}{3}$

13. a) Puisque $\left(\text{Arc tan } \dfrac{x+1}{1-x}\right)' = (\text{Arc tan } x)' = \dfrac{1}{1 + x^2}$,

par le corollaire 2, nous avons

$\text{Arc tan } \dfrac{x+1}{1-x} = \text{Arc tan } x + C$.

En posant $x = 0$, nous obtenons $C = \dfrac{\pi}{4}$.

b) Puisque $[\ln (\csc x + \cot x) + \ln (\csc x - \cot x)]' = 0$,
par le corollaire 1 nous avons
$\ln (\csc x + \cot x) + \ln (\csc x - \cot x) = C$.

En posant $x = \dfrac{\pi}{2}$, nous obtenons $C = 0$.

14. Appliquons le théorème de Lagrange à :

a) $f(x) = \text{Arc sin } x$ sur $[0, x]$ où $x \in \,]0, 1[$.
Les hypothèses étant vérifiées, $\exists \, c \in \,]0, x[$ tel que

$$\frac{\text{Arc sin } x - \text{Arc sin } 0}{x - 0} = \frac{1}{\sqrt{1 - c^2}}$$

$$\frac{\text{Arc sin } x}{x} > 1 \quad \left(\text{car } \frac{1}{\sqrt{1 - c^2}} > 1 \text{ sur }]0, 1[\right),$$

d'où Arc sin $x > x, \, \forall \, x \in \,]0, 1[$.

b) $f(x) = \sin^2 x$ sur $[0, x]$, où $x \in \,]0, +\infty$.
La preuve est laissée à l'utilisateur.

c) $f(x) = \sqrt{1 + 2x}$ sur $[0, x]$, où $x \in \,]0, +\infty$.
La preuve est laissée à l'utilisateur.

d) $f(x) = e^{ax}$ sur $[0, x]$, où $x \in \,]0, +\infty$.
La preuve est laissée à l'utilisateur.

15. a) En posant $f(x) = x^{\frac{2}{3}}$ sur $[7,97, 8]$, on trouve
$$(7,97)^{\frac{2}{3}} \approx 3,99.$$

b) En posant $f(x) = e^x$ sur $[0, 0,01]$, on trouve $e^{0,01} \approx 1,01$.

16. a) 0   b) 0   c) 1   d) $\dfrac{1}{2a}$ e) $+\infty$

f) 1   g) -2   h) 0   i) $\dfrac{1}{3}$ j) $-\infty$

17. a) -1   b) $\dfrac{\ln 10}{\ln 4}$ c) $e^{\frac{-2}{\pi}}$ d) $+\infty$ e) 2

f) $\sqrt{e}$ g) $\dfrac{1}{2}$ h) 1   i) -1   j) $\dfrac{-1}{4}$

18. a) 3, par transformations algébriques.

b) $-\infty$, par transformations algébriques.

c) e^4, par la règle de L'Hospital.

d) $\dfrac{1}{\sqrt{2}}$, par transformations algébriques.

e) 1, par la règle de L'Hospital.

f) 1, par la règle de L'Hospital.

Problèmes de synthèse (page 45)

1. dom $f = \,]0, +\infty$, $\displaystyle\lim_{x \to 0^+} x^x = 1$, $\displaystyle\lim_{x \to +\infty} x^x = +\infty$

$f'(x) = x^x (1 + \ln x)$; n.c. $\dfrac{1}{e}$.

$f''(x) = x^x (1 + \ln x)^2 + x^{x-1}$; aucun nombre critique.

x	0		$\dfrac{1}{e}$		$+\infty$
$f'(x)$	∄	$-$	0	$+$	
$f''(x)$	∄	$+$	$+$	$+$	
f	∄	↘ ∪	0,69...	↗ ∪	$+\infty$
E de G		↘	(0,36..., 0,69...)	↗	
			min.		

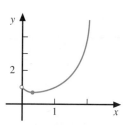

2. a) (-5, -4) et (5, 4)

b) La preuve est laissée à l'utilisateur.

3. a) Pente de la tangente au point $P\left(\dfrac{\sqrt{3}}{2}, \dfrac{3}{4}\right) = \sqrt{3}$;

pente de la tangente au point $R\left(\dfrac{-\sqrt{3}}{2}, \dfrac{3}{4}\right) = -\sqrt{3}$.

b) $C\left(0, \dfrac{5}{4}\right)$; $x^2 + \left(y - \dfrac{5}{4}\right)^2 = 1$

4. $\dfrac{dy}{dx} = y$

5. a) $y' = \dfrac{\dfrac{2x}{(x^2 + 1) \ln (x^2 + 1)} - \dfrac{\sin y}{x}}{\cos y \ln x}$

b) $y' = 2x^{2x}(1 + \ln x) + 5(3x + 1)^{5x}\left(\ln (3x + 1) + \dfrac{3x}{3x + 1}\right)$

c) $y' = x^{\sin x}(\cos x)^x\left(\cos x \ln x + \dfrac{\sin x}{x} + \ln \cos x - x \tan x\right)$

6. a) $y = 2x - 2$ b) $y = \dfrac{-x}{2} + \dfrac{1}{2}$

7. a) $\left(\sqrt{\dfrac{3}{8}}, \sqrt{\dfrac{1}{8}}\right), \left(\sqrt{\dfrac{3}{8}}, -\sqrt{\dfrac{1}{8}}\right),$

$\left(-\sqrt{\dfrac{3}{8}}, \sqrt{\dfrac{1}{8}}\right)$ et $\left(-\sqrt{\dfrac{3}{8}}, -\sqrt{\dfrac{1}{8}}\right)$

b) (1, 0) et (-1, 0)

8. $r + s = 4$

9. a) La preuve est laissée à l'utilisateur.

b) La preuve est laissée à l'utilisateur.

10. a) $t \approx 0,85$ s ou $t \approx 3,15$ s.

b) $t = 2$ s, d'où $v_{max} = 12$ m/s.

11. a) $\dfrac{A}{B} = \dfrac{m}{n}$ b) $c = 8$

12. La preuve est laissée à l'utilisateur.

13. La preuve est laissée à l'utilisateur.

14. a) La preuve est laissée à l'utilisateur.

b) La preuve est laissée à l'utilisateur.

15. a) La preuve est laissée à l'utilisateur.

b) $f'(c) = 0$ si $c = -3,5$.

16. La démonstration se fait en deux étapes.

1ʳᵉ étape : Si $x \in \,]0, 1]$, alors $\ln x < 0 < x$,
d'où $\ln x < x$.

2ᵉ étape : Si $x \in \, [1, +\infty$, appliquons le théorème de
Lagrange à $f(x) = \ln x$ sur $[1, x]$ où $x \in \,]1, +\infty$;

1) f est continue sur $[1, x]$;

2) f est dérivable sur $]1, x[$,

alors $\exists \, c \in \,]1, x[$ tel que $\dfrac{f(x) - f(1)}{x - 1} = f'(c)$, c'est-à-dire $\dfrac{\ln x - \ln 1}{x-1} = \dfrac{1}{c}$,

ainsi $\qquad\dfrac{\ln x}{x-1} = \dfrac{1}{C} < 1 \quad$ (car $C \in\,]1, x[$),

donc $\qquad\qquad \ln x < x - 1 \quad$ (car $(x-1) > 0$),

or $\qquad\qquad \ln x < (x-1) < x \quad$ (car $(x-1) < x$),

donc $\qquad\qquad \ln x < x$.

D'où $\ln x < x$, $\forall\, x \in\,]0, +\infty$ (1re et 2e étape).

17. $f(x) = \dfrac{\pi}{2}$ sur $]0, 1]$

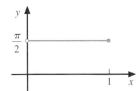

18. a) P(-1, -5) $\qquad\qquad$ b) 32

19. a) Démontrons, par l'absurde, que f a au plus $(k+1)$ zéros distincts.

Supposons que f a $(k+2)$ zéros distincts : $z_1, z_2, z_3, ..., z_{k+2}$.

En appliquant le théorème de Rolle à f sur chaque intervalle $[z_1, z_2], [z_2, z_3], ..., [z_{k+1}, z_{k+2}]$, alors

$\exists\, c_1 \in\,]z_1, z_2[$ tel que $f'(c_1) = 0$

$\exists\, c_2 \in\,]z_2, z_3[$ tel que $f'(c_2) = 0$

$\quad\vdots$

$\exists\, c_{k+1} \in\,]z_{k+1}, z_{k+2}[$ tel que $f'(c_{k+1}) = 0$;

donc f' possède $(k+1)$ zéros distincts, ce qui contredit l'hypothèse.

D'où f a au plus $(k+1)$ zéros distincts.

b) f a au plus $(k+2)$ zéros distincts.

c) f a au plus $(k+n)$ zéros distincts.

20. Démontrons, par l'absurde, que f possède au plus une valeur fixe.

Supposons que f possède deux valeurs fixes distinctes, a et b, c'est-à-dire $f(a) = a$ et $f(b) = b$.

En appliquant le théorème de Lagrange à f sur $[a, b]$, $\exists\, c \in\,]a, b[$ tel que

$f'(c) = \dfrac{f(b) - f(a)}{b-a}$

$\quad = \dfrac{b-a}{b-a} \qquad$ (car $f(b) = b$ et $f(a) = a$)

$\quad = 1$;

ce qui contredit l'hypothèse.

D'où f possède au plus une valeur fixe.

21. a) 21 $\qquad$ b) 1 $\qquad$ c) $\dfrac{1}{2}$

d) $\dfrac{3}{5}$ $\qquad$ e) 0 $\qquad$ f) 3

22. a) A. V. : aucune ; A. H. : $y = e$.

b) A. V. : $x = 0$ et $x = 1$; A. H. : $y = 2$.

c) A. V. : $x = 0$; A. H. $y = 0$ lorsque $x \to +\infty$

$\qquad\qquad$ et $\quad y = -1$ lorsque $x \to -\infty$.

Chapitre 2

Test préliminaire (page 48)

1. a) $A = 6c^2$; $V = c^3$

b) $A = 2\pi r^2 + 2\pi rh$; $V = \pi r^2 h$

c) $A = 4\pi r^2$; $V = \dfrac{4\pi r^3}{3}$

d) $A = \pi r\sqrt{r^2 + h^2} + \pi r^2$; $V = \dfrac{\pi r^2 h}{3}$

2. a) $\sin(A+B) = \sin A \cos B + \cos A \sin B$

b) $\sin(A-B) = \sin A \cos B - \cos A \sin B$

c) $\cos(A+B) = \cos A \cos B - \sin A \sin B$

d) $\cos(A-B) = \cos A \cos B + \sin A \sin B$

e) $\cos^2\theta + \sin^2\theta = 1$

f) $1 + \tan^2\theta = \sec^2\theta$

g) $1 + \cot^2\theta = \csc^2\theta$

3. a) $\sin 2\theta = 2\sin\theta\cos\theta \qquad$ b) $\cos 2\theta = \cos^2\theta - \sin^2\theta$

c) $\cos 2\theta = 2\cos^2\theta - 1 \qquad$ d) $\cos 2\theta = 1 - 2\sin^2\theta$

e) $\sin^2\theta = \dfrac{1 - \cos 2\theta}{2} \qquad$ f) $\cos^2\theta = \dfrac{1 + \cos 2\theta}{2}$

4. a) $(1 - \cos\theta)(1 + \cos\theta) - 1 - \cos^2\theta = \sin^2\theta$

b) $(1 + \sec t)(1 - \sec t) = 1 - \sec^2 t = \text{-}\tan^2 t$

5. a) $N = e^{5t} \qquad\qquad\qquad$ b) $N = e^{5t+3} = e^3 e^{5t}$

c) $N = 100e^{-4t} \qquad\qquad$ d) $N = 100e^{-4t}$

6. a) $e^{\frac{\ln\left(\frac{15}{12}\right)t}{2}} = \left(\dfrac{15}{12}\right)^{\frac{t}{2}} \qquad$ b) $e^{\frac{-\ln\left(\frac{4}{3}\right)t}{5}} = \left(\dfrac{4}{3}\right)^{\frac{t}{5}}$

7. a) $2x - 3 + \dfrac{-5x+6}{x^2-1} \qquad$ b) $3x^3 - 9x^2 + 27x - 74 + \dfrac{227}{x+3}$

Exercices

Exercices 2.1 *(page 53)*

1.

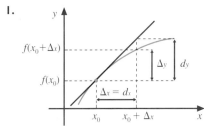

2. a) $dy = (4x^3 - 3)\,dx$

b) $dy = \dfrac{\theta\cos\theta - \sin\theta}{\theta^2}\,d\theta$

c) $du = \dfrac{3t^2}{1 + (t^3-1)^2}\,dt$

d) $dy = \left[e^u \operatorname{Arc\,sin} u^2 + \dfrac{2u e^u}{\sqrt{1-u^4}}\right]du$

e) $ds = \dfrac{8}{z\ln z\sqrt{(\ln z)^2 - 1}}\,dz$

f) $dv = \left(5^t \ln 5 + \dfrac{4t^3}{(t^4+1)\ln 10}\right)dt$

3. a) $d(Ku) = (Ku)'\,dx \qquad$ (par définition)

$\quad = Ku'\,dx$

$\quad = K\,du \qquad\qquad$ (par définition)

b) $d(u + v) = (u + v)' \, dx$ (par définition)
$= (u' + v') \, dx$ (dérivée d'une somme)
$= u' \, dx + v' \, dx$
$= du + dv$ (par définition)

c) $d\left(\dfrac{u}{v}\right) = \left(\dfrac{u}{v}\right)' dx$ (par définition)

$= \left(\dfrac{u'v - uv'}{v^2}\right) dx$ (dérivée d'un quotient)

$= \dfrac{vu' \, dx - uv' \, dx}{v^2}$

$= \dfrac{v \, du - u \, dv}{v^2}$ (par définition)

4. a) $du = 8x^7 \, dx$, d'où $\dfrac{du}{8} = x^7 \, dx$.

b) $du = (12x^2 - 6x) \, dx$, d'où $(6x^2 - 3x) \, dx = \dfrac{du}{2}$.

c) $du = \dfrac{-42}{x^7} \, dx$, d'où $\dfrac{21 \, dx}{x^7} = \dfrac{-du}{2}$.

d) $du = e^{\tan \theta} \sec^2 \theta \, d\theta$,

donc $\sec^2 \theta \, d\theta = \dfrac{du}{e^{\tan \theta}}$

$= \dfrac{du}{u}$ (car $u = e^{\tan \theta}$).

5. a) $3 \, du$ b) $\dfrac{-du}{6}$ c) $e^u \, du$

d) du e) $\dfrac{u^5 \, du}{4}$ f) $\dfrac{du}{2\sqrt{1 - u^2}}$

6. a) $\Delta y = f(3,1) - f(3) = 0,4$
$dy = f'(3) (0,1) = 0,4$ (car $f'(x) = 4$ et $f'(3) = 4$)

b) $\Delta y = g(-2,5) - g(-2) = 0,1$

$dy = g'(-2) (-0,5) = 0,125$ $\left(\text{car } g'(-2) = \dfrac{-1}{4}\right)$

7. a) 1. Soit $f(x) = \sqrt{x}$.
2. Choisissons $x_0 = 100$ et $dx = 1$.

3. $f'(x) = \dfrac{1}{2\sqrt{x}}$, d'où $dy = \dfrac{1}{2\sqrt{100}}$ (1) = 0,05.

4. $\sqrt{101} \approx \sqrt{100} + dy$, d'où $\sqrt{101} \approx 10,05$.

b) 1. Soit $f(x) = \sqrt[5]{x}$.
2. Choisissons $x_0 = 32$ et $dx = -0,5$.

3. $f'(x) = \dfrac{1}{5\sqrt[5]{x^4}}$, d'où $dy = \dfrac{1}{5\sqrt[5]{(32)^4}}$ (-0,5)

$= -0,006 \, 25$.

4. $\sqrt[5]{31,5} \approx \sqrt[5]{32} + dy$, d'où $\sqrt[5]{31,5} \approx 1,993 \, 75$.

c) 1. Soit $f(x) = \ln x$.
2. Choisissons $x_0 = 1$ et $dx = 0,1$.

3. $f'(x) = \dfrac{1}{x}$, d'où $dy = 1$ (0,1) = 0,1.

4. $\ln (1,1) \approx \ln 1 + dy$, d'où $\ln (1, 1) \approx 0,1$.

d) 1. Soit $f(x) = x^8$.
2. Choisissons $x_0 = 2$ et $dx = -0,02$.
3. $f'(x) = 8x^7$, d'où $dy = 8(2)^7$ (-0,02) = -20,48.
4. $(1,98)^8 \approx 2^8 + dy$, d'où $(1,98)^8 \approx 235,52$.

8. Soit $A(r) = \pi r^2$, $r_0 = 100$ et $dr = 0,5$.
$dA = 2\pi r \, dr$, d'où $dA = 100\pi$ ($r_0 = 100$ et $dr = 0,5$).
Puisque l'augmentation de l'aire $\Delta A \approx dA$, nous avons $\Delta A \approx 100\pi$ cm².

9. a) $\Delta y = f(-2,9) - f(-3) = 41,209 - 45 = -3,791$;
$dy = (4x - 3x^2) \, dx$, d'où $dy = -3,9$.

b) Erreur absolue $= |\Delta y - dy| = 0,109$

c) Erreur relative $= \left|\dfrac{\Delta y - dy}{\Delta y}\right| = 0,028\ldots$

10. Soit $V(r) = \dfrac{4\pi r^3}{3}$, $r_0 = 15$ et $dr = -1,2$.

a) $\Delta V = V(13,8) - V(15) = -995,904\pi$ cm³

b) $dV = 4\pi r^2 \, dr$, d'où $dV = -1080\pi$ cm³.

c) Erreur absolue $= |\Delta V - dV| = 84,096\pi$ cm³

d) Erreur relative $= \left|\dfrac{\Delta V - dV}{\Delta V}\right| = 0,0844\ldots$

11. Soit $V(x) = x^3$ et $\Delta V = \pm 3$. Sachant que $\Delta V \approx dV$, il faut trouver dx.
$dV \approx \pm 3$
$3x^2 \, dx \approx \pm 3$ (car $V'(x) = 3x^2$)
$3(5)^2 \, dx \approx \pm 3$ (car $x = 5$, puisque $V = 125$),
ainsi $dx \approx \pm 0,04$.
Les arêtes doivent être mesurées avec une marge d'erreur maximale de $\pm 0,04$ cm.

Exercices 2.2   *(page 60)*

1. a) $G'(x) = g(x)$
b) $f(x) + C$

2. a) Non, car $F'(x) = e^x - e^{-x} \neq f(x)$.
b) Oui, car $F'(x) = 10 \sec^2 5x \tan 5x = f(x)$.

c) Non, car $F'(x) = \dfrac{2}{\sqrt{1 - 4x^2}} \neq f(x)$.

d) Oui, car $F'(x) = 2 \tan x \sec^2 x = f(x)$.

3. a) $F'(x) = 3x^2$, d'où $\int 3x^2 \, dx = x^3 + C$.

b) $F'(x) = \dfrac{1}{1 + x^2}$, d'où $\int \dfrac{1}{1 + x^2} \, dx = \text{Arc tan } x + C$.

c) $F'(x) = \dfrac{e^{\sqrt{x}}}{2\sqrt{x}}$, d'où $\int \dfrac{e^{\sqrt{x}}}{2\sqrt{x}} \, dx = e^{\sqrt{x}} + C$.

d) $F'(x) = \dfrac{2x}{x^2 + 1}$, d'où $\int \dfrac{2x}{x^2 + 1} \, dx = \ln (x^2 + 1) + C$.

4. a) $\dfrac{x^8}{8} + C$ b) $\dfrac{x^{-6}}{-6} + C = \dfrac{-1}{6x^6} + C$

c) $\dfrac{x^{\frac{4}{3}}}{\frac{4}{3}} + C = \dfrac{3}{4} x^{\frac{4}{3}} + C$ d) $\dfrac{u^{\frac{1}{2}}}{\frac{1}{2}} + C = 2\sqrt{u} + C$

e) $\dfrac{x^4}{4} - \dfrac{2x^{\frac{3}{2}}}{3} - \dfrac{2}{\sqrt{x}} + C$ f) $x + C$

g) $\dfrac{y^2}{2} + y + C$ h) $\ln |x| + C$

i) $\dfrac{x^5}{5} + \dfrac{4^x}{\ln 4} + C$

5. a) $-3 \cos \theta - \tan \theta + C$
b) $x^3 - e^x - 5 \text{ Arc sin } x + C$
c) $4 \sec x - 8 \text{ Arc tan } x + 6 \cot x + C$

d) $\dfrac{x^6}{6} - \dfrac{5^x}{\ln 5} + 5 \ln |x| - \dfrac{x^2}{10} + C$

e) $\dfrac{5 \sin u}{3} + \dfrac{\text{Arc sec } u}{7} + C$

f) $\dfrac{14\sqrt{x}}{5} + 2\csc x - \dfrac{1}{3x} + C$

6. a) $\displaystyle\int (11x - 6 - 4x^2)\,dx = \dfrac{11x^2}{2} - 6x - \dfrac{4x^3}{3} + C$

b) $\displaystyle\int \left(4 - \dfrac{5}{x} - \dfrac{1}{x^3}\right) dx = 4x - 5\ln|x| + \dfrac{1}{2x^2} + C$

c) $\displaystyle\int \left(x^2 + 2 + \dfrac{1}{x^2}\right) dx = \dfrac{x^3}{3} + 2x - \dfrac{1}{x} + C$

d) $\displaystyle\int \left(\dfrac{4}{x} - \dfrac{7}{x\sqrt{x^2-1}}\right) dx = 4\ln|x| - 7\,\text{Arc sec}\,x + C$

e) $\displaystyle\int \left(\dfrac{1}{2} - \dfrac{2}{x}\right) dx = \dfrac{1}{2}x - 2\ln|x| + C$

f) $\displaystyle\int (x+2)\,dx = \dfrac{x^2}{2} + 2x + C$

g) $\displaystyle\int \left(x^{\frac{3}{2}} - 3x^{\frac{1}{2}} - 4x^{-\frac{1}{2}}\right) dx = \dfrac{2}{5}x^{\frac{5}{2}} - 2x^{\frac{3}{2}} - 8\sqrt{x} + C$

h) $\displaystyle\int (x^2+1)\,dx = \dfrac{x^3}{3} + x + C$

i) $\displaystyle\int (x^7 - 3x^5 + 3x^3 - x)\,dx = \dfrac{x^8}{8} - \dfrac{x^6}{2} + \dfrac{3x^4}{4} - \dfrac{x^2}{2} + C$

7. a) $\displaystyle\int 1\,d\theta = \theta + C$

b) $\displaystyle\int \sin x\,dx = -\cos x + C$

c) $\displaystyle\int \dfrac{3}{\cos^2 x}\,dx = \int 3\sec^2 x\,dx = 3\tan x + C$

d) $\displaystyle\int \sec t \tan t\,dt = \sec t + C$

e) $\displaystyle\int (1 + \csc x \cot x)\,dx = x - \csc x + C$

f) $\displaystyle\int (\csc^2 u - 1)\,du = -\cot u - u + C$

Exercices 2.3   *(page 73)*

1. a) $u = 3 + 2x$; $\dfrac{(3+2x)^{\frac{3}{2}}}{3} + C$

b) $u = 5 - 8x$; $\dfrac{-3(5-8x)^{\frac{4}{3}}}{32} + C$

c) $u = 5 - 3x^2$; $\dfrac{-(5-3x^2)^6}{9} + C$

d) $\dfrac{x^5}{5} - 2x^2 + C$

e) $u = 1 - r^2$; $-3\sqrt{1-r^2} + C$

f) $u = 3t^4 + 12t^2$; $\dfrac{(3t^4 + 12t^2)^3}{6} + C$

g) $u = 4x - 3$; $\dfrac{\ln|4x-3|}{4} + C$

h) $u = 4x - 3$; $\dfrac{-1}{4(4x-3)} + C$

i) $u = h^3 + 8$; $4\ln|h^3 + 8| + C$

j) $\dfrac{h^2}{24} - \dfrac{2}{3h} + C$

k) $u = 4 - \sqrt{x}$; $\dfrac{-(4-\sqrt{x})^8}{4} + C$

l) $u = \sqrt{x} + 5$; $2\ln|\sqrt{x} + 5| + C$

2. a) $u = 3x$; $\dfrac{5\sin 3x}{3} + C$

b) $u = 1 - 3x^2$; $\dfrac{\cos(1-3x^2)}{6} + C$

c) Si $u = \sin x$; $\dfrac{\sin^2 x}{2} + C$

   Si $u = \cos x$; $\dfrac{-\cos^2 x}{2} + C$

d) $u = \tan 4\theta$; $\dfrac{-3}{8\tan^2 4\theta} + C$ e) $u = \sec t$; $\dfrac{\sec^3 t}{3} + C$

f) $u = 1 - 40x$; $\dfrac{\cot(1-40x)}{10} + C$

g) $u = 3 + 5\cot x$; $\dfrac{-\ln|3 + 5\cot x|}{5} + C$

h) $u = (3 - \sqrt{x})$; $-2\tan(3 - \sqrt{x}) + C$

i) $u = \dfrac{1}{t}$; $-\sec\left(\dfrac{1}{t}\right) + C$ j) $u = \dfrac{x}{2}$; $-2\csc\left(\dfrac{x}{2}\right) + C$

k) $u = \cos 2x$; $\dfrac{-\cos^5 2x}{10} + C$

l) $u = \sin\left(\dfrac{x}{5}\right)$; $\dfrac{25\sin^7\left(\dfrac{x}{5}\right)}{7} + C$

3. a) $u = \sin x$; $e^{\sin x} + C$

b) $u = 5e^x + 1$; $\dfrac{(5e^x + 1)^4}{20} + C$

c) $u = 1 - e^{-4x}$; $\dfrac{\ln|1 - e^{-4x}|}{4} + C$

d) $u = -x$; $-e^{-x} + C$ e) $u = \sqrt[3]{x}$; $\dfrac{3\pi^{\sqrt[3]{x}}}{\ln \pi} + C$

f) $u = e^x + \sin x$; $\ln|e^x + \sin x| + C$

g) $u = \tan 3\theta$; $\dfrac{10^{\tan 3\theta}}{3\ln 10} + C$

h) $u = \text{Arc}\sin x$; $e^{\text{Arc}\sin x} + C$

i) $u = \cos 8x$; $\dfrac{-3^{\cos 8x}}{8\ln 3} + C$

j) $u = 1 + e^x$; $\ln(1 + e^x) + C$

k) $u = e^x$; $\text{Arc}\tan e^x + C$ l) $u = 5^x$; $\dfrac{\text{Arc}\sin 5^x}{\ln 5} + C$

4. a) $\displaystyle\int \cot x\,dx = \int \dfrac{\cos x}{\sin x}\,dx \quad \left(\text{car } \cot x = \dfrac{\cos x}{\sin x}\right)$

   Posons $u = \sin x$, alors $du = \cos x\,dx$,

   d'où $\displaystyle\int \cot x\,dx = \int \dfrac{\cos x}{\sin x}\,dx$

   $\qquad\qquad = \displaystyle\int \dfrac{1}{u}\,du$

   $\qquad\qquad = \ln|u| + C$

   $\qquad\qquad = \ln|\sin x| + C.$

b) $\displaystyle\int \csc x\,dx = \int \dfrac{\csc x\,(\csc x + \cot x)}{(\csc x + \cot x)}\,dx$

   Posons $u = \csc x + \cot x$;

   alors $du = (-\csc x \cot x - \csc^2 x)\,dx$,

   ainsi $du = -\csc x\,(\csc x + \cot x)\,dx$,

   d'où $\displaystyle\int \csc x\,dx = \int \dfrac{\csc x\,(\csc x + \cot x)}{(\csc x + \cot x)}\,dx$

   $\qquad\qquad = -\displaystyle\int \dfrac{1}{u}\,du$

   $\qquad\qquad = -\ln|u| + C$

   $\qquad\qquad = -\ln|\csc x + \cot x| + C$

c) $\int \csc x \, dx = \int \dfrac{\csc x \, (\csc x - \cot x)}{(\csc x - \cot x)} \, dx$

Posons $u = \csc x - \cot x$;

alors $du = (-\csc x \cot x + \csc^2 x) \, dx$,

ainsi $du = \csc x \, (\csc x - \cot x) \, dx$,

d'où $\int \csc x \, dx = \int \dfrac{\csc x \, (\csc x - \cot x)}{(\csc x - \cot x)} \, dx$

$\qquad = \int \dfrac{1}{u} \, du$

$\qquad = \ln |u| + C$

$\qquad = \ln |\csc x - \cot x| + C.$

5. a) $u = (5\theta + 1)$; $\dfrac{-\ln |\cos (5\theta + 1)|}{5} + C$ ou $\dfrac{\ln |\sec (5\theta + 1)|}{5} + C$

b) $u = \dfrac{1 - t}{3}$; $3 \ln \left| \csc \left(\dfrac{1 - t}{3} \right) + \cot \left(\dfrac{1 - t}{3} \right) \right| + C$

$\qquad$ ou $-3 \ln \left| \csc \left(\dfrac{1 - t}{3} \right) - \cot \left(\dfrac{1 - t}{3} \right) \right| + C$

c) $u = 3e^x$; $\dfrac{4 \ln |\sec (3e^x) + \tan (3e^x)|}{3} + C$

6. a) $\dfrac{6x^2 - 11x + 5}{3x - 4} = 2x - 1 + \dfrac{1}{3x - 4}$;

$x^2 - x + \dfrac{1}{3} \ln |3x - 4| + C$

b) $\dfrac{2x^3 - 3x^2 + x + 1}{x^2 + 1} = 2x - 3 + \dfrac{-x + 4}{x^2 + 1}$;

$x^2 - 3x - \dfrac{\ln (x^2 + 1)}{2} + 4 \operatorname{Arc} \tan x + C$

c) $\int \dfrac{1}{1 + \cos 3\theta} \, d\theta = \int \dfrac{(1 - \cos 3\theta)}{(1 + \cos 3\theta)(1 - \cos 3\theta)} \, d\theta$

$\qquad = \int \dfrac{1 - \cos 3\theta}{1 - \cos^2 3\theta} \, d\theta$

$\qquad = \int \dfrac{1 - \cos 3\theta}{\sin^2 3\theta} \, d\theta$

$\qquad = \int \left(\dfrac{1}{\sin^2 3\theta} - \dfrac{\cos 3\theta}{\sin^2 3\theta} \right) d\theta$

$\qquad = \int \csc^2 3\theta \, d\theta - \int \csc 3\theta \cot 3\theta \, d\theta$

$\qquad = \dfrac{-\cot 3\theta}{3} + \dfrac{\csc 3\theta}{3} + C$

d) $\int \dfrac{\cos^3 t}{1 - \sin t} \, dt = \int \dfrac{\cos^3 t \, (1 + \sin t)}{(1 - \sin t)(1 + \sin t)} \, dt$

$\qquad = \int \dfrac{\cos^3 t \, (1 + \sin t)}{\cos^2 t} \, dt$

$\qquad = \int \cos t \, (1 + \sin t) \, dt$

$\qquad = \int \cos t \, dt + \int \sin t \cos t \, dt$

$\qquad = \sin t + \dfrac{\sin^2 t}{2} + C$

e) $\cos^2 x = \dfrac{1 + \cos 2x}{2}$; $\dfrac{1}{2} \left(x + \dfrac{\sin 2x}{2} \right) + C$

f) $(\cos x + \sin x)^2 = \cos^2 x + 2 \sin x \cos x + \sin^2 x$

$\qquad = 1 + 2 \sin x \cos x$; $x + \sin^2 x + C$

g) $u = 2x - 1$, d'où $x = \dfrac{u + 1}{2}$;

$\dfrac{1}{4} \left[\dfrac{2(2x - 1)^{\frac{5}{2}}}{5} + \dfrac{2(2x - 1)^{\frac{3}{2}}}{3} \right] + C$

h) $u = x^5 + 1$, $du = 5x^4 \, dx$ et $x^5 = u - 1$;

$\dfrac{1}{5} \left[\dfrac{(x^5 + 1)^{22}}{22} - \dfrac{(x^5 + 1)^{21}}{21} \right] + C$

i) $\int \dfrac{1}{25t^2 + 100} \, dt = \dfrac{1}{100} \int \dfrac{1}{\dfrac{t^2}{4} + 1} \, dt$

$\qquad = \dfrac{1}{100} \int \dfrac{1}{\left(\dfrac{t}{2} \right)^2 + 1} \, dt$

$\qquad = \dfrac{1}{50} \operatorname{Arc} \tan \left(\dfrac{t}{2} \right) + C$

7. a) $u = x^2 + 2x - 1$; $\dfrac{1}{2} \ln |x^2 + 2x - 1| + C$

b) $\dfrac{x^2 + 2x - 1}{x + 1} = x + 1 - \dfrac{2}{x + 1}$; $\dfrac{x^2}{2} + x - 2 \ln |x + 1| + C$

c) $\dfrac{x + 1}{x^2 - x - 2} = \dfrac{x + 1}{(x - 2)(x + 1)} = \dfrac{1}{x - 2}$; $\ln |x - 2| + C$

d) $u = 1 - e^{2x}$; $-\sqrt{1 - e^{2x}} + C$

e) $u = e^x$; $\operatorname{Arc} \sin (e^x) + C$

f) $\int \dfrac{4}{\sqrt{e^{2x} - 1}} \, dx = 4 \int \dfrac{e^x}{e^x \sqrt{(e^x)^2 - 1}} \, dx = 4 \operatorname{Arc} \sec (e^x) + C$

g) $u = 1 + e^x$, d'où $e^x = u - 1$; $\ln (1 + e^x) + \dfrac{1}{1 + e^x} + C$

h) $u = 1 + \sqrt{x}$; $2 \ln (1 + \sqrt{x}) + C$

i) $u = \sqrt{x}$; $2 \operatorname{Arc} \tan \sqrt{x} + C$

8. a) $\int \dfrac{1}{\sqrt{a^2 - x^2}} \, dx = \dfrac{1}{a} \int \dfrac{1}{\sqrt{1 - \left(\dfrac{x}{a} \right)^2}} \, dx$

Posons $u = \dfrac{x}{a}$, alors $du = \dfrac{1}{a} \, dx$,

d'où $\dfrac{1}{a} \int \dfrac{1}{\sqrt{1 - \left(\dfrac{x}{a} \right)^2}} \, dx = \int \dfrac{1}{\sqrt{1 - u^2}} \, du$

$\qquad = \operatorname{Arc} \sin u + C$

$\qquad = \operatorname{Arc} \sin \left(\dfrac{x}{a} \right) + C.$

b) $\int \dfrac{1}{a^2 + x^2} \, dx = \dfrac{1}{a^2} \int \dfrac{1}{1 + \left(\dfrac{x}{a} \right)^2} \, dx$

Posons $u = \dfrac{x}{a}$, alors $du = \dfrac{1}{a} \, dx$,

d'où $\dfrac{1}{a^2} \int \dfrac{1}{1 + \left(\dfrac{x}{a} \right)^2} \, dx = \dfrac{1}{a} \int \dfrac{1}{1 + u^2} \, du$

$\qquad = \dfrac{1}{a} \operatorname{Arc} \tan u + C$

$\qquad = \dfrac{1}{a} \operatorname{Arc} \tan \left(\dfrac{x}{a} \right) + C.$

c) $\int \dfrac{1}{x \sqrt{x^2 - a^2}} \, dx = \dfrac{1}{a} \int \dfrac{1}{x \sqrt{\left(\dfrac{x}{a} \right)^2 - 1}} \, dx$

Posons $u = \dfrac{x}{a}$, alors $du = \dfrac{1}{a} \, dx$ et $x = au$, d'où $\dfrac{1}{a}\displaystyle\int \dfrac{1}{x\sqrt{\left(\dfrac{x}{a}\right)^2 - 1}}\,dx = \dfrac{1}{a}\displaystyle\int \dfrac{1}{u\sqrt{u^2 - 1}}\,du$

$$= \dfrac{1}{a}\,\text{Arc sec}\,u + C$$

$$= \dfrac{1}{a}\,\text{Arc sec}\left(\dfrac{x}{a}\right) + C.$$

9. a) $\text{Arc sin}\left(\dfrac{x}{3}\right) + C$ b) $\dfrac{1}{\sqrt{2}}\,\text{Arc tan}\left(\dfrac{x}{\sqrt{2}}\right) + C$

c) $\dfrac{\sqrt{7}}{4}\,\text{Arc sec}\left(\dfrac{x}{\sqrt{7}}\right) + C$ d) $\dfrac{1}{6}\,\text{Arc tan}\left(\dfrac{3x}{2}\right) + C$

Exercices 2.4 *(page 80)*

1. a) $y = e^x + \sin x$, $y' = e^x + \cos x$ et $y'' = e^x - \sin x$,
d'où $y'' + y = e^x + \sin x + e^x - \sin x = 2e^x$.

b) $y = \sqrt{C + x^2}$ et $y' = \dfrac{x}{\sqrt{C + x^2}}$,

d'où $\dfrac{dy}{dx} = \dfrac{x}{\sqrt{C + x^2}} = \dfrac{x}{y}$.

c) $y = xe^{-x}$ et $y' = e^{-x} - xe^{-x}$,
d'où $xy' = x(e^{-x} - xe^{-x})$
$= xe^{-x}(1 - x)$
$= y(1 - x)$.

d) $y = \sin x$, $y' = \cos x$ et $y'' = -\sin x$,

d'où $\dfrac{d^2y}{dx^2} = -y$.

2. a) Puisque $dy = -2\,dx$,
alors $\displaystyle\int dy = \int -2\,dx$,
d'où $y = -2x + C$.

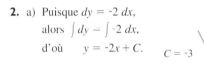

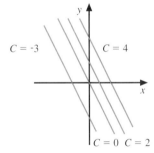

b) Puisque $2x\,dx = -8y\,dy$,
alors $\displaystyle\int 2x\,dx = \int -8y\,dy$
ainsi $x^2 = -4y^2 + C$,
d'où $x^2 + 4y^2 = C$.

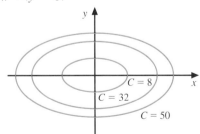

c) Puisque $\dfrac{dy}{y} = \dfrac{dx}{3}$,

alors $\displaystyle\int \dfrac{1}{y}\,dy = \int \dfrac{1}{3}\,dx$

ainsi $\ln y = \dfrac{x}{3} + C_1$

$$y = e^{\frac{x}{3} + C_1}$$
$$y = e^{\frac{x}{3}}\,e^{C_1},$$
d'où $y = Ce^{\frac{x}{3}}$ $(C = e^{C_1})$.

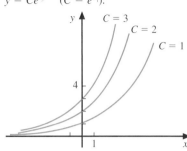

3. a) $C = 58$ b) $C = -6$ c) $C = \dfrac{5}{3}$ d) $C = 6$

4. a) $f(x) = \dfrac{x^4}{4} - x^2 + 4x + C$; $C = \dfrac{3}{4}$

b) $s = -4{,}9t^2 + 12t + C$; $C = 10$

c) $y = (x^3 + C)^{\frac{1}{3}}$; $C = -9$ d) $y = Ce^{\frac{-1}{x}}$; $C = \dfrac{4}{e}$

e) $y = \dfrac{-1}{x^2 + C}$; $C = \dfrac{-37}{4}$ f) $y = \left(\dfrac{x^{\frac{3}{2}}}{3} + C\right)^2$; $C = \dfrac{1}{3}$

g) $Q = Ce^{-5t}$; $C = 22$ h) $y = \dfrac{1}{\dfrac{1}{x} + C}$; $C = -2$

5. a) $f'(x) = 3x + C_1$
Puisque $f'(2) = 5$, nous trouvons $C_1 = -1$
ainsi $f'(x) = 3x - 1$

$$f(x) = \dfrac{3x^2}{2} - x + C.$$

Puisque $f(-2) = 3$, nous trouvons $C = -5$,

d'où $f(x) = \dfrac{3x^2}{2} - x - 5$.

b) $f'(x) = 2x^2 + 3$ (pente de la tangente donnée par $f'(x)$)

$$f(x) = \dfrac{2x^3}{3} + 3x + C.$$

Puisque $f(3) = -2$, nous trouvons $C = -29$,

d'où $f(x) = \dfrac{2x^3}{3} + 3x - 29$.

c) $f'(x) = \dfrac{1}{x} + C_1$

Puisque $f'(1) = 3$, nous trouvons $C_1 = 2$

ainsi $f'(x) = \dfrac{1}{x} + 2$

$$f(x) = \ln|x| + 2x + C.$$

Puisque $f(1) = 6$, nous trouvons $C = 4$,

d'où $f(x) = \ln|x| + 2x + 4$.

6. a) $\dfrac{dy}{dx} = y^2$, d'où $y = \dfrac{-1}{x + C}$.   b) $y = \dfrac{-1}{x - 2}$

7. a) $m_1 = 2x$ et $m_2 = \dfrac{-1}{2x}$ $(\text{car } m_1 \cdot m_2 = -1)$

ainsi $\dfrac{dy}{dx} = \dfrac{-1}{2x}$, d'où $y = \dfrac{-1}{2}\ln x + C$.

b) $f(1) = 5$, d'où $f(x) = x^2 + 4$.

$g(1) = 5$, d'où $g(x) = \dfrac{-1}{2} \ln x + 5$.

c)

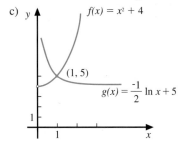

Exercices 2.5 *(page 91)*

1. a)
$$\frac{dv}{dt} = -2$$
$$\int dv = \int -2dt$$
$$v = -2t + C$$
Puisque $v = 15$ lorsque $t = 0$,
nous obtenons $v = -2t + 15$.

b)
$$\frac{ds}{dt} = -2t + 15$$
$$\int ds = \int (-2t + 15)\, dt$$
$$s = -t^2 + 15t + C$$
Puisque $s = 0$ lorsque $t = 0$,
nous obtenons $s = -t^2 + 15t$.

c) En posant $v = 0$, nous trouvons $t = 7,5$ s,
ainsi $d = s(7,5) - s(0) = 56,25$ m.

2. a)
$$\frac{dv}{dt} = -9,8$$
$$\int dv = -\int 9,8\, dt$$
$$v = -9,8t + C$$
Puisque $v = 0$ lorsque $t = 0$,
nous obtenons $v = -9,8t$.

b)
$$\frac{ds}{dt} = -9,8t$$
$$\int ds = -\int 9,8t\, dt$$
$$s = -4,9t^2 + C$$
Puisque $s = 1225$ lorsque $t = 0$,
nous obtenons $s = -4,9t^2 + 1225$.

c) En posant $s = 0$, nous trouvons $t \approx 15,81$ s.

d) En posant $t = 15,81$ dans $v = -9,8t$, nous obtenons
$v \approx -154,94$ m/s.

3. a)
$$\frac{dv}{dt} = \frac{-1296}{(0,1t + 12)^3}$$
$$\int dv = \int \frac{-1296}{(0,1t + 12)^3}\, dt$$
$$v = \frac{6480}{(0,1t + 12)^2} + C$$
Puisque $v = 25$ lorsque $t = 0$,
nous obtenons $v = \dfrac{6480}{(0,1t + 12)^2} - 20$.

En posant $v = 0$, nous trouvons $t = 60$ s.

b) $\dfrac{ds}{dt} = \dfrac{6480}{(0,1t + 12)^2} - 20$

$$\int ds = \int \left(\frac{6480}{(0,1t + 12)^2} - 20 \right) dt$$
$$s = \frac{-64\,800}{(0,1t + 12)} - 20t + C$$
Distance parcourue $= s(60) - s(0) = 600$ m.

4. a)
$$\frac{dV}{dt} = 100t - 2500$$
$$\int dV = \int (100t - 2500)\, dt$$
$$V = 50t^2 - 2500t + C$$
Puisque $V = 31\,250$ lorsque $t = 0$,
nous obtenons $V = 50t^2 - 2500t + 31\,250$.
Lorsque $t = 3$, $V = 24\,200$ \$.

b) En posant $V = 22\,050$, nous obtenons $t = 4$ ans.

5. a)
$$\frac{dC}{dt} = 5q^2 + 3q$$
$$\int dC = \int (5q^2 + 3q)\, dq$$
$$C = \frac{5q^3}{3} + \frac{3q^2}{2} + k$$
Puisque $C = 3096$ lorsque $q = 0$,
nous obtenons $C = \dfrac{5q^3}{3} + \dfrac{3q^2}{2} + 3096$.

b) En posant $q = 12$, nous obtenons $C = 6192$ \$.

6. a) $\dfrac{dA}{dt} = 0,065\,A$, où A est le capital.

b)
$$\int \frac{1}{A}\, dA = \int 0,065\, dt$$
$$\ln A = 0,065t + C$$
Puisque $A = 8500$ lorsque $t = 0$,
nous obtenons $\ln A = 0,065t + \ln 8500$ (1),
d'où $A = 8500\, e^{0,065t}$ (2).

c) En posant $t = 2$ dans (1), $A \approx 9680,04$ \$.

d) En posant $A = 12\,000$ dans (2), $t \approx 5,31$ ans.

7. a) $\dfrac{dA}{dt} = 0,1A$

b)
$$\int \frac{1}{A}\, dA = \int 0,1\, dt$$
$$\ln A = 0,1t + C$$
Puisque $A = 8243,61$ lorsque $t = 5$,
nous obtenons $\ln A = 0,1t + \ln 8243,61 - 0,5$ (1),
d'où $A = 8243,61e^{(0,1t - 0,5)}$ (2).

c) En posant $t = 0$ dans (2), $A \approx 5000$ \$.

d) En posant $A = 20\,000$ dans (1), $t \approx 13,86$ ans.

8. a) $\dfrac{dP}{dt} = 0,02P$

b)
$$\int \frac{1}{P}\, dP = \int 0,02\, dt$$
$$\ln P = 0,02t + C$$
Puisque $P = 4 \times 10^9$ lorsque $t = 0$,
nous obtenons $\ln P = 0,02t + \ln (4 \times 10^9)$ (1),
d'où $P = 4 \times 10^9\, e^{0,02t}$ (2).

c) En posant $t = 25$ dans (2), $P \approx 6,6$ milliards.

d) En posant $P = 8 \times 10^9$ dans (1), $t \approx 34,66$; donc en 2010.

9. a) $\dfrac{dN}{dt} = KN$

b)
$$\int \frac{1}{N}\, dN = \int K\, dt$$
$$\ln N = Kt + C$$
Puisque $N = 10\,000$ lorsque $t = 0$,
nous obtenons $\ln N = Kt + \ln 10\,000$.
Puisque $\qquad N = 14\,000$ lorsque $t = 2$,
nous obtenons $\ln N = \dfrac{\ln (1,4)}{2}\, t + \ln 10\,000 \qquad (1)$,
d'où $\qquad N = 10\,000 e^{\frac{\ln (1,4)}{2} t} = 10\,000\,(1,4)^{\frac{t}{2}} \quad (2)$.

c) En posant $t = 5$, dans (2) $N \approx 23\,191$ bactéries.

d) En posant $N = 20\,000$ dans (1), $t \approx 4,12$ heures.

10. a) $\dfrac{dP}{dt} = (4,2\,\% - 3,5\,\%)P$

b)
$$\int \frac{1}{P}\, dP = \int 0,007\, dt$$
$$\ln P = 0,007t + C$$
En posant $\qquad P = P_0$ lorsque $t = 0$,
nous obtenons $\ln P = 0,007t + \ln P_0 \qquad (1)$,
d'où $\qquad P = P_0 e^{0,007t} \qquad (2)$.

c) En posant $P = 2P_0$ dans (2), $t \approx 99$ années.

d) $t \approx 38,5$ années.

11. a) $\dfrac{dP}{dt} = 0,03P + 9000$

b)
$$\int \frac{1}{0,03P + 9000}\, dP = \int dt$$
$$\frac{\ln (0,03P + 9000)}{0,03} = t + C_1$$
$$\ln (0,03P + 9000) = 0,03t + C$$
Puisque $P = 435\,000$ lorsque $t = 0$,
nous obtenons $\ln (0,03P + 9000) = 0,03t + \ln 22\,050 \qquad (1)$,
d'où $\qquad P = \dfrac{22\,050 e^{0,03t} - 9000}{0,03}$,
donc $\qquad P = 735\,000 e^{0,03t} - 300\,000 \quad (2)$.

c) En posant $t = 10$ dans (2), $P \approx 692\,146$ habitants.

d) En posant $P = 435\,000 \times 3$ dans (1), $t \approx 26,03$, donc environ 26 ans.

12. a) $\dfrac{dQ}{dt} = KQ$

b)
$$\int \frac{1}{Q}\, dQ = \int K\, dt$$
$$\ln Q = Kt + C$$
En posant $\qquad Q = Q_0$ lorsque $t = 0$,
nous obtenons $\ln Q = Kt + \ln Q_0$.
Puisque $\qquad Q = \dfrac{Q_0}{2}$ lorsque $t = 5600$,
nous obtenons $\ln Q = \dfrac{\ln \left(\frac{1}{2}\right)}{5600}\, t + \ln Q_0 \qquad (1)$,
d'où $\qquad Q = Q_0 e^{\frac{\ln \left(\frac{1}{2}\right)}{5600} t} = Q_0 \left(\dfrac{1}{2}\right)^{\frac{t}{5600}} \quad (2)$.

c) En posant $t = 10\,000$ dans (2), $Q \approx 0,29 Q_0$.

d) En posant $Q = 0,10 Q_0$ dans (1), nous obtenons $t \approx 18\,603$ années.

13. a)
$$\frac{dT}{dt} = K\,(T - 20)$$
$$\int \frac{1}{T - 20}\, dT = \int K\, dt$$
$$\ln |T - 20| = Kt + C$$
En posant $T = 65$ lorsque $t = 0$,
nous obtenons $\ln |T - 20| = Kt + \ln 45$.
Puisque $T = 30$ lorsque $t = 10$,
nous obtenons $\ln |T - 20| = \dfrac{\ln \left(\frac{2}{9}\right)}{10}\, t + \ln 45 \qquad (1)$,
d'où $T = 20 + 45 e^{\frac{\ln \left(\frac{2}{9}\right) t}{10}} = 20 + 45 \left(\dfrac{2}{9}\right)^{\frac{t}{10}} \qquad (2)$.

b) En posant $T = 45$ dans (1), $t \approx 3,9$ minutes.

c) En posant $T = 50$ dans (1), nous trouvons $t_1 \approx 2,7$ et en posant $T = 35$ dans (1), nous trouvons $t_2 \approx 7,3$, d'où $\qquad t = t_2 - t_1 \approx 4,6$ minutes.

d) En posant $t = 40$ dans (2), $T \approx 20,11\,°C$.

e) $T_{\min} = \displaystyle\lim_{t \to +\infty} \left[20 + 45 \left(\dfrac{2}{9}\right)^{\frac{t}{10}}\right] = 20\,°C$.

f)

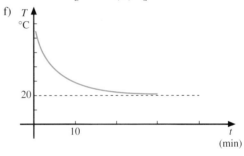

14. a) Soit Q la quantité de la substance A présente à chaque instant. Nous ajoutons $\dfrac{200 \text{ litres}}{\min} \times 0,015\, \dfrac{\text{kg}}{\text{litres}} = 3$ kg/min et à chaque minute, la quantité de la substance A qui se vide est $\dfrac{200 \text{ litres}}{\min} \times \dfrac{Q}{4000}\, \dfrac{\text{kg}}{\text{litres}} = \dfrac{Q}{20}$ kg/min, ainsi $\dfrac{dQ}{dt} = \left(3 - \dfrac{Q}{20}\right)$.

b)
$$\frac{dQ}{dt} = \frac{60 - Q}{20}$$
$$\frac{dQ}{60 - Q} = \frac{dt}{20}$$
$$\int \frac{1}{60 - Q}\, dQ = \int \frac{1}{20}\, dt$$
$$-\ln |60 - Q| = \frac{1}{20}t + C$$
En posant $Q = 160$ lorsque $t = 0$,
nous obtenons $\ln |60 - Q| = \dfrac{-1}{20}t + \ln 100$.
Puisque $Q > 60 \quad$ (car $4000 \times 0,015 = 60$),
nous obtenons $\ln (Q - 60) = \dfrac{-1}{20}t + \ln 100 \qquad (1)$,
d'où $\qquad Q = 60 + 100 e^{\frac{-t}{20}} \qquad (2)$.

c) En posant $Q = 100$ dans (1), $t \approx 18,3$ min.

d) En posant $t = 60$ dans (2), $Q \approx 65$ kg.

e) $Q_{min} = \lim\limits_{t \to +\infty} (60 + 100e^{\frac{-t}{20}}) = 60$ kg.

15. a) $\dfrac{dv}{dt} = -9{,}8$

$\int dv = \int -9{,}8 \, dt$

$v = -9{,}8t + C$

Puisque $v = 5$ lorsque $t = 0$,
nous obtenons $v = -9{,}8t + 5$.

b) $\dfrac{ds}{dt} = -9{,}8t + 5$

$\int ds = \int (-9{,}8t + 5) \, dt$

$s = -4{,}9t^2 + 5t + C$

Puisque $s = 10$ lorsque $t = 0$,
nous obtenons $s = -4{,}9t^2 + 5t + 10$.

c) La hauteur est maximale lorsque la vitesse est nulle.

Posons $v = -9{,}8t + 5 = 0$; nous obtenons $t = \dfrac{5}{9{,}8}$.

En remplaçant t par $\dfrac{5}{9{,}8}$ dans s,

nous obtenons $s \approx 11{,}28$ m.

16. a) $\dfrac{dP}{dt} = -0{,}04P$

b) $\int \dfrac{1}{P} \, dP = \int -0{,}04 \, dt$

$\ln P = -0{,}04t + C$

Ne connaissant pas la population initiale, nous remplaçons P par P_0 lorsque $t = 0$;
nous obtenons $\ln P = -0{,}04t + \ln P_0$ (1),
d'où $P = P_0 e^{-0{,}04t}$ (2).

c) En posant $P = \dfrac{P_0}{2}$ dans (2), $t \approx 17{,}33$ jours.

17. a) $\dfrac{dA}{dt} = i\,A$

b) $\int \dfrac{1}{A} \, dA = \int i \, dt$

$\ln A = i\,t + C$

En posant $A = A_0$ lorsque $t = 0$,
nous obtenons $\ln A = i\,t + \ln A_0$ (1),
d'où $A = A_0 e^{it}$ (2).

c) En posant $A = 2A_0$ dans (1),
si $i = 0{,}04$, nous obtenons $t \approx 17{,}3$ années;
si $i = 0{,}08$, nous obtenons $t \approx 8{,}7$ années.

d) En posant $i = 0{,}05$ et $t = 7$ dans (2), $A \approx 1{,}4\,A_0$;
en posant $i = 0{,}07$ et $t = 5$ dans (2), $A \approx 1{,}4\,A_0$.

18. a) $\dfrac{dQ}{dt} = \dfrac{-50}{1 + t}$

b) $\int dQ = \int \dfrac{-50}{1 + t} \, dt$

$Q = -50 \ln (1 + t) + C$

Puisque $Q = 100$ lorsque $t = 0$,
nous obtenons $Q = -50 \ln (1 + t) + 100$.

c) Lorsque $t = 2$, $Q \approx 45$ ml.

d) Lorsque $t = 4$, $Q \approx 19{,}5$; l'organisme a donc éliminé
$100 - 19{,}5$, donc environ $80{,}5$ ml.

e) En posant $Q = 0$, nous obtenons $t \approx 6{,}39$ heures.

19. a) Soit Q, la quantité de sel dissous dans l'eau.

$\dfrac{dQ}{dt} = \dfrac{-Q}{1000 + t}$

b) $\int \dfrac{1}{Q} \, dQ = -\int \dfrac{1}{1000 + t} \, dt$

$\ln Q = -\ln (1000 + t) + C$

$Q = Ce^{-\ln (1000 + t)}$

$Q = \dfrac{C}{1000 + t}$

Puisque $Q = 50$ lorsque $t = 0$,

nous obtenons $Q = \dfrac{50\,000}{1000 + t}$.

c) En posant $Q = 20$, $t = 1500$, donc 1500 minutes, c'est-à-dire 25 heures.

d) La quantité de sel est de 20 kg et la quantité du mélange, de 2500 L, d'où la concentration de sel dans le mélange est 0,008 kg/L.

e) Le réservoir est rempli lorsque $t = 4000$ min, d'où $Q = 10$ kg.

20. a) Puisque $r = 5$, $V = 25\pi h$,

d'où $h = \dfrac{V}{25\pi}$

$\dfrac{dV}{dt} = kh$,

d'où $\dfrac{dV}{dt} = \dfrac{kV}{25\pi}$.

b) $\int \dfrac{1}{V} \, dV = \int \dfrac{k}{25\pi} \, dt$

$\ln V = \dfrac{k}{25\pi} \, t + C$

Puisque $V = 300\pi$ lorsque $t = 0$,

nous obtenons $\ln V = \dfrac{k}{25\pi} \, t + \ln 300\pi$.

Puisque $V = 0{,}8 \times 300\pi = 240\pi$ lorsque $t = 5$,
nous obtenons $k = 5\pi \ln 0{,}8$

ainsi $\ln V = \dfrac{\ln (0{,}8)}{5} \, t + \ln 300\pi$ (1),

d'où $V = 300\pi e^{\frac{\ln (0{,}8)}{5} t} = 300\pi \, (0{,}8)^{\frac{t}{5}}$ (2).

c) En posant $t = 8$ dans (2), $V \approx 210\pi$ m³.

d) En posant $V = 0{,}4 \times 300\pi = 120\pi$, $t \approx 20{,}53$ heures.

e) En posant $t = 24$ dans (2), $V \approx 102{,}8\pi$.
De $V = \pi r^2 h$, nous trouvons $h \approx 4{,}11$ mètres.

Exercices récapitulatifs (page 94)

1. a) $dy = \left(18x^5 + 6(3^x \ln 3) - \dfrac{1}{2\sqrt{x}}\right) dx$

b) $dy = (2 \cos (2\theta - 3) + e^{\tan \theta} \sec^2 \theta) \, d\theta$

c) $dv = \left(2 \cot 2x + \dfrac{6x}{\sqrt{1 - 9x^4}}\right) dx$

d) $dy = \dfrac{-31}{(2x + 7)^2} \, dx$

2. $d(k\,uv) = k(u \, dv + v \, du)$

3. a) $2 \cos u \, du$ b) $\dfrac{-u^3}{4} \, du$ c) $\dfrac{e^u}{2} \, du$

d) $\dfrac{du}{2}$ e) $\dfrac{(u + 1)^2 \sqrt{u}}{2} \, du$

4. a) Environ 0,501.   b) Environ 1,9994.
    c) Environ 3,7633.   d) Environ 8,063.

5. a) $dV = 1,92 \text{ cm}^3$; $\Delta V = 1,9224 \text{ cm}^3$
    b) $0,0024 \text{ cm}^3$; $0,124\ldots\%$
    c) $dA = 0,96 \text{ cm}^2$; $\Delta A = 0,9606 \text{ cm}^2$

6. a) $\dfrac{-5}{3t^3} + \dfrac{t^3}{15} + C$

    b) $\dfrac{5}{8}x^{\frac{8}{5}} + 8\sqrt{x} + \dfrac{21}{2}x^{\frac{2}{3}} + C$

    c) $7\ln|x| + \dfrac{4}{5x} - \operatorname{Arc\,sec} x + C$

    d) $\sin u - 5\operatorname{Arc\,sin} u + C$

    e) $e^u + 3\cos u + C$

    f) $\dfrac{3\operatorname{Arc\,tan} x}{5} - \dfrac{10^x}{\ln 10} + C$

7. a) $\tan\theta - \sec\theta + C$ b) $x - 4\sqrt{x} + \ln|x| + C$

    c) $\dfrac{x^2}{2} - 16x + C$ d) $-2\cos y + C$

    e) $\tan\theta - \cot\theta + C$ f) $x - 5\operatorname{Arc\,tan} x + C$

    g) $x - 3\ln|x| + C$ h) $\tan\theta - \cot\theta + C$

8. a) $\dfrac{-2}{27}(5 - x^3)^9 + C$ b) $\dfrac{\sin^4 2\theta}{8} + C$

    c) $\dfrac{-3\cos x^2}{2} + C$ d) $2\ln(x^2 + 1) + C$

    e) $\dfrac{3}{5}\tan(x^5 + 5x) + C$ f) $\dfrac{-e^{\frac{1}{x}}}{3} + C$

    g) $\ln|\operatorname{Arc\,tan} x| + C$ h) $\dfrac{3}{4}\sec^4\left(\dfrac{t}{3}\right) + C$

    i) $\dfrac{e^{\sin 3x}}{3} + C$ j) $\dfrac{2}{\left(1 + \dfrac{1}{v^2}\right)^2} + C$

    k) $\dfrac{-\cot^3 4x}{12} + C$ l) $2\sqrt{e^x - \cos x} + C$

9. a) $-3e^{\frac{-x}{3}} + \dfrac{3^{6x}}{6\ln 3} + C$

    b) $-5\cos\left(\dfrac{x}{5}\right) - \dfrac{\sin 4x}{4} + C$

    c) $\dfrac{-2}{3}(8 - t)^{\frac{3}{2}} + 3\sqrt{9 + t^2} + \dfrac{9}{2(1 + \sqrt{t})^4} + C$

    d) $2\tan\sqrt{x} + \dfrac{\cot x^4}{4} + C$

    e) $\dfrac{-1}{3(3x + 1)} - \dfrac{6}{5}\ln|5x + 6| + C$

    f) $2\ln 10 (\log x)^2 + \dfrac{5}{e^x} + \dfrac{1}{3}\ln|\ln x| + C$

10. a) $\dfrac{\ln|\sec(3x + 4) + \tan(3x + 4)|}{3} + C$

    b) $\tan(\tan x) + C$

    c) $\dfrac{\ln|\sec 3x^2|}{2} + C$

    d) $\dfrac{\tan(5t + 1)}{5} - t + C$

    e) $2\tan 5\theta + \dfrac{6\sec 5\theta}{5} - 9\theta + C$

    f) $\sec x - \ln|\sec x + \tan x| + \sin x + C$

    g) $\dfrac{-1}{2\sin^2 x} + C_1$ ou $\dfrac{-1}{2\tan^2 x} + C_2$

    h) $\dfrac{1}{2}(x - \sin x) + C$

    i) $t + \sin^2 t + C$

    j) $2\ln|\csc(1 - 4x) + \cot(1 - 4x)| + C$

    k) $2\sqrt{\sin t} + C$

    l) $-\ln|1 + \cos x| + C$

11. a) $\dfrac{4}{3}x^{\frac{3}{2}} + 14\sqrt{x} - 5\ln|x| + 2e^{\sqrt{x}} + C$

    b) $\dfrac{-1}{(x + 1)} + C$ c) $\dfrac{\sin^5(e^x)}{5} + C$

    d) $\dfrac{1}{2}\ln(2 + e^{2x}) - e^{-2x} + x + C$

    e) $2x + \ln|3x + 1| + C$ f) $\dfrac{2}{3}\csc^{\frac{3}{2}}(1 - x) + C$

    g) $\dfrac{\tan^4 x}{4} + \dfrac{\sec^3 x}{3} + C$

    h) $-3\cot 2x + 3\csc 2x + C_1$ ou $3\tan x + C_2$

    i) $\operatorname{Arc\,sin}\left(\dfrac{x\sqrt{7}}{7}\right) + C$ j) $\operatorname{Arc\,sec}(\ln x) + C$

    k) $-8\sqrt{1 - x^2} + 4\operatorname{Arc\,sin} x^2 + C$

    l) $\dfrac{3x^5}{5} + \dfrac{(x^3 + 1)^{13}}{13} + C$ m) $\dfrac{1}{6}\operatorname{Arc\,tan}\left(\dfrac{2e^x}{3}\right) + C$

    n) $\dfrac{-(1 - x^2)^{\frac{3}{2}}}{3} + \dfrac{(1 - x^2)^{\frac{5}{2}}}{5} + C$

12. La vérification est laissée à l'utilisateur.

13. a) $y^2 = x^2 + C$, d'où $y = -\sqrt{x^2 + C}$;
      $y = -\sqrt{x^2 - 7}$.
    b) $\ln s = \ln t + C$, d'où $s = kt$;
      $\ln s = \ln t + \ln 4$, d'où $s = 4t$.
    c) $\tan x = -\cos t + C$, d'où $x = \operatorname{Arc\,tan}(-\cos t + C)$;
      $\tan x = -\cos t$, d'où $x = \operatorname{Arc\,tan}(-\cos t)$.
    d) $e^y = \dfrac{e^{2x}}{2} + C$, d'où $y = \ln\left(\dfrac{e^{2x}}{2} + C\right)$;

      $e^y = \dfrac{e^{2x}}{2} + \dfrac{e^8}{2}$, d'où $y = \ln\left(\dfrac{e^{2x}}{2} + \dfrac{e^8}{2}\right)$.

    e) $\ln|3 - 5y| = \dfrac{-5x^2}{2} + C$, d'où $y = ke^{\frac{-5x^2}{2}} + \dfrac{3}{5}$;

      $\ln|3 - 5y| = \dfrac{-5x^2}{2} + \ln 3$, d'où $y = \dfrac{-3}{5}e^{\frac{-5x^2}{2}} + \dfrac{3}{5}$.

14. a) $f(x) = e^x + e^{-x} - \cos x + x + 1$
    b) $f(x) = 2x^3 - 4x^2 + 3x + 1$
    c) $f(x) = x^3 - 6x + 5$

15. $(x - 1)^2 + (y + 2)^2 = C$
    Chaque courbe est un
    cercle centré au point
    $(1, -2)$ et de rayon $\sqrt{C}$.

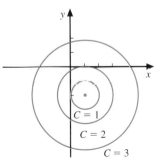

16. a) $y = k\,e^{\frac{x^2}{2}}$

b) $y = \dfrac{1}{e}\,e^{\frac{x^2}{2}}$; $y = -\sqrt{e}\;e^{\frac{x^2}{2}}$

17. a) $v = -9{,}8t + 24{,}5$

b) $s = -4{,}9t^2 + 24{,}5t + 245$

c) $2{,}5$ s

d) Environ $275{,}63$ m.

e) $73{,}5$ m/s

18. $\left[8 + 25\ln\left(\dfrac{19}{11}\right)\right]$ mètres $\approx 21{,}66$ mètres.

19. a) Environ $8{,}66$ années.   b) Environ $15\,060$ $.

20. Environ $6{,}58$ %.

21. a) $V = \dfrac{90\,(1{,}5)^{\sqrt{t}}}{\ln(1{,}5)} + 1778{,}03$; environ $2578{,}12$ $.

b) Environ 6 ans.

22. a) Environ $15\,840{,}74$ $.   b) Environ $9{,}2$ ans.

c) Environ $6{,}57$ %.   d) Environ $9607{,}89$ $.

23. a) 180 bélougas.

b) Vers la fin de l'année 2005 ; vers le début de l'année 2043.

24. Environ $0{,}40$ atm.

25. Environ $11{,}72$ années.

26. Environ $2{,}16$ %.

27. Environ 259 ans ; environ $0{,}78$ %.

28. a) $P = 8000 + 38\,000e^{0{,}03t}$

b) Environ $77\,240$ habitants.

c) Environ $26{,}44$ années.

29. a) Environ $585{,}35$ grammes.

b) Environ $72{,}13$ heures.

30. a) $N = 500\,000 - 450\,000e^{\frac{\ln\left(\frac{14}{15}\right)t}{2}}$

ou

$N = 500\,000 - 450\,000\left(\dfrac{14}{15}\right)^{\frac{t}{2}}$

b) Environ $303\,368$ bactéries.

c) Environ $63{,}7$ heures.

31. a) Environ $0{,}85\,Q_0$, où Q_0 est la quantité initiale.

b) Environ $0{,}73\,Q_0$.

c) Environ $12{,}6$ heures.

d) Environ $83{,}7$ heures.

32. a) $T = 30 + 1270\left(\dfrac{102}{127}\right)^{\frac{t}{15}}$ (en degrés Celsius).

b) Environ 3 heures et 49 minutes.

33. Entre 15 h 49 et 15 h 50.

34. a) Environ $4{,}09$ minutes.   b) Environ $75{,}7$ °C.

35. a) $Q = 100e^{\frac{-t}{30}}$

b) Environ $13{,}53$ kilogrammes.

c) Environ 3 heures et 48 minutes.

36. a) $\dfrac{dQ}{dt} = 4 - \dfrac{Q}{35}$ b) $Q = 140 - 140e^{\frac{-t}{35}}$

c) Environ $69{,}5$ kilogrammes.   d) Environ $24{,}26$ minutes.

37. a) $h = \left(8 - \dfrac{4t}{5}\right)^2$ (en centimètres).

b) 5 minutes.

Problèmes de synthèse (page 99)

1. $\cos\left(\dfrac{11\pi}{40}\right) \approx 0{,}651$

2. a) $\displaystyle\lim_{\Delta x \to 0} \dfrac{f(a + \Delta x) - f(a)}{\Delta x} = f'(a)$ (par définition de $f'(a)$)

ainsi si $\Delta x \to 0$, alors $\dfrac{f(a + \Delta x) - f(a)}{\Delta x} \approx f'(a)$,

d'où $f(a + dx) \approx f(a) + f'(a)\,dx$ (car $dx = \Delta x$).

b) $f(3{,}99) \approx 63{,}52$

3. a) $dp = \left[\dfrac{2a}{v^3} - \dfrac{nRT}{(v - b)^2}\right] dv$ b) $dp = \dfrac{nR}{(v - b)}\,dT$

c) $dT = \dfrac{1}{nR}\left[p + \dfrac{a}{v^2} - \dfrac{2a}{v^3}\,(v - b)\right] dv$

4. a) $\dfrac{-1}{e^x + 1} + C$

b) $\dfrac{2}{5}\,(x - 1)^{\frac{5}{2}} + \dfrac{4}{3}\,(x - 1)^{\frac{3}{2}} + 2(x - 1)^{\frac{1}{2}} + C$

c) $\ln|\cos x + x\sin x| + C$ d) $\dfrac{2}{3}\,\text{Arc tan } x^{\frac{3}{2}} + C$

e) $2\ln(1 + \sqrt{x}) + C$ f) $\dfrac{3}{8}\,(x^2 - 2)^{\frac{4}{3}} + C$

g) $\dfrac{3}{14}\,(x^2 - 2)^{\frac{7}{3}} + \dfrac{3}{4}\,(x^2 - 2)^{\frac{4}{3}} + C$

h) $2\sqrt{1 + \sin t} + C$

5. $y = C(x^2 + 1)^2\,e^{\text{Arc tan } x}$; $y = 5\,(x^2 + 1)^2\,e^{\text{Arc tan } x}$

6. a) $y_1 = \sqrt[5]{\dfrac{5x^3}{3} + C_1}$ b) $y_2 = \dfrac{1}{\sqrt[3]{C_2 - \dfrac{3}{x}}}$

c) $y_1 = \sqrt[5]{\dfrac{5x^3}{3} - 13}$ et $y_2 = \dfrac{1}{\sqrt[3]{\dfrac{9}{8} - \dfrac{3}{x}}}$

7. $y = \dfrac{1}{x^2 + 1} + C$

8. a) $y = C(x - 4)$

b)

c) $y_1 = \sqrt{3}\,(x - 4)$ et $y_2 = -\sqrt{3}\,(x - 4)$

d) $y = C(x - a) + b$

9. a) $a = 2t - 22$ (en m/s^2)

b) $s = \dfrac{t^3}{3} - 11t^2 + 121t + 27$ (en mètres)

c) $470{,}\overline{6}$ m   d) $443{,}\overline{6}$ m

10. a) Environ 31,83 secondes.

b) Environ 48,988 mètres.

c) Un temps infini $(t \to +\infty)$.

d) $v = \dfrac{10\,000}{10\,000 + \pi^2 t^2}$ (en m/s); $a = \dfrac{-20\,000\,\pi^2 t}{(10\,000 + \pi^2 t^2)^2}$ (en m/s²).

11. 81,45… km/h

12. a) $T = \dfrac{1}{\sqrt[3]{\left(\dfrac{1}{(282)^3} - \dfrac{1}{(293)^3}\right)\dfrac{t}{2} + \dfrac{1}{(293)^3}}}$

b) Environ 264,14 K.

13. $k = \dfrac{\ln\left(\dfrac{P_2}{P_1}\right)}{t_2 - t_1}$

14. $I = \dfrac{E}{R}\left(1 - e^{\frac{-Rt}{L}}\right)$

15. 12 secondes ; $5,\overline{5}$ m/s².

16. 4 secondes ; 6,25 m/s².

17. 4,096 cm³ ; 15 minutes.

18. a) $v = v_0 + u_0 \ln\left(\dfrac{m_0}{m}\right)$ b) $m \to 0$

19. a) $A \approx 1338,23$ \$ b) $A \approx 1343,92$ \$

c) $A \approx 1348,85$ \$ d) $A \approx 1349,82$ \$

e) $A = 1000\,e^{(0,06)5} \approx 1349,86$ \$ f) $A \approx 1349,86$ \$

g) Ils sont identiques.

20. a) $I = e^i - 1$ b) $I \approx 7,52\,\%$

21. Environ 117,73 ml.

22. a) $V = 6\left(1 - e^{\frac{-t}{150}}\right)$ (en m³).   b) Environ 49,3 minutes.

c)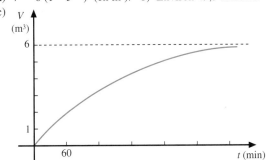

23. $T = M + (T_0 - M)\,e^{Kt}$

24. Lyne, car la température de son café est à environ 75,11 °C, alors que le café de Johanne est à environ 75,03 °C.

25. Vers 5 h 46.

C h a p i t r e   3

Test préliminaire (page 104)

1. a) $\dfrac{45}{4}$ u²

b) $f\left(\dfrac{1}{4}\right)\dfrac{3}{4} + f(1)\dfrac{1}{2} + f\left(\dfrac{3}{2}\right)\dfrac{1}{4} + f(2)\,1 + f\left(\dfrac{5}{2}\right)\dfrac{1}{2} = \dfrac{359}{64}$ u²

2. $f(x) = 2x^2 - 3x + 7$

3. $f'(x) = \lim\limits_{h \to 0} \dfrac{f(x+h) - f(x)}{h}$

4. a) 6   b) $\dfrac{3}{8}$

5. a) …, il existe au moins un nombre $c \in\,]a, b[$ tel que $f(c) = K$.

b) …, il existe au moins un nombre $c \in\,]a, b[$ tel que $f'(c) = \dfrac{f(b) - f(a)}{b - a}$

c) … $\forall\, x \in [a, b], f(x) = g(x) + C$, où C est une constante réelle.

6. a) $\dfrac{u^{r+1}}{r+1} + C$, si $r \neq -1$ b) $\ln |u| + C$

c) $\sin u + C$ d) $-\cos u + C$

e) $\tan u + C$ f) $-\cot u + C$

g) $\sec u + C$ h) $-\csc u + C$

i) Arc $\sin u + C$ j) Arc $\tan u + C$

k) Arc $\sec u + C$ l) $\dfrac{a^u}{\ln a} + C$

m) $e^u + C$ n) $\ln |\sec u + \tan u| + C$

o) $\ln |\sec u| + C$ p) $\ln |\csc u - \cot u| + C$

Exercices

Exercices 3.1 *(page 110)*

1. a) $\dfrac{3}{10} + \dfrac{4}{17} + \dfrac{5}{26} + \dfrac{6}{37} + \dfrac{7}{50} + \dfrac{8}{65} + \dfrac{9}{82}$

b) $31 + 107 + 255 + 499$

c) $2^3 + 2^4 + 2^5 + \ldots + 2^{56} + 2^{57}$

d) $-1 + \dfrac{1}{3} + \dfrac{3}{5} + \ldots + \dfrac{57}{59} + \dfrac{59}{61}$

e) $8 - 9 + 10 - 11 + 12$

f) $\left[-2 - \dfrac{1}{2}\right] + \left[4 - \dfrac{1}{4}\right] + \left[-8 - \dfrac{1}{8}\right] + \left[16 - \dfrac{1}{16}\right]$

2. a) $\displaystyle\sum_{k=1}^{7} k^2$ b) $\displaystyle\sum_{k=0}^{5} 2^k$

c) $\displaystyle\sum_{k=1}^{4} 5$ d) $\displaystyle\sum_{k=2}^{25} k^3$

e) $\displaystyle\sum_{k=1}^{10} \dfrac{(-1)^k k^2}{k+1}$ f) $\displaystyle\sum_{k=1}^{8} (-1)^{k+1}(2k-1)$

3. a) $\dfrac{100 \times 101}{2} = 5050$ (formule 1, où $k = 100$)

b) $\dfrac{100 \times 101 \times 201}{6} = 338\,350$ (formule 2, où $k = 100$)

c) $6 \times 42 = 252$

d) $\dfrac{30^2 \times 31^2}{4} = 216\,225$ (formule 3, où $k = 30$)

e) $\displaystyle\sum_{i=1}^{90} i - \sum_{i=1}^{9} i = 4095 - 45 = 4050$

f) $\dfrac{1}{(45)^3} \displaystyle\sum_{i=1}^{44} i^2 = \dfrac{1}{(45)^3}\,(29\,370) \approx 0,322$

g) $\underbrace{(3 + 3 + \ldots + 3)}_{9 \text{ termes}} + \dfrac{1}{10}\,(1 + 2 + 3 + \ldots + 9) = 27 + \dfrac{1}{10}\,(45) = 31,5$

4. a) $\dfrac{(n-1)n}{2}$ (formule 1, où $k = n - 1$)

b) $\displaystyle\sum_{i=1}^{n-1} \dfrac{3i^2}{5n} = \dfrac{3}{5n} \sum_{i=1}^{n-1} i^2$ (théorème 2)

$\qquad = \dfrac{3}{5n}\left(\dfrac{(n-1)\,n\,(2n-1)}{6}\right)$ (formule 2, où $k = n - 1$)

$\qquad = \dfrac{(n-1)\,(2n-1)}{10}$

c) $\displaystyle\sum_{i=1}^{n}(5i^3 + 6) = 5\sum_{i=1}^{n} i^3 + \sum_{i=1}^{n} 6$ (théorèmes 1 et 2)

$\qquad = 5\,\dfrac{n^2(n+1)^2}{4} + 6n$ (formule 3, où $k = n$)

d) $\displaystyle\sum_{i=1}^{n-1}(6i^2 - 2i) = 6\sum_{i=1}^{n-1} i^2 - 2\sum_{i=1}^{n-1} i$ (théorèmes 1 et 2)

$\qquad = 6\,\dfrac{(n-1)\,n\,(2n-1)}{6} - \dfrac{2(n-1)\,n}{2}$

$\qquad\qquad$ (formules 1 et 2)

$\qquad = 2n\,(n-1)^2$

5. 1ʳᵉ façon

$\displaystyle\sum_{i=1}^{k}[i^2 - (i-1)^2] = \sum_{i=1}^{k}[i^2 - (i^2 - 2i + 1)]$

$\qquad = \displaystyle\sum_{i=1}^{k}[2i - 1]$

$\qquad = \displaystyle\sum_{i=1}^{k} 2i - \sum_{i=1}^{k} 1$ (théorème 1)

$\qquad = 2\displaystyle\sum_{i=1}^{k} i - k$ (théorème 2)

2ᵉ façon

$\displaystyle\sum_{i=1}^{k}[i^2 - (i-1)^2] = [1^2 - 0^2] + [2^2 - 1^2] + [3^2 - 2^2] + \dots +$
$\qquad\qquad [(k-1)^2 - (k-2)^2] + [k^2 - (k-1)^2]$

$\qquad = k^2$ (en simplifiant)

En comparant les résultats obtenus, nous avons

$2\displaystyle\sum_{i=1}^{k} i - k = k^2$

$2\displaystyle\sum_{i=1}^{k} i = k^2 + k$

$\displaystyle\sum_{i=1}^{k} i = \dfrac{k^2 + k}{2} = \dfrac{k(k+1)}{2}.$

Exercices 3.2 *(page 119)*

1. a) $\Delta x = \dfrac{1-0}{40} = \dfrac{1}{40}$ b) $\Delta x = \dfrac{5-1}{10} = \dfrac{2}{5}$

c) $\Delta x = \dfrac{6-(-1)}{100} = \dfrac{7}{100}$ d) $\Delta x = \dfrac{b-a}{36}$

2. a)

$0 \quad \dfrac{1}{5} \quad \dfrac{2}{5} \quad \dfrac{3}{5} \quad \dfrac{4}{5} \quad 1$

b)

$0\ \dfrac{3}{20}\dfrac{6}{20}\dfrac{9}{20} \qquad\qquad \dfrac{54}{20}\dfrac{57}{20}\ 3$

c)

$2 \qquad 2+\dfrac{5}{51} \qquad 2+\dfrac{10}{51} \qquad \dots \qquad 2+\dfrac{250}{51} \qquad 7$

---

3. a) $s_4 = f\!\left(\dfrac{1}{2}\right)\dfrac{1}{2} + f(1)\dfrac{1}{2} + f\!\left(\dfrac{3}{2}\right)\dfrac{1}{2} + f(2)\dfrac{1}{2}$

$\qquad = \dfrac{1}{2}\left[f\!\left(\dfrac{1}{2}\right) + f(1) + f\!\left(\dfrac{3}{2}\right) + f(2)\right]$

$\qquad = \dfrac{1}{2}\left[\left(9 - \dfrac{1}{4}\right) + (9 - 1) + \left(9 - \dfrac{9}{4}\right) + (9 - 4)\right]$

$\qquad = \dfrac{57}{4} = 14{,}25 \text{ u}^2$

b) $S_4 = f(0)\dfrac{1}{2} + f\!\left(\dfrac{1}{2}\right)\dfrac{1}{2} + f(1)\dfrac{1}{2} + f\!\left(\dfrac{3}{2}\right)\dfrac{1}{2}$

$\qquad = \dfrac{1}{2}\left[9 + \left(9 - \dfrac{1}{4}\right) + (9 - 1) + \left(9 - \dfrac{9}{4}\right)\right]$

$\qquad = \dfrac{65}{4} = 16{,}25 \text{ u}^2$

c) $s_5 = f(0)\dfrac{1}{5} + f\!\left(\dfrac{1}{5}\right)\dfrac{1}{5} + f\!\left(\dfrac{2}{5}\right)\dfrac{1}{5} + f\!\left(\dfrac{3}{5}\right)\dfrac{1}{5} + f\!\left(\dfrac{4}{5}\right)\dfrac{1}{5}$

$\qquad = \dfrac{1}{5}\left[f(0) + f\!\left(\dfrac{1}{5}\right) + f\!\left(\dfrac{2}{5}\right) + f\!\left(\dfrac{3}{5}\right) + f\!\left(\dfrac{4}{5}\right)\right]$

$\qquad = \dfrac{1}{5}\left[1 + \left(\dfrac{2}{25} + 1\right) + \left(\dfrac{8}{25} + 1\right) + \left(\dfrac{18}{25} + 1\right) + \left(\dfrac{32}{25} + 1\right)\right]$

$\qquad = \dfrac{185}{125} = 1{,}48 \text{ u}^2$

d) $S_5 = f\!\left(\dfrac{1}{5}\right)\dfrac{1}{5} + f\!\left(\dfrac{2}{5}\right)\dfrac{1}{5} + f\!\left(\dfrac{3}{5}\right)\dfrac{1}{5} + f\!\left(\dfrac{4}{5}\right)\dfrac{1}{5} + f(1)\dfrac{1}{5}$

$\qquad = \dfrac{1}{5}\left[\left(\dfrac{2}{25} + 1\right) + \left(\dfrac{8}{25} + 1\right) + \left(\dfrac{18}{25} + 1\right) + \left(\dfrac{32}{25} + 1\right) + 3\right]$

$\qquad = \dfrac{235}{125} = 1{,}88 \text{ u}^2$

4. a)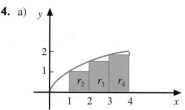

$s_4 = A(r_1) + A(r_2) + A(r_3) + A(r_4)$
$\quad = f(0)\,1 + f(1)\,1 + f(2)\,1 + f(3)\,1$
$\quad = \sqrt{0} + \sqrt{1} + \sqrt{2} + \sqrt{3}$
$\quad = 1 + \sqrt{2} + \sqrt{3}$
$\quad \approx 4{,}146 \text{ u}^2$

b)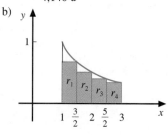

$s_4 = A(r_1) + A(r_2) + A(r_3) + A(r_4)$

$\quad = f\!\left(\dfrac{3}{2}\right)\dfrac{1}{2} + f(2)\dfrac{1}{2} + f\!\left(\dfrac{5}{2}\right)\dfrac{1}{2} + f(3)\dfrac{1}{2}$

$\quad = \dfrac{1}{2}\left[\dfrac{1}{\frac{3}{2}} + \dfrac{1}{2} + \dfrac{1}{\frac{5}{2}} + \dfrac{1}{3}\right] = \dfrac{57}{60} = 0{,}95 \text{ u}^2$

c)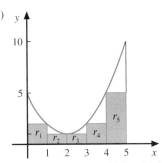

$$s_5 = A(r_1) + A(r_2) + A(r_3) + A(r_4) + A(r_5)$$
$$= f(1)\ 1 + f(2)\ 1 + f(2)\ 1 + f(3)\ 1 + f(4)\ 1$$
$$= 2 + 1 + 1 + 2 + 5$$
$$= 11\ \text{u}^2$$

d)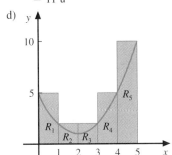

$$S_5 = A(R_1) + A(R_2) + A(R_3) + A(R_4) + A(R_5)$$
$$= f(0)\ 1 + f(1)\ 1 + f(3)\ 1 + f(4)\ 1 + f(5)\ 1$$
$$= 5 + 2 + 2 + 5 + 10$$
$$= 24\ \text{u}^2$$

5. a)

$$S_4 = f\left(\frac{1}{4}\right)\frac{1}{4} + f\left(\frac{2}{4}\right)\frac{1}{4} + f\left(\frac{3}{4}\right)\frac{1}{4} + f(1)\frac{1}{4}$$
$$= \frac{1}{4}\left[\left(\frac{1}{4}\right)^3 + \left(\frac{2}{4}\right)^3 + \left(\frac{3}{4}\right)^3 + (1)^3\right]$$
$$= \frac{100}{256} \approx 0,39\ \text{u}^2$$

b) $S_{100} = f\left(\dfrac{1}{100}\right)\dfrac{1}{100} + f\left(\dfrac{2}{100}\right)\dfrac{1}{100} + f\left(\dfrac{3}{100}\right)\dfrac{1}{100} + \ldots +$
$$f\left(\frac{99}{100}\right)\frac{1}{100} + f(1)\frac{1}{100}$$
$$= \frac{1}{100}\left[\left(\frac{1}{100}\right)^3 + \left(\frac{2}{100}\right)^3 + \left(\frac{3}{100}\right)^3 + \ldots +\right.$$
$$\left.\left(\frac{99}{100}\right)^3 + \left(\frac{100}{100}\right)^3\right]$$
$$= \frac{1}{(100)^4}\left[1^3 + 2^3 + 3^3 + \ldots + 100^3\right]$$

$$= \frac{1}{(100)^4}\frac{(100)^2\,(101)^2}{4} \quad \text{(formule 3, où } k = 100)$$
$$= \frac{(101)^2}{4(100)^2} \approx 0,255\ \text{u}^2$$

c) Aire réelle $\leq S_{100} \leq S_4$.

6. a) $s = \lim\limits_{n\to+\infty} s_n = \lim\limits_{n\to+\infty}\dfrac{14n^2 - 9n + 1}{6n^2}$
$$= \lim\limits_{n\to+\infty}\left(\frac{7}{3} - \frac{3}{2n} + \frac{1}{6n^2}\right)$$
$$= \frac{7}{3}\ \text{u}^2$$

b) $S = \lim\limits_{n\to+\infty} S_n = \dfrac{7}{3}\ \text{u}^2$ c) $A_1^2 = \dfrac{7}{3}\ \text{u}^2$, car $s = S = \dfrac{7}{3}$.

7. a)

$$s_n = f(0)\frac{1}{n} + f\left(\frac{1}{n}\right)\frac{1}{n} + f\left(\frac{2}{n}\right)\frac{1}{n} + \ldots + f\left(\frac{n-1}{n}\right)\frac{1}{n}$$
$$= \frac{1}{n}\left\{f(0) + f\left(\frac{1}{n}\right) + f\left(\frac{2}{n}\right) + \ldots + f\left(\frac{n-1}{n}\right)\right\}$$
$$= \frac{1}{n}\left\{1 + \left[\left(\frac{1}{n}\right)^2 + 3\left(\frac{1}{n}\right) + 1\right] + \left[\left(\frac{2}{n}\right)^2 + 3\left(\frac{2}{n}\right) + 1\right] + \right.$$
$$\left. \ldots + \left[\left(\frac{n-1}{n}\right)^2 + 3\left(\frac{n-1}{n}\right) + 1\right]\right\}$$
$$= \frac{1}{n}\left\{\underbrace{(1 + 1 + 1 + \ldots + 1)}_{n\ \text{termes}} + \frac{1}{n^2}(1^2 + 2^2 + \ldots + (n-1)^2) + \right.$$
$$\left.\frac{3}{n}(1 + 2 + \ldots + (n-1))\right\}$$
$$= \frac{1}{n}\left\{n + \frac{1}{n^2}\frac{(n-1)\,n\,(2n-1)}{6} + \frac{3}{n}\frac{(n-1)\,n}{2}\right\}$$
$$\text{(formules 2 et 1)}$$
$$= \frac{17n^2 - 12n + 1}{6n^2}$$

b) $S_n = f\left(\dfrac{1}{n}\right)\dfrac{1}{n} + f\left(\dfrac{2}{n}\right)\dfrac{1}{n} + f\left(\dfrac{3}{n}\right)\dfrac{1}{n} + \ldots + f(1)\dfrac{1}{n}$
$$= \frac{1}{n}\left\{f\left(\frac{1}{n}\right) + f\left(\frac{2}{n}\right) + f\left(\frac{3}{n}\right) + \ldots + f\left(\frac{n}{n}\right)\right\}$$
$$= \frac{1}{n}\left\{\left[\left(\frac{1}{n}\right)^2 + 3\left(\frac{1}{n}\right) + 1\right] + \left[\left(\frac{2}{n}\right)^2 + 3\left(\frac{2}{n}\right) + 1\right] + \right.$$
$$\left. \ldots + \left[\left(\frac{n}{n}\right)^2 + 3\left(\frac{n}{n}\right) + 1\right]\right\}$$
$$= \frac{1}{n}\left\{\underbrace{(1 + 1 + \ldots + 1)}_{n\ \text{termes}} + \frac{1}{n^2}(1^2 + 2^2 + \ldots + n^2) + \right.$$
$$\left.\frac{3}{n}(1 + 2 + \ldots + n)\right\}$$
$$= \frac{1}{n}\left\{n + \frac{1}{n^2}\frac{n(n+1)\,(2n+1)}{6} + \frac{3}{n}\frac{n(n+1)}{2}\right\}$$
$$= \frac{17n^2 + 12n + 1}{6n^2} \quad\quad \text{(formules 2 et 1)}$$

c) $s = \lim\limits_{n \to +\infty} s_n = \lim\limits_{n \to +\infty} \dfrac{17n^2 + 12n + 1}{6n^2}$

$= \lim\limits_{n \to +\infty} \left(\dfrac{17}{6} - \dfrac{2}{n} + \dfrac{1}{6n^2} \right)$

$= \dfrac{17}{6} \, u^2$

$S = \lim\limits_{n \to +\infty} S_n = \dfrac{17}{6} \, u^2$

d) $A_0^1 = \dfrac{17}{6} \, u^2$

8. a) $S_n = f\!\left(\dfrac{10}{n}\right)\dfrac{10}{n} + f\!\left(\dfrac{20}{n}\right)\dfrac{10}{n} + f\!\left(\dfrac{30}{n}\right)\dfrac{10}{n} + \ldots + f(10)\dfrac{10}{n}$

$= \dfrac{10}{n}\left[f\!\left(\dfrac{10}{n}\right) + f\!\left(\dfrac{20}{n}\right) + f\!\left(\dfrac{30}{n}\right) + \ldots + f\!\left(\dfrac{10n}{n}\right)\right]$

$= \dfrac{10}{n}\left\{ \left[0{,}1\left(\dfrac{10}{n}\right)^3 + 15\right] + \left[0{,}1\left(\dfrac{20}{n}\right)^3 + 15\right] + \ldots + \left[0{,}1\left(\dfrac{10n}{n}\right)^3 + 15\right] \right\}$

$= \dfrac{10}{n}\left\{ \underbrace{(15 + 15 + \ldots + 15)}_{n \text{ termes}} + 0{,}1\left(\dfrac{10}{n}\right)^3 [1^3 + 2^3 + \ldots + n^3] \right\}$

$= \dfrac{10}{n}\left(15n + \dfrac{100}{n^3}\,\dfrac{n^2(n+1)^2}{4} \right) \quad \text{(formule 3)}$

$= \dfrac{400n^2 + 500n + 250}{n^2}$

b) $S = \lim\limits_{n \to +\infty} S_n = 400 \, u^2$

Exercices 3.3 *(page 128)*

1. a) $SR_6 = 2 \times 14 + 6 \times 11 + 5 \times 15 + 3 \times 22 + 4 \times 8 + 7 \times 20 = 407$
b) $SR_5 = (-4)2 + (-6)2 + (-5)3 + (-4)1 + (-2)2 = -43$
c) $SR_6 = -2{,}5 - 1{,}5 - 0{,}5 + 0{,}5 + 1{,}5 + 2{,}5 = 0$

2. a) $SR = f(0)\,0{,}6 + f(0{,}6)\,0{,}2 + f(0{,}8)\,0{,}4 + f(1{,}2)\,0{,}5 + f(1{,}7)\,0{,}3 = -0{,}985$
b) $SR = f(0{,}6)\,0{,}6 + f(0{,}8)\,0{,}2 + f(1{,}2)\,0{,}4 + f(1{,}7)\,0{,}5 + f(2)\,0{,}3 = 1{,}965$
c) $SR = f(0{,}3)\,0{,}6 + f(0{,}7)\,0{,}2 + f(1)\,0{,}4 + f(1{,}45)\,0{,}5 + f(1{,}85)\,0{,}3 = 0{,}63$

3. a) $\displaystyle\int_a^b f(x)\,dx = \lim\limits_{(\max \Delta x_i)\to 0} \sum_{i=1}^{n} f(c_i)\,\Delta x_i$ où $c_i \in [x_{i-1}, x_i]$

b) $\displaystyle\int_3^7 6\,dx = \lim\limits_{(\max \Delta x_i)\to 0} \sum_{i=1}^{n} 6\,\Delta x_i \quad (f(x) = 6)$

$= \lim\limits_{(\max \Delta x_i)\to 0} 6\sum_{i=1}^{n} \Delta x_i$

$= \lim\limits_{(\max \Delta x_i)\to 0} 6\,(7 - 3) \quad \left(\sum_{i=1}^{n} \Delta x_i = 7 - 3\right)$

$= 24$

c) Calculons d'abord $\displaystyle\sum_{i=1}^{n} f(c_i)\,\Delta x_i$, où $c_i = \dfrac{x_{i-1} + x_i}{2}$.

$\displaystyle\sum_{i=1}^{n} f(c_i)\,\Delta x_i = f(c_1)\,\Delta x_1 + f(c_2)\,\Delta x_2 + \ldots + f(c_n)\,\Delta x_n$

$= \left(\dfrac{x_0 + x_1}{2}\right)(x_1 - x_0) + \left(\dfrac{x_1 + x_2}{2}\right)(x_2 - x_1) +$

$\ldots + \left(\dfrac{x_{n-1} + x_n}{2}\right)(x_n - x_{n-1})$

$= \dfrac{1}{2}[x_1^2 - x_0^2 + x_2^2 - x_1^2 + \ldots + x_n^2 - x_{n-1}^2]$

$= \dfrac{1}{2}[x_n^2 - x_0^2]$

$= \dfrac{1}{2}[5^2 - 1^2] \quad \text{(car } x_n = 5 \text{ et } x_0 = 1\text{)}$

$= 12,$

d'où $\displaystyle\int_1^5 x\,dx = \lim\limits_{(\max \Delta x_i)\to 0} \sum_{i=1}^{n} f(c_i)\,\Delta x_i$

$= \lim\limits_{(\max \Delta x_i)\to 0} 12$

$= 12$

4. a) $\displaystyle\int_a^b c\,dx = \lim\limits_{(\max \Delta x_i)\to 0} \sum_{i=1}^{n} c\,\Delta x_i \quad (f(x) = c)$

$= \lim\limits_{(\max \Delta x_i)\to 0} c\sum_{i=1}^{n} \Delta x_i$

$= \lim\limits_{(\max \Delta x_i)\to 0} c(b - a) \quad \left(\sum_{i=1}^{n} \Delta x_i = b - a\right)$

$= c(b - a).$

b) $\displaystyle\int_{-1}^4 \dfrac{1}{2}\,dx = \dfrac{1}{2}(4 - (-1)) = \dfrac{5}{2}$

c) $\displaystyle\int_{-10}^{-1} (-3)\,dx = -3(-1 - (-10)) = -27$

5. a) $SR_n = \displaystyle\sum_{i=1}^{n} f(c_i)\,\Delta x_i$, où $c_i = \dfrac{x_{i-1} + x_i}{2}$

$= f(c_1)\,\Delta x_1 + f(c_2)\,\Delta x_2 + \ldots + f(c_n)\,\Delta x_n$

$= \left(\dfrac{x_1 + x_0}{2}\right)(x_1 - x_0) + \left(\dfrac{x_2 + x_1}{2}\right)(x_2 - x_1) + \ldots +$

$\left(\dfrac{x_n - x_{n-1}}{2}\right)(x_n - x_{n-1})$

$= \dfrac{1}{2}[x_1^2 - x_0^2 + x_2^2 - x_1^2 + \ldots + x_n^2 - x_{n-1}^2]$

$= \dfrac{1}{2}[x_n^2 - x_0^2]$

$= \dfrac{b^2 - a^2}{2} \quad (x_0 = a \text{ et } x_n = b)$

b) $\displaystyle\int_a^b x\,dx = \lim\limits_{(\max \Delta x_i)\to 0} \dfrac{b^2 - a^2}{2} = \dfrac{b^2 - a^2}{2}$

c)

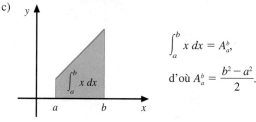

$\displaystyle\int_a^b x\,dx = A_a^b,$

d'où $A_a^b = \dfrac{b^2 - a^2}{2}.$

L'intégrale définie correspond à l'aire comprise entre la courbe $f(x) = x$, l'axe x, la droite $x = a$ et la droite $x = b$.

6. a) $\displaystyle\int_{2}^{9} x\, dx = \frac{9^2 - 2^2}{2} = \frac{77}{2}$

b) $\displaystyle\int_{-4}^{1} x\, dx = \frac{1^2 - (-4)^2}{2} = \frac{-15}{2}$

c) $\displaystyle\int_{-3}^{3} x\, dx = \frac{3^2 - (-3)^2}{2} = 0$

7. a) $\displaystyle\int_{3}^{9} f(x)\, dx = \int_{3}^{5} f(x)\, dx + \int_{5}^{9} f(x)\, dx = -6 + 8 = 2$

b) $\displaystyle\int_{9}^{3} f(x)\, dx = -\int_{3}^{9} f(x)\, dx = -2$

c) $\displaystyle\int_{0}^{9} f(x)\, dx = \int_{0}^{3} f(x)\, dx + \int_{3}^{5} f(x)\, dx + \int_{5}^{9} f(x)\, dx = 5 + (-6) + 8 = 7$

8. a) $\displaystyle\int_{2}^{5} [f(x) + g(x)]\, dx = \int_{2}^{5} f(x)\, dx + \int_{2}^{5} g(x)\, dx = 4 + 3 = 7$

b) $\displaystyle\int_{2}^{2} 8f(x)\, dx = 0$ (par définition)

c) $\displaystyle\int_{2}^{5} [5g(x) - 2f(x)]\, dx = 5\int_{2}^{5} g(x)\, dx - 2\int_{2}^{5} f(x)\, dx = 5(3) - 2(4) = 7$

9. a) $\displaystyle\int_{1}^{4} (3x - 5)\, dx = 3\int_{1}^{4} x\, dx - \int_{1}^{4} 5\, dx$

$\displaystyle = 3\left(\frac{4^2 - 1^2}{2}\right) - 5(4 - 1) = 7{,}5$

b) $\displaystyle\int_{-3}^{2} 6x^2\, dx = 6\int_{-3}^{2} x^2\, dx$

$\displaystyle = 6\left(\frac{2^3 - (-3)^3}{3}\right) = 70$

c) $\displaystyle\int_{1}^{3} (3x^2 - 9x + 2)\, dx = 3\int_{1}^{3} x^2\, dx - 9\int_{1}^{3} x\, dx + \int_{1}^{3} 2\, dx$

$\displaystyle = 3\left(\frac{3^3 - 1^3}{3}\right) - 9\left(\frac{3^2 - 1^2}{2}\right) + 2(3 - 1) = -6$

10. a)

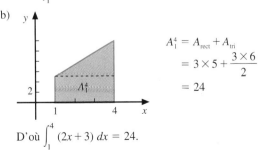

$A_1^6 = A_{rect}$
$= 5 \times 3$
$= 15$

D'où $\displaystyle\int_{1}^{6} 3\, dx = 15$.

b)

$A_1^4 = A_{rect} + A_{tri}$
$= 3 \times 5 + \dfrac{3 \times 6}{2}$
$= 24$

D'où $\displaystyle\int_{1}^{4} (2x + 3)\, dx = 24$.

11. a) $1020 = c^3(8 - 2)$, d'où $c = \sqrt[3]{170}$.

b) $\ln 3 = \dfrac{1}{c}(6 - 2)$, d'où $c = \dfrac{4}{\ln 3}$.

c) $\dfrac{2}{9} = \dfrac{1}{c^2}(9 - 3)$, d'où $c = 3\sqrt{3}$.

Exercices 3.4 *(page 137)*

1. a) $5x \Big|_{2}^{6} = 30 - 10 = 20$ b) $\dfrac{x^4}{4}\Big|_{-1}^{1} = \dfrac{1}{4} - \dfrac{1}{4} = 0$

c) $\left(x - \dfrac{2}{3}x^{\frac{3}{2}}\right)\Big|_{1}^{4} = \left(\dfrac{-4}{3}\right) - \dfrac{1}{3} = \dfrac{-5}{3}$

d) $(-2\cos\theta)\Big|_{0}^{\frac{\pi}{2}} = \left(-2\cos\dfrac{\pi}{2}\right) - (-2\cos 0) = 2$

e) $(3\ln t)\Big|_{1}^{e} = 3\ln e - 3\ln 1 = 3$

f) $\operatorname{Arc\,tan} x\Big|_{0}^{1} = \operatorname{Arc\,tan} 1 - \operatorname{Arc\,tan} 0 = \dfrac{\pi}{4}$

g) $\sec u\Big|_{-\frac{\pi}{3}}^{0} = \sec 0 - \sec\left(\dfrac{-\pi}{3}\right) = -1$

h) $\left(2e^x + \dfrac{x}{2}\right)\Big|_{-1}^{2} = (2e^2 + 1) - \left(2e^{-1} - \dfrac{1}{2}\right) = 2e^2 - \dfrac{2}{e} + \dfrac{3}{2}$

i) $\left(\dfrac{x^4}{4} + \dfrac{3^x}{\ln 3}\right)\Big|_{0}^{2} = \left(4 + \dfrac{9}{\ln 3}\right) - \dfrac{1}{\ln 3} = 4 + \dfrac{8}{\ln 3}$

j) $\tan\theta\Big|_{-\frac{\pi}{5}}^{\frac{\pi}{5}} = \tan\left(\dfrac{\pi}{5}\right) - \tan\left(\dfrac{-\pi}{5}\right) = 1{,}453\ldots$

k) $(-2\operatorname{Arc\,sin} x)\Big|_{0}^{\frac{1}{2}} = -2\operatorname{Arc\,sin}\left(\dfrac{1}{2}\right) - (-2\operatorname{Arc\,sin} 0) = \dfrac{-\pi}{3}$

l) $\left(\dfrac{-1}{x^2} - 6x^{\frac{2}{3}}\right)\Big|_{1}^{8} = \left(\dfrac{-1}{64} - 24\right) - (-1 - 6) = \dfrac{-1089}{64}$

2. a) $u = 3 + 5x$; $\displaystyle\int \dfrac{1}{3 + 5x}\, dx = \dfrac{1}{5}\ln|3 + 5x| + C$;

$\displaystyle\int_{2}^{4} \dfrac{1}{3 + 5x}\, dx = \dfrac{1}{5}\ln(3 + 5x)\Big|_{2}^{4} = \dfrac{1}{5}\ln 23 - \dfrac{1}{5}\ln 13$

$\displaystyle = \dfrac{1}{5}\ln\dfrac{23}{13}$

b) $u = x^2 + 9$; $\displaystyle\int \dfrac{4x}{\sqrt{x^2 + 9}}\, dx = 4\sqrt{x^2 + 9} + C$;

$\displaystyle\int_{0}^{4} \dfrac{4x}{\sqrt{x^2 + 9}}\, dx = 4\sqrt{x^2 + 9}\Big|_{0}^{4} = 4\sqrt{25} - 4\sqrt{9} = 8$

c) $u = \tan 3\theta$; $\displaystyle\int \tan^2 3\theta\,\sec^2 3\theta\, d\theta = \dfrac{\tan^3 3\theta}{9} + C$;

$\displaystyle\int_{0}^{\frac{\pi}{12}} \tan^2 3\theta\,\sec^2 3\theta\, d\theta = \dfrac{\tan^3 3\theta}{9}\Big|_{0}^{\frac{\pi}{12}}$

$\displaystyle = \dfrac{\tan^3\left(\dfrac{\pi}{4}\right)}{9} - \dfrac{\tan^3(0)}{9} = \dfrac{1}{9}$

3. a) $u = 3 + 5x$; $u(2) = 13$ et $u(4) = 23$;

$\displaystyle\int_{2}^{4} \dfrac{1}{3 + 5x}\, dx = \int_{13}^{23} \dfrac{1}{5u}\, du = \dfrac{1}{5}\ln u\Big|_{13}^{23} = \dfrac{1}{5}\ln\dfrac{23}{13}$

b) $u = x^2 + 9$; $u(0) = 9$ et $u(4) = 25$;

$$\int_0^4 \frac{4x}{\sqrt{x^2+9}}\, dx = \int_9^{25} \frac{2}{\sqrt{u}}\, du = 4\sqrt{u}\,\Big|_9^{25} = 4\sqrt{25} - 4\sqrt{9} = 8$$

c) $u = \tan 3\theta$; $u(0) = \tan 0 = 0$ et $u\left(\frac{\pi}{12}\right) = \tan\left(\frac{\pi}{4}\right) = 1$;

$$\int_0^{\frac{\pi}{12}} \tan^2 3\theta \sec^2 3\theta\, d\theta = \int_0^1 \frac{u^2}{3}\, du = \frac{u^3}{9}\,\Big|_0^1 = \frac{1}{9}$$

4. a) $u = (1 + x^3)$; $\dfrac{31}{3}$ b) $u = 25 - x^2$; $\dfrac{98}{3}$

c) $u = 25 - x^2$; 1 d) $u = 2 + \sin x$; 0

e) $u = 1 + \sqrt{x}$; $\dfrac{7}{144}$ f) $u = \csc\theta$; 3

g) $u = \sin x$; $e - 1$ h) $u = \dfrac{\pi}{2} + x^2$; $\dfrac{-1}{2}$

i) $u = \text{Arc}\sin x$; $\dfrac{\pi^2}{9}$ j) $u = \sqrt{x}$; $2(\sqrt{3} - 1)$

k) $u = x^2 + 1$; $\dfrac{3}{2}\ln\left(\dfrac{2}{17}\right)$ l) $u = 5x - 2$; $\dfrac{-1}{8}$

5. a) $\dfrac{-78}{7}$ b) $u = x^3 - 1$; $\dfrac{32}{15}$

c) $u = 2t$; 0 d) $24 + \ln 3$

e) $u = \tan\theta$; $1 - \dfrac{\sqrt{3}}{3}$ f) $\ln(1 + \sqrt{2})$

g) $u = \ln x$; $\ln 4$ h) $u = \sin x$; $\dfrac{\pi}{2}$

6. a) $F(x) = 4x^3$; $f(x) = 12x^2$

b) $F(x) = \ln x$; $f(x) = \dfrac{1}{x}$

c) $F(x) = 4x^2 + x$; $f(x) = 8x + 1$

d) $F(x) = -(\pi - x)^4$; $f(x) = 4(\pi - x)^3$

e) $F(x) = e^x$; $f(x) = e^x$

f) $F(x) = \dfrac{1}{x}$; $f(x) = \dfrac{-1}{x^2}$

7. a) $F(x) = \sin x - 1$; $F'(x) = \cos x$

b) $F(x) = \dfrac{e^{2x}}{2} - \dfrac{e^2}{2}$; $F'(x) = e^{2x}$

c) $F(x) = \ln x$; $F'(x) = \dfrac{1}{x}$

d) $F(x) = -x^3 + 2x^2 - 5x + 52$; $F'(x) = -3x^2 + 4x - 5$

8. a) $F'(x) = \sec^3 x$ b) $F'(x) = -\ln x$

c) $\dfrac{d}{dx}\left[\int_1^x \dfrac{d}{dt}(te^t)\, dt\right] = \dfrac{d}{dx}\left[\int_1^x (e^t + te^t)\, dt\right]$

$$= e^x + xe^x$$

9. a) $A_0^{\pi} = \displaystyle\int_0^{\pi} \sin x\, dx = -\cos x\,\Big|_0^{\pi} = 2\ \text{u}^2$

b) $A_1^8 = \displaystyle\int_1^8 \dfrac{1}{x}\, dx = \ln|x|\,\Big|_1^8 = \ln 8\ \text{u}^2$

10. a) Soit $F(x)$ une primitive de $f(x)$, alors

$$\int_a^a f(x)\, dx = F(x)\,\Big|_a^a$$

$$= F(a) - F(a) \qquad \text{(théorème fondamental}$$

$$= 0 \qquad\qquad\qquad \text{du calcul)}$$

---

b) Soit $F(x)$ une primitive de $f(x)$, alors

$$\int_a^b f(x)\, dx + \int_b^c f(x)\, dx = [F(b) - F(a)] + [F(c) - F(b)]$$

$$\qquad\qquad\qquad\qquad \text{(théorème fondamental du calcul)}$$

$$= F(c) - F(a)$$

$$\qquad\qquad \text{(théorème}$$
$$= \int_a^c f(x)\, dx \quad \text{fondamental}$$
$$\qquad\qquad \text{du calcul).}$$

c) Soit $F(x)$ une primitive de $f(x)$, alors $kF(x)$ est une primitive de $kf(x)$,

d'où $\displaystyle\int_a^b kf(x)\, dx = (kF(x))\,\Big|_a^b$ (théorème fondamental du calcul)

$$= kF(b) - kF(a)$$

$$= k[F(b) - F(a)]$$

$$= k\left[F(x)\,\Big|_a^b\right]$$

$$= k\int_a^b f(x)\, dx \quad \begin{array}{l}\text{(théorème}\\\text{fondamental}\\\text{du calcul)}\end{array}$$

Exercices 3.5   *(page 149)*

1. a)

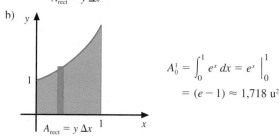

$$A_{-1}^2 = \int_{-1}^2 (x^2 + 1)\, dx$$

$$= \left(\frac{x^3}{3} + x\right)\Big|_{-1}^2$$

$$= 6\ \text{u}^2$$

b)

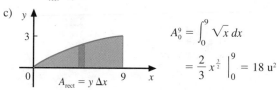

$$A_0^1 = \int_0^1 e^x\, dx = e^x\,\Big|_0^1$$

$$= (e - 1) \approx 1{,}718\ \text{u}^2$$

c)

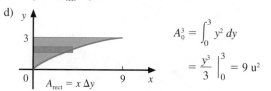

$$A_0^9 = \int_0^9 \sqrt{x}\, dx$$

$$= \frac{2}{3}x^{\frac{3}{2}}\,\Big|_0^9 = 18\ \text{u}^2$$

d)

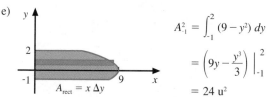

$$A_0^3 = \int_0^3 y^2\, dy$$

$$= \frac{y^3}{3}\,\Big|_0^3 = 9\ \text{u}^2$$

e)

$$A_{-1}^2 = \int_{-1}^2 (9 - y^2)\, dy$$

$$= \left(9y - \frac{y^3}{3}\right)\Big|_{-1}^2$$

$$= 24\ \text{u}^2$$

f)

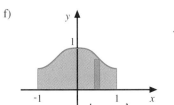

$$A_{-1}^1 = \int_{-1}^1 \frac{1}{1+x^2}\, dx$$

$$= \text{Arc tan } x \Big|_{-1}^1$$

$$= \frac{\pi}{2} \text{ u}^2$$

2. a) $f(x) = 0$ si $x = 0$ ou $x = 6$.

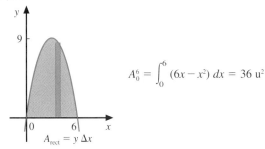

$$A_0^6 = \int_0^6 (6x - x^2)\, dx = 36 \text{ u}^2$$

b) $f(x) = 0$ si $x = 0$, 2 ou 4.

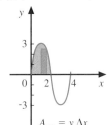

$$A_0^2 = \int_0^2 (x^3 - 6x^2 + 8x)\, dx$$

$$= 4 \text{ u}^2$$

c) $f(x) = 0$ si $x = \dfrac{-\pi}{2}$ ou $x = \dfrac{\pi}{2}$.

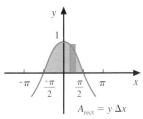

$$A_{-\frac{\pi}{2}}^{\frac{\pi}{2}} = \int_{-\frac{\pi}{2}}^{\frac{\pi}{2}} \cos x\, dx$$

$$= \sin x \Big|_{-\frac{\pi}{2}}^{\frac{\pi}{2}}$$

$$= 2 \text{ u}^2$$

3. a) $x = 0$ si $y = -1$ ou $y = 3$.

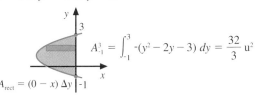

$$A_{-1}^3 = \int_{-1}^3 -(y^2 - 2y - 3)\, dy = \frac{32}{3} \text{ u}^2$$

b) $x = 0$ si $y = 0$ ou $y = 2\pi$.

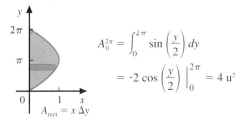

$$A_0^{2\pi} = \int_0^{2\pi} \sin\left(\frac{y}{2}\right) dy$$

$$= -2 \cos\left(\frac{y}{2}\right) \Big|_0^{2\pi} = 4 \text{ u}^2$$

4. $A = \displaystyle\int_a^c (f(x) - g(x))\, dx + \int_c^d (g(x) - f(x))\, dx +$

$$\int_d^e (f(x) - g(x))\, dx + \int_e^b (f(x) - g(x))\, dx$$

5. a) $f(x) = g(x)$ si $x = -1$ ou $x = 4$.

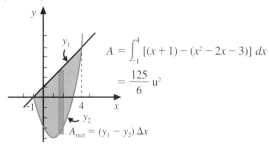

$$A = \int_{-1}^4 [(x+1) - (x^2 - 2x - 3)]\, dx$$

$$= \frac{125}{6} \text{ u}^2$$

b) $x_1 = x_2$ si $y = 4$ ou $y = -2$.

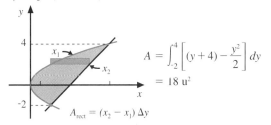

$$A = \int_{-2}^4 \left[(y+4) - \frac{y^2}{2}\right] dy$$

$$= 18 \text{ u}^2$$

c) $y_1 = y_2$ si $x = -3$ ou $x = 3$.

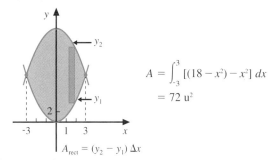

$$A = \int_{-3}^3 [(18 - x^2) - x^2]\, dx$$

$$= 72 \text{ u}^2$$

d) $x_1 = x_2$ si $y = -1$ ou $y = 1$.

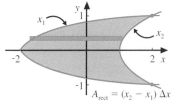

$$A = \int_{-1}^1 [(y^2 + 1) - (4y^2 - 2)]\, dy = 4 \text{ u}^2$$

e) $y_1 = y_2$ si $x = 0$, 2 ou 4.

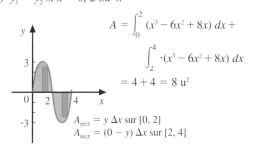

$$A = \int_0^2 (x^3 - 6x^2 + 8x)\, dx +$$

$$\int_2^4 -(x^3 - 6x^2 + 8x)\, dx$$

$$= 4 + 4 = 8 \text{ u}^2$$

f) $x_1 = x_2$ si $y = -2$, $y = 0$ ou $y = 2$.

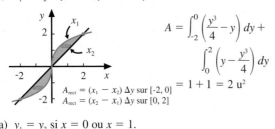

$$A = \int_{-2}^{0} \left(\frac{y^3}{4} - y \right) dy +$$
$$\int_{0}^{2} \left(y - \frac{y^3}{4} \right) dy$$
$$= 1 + 1 = 2 \text{ u}^2$$

$A_{rect} = (x_1 - x_2) \, \Delta y$ sur $[-2, 0]$
$A_{rect} = (x_2 - x_1) \, \Delta y$ sur $[0, 2]$

6. a) $y_1 = y_2$ si $x = 0$ ou $x = 1$.

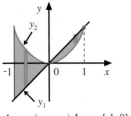

$$A = \int_{-1}^{0} (x^2 - x) \, dx +$$
$$\int_{0}^{1} (x - x^2) \, dx$$
$$= \frac{5}{6} + \frac{1}{6} = 1 \text{ u}^2$$

$A_{rect} = (y_2 - y_1) \, \Delta x$ sur $[-1, 0]$
$A_{rect} = (y_1 - y_2) \, \Delta x$ sur $[0, 1]$

b) $x_1 = x_2$ si $y = -1$ ou $y = 2$.

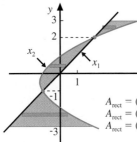

$A_{rect} = (x_2 - x_1) \, \Delta y$ sur $[-3, -1]$
$A_{rect} = (x_1 - x_2) \, \Delta y$ sur $[-1, 2]$
$A_{rect} = (x_2 - x_1) \, \Delta y$ sur $[2, 3]$

$$A = \int_{-3}^{-1} (y^2 - y - 2) \, dy + \int_{-1}^{2} (y - y^2 + 2) \, dy + \int_{2}^{3} (y^2 - y - 2) \, dy$$
$$= \frac{26}{3} + \frac{9}{2} + \frac{11}{6} = 15 \text{ u}^2$$

c) $f(x) = g(x)$ si $x = 0$.

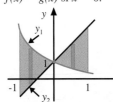

$$A = \int_{-1}^{0} [e^{-x} - (1 + 2x)] \, dx +$$
$$\int_{0}^{1} [(1 + 2x) - e^{-x}] \, dx$$
$$= (e - 1) + \left(1 + \frac{1}{e} \right)$$
$$= \left(e + \frac{1}{e} \right) \text{ u}^2$$

$A_{rect} = (y_1 - y_2) \, \Delta x$ sur $[-1, 0]$
$A_{rect} = (y_2 - y_1) \, \Delta x$ sur $[0, 1]$

d) $y_1 = y_2$ si $x = 1$, car $-1 \notin [0, 2]$.

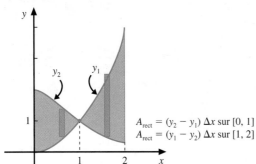

$A_{rect} = (y_2 - y_1) \, \Delta x$ sur $[0, 1]$
$A_{rect} = (y_1 - y_2) \, \Delta x$ sur $[1, 2]$

$$A = \int_{0}^{1} \left(\frac{2}{1 + x^2} - x^2 \right) dx + \int_{1}^{2} \left(x^2 - \frac{2}{1 + x^2} \right) dx$$
$$= \left(\frac{\pi}{2} - \frac{1}{3} \right) + \left(\frac{7}{3} - 2 \text{ Arc tan } 2 + \frac{\pi}{2} \right)$$
$$= 2 + \pi - 2 \text{ Arc tan } 2 \approx 2,93 \text{ u}^2$$

7. a) $y_1 = y_2$ si $x = 1$.
$A_{rect} = y_1 \, \Delta x$ sur $[0, 1]$
$A_{rect} = y_2 \, \Delta x$ sur $[1, e]$
$$A = \int_{0}^{1} x^2 \, dx + \int_{1}^{e} \frac{1}{x} \, dx$$
$$= \frac{x^3}{3} \Big|_{0}^{1} + \ln |x| \Big|_{1}^{e} = \frac{4}{3} \text{ u}^2$$

b) $y_1 = y_2$ si $x = 4$; $y_1 = 0$ si $x = 0$; $y_2 = 0$ si $x = 8$.
$A_{rect} = y_1 \, \Delta x$ sur $[0, 4]$
$A_{rect} = y_2 \, \Delta x$ sur $[4, 8]$
$$A = \int_{0}^{4} \sqrt{x} \, dx + \int_{4}^{8} \sqrt{8 - x} \, dx$$
$$= \frac{2}{3} x^{\frac{3}{2}} \Big|_{0}^{4} + \left(\frac{-2}{3} (8 - x)^{\frac{3}{2}} \Big|_{4}^{8} \right) = \frac{16}{3} + \frac{16}{3} = \frac{32}{3} \text{ u}^2$$

c) $A_{rect} = (y_2 - y_1) \, \Delta x$
$$A = \int_{0}^{4} (\sqrt{8 - x} - \sqrt{x}) \, dx = \frac{32}{3} (\sqrt{2} - 1) \text{ u}^2$$

d) Pour A_1, $A_{rect} = y \, \Delta x$,
$$A_1 = \int_{1}^{2} \frac{1}{x^2} \, dx = \frac{-1}{x} \Big|_{1}^{2} = \frac{1}{2} \text{ u}^2.$$
Pour A_2, $A_{rect} = x \, \Delta y$,
$$A_2 = \int_{1}^{2} \frac{1}{\sqrt{y}} \, dy = 2 \sqrt{y} \Big|_{1}^{2} = 2(\sqrt{2} - 1) \text{ u}^2.$$

8. $A_4 = \int_{0}^{1} x^3 \, dx = \frac{x^4}{4} \Big|_{0}^{1} = \frac{1}{4}$;

$A_3 = $ aire du triangle $- A_4 = \frac{1}{2} - \frac{1}{4} = \frac{1}{4}$;

$A_2 = \int_{0}^{1} \sqrt[3]{x} \, dx - $ aire du triangle

$$= \frac{3}{4} x^{\frac{4}{3}} \Big|_{0}^{1} - \frac{1}{2} = \frac{3}{4} - \frac{1}{2} = \frac{1}{4};$$

$A_1 = $ aire du carré $- (A_2 + A_3 + A_4) = 1 - \frac{3}{4} = \frac{1}{4}.$

9. $A_1 = $ aire du triangle $= \frac{a \cdot a^2}{2} = \frac{a^3}{2}$;

$A_2 = $ aire du triangle $- \int_{0}^{a} x^2 \, dx$

$$= \frac{a^3}{2} - \frac{x^3}{3} \Big|_{0}^{a} = \frac{a^3}{2} - \frac{a^3}{3} = \frac{a^3}{6},$$

d'où $A_2 = \frac{A_1}{3}$ pour tout a.

10. a) $\int_{1}^{4} \frac{1}{t} \, dt = \ln 4$

ln 4 correspond à l'aire de la région fermée limitée par

$y = \frac{1}{t}$, $y = 0$, $t = 1$ et $t = 4$.

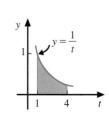

b) $\ln 8 = \displaystyle\int_1^8 \frac{1}{t}\, dt$

ln 8 correspond à l'aire de la région fermée limitée par $y = \dfrac{1}{t}$, $y = 0$, $t = 1$ et $t = 8$.

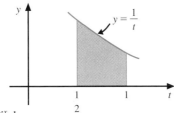

c) $\ln \dfrac{1}{2} = \displaystyle\int_1^{\frac{1}{2}} \frac{1}{t}\, dt = -\int_{\frac{1}{2}}^{1} \frac{1}{t}\, dt$

$\ln \dfrac{1}{2}$ correspond à l'opposé de l'aire de la région fermée limitée par $y = \dfrac{1}{t}$, $y = 0$, $t = \dfrac{1}{2}$ et $t = 1$.

d) $\ln x = \displaystyle\int_1^x \frac{1}{t}\, dt$

11. a) $v(3) - v(0) = \displaystyle\int_0^3 9,8\, dt = 29,4$ m/s;

$v(5) - v(3) = \displaystyle\int_3^5 9,8\, dt = 19,6$ m/s.

b) $s(2) - s(0) = \displaystyle\int_0^2 9,8t\, dt = 19,6$ m;

$s(5) - s(2) = \displaystyle\int_2^5 9,8t\, dt = 102,9$ m.

12. $C(100) - C(50) = \displaystyle\int_{50}^{100} \left(5 + e^{\frac{-q}{100}}\right) dq$

$= \left(5q - 100e^{\frac{-q}{100}}\right)\Big|_{50}^{100} \approx 273{,}87$ \$.

13. a) Puisque $R = R_m(t)\, dt$,

ainsi $R(3) - R(0) = \displaystyle\int_0^3 200(45 - 2t - t^2)\, dt$

$= \left(200\left(45t - t^2 - \dfrac{t^3}{3}\right)\right)\Big|_0^3 = 23\,400$;

or $R(0) = 0$; donc le revenu total pour les 3 premières années est de 23 400 \$.

b) Puisque $C = \displaystyle\int C_m(t)\, dt$,

ainsi $C(3) - C(0) = \displaystyle\int_0^3 200(5 + t)\, dt = 3900$,

d'où $C(3) = C(0) + 3900$, or $C(0) = 5000$; donc le coût total pour les 3 premières années est de 8900 \$.

c) Profit $= R(3) - C(3) = 14\,500$ \$.

d) $R_m(t) = C_m(t)$ si $t = 5$ $(t = $ -8 est à rejeter$)$.
Par un calcul analogue en a), b) et c) nous obtenons
$P(5) = R(5) - C(5)$
$\approx 31\,666{,}67 - 12\,500$
$\approx 19\,166{,}67$ \$

e)

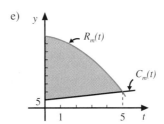

Le profit maximal correspond à l'aire de la région comprise entre les courbes sur [0, 5].

14. a) $Q(120) - Q(0) = \displaystyle\int_0^{120} \left(35 + \frac{1}{\sqrt{t}}\right) dt \approx 4221{,}9$,

d'où $Q(120) \approx 4221{,}9 + Q(0) \approx 4721{,}9$ litres.

b) $Q(b) - Q(0) = \displaystyle\int_0^b \left(35 + \frac{1}{\sqrt{t}}\right) dt$

$1000 - 500 = (35t + 2\sqrt{t})\Big|_0^b$

$500 = 35b + 2\sqrt{b}$.

En posant $x = \sqrt{b}$, où $b > 0$, nous obtenons
$35x^2 + 2x\ -\ 500 = 0$, donc $x\ -\ 3{,}75\ldots$,
d'où $b \approx 14{,}07$ minutes.

Exercices 3.6 *(page 158)*

1. a) Puisque $n = 6$, $\dfrac{b-a}{n} = \dfrac{2-0}{6} = \dfrac{1}{3}$,

alors $P = \left\{0, \dfrac{1}{3}, \dfrac{2}{3}, 1, \dfrac{4}{3}, \dfrac{5}{3}, 2\right\}$.

$\displaystyle\int_0^2 x^3\, dx \approx \frac{1}{6}\left[f(0) + 2f\left(\frac{1}{3}\right) + 2f\left(\frac{2}{3}\right) + 2f(1) + 2f\left(\frac{4}{3}\right) + 2f\left(\frac{5}{3}\right) + f(2)\right]$

$\approx \dfrac{1}{6}\left[0 + 2\left(\dfrac{1}{3}\right)^3 + 2\left(\dfrac{2}{3}\right)^3 + 2(1)^3 + 2\left(\dfrac{4}{3}\right)^3 + 2\left(\dfrac{5}{3}\right)^3 + 2^3\right]$

$\approx 4{,}\overline{1}$

b) En calculant $f''(x)$, nous obtenons $f''(x) = 6x$.
Puisque $|6x| \le 12$, $\forall\, x \in [0, 2]$, alors $M = 12$.

$|E| \le \dfrac{(b-a)^3\, M}{12n^2}$

$|E| \le \dfrac{(2)^3\, 12}{12\,(6)^2}$,

d'où $|E| \le 0{,}\overline{2}$.

c) $\displaystyle\int_0^2 x^3\, dx = \dfrac{x^4}{4}\Big|_0^2 = 4$,

d'où $|E| = |4{,}\overline{1} - 4| = 0{,}\overline{1}$.

2. a) $P = \left\{0, \dfrac{1}{2}, 1, \dfrac{3}{2}, 2, \dfrac{5}{2}, 3, \dfrac{7}{2}, 4\right\}$;

$\displaystyle\int_0^4 \sqrt{x^3+1}\, dx \approx \frac{(4-0)}{2(8)}\left[f(0) + 2f\left(\frac{1}{2}\right) + 2f(1) + 2f\left(\frac{3}{2}\right) + \ldots + 2f\left(\frac{7}{2}\right) + f(4)\right]$

$\approx \dfrac{1}{4}\left[1 + 2\sqrt{\dfrac{1}{8}+1} + 2\sqrt{2} + 2\sqrt{\dfrac{27}{8}+1} + 2(3) + \right.$

$\left. 2\sqrt{\dfrac{125}{8}+1} + 2\sqrt{28} + 2\sqrt{\dfrac{343}{8}+1} + \sqrt{65}\right]$

$\approx 14{,}045$

b) $P = \left\{0, \dfrac{1}{5}, \dfrac{2}{5}, \dfrac{3}{5}, \dfrac{4}{5}, 1\right\}$;

$$\int_0^1 \sin x^2 \, dx$$

$$\approx \frac{(1-0)}{2(5)} \left[f(0) + 2f\left(\frac{1}{5}\right) + 2f\left(\frac{2}{5}\right) + 2f\left(\frac{3}{5}\right) + 2f\left(\frac{4}{5}\right) + f(1) \right]$$

$$\approx \frac{1}{10} \left[0 + 2\sin\left(\frac{1}{25}\right) + 2\sin\left(\frac{4}{25}\right) + 2\sin\left(\frac{9}{25}\right) + 2\sin\left(\frac{16}{25}\right) + \sin(1) \right]$$

$$\approx 0{,}314$$

3. a) $P = \left\{ 1, \frac{3}{2}, 2, \frac{5}{2}, 3 \right\}$;

$$\int_1^3 \ln x^2 \, dx \approx \frac{(3-1)}{2(4)} \left[f(1) + 2f\left(\frac{3}{2}\right) + 2f(2) + 2f\left(\frac{5}{2}\right) + f(3) \right]$$

$$\approx \frac{1}{4} \left[\ln 1 + 2\ln\left(\frac{9}{4}\right) + 2\ln(4) + 2\ln\left(\frac{25}{4}\right) + \ln 9 \right]$$

$$\approx 2{,}564\,209$$

b) En calculant $f''(x)$, nous obtenons $f''(x) = \frac{-2}{x^2}$.

Puisque $\left| \frac{-2}{x^2} \right| \leq 2 \ \forall \ x \in [1, 3]$, alors $M = 2$.

$|E| \leq \frac{(3-1)^3 \, 2}{12 \, (4)^2}$, d'où $|E| \leq 0{,}08\overline{3}$.

c) Puisque $|E| \leq \frac{(b-a)^3 M}{12n^2}$, il suffit de trouver la valeur

de n telle que

$\frac{(b-a)^3 M}{12n^2} \leq 0{,}01$, c'est-à-dire $\frac{(3-1)^3 \, 2}{12n^2} \leq 0{,}01$

$\qquad\qquad\qquad$ (car $M = 2$)

$$n^2 \geq 133{,}\overline{3}$$
$$n \geq 11{,}5\ldots,$$

d'où $\quad n = 12$ suffit.

d) De façon analogue, nous trouvons que $n = 37$ suffit.

4. a) Puisque $n = 6$, $P = \left\{ 1, \frac{3}{2}, 2, \frac{5}{2}, 3, \frac{7}{2}, 4 \right\}$.

$$\int_1^4 (2x^3 + x) \, dx$$

$$\approx \frac{(4-1)}{3(6)} \left[f(1) + 4f\left(\frac{3}{2}\right) + 2f(2) + 4f\left(\frac{5}{2}\right) + 2f(3) + 4f\left(\frac{7}{2}\right) + f(4) \right]$$

$$\approx \frac{1}{6} \left[3 + 4\,(8{,}25) + 2\,(18) + 4\,(33{,}75) + 2\,(57) + 4\,(89{,}25) + 132 \right]$$

$$\approx 135$$

b) En calculant $f^{(4)}(x)$, nous obtenons $f^{(4)}(x) = 0$.
Puisque M est la valeur maximale de $f^{(4)}(x)$ sur $[1, 4]$,
nous savons que $M = 0$

$|E| \leq \frac{(b-a)^5 M}{180n^4}$

$|E| \leq 0$,

d'où $E = 0$.

Donc, en utilisant la méthode de Simpson, nous obtenons la valeur exacte, car $E = 0$.

c) $\int_1^4 (2x^3 + x) \, dx = \left. \left(\frac{x^4}{2} + \frac{x^2}{2} \right) \right|_1^4 = 135$

5. a) $P = \{-1, 0, 1, 2, 3, 4, 5\}$;

$$\int_{-1}^5 \sqrt{x^4 + 1} \, dx$$

$$\approx \frac{(5 - (-1))}{3(6)} \left[f(-1) + 4f(0) + 2f(1) + 4f(2) + 2f(3) + 4f(4) + f(5) \right]$$

$$\approx \frac{1}{3} \left[\sqrt{2} + 4 + 2\sqrt{2} + 4\sqrt{17} + 2\sqrt{82} + 4\sqrt{257} + \sqrt{626} \right]$$

$$\approx 43{,}997$$

b) $P = \left\{ -2, \frac{-3}{2}, -1, \frac{-1}{2}, 0 \right\}$;

$$\int_{-2}^0 \frac{1}{e^{t^2}} \, dx \approx \frac{(0 - (-2))}{3(4)} \left[f(-2) + 4f\left(\frac{-3}{2}\right) + 2f(-1) + 4f\left(\frac{-1}{2}\right) + f(0) \right]$$

$$\approx \frac{1}{6} \left[\frac{1}{e^4} + \frac{4}{e^{\frac{9}{4}}} + \frac{2}{e} + \frac{4}{e^{\frac{1}{4}}} + 1 \right] \approx 0{,}882$$

6. a) $P = \left\{ 1, \frac{9}{4}, \frac{7}{2}, \frac{19}{4}, 6 \right\}$;

$$\int_1^6 \ln x \, dx \approx \frac{(6-1)}{3(4)} \left[f(1) + 4f\left(\frac{9}{4}\right) + 2f\left(\frac{7}{2}\right) + 4f\left(\frac{19}{4}\right) + f(6) \right]$$

$$\approx \frac{5}{12} \left[\ln 1 + 4\ln\left(\frac{9}{4}\right) + 2\ln\left(\frac{7}{2}\right) + 4\ln\left(\frac{19}{4}\right) + \ln 6 \right]$$

$$\approx 5{,}738\,994$$

b) En calculant $f^{(4)}(x)$, nous obtenons $f^{(4)}(x) = \frac{-6}{x^4}$.

Puisque $\left| \frac{-6}{x^4} \right| \leq 6 \ \forall \ x \in [1, 6]$, alors $M = 6$.

$|E| \leq \frac{(b-a)^5 M}{180n^4}$

$|E| \leq \frac{(5)^5 \, 6}{180 \, (4)^4}$,

d'où $|E| \leq 0{,}406\,9\ldots$

c) Puisque $|E| \leq \frac{(b-a)^5 M}{180n^4}$, il suffit de trouver la valeur

de n telle que

$\frac{(b-a)^5 M}{180n^4} \leq 0{,}1$, c'est-à-dire

$\frac{5^5 \, 6}{180n^4} \leq 0{,}1 \quad$ (car $M = 6$)

$$n^4 \geq 1041{,}\overline{6}$$
$$n \geq 5{,}6\ldots,$$

d'où $\quad n = 6$ suffit.

d) De façon analogue,

$\frac{5^5 \, 6}{180n^4} \leq 0{,}01$, c'est-à-dire

$$n^4 \geq 10\,416{,}\overline{6}$$
$$n \geq 10{,}1\ldots$$

d'où $n = 12$ suffit, puisque n doit être un nombre pair.

7. a) $P = \{1, 2, 3, 4, 5\}$;

$$\int_1^5 \frac{1}{\sqrt{4x+5}} \, dx \approx \frac{(5-1)}{2(4)} \left[f(1) + 2f(2) + 2f(3) + 2f(4) + f(5) \right]$$

$$\approx \frac{1}{2} \left[\frac{1}{3} + \frac{2}{\sqrt{13}} + \frac{2}{\sqrt{17}} + \frac{2}{\sqrt{21}} + \frac{1}{5} \right]$$

$$\approx 1{,}004\,770$$

b) $P = \{1, 2, 3, 4, 5\}$;

$$\int_1^5 \frac{1}{\sqrt{4x+5}} \, dx \approx \frac{(5-1)}{3(4)} \left[f(1) + 4f(2) + 2f(3) + 4f(4) + f(5) \right]$$

$$\approx \frac{1}{3} \left[\frac{1}{3} + \frac{4}{\sqrt{13}} + \frac{2}{\sqrt{17}} + \frac{4}{\sqrt{21}} + \frac{1}{5} \right]$$

$$\approx 1{,}000\,226$$

c) $\displaystyle\int_{1}^{5} \frac{1}{\sqrt{4x+5}}\,dx = \frac{\sqrt{4x+5}}{2}\Big|_{1}^{5} = 1$

Exercices récapitulatifs (page 159)

1. a) 25 500 500   b) 10 050   c) 78 540

2. a) $\dfrac{(n+1)(2n+1)}{6n^2}$ b) $\dfrac{41n^2 - 48n + 7}{6n}$

3. La preuve est laissée à l'utilisateur.

4. a) $s_3 = \sqrt{8} + \sqrt{5}$
$\approx 5{,}06 \ \text{u}^2$

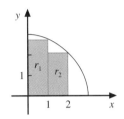

    b) $S_4 = \dfrac{1691}{660}$
$\approx 2{,}56 \ \text{u}^2$

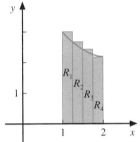

5. a) $s_n = \dfrac{3n-1}{n}$; $S_n = \dfrac{3n+1}{n}$; $s = S = 3$; $A_0^1 = 3 \ \text{u}^2$

    b) $s_n = \dfrac{28n^2 - 15n + 5}{6n^2}$; $S_n = \dfrac{28n^2 + 15n + 5}{6n^2}$;
$s = S = \dfrac{14}{3}$; $A_0^1 = \dfrac{14}{3} \ \text{u}^2$

    c) $s_n = \dfrac{9n^2 - 2n + 1}{2n^2}$; $S_n = \dfrac{9n^2 + 2n + 1}{2n^2}$; $s = S = \dfrac{9}{2}$;
$A_0^1 = \dfrac{9}{2} \ \text{u}^2$

    d) $s_n = \dfrac{120n^2 - 81n + 9}{2n^2}$; $S_n = \dfrac{120n^2 + 81n + 9}{2n^2}$;
$s = S = 60$; $A_1^4 = 60 \ \text{u}^2$

6. $f(x) = k$, où $k \in \mathbb{R}$.

7. a) $s_n = \dfrac{b^3(2n^2 - 3n + 1)}{6n^2}$; $S_n = \dfrac{b^3(2n^2 + 3n + 1)}{6n^2}$;
$s = S = \dfrac{b^3}{3}$; $A_0^b = \dfrac{b^3}{3} \ \text{u}^2$

    b) $A_a^b = A_0^b - A_0^a = \left(\dfrac{b^3}{3} - \dfrac{a^3}{3}\right) \text{u}^2$

    c) $A_2^5 = \dfrac{5^3}{3} - \dfrac{2^3}{3} - 39 \ \text{u}^2$

8. a) $a = 0, b = 7$ b) $a = 7, b = 4$
c) $a = -2, b = 7$ d) $a = 5, b = 4$
e) $a = \pi, b = 4\pi$ f) $a = 2, b = 4$

9. a) $\dfrac{20}{3}$ b) $10 + \ln 2$

c) $\dfrac{2\pi}{3}$ d) $\dfrac{42}{5}$
e) $\dfrac{4\pi r^3}{3}$ f) $\dfrac{39}{2}$
g) $2 + \dfrac{3\pi}{4}$ h) $\dfrac{3e}{2} + \dfrac{2}{e+1} - \dfrac{1}{2}$
i) $\dfrac{-\pi^2}{2}$ j) 0

10. a) $\ln\left(\dfrac{2}{5}\right)$ b) $\dfrac{3\pi^2}{4} + 1 - \cos(\sqrt{\pi})^3$
c) $\dfrac{1}{10}$ d) $e - \sqrt{e}$
e) $2\ln 2$ f) $\dfrac{\pi}{12} + \dfrac{1}{4}$
g) $\dfrac{-15}{2}$ h) $\dfrac{255}{32\ln 4} + \dfrac{1 - e^2}{e}$
i) $\dfrac{9}{34}$ j) $\ln 3$
k) $\dfrac{3}{2}(1 - \sqrt[3]{0{,}25})$ l) $\dfrac{\pi}{8} - \dfrac{1}{4}$

11. a) $\dfrac{97}{4} \ \text{u}^2$ b) $\dfrac{1}{2} \ \text{u}^2$
c) $\dfrac{29}{6} \ \text{u}^2$ d) $\dfrac{64}{3} \ \text{u}^2$
e) $18 \ \text{u}^2$ f) $\dfrac{64}{3} \ \text{u}^2$
g) $\dfrac{1}{2} \ \text{u}^2$ h) $(4 - 3\ln 3) \ \text{u}^2$
i) $\dfrac{1}{2} \ \text{u}^2$ j) $\dfrac{4}{3} \ \text{u}^2$
k) $\dfrac{32}{3} \ \text{u}^2$ l) $\dfrac{9}{4} \ \text{u}^2$

12. a) $\dfrac{3 - \sqrt{2}}{2} \ \text{u}^2$ b) $2\sqrt{2} \ \text{u}^2$
c) $\ln\left(\dfrac{\sqrt{2}+1}{\sqrt{2}-1}\right) \text{u}^2$ d) $\ln\left(\dfrac{4}{3}\right) \text{u}^2$
e) $\left(\dfrac{\pi}{2} - 1\right) \text{u}^2$ f) $\left(\dfrac{\pi^3}{12} + \pi - 2\right) \text{u}^2$

13. a) $\dfrac{3}{20} \ \text{u}^2$ b) $\dfrac{2}{\pi} \ \text{u}^2$
c) $\dfrac{e+1}{2} \ \text{u}^2$ d) $\left(18 + \dfrac{63}{8\ln 2}\right) \text{u}^2$
e) $\dfrac{8^5}{15} \ \text{u}^2$ f) $\dfrac{9}{8} \ \text{u}^2$
g) $(3 - \sqrt{5}) \ \text{u}^2$ h) $\dfrac{\ln 2}{2} \ \text{u}^2$
i) $(2\pi + 2) \ \text{u}^2$ j) $\dfrac{16}{3} \ \text{u}^2$

14. a) $(\pi - 2) \ \text{u}^2$ b) $\dfrac{44}{3} \ \text{u}^2$
c) $\dfrac{23}{3} \ \text{u}^2$ d) $\dfrac{17}{2} \ \text{u}^2$

15. a) $c \approx 3{,}75$ b) $c \approx 1{,}16$

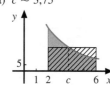

16. $c_1 = \dfrac{6 - \sqrt{21}}{3}$ et $c_2 = \dfrac{6 + \sqrt{21}}{3}$

17. $27{,}2\,°C$

18. a) $2{,}019\ 8\ldots$ b) $2{,}446\ 3\ldots$

19. a) $0{,}697\ 0\ldots$ b) $|E| \le 0{,}010\ 4\ldots$
    c) $n = 13$ suffit.   d) $\ln 2 = 0{,}693\ 1\ldots$

20. a) $7{,}471\ 7\ldots$ b) $1527{,}222\ 1\ldots$

21. a) $2{,}004\ 5\ldots$ b) $|E| \le 0{,}006\ 6\ldots$
    c) $n = 8$ suffit.   d) 2

22. a) $3{,}864\ 3\ldots$ b) $3{,}996\ 5\ldots$ c) 4

23. a) $S_6 = 121$ mètres

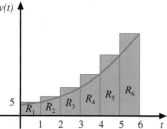

Chaque aire de rectangle correspond à la distance parcourue par le mobile, si ce dernier se déplaçait à une vitesse constante pendant 1 seconde, sur chaque intervalle; d'où $S_6 = 121$ mètres.

S_6 nous donne une approximation de la distance parcourue par le mobile sur $[0\text{ s}, 6\text{ s}]$.

b) $A_0^6 = 102$ mètres.

Cette aire correspond à la distance réelle parcourue par le mobile sur $[0\text{ s}, 6\text{ s}]$; donc 102 mètres.

24. $156{,}25$ mètres.

25. a) $2850\ \$$ b) $9450\ \$$ c) $7350\ \$$

26. a) $s_{10} = 352{,}5$ tm, et $S_{10} = 452{,}5$ tm.
    b) Méthode des trapèzes: $402{,}5$ tm;
       méthode de Simpson: 400 tm.
    c) 400 tm.

Problèmes de synthèse (page 163)

1. a) $a = 0$, $b = \text{-}1$ et $c = 12$
    b) $220\ 825$

2. Les preuves sont laissées à l'utilisateur.

3. $s = 1$ et $S = 2$

4. a) $\dfrac{11}{2}$; $\displaystyle\int_0^1 (5x + 3)\,dx = \dfrac{11}{2}$

    b) 12; $\displaystyle\int_0^3 (x^2 + 1)\,dx = 12$

5. a) 2 b) $\dfrac{80}{9} + \ln 9$

c) $\dfrac{5}{2}$ d) $\dfrac{7^{10} + 1}{30}$

e) $\dfrac{\pi}{4} + \sqrt{2} - 2$ f) $\dfrac{886}{15}$

6. a) $\dfrac{49}{3}\ u^2$ b) $3{,}5\ u^2$

    c) $(e^2 + e - 2)\ u^2$ d) $\left(\dfrac{5}{6} - \dfrac{1}{3e^3} - \dfrac{1}{2e^2}\right)u^2$

    e) $\dfrac{1}{12}\ u^2$ f) $(e^3 - 1)\ u^2$

    g) $\left(\dfrac{\pi}{2} - 1\right)u^2$ h) $\left(\dfrac{2}{\pi} - \dfrac{1}{3}\right)u^2$

    i) $\left(1 - \dfrac{\pi}{6}\right)u^2$ j) $\dfrac{2\pi}{3}\ u^2$

7. a) $\dfrac{7}{6}\ u^2$ b) $(e - 2{,}5)\ u^2$

    c) $\dfrac{32}{3}\ u^2$ d) $\left(\dfrac{17}{4} + \ln 18\right)u^2$

8. $\dfrac{16}{3}\ u^2$

9. $58{,}5\ u^2$

10. $m = 4{,}2$

11. a) $\dfrac{2099}{32}\ u^2$ b) $\dfrac{999}{32}\ u^2$

12. a) $\left(\dfrac{1}{2}, \dfrac{1}{4}\right)$ b) $\left(\dfrac{2\sqrt{3}}{3}, \dfrac{8\sqrt{3}}{9}\right)$

13. a) $\left(\sqrt{\dfrac{1}{4}}, \dfrac{1}{4}\right)$ b) $\left(\dfrac{1}{2}, \dfrac{1}{8}\right)$ c) $(1, 1)$

14. a) $\dfrac{4}{3}\ u^2$ b) $\dfrac{200}{n + 1}\ \%$

15. Demande excédentaire: $18\ 000\ \$$.
    Offre excédentaire: $9000\ \$$.

16. $A_1 = \dfrac{8}{3}\ u^2$; $A_2 = \dfrac{16}{3}\ u^2$ et $A_3 = \dfrac{5}{6}\ u^2$

17. a) $\Delta x_k = \dfrac{(2k - 1)}{n^2}$; $f(x_k) = \dfrac{k}{n}$

    b) $\dfrac{4n^3 + 3n^2 - n}{6n^3}$

    c) $\dfrac{2}{3}$

18. a) $\dfrac{A_1}{A_2} = 1$ b) $\dfrac{b^3}{4}\ u^2$ c) $\dfrac{b^2}{4\sqrt{1 + b^2}}$

19. a) $Q(t) = 5{,}7e^{0{,}02t}$ b) Environ $7{,}01$ milliards.

20. $6033{,}33\ \$$

21. $\dfrac{G\,m_1\,m_2\,(c_2 - c_1)}{(c_1 - a)\,(c_2 - a)}$

22. $14{,}7$ m/s.

23. $c_1 = \dfrac{(a + b)}{2} - \dfrac{\sqrt{3}}{6}\,(b - a)$ et $c_2 = \dfrac{(a + b)}{2} + \dfrac{\sqrt{3}}{6}\,(b - a)$

24. Les preuves sont laissées à l'utilisateur.

25. La preuve est laissée à l'utilisateur.

26. a) $12,735\ 7\ldots$ b) $11,982\ 8\ldots$

c) $12,334\ 3\ldots$ d) $A_0^4 = 4\pi = 12,566\ 3\ldots$

C h a p i t r e   4

Test préliminaire (page 167)

1. a) $\sin(A + B) = \sin A \cos B + \cos A \sin B$

b) $\sin(A - B) = \sin A \cos B - \cos A \sin B$

c) $\cos(A + B) = \cos A \cos B - \sin A \sin B$

d) $\cos(A - B) = \cos A \cos B + \sin A \sin B$

e) $1 - \sin^2 \theta = \cos^2 \theta$ f) $1 + \tan^2 \theta = \sec^2 \theta$

g) $\sec^2 \theta - 1 = \tan^2 \theta$ h) $\theta = \text{Arc}\sin x$

i) $\theta = \text{Arc}\tan x$ j) $\theta = \text{Arc}\sec\left(\dfrac{3x}{2}\right)$

2. a) $\sin \theta = \dfrac{b}{c}$ b) $\cos \theta = \dfrac{a}{c}$

c) $\tan \theta = \dfrac{b}{a}$ d) $\sec \theta = \dfrac{c}{a}$

e) $\csc \theta = \dfrac{c}{b}$ f) $\cot \theta = \dfrac{a}{b}$

3. a) $\cos^2 \theta = \dfrac{1 + \cos 2\theta}{2}$ b) $\sin^2 \theta = \dfrac{1 - \cos 2\theta}{2}$

4. $\sin 2\theta = 2 \sin \theta \cos \theta$

5. a) $C = 3$ b) $C = 13$ c) $C = -5$

6. a) $x^2 - y^2 = (x - y)(x + y)$

b) $x^3 - y^3 = (x - y)(x^2 + xy + y^2)$

c) $x^3 + y^3 = (x + y)(x^2 - xy + y^2)$

7. a) $\dfrac{(3A + C)\, x^3 + (3B + D)\, x^2 + 4Ax + 4B}{x^2(3x^2 + 4)}$

b) $2x + 4 + \dfrac{-5}{x^2 + x + 1}$

8. $x = 2\,;\ y = -1$ et $z = 0$

9. a) $2e^{\frac{x}{2}} + C$ b) $\dfrac{\sin 2\theta}{2} + C$

c) $-3 \cos\left(\dfrac{x}{3}\right) + C$ d) $\ln |\sec x + \tan x| + C$

e) $-\ln |\cos u| + C$ f) $\ln |\csc x - \cot x| + C$

10. a) $du = f'(x)\, dx$

b) $v = g(x) + C$ c) $\displaystyle\int_a^b f(x)\, dx = F(b) - F(a)$

Exercices

Exercices 4.1 *(page 176)*

1. $\displaystyle\int u\, dv = uv - \int v\, du$

2. a) $u = x, dv = \sin x\, dx\,;\ -x \cos x + \sin x + C$

b) $u = x, dv = e^{3x}\, dx\,;\ \dfrac{xe^{3x}}{3} - \dfrac{e^{3x}}{9} + C$

c) $u = \ln 8x, dv = dx\,;\ x \ln 8x - x + C$

d) $u = x, dv = \cos 5x\, dx\,;\ \dfrac{x \sin 5x}{5} + \dfrac{\cos 5x}{25} + C$

e) $u = \ln x, dv = x\, dx\,;\ \dfrac{x^2 \ln x}{2} - \dfrac{x^2}{4} + C$

f) $u = x, dv = \sqrt{1 + 4x}\, dx\,;\ \dfrac{x(1 + 4x)^{\frac{3}{2}}}{6} - \dfrac{(1 + 4x)^{\frac{5}{2}}}{60} + C$

3. a) $u = x, dv = \sec^2 6x\, dx\,;\ \dfrac{x \tan 6x}{6} + \dfrac{1}{36} \ln |\cos 6x| + C$

b) $u = \text{Arc}\sin 5x, dv = dx\,;\ x \,\text{Arc}\sin 5x + \dfrac{\sqrt{1 - 25x^2}}{5} + C$

c) $u = x, dv = \sec x \tan x\, dx\,;$
$x \sec x - \ln |\sec x + \tan x| + C$

d) $u = \text{Arc}\cos x^3, dv = x^2\, dx\,;$
$\dfrac{x^3}{3} \,\text{Arc}\cos x^3 - \dfrac{\sqrt{1 - x^6}}{3} + C$

e) $u = x^2, dv = xe^{x^2}\, dx\,;\ \dfrac{x^2 e^{x^2}}{2} - \dfrac{e^{x^2}}{2} + C$

f) $u = \text{Arc}\tan x, dv = x^2\, dx\,;$
$\dfrac{x^3}{3} \,\text{Arc}\tan x - \dfrac{x^2}{6} + \dfrac{1}{6} \ln (x^2 + 1) + C$

4. a) $u = x^2, dv = \sin x\, dx\,;\ u = x, dv = \cos x\, dx\,;$
$-x^2 \cos x + 2x \sin x + 2 \cos x + C$

b) $u = x^2, dv = e^{4x}\, dx\,;\ u = x, dv = e^{4x}\, dx\,;$
$\dfrac{x^2 e^{4x}}{4} - \dfrac{xe^{4x}}{8} + \dfrac{e^{4x}}{32} + C$

c) $u = x^3, dv = \cos 4x\, dx\,;\ u = x^2, dv = \sin 4x\, dx\,;$
$u = x, dv = \cos 4x\, dx\,;$
$\dfrac{x^3 \sin 4x}{4} + \dfrac{3x^2 \cos 4x}{16} - \dfrac{3x \sin 4x}{32} - \dfrac{3 \cos 4x}{128} + C$

d) $u = \ln^2 x, dv = x^2\, dx\,;\ u = \ln x, dv = x^2\, dx\,;$
$\dfrac{x^3 \ln^2 x}{3} - \dfrac{2x^3 \ln x}{9} + \dfrac{2x^3}{27} + C$

5. a) $u = e^x, dv = \sin x\, dx\,;\ u = e^x, dv = \cos x\, dx\,;$
$\dfrac{e^x \sin x - e^x \cos x}{2} + C = \dfrac{e^x(\sin x - \cos x)}{2} + C$

b) $u = e^{-x}, dv = \cos 2x\, dx\,;\ u = e^{-x}, dv = \sin 2x\, dx\,;$
$\dfrac{4}{5}\left(\dfrac{e^{-x} \sin 2x}{2} - \dfrac{e^{-x} \cos 2x}{4}\right) + C =$
$\dfrac{e^{-x}(2 \sin 2x - \cos 2x)}{5} + C$

c) $u = \cos x, dv = \cos x\, dx\,;\ \sin^2 x = 1 - \cos^2 x\,;$
$\dfrac{\sin x \cos x + x}{2} + C$

d) $u = \cos(\ln x), dv = dx\,;\ u = \sin(\ln x), dv = dx\,;$
$\dfrac{x \cos(\ln x) + x \sin(\ln x)}{2} + C$

e) $u = \sin 3x, dv = \cos 4x\, dx\,;\ u = \cos 3x, dv = \sin 4x\, dx\,;$
$\dfrac{16}{7}\left(\dfrac{\sin 3x \sin 4x}{4} + \dfrac{3 \cos 3x \cos 4x}{16}\right) + C$

f) $u = \csc x, dv = \csc^2 x\, dx\,;\ \cot^2 x = \csc^2 x - 1\,;$
$\dfrac{-\csc x \cot x + \ln |\csc x - \cot x|}{2} + C$

6. a) $x \log x - \dfrac{x}{\ln 10} + C$

b) $\dfrac{x^2 \ln^2 x}{2} - \dfrac{x^2 \ln x}{2} + \dfrac{x^2}{4} + C$

c) $\dfrac{x^3 \ln x}{3} - \dfrac{x^3}{9} + C$

d) $\dfrac{\text{-}x^3 \cos 2x}{2} + \dfrac{3x^2 \sin 2x}{4} + \dfrac{3x \cos 2x}{4} - \dfrac{3 \sin 2x}{8} + C$

e) $\dfrac{\cos x \sin 4x - 4 \sin x \cos 4x}{15} + C$

f) $2x\sqrt{1+x} - \dfrac{4}{3}(1+x)^{\frac{3}{2}} + C$

7. a) Il faut poser $u = (\ln x)^n$ et $dv = dx$.

b) Il faut poser $u = \cos^{n-1} x$ et $dv = \cos x\, dx$, et remplacer $\sin^2 x$ par $(1 - \cos^2 x)$ dans la nouvelle intégrale.

c) Il faut poser $u = \sec^{n-2} x$ et $dv = \sec^2 x\, dx$, et remplacer $\tan^2 x$ par $(\sec^2 x - 1)$ dans la nouvelle intégrale.

8. a) $x(\ln x)^3 - 3x(\ln x)^2 + 6x(\ln x) - 6x + C$

b) $\dfrac{\cos^4 x \sin x}{5} + \dfrac{4\cos^2 x \sin x}{15} + \dfrac{8 \sin x}{15} + C$

c) $\dfrac{\sec^2 x \tan x}{3} + \dfrac{2}{3}\tan x + C$

d) $\dfrac{\sec^3 x \tan x}{4} + \dfrac{3 \sec x \tan x}{8} + \dfrac{3 \ln|\sec x + \tan x|}{8} + C$

9. a) $\left(\dfrac{xe^{3x}}{3} - \dfrac{e^{3x}}{9}\right)\Big|_0^1 = \dfrac{2e^3}{9} + \dfrac{1}{9}$

b) $\left(\dfrac{x^2 \ln x}{2} - \dfrac{x^2}{4}\right)\Big|_1^e = \dfrac{e^2}{4} + \dfrac{1}{4}$

c) $(\text{-}x^2 \cos x + 2x \sin x + 2\cos x)\Big|_0^{\pi} = \pi^2 - 4$

d) $\left(x \operatorname{Arc tan} x - \dfrac{1}{2}\ln(x^2+1)\right)\Big|_0^1 = \dfrac{\pi}{4} - \dfrac{\ln 2}{2}$

e) $\left(\dfrac{\cos^4 x \sin x}{5} + \dfrac{4\cos^2 x \sin x}{15} + \dfrac{8 \sin x}{15}\right)\Big|_0^{\pi} = 0$

f) $(x \operatorname{Arc sin} x + \sqrt{1-x^2})\Big|_0^1 = \dfrac{\pi}{2} - 1$

10. $A = \displaystyle\int_{-2}^0 (\text{-}xe^x)\,dx + \int_0^1 xe^x\,dx = \left(2 - \dfrac{3}{e^2}\right) \text{u}^2$

11. $A = \displaystyle\int_{-1}^0 (\text{-}\operatorname{Arc tan} x)\,dx + \int_0^1 \operatorname{Arc tan} x\,dx$

$= \left(\dfrac{\pi}{2} - \ln 2\right) \text{u}^2$

12. a) $u = $ polynôme et $dv = \sin ax\, dx$

b) $u = \ln x$ et $dv = (\text{polynôme})\, dx$

c) $u = $ polynôme et $dv = e^{ax}\, dx$

d) $u = \operatorname{Arc tan} x$ et $dv = (\text{polynôme})\, dx$

13. a) $\dfrac{ae^{ax}\sin bx - be^{ax}\cos bx}{a^2 + b^2} + C$

b) $\dfrac{\text{-}ax \cos bx}{b} + \dfrac{a \sin bx}{b^2} + C$

c) $\dfrac{2x\sqrt{ax+b}}{a} - \dfrac{4(ax+b)^{\frac{3}{2}}}{3a^2} + C$

d) $\dfrac{b \sin ax \sin bx + a \cos ax \cos bx}{b^2 - a^2} + C$

Exercices 4.2 *(page 184)*

1. a) $\displaystyle\int \sin^2 x \cos^2 x \cos x\, dx = \int \sin^2 x(1 - \sin^2 x)\cos x\, dx$

$= \dfrac{\sin^3 x}{3} - \dfrac{\sin^5 x}{5} + C$

b) $\displaystyle\int \sin^2 5x \cos^2 5x \sin 5x\, dx = \int (1 - \cos^2 5x)\cos^2 5x \sin 5x\, dx$

$= \dfrac{\text{-}\cos^3 5x}{15} + \dfrac{\cos^5 5x}{25} + C$

c) $\displaystyle\int (\sin x \cos x)^2\, dx = \int \left(\dfrac{\sin 2x}{2}\right)^2 dx$

$= \dfrac{1}{4}\int \sin^2 2x\, dx$

$= \dfrac{1}{4}\int \dfrac{1 - \cos 4x}{2}\, dx$

$= \dfrac{x}{8} - \dfrac{\sin 4x}{32} + C$

d) $\displaystyle\int \dfrac{1}{2}(\sin 3x + \sin 7x)\, dx = \dfrac{\text{-}\cos 3x}{6} - \dfrac{\cos 7x}{14} + C$

e) $\displaystyle\int (\cos^2 3x)^2\, dx = \int \left(\dfrac{1 + \cos 6x}{2}\right)^2 dx$

$= \dfrac{1}{4}\int (1 + 2\cos 6x + \cos^2 6x)\, dx$

$= \dfrac{1}{4}\int \left(1 + 2\cos 6x + \dfrac{1 + \cos 12x}{2}\right) dx$

$= \dfrac{3x}{8} + \dfrac{\sin 6x}{12} + \dfrac{\sin 12x}{96} + C$

f) $\displaystyle\int \cos^2 x \sqrt{\sin x}\cos x\, dx = \int (1 - \sin^2 x)\sqrt{\sin x}\cos x\, dx$

$= \dfrac{2}{3}\sin^{\frac{3}{2}} x - \dfrac{2}{7}\sin^{\frac{7}{2}} x + C$

g) $\displaystyle\int \dfrac{1}{2}\left(\cos\left(\dfrac{x}{4}\right) + \cos\left(\dfrac{3x}{4}\right)\right) dx = 2 \sin\left(\dfrac{x}{4}\right) + \dfrac{2}{3}\sin\left(\dfrac{3x}{4}\right) + C$

h) $\displaystyle\int (\sin x \cos x)^2 \sin^2 x\, dx = \int \left(\dfrac{1}{2}\sin 2x\right)^2 \sin^2 x\, dx$

$= \dfrac{1}{4}\int \sin^2 2x \left(\dfrac{1 - \cos 2x}{2}\right) dx$

$= \dfrac{1}{8}\left[\int \sin^2 2x\, dx - \int \sin^2 2x \cos 2x\, dx\right]$

$= \dfrac{1}{8}\left[\int \dfrac{1 - \cos 4x}{2}\, dx - \int \sin^2 2x \cos 2x\, dx\right]$

$= \dfrac{x}{16} - \dfrac{\sin 4x}{64} - \dfrac{\sin^3 2x}{48} + C$

2. a) $\displaystyle\int \tan 2x \tan^2 2x\, dx = \int \tan 2x(\sec^2 2x - 1)\, dx$

$= \dfrac{\tan^2 2x}{4} + \dfrac{\ln|\cos 2x|}{2} + C$

b) $\displaystyle\int \tan^2 x \tan^2 x\, dx = \int \tan^2 x(\sec^2 x - 1)\, dx$

$= \int (\tan^2 x \sec^2 x - \tan^2 x)\, dx$

$= \int (\tan^2 x \sec^2 x - \sec^2 x + 1)\, dx$

$= \dfrac{\tan^3 x}{3} - \tan x + x + C$

c) $\displaystyle\int \sec^2 x \tan^2 x \sec^2 x\, dx = \int (\tan^2 x + 1)\tan^2 x \sec^2 x\, dx$

$= \dfrac{\tan^5 x}{5} + \dfrac{\tan^3 x}{3} + C$

d) $\displaystyle\int \tan^2 x \sec x \tan x\, dx = \int (\sec^2 x - 1)\sec x \tan x\, dx$

$= \dfrac{\sec^3 x}{3} - \sec x + C$

e) $\int \sec^3 x \, (\sec^2 x - 1) \, dx = \int (\sec^5 x - \sec^3 x) \, dx$

$$= \frac{\sec^3 x \tan x}{4} - \frac{\sec x \tan x}{8} - \frac{\ln |\sec x + \tan x|}{8} + C$$

f) $\int \sec^2 5x \tan^2 5x \sec 5x \tan 5x \, dx = \int \sec^2 5x \, (\sec^2 5x - 1) \sec 5x \tan 5x \, dx$

$$= \frac{\sec^5 5x}{25} - \frac{\sec^3 5x}{15} + C$$

3. a) $\int \cot x \cot^2 x \, dx = \int \cot x \, (\csc^2 x - 1) \, dx$

$$= \frac{-\cot^2 x}{2} - \ln |\sin x| + C$$

b) $\int \cot^2 5x \cot 5x \, dx = \int \cot^2 5x \, (\csc^2 5x - 1) \, dx$

$$= \int (\cot^2 5x \csc^2 5x - \cot^2 5x) \, dx$$

$$= \int (\cot^2 5x \csc^2 5x - \csc^2 5x + 1) \, dx$$

$$= \frac{-\cot^3 5x}{15} + \frac{\cot 5x}{5} + x + C$$

c) $\int \csc^2 x \csc^2 x \, dx = \int (\cot^2 x + 1) \csc^2 x \, dx$

$$= \frac{-\cot^3 x}{3} - \cot x + C$$

d) $\int \cot^2 x \csc^2 x \csc x \cot x \, dx$

$$= \int (\csc^2 x - 1) \csc^2 x \csc x \cot x \, dx$$

$$= \frac{-\csc^5 x}{5} + \frac{\csc^3 x}{3} + C$$

e) $\int \csc^2 x \csc^2 x \cot^3 x \, dx = \int \csc^2 x \, (1 + \cot^2 x) \cot^3 x \, dx$

$$= \frac{-\cot^4 x}{4} - \frac{\cot^6 x}{6} + C$$

f) $\int (\csc^2 x - 1) \csc x \, dx = \int (\csc^3 x - \csc x) \, dx$

$$= \frac{-\csc x \cot x}{2} - \frac{\ln |\csc x - \cot x|}{2} + C$$

4. a) $\int \sec^4 3x \sec 3x \tan 3x \, dx = \frac{\sec^5 3x}{15} + C$

b) $\int \sec^2 2x \sec^2 2x \tan^5 2x \, dx = \int (\tan^2 2x + 1) \tan^5 2x \sec^2 2x \, dx$

$$= \frac{\tan^8 2x}{16} + \frac{\tan^6 2x}{12} + C$$

c) $\frac{1}{2} \int \left[\sin \left(\frac{-x}{6} \right) + \sin \left(\frac{7x}{6} \right) \right] dx = 3 \cos \left(\frac{x}{6} \right) - \frac{3}{7} \cos \left(\frac{7x}{6} \right) + C$

d) $\int \cot^4 x \csc^2 x \, dx = \frac{-\cot^5 x}{5} + C$

e) $\int \frac{\cos^2 x}{\sqrt{\sin x}} \cos x \, dx = \int \frac{1 - \sin^2 x}{\sqrt{\sin x}} \cos x \, dx$

$$= 2\sqrt{\sin x} - \frac{2 \sin^{\frac{5}{2}} x}{5} + C$$

f) $\int \cot^3 2x \csc^2 2x \csc^2 2x \, dx = \int \cot^3 2x \, (1 + \cot^2 2x) \csc^2 2x \, dx$

$$= \frac{-\cot^4 2x}{8} - \frac{\cot^6 2x}{12} + C$$

g) $\frac{1}{6} \sec^5 x \tan x + \frac{5}{24} \sec^3 x \tan x + \frac{5}{16} \sec x \tan x + \frac{5}{16} \ln |\sec x + \tan x| + C$

h) $\int [2 + (\sin x \cos x)^2] \, dx = \int \left[2 + \frac{1}{2} \sin^2 2x \right] dx$

$$= \frac{17x}{8} - \frac{\sin 4x}{32} + C$$

5. a) $\left(\frac{x}{2} + \frac{\sin 2x}{4} \right) \Big|_0^{\frac{\pi}{4}} = \frac{\pi}{8} + \frac{1}{4}$

b) $\left(\frac{\sin^3 x}{3} - \frac{\sin^5 x}{5} \right) \Big|_{\frac{-\pi}{2}}^{\frac{\pi}{2}} = \frac{4}{15}$

c) $\left(\frac{\tan^3 x}{3} + \tan x \right) \Big|_0^{\frac{\pi}{4}} = \frac{4}{3}$

d) $\left(\frac{\cos^5 x}{5} - \frac{\cos^3 x}{3} \right) \Big|_\pi^{2\pi} = \frac{-4}{15}$

e) $\left(\frac{-\cos x}{2} - \frac{\cos 7x}{14} \right) \Big|_0^{2\pi} = 0$

f) $\left(\frac{-\cot^7 x}{7} - \frac{\cot^5 x}{5} \right) \Big|_{\frac{\pi}{4}}^{\frac{\pi}{2}} = \frac{12}{35}$

6. $A = \int_{\frac{\pi}{2}}^{\pi} (\sin^2 x - \cos^3 x) \, dx = \left(\frac{\pi}{4} + \frac{2}{3} \right) u^2$

7. a) $\int \tan^n x \, dx = \int \tan^{n-2} x \tan^2 x \, dx$

$$= \int \tan^{n-2} x \, (\sec^2 x - 1) \, dx$$

$$= \int \tan^{n-2} x \sec^2 x \, dx - \int \tan^{n-2} x \, dx$$

$$= \frac{\tan^{n-1} x}{n-1} - \int \tan^{n-2} x \, dx$$

b) $\frac{\tan^3 x}{3} - \tan x + x + C$

c) $\frac{\tan^6 x}{6} - \frac{\tan^4 x}{4} + \frac{\tan^2 x}{2} - \ln |\sec x| + C$

Exercices 4.3   *(page 198)*

1. a)

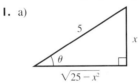

b) $\cos \theta = \frac{\sqrt{25 - x^2}}{5}$; $\tan \theta = \frac{x}{\sqrt{25 - x^2}}$; $\csc \theta = \frac{5}{x}$;

$\theta = \text{Arc sin} \left(\frac{x}{5} \right)$

2. a)

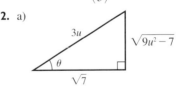

b) $\sin \theta = \frac{\sqrt{9u^2 - 7}}{3u}$; $\sin 2\theta = \frac{2\sqrt{7} \sqrt{9u^2 - 7}}{9u^2}$;

$\cot \theta = \frac{\sqrt{7}}{\sqrt{9u^2 - 7}}$; $\theta = \text{Arc sec} \left(\frac{3u}{\sqrt{7}} \right)$

3. a) $(x+2)^2 - 3$ b) $\left(x - \frac{5}{2} \right)^2 + \frac{3}{4}$

c) $(x-4)^2 - 16$ d) $(2x+3)^2 + 2$

e) $\frac{57}{4} - \left(x + \frac{7}{2} \right)^2$ f) $25 - (x-5)^2$

4. a) $x = 2 \sin \theta$; $\text{Arc sin} \left(\frac{x}{2} \right) + C$

b) $x = \sin \theta$; $\frac{1}{2} \ln \left| \frac{1+x}{1-x} \right| + C$

4

c) $x = 3\sin\theta$; $\dfrac{(\sqrt{9-x^2})^3}{3} - 9\sqrt{9-x^2} + C$

d) $x = 4\sin\theta$; $\dfrac{x}{16\sqrt{16-x^2}} + C$

e) $x = \sqrt{5}\sin\theta$; $\dfrac{x\sqrt{5-x^2}}{2} + \dfrac{5}{2}\,\text{Arc}\sin\left(\dfrac{x}{\sqrt{5}}\right) + C$

f) $x = 6\sin\theta$; $3\ln\left|\dfrac{6-\sqrt{36-x^2}}{x}\right| + \dfrac{\sqrt{36-x^2}}{2} + C$

5. a) $x = \tan\theta$; $\ln\left|\dfrac{\sqrt{x^2+1}}{x} - \dfrac{1}{x}\right| + C$

b) $x = 6\tan\theta$; $\dfrac{x}{36\sqrt{36+x^2}} + C$

c) $x = \dfrac{3}{2}\tan\theta$; $\dfrac{x\sqrt{4x^2+9}}{2} + \dfrac{9}{4}\ln\left|\dfrac{\sqrt{4x^2+9}}{3} + \dfrac{2x}{3}\right| + C$

d) $x = \sqrt{3}\tan\theta$; $\dfrac{-\sqrt{3+x^2}}{3x} + C$

e) $x = \dfrac{1}{3}\tan\theta$; $\dfrac{-(9x^2+1)^{\frac{3}{2}}}{3x^3} + C$

f) $x = 3\tan\theta$; $\dfrac{1}{81}\left[\ln\left|\dfrac{x}{\sqrt{9+x^2}}\right| - \dfrac{x^2}{2(9+x^2)}\right] + C$

6. a) $x = \sec\theta$; $\sqrt{x^2-1} - \text{Arc}\sec x + C$

b) $x = \dfrac{1}{3}\sec\theta$; $\dfrac{x\sqrt{9x^2-1}}{18} + \dfrac{1}{54}\ln|3x + \sqrt{9x^2-1}| + C$

c) $x = \dfrac{1}{3}\sec\theta$; $3\ln|3x + \sqrt{9x^2-1}| - \dfrac{\sqrt{9x^2-1}}{x} + C$

d) $x = \dfrac{\sqrt{3}}{\sqrt{5}}\sec\theta$; $\dfrac{\sqrt{5x^2-3}}{3x} + C$

e) $x = 4\sec\theta$; $\dfrac{-x}{16\sqrt{x^2-16}} + C$

f) $x = \dfrac{1}{2}\sec\theta$; $\dfrac{2x\sqrt{4x^2-1} - \ln|2x + \sqrt{4x^2-1}|}{8} + C$

7. a) $(3 - x^2 - 2x) = 4 - (x+1)^2$; $(x+1) = 2\sin\theta$;

$\dfrac{x+1}{4\sqrt{3-x^2-2x}} + C$

b) $(4x^2 + 12x + 25) = (2x+3)^2 + 16$; $(2x+3) = 4\tan\theta$;

$\dfrac{1}{2}\ln\left|\dfrac{\sqrt{4x^2+12x+25}}{4} + \dfrac{2x+3}{4}\right| + C$

c) $(x^2 - 6x) = (x-3)^2 - 9$; $(x-3) = 3\sec\theta$;

$\sqrt{x^2-6x} + 3\ln\left|\dfrac{x-3}{3} + \dfrac{\sqrt{x^2-6x}}{3}\right| + C$

8. a) $x = \sin^4\theta$; $4\left[\dfrac{(\sqrt{1-\sqrt{x}})^3}{3} - \sqrt{1-\sqrt{x}}\right] + C$

b) $x = 16\sec^4\theta$; $\ln\left|\dfrac{\sqrt{\sqrt{x}-4}}{\sqrt[4]{x}}\right| + C$

c) $x = \tan^2\theta$; $2\ln\left|\dfrac{\sqrt{x+1}}{\sqrt{x}} - \dfrac{1}{\sqrt{x}}\right| + C$

d) $u = \tan\left(\dfrac{x}{2}\right)$; $\sin x = \dfrac{2u}{1+u^2}$; $\cos x = \dfrac{1-u^2}{1+u^2}$;

$dx = \dfrac{2}{1+u^2}\,du$; $\ln\left|1 + \tan\left(\dfrac{x}{2}\right)\right| + C$

e) $u = \tan\left(\dfrac{x}{2}\right)$; $\tan x = \dfrac{2u}{1-u^2}$; $\sin x = \dfrac{2u}{1+u^2}$; $dx = \dfrac{2}{1+u^2}\,du$

$\dfrac{1}{2}\ln\left(\tan\left(\dfrac{x}{2}\right)\right) - \dfrac{\tan^2\left(\dfrac{x}{2}\right)}{4} + C$

f) $u = \tan\left(\dfrac{x}{2}\right)$; $\sin x = \dfrac{2u}{1+u^2}$; $dx = \dfrac{2}{1+u^2}\,du$;

$(u - 2) = \sqrt{3}\sec\theta$;

$\dfrac{2\sqrt{3}}{3}\ln\left|\dfrac{\tan\left(\dfrac{x}{2}\right) - 2 - \sqrt{3}}{\sqrt{\tan^2\left(\dfrac{x}{2}\right) - 4\tan\left(\dfrac{x}{2}\right) + 1}}\right| + C$

9. a) $x = 2\sin\theta$; $\left(2\,\text{Arc}\sin\left(\dfrac{x}{2}\right) + \dfrac{x\sqrt{4-x^2}}{2}\right)\Big|_0^2 = \pi$

b) $x = \dfrac{1}{\sqrt{2}}\sec\theta$;

$\left(\dfrac{1}{\sqrt{2}}\ln|\sqrt{2}\,x + \sqrt{2x^2-1}|\right)\Big|_1^{\sqrt{2}} = \dfrac{\sqrt{2}}{2}\ln\left(\dfrac{2+\sqrt{3}}{1+\sqrt{2}}\right)$

c) $x^2 + 4x + 13 = (x+2)^2 + 9$; $(x+2) = 3\tan\theta$;

$\left(\ln\left|\dfrac{\sqrt{x^2+4x+13} + (x+2)}{3}\right|\right)\Big|_{-2}^2 = \ln 3$

10. a) $\dfrac{-\sqrt{4-9x^2}}{4x} + C$ b) $\dfrac{2(1+2x^2)\sqrt{x^2-1}}{x^3} + C$

c) $\text{Arc}\sin(x-1) + C$

d) $\dfrac{-\sqrt{9+x^2}}{2x^2} + \dfrac{1}{6}\ln\left|\dfrac{\sqrt{9+x^2}-3}{x}\right| + C$

e) $18\,\text{Arc}\sin\left(\dfrac{x}{6}\right) - \dfrac{x\sqrt{36-x^2}}{2} + C$

f) $\dfrac{(2x-3)\sqrt{4x^2-12x+18}}{4} + \dfrac{9}{4}\ln\left|\dfrac{(2x-3)+\sqrt{4x^2-12x+18}}{3}\right| + C$

g) $\dfrac{1}{2}\ln(x^2 + \sqrt{x^4+1}) + C$

h) $\dfrac{2\sqrt{3}}{3}\,\text{Arc}\tan\left(\dfrac{\sqrt{3}\tan\left(\dfrac{x}{2}\right)}{3}\right) + C$

11. a) Il faut poser $x = a\sin\theta$.

b) Il faut poser $x = a\tan\theta$.   c) Il faut poser $x = a\sec\theta$.

12. a) $\dfrac{-\sqrt{5-x^2}}{7x} - \dfrac{1}{7}\,\text{Arc}\sin\left(\dfrac{x}{\sqrt{5}}\right) + C$

b) $3\sqrt{x^2 + \dfrac{4}{9}} - 2\ln\left|\dfrac{\dfrac{2}{3} + \sqrt{x^2 + \dfrac{4}{9}}}{x}\right| + C$

c) $\left(\dfrac{x}{8}(2x^2-9)\sqrt{x^2-9} - \dfrac{81}{8}\ln|x + \sqrt{x^2-9}|\right)\Big|_3^5 = \dfrac{205}{2} - \dfrac{81}{8}\ln 3$

13. a) $A = \displaystyle\int_{-3}^3 [5 - \sqrt{x^2+16}]\,dx$

$= \left(5x - \dfrac{x\sqrt{x^2+16}}{2} - 8\ln\left|\dfrac{x+\sqrt{x^2+16}}{4}\right|\right)\Big|_{-3}^3$

$= (15 - 16\ln 2)\,u^2$

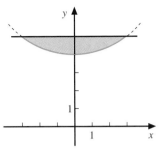

b) $y = \dfrac{\pm 3}{2}\sqrt{4-x^2}$

$$A = 4\int_0^2 \dfrac{3}{2}\sqrt{4-x^2}\,dx$$

$$= \left(3x\sqrt{4-x^2}\right.$$

$$\left.+ 12\,\text{Arc sin}\left(\dfrac{x}{2}\right)\right)\Big|_0^2$$

$$= 6\pi\,\text{u}^2$$

c) $A = \displaystyle\int_0^1 \sqrt{1-\sqrt{x}}\,dx$

$$= 4\left[\dfrac{(\sqrt{1-\sqrt{x}})^5}{5}\right.$$

$$\left.- \dfrac{(\sqrt{1-\sqrt{x}})^3}{3}\right]\Big|_0^1$$

$$= \dfrac{8}{15}\,\text{u}^2$$

14. a) $\left[\dfrac{\pi r^2}{2} - a\sqrt{r^2-a^2} - r^2\,\text{Arc sin}\left(\dfrac{a}{r}\right)\right]\text{u}^2$

b) $\dfrac{(4\pi - 3\sqrt{3})\,r^2}{12}\,\text{u}^2$

Exercices 4.4 *(page 209)*

1. a) $\dfrac{A}{x-1} + \dfrac{B}{x+3}$ b) $5 + \dfrac{A}{x+1} + \dfrac{B}{x-4}$

c) $\dfrac{A}{x} + \dfrac{B}{x^2} + \dfrac{C}{x^3} + \dfrac{D}{3x+4}$ d) $x-1 + \dfrac{2}{x+1}$

e) $\dfrac{A}{x} + \dfrac{B}{x-1} + \dfrac{C}{x+1}$ f) $\dfrac{A}{x} + \dfrac{Bx+C}{x^2+1}$

g) $\dfrac{A}{x} + \dfrac{B}{x+1} + \dfrac{Cx+D}{x^2-x+1}$

h) $\dfrac{A}{x-1} + \dfrac{B}{(x-1)^2} + \dfrac{C}{x+1} + \dfrac{D}{(x+1)^2} + \dfrac{Ex+F}{(x^2+1)} + \dfrac{Gx+I}{(x^2+1)^2}$

i) $\dfrac{A}{x+1} + \dfrac{B}{(x+1)^2} + \dfrac{C}{(x+1)^3} + \dfrac{Dx+E}{x^2+x+1} + \dfrac{Fx+G}{(x^2+x+1)^2}$

j) $\dfrac{A}{x} + \dfrac{B}{x^2} + \dfrac{C}{x^3} + \dfrac{D}{(x-1)} + \dfrac{E}{(x-1)^2} + \dfrac{F}{(x+1)} + \dfrac{Gx+H}{x^2+1}$

2. a) $\displaystyle\int\left[\dfrac{5}{x-2} + \dfrac{3}{x+3}\right]dx = 5\ln|x-2| + 3\ln|x+3| + C$

b) $\displaystyle\int\left[\dfrac{2}{x+1} + \dfrac{-3}{x-2}\right]dx = 2\ln|x+1| - 3\ln|x-2| + C$

c) $\displaystyle\int\left[\dfrac{4}{x} + \dfrac{3}{x+1} + \dfrac{-4}{x-3}\right]dx =$
$4\ln|x| + 3\ln|x+1| - 4\ln|x-3| + C$

---

d) $\displaystyle\int\left[3 + \dfrac{4}{x-2} + \dfrac{2}{x+1}\right]dx =$
$3x + 4\ln|x-2| + 2\ln|x+1| + C$

e) $\displaystyle\int\left[\dfrac{1}{x} + \dfrac{-2}{x+1} + \dfrac{2}{x-1}\right]dx =$
$\ln|x| - 2\ln|x+1| + 2\ln|x-1| + C$

f) $\displaystyle\int\left[\dfrac{3}{x-2} + \dfrac{4}{x+2} + \dfrac{-1}{x-1} + \dfrac{2}{x+1}\right]dx =$
$3\ln|x-2| + 4\ln|x+2| - \ln|x-1| + 2\ln|x+1| + C$

3. a) $\displaystyle\int\left[\dfrac{1}{x-1} + \dfrac{1}{(x-1)^2}\right]dx = \ln|x-1| - \dfrac{1}{x-1} + C$

b) $\displaystyle\int\left[\dfrac{2}{x} + \dfrac{-1}{x+1} + \dfrac{5}{(x+1)^2}\right]dx =$
$2\ln|x| - \ln|x+1| - \dfrac{5}{x+1} + C$

c) $\displaystyle\int\left[\dfrac{1}{x} + \dfrac{-12}{(2x+3)^3}\right]dx = \ln|x| + \dfrac{3}{(2x+3)^2} + C$

d) $\displaystyle\int\left[\dfrac{1}{x^3} + \dfrac{4}{(x+1)^2}\right]dx = \dfrac{-1}{2x^2} - \dfrac{4}{x+1} + C$

e) $\displaystyle\int\left[x^2 - x + 1 - \dfrac{4}{x} + \dfrac{4}{x^2} + \dfrac{3}{x+1}\right]dx =$
$\dfrac{x^3}{3} - \dfrac{x^2}{2} + x - 4\ln|x| - \dfrac{4}{x} + 3\ln|x+1| + C$

f) $\displaystyle\int\left[3 + \dfrac{\frac{1}{2}}{(2x+3)} + \dfrac{\frac{-3}{2}}{(2x+3)^2}\right]dx =$
$3x + \dfrac{1}{4}\ln|2x+3| + \dfrac{3}{4(2x+3)} + C$

4. a) $\displaystyle\int\left[\dfrac{3}{x} + \dfrac{4x-5}{x^2+1}\right]dx =$
$3\ln|x| + 2\ln(x^2+1) - 5\,\text{Arc tan}\,x + C$

b) $\displaystyle\int\left[\dfrac{4}{x^2} + \dfrac{-2x+1}{x^2-x+5}\right]dx = \dfrac{-4}{x} - \ln|x^2-x+5| + C$

c) $\displaystyle\int\left[\dfrac{2x}{x^2+3} + \dfrac{5x-1}{x^2+1}\right]dx =$
$\ln|x^2+3| + \dfrac{5}{2}\ln|x^2+1| - \text{Arc tan}\,x + C$

d) $\displaystyle\int\left[4x^3 + \dfrac{7x}{2x^2+5}\right]dx = x^4 + \dfrac{7}{4}\ln|2x^2+5| + C$

5. a) $\displaystyle\int\left[\dfrac{1}{x} + \dfrac{-6x}{(x^2+2)^2} + \dfrac{x}{(x^2+2)^3}\right]dx =$
$\ln|x| + \dfrac{3}{x^2+2} - \dfrac{1}{4(x^2+2)^2} + C$

b) $\displaystyle\int\left[2x + \dfrac{1}{x^2+1} + \dfrac{-2x}{(x^2+1)^2}\right]dx =$
$x^2 + \text{Arc tan}\,x + \dfrac{1}{x^2+1} + C$

c) $\displaystyle\int\left[\dfrac{1}{x^2} + \dfrac{-6x-9}{(x^2+3x+5)^2}\right]dx = \dfrac{-1}{x} + \dfrac{3}{(x^2+3x+5)} + C$

6. a) $\displaystyle\int\left[\dfrac{\frac{1}{4}}{u-2} + \dfrac{\frac{-1}{4}}{u+2}\right]du =$
$\dfrac{1}{4}\ln|\tan x - 2| - \dfrac{1}{4}\ln|\tan x + 2| + C$

b) $\int \left[\dfrac{-1}{u} + \dfrac{-1}{u^2} + \dfrac{1}{u-1} \right] du =$

$-\ln |\sin x| + \csc x + \ln |\sin x - 1| + C$

c) $\int \left[\dfrac{2}{(u-2)} + \dfrac{5}{(u-2)^2} \right] du = 2 \ln |e^x - 2| - \dfrac{5}{e^x - 2} + C$

d) $\int \left[2 + \dfrac{4u - 2}{u^2 + 1} \right] du =$

$2\sqrt{x} + 2 \ln |x + 1| - 2 \operatorname{Arc\,tan} \sqrt{x} + C$

e) $\int \left[\dfrac{1}{u-1} + \dfrac{-1}{u+1} \right] du =$

$\ln |\sqrt{x+1} - 1| - \ln |\sqrt{x+1} + 1| + C$

f) $\int \left[\dfrac{3}{u} + \dfrac{4u - 5}{u^2 + 1} \right] du =$

$3 \ln |\ln x| + 2 \ln |\ln^2 x + 1| - 5 \operatorname{Arc\,tan} (\ln x) + C$

7. a) $\left. (3 \ln |x+4| - 2 \ln |x-3|) \right|_{-3}^{2} = 5 \ln 6$

b) $\left. (x - \operatorname{Arc\,tan} x) \right|_{0}^{1} = 1 - \dfrac{\pi}{4}$

c) $\left. \left(2 \ln |x| + 3 \ln |x+1| + \dfrac{4}{x+1} \right) \right|_{1}^{2} = 3 \ln 3 - \ln 2 - \dfrac{2}{3}$

d) $\left. \left(\dfrac{x^2}{2} - 3x + 6 \ln |x+1| + \dfrac{4}{x+1} - \dfrac{1}{2(x+1)^2} \right) \right|_{0}^{1} = 6 \ln 2 - \dfrac{33}{8}$

8. a) $2 \ln |x-1| + 4 \ln |x+2| - 5 \ln |x+3| + C$

b) $-2 \ln |x-1| + \dfrac{4\sqrt{3}}{3} \operatorname{Arc\,tan} \left(\dfrac{x}{\sqrt{3}} \right) + C$

c) $\dfrac{5x^3}{3} + 2x - \ln |2-x| - \dfrac{2}{2-x} + C$

d) $4 \ln |x-1| + \ln (x^2 + 2x + 5) - \dfrac{1}{2} \operatorname{Arc\,tan} \left(\dfrac{x+1}{2} \right) + C$

e) $2 \ln |x| + \dfrac{1}{2} \ln (x^2 + 1) - \operatorname{Arc\,tan} x + \dfrac{3}{2(x^2 + 1)} + C$

f) $-5 \csc x - 5 \operatorname{Arc\,tan} (\sin x) + C$

9. $A = \displaystyle\int_{3}^{4} \dfrac{4 - x}{x^2 - 4} \, dx$

$= \left. \left(\dfrac{1}{2} \ln |x-2| - \dfrac{3}{2} \ln |x+2| \right) \right|_{3}^{4}$

$= \left(\dfrac{1}{2} \ln 2 + \dfrac{3}{2} \ln \left(\dfrac{5}{6} \right) \right) \text{u}^2 \approx 0{,}073 \text{ u}^2$

10. a) $\displaystyle\int \dfrac{1}{Q(100 - Q)} \, dQ = \int 10 \, dt$

$\displaystyle\int \left[\dfrac{\frac{1}{100}}{Q} + \dfrac{\frac{1}{100}}{(100 - Q)} \right] dQ = \int 10 \, dt$

$\dfrac{1}{100} \ln \left(\dfrac{Q}{100 - Q} \right) = 10t + C_1$

$\ln \left(\dfrac{Q}{100 - Q} \right) = 1000t + C_2,$

d'où $\quad Q = \dfrac{100 C_3 e^{1000t}}{1 + C_3 e^{1000t}} = \dfrac{100}{1 + C e^{-1000t}}.$

b) $Q = \dfrac{100}{1 + 9e^{-1000t}}$

c) 100

11. a) $\dfrac{dQ}{dt} = 0{,}000\,15 Q(2400 - Q)$

b) $\displaystyle\int \left[\dfrac{\frac{1}{2400}}{Q} + \dfrac{\frac{1}{2400}}{2400 - Q} \right] dQ = \int 0{,}000\,15 \, dt$

$\dfrac{1}{2400} \ln \left(\dfrac{Q}{2400 - Q} \right) = 0{,}000\,15 t + C_1,$

ainsi $Q = \dfrac{2400}{1 + C e^{-0,36t}}.$

En remplaçant $t = 0$ et $Q = 400$, nous trouvons $C = 5$,

d'où $Q = \dfrac{2400}{1 + 5e^{-0,36t}}.$

c) Lorsque $t = 3$, $Q \approx 889$ truites.

d) En posant $Q = 1800$, nous trouvons $t \approx 7{,}52$ mois.

12. a) $\displaystyle\int \left(\dfrac{\frac{1}{2000}}{1500 - Q} + \dfrac{\frac{1}{2000}}{500 + Q} \right) dQ = \int k \, dt$

$\dfrac{1}{2000} \ln \left(\dfrac{500 + Q}{1500 - Q} \right) = kt + C$

En remplaçant $t = 0$ et $Q = 500$, nous trouvons $C = 0$.
En remplaçant $t = 10$ et $Q = 1000$, nous trouvons

$k = \dfrac{\ln 3}{20\,000}$, d'où $Q \approx \dfrac{1500 e^{0,11t} - 500}{1 + e^{0,11t}}.$

b) Environ 1300 g.   c) Environ 26,77 min.

d) $\displaystyle\lim_{t \to +\infty} \dfrac{1500 e^{0,11t} - 500}{1 + e^{0,11t}} = 1500$ g

13. a) $\dfrac{dP}{dt} = kP (32\,000 - P)$

b) $k = \dfrac{\ln 5}{192\,000}$, d'où $P \approx \dfrac{32\,000}{1 + 15 e^{-0,268t}}.$

c) Environ 15 775 bactéries.   d) Environ 15,28 heures.

e) $\displaystyle\lim_{t \to +\infty} \left(\dfrac{32\,000}{1 + 15 e^{-0,268t}} \right) = 32\,000$

f)

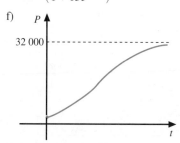

Exercices récapitulatifs (page 213)

1. a) $5(x \sin x + \cos x) + C$

b) $-3x^2 e^{\frac{-x}{3}} - 18x \, e^{\frac{-x}{3}} - 54 \, e^{\frac{-x}{3}} + C$

c) $\dfrac{x^2 \operatorname{Arc\,sec} x}{2} - \dfrac{\sqrt{x^2 - 1}}{2} + C$

d) $\dfrac{e^x \sin x - e^x \cos x}{2} + C$

e) $\dfrac{-1}{x} (\ln^2 x + 2 \ln x + 2) + C$

f) $\dfrac{x e^x \sin x + x e^x \cos x - e^x \sin x}{2} + C$

2. a) $\dfrac{33x}{2} + 8\sin x + \dfrac{\sin 2x}{4} + C$

b) $\ln|\tan x| - \csc x + C$ c) $x - \tan x + \dfrac{\tan^3 x}{3} + C$

d) $\dfrac{1}{8}\left(\dfrac{5x}{2} - \sin 4x + \dfrac{3\sin 8x}{16} + \dfrac{\sin^3 4x}{12}\right) + C$

e) $\dfrac{1}{6}\sec^5 x \tan x - \dfrac{7}{24}\sec^3 x \tan x + \dfrac{1}{16}\sec x \tan x + \dfrac{1}{16}\ln|\sec x + \tan x| + C$

f) $\dfrac{1}{4}\left(x + \dfrac{\sin 2x}{4} + \dfrac{\sin 4x}{4} + \dfrac{\sin 6x}{6} + \dfrac{\sin 10x}{20}\right) + C$

3. a) $\dfrac{-2\sin 3x \sin 2x - 3\cos 3x \cos 2x}{5} + C$

b) $\dfrac{-\cos x}{2} - \dfrac{\cos 5x}{10} + C$

4. a) $\dfrac{\sqrt{x^2 - 16}}{3} - \dfrac{4}{3}\operatorname{Arc sec}\dfrac{x}{4} + C$

b) $\dfrac{2x^3}{3(1 - 2x^2)^{\frac{3}{2}}} + \dfrac{x}{\sqrt{1 - 2x^2}} + C$

c) $\dfrac{2x}{(1 + 4x^2)} + \operatorname{Arc tan} 2x + C$

d) $\dfrac{(x + 3)\sqrt{x^2 + 6x + 5}}{2} - 2\ln\left|\dfrac{(x + 3) + \sqrt{x^2 + 6x + 5}}{2}\right| + C$

e) $2\ln\left|\dfrac{2 - \sqrt{4 - x}}{\sqrt{x}}\right| + C$

f) $3\tan\left(\dfrac{x}{2}\right) + 2\ln\left(\tan^2\left(\dfrac{x}{2}\right) + 1\right) - 3x + C$

5. a) $4\ln|x - 2| - \dfrac{5}{3}\ln|3x + 4| + C$

b) $x^2 + \ln|x| + 2\ln|x + 2| - \ln|x - 1| + C$

c) $\ln|x - 3| + 2\ln|x + 3| + \dfrac{3}{2}\ln(x^2 + 9) + \dfrac{4}{3}\operatorname{Arc tan}\left(\dfrac{x}{3}\right) + C$

d) $\dfrac{-1}{x} - \dfrac{1}{x^2} - \dfrac{7}{2}\ln|2x + 5| + C$

e) $\dfrac{3}{2}\ln(x^2 + 4) + \dfrac{1}{16}\operatorname{Arc tan}\left(\dfrac{x}{2}\right) + \dfrac{x}{8(x^2 + 4)} + C$

f) $\ln|\cos x - 3| - \ln|\cos x - 4| + C$

6. Changement de variable, décomposition en une somme de fractions partielles et substitution trigonométrique :
$\dfrac{-1}{2}\ln|16 - x^2| + C$.

7. a) $\left(\dfrac{5x^3}{3} + 8x\right)\ln x - \dfrac{5x^3}{9} - 8x + C$

b) $\dfrac{\cos^7(5x)}{35} - \dfrac{\cos^5(5x)}{25} + C$

c) $\dfrac{x(4 + x^2)^{\frac{3}{2}}}{4} - \dfrac{x\sqrt{4 + x^2}}{2} - 2\ln\left|\dfrac{x + \sqrt{4 + x^2}}{2}\right| + C$

d) $\sqrt{x^2 - 1}\operatorname{Arc sec} x - \ln|x| + C$

e) $\dfrac{5}{2}\ln(x^2 + 1) + 4\operatorname{Arc tan} x - \dfrac{3}{x^2 + 1} + C$

f) $\dfrac{-(x + 1)}{9\sqrt{x^2 + 2x + 10}} - \dfrac{1}{\sqrt{x^2 + 2x + 10}} + C$

g) $e^x \sin x + C$

h) $\dfrac{2\sec^5 \sqrt{x}}{5} - \dfrac{2\sec^3 \sqrt{x}}{3} + C$

i) $\dfrac{1}{1 - x^2} + \ln\sqrt{1 - x^2} + C$

j) $\dfrac{3}{16}\ln|x| - \dfrac{1}{8x^2} + \dfrac{13}{32}\ln(x^2 + 4) + C$

k) $\dfrac{\sqrt{2}}{4}\sqrt{(2x - 3)^2 - 1} + \dfrac{5\sqrt{2}}{4}\ln|2x - 3 + \sqrt{(2x - 3)^2 - 1}| + C$

l) $\dfrac{8\sqrt{3}}{3}\operatorname{Arc tan}\left(\dfrac{2\tan\left(\dfrac{x}{2}\right) + 1}{\sqrt{3}}\right) - x + C$

8. a) $\displaystyle\int x^n \cos x\,dx = x^n \sin x - n\int x^{n-1} \sin x\,dx$;

$\displaystyle\int x^n \sin x\,dx = -x^n \cos x + n\int x^{n-1} \cos x\,dx$

b) $-x^3 \cos x + 3x^2 \sin x + 6x\cos x - 6\sin x + C$

9. a) 2 b) $\dfrac{8}{15}$ c) $2\ln 2 + \dfrac{\pi}{4}$

10. a) $\left(2e^2 + \dfrac{6}{e^2}\right)\text{u}^2$ b) 8 u^2

c) $(\ln(4 + \sqrt{17}) + \ln(1 + \sqrt{2}))\text{u}^2$

d) $\left(\ln 2 - \dfrac{1}{2}\right)\text{u}^2$ e) $\left(\dfrac{e^\pi + e^{-\pi} + 2}{2}\right)\text{u}^2$

11. a) $P = 15te^{\frac{t}{15}} - 225e^{\frac{t}{15}} + 20\,225$

b) 20 124 habitants ; 20 893 habitants.

12. a) $\dfrac{dP}{dt} = kP(75\,000 - P)$ b) $P \approx \dfrac{75\,000}{1 + 499e^{-0,155t}}$

c) Environ 12 995 habitants.   d) Environ 40 jours.

13. a) Environ 1,82 mois.

b) Oui, car $P = 55{,}74\,\%$ en sa faveur.

Problèmes de synthèse (page 214)

1. a) $\dfrac{x^3 e^{x^3}}{3} - \dfrac{e^{x^3}}{3} + C$

b) $2\sqrt{x}\operatorname{Arc tan}\sqrt{x} - \ln|1 + x| + C$

c) $\dfrac{1}{2}\ln\left(\dfrac{8}{3}\right)$ d) $\dfrac{2\sec^{\frac{5}{2}} x}{5} - 2\sqrt{\sec x} + C$

e) $\dfrac{8}{3}$ f) $\dfrac{e^x \sqrt{e^{2x} + 1} + \ln|e^x + \sqrt{e^{2x} + 1}|}{2} + C$

g) $2 + \ln 2$

h) $x(\operatorname{Arc sin} x)^2 + 2\sqrt{1 - x^2}\operatorname{Arc sin} x - 2x + C$

i) $\ln\left|\dfrac{\sqrt{1 + \sin^2 x} - 1}{\sin x}\right| + C$

j) $\dfrac{3}{8}$ k) $\operatorname{Arc tan} e^x + C$

l) $\dfrac{-1}{3}\ln|1 - e^x| + \dfrac{1}{3}\ln\sqrt{e^{2x} + e^x + 1} + \dfrac{\sqrt{3}}{3}\operatorname{Arc tan}\left(\dfrac{2e^x + 1}{\sqrt{3}}\right) + C$

2. a) $2(\sqrt{x}\sin\sqrt{x} + \cos\sqrt{x}) + C$

b) $4\ln 4 - 4$ c) $\dfrac{5}{4} - \dfrac{3\pi}{8}$

d) $\dfrac{2\sqrt{x - 4}}{x} + \operatorname{Arc sec}\left(\dfrac{\sqrt{x}}{2}\right) + C$

4

e) $\ln |\sqrt{x^2 + 2x + 4} + x + 1| - \dfrac{x+1}{\sqrt{x^2 + 2x + 4}} + C$

f) $4 \ln \left| 1 + \tan \left(\dfrac{x}{2} \right) \right| + \dfrac{4}{1 + \tan \left(\dfrac{x}{2} \right)} + C$

g) $2\sqrt{e^x - 1} - 2 \operatorname{Arc\,tan} \sqrt{e^x - 1} + C$

h) $\dfrac{1}{5} \ln \left| \dfrac{\sin x - 2}{\sin x + 3} \right| + C$ i) $2 + 4 \ln \left(\dfrac{3}{4} \right)$

j) $\dfrac{5}{2} - \ln 2$ k) $2 \operatorname{Arc\,sec} \left(\dfrac{\sqrt[4]{x}}{2} \right) + C$

l) $-4x^3 \sqrt{1 - x^2} - 6x \sqrt{1 - x^2} + 6 \operatorname{Arc\,sin} x + C$

3. a) $\dfrac{x}{8} (2x^2 - a^2) \sqrt{a^2 - x^2} + \dfrac{a^4}{8} \operatorname{Arc\,sin} \left(\dfrac{x}{a} \right) + C$

b) $\dfrac{-\sqrt{x^2 + a^2}}{x} + \ln |x + \sqrt{x^2 + a^2}| + C$

c) $\dfrac{x}{8} (2x^2 - 5a^2) \sqrt{x^2 - a^2} + \dfrac{3a^4}{8} \ln |x + \sqrt{x^2 - a^2}| + C$

4. a) Intégration par parties :
$$\dfrac{-3 \cos (5x+4) \sin 3x + 5 \sin (5x+4) \cos 3x}{16} + C.$$

Identité trigonométrique :
$$\dfrac{\sin (2x+4)}{4} + \dfrac{\sin (8x+4)}{16} + C.$$

b) Substitution trigonométrique et décomposition en une somme de fractions partielles :
$$\dfrac{1}{2} \ln |x+1| + \dfrac{1}{2} \ln |x-1| - \ln |x| + C.$$

c) Substitution trigonométrique :
$$6 \ln |1 + \sqrt[6]{x}| - 3 \ln |1 - \sqrt[3]{x}| - 6 \sqrt[6]{x} + C.$$

Changement de variable ($u = x^{\frac{1}{6}}$) et décomposition en une somme de fractions partielles :
$$3 \ln \left| \dfrac{1 + \sqrt[6]{x}}{1 - \sqrt[6]{x}} \right| - 6\sqrt[6]{x} + C.$$

d) Changement de variable ($u = \sqrt{1 + \sin x}$) :
$$\ln \left| \dfrac{\sqrt{1 + \sin x} - 1}{\sqrt{1 + \sin x} + 1} \right| + C.$$

Substitution trigonométrique :
$$2 \ln \left| \dfrac{\sqrt{1 + \sin x} - 1}{\sqrt{\sin x}} \right| + C.$$

5. a) $\displaystyle\int x^k (\ln x)^n \, dx = \dfrac{x^{k+1} (\ln x)^n}{k+1} - \dfrac{n}{k+1} \int x^k (\ln x)^{n-1} \, dx$, si $k \neq -1$

b) $\displaystyle\int \tan^n (ax) \, dx = \dfrac{1}{a} \dfrac{\tan^{n-1} (ax)}{(n-1)} - \int \tan^{n-2} (ax) \, dx$

6. a) $\displaystyle\int_0^{\frac{\pi}{2}} \sin^n x \, dx = \dfrac{n-1}{n} \int_0^{\frac{\pi}{2}} \sin^{n-2} x \, dx$, pour $n \geq 2$.

b) $\dfrac{16}{35}$ c) $\left(\dfrac{19}{20} \right) \left(\dfrac{17}{18} \right) \left(\dfrac{15}{16} \right) \cdots \left(\dfrac{3}{4} \right) \left(\dfrac{1}{2} \right) \dfrac{\pi}{2}$

7. a) $[3 \ln (1 + \sqrt{2}) - \sqrt{2}] \, \text{u}^2 \approx 1,23 \, \text{u}^2$

b) $\left[36 \ln \left(\dfrac{4}{9} \right) + \dfrac{73}{2} \ln 2 + 6 (\operatorname{Arc\,tan} 2 - \operatorname{Arc\,tan} (-3)) \right] \text{u}^2 \approx 10,24 \, \text{u}^2$

c) $\pi ab \, \text{u}^2$ d) $\left(\dfrac{3}{2} - 2 \ln 2 \right) \text{u}^2 \approx 0,11 \, \text{u}^2$

8. $A_1 \approx 4,33 \, \text{u}^2$; $A_2 \approx 2,76 \, \text{u}^2$

9. $\dfrac{2e^3}{3e^4 + 1}$

10. a) $A = 1 \, \text{u}^2$ b) $c = (2\sqrt{2} - 2) \approx 0,83$

11. a) $v(t) = \dfrac{t}{2} - \dfrac{\sin t}{2}$, où $v(t)$ est en m/s.

b) $s(t) = \dfrac{t^2}{4} + \dfrac{\cos t}{2} + \dfrac{3}{2}$, où $s(t)$ est en m.

c) $\left(\dfrac{\pi^2}{16} - \dfrac{1}{2} \right) \approx 0,12$, donc environ 0,12 mètre.

12. a) Environ 10,58 m; environ 3,14 m.

b) -1,28 m/s²

13. Environ 32 796,59 \$.

14. a) $x = \dfrac{N}{1 + Ce^{-Nkt}}$, où C est une constante.

b)

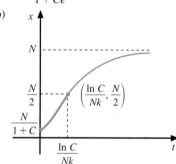

15. a) $h = \dfrac{60}{1 + 5e^{\frac{-\ln \left(\frac{5}{4} \right)}{3} t}} = \dfrac{60}{1 + 5 \left(\frac{4}{5} \right)^{\frac{t}{3}}}$

b) Environ 21,7 cm.   c) Environ 21,6 jours.

16. Environ 10,5 minutes.

17. a) $C = \dfrac{7(1 - e^{\frac{-t}{200}})}{7 - e^{\frac{-t}{200}}}$

b) Environ 5,64 %; environ 29 %.

c) Environ 75 minutes.

Chapitre 5

Test préliminaire (page 218)

1. $h = \dfrac{c\sqrt{3}}{2}$

2. $h = \sqrt{c^2 - \dfrac{b^2}{4}}$

3. a) $\dfrac{a}{b} = \dfrac{d}{c}$ b) $\dfrac{b}{c} = \dfrac{a}{d}$

4. $d = \sqrt{(x_2 - x_1)^2 + (y_2 - y_1)^2}$

5. a) 0   b) $+\infty$ c) $-\infty$ d) $+\infty$ e) $\dfrac{-\pi}{2}$ f) $\dfrac{\pi}{2}$

6. a) 1   b) 0   c) 0   d) 0

7. a) $A = \lim\limits_{(\max \Delta x_i) \to 0} \sum\limits_{i=1}^{n} f(x_i)\,\Delta x_i$ b) $A = \int_a^b f(x)\,dx$

8. a) $\dfrac{\sec\theta\tan\theta + \ln|\sec\theta + \tan\theta|}{2} + C$

   b) $\dfrac{\cos\theta\sin\theta + \theta}{2} + C$

Exercices

Exercices 5.1   *(page 227)*

1. a) $V = \pi \int_0^3 (x^2)^2\,dx = \dfrac{243\pi}{5}\,\text{u}^3$

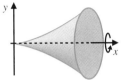

   b) $V = \pi \int_0^9 y\,dy = \dfrac{81\pi}{2}\,\text{u}^3$

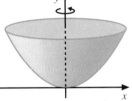

   c) $V = \pi \int_0^{\sqrt{3}} (\sqrt{3-x^2})^2\,dx = 2\sqrt{3}\pi\,\text{u}^3$

   d) $V = \pi \int_0^8 (2 - \sqrt[3]{y})^2\,dy = \dfrac{16\pi}{5}\,\text{u}^3$

   e) $V = \pi \int_{-2}^2 [(1 - x^2) - (-3)]^2\,dx = \dfrac{512\pi}{15}\,\text{u}^3$

   f) $V = \pi \int_{-3}^3 [(-1) - (y^2 - 10)]^2\,dy = \dfrac{1296\pi}{5}\,\text{u}^3$

2. a) $V = 2\pi \int_0^9 y(3 - \sqrt{y})\,dy = \dfrac{243\pi}{5}\,\text{u}^3$

   b) $V = 2\pi \int_0^3 x(9 - x^2)\,dx = \dfrac{81\pi}{2}\,\text{u}^3$

   c) $V = 2\pi \int_0^2 x(x-1)^2\,dx = \dfrac{4\pi}{3}\,\text{u}^3$

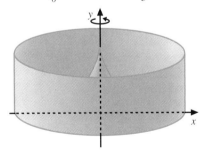

   d) $V = 2\pi \int_0^1 x[e^{x^2} - (-2)]\,dx = \pi(e + 1)\,\text{u}^3$

   e) $V = 2\pi \int_0^1 x\left(\dfrac{1}{1 + x^2}\right)dx = \pi\ln 2\,\text{u}^3$

   f) $V = 2\pi \int_0^1 (1 - x)\left(\dfrac{1}{1 + x^2}\right)dx = \left(\dfrac{\pi^2}{2} - \pi\ln 2\right)\text{u}^3$

3. a) $V = \pi \int_0^3 [(-x^2 + 6x)^2 - (x^2)^2]\,dx = 81\pi\,\text{u}^3$

   b) $V = 2\pi \int_0^3 x[(-x^2 + 6x) - x^2]\,dx = 27\pi\,\text{u}^3$

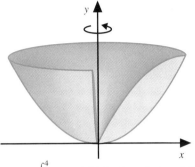

   c) $V = 2\pi \int_1^4 (5 - x)[4x^2 + 3 - x]\,dx = 342\pi\,\text{u}^3$

   d) $V = \pi \int_0^1 [(x + 1)^2 - (x^2 + 1)^2]\,dx = \dfrac{7\pi}{15}\,\text{u}^3$

4.

	Méthode du disque	Méthode du tube	$V\,(\text{u}^3)$
a)	$32\pi - \pi\int_0^2 x^4\,dx$	$2\pi\int_0^4 y\sqrt{y}\,dy$	$\dfrac{128\pi}{5}$
b)	$\pi\int_0^4 y\,dy$	$2\pi\int_0^2 x(4 - x^2)\,dx$	8π
c)	$\pi\int_0^2 (4 - x^2)^2\,dx$	$2\pi\int_0^4 (4 - y)\sqrt{y}\,dy$	$\dfrac{256\pi}{15}$
d)	$\pi\int_0^2 (5 - x^2)^2\,dx - 2\pi$	$2\pi\int_0^4 (5 - y)\sqrt{y}\,dy$	$\dfrac{416\pi}{15}$
e)	$16\pi - \pi\int_0^4 (2 - \sqrt{y})^2\,dy$	$2\pi\int_0^2 (2 - x)(4 - x^2)\,dx$	$\dfrac{40\pi}{3}$
f)	$\pi\int_0^4 (\sqrt{y} + 2)^2\,dy - 16\pi$	$2\pi\int_0^2 (x + 2)(4 - x^2)\,dx$	$\dfrac{88\pi}{3}$
g)	$72\pi - \pi\int_0^2 (x^2 + 2)^2\,dx$	$2\pi\int_0^4 (y + 2)\sqrt{y}\,dy$	$\dfrac{704\pi}{15}$
h)	$144\pi - \pi\int_0^4 (6 - \sqrt{y})^2\,dy$	$2\pi\int_0^2 (6 - x)(4 - x^2)\,dx$	56π
i)	$18\pi - \pi\int_1^2 (x^2 - 1)^2\,dx$	$2\pi\int_1^4 (y - 1)\sqrt{y}\,dy$	$\dfrac{232\pi}{15}$
j)	$4\pi - \pi\int_0^1 (1 - \sqrt{y})^2\,dy$	$2\pi\int_0^1 (1 - x)(4 - x^2)\,dx$	$\dfrac{23\pi}{6}$

5. Nous obtenons une sphère de rayon 2 dont le volume est
$$V = \pi \int_{-2}^2 (4 - x^2)\,dx = \dfrac{32\pi}{3}\,\text{u}^3.$$

6. a) Un cône de rayon 6 et de hauteur 10.

   b) $V = \pi \int_0^{10} \left(\dfrac{3x}{5}\right)^2 dx = 120\pi\,\text{u}^3$

7. a) $V = \pi \int_{-3}^3 4\left(1 - \dfrac{x^2}{9}\right)dx = 16\pi\,\text{u}^3$

   b) $V = \pi \int_{-2}^2 9\left(1 - \dfrac{y^2}{4}\right)dy = 24\pi\,\text{u}^3$

8. $V = \pi \int_{-\sqrt{3}}^{\sqrt{3}} [(4 - y^2) - 1]\,dy$
$\quad = 4\sqrt{3}\pi\,\text{u}^3$

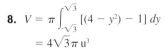

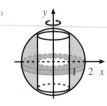

9. Sur $[0, 0{,}5]$, $V_1 = \pi \int_0^{0,5} (0{,}4\,x)^2\,dx = 0{,}00\overline{6}\pi$;

sur $[0{,}5, 4]$, $V_2 = 0{,}14\pi$ (cylindre);

sur $[4, 5]$, $V_3 = \pi \int_4^5 [0{,}20\,(x^2 - 7x + 13)]^2\,dx = 0{,}148\pi$;

sur $[5, 5{,}3]$, $V_4 = 0{,}108\pi$ (cylindre);

sur $[5, 5{,}3]$, $V_5 = \pi \int_5^{5,3} (2(x - 5))^2\,dx = 0{,}036\pi$;

d'où $V = V_1 + V_2 + V_3 + V_4 - V_5 = 0{,}3\overline{6}\pi$
$\approx 1{,}15$ cm³.

Exercices 5.2 *(page 231)*

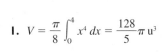

1. $V = \dfrac{\pi}{8} \int_0^4 x^4\,dx = \dfrac{128}{5}\pi$ u³

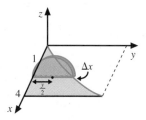

2. $V = \int_0^6 \left(\dfrac{y}{2}\right)^2 dy = 18$ u³

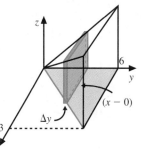

3. a) $V = \int_0^2 x^4\,dx = \dfrac{32}{5}$ u³

b) $V = \int_0^4 (2 - \sqrt{y})^2\,dy = \dfrac{8}{3}$ u³

4. a) $V = \dfrac{\pi}{8} \int_0^6 \left(2 - \dfrac{x}{3}\right)^2 dx = \pi$ u³

b) $V = \int_0^6 \left(2 - \dfrac{x}{3}\right)^2 dx = 8$ u³

c) $V = \dfrac{3}{2} \int_0^6 \left(2 - \dfrac{x}{3}\right)^2 dx = 12$ u³

5. a) $V = \dfrac{\pi}{8} \int_0^3 (9 - y^2)\,dy = \dfrac{9}{4}\pi$ u³

b) $V = \int_0^3 (9 - y^2)\,dy = 18$ u³

6. a) $V = 2 \int_{-4}^4 (16 - x^2)\,dx = \dfrac{512}{3}$ u³

b) $V = \int_{-4}^4 (16 - x^2)\,dx = \dfrac{256}{3}$ u³

7. a) $V = 2 \int_0^2 (2x - x^2)^2\,dx$

$= \dfrac{32}{15}$ u³

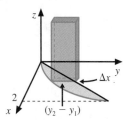

b) $V = 2 \int_0^4 \left(\sqrt{y} - \dfrac{y}{2}\right)^2 dy$

$= \dfrac{16}{15}$ u³

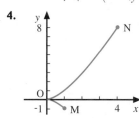

8. a) $V = \int_0^h \dfrac{a^2(h - z)^2}{h^2}\,dz = \dfrac{a^2 h}{3}$ u³

b) 2 592 100 m³

9. a) $\dfrac{9}{2}\pi$ u³   b) 9π u³

c) Le quart d'une sphère de rayon 3.

10. a) 27π u³; cône de hauteur 9 et dont le rayon de la base est 3.

b) 36π u³; sphère de rayon 3 et dont le centre est le point $(3, 3, 0)$.

11. a) $V = \dfrac{2R^3 \tan \alpha}{3}$ u³   b) $\alpha \approx 41{,}6°$

Exercices 5.3 *(page 237)*

1. a) $L = \int_0^2 \sqrt{1 + (3x^2 + 1)^2}\,dx$

b) $L = \int_{-1}^1 \sqrt{1 + (e^y + ye^y)^2}\,dy$

c) $L = \int_{-\pi}^0 \sqrt{64 \sin^2 2\theta + 144 \cos^2 4\theta}\,d\theta$

2. a) $L = \int_1^2 \sqrt{1 + 9x^4}\,dx$ b) $L = \int_2^9 \sqrt{1 + \dfrac{1}{9(y - 1)^{\frac{4}{3}}}}\,dy$

c) $L = \int_0^1 \sqrt{4t^2 + (6t^5 + 12t^3 + 6t)^2}\,dt$

3. a) $L = \int_{-1}^5 \sqrt{1 + \left(\dfrac{4}{3}\right)^2}\,dy = 10$ u

b) $L = \int_0^{\frac{\pi}{4}} \sqrt{1 + \tan^2 x}\,dx = \int_0^{\frac{\pi}{4}} \sec x\,dx$
$= \ln(\sqrt{2} + 1) \approx 0{,}88$ u

c) $L = \int_0^3 \sqrt{1 + 4y}\,dy = \dfrac{1}{6}[(13)^{\frac{3}{2}} - 1] \approx 7{,}65$ u

d) $L = \int_{-2}^4 \sqrt{1 + [x(x^2 + 2)^{\frac{1}{2}}]^2}\,dx = \int_{-2}^4 (x^2 + 1)\,dx = 30$ u

e) $L = \int_{\sqrt{3}}^{\sqrt{15}} \sqrt{1 + \dfrac{1}{x^2}}\,dx = \int_{\sqrt{3}}^{\sqrt{15}} \dfrac{\sqrt{x^2 + 1}}{x}\,dx \approx 2{,}29$ u

f) $L = \int_1^3 \sqrt{1 + \left(y^3 - \dfrac{1}{4y^3}\right)^2}\,dy = \int_1^3 \left(y^3 + \dfrac{1}{4y^3}\right)dy = \dfrac{181}{9}$ u

4.

$L = $ Longueur de OM +
         Longueur de ON

$= \int_0^1 \sqrt{1 + \dfrac{9}{4}x}\,dx +$

$\int_0^4 \sqrt{1 + \dfrac{9}{4}x}\,dx$

$\approx 10{,}51$ u

5. a)

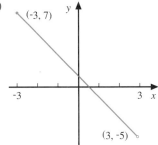

b)

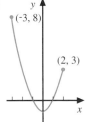

c)

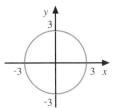

d)

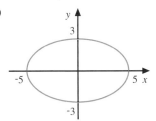

6. a) $L = \int_{-2}^{3} \sqrt{(3)^2 + (-4)^2}\, dt = 25$ u

b) $L = \int_{0}^{\frac{\pi}{2}} \sqrt{(2\sin\theta\cos\theta)^2 + (-2\cos\theta\sin\theta)^2}\, d\theta$

$= 2\sqrt{2} \int_{0}^{\frac{\pi}{2}} \sin\theta\cos\theta\, d\theta = \sqrt{2}$ u

c) $L = \int_{0}^{4} \sqrt{(3)^2 + (2t^{\frac{1}{2}})^2}\, dt = \int_{0}^{4} \sqrt{9 + 4t}\, dt = \dfrac{49}{3}$ u

d) $L = \int_{0}^{\frac{\pi}{2}} \sqrt{(\cos t + \sin t)^2 + (\cos t - \sin t)^2}\, dt$

$= \sqrt{2} \int_{0}^{\frac{\pi}{2}} dt = \dfrac{\pi\sqrt{2}}{2}$ u

7. a)

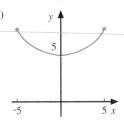

b) $L = \int_{-5}^{5} \sqrt{1 + \dfrac{1}{4}\left(e^{\frac{x}{5}} - e^{\frac{-x}{5}}\right)^2}\, dx$

$= \dfrac{1}{2} \int_{-5}^{5} \left(e^{\frac{x}{5}} + e^{\frac{-x}{5}}\right) dx = 5\left(e - \dfrac{1}{e}\right)$ u

8. $L = 4 \int_{0}^{\frac{\pi}{2}} 3a\cos t\sin t\, dt = 6a$ u

9. Déterminons d'abord la valeur positive de x telle que $y = $ -11. En résolvant $25 - 0{,}01\, x^2 = $ -11, nous trouvons $x = 60$.

$L = \int_{-50}^{60} \sqrt{1 + 0{,}0004\, x^2}\, dx \approx 129{,}65$ m

Exercices 5.4 *(page 241)*

1. a) $2\pi \int_{a}^{b} f(x)\sqrt{1 + (f'(x))^2}\, dx$

b) $2\pi \int_{c}^{d} y\sqrt{1 + (g'(y))^2}\, dy$

c) $2\pi \int_{a}^{b} x\sqrt{1 + (f'(x))^2}\, dx$

d) $2\pi \int_{c}^{d} g(y)\sqrt{1 + (g'(y))^2}\, dy$

e) $2\pi \int_{a}^{b} (f(x) - k_1)\sqrt{1 + (f'(x))^2}\, dx$

f) $2\pi \int_{a}^{b} (k_2 - x)\sqrt{1 + (f'(x))^2}\, dx$

2. a) $S = 2\pi \int_{2}^{5} 3x\sqrt{1 + (3)^2}\, dx = 63\sqrt{10}\,\pi$ u²

b) $S = 2\pi \int_{2}^{5} x\sqrt{1 + (3)^2}\, dx = 21\sqrt{10}\,\pi$ u²

c) $S = 2\pi \int_{2}^{5} (21 - 3x)\sqrt{1 + (3)^2}\, dx = 63\sqrt{10}\,\pi$ u²

d) $S = 2\pi \int_{2}^{3} y^3\sqrt{1 + 9y^4}\, dy = \dfrac{\pi}{27}\left[(730)^{\frac{3}{2}} - (145)^{\frac{3}{2}}\right]$ u²

e) $S = 2\pi \int_{1}^{3} \left(\dfrac{2}{3}x^{\frac{1}{2}} - \dfrac{1}{2}x^{\frac{1}{2}}\right)\sqrt{1 + \left(x^{\frac{1}{2}} - \dfrac{1}{4x^{\frac{1}{2}}}\right)^2}\, dx$

$= 2\pi \int_{1}^{3} \left(\dfrac{2}{3}x^{\frac{3}{2}} - \dfrac{1}{2}x^{\frac{1}{2}}\right)\left(x^{\frac{1}{2}} + \dfrac{1}{4x^{\frac{1}{2}}}\right) dx = \dfrac{151\pi}{18}$ u²

f) $S = 2\pi \int_{2}^{3} x\sqrt{1 + 4x^2}\, dx = \dfrac{\pi}{6}\left[(37)^{\frac{3}{2}} - 1\right]$ u²

3. a) $S = 2\pi \int_{0}^{2\pi} (3 + \cos t)\sqrt{(\cos t)^2 + (-\sin t)^2}\, dt = 12\pi^2$ u²

b) $S = 2\pi \int_{0}^{2\pi} (5 + \sin t)\sqrt{(\cos t)^2 + (-\sin t)^2}\, dt = 20\pi^2$ u²

c) $S = 2\pi \int_{0}^{2\pi} [7 - (5 + \sin t)]\sqrt{(\cos t)^2 + (-\sin t)^2}\, dt = 8\pi^2$ u²

d) $S = 2\pi \int_{0}^{1} 3t\sqrt{9 + 16t^2}\, dt = \dfrac{49\pi}{4}$ u²

4. a)

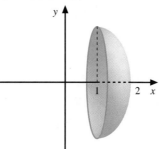

Surface latérale d'un cône de rayon 3 et de hauteur 12.

$$S = 2\pi \int_0^3 x\sqrt{1 + (4)^2}\, dx$$

$$= 9\sqrt{17}\pi \text{ u}^2$$

b)

Surface latérale d'un cône de rayon 12 et de hauteur 3.

$$S = 2\pi \int_0^3 4x\sqrt{1 + (4)^2}\, dx$$

$$= 36\sqrt{17}\pi \text{ u}^2$$

5. La preuve est laissée à l'utilisateur.

6. $S = 2\pi \int_1^2 \sqrt{4 - x^2}\sqrt{1 + \left(\dfrac{-x}{\sqrt{4 - x^2}}\right)^2}\, dx$

$$= 2\pi \int_1^2 2\, dx$$

$$= 4\pi \text{ u}^2$$

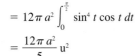

7. $S = 2\left[2\pi \int_0^{\frac{\pi}{2}} a\sin^3 t \sqrt{9a^2\cos^4 t \sin^2 t + 9a^2 \sin^4 t \cos^2 t}\, dt\right]$

$$= 12\pi a^2 \int_0^{\frac{\pi}{2}} \sin^4 t \cos t\, dt$$

$$= \frac{12\pi a^2}{5} \text{ u}^2$$

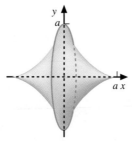

Exercices 5.5 *(page 249)*

1. a) $\displaystyle\lim_{s\to 3^+} \int_s^5 \frac{1}{x - 3}\, dx$ b) Non.

c) $\displaystyle\lim_{t\to 3^-} \int_0^t \frac{1}{x - 3}\, dx + \lim_{s\to 3^+} \int_s^5 \frac{1}{x - 3}\, dx$

d) $\displaystyle\lim_{s\to\left(\frac{-\pi}{2}\right)^+} \int_s^0 \tan x\, dx$ e) $\displaystyle\lim_{N\to-\infty} \int_N^2 \frac{1}{\sqrt{x^2 + 1}}\, dx$

f) $\displaystyle\lim_{t\to 0^-} \int_{-1}^t \frac{e^x}{e^x - 1}\, dx + \lim_{s\to 0^+} \int_s^1 \frac{e^x}{e^x - 1}\, dx$

g) Non.

h) $\displaystyle\lim_{N\to-\infty} \int_N^{-1} \frac{1}{x}\, dx + \lim_{t\to 0^-} \int_{-1}^t \frac{1}{x}\, dx + \lim_{s\to 0^+} \int_s^1 \frac{1}{x}\, dx + \lim_{M\to+\infty} \int_1^M \frac{1}{x}\, dx$

2. a) $\displaystyle\lim_{s\to 0^+} \int_s^1 \frac{1}{x}\, dx = \lim_{s\to 0^+} [\ln 1 - \ln s] = +\infty$

b) $\displaystyle\lim_{t\to 0^-} \int_{-\frac{1}{5}}^t \frac{1}{x^2}\, dx = \lim_{t\to 0^-} \left[\frac{-1}{t} - 5\right] = +\infty$

c) $\displaystyle\lim_{s\to 0^+} \int_s^4 \frac{1}{\sqrt{x}}\, dx = \lim_{s\to 0^+} [2\sqrt{4} - 2\sqrt{s}] = 4$

d) $\displaystyle\lim_{t\to 1^-} \int_0^t \frac{1}{(x - 1)^5}\, dx = \lim_{t\to 1^-} \left[\frac{-1}{4(t - 1)^4} + \frac{1}{4}\right] = -\infty$

e) $\displaystyle\lim_{t\to 8^-} \int_0^t \frac{1}{\sqrt[3]{x - 8}}\, dx = \lim_{t\to 8^-} \left[\frac{3(t - 8)^{\frac{2}{3}}}{2} - 6\right] = -6$

f) $\displaystyle\lim_{t\to\left(\frac{\pi}{2}\right)^-} \int_0^t \tan x\, dx = \lim_{t\to\left(\frac{\pi}{2}\right)^-} [-\ln|\cos t| + \ln 1] = +\infty$

3. a) $\displaystyle\lim_{t\to 0^-} \int_{-1}^t \frac{7}{x^2}\, dx + \lim_{s\to 0^+} \int_s^2 \frac{7}{x^2}\, dx = (+\infty) + (+\infty) = +\infty\,;\,D$

b) $\displaystyle\lim_{s\to -1^+} \int_s^0 \frac{x}{\sqrt{1 - x^2}}\, dx + \lim_{t\to 1^-} \int_0^t \frac{x}{\sqrt{1 - x^2}}\, dx = (-1) + (1) = 0\,;\,C$

c) $\displaystyle\lim_{s\to 0^+} \int_s^1 \frac{2x - 4}{x^2 - 4x}\, dx + \lim_{t\to 4^-} \int_1^t \frac{2x - 4}{x^2 - 4x}\, dx = (+\infty) + (-\infty)\,;\,D$

4. a) $\displaystyle\lim_{M\to+\infty} \int_1^M \frac{1}{\sqrt{x}}\, dx = \lim_{M\to+\infty} [2\sqrt{M} - 2] = +\infty\,;\,D$

b) $\displaystyle\lim_{M\to+\infty} \int_1^M \frac{4}{x^3}\, dx = \lim_{M\to+\infty} \left[\frac{-2}{M^2} + 2\right] = 2\,;\,C$

c) $\displaystyle\lim_{N\to-\infty} \int_N^0 e^x\, dx = \lim_{N\to-\infty} [-1 + e^N] = +\infty\,;\,D$

d) $\displaystyle\lim_{M\to+\infty} \int_0^M \sin x\, dx = \lim_{M\to+\infty} [-\cos M + 1]$ n'existe pas ; D.

e) $\displaystyle\lim_{M\to+\infty} \int_1^M \frac{1}{1 + x^2}\, dx = \lim_{M\to+\infty} \left[\text{Arc tan } M - \frac{\pi}{4}\right] = \frac{\pi}{4}\,;\,C$

f) $\displaystyle\lim_{M\to+\infty} \int_0^M 3^x\, dx = \lim_{M\to+\infty} \left[\frac{3^M}{\ln 3} - \frac{1}{\ln 3}\right] = +\infty\,;\,D$

5. a) $\displaystyle\lim_{N\to-\infty} \int_N^0 2e^{-x}\, dx + \lim_{M\to+\infty} \int_0^M 2e^{-x}\, dx = (+\infty) + 2 = +\infty\,;\,D$

b) $\displaystyle\lim_{N\to-\infty} \int_N^0 xe^{-x^2}\, dx + \lim_{M\to+\infty} \int_0^M xe^{-x^2}\, dx = \left(\frac{-1}{2}\right) + \left(\frac{1}{2}\right) = 0\,;\,C$

c) $\displaystyle\lim_{N\to-\infty} \int_N^0 x\, dx + \lim_{M\to+\infty} \int_0^M x\, dx = (-\infty) + (+\infty)\,;\,D$

6. a) $\displaystyle\lim_{s\to 0^+} \int_s^1 \frac{1}{x}\, dx + \lim_{M\to+\infty} \int_1^M \frac{1}{x}\, dx = (+\infty) + (+\infty) = +\infty$

b) $\displaystyle\lim_{N\to-\infty} \int_N^{-1} \frac{1}{x^2}\, dx + \lim_{t\to 0^-} \int_{-1}^t \frac{1}{x^2}\, dx = (1) + (+\infty) = +\infty$

c) $\displaystyle\lim_{s\to 1^+} \int_s^2 \frac{1}{x\sqrt{x^2 - 1}}\, dx + \lim_{M\to+\infty} \int_2^M \frac{1}{x\sqrt{x^2 - 1}}\, dx =$

$$\left(\frac{\pi}{3}\right) + \left(\frac{\pi}{2} - \frac{\pi}{3}\right) = \frac{\pi}{2}$$

7. a) $12\,;\,C$ b) $+\infty\,;\,D$

c) $+\infty\,;\,D$ d) $\dfrac{1}{\ln 3}\,;\,C$

e) $e^{\frac{\pi}{2}} - e^{\frac{-\pi}{2}}\,;\,C$ f) $(2e - 2)\,;\,C$

g) $(+\infty) + (-\infty)\,;\,D$ h) $2\,;\,C$

8. a) Converge si $p < 1$; diverge si $p \geq 1$.

b) Converge si $p > 1$; diverge si $p \leq 1$.

c) Diverge pour tout p.

9. a) L'aire est infinie.

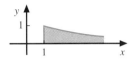

b) $A = 1$ u^2

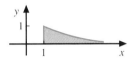

c) $A = \pi$ u^2

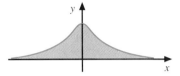

d) $A = \dfrac{15}{2}$ u^2

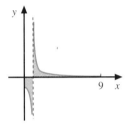

10. a) Puisque $\dfrac{1}{x^4 + 1} < \dfrac{1}{x^2}$, $\forall\, x \in [1, +\infty$ et que $\displaystyle\int_1^{+\infty} \dfrac{1}{x^2}\, dx$ est convergente (voir 9 b)), alors $\displaystyle\int_1^{+\infty} \dfrac{1}{x^4 + 1}\, dx$ est convergente.

b) Puisque $\dfrac{1}{\sqrt{\sqrt{x} - 0{,}5}} > \dfrac{1}{\sqrt{x}}$, $\forall\, x \in [1, +\infty$ et que

$\displaystyle\int_1^{+\infty} \dfrac{1}{\sqrt{x}}\, dx$ est divergente (voir 9 a)), alors

$\displaystyle\int_1^{+\infty} \dfrac{1}{\sqrt{\sqrt{x} - 0{,}5}}\, dx$ est divergente.

11. a) $V = \dfrac{\pi}{3}$ u^3 b) Le volume est infini.

12. $Q = 0{,}15 \displaystyle\int_0^{+\infty} 2^{-\frac{t}{31}}\, dt \approx 8$ m^3

Exercices récapitulatifs (page 251)

1.

	Méthode du disque	Méthode du tube	V(u^3)
a)	$\pi \displaystyle\int_0^2 x^4\, dx$	$2\pi \displaystyle\int_0^4 y(2 - \sqrt{y})\, dy$	$\dfrac{32\,\pi}{5}$
b)	$16\pi - \pi \displaystyle\int_0^4 y\, dy$	$2\pi \displaystyle\int_0^2 x^3\, dx$	8π
c)	$32\pi - \pi \displaystyle\int_0^2 (4 - x^2)^2\, dx$	$2\pi \displaystyle\int_0^4 (4 - y)(2 - \sqrt{y})\, dy$	$\dfrac{224\pi}{15}$
d)	$50\pi - \pi \displaystyle\int_0^2 (5 - x^2)^2\, dx$	$2\pi \displaystyle\int_0^4 (5 - y)(2 - \sqrt{y})\, dy$	$\dfrac{304\pi}{15}$
e)	$\pi \displaystyle\int_0^4 (2 - \sqrt{y})^2\, dy$	$2\pi \displaystyle\int_0^2 (2 - x) x^2\, dx$	$\dfrac{8\pi}{3}$

	Méthode du disque	Méthode du tube	V(u^3)
f)	$64\pi - \pi \displaystyle\int_0^4 (2 + \sqrt{y})^2\, dy$	$2\pi \displaystyle\int_0^2 (x + 2) x^2\, dx$	$\dfrac{56\pi}{3}$
g)	$\pi \displaystyle\int_0^2 (2 + x^2)^2\, dx - 8\pi$	$2\pi \displaystyle\int_0^4 (y + 2)(2 - \sqrt{y})\, dy$	$\dfrac{256\pi}{15}$
h)	$\pi \displaystyle\int_0^4 (6 - \sqrt{y})^2\, dy - 64\pi$	$2\pi \displaystyle\int_0^2 (6 - x) x^2\, dx$	24π

2. a) $\pi \left[\dfrac{e^4 + e^{-4}}{2} - 1 \right] \approx 82{,}6$ u^3

b) $\pi \left(\ln 3 - \dfrac{1}{3} \right) \approx 2{,}4$ u^3

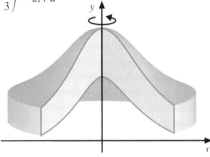

c) $\dfrac{\pi^2}{2}$ u^3

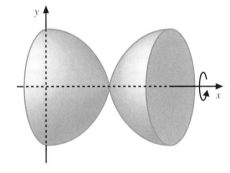

d) $2\pi^2$ u^3

3. a) La région délimitée par $y = \dfrac{r}{h}\, x$, $y = 0$ et $x = h$.

b) $V = \pi \displaystyle\int_0^h \left(\dfrac{rx}{h} \right)^2\, dx = \dfrac{\pi r^2 h}{3}$ u^3

4. a) La région délimitée par $y = \sqrt{R^2 - x^2}$ et $y = 0$.

b) $V = \pi \displaystyle\int_{-R}^R (R^2 - x^2)\, dx = \dfrac{4\pi R^3}{3}$ u^3

c) $\dfrac{4\pi}{3} (R^2 - r^2)^{\frac{3}{2}}$ u^3

d) $\dfrac{\pi \sqrt{3}}{2} R^3$ u^3 e) $r \approx 1{,}2$ cm

5. 24π u^3

5

6. $\left(\dfrac{e^6}{2} - 4e^3 + \dfrac{13}{2}\right) \approx 127,9$ u³

7. $\dfrac{\pi}{8}\left(\dfrac{\pi}{2} - 1\right) \approx 0,22$ u³

8. a) $\pi\left(\dfrac{2R^3}{3} - aR^2 + \dfrac{a^3}{3}\right)$ u³; $\pi\left(\dfrac{2R^3}{3} + aR^2 - \dfrac{a^3}{3}\right)$ u³

b) $\dfrac{112\pi}{3}$ m³; $\dfrac{2873\pi}{3}$ m³

c) Approximativement 117 286,13 kg; approximativement 3 008 598,6 kg.

d) 31,25 %

9. a) $\dfrac{32}{3}$ u b) $\dfrac{62}{27}$ u

c) $\dfrac{2\sqrt{5} + \ln(2 + \sqrt{5})}{4} \approx 1,48$ u

d) Environ 0,88 u.

e) $\sqrt{2}\,(e^{\frac{\pi}{2}} - 1) \approx 5,39$ u f) $\dfrac{61}{27}$ u

10. a) $H_1 = 20$ m; $H_2 = 25$ m b) $L \approx 200,3$ m

11. Environ 67 167 $.

12. a) Environ 23,4 u²; environ 6,7 u².

b) Environ 3,3 u²; environ 1,1 u².

13. Environ 1413,72 $.

14. $L = 1$ u; $S = \pi\,(\sqrt{2} + \ln(1 + \sqrt{2}))$ u²

15. a) 21; C b) $+\infty$; D

c) $\dfrac{2}{\pi}$; C d) $-\infty + \infty$; D

e) π; C f) $+\infty$; D

g) 2; C h) N'existe pas; D.

16. a) 2 u² b) L'aire est infinie.

c) 2 u² d) 4 u²

17. a) $p > \dfrac{1}{2}$; $V = \dfrac{\pi}{2p - 1}$ b) $p > 2$; $V = \dfrac{2\pi}{p - 2}$

18. a) 3 u³ b) Le volume est infini.

19. 25 millions de barils.

20. a) 9 u²; environ 21,75 u.

b) $\dfrac{243\pi}{5}$ u³; $\dfrac{81\pi}{2}$ u³

c) $\dfrac{243\pi}{40}$ u³; $\dfrac{27\pi}{16}$ u³

d) Environ 261,3 u²; environ 117,3 u².

Problèmes de synthèse (page 253)

1. a) $\dfrac{-1}{9}$; C b) $\dfrac{-\ln x}{2(x^2 + 1)^2} + \dfrac{\ln x}{2} - \dfrac{\ln(x^2 + 1)}{4} + C$

c) N'existe pas; D. d) $\dfrac{1}{2}$; C

e) 2π f) $\ln 2$; C

g) $2\sqrt{x} - 3\sqrt[3]{x} + 6\sqrt[6]{x} - 6\ln|1 + \sqrt[6]{x}| + C$

h) $+\infty$; D i) 0; C

j) $\dfrac{328}{3} - 100\ln 3$ k) $\dfrac{-4}{3}$; C l) $\dfrac{\pi}{2}$; C

2. a) $(\sqrt{2} - 1) \approx 0,41$ u²

b) $\dfrac{\pi}{2} \approx 1,57$ u³; $\left(\dfrac{\sqrt{2}\pi^2}{2} - 2\pi\right) \approx 0,696$ u³

c) $\left(\dfrac{\pi}{4} - \dfrac{1}{2}\right) \approx 0,29$ u³; $\left(\dfrac{\sqrt{2}\pi}{2} - 2\right) \approx 0,22$ u³

3. a) $\pi(e - 2) \approx 2,26$ u³; $\dfrac{\pi(e^2 + 1)}{2} \approx 13,18$ u³

b) $e + 2,003\ldots \approx 4,72$ u

c) $\pi\left[e\sqrt{1 + e^2} - \sqrt{2} + \ln\left(\dfrac{e + \sqrt{1 + e^2}}{1 + \sqrt{2}}\right)\right] \approx 22,94$ u²

4. $\dfrac{\pi h(R^3 - r^3)}{3(R - r)} = \dfrac{\pi h}{3}\,(R^2 + Rr + r^2)$ u³

5. a) $\dfrac{4\pi a^2 b}{3}$ u³ b) $\dfrac{4\pi ab^2}{3}$ u³

6. a) $V = 2\pi^2 ar^2$ u³; $A = 4\pi^2 ar$ u²

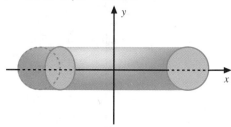

b) $V_1 = 24\pi^2$ et $V_2 = 20\pi^2$, d'où $V_1 > V_2$.

c) $a = 12$

7. a) $\dfrac{\sqrt{3}}{12}\,a^2 h$ u³

b) $\dfrac{1}{6}$ u³

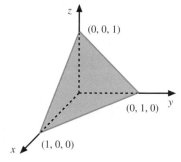

8. Environ 30 329 litres.

9. $\dfrac{1024}{3}$ u³

10. a) $L = \sqrt{e^2 + 1} - \sqrt{2} - 1 + \ln\left(\dfrac{\sqrt{e^2 + 1} - 1}{\sqrt{2} - 1}\right) \approx 2$ u;

$S = \pi\left[e\sqrt{e^2 + 1} + \ln(e + \sqrt{e^2 + 1}) - \sqrt{2} - \ln(1 + \sqrt{2})\right] \approx 22,94$ u²

b) $L = 8a$ u; $S = \dfrac{64\pi a^2}{3}$ u²

11. $a = 4$; $L \approx 13,8$ m

12. a) $L_1 = \displaystyle\int_0^1 \sqrt{1 + 9x^4}\,dx \approx 1,548$ km; $L \approx 4,096$ km

b) Environ 3,606 km.

13. a) 4 u² b) π^2 u³

c) $2\pi\left[2\sqrt{2} + \ln\left(\dfrac{\sqrt{2} + 1}{\sqrt{2} - 1}\right)\right] \approx 28,85$ u²

5

d) $L = 2 \int_0^\pi \sqrt{1 + \cos^2 x} \, dx \approx 7{,}64$ u.

14. $\dfrac{\pi^2}{4}$ u³ ; le volume est infini.

15. a) 1 u²
b) $\dfrac{\pi}{2}$ u³ ; 2π u³ ; $\dfrac{3\pi}{2}$ u³

16. a) 10 000 $
b) Environ 23 962,95 $.

17. a) $\dfrac{62}{5}$ u² ; environ 19,63 u.

b) $\dfrac{255\pi}{4}$ u³ ; $\dfrac{508\pi}{7}$ u³
c) $\dfrac{255}{4}$ u³ ; $\dfrac{932}{35}$ u³

18. a) 108π u³ ; 180π u³
b) 18π u³ ; 72π u³

19. Environ 62 832 litres.

20. 10 mètres.

21. a) $V = \pi h^2 \left(R - \dfrac{h}{3} \right)$ (exprimé en m³)

b) Environ 3,64 heures ; environ 11,64 heures.

c) $\dfrac{0{,}05}{19\pi} \approx 0{,}000\ 84$ m/s ; $\dfrac{0{,}05}{99\pi} \approx 0{,}000\ 16$ m/s

22. a) 54π cm³

b) $V(t) = -3t + 54\pi$; $V(h) = \dfrac{3\pi h^2}{8}$ (en cm³)

c) $\dfrac{dh}{dt} = \dfrac{-4}{\pi h}$ (en cm/s)

d) Environ -0,21 cm/s ; environ -0,15 cm/s ; environ -0,31 cm/s.

e) Environ 56,55 s.

23. a) $c = 9$
b) $\left(1 - \dfrac{7}{e^6} \right)$; $\dfrac{7}{e^6}$; $\dfrac{2}{3}$

24. La preuve est laissée à l'utilisateur.

C h a p i t r e   6

Test préliminaire (page 258)

1. a) $n! = n(n-1)(n-2)(n-3) \ldots 3 \cdot 2 \cdot 1$
b) $0! = 1$

2. a) 6
b) $3{,}0414 \times 10^{64}$
c) 22 350

3. a) $(n-1)!$
b) $n + 1$
c) $\dfrac{3}{(n+1)n}$
d) $\dfrac{1}{(2k+2)(2k+1)}$

4. a) $x \in \,]\text{-}2, 2[$
b) $x \in [\text{-}3, 11]$
c) $x \in \left] \text{-}4, \dfrac{16}{3} \right[$
d) $x \in \left] \text{-}\infty, \dfrac{\text{-}1}{5} \right] \cup \left[\dfrac{1}{5}, \text{+}\infty \right[$

5. a) $n = 5$
b) $n = 14$
c) $n = 6$
d) $n = 3$

6. a) ... f est croissante sur $[a, b]$.
b) ... f est décroissante sur $[a, b]$.

7. a) 1
b) 0
c) e
d) 1

8. a) $\dfrac{n(n+1)}{2}$
b) $\dfrac{n(n+1)(2n+1)}{6}$

Exercices

Exercices 6.1 *(page 268)*

1. a) $\{9, 11, 13, 15, 17, \ldots\}$

b) $\{1, 3, 7, 15, 31, \ldots\}$

c) $\left\{ \text{-}1, \dfrac{1}{2}, \dfrac{\text{-}1}{3}, \dfrac{1}{4}, \dfrac{\text{-}1}{5}, \ldots \right\}$

d) $\left\{ 0, \dfrac{1}{5}, \dfrac{1}{5}, \dfrac{3}{17}, \dfrac{2}{13}, \ldots \right\}$

e) $\left\{ \dfrac{4}{27}, \dfrac{5}{81}, \dfrac{2}{81}, \dfrac{7}{729}, \dfrac{8}{2187}, \ldots \right\}$

f) $\{5, 5, 5, 5, 5, \ldots\}$

g) $\left\{ 1, \dfrac{\text{-}1}{2}, \dfrac{1}{6}, \dfrac{\text{-}1}{24}, \dfrac{1}{120}, \ldots \right\}$

h) $\{0, 0, 0, 0, 0, \ldots\}$

i) $\left\{ \dfrac{3}{2}, 12, 0, \dfrac{\text{-}24}{11}, \dfrac{6}{5}, \ldots \right\}$

2. a) $\left\{ 5, \dfrac{1}{5}, 5, \dfrac{1}{5}, 5, \ldots \right\}$

b) $\{1, 7, 19, 43, 91, \ldots\}$

c) $\{2, 3, 7, 13, 27, \ldots\}$

d) $\left\{ 4, 2, 1, \dfrac{1}{2}, \dfrac{1}{4}, \ldots \right\}$

3. a) n^2
b) $n^2 - 1$
c) 4
d) $(\text{-}1)^{n+1} 4$

e) $2n - 1$
f) $\dfrac{1}{2(n+1)}$
g) $\left(\dfrac{\text{-}1}{3} \right)^{n-1}$
h) $\dfrac{3n - 1}{n}$

i) $n!$
j) $\dfrac{1}{n! + 1}$
k) $\dfrac{5n - 7}{n^2}$
l) $\dfrac{(\text{-}1)^n 2n}{2n + 1}$

4.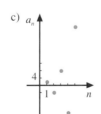

5. a) 0 ; C
b) 5 ; C
c) $\dfrac{\text{-}3}{5}$; C

d) N'existe pas ; D.
e) $+\infty$; D
f) N'existe pas ; D.

g) 0 ; C
h) 0 ; C
i) 1 ; C

j) $+\infty$; D
k) 0 ; C
l) 1 ; C

m) N'existe pas ; D.
n) 1 ; C
o) N'existe pas ; D.

6

6. a)

Valeurs de r	$\lim\limits_{n \to +\infty} r^n$
$r \le -1$	N'existe pas.
$-1 < r < 1$	0
$r = 1$	1
$r > 1$	$+\infty$

b) 0; $+\infty$; n'existe pas.

7. a) $a_n = \dfrac{n^3}{3^n}$; 0; C

b) $a_n = \dfrac{2^n + 1}{2^n}$; 1; C

c) $a_n = \dfrac{2^n - 1}{n}$; $+\infty$; D

d) $a_n = \dfrac{(-1)^{n+1} n}{n+2}$; n'existe pas; D.

e) $a_n = \left(\dfrac{-1}{3}\right)^{n-1}$; 0; C

f) $a_n = (n - 1)!$; $+\infty$; D

8. Puisque $-1 \le \sin n \le 1$, alors $\dfrac{-1}{n} \le \dfrac{\sin n}{n} \le \dfrac{1}{n}$.

De plus, $\lim\limits_{n \to +\infty} \dfrac{-1}{n} = \lim\limits_{n \to +\infty} \dfrac{1}{n} = 0$.

Ainsi $\lim\limits_{n \to +\infty} \dfrac{\sin n}{n} = 0$, par le théorème sandwich.

9. a) Bornée; $b = 1$ et $B = 4$.

b) Bornée inférieurement; $b = \dfrac{10}{3}$.

c) Non bornée inférieurement et non bornée supérieurement.

d) Bornée supérieurement; $B = -2$.

e) Bornée; $b = 1$ et $B = e$.

f) Bornée; $b = -1$ et $B = 1$.

10. a) Strictement croissante.
b) Ni croissante ni décroissante.
c) Strictement décroissante.
d) Croissante.
e) Ni croissante ni décroissante.
f) Décroissante.

11. a) F; $\{(-1)^n\}$ b) V c) F; $\{n\}$
d) V e) V f) V

12. $a_1 = 3,5$

13. a) $a_n = 500 \, (3)^n$
b) 10 heures.

14. a) $a_{n+1} = 3n + 1$; $\dfrac{a_{n+1}}{a_n} = \dfrac{3n+1}{3n-2}$

b) $a_{n+1} = \dfrac{3}{(n+1)!}$; $\dfrac{a_{n+1}}{a_n} = \dfrac{1}{n+1}$

c) $a_{n+1} = \dfrac{n}{4^{n+1}}$; $\dfrac{a_{n+1}}{a_n} = \dfrac{n}{4(n-1)}$

d) $a_{n+1} = \dfrac{(-3)^{n+3}}{(2n+2)!}$; $\dfrac{a_{n+1}}{a_n} = \dfrac{-3}{(2n+2)(2n+1)}$

Exercices 6.2 *(page 281)*

1.

	S_n	$\lim\limits_{n \to +\infty} S_n$	C ou D	Somme
a)	$\dfrac{n}{10}$	$+\infty$	D	$+\infty$
b)	$\dfrac{n}{n+1}$	1	C	1
c)	$\dfrac{n(n+1)(2n+1)}{6}$	$+\infty$	D	$+\infty$
d)	-1 si n impair 0 si n pair	$\nexists$	D	Non définie.
e)	$\dfrac{3}{10} \dfrac{\left(1 - \left(\frac{1}{10}\right)^n\right)}{\left(1 - \frac{1}{10}\right)}$	$\dfrac{1}{3}$	C	$\dfrac{1}{3}$
f)	$\dfrac{1}{2} - \dfrac{1}{n+2}$	$\dfrac{1}{2}$	C	$\dfrac{1}{2}$

2. a) $\displaystyle\sum_{n=1}^{+\infty} \dfrac{1}{n^2} + \sum_{n=1}^{+\infty} \dfrac{(-1)^{n+1}}{n} = \left(\dfrac{\pi^2}{6} + \ln 2\right)$; C

b) $\dfrac{1}{5} \displaystyle\sum_{n=0}^{+\infty} \dfrac{1}{n!} = \dfrac{e}{5}$; C

c) $\displaystyle\sum_{n=1}^{+\infty} \dfrac{1}{n^2} - \left(1 + \dfrac{1}{4} + \dfrac{1}{9}\right) = \dfrac{\pi^2}{6} - \dfrac{49}{36}$; C

d) $\displaystyle\sum_{n=1}^{+\infty} \dfrac{1}{n^2} - \sum_{n=1}^{+\infty} \dfrac{1}{n} = \dfrac{\pi^2}{6} - \infty = -\infty$; D

e) $5 \displaystyle\sum_{n=3}^{+\infty} \dfrac{1}{n!} - \left(5 + 5 + \dfrac{5}{2}\right) = 5e - \dfrac{25}{2}$; C

f) $2 \displaystyle\sum_{n=2}^{+\infty} \dfrac{(-1)^{n+1}}{n} - 2 \, (1) = 2\ln 2 - 2$; C

3. $\displaystyle\sum_{n=1}^{+\infty} \dfrac{1}{n} = +\infty$, $\sum_{n=1}^{+\infty} \dfrac{-1}{n} = -\infty$ et $\sum_{n=1}^{+\infty} \left(\dfrac{1}{n} - \dfrac{1}{n}\right) = 0$

4. a) $5 \displaystyle\sum_{n=1}^{+\infty} \dfrac{1}{n} = 5 \, (+\infty) = +\infty$

b) $\dfrac{1}{100} \displaystyle\sum_{n=1}^{+\infty} \dfrac{1}{n} = \dfrac{1}{100} \, (+\infty) = +\infty$

c) $\displaystyle\sum_{n=1}^{+\infty} \dfrac{1}{n} - \sum_{n=1}^{99} \dfrac{1}{n} = +\infty - S_{99} = +\infty$

d) $\dfrac{-1}{4} \left[\displaystyle\sum_{n=1}^{+\infty} \dfrac{1}{n} - \sum_{n=1}^{999} \dfrac{1}{n}\right] = \dfrac{-1}{4} \left[+\infty - S_{999}\right] = -\infty$

5. a) Oui ; $a = 1$, $r = \dfrac{1}{2}$.   b) Non.

    c) Oui ; $a = 1$, $r = -4$.   d) Non.

    e) Oui ; $a = \dfrac{1}{3}$, $r = \dfrac{-1}{\sqrt{3}}$.   f) Oui ; $a = x$, $r = -x^2$.

    g) Non.   h) Oui ; $a = 9$, $r = \dfrac{1}{10}$.

    i) Oui ; $a = \dfrac{32}{25}$, $r = \dfrac{-2}{5}$.   j) Non.

6. a) $2 + \dfrac{2}{3} + \dfrac{2}{9} + \dfrac{2}{27} + \ldots + \dfrac{2}{3^{n-1}} + \ldots = \displaystyle\sum_{i=1}^{+\infty} \dfrac{2}{3^{i-1}}$

    b) $2 - \dfrac{4}{3} + \dfrac{8}{9} - \dfrac{16}{27} + \ldots + 2\left(\dfrac{-2}{3}\right)^{n-1} + \ldots = \displaystyle\sum_{i=1}^{+\infty} 2\left(\dfrac{-2}{3}\right)^{i-1}$

    c) $1 - 1 + 1 - 1 + \ldots + (-1)^{n+1} + \ldots = \displaystyle\sum_{i=1}^{+\infty} (-1)^{i+1}$

    d) $4 + \dfrac{12}{5} + \dfrac{36}{25} + \dfrac{108}{125} + \ldots + 4\left(\dfrac{3}{5}\right)^{n-1} + \ldots = \displaystyle\sum_{i=1}^{+\infty} 4\left(\dfrac{3}{5}\right)^{i-1}$

7.

Valeurs de r	C ou D	Somme
$-1 < r < 1$	C	$S = \dfrac{a}{1-r}$
$r \geq 1$	D	$a > 0$, $S = +\infty$ $a < 0$, $S = -\infty$
$r \leq -1$	D	S est non définie.

8.

	a	r	C ou D	S
a)	3	$\dfrac{1}{2}$	C	6
b)	3	$\dfrac{3}{5}$	C	$\dfrac{15}{2}$
c)	1	$\dfrac{\pi}{3}$	D	$+\infty$
d)	1	-2	D	Non définie.
e)	$\dfrac{5}{7}$	$\dfrac{5}{7}$	C	$\dfrac{5}{2}$
f)	$\dfrac{7}{5}$	$\dfrac{7}{5}$	D	$+\infty$
g)	$\dfrac{-125}{32}$	$\dfrac{5}{4}$	D	$-\infty$
h)	$\dfrac{1}{2}$	$\dfrac{1}{3}$	C	$\dfrac{3}{4}$
i)	$\dfrac{-8}{27}$	$\dfrac{-2}{3}$	C	$\dfrac{-8}{45}$
j)	$\dfrac{3}{16}$	$\dfrac{-1}{2}$	C	$\dfrac{1}{8}$
k)	27	$\dfrac{3}{4}$	C	108
l)	$\dfrac{1}{8}$	$\dfrac{-5}{2}$	D	Non définie.

9. a) $\displaystyle\sum_{k=1}^{+\infty} \left(\dfrac{1}{3}\right)^k + \sum_{k=1}^{+\infty} \left(\dfrac{2}{3}\right)^k = \dfrac{1}{2} + 2 = \dfrac{5}{2}$

    b) $\displaystyle\sum_{n=2}^{+\infty} \dfrac{1}{2^n} + \sum_{n=1}^{+\infty} \dfrac{1}{n} = \dfrac{1}{2} + \infty = +\infty$

    c) $\displaystyle\sum_{k=1}^{+\infty} \dfrac{1}{5^k} + \sum_{k=1}^{+\infty} \dfrac{2^k}{5^k} = \dfrac{1}{4} + \dfrac{2}{3} = \dfrac{11}{12}$

10. a) C pour $|x| < 1$ et $S = \dfrac{1}{1-x}$.

    b) C pour $|x| < 1$ et $S = \dfrac{1}{1+x}$.

    c) C pour $|x| > 1$ et $S = \dfrac{1}{x-1}$.

    d) C pour $|x| < 1$ et $S = \dfrac{1}{1+x^2}$.

11. a) $S_{25} = \dfrac{2(1 - 2^{25})}{1-2} = 67\ 108\ 862$; $S = +\infty$

    b) $S_{1000} = \dfrac{1(1 - (1{,}001)^{1000})}{1 - 1{,}001} \approx 1716{,}92$; $S = +\infty$

    c) $S_{11} = \dfrac{\dfrac{16}{9}\left(1 - \left(\dfrac{2}{3}\right)^{11}\right)}{1 - \dfrac{2}{3}} \approx 5{,}27$; $S = 5{,}\overline{3}$

12. a) $h_n = 4\left(\dfrac{2}{3}\right)^n$, en mètres.

    b) Environ $0{,}53$ m.

    c) Treizième rebondissement.

    d) 20 m.

13. a) $a = 1 + \left[3 + 1 + \dfrac{1}{3} + \dfrac{1}{3^2} + \ldots\right] = 1 + \left(\dfrac{3}{1 - \dfrac{1}{3}}\right) = \dfrac{11}{2}$;

$b = 2 + \left[1 - \dfrac{1}{2} + \dfrac{1}{4} - \dfrac{1}{8} + \ldots\right] = 2 + \left(\dfrac{1}{1 + \dfrac{1}{2}}\right) = \dfrac{8}{3}$,

d'où $P\left(\dfrac{11}{2}, \dfrac{8}{3}\right)$ est le point d'arrivée.

    b) $D = 3 + 1 + 1 + \dfrac{1}{2} + \dfrac{1}{3} + \dfrac{1}{4} + \dfrac{1}{9} + \dfrac{1}{8} + \ldots$

$= \left(3 + 1 + \dfrac{1}{3} + \dfrac{1}{9} + \ldots\right) + \left(1 + \dfrac{1}{2} + \dfrac{1}{4} + \dfrac{1}{8} + \ldots\right)$

$= \dfrac{9}{2} + 2 = 6{,}5$ m.

Exercices 6.3 *(page 296)*

1.

	Calculs à effectuer	Conclusion
Critère du terme général	$\lim\limits_{n\to+\infty} a_n$	Si $\lim\limits_{n\to+\infty} a_n \neq 0$, alors $\sum\limits_{n=1}^{+\infty} a_n$ diverge.
Série géométrique	$\dfrac{a_{n+1}}{a_n} = r$	Si $|r| < 1$, alors $\sum\limits_{n=1}^{+\infty} a_n$ converge et $S = \dfrac{a}{1-r}$. Si $|r| \geq 1$, alors $\sum\limits_{n=1}^{+\infty} a_n$ diverge.
Critère de l'intégrale	$a_k = f(k) > 0$ et f décroissante $\displaystyle\int_1^{+\infty} f(x)\,dx$	Si $\displaystyle\int_1^{+\infty} f(x)\,dx$ converge, alors $\sum\limits_{k=1}^{+\infty} a_k$ converge. Si $\displaystyle\int_1^{+\infty} f(x)\,dx$ diverge, alors $\sum\limits_{k=1}^{+\infty} a_k$ diverge.
Série de Riemann	Série de la forme $\sum\limits_{n=1}^{+\infty} \dfrac{1}{n^p}$	Si $p \leq 1$, alors $\sum\limits_{n=1}^{+\infty} \dfrac{1}{n^p}$ diverge. Si $p > 1$, alors $\sum\limits_{n=1}^{+\infty} \dfrac{1}{n^p}$ converge.
Critère de comparaison	$0 < a_k \leq b_k$	Si $\sum\limits_{k=1}^{+\infty} a_k$ diverge, alors $\sum\limits_{k=1}^{+\infty} b_k$ diverge. Si $\sum\limits_{k=1}^{+\infty} b_k$ converge, alors $\sum\limits_{k=1}^{+\infty} a_k$ converge.
Critère du polynôme	p = degré du numérateur q = degré du dénominateur $d = (q - p)$	Si $d \leq 1$, alors $\sum\limits_{k=1}^{+\infty} a_k$ diverge. Si $d > 1$, alors $\sum\limits_{k=1}^{+\infty} a_k$ converge.
Critère de D'Alembert	$R = \lim\limits_{n\to+\infty} \dfrac{a_{n+1}}{a_n}$	Si $R < 1$, alors $\sum\limits_{k=1}^{+\infty} a_k$ converge. Si $R > 1$, alors $\sum\limits_{k=1}^{+\infty} a_k$ diverge. Si $R = 1$, alors nous ne pouvons rien conclure.
Critère de Cauchy	$R = \lim\limits_{n\to+\infty} \sqrt[n]{a_n}$	Si $R < 1$, alors $\sum\limits_{k=1}^{+\infty} a_k$ converge. Si $R > 1$, alors $\sum\limits_{k=1}^{+\infty} a_k$ diverge. Si $R = 1$, alors nous ne pouvons rien conclure.
Critère de la série alternée	Série de la forme $\sum\limits_{k=1}^{+\infty} (-1)^k a_k$ ou $\sum\limits_{k=1}^{+\infty} (-1)^{k+1} a_k$ $a_n \geq a_{n+1} \geq a_{n+2} \geq \ldots > 0$ $\lim\limits_{k\to+\infty} a_k$	Si i) $\{a_k\}$ est décroissante à partir d'un certain indice et ii) $\lim\limits_{k\to+\infty} a_k = 0$, alors $\sum\limits_{k=1}^{+\infty} (-1)^k a_k$ et $\sum\limits_{k=1}^{+\infty} (-1)^{k+1} a_k$ convergent.

2. a) $\lim\limits_{n\to+\infty} \dfrac{3n+4}{n} = 3$; la série diverge.

b) $\lim\limits_{n\to+\infty} \left(1 + \dfrac{1}{n^2}\right) = 1$; la série diverge.

c) $\lim\limits_{n\to+\infty} \dfrac{n+1}{n^2} = 0$; la série peut converger.

d) $\lim\limits_{n\to+\infty} (-1)^n$ n'existe pas ; la série diverge.

e) $\lim\limits_{n\to+\infty} \dfrac{(-1)^n}{n} = 0$; la série peut converger.

f) $\lim\limits_{n\to+\infty} \dfrac{1}{n!} = 0$; la série peut converger.

g) $\lim\limits_{n\to+\infty} \dfrac{n}{100n+5} = \dfrac{1}{100}$; la série diverge.

h) $\lim\limits_{n\to+\infty} \dfrac{2n+1}{\ln n} = +\infty$; la série diverge.

6

3. a) $\int_{1}^{+\infty} \dfrac{1}{\sqrt{x}}\, dx = +\infty$, donc $\displaystyle\sum_{n=1}^{+\infty} \dfrac{1}{\sqrt{n}}$ diverge.

   b) $\int_{4}^{+\infty} \dfrac{7}{x-3}\, dx = +\infty$, donc $\displaystyle\sum_{k=4}^{+\infty} \dfrac{7}{k-3}$ diverge.

   c) $\int_{3}^{+\infty} \dfrac{1}{(5x+1)^{\frac{3}{2}}}\, dx = \dfrac{1}{10}$, donc $\displaystyle\sum_{n=3}^{+\infty} \dfrac{1}{(5n+1)^{\frac{3}{2}}}$ converge.

   d) $\int_{1}^{+\infty} \dfrac{1}{1+x^2}\, dx = \dfrac{\pi}{4}$, donc $\displaystyle\sum_{n=1}^{+\infty} \dfrac{1}{1+n^2}$ converge.

   e) $\int_{2}^{+\infty} \dfrac{x}{x^2-1}\, dx = +\infty$, donc $\displaystyle\sum_{n=2}^{+\infty} \dfrac{n}{n^2-1}$ diverge.

4. Soit $f(x) = \dfrac{1}{x}$ sur $[1, +\infty$.

   Cette fonction est positive et continue sur $[1, +\infty$, et elle est

   décroissante sur $[1, +\infty$, car $f'(x) = \dfrac{-1}{x^2} < 0$.

   De plus, $\int_{1}^{+\infty} \dfrac{1}{x}\, dx = \lim_{M\to+\infty} \int_{1}^{M} \dfrac{1}{x}\, dx = \lim_{M\to+\infty} \ln|x|\ \Big|_{1}^{M} = +\infty$.

   D'où $\displaystyle\sum_{n=1}^{+\infty} \dfrac{1}{n}$ diverge.

5. a) Série de Riemann, où $p = \dfrac{1}{3}$. Puisque $p \le 1$, alors

   $\displaystyle\sum_{n=1}^{+\infty} \dfrac{1}{\sqrt[3]{n}}$ diverge.

   b) Série de Riemann, où $p = 3$. Puisque $p > 1$, alors

   $\displaystyle\sum_{n=1}^{+\infty} \dfrac{1}{n^3}$ converge.

6. a) $\dots \displaystyle\sum_{k=1}^{+\infty} a_k$ converge.

   b) $\dots \displaystyle\sum_{k=1}^{+\infty} a_k$ peut converger ou diverger ; nous ne pouvons

   rien conclure.

   c) $\dots \displaystyle\sum_{k=1}^{+\infty} b_k$ peut converger ou diverger ; nous ne pouvons

   rien conclure.

   d) $\dots \displaystyle\sum_{k=1}^{+\infty} b_k$ diverge.

7. a) Puisque $\dfrac{1}{n^2+5} \le \dfrac{1}{n^2}$, pour $n \ge 1$ et

   que $\displaystyle\sum_{n=1}^{+\infty} \dfrac{1}{n^2}$ converge $\ \ \left(\begin{array}{l}\text{série de Riemann,}\\ \text{où } p = 2 > 1\end{array}\right)$,

   alors $\displaystyle\sum_{n=1}^{+\infty} \dfrac{1}{n^2+5}$ converge.

   b) Puisque $\dfrac{5k+4}{5k^2-1} \ge \dfrac{1}{k}$, pour $k \ge 1$ et

   que $\displaystyle\sum_{k=1}^{+\infty} \dfrac{1}{k}$ diverge $\ $ (série harmonique),

   alors $\displaystyle\sum_{k=1}^{+\infty} \dfrac{5k+4}{5k^2-1}$ diverge.

---

   c) Puisque $\dfrac{1}{3^n+n} \le \dfrac{1}{3^n}$, pour $n \ge 1$ et

   que $\displaystyle\sum_{n=1}^{+\infty} \dfrac{1}{3^n}$ converge $\ \ \left(\begin{array}{l}\text{série géométrique où}\\ r = \dfrac{1}{3} < 1\end{array}\right)$,

   alors $\displaystyle\sum_{n=1}^{+\infty} \dfrac{1}{3^n+n}$ converge.

   d) Puisque $\dfrac{2}{2^n-1} \le \dfrac{2}{2^{n-1}}$, pour $n \ge 1$ et

   que $\displaystyle\sum_{n=1}^{+\infty} \dfrac{2}{2^{n-1}}$ converge $\ \ \left(\begin{array}{l}\text{série géométrique où}\\ r = \dfrac{1}{2} < 1\end{array}\right)$,

   alors $\displaystyle\sum_{n=1}^{+\infty} \dfrac{2}{2^n-1}$ converge.

8. a) $d = 2 - 0 = 2 > 1$, d'où la série converge.

   b) $d = 6 - 5 = 1 \le 1$, d'où la série diverge.

   c) $d = 4 - 4 = 0 \le 1$, d'où la série diverge.

   d) $a_n = \dfrac{3n-1}{n^3}$; $d = 3 - 1 = 2 > 1$, d'où la série

   converge.

9. a) $R = \lim_{n\to+\infty} \dfrac{\frac{3^{n+1}}{(n+1)!}}{\frac{3^n}{n!}} = \lim_{n\to+\infty} \dfrac{3}{n+1} = 0$

   $R < 1$, d'où la série converge.

   b) $R = \lim_{n\to+\infty} \dfrac{\frac{1}{(n+1)^2+1}}{\frac{1}{n^2+1}} = \lim_{n\to+\infty} \dfrac{n^2+1}{(n+1)^2+1} = 1$

   $R = 1$, nous ne pouvons rien conclure.
   D'après le critère du polynôme, la série converge car
   $d = 2 > 1$.

   c) $R = \lim_{n\to+\infty} \dfrac{\frac{4^{n+1}}{2(n+1)+3}}{\frac{4^n}{2n+3}} = \lim_{n\to+\infty} \dfrac{4(2n+3)}{2n+5} = 4$

   $R > 1$, d'où la série diverge.

   d) $R = \lim_{n\to+\infty} \dfrac{\frac{n+1}{e^{n+1}}}{\frac{n}{e^n}} = \lim_{n\to+\infty} \dfrac{n+1}{en} = \dfrac{1}{e}$

   $R < 1$, d'où la série converge.

   e) $R = \lim_{n\to+\infty} \dfrac{\frac{(n+1)!}{e^{n+1}}}{\frac{n!}{e^n}} = \lim_{n\to+\infty} \dfrac{n+1}{e} = +\infty$

   $R > 1$, d'où la série diverge.

   f) $R = \lim_{n\to+\infty} \dfrac{\frac{(n+1)^{n+1}}{(n+1)!}}{\frac{n^n}{n!}} = \lim_{n\to+\infty} \left(\dfrac{n+1}{n}\right)^n = e$

   $R > 1$, d'où la série diverge.

6

10. a) $R = \lim\limits_{n \to +\infty} \sqrt[n]{\dfrac{2^n}{n^n}} = \lim\limits_{n \to +\infty} \dfrac{2}{n} = 0$

$R < 1$, d'où la série converge.

b) $R = \lim\limits_{n \to +\infty} \sqrt[n]{\dfrac{e^n}{n^3}} = \lim\limits_{n \to +\infty} \dfrac{e}{\sqrt[n]{n^3}} = e$

$R > 1$, d'où la série diverge.

c) $R = \lim\limits_{n \to +\infty} \sqrt[n]{\dfrac{1}{n^2}} = \lim\limits_{n \to +\infty} \dfrac{1}{\sqrt[n]{n^2}} = 1$

$R = 1$, d'où nous ne pouvons rien conclure. D'après le critère du polynôme, la série converge car $d = 2 > 1$.

d) $R = \lim\limits_{n \to +\infty} \sqrt[n]{\left(\dfrac{2n^2+5}{3n^2}\right)^n} = \lim\limits_{n \to +\infty} \dfrac{2n^2+5}{3n^2} = \dfrac{2}{3}$

$R < 1$, d'où la série converge.

11. a) La suite $\left\{\dfrac{1}{k^2}\right\}$ est décroissante, car $\dfrac{1}{k^2} > \dfrac{1}{(k+1)^2}$

et $\lim\limits_{k \to +\infty} \dfrac{1}{k^2} = 0$, donc la série converge.

b) La suite $\left\{\dfrac{3n^2+4}{n^2}\right\}$ est décroissante, car en posant

$f(x) = \dfrac{3x^2+4}{x^2}$, nous obtenons $f'(x) = \dfrac{-8}{x^3} < 0, \forall x \geq 1$

et $\lim\limits_{n \to +\infty} \dfrac{3n^2+4}{n^2} = 3 \neq 0$, donc la série diverge.

c) La suite $\left\{\dfrac{1}{\sqrt{n}}\right\}$ est décroissante, car $\dfrac{1}{\sqrt{n}} > \dfrac{1}{\sqrt{n+1}}$

et $\lim\limits_{n \to +\infty} \dfrac{1}{\sqrt{n}} = 0$, donc la série converge.

d) La suite $\left\{\dfrac{k!}{5^k}\right\}$ n'est pas décroissante, car

$\dfrac{1}{5} > \dfrac{2!}{5^2} > \dfrac{3!}{5^3} > \dfrac{4!}{5^4} = \dfrac{5!}{5^5} < \dfrac{6!}{5^6} < \dfrac{7!}{5^7} < \dots,$

donc la série diverge.

12. a) $\sum\limits_{k=1}^{+\infty} \left|\dfrac{(-1)^k}{k^2}\right| = \sum\limits_{k=1}^{+\infty} \dfrac{1}{k^2}$ converge (série de Riemann, où $p = 2 > 1$),

d'où $\sum\limits_{k=1}^{+\infty} \dfrac{(-1)^k}{k^2}$ est absolument convergente.

b) $\sum\limits_{n=1}^{+\infty} \left|\dfrac{(-1)^{n+1}(3n^2+4)}{n^2}\right| = \sum\limits_{n=1}^{+\infty} \dfrac{3n^2+4}{n^2}$ diverge

(critère du polynôme $d = 0 \leq 1$) et

$\sum\limits_{n=1}^{+\infty} \dfrac{(-1)^{n+1}(3n^2+4)}{n^2}$ diverge (voir 11 b)),

d'où $\sum\limits_{n=1}^{+\infty} \dfrac{(-1)^{n+1}(3n^2+4)}{n^2}$ n'est pas absolument convergente ni conditionnellement convergente.

c) $\sum\limits_{n=1}^{+\infty} \left|\dfrac{(-1)^{n+1}}{\sqrt{n}}\right| = \sum\limits_{n=1}^{+\infty} \dfrac{1}{\sqrt{n}}$ diverge

$\left(\text{série de Riemann, où } p = \dfrac{1}{2} \leq 1\right)$, et

$\sum\limits_{n=1}^{+\infty} \dfrac{(-1)^{n+1}}{\sqrt{n}}$ converge (voir 11 c)),

d'où $\sum\limits_{n=1}^{+\infty} \dfrac{(-1)^{n+1}}{\sqrt{n}}$ est conditionnellement convergente

et n'est pas absolument convergente.

d) $\sum\limits_{k=1}^{+\infty} \left|\dfrac{k!}{(-5)^k}\right| = \sum\limits_{k=1}^{+\infty} \dfrac{k!}{5^k}$ diverge

(critère de D'Alembert, où $R = +\infty > 1$)

et $\sum\limits_{k=1}^{+\infty} \dfrac{k!}{(-5)^k}$ diverge (voir 11 d)),

d'où $\sum\limits_{k=1}^{+\infty} \dfrac{k!}{(-5)^k}$ n'est pas absolument convergente ni conditionnellement convergente.

13. a) $\sum\limits_{k=1}^{+\infty} \dfrac{(-1)^{k+1}}{\sqrt{k}} \approx 1 - \dfrac{1}{\sqrt{2}} + \dfrac{1}{\sqrt{3}} - \dfrac{1}{\sqrt{4}} + \dfrac{1}{\sqrt{5}}$ et $E \leq \dfrac{1}{\sqrt{6}}$,

d'où $S \approx 0{,}817$ et $E \leq 0{,}408\dots$

b) $\sum\limits_{k=1}^{+\infty} \dfrac{(-1)^k}{k^2} \approx -1 + \dfrac{1}{4} - \dfrac{1}{9} + \dfrac{1}{16}$ et $E \leq \dfrac{1}{25}$,

d'où $S \approx -0{,}798\,6\overline{1}$ et $E \leq 0{,}04$.

c) $\sum\limits_{k=1}^{+\infty} \dfrac{(-1)^{k-1}}{(k-1)!} \approx 1 - 1 + \dfrac{1}{2!} - \dfrac{1}{3!} + \dfrac{1}{4!} - \dfrac{1}{5!}$ et $E \leq \dfrac{1}{6!}$,

d'où $S \approx 0{,}3\overline{6}$ et $E \leq 0{,}001\,38$.

14. a) Puisque $E \leq a_{n+1} = \dfrac{1}{(n+1)!}$, $n = 6$ suffit,

car $\dfrac{1}{7!} < 0{,}001$, d'où $S \approx 0{,}631\,9\overline{4}$.

b) Puisque $E \leq a_{n+1} = \dfrac{1}{(n+1)^{n+1}}$, $n = 5$ suffit,

car $\dfrac{1}{6^6} < 0{,}0001$, d'où $S \approx -0{,}783\,45$.

c) Puisque $E \leq a_{n+1} = \dfrac{(0{,}1)^{2n+1}}{(2n+1)!}$, $n = 2$ suffit,

car $\dfrac{(0{,}1)^5}{5!} < 10^{-6}$, d'où $S \approx 0{,}099\,8\overline{3}$.

15.

a)	Polynôme	$d = 2 > 1$	C
b)	D'Alembert	$R = 0 < 1$	C
c)	Cauchy	$R = \dfrac{1}{2} < 1$	C
d)	D'Alembert	$R = 2 > 1$	D
e)	Intégrale	$\displaystyle\int_1^{+\infty} \dfrac{\text{Arc tan } x}{x^2+1}\, dx = \dfrac{3\pi^2}{32}$	C
f)	Comparaison	$\dfrac{1}{7\sqrt{n}-1} > \dfrac{1}{7\sqrt{n}}$, Série de Riemann, $p = \dfrac{1}{2} \leq 1$	D
g)	Terme général	$\lim\limits_{n \to +\infty} \dfrac{n}{\ln n} = +\infty \neq 0$	D
h)	Alternée	$f(x) = \dfrac{1}{3x+1}$ est décroissante, car $f'(x) = \dfrac{-3}{(3x+1)^2} < 0$, $\lim\limits_{n \to +\infty} \dfrac{1}{3n+1} = 0$	C

6

i)	Intégrale	$\int_4^{+\infty} \dfrac{e^{\sqrt{x}}}{\sqrt{x}}\,dx = +\infty$	D
j)	Comparaison	$\dfrac{\sqrt{n}}{n^2+5} < \dfrac{1}{n^{\frac{3}{2}}}$, Série de Riemann, où $p = \dfrac{3}{2} > 1$	C
k)	D'Alembert	$R = \dfrac{1}{3} < 1$	C
l)	Comparaison	$\dfrac{1}{\left(\dfrac{1}{3}\right)^k + 5^k} < \dfrac{1}{5^k}$, D'Alembert, $R = \dfrac{1}{5} < 1$	C

16. a) D'Alembert ; C. b) Cauchy ; C.
c) Terme général ; D. d) Comparaison ; D.
e) Polynôme ; C. f) Alternée ; C.
g) Intégrale ; D. h) Intégrale ; C.
i) D'Alembert ; C. j) Alternée ; D.
k) Cauchy ; C. l) Alternée ; C.

17. a) $\displaystyle\sum_{n=1}^{+\infty} \dfrac{1}{(3n)^2}$; polynôme ; C.

b) $\displaystyle\sum_{n=1}^{+\infty} \dfrac{n}{e^{n^2}}$; D'Alembert ; C.

c) $\displaystyle\sum_{n=1}^{+\infty} \dfrac{n}{2n+1}$; terme général ; D.

d) $\displaystyle\sum_{n=1}^{+\infty} \dfrac{(-1)^{n+1}\,n}{n^2+1}$; alternée ; C.

e) $\displaystyle\sum_{n=1}^{+\infty} \dfrac{3^n}{4n}$; D'Alembert ; D.

Exercices 6.4 *(page 307)*

1. Dans les solutions suivantes, $R = \lim\limits_{n\to+\infty} \left| \dfrac{a_{n+1}}{a_n} \right|$.

a) $R = \left| \dfrac{x}{2} \right| < 1$ si $|x| < 2$ $(-2 < x < 2)$.

Si $x = 2$, nous obtenons $1 + 1 + 1 + \ldots$, série divergente.
Si $x = -2$, nous obtenons $1 - 1 + 1 - 1 + \ldots$, série divergente.
Donc $I =]-2, 2[$ et $r = 2$.

b) $R = |x| \lim\limits_{n\to+\infty} \dfrac{n^2}{(n+1)^2} = |x| < 1$ $(-1 < x < 1)$

Si $x = 1$, nous obtenons $\displaystyle\sum_{k=1}^{+\infty} \dfrac{(-1)^k}{k^2}$, série convergente.

Si $x = -1$, nous obtenons $\displaystyle\sum_{k=1}^{+\infty} \dfrac{1}{k^2}$, série convergente.

Donc $I = [-1, 1]$ et $r = 1$.

c) $R = |x+5| \lim\limits_{n\to+\infty} (n+1) = +\infty$ si $x \neq -5$.

Donc la série converge uniquement pour $x = -5$ et $r = 0$.

d) $R = |3x+4| \lim\limits_{n\to+\infty} \dfrac{1}{(n+1)} = 0$ pour tout x
   $(-\infty < x < +\infty)$.
Donc $I = -\infty, +\infty$ et $r = +\infty$.

2. Dans les solutions suivantes, $R = \lim\limits_{n\to+\infty} \sqrt[n]{|a_n|}$.

a) $R = \dfrac{|x-4|}{3} < 1$ si $|x-4| < 3$ $(1 < x < 7)$.

Si $x = 7$, nous obtenons $1 + 1 + 1 + \ldots$, série divergente.
Si $x = 1$, nous obtenons $1 - 1 + 1 - 1 + \ldots$, série divergente.

Donc $I =]1, 7[$ et $r = \dfrac{7-1}{2} = 3$.

b) $R = 3\,|x-5| < 1$ si $|x-5| < \dfrac{1}{3}$ $\left(\dfrac{14}{3} < x < \dfrac{16}{3} \right)$.

Si $x = \dfrac{16}{3}$, nous obtenons $1 + 1 + 1 + \ldots$, série divergente.

Si $x = \dfrac{14}{3}$, nous obtenons $-1 + 1 - 1 + 1 \ldots$, série divergente.

Donc $I = \left]\dfrac{14}{3}, \dfrac{16}{3}\right[$ et $r = \dfrac{\dfrac{16}{3} - \dfrac{14}{3}}{2} = \dfrac{1}{3}$.

c) $R = |2x| \lim\limits_{x\to+\infty} \dfrac{1}{n} = 0$ pour tout x $(-\infty < x < +\infty)$.
Donc $I = -\infty, +\infty$ et $r = +\infty$.

d) $R = |2x-3| \lim\limits_{n\to+\infty} \dfrac{1}{n^{\frac{1}{n}}} = |2x-3| < 1$ $(1 < x < 2)$

Si $x = 1$, nous obtenons $\displaystyle\sum_{k=1}^{+\infty} \dfrac{(-1)^k}{k^3}$, série convergente.

Si $x = 2$, nous obtenons $\displaystyle\sum_{k=1}^{+\infty} \dfrac{1}{k^3}$, série convergente.

Donc $I = [1, 2]$ et $r = \dfrac{2-1}{2} = \dfrac{1}{2}$.

3. a) $R = \lim\limits_{n\to+\infty} \sqrt[n]{|(nx)^n|} = |x| \lim\limits_{n\to+\infty} n = +\infty$

Donc la série converge uniquement pour $x = 0$.

b) $R = \lim\limits_{n\to+\infty} \left| \dfrac{(n+1)x^{n+1}}{nx^n} \right| = |x| \lim\limits_{n\to+\infty} \dfrac{n+1}{n} = |x| < 1$
   $(-1 < x < 1)$

Si $x = -1$, nous obtenons $-1 + 2 - 3 + 4 - \ldots$, série divergente.
Si $x = 1$, nous obtenons $1 + 2 + 3 + 4 + \ldots$, série divergente.
Donc $I =]-1, 1[$.

c) $R = \lim\limits_{n\to+\infty} \left| \dfrac{x^{n+1}}{n+1} \cdot \dfrac{n}{x^n} \right| = |x| \lim\limits_{n\to+\infty} \dfrac{n}{n+1} = |x| < 1$
   $(-1 < x < 1)$

Si $x = -1$, nous obtenons $-1 + \dfrac{1}{2} - \dfrac{1}{3} + \dfrac{1}{4} - \ldots$, série convergente.
Si $x = 1$, nous obtenons $1 + \dfrac{1}{2} + \dfrac{1}{3} + \dfrac{1}{4} + \ldots$, série divergente.
Donc $I = [-1, 1[$.

d) $R = \lim\limits_{n\to+\infty} \sqrt[n]{\left| \left(\dfrac{x}{n} \right)^n \right|} = |x| \lim\limits_{n\to+\infty} \dfrac{1}{n} = 0$ pour tout x
   $(-\infty < x < +\infty)$
Donc $I = -\infty, +\infty$.

6

4. a) La série converge uniquement pour $x = 0$.

b) $]\text{-}1, 1[,]\text{-}1, 1], [\text{-}1, 1[$ ou $[\text{-}1, 1]$

c) $]\text{-}r_0, r_0[,]\text{-}r_0, r_0], [\text{-}r_0, r_0[$ ou $[\text{-}r_0, r_0]$

d) $\text{-}\infty, +\infty$

5. a) $f(x) = 1 - \dfrac{x^2}{2!} + \dfrac{x^4}{4!} - \dfrac{x^6}{6!} + \ldots + \dfrac{(\text{-}1)^n x^{2n}}{(2n)!} + \ldots$

b) Par le critère de D'Alembert,

$R = |x^2| \lim\limits_{n \to +\infty} \dfrac{1}{(2n+2)\,(2n+1)} = 0$ pour tout x.

Donc $r = +\infty$.

c) $f'(x) = 0 - \dfrac{2x}{2!} + \dfrac{4x^3}{4!} - \dfrac{6x^5}{6!} + \ldots + \dfrac{(\text{-}1)^n\, 2n x^{2n-1}}{(2n)!} + \ldots$

$= \text{-}x + \dfrac{x^3}{3!} - \dfrac{x^5}{5!} + \ldots + \dfrac{(\text{-}1)^n x^{2n-1}}{(2n-1)!} + \ldots$

$r = +\infty$ (théorème 3, page 305).

d) $F(x) = x - \dfrac{x^3}{3 \cdot 2!} + \dfrac{x^5}{5 \cdot 4!} - \dfrac{x^7}{7 \cdot 6!} + \ldots + \dfrac{(\text{-}1)^n x^{2n+1}}{(2n+1)\,(2n)!} + \ldots + C$

Puisque $F(0) = 0$, alors $C = 0$, d'où

$F(x) = x - \dfrac{x^3}{3!} + \dfrac{x^5}{5!} - \dfrac{x^7}{7!} + \ldots + \dfrac{(\text{-}1)^n x^{2n+1}}{(2n+1)!} + \ldots$

$r = \text{-}\infty$ (théorème 4, page 306).

e) 0

6. a) $R = \lim\limits_{n \to +\infty} \left| \dfrac{x^{n+1}}{x^n} \right| = |x| < 1$

Si $x = \text{-}1$, $1 - 1 + 1 - 1 + \ldots$, série divergente.

Si $x = 1$, $1 + 1 + 1 + \ldots$, série divergente.

Donc $I =]\text{-}1, 1[$ et $r = 1$.

b) Série géométrique de raison égale à x, donc

$f(x) = \dfrac{1}{1 - x}$ si $x \in]\text{-}1, 1[$,

d'où $\dfrac{1}{1 - x} = 1 + x + x^2 + x^3 + \ldots + x^n + \ldots$

c) En intégrant, nous obtenons

$\text{-}\ln(1 - x) = x + \dfrac{x^2}{2} + \dfrac{x^3}{3} + \ldots + \dfrac{x^{n+1}}{n+1} + \ldots,$

d'où $\ln(1 - x) = \text{-}x - \dfrac{x^2}{2} - \dfrac{x^3}{3} - \dfrac{x^4}{4} - \ldots - \dfrac{x^{n+1}}{n+1} - \ldots$

Si $x = \text{-}1$, $1 - \dfrac{1}{2} + \dfrac{1}{3} - \dfrac{1}{4} + \ldots$, série convergente.

Si $x = 1$, $\text{-}1 - \dfrac{1}{2} - \dfrac{1}{3} - \dfrac{1}{4} - \ldots$, série divergente.

Donc $I = [\text{-}1, 1[$.

d) $\ln 2 = 1 - \dfrac{1}{2} + \dfrac{1}{3} - \dfrac{1}{4} + \ldots + \dfrac{(\text{-}1)^{n+1}}{n} + \ldots$

e) $\ln 2 \approx 1 - \dfrac{1}{2} + \dfrac{1}{3} - \dfrac{1}{4} + \dfrac{1}{5}$ et $E \le \dfrac{1}{6}$,

d'où $\ln 2 \approx 0,78\overline{3}$ et $E \le 0,1\overline{6}$.

f) En calculant la dérivée de $\left(\dfrac{1}{1 - x} \right)$ et de la série correspondante,

$\dfrac{1}{(1 - x)^2} = 1 + 2x + 3x^2 + 4x^3 + \ldots + nx^{n-1} + \ldots$

et $I =]\text{-}1, 1[$.

7. a) $g(0) = 0$ et $f(0) = 1$

b) $g'(x) = f(x)$ et $f'(x) = \text{-}g(x)$

c) $g''(x) = \text{-}g(x)$ et $f''(x) = \text{-}f(x)$

d) $g(x) = \sin x$ et $f(x) = \cos x$

8. a) En appliquant le critère de D'Alembert, nous obtenons pour $x \ne \text{-}5$

$R = \lim\limits_{n \to +\infty} \left| \dfrac{a_{n+1}}{a_n} \right| = \lim\limits_{n \to +\infty} \left| \dfrac{\dfrac{(x+5)^{n+1}}{2^{n+1}}}{\dfrac{(x+5)^n}{2^n}} \right| = \left| \dfrac{x+5}{2} \right|.$

Lorsque $R < 1$, c'est-à-dire $\left| \dfrac{x+5}{2} \right| < 1$,

donc $\text{-}7 < x < \text{-}3$, la série converge.

Lorsque $R > 1$, c'est-à-dire $\left| \dfrac{x+5}{2} \right| > 1$,

donc $x > \text{-}3$ ou $x < \text{-}7$, la série diverge.

Lorsque $R = 1$, c'est-à-dire $\left| \dfrac{x+5}{2} \right| = 1$, nous ne pouvons rien conclure sur la convergence ou la divergence de la série.

Nous devons alors étudier séparément le cas où

$\left| \dfrac{x+5}{2} \right| = 1$, c'est-à-dire $x = \text{-}7$ ou $x = \text{-}3$.

Si $x = \text{-}7$, $\sum\limits_{k=0}^{+\infty} \dfrac{(x+5)^k}{2^k} = \sum\limits_{k=0}^{+\infty} \dfrac{(\text{-}2)^k}{2k} = 1 - 1 + 1 - 1 + \ldots$

est une série divergente.

Si $x = \text{-}3$, $\sum\limits_{k=0}^{+\infty} \dfrac{(x+5)^k}{2^k} = \sum\limits_{k=0}^{+\infty} \dfrac{2^k}{2^k} = 1 + 1 + 1 + 1 + \ldots$ est

une série divergente.

D'où l'intervalle de convergence est $]\text{-}7, \text{-}3[$ et $r = 2$.

b) $]\text{-}2, \text{-}4[$; $r = 3$

c) $\text{-}\infty, +\infty$; $r = +\infty$

d) $[\text{-}1, 1[$; $r = 1$

e) $\left] \dfrac{\text{-}1}{3}, \dfrac{1}{3} \right[$; $r = \dfrac{1}{3}$

f) $\left[\dfrac{\text{-}1}{3}, \dfrac{1}{3} \right[$; $r = \dfrac{1}{3}$

g) $[0, 2]$; $r = 1$

h) $[\text{-}1, 1[$; $r = 1$

Exercices 6.5 *(page 318)*

1. a) $f(x) = f(0) + f'(0)x + \dfrac{f''(0)}{2!} x^2 + \dfrac{f'''(0)}{3!} x^3 + \dfrac{f^{(4)}(0)}{4!} x^4 + \ldots + \dfrac{f^{(n)}(0)}{n!} x^n + \ldots$

b) $f(x) = f(a) + f'(a)(x - a) + \dfrac{f''(a)}{2!} (x - a)^2 +$

$\dfrac{f^{(3)}(a)}{3!} (x - a)^3 + \ldots + \dfrac{f^{(n)}(a)}{n!} (x - a)^n + \ldots$

2. a) $f(x) = \sin x \qquad f(0) = 0$

$f'(x) = \cos x \qquad f'(0) = 1$

$f''(x) = \text{-}\sin x \qquad f''(0) = 0$

$f'''(x) = \text{-}\cos x \qquad f'''(0) = \text{-}1$

$f^{(4)}(x) = \sin x \qquad f^{(4)}(0) = 0$

D'où

$\sin x = 0 + 1x + \dfrac{0}{2!} x^2 - \dfrac{1}{3!} x^3 + \dfrac{0}{4!} x^4 + \dfrac{1}{5!} x^5 + \ldots$

$= x - \dfrac{x^3}{3!} + \dfrac{x^5}{5!} - \dfrac{x^7}{7!} + \ldots + \dfrac{(\text{-}1)^n x^{2n+1}}{(2n+1)!} + \ldots$

Par le critère de D'Alembert,

$R = \lim\limits_{n \to +\infty} \left| \dfrac{(\text{-}1)^{n+1} x^{2n+3}}{(2n+3)!} \cdot \dfrac{(2n+1)!}{(\text{-}1)^n x^{2n+1}} \right|$

$= x^2 \lim\limits_{n \to +\infty} \dfrac{1}{(2n+3)\,(2n+2)} = 0,$

donc la série converge pour $x \in \mathbb{R}$.

b) $f(x) = e^{3x} \qquad f(0) = 1$

$f'(x) = 3e^{3x} \qquad f'(0) = 3$

$f''(x) = 3^2 e^{3x}$ $\qquad\qquad$ $f''(0) = 3^2$

$f'''(x) = 3^3 e^{3x}$ $\qquad\qquad$ $f'''(0) = 3^3$

$\qquad \vdots$ $\qquad\qquad\qquad\qquad$ $\vdots$

$f^{(n)}(x) = 3^n e^{3x}$ $\qquad\qquad$ $f^{(n)}(0) = 3^n$

D'où

$$e^{3x} = 1 + 3x + \frac{3^2 x^2}{2!} + \frac{3^3 x^3}{3!} + \ldots + \frac{3^n x^n}{n!} + \ldots$$

Par le critère de D'Alembert,

$$R = \lim_{n \to +\infty} \left| \frac{3^{n+1} x^{n+1}}{(n+1)!} \cdot \frac{n!}{3^n x^n} \right| = |3x| \lim_{n \to +\infty} \frac{1}{n+1} = 0,$$

donc la série converge pour $x \in \mathbb{R}$.

c) $\quad f(x) = \cos 2x$ $\qquad\qquad$ $f(0) = 1$

$\qquad f'(x) = -2 \sin 2x$ $\qquad\quad$ $f'(0) = 0$

$\qquad f''(x) = -2^2 \cos 2x$ $\qquad$ $f''(0) = -2^2$

$\qquad f'''(x) = 2^3 \sin 2x$ $\qquad\;$ $f'''(0) = 0$

$\qquad f^{(4)}(x) = 2^4 \cos 2x$ $\qquad$ $f^{(4)}(0) = 2^4$

D'où

$$\cos 2x = 1 + 0x - \frac{2^2}{2!} x^2 + \frac{0}{3!} x^3 + \frac{2^4}{4!} x^4 + \ldots$$

$$= 1 - \frac{2^2}{2!} x^2 + \frac{2^4}{4!} x^4 - \frac{2^6}{6!} x^6 + \ldots + \frac{(-1)^n 2^{2n}}{(2n)!} x^{2n} + \ldots$$

Par le critère de D'Alembert,

$$R = \lim_{n \to +\infty} \left| \frac{(-1)^{n+1} 2^{2n+2} x^{2n+2}}{(2n+2)!} \cdot \frac{(2n)!}{(-1)^n 2^{2n} x^{2n}} \right|$$

$$= 4x^2 \lim_{n \to +\infty} \frac{1}{(2n+2)(2n+1)} = 0,$$

donc la série converge pour $x \in \mathbb{R}$.

3. a) $\quad f(x) = \sin x$ $\qquad\qquad$ $f(\pi) = 0$

$\qquad f'(x) = \cos x$ $\qquad\qquad$ $f'(\pi) = -1$

$\qquad f''(x) = -\sin x$ $\qquad\quad$ $f''(\pi) = 0$

$\qquad f'''(x) = -\cos x$ $\qquad\;$ $f'''(\pi) = 1$

$\qquad f^{(4)}(x) = \sin x$ $\qquad\quad$ $f^{(4)}(\pi) = 0$

D'où

$$\sin x = 0 - 1(x - \pi) + \frac{0}{2!}(x-\pi)^2 + \frac{1}{3!}(x-\pi)^3 + \frac{0}{4!}(x-\pi)^4 + \ldots$$

$$= -(x - \pi) + \frac{(x-\pi)^3}{3!} - \frac{(x-\pi)^5}{5!} + \frac{(x-\pi)^7}{7!} - \ldots$$

$$+ (-1)^{n+1} \frac{(x-\pi)^{2n+1}}{(2n+1)!} + \ldots$$

$$R = \lim_{n \to +\infty} \left| \frac{(-1)^{n+2}(x-\pi)^{2n+3}}{(2n+3)!} \cdot \frac{(2n+1)!}{(-1)^{n+1}(x-\pi)^{2n+1}} \right|$$

$$= (x-\pi)^2 \lim_{n \to +\infty} \frac{1}{(2n+3)(2n+2)} = 0,$$

donc la série converge pour $x \in \mathbb{R}$.

b) De façon analogue,

$$\sin x = 1 - \frac{\left(x - \frac{\pi}{2}\right)^2}{2!} + \frac{\left(x - \frac{\pi}{2}\right)^4}{4!} - \frac{\left(x - \frac{\pi}{2}\right)^6}{6!} + \ldots,$$

pour $x \in \mathbb{R}$.

c) $\quad f(x) = \dfrac{1}{x}$ $\qquad\qquad$ $f(-1) = -1$

$\qquad f'(x) = \dfrac{-1}{x^2}$ $\qquad\qquad$ $f'(-1) = -1$

$\qquad f''(x) = \dfrac{2}{x^3}$ $\qquad\qquad$ $f''(-1) = -2$

$\qquad f'''(x) = \dfrac{-3!}{x^4}$ $\qquad\qquad$ $f'''(-1) = -3!$

$f^{(4)}(x) = \dfrac{4!}{x^5}$ $\qquad\qquad$ $f^{(4)}(-1) = -4!$

$\qquad \vdots$ $\qquad\qquad\qquad\qquad$ $\vdots$

$f^{(n)}(x) = \dfrac{(-1)^n n!}{x^{n+1}}$ $\qquad\;$ $f^{(n)}(-1) = -n!$

D'où

$$\frac{1}{x} = -1 - (x+1) - \frac{2}{2!}(x+1)^2 - \frac{3!}{3!}(x+1)^3 - \ldots - \frac{n!}{n!}(x+1)^n - \ldots$$

$$= -1 - (x+1) - (x+1)^2 - (x+1)^3 - \ldots - (x+1)^n - \ldots$$

Par le critère de Cauchy,

$$R = \lim_{n \to +\infty} \sqrt[n]{|-(x+1)^n|} = |x+1|, \text{ la série converge}$$

pour $|x+1| < 1$, c'est-à-dire $-2 < x < 0$.

Pour $x = -2$ et pour $x = 0$, la série diverge ; donc la série converge pour $x \in \,]-2, 0[$.

d) $\cos x = -1 + \dfrac{(x-\pi)^2}{2!} - \dfrac{(x-\pi)^4}{4!} + \dfrac{(x-\pi)^6}{6!} - \ldots + (-1)^{n+1}\dfrac{(x-\pi)^{2n}}{(2n)!} + \ldots,$

pour $x \in \mathbb{R}$.

e) $\cos x = \dfrac{1}{2} - \dfrac{\sqrt{3}}{2}\left(x - \dfrac{\pi}{3}\right) - \dfrac{1}{2}\dfrac{\left(x - \dfrac{\pi}{3}\right)^2}{2!} + \dfrac{\sqrt{3}}{2}\dfrac{\left(x - \dfrac{\pi}{3}\right)^3}{3!} +$

$\qquad\qquad \dfrac{1}{2}\dfrac{\left(x - \dfrac{\pi}{3}\right)^4}{4!} + \ldots,$ pour $x \in \mathbb{R}$.

f) $\cos x = \dfrac{\sqrt{2}}{2}\left[1 - \left(x - \dfrac{\pi}{4}\right) - \dfrac{\left(x - \dfrac{\pi}{4}\right)^2}{2!} + \dfrac{\left(x - \dfrac{\pi}{4}\right)^3}{3!} + \right.$

$\qquad\qquad \left. \dfrac{\left(x - \dfrac{\pi}{4}\right)^4}{4!} - \ldots \right],$ pour $x \in \mathbb{R}$.

4. a) $\ln(1+x) = x - \dfrac{x^2}{2} + \dfrac{x^3}{3} - \dfrac{x^4}{4} + \ldots, x \in \,]-1, 1].$

b) En remplaçant x par $-x$ dans le développement de $\ln(1+x)$,

$\ln(1-x) = -x - \dfrac{x^2}{2} - \dfrac{x^3}{3} - \dfrac{x^4}{4} - \ldots, x \in [-1, 1[.$

c) $\ln\left(\dfrac{1+x}{1-x}\right) = \ln(1+x) - \ln(1-x)$

$\qquad\qquad = 2\left[x + \dfrac{x^3}{3} + \dfrac{x^5}{5} + \dfrac{x^7}{7} + \ldots\right], x \in \,]-1, 1[.$

5. a) En remplaçant x par $-x$ dans le développement de e^x, nous obtenons

$$e^{-x} = 1 - x + \frac{x^2}{2!} - \frac{x^3}{3!} + \frac{x^4}{4!} + \ldots + \frac{(-1)^n x^n}{n!} + \ldots$$

Par le critère de D'Alembert,

$$R = \lim_{n \to +\infty} \left| \frac{(-1)^{n+1} x^{n+1}}{(n+1)!} \cdot \frac{n!}{(-1)^n x^n} \right|$$

$$= |x| \lim_{n \to +\infty} \frac{1}{n+1} = 0,$$

donc la série converge pour $x \in \mathbb{R}$.

b) En remplaçant x par x^2 dans le développement de $\cos x$, nous obtenons

$$\cos x^2 = 1 - \frac{x^4}{2!} + \frac{x^8}{4!} - \frac{x^{12}}{6!} + \ldots + \frac{(-1)^n x^{4n}}{(2n)!} + \ldots$$

6

Par le critère de D'Alembert,

$$R = \lim_{n \to +\infty} \left| \frac{(-1)^{n+1} x^{4(n+1)}}{(2(n+1))!} \cdot \frac{(2n)!}{(-1)^n x^{4n}} \right|$$

$$= x^4 \lim_{n \to +\infty} \frac{1}{(2n+2)(2n+1)} = 0,$$

donc la série converge pour $x \in \mathbb{R}$.

c) En multipliant par x le développement de $\sin x$, nous obtenons

$$x \sin x = x \left(x - \frac{x^3}{3!} + \frac{x^5}{5!} - \frac{x^7}{7!} + \ldots + \frac{(-1)^n x^{2n+1}}{(2n+1)!} + \ldots \right)$$

$$= x^2 - \frac{x^4}{3!} + \frac{x^6}{5!} - \frac{x^8}{7!} + \ldots + \frac{(-1)^n x^{2n+2}}{(2n+1)!} + \ldots$$

Par le critère de D'Alembert,

$$R = \lim_{n \to +\infty} \left| \frac{(-1)^{n+1} x^{2n+4}}{(2n+3)!} \cdot \frac{(2n+1)!}{(-1)^n x^{2n+2}} \right|$$

$$= x^2 \lim_{n \to +\infty} \frac{1}{(2n+3)(2n+2)} = 0, \text{ donc la série}$$

converge pour $x \in \mathbb{R}$.

d) $\sin 2x = 2x - \frac{(2x)^3}{3!} + \frac{(2x)^5}{5!} - \frac{(2x)^7}{7!} + \ldots + (-1)^n \frac{(2x)^{2n+1}}{(2n+1)!} + \ldots,$

pour $x \in \mathbb{R}$.

e) $x e^x = x + x^2 + \frac{x^3}{2!} + \frac{x^4}{3!} + \ldots + \frac{x^{n+1}}{n!} + \ldots$, pour $x \in \mathbb{R}$.

f) $\frac{e^x - 1}{x} = 1 + \frac{x}{2!} + \frac{x^2}{3!} + \frac{x^3}{4!} + \ldots + \frac{x^n}{(n+1)!} + \ldots,$

pour $x \in \mathbb{R}$.

6. a) $\sec x = 1 + \frac{x^2}{2!} + \frac{5x^4}{4!} + \frac{61x^6}{6!} + \ldots$

b) $e^x \cos x = 1 + x - \frac{x^3}{3} - \frac{x^4}{6} + \ldots$

c) $\sin^2 x = \frac{2x^2}{2!} - \frac{8x^4}{4!} + \frac{32x^6}{6!} - \frac{128x^8}{8!} + \ldots$

7. a) Puisque $\sin x = x - \frac{x^3}{3!} + \frac{x^5}{5!} - \frac{x^7}{7!} + \ldots$

(Exercices 6.5, 2 a)),

alors $\sin (0{,}2) = 0{,}2 - \frac{(0{,}2)^3}{3!} + \frac{(0{,}2)^5}{5!} - \frac{(0{,}2)^7}{7!} + \ldots$

Ainsi, $\sin (0{,}2) \approx 0{,}2 - \frac{(0{,}2)^3}{3!} + \frac{(0{,}2)^5}{5!}$, avec $E \le \frac{(0{,}2)^7}{7!}$,

d'où $\sin (0{,}2) \approx 0{,}198\ 669\ 3$ où $E \le 2{,}54 \times 10^{-9}$.

b) Puisque $e^x = 1 + x + \frac{x^2}{2!} + \frac{x^3}{3!} + \frac{x^4}{4!} + \ldots$

(Exemple 1, page 317),

alors $\sqrt{e} = e^{\frac{1}{2}} = 1 + \frac{1}{2} + \frac{\left(\frac{1}{2}\right)^2}{2!} + \frac{\left(\frac{1}{2}\right)^3}{3!} + \frac{\left(\frac{1}{2}\right)^4}{4!} + \ldots$

Ainsi $\sqrt{e} \approx 1 + \frac{1}{2} + \frac{\left(\frac{1}{2}\right)^2}{2!} + \frac{\left(\frac{1}{2}\right)^3}{3!}$,

d'où $\sqrt{e} \approx 1{,}6458\overline{3}$.

La série n'étant pas alternée, nous ne pouvons pas utiliser le théorème 9, page 293, pour évaluer l'erreur maximale.

8. a) $\frac{1}{1-x} = 1 + x + x^2 + x^3 + x^4 + x^5 + \ldots + x^n + \ldots$, pour $x \in]-1, 1[$.

b) En intégrant les deux membres de l'équation,

$$-\ln (1 - x) = x + \frac{x^2}{2} + \frac{x^3}{3} + \ldots + \frac{x^{n+1}}{n+1} + \ldots + C.$$

En posant $x = 0$, nous trouvons $C = 0$, d'où

$$\ln (1 - x) = -x - \frac{x^2}{2} - \frac{x^3}{3} - \frac{x^4}{4} - \frac{x^5}{5} - \ldots - \frac{x^n}{n} - \ldots,$$

pour $x \in [-1, 1[$.

c) En remplaçant x par $-0{,}4$ dans le développement précédent,

$$\ln (1{,}4) = 0{,}4 - \frac{(0{,}4)^2}{2} + \frac{(0{,}4)^3}{3} - \frac{(0{,}4)^4}{4} + \frac{(0{,}4)^5}{5} - \ldots;$$

ainsi $\ln (1{,}4) \approx 0{,}4 - \frac{(0{,}4)^2}{2} + \frac{(0{,}4)^3}{3} - \frac{(0{,}4)^4}{4}$, avec $E \le \frac{(0{,}4)^5}{5}$,

d'où $\ln (1{,}4) \approx 0{,}335$ où $E \le 0{,}0021$.

d) Il suffit d'utiliser sept termes, car $E \le \frac{(0{,}4)^8}{8} < 0{,}0001$.

9. a) $\frac{\sin x}{x} = \frac{\left[x - \frac{x^3}{3!} + \frac{x^5}{5!} - \frac{x^7}{7!} + \ldots \right]}{x}$, d'où

$$\frac{\sin x}{x} = 1 - \frac{x^2}{3!} + \frac{x^4}{5!} - \frac{x^6}{7!} + \frac{x^8}{9!} - \ldots$$

b) $\int_0^1 \frac{\sin x}{x}\, dx = \left[x - \frac{x^3}{3 \cdot 3!} + \frac{x^5}{5 \cdot 5!} - \frac{x^7}{7 \cdot 7!} + \ldots \right]\Big|_0^1$

$$= 1 - \frac{1}{3 \cdot 3!} + \frac{1}{5 \cdot 5!} - \frac{1}{7 \cdot 7!} + \frac{1}{9 \cdot 9!} - \ldots$$

D'où

$$\int_0^1 \frac{\sin x}{x}\, dx \approx 1 - \frac{1}{3 \cdot 3!} + \frac{1}{5 \cdot 5!}, \text{ avec } E \le \frac{1}{7 \cdot 7!}$$

$$\approx 0{,}946\ 11 \text{ avec } E \le 0{,}000\ 03.$$

10. Puisque $\sin x = x - \frac{x^3}{3!} + \frac{x^5}{5!} - \frac{x^7}{7!} + \ldots$, alors

$$\sin (x^2) = x^2 - \frac{x^6}{3!} + \frac{x^{10}}{5!} - \frac{x^{14}}{7!} + \ldots \text{ Ainsi,}$$

$$\int_0^{\frac{\pi}{4}} \sin (x^2)\, dx = \int_0^{\frac{\pi}{4}} \left[x^2 - \frac{x^6}{3!} + \frac{x^{10}}{5!} - \frac{x^{14}}{7!} + \ldots \right] dx$$

$$= \left[\frac{x^3}{3} - \frac{x^7}{7 \cdot 3!} + \frac{x^{11}}{11 \cdot 5!} - \frac{x^{15}}{15 \cdot 7!} + \ldots \right]\Big|_0^{\frac{\pi}{4}}$$

$$= \frac{\left(\frac{\pi}{4}\right)^3}{3} - \frac{\left(\frac{\pi}{4}\right)^7}{7 \cdot 3!} + \frac{\left(\frac{\pi}{4}\right)^{11}}{11 \cdot 5!} - \frac{\left(\frac{\pi}{4}\right)^{15}}{15 \cdot 7!} + \ldots$$

Puisque $\frac{\left(\frac{\pi}{4}\right)^{11}}{11 \cdot 5!} < 10^{-4}$, alors

$$\int_0^{\frac{\pi}{4}} \sin (x^2)\, dx \approx \frac{\left(\frac{\pi}{4}\right)^3}{3} - \frac{\left(\frac{\pi}{4}\right)^7}{7 \cdot 3!}$$

$$\approx 0{,}1571, \text{ avec } E < 10^{-4}.$$

Exercices récapitulatifs (page 320)

1. a) $\left\{ 2, \frac{5}{2}, \frac{3}{2}, \frac{19}{8}, \frac{7}{4}, \ldots \right\}$ b) $\{1, 0, -1, 0, 1, \ldots\}$

c) $\left\{ 1, 1, \frac{3}{2}, \frac{8}{5}, \frac{25}{13}, \ldots \right\}$ d) $\{-2, -1, -3, 3, -21, \ldots\}$

6

2.

	$\lim\limits_{n\to+\infty} a_n$	B.S.	B.I.	B.	Cr.	Déc.	Conv.	Div.
a)	2	V	V	V	V	V	V	F
b)	$+\infty$	F	V	F	V	F	F	V
c)	$\not\exists$	V	V	V	F	F	F	V
d)	0	V	V	V	F	F	V	F
e)	$\not\exists$	F	F	F	F	F	F	V
f)	$-\infty$	V	F	F	F	V	F	V
g)	$+\infty$	F	V	F	V	F	F	V
h)	2	V	V	V	V	F	V	F

3. a) $a_n = \dfrac{2^n}{n^2}$; $+\infty$

b) $a_n = \dfrac{2n}{3n+1}$; $\dfrac{2}{3}$ c) $a_n = \dfrac{(-1)^n\, n^2}{2n-3}$; $\not\exists$

4. a) $b_{n+1} = \dfrac{1}{2}\, b_n$

b) $b_n = \dfrac{-7}{2^{n-1}}$; $a_n = 10 - \dfrac{7}{2^{n-1}}$

5. a) 0 ; $\not\exists$

b) Faux ; vrai uniquement si $\lim\limits_{x\to+\infty} f(x)$ existe.

6. a) $S_n = 2n$; D ; $S = +\infty$

b) $S_n = \dfrac{2n}{2n+1}$; C ; $S = 1$

c) $S_n = 1 - (n+1)^3$; D ; $S = -\infty$

d) $S_n = \dfrac{3}{2} - \dfrac{1}{n+1} - \dfrac{1}{n+2}$; C ; $S = \dfrac{3}{2}$

7. a) Oui ; $a = 1$, $r = \dfrac{2}{7}$; $S = \dfrac{7}{5}$.

b) Oui ; $a = e$, $r = -e^2$; S n'est pas définie.

c) Non ; $S = \dfrac{1}{2}\left(\sum\limits_{n=1}^{+\infty} \dfrac{1}{n}\right) = +\infty$ (série harmonique).

d) Oui ; $a = \pi$, $r = \dfrac{1}{2}$; $S = 2\pi$.

e) Oui ; $a = 0$, $r = 0$; $S = 0$.

f) Oui ; $a = -1$, $r = -1$; S n'est pas définie.

g) Oui ; $a = \dfrac{-e}{\pi}$, $r = \dfrac{-e}{\pi}$; $S = \dfrac{-e}{\pi + e}$.

h) Non ; $S = \dfrac{-1}{53}\left(\sum\limits_{n=100}^{+\infty} \dfrac{1}{n}\right) = -\infty$ (série harmonique).

8. a) 5 ; $4{,}869\,5\ldots$; $4{,}996\,5\ldots$

b) Non définie ; $-22\,369\,622$; $44\,739\,242$.

c) $-0{,}4$; $-0{,}404\,6\ldots$; $-0{,}396\,9\ldots$

d) $\dfrac{\sqrt{2}}{\sqrt{2}+1}$ e) $\dfrac{1}{2}$

f) $\dfrac{7}{2}$ g) 0 ; $0{,}179\,8\ldots$

9. $30\,000\,000\ \$$

10. a) $d_A = 1010{,}\overline{10}$ m ; $d_t - 10{,}\overline{10}$ m

b) $10{,}\overline{10}$ m

c) $4{,}\overline{04}$ min

11. a) D   b) C   c) D   d) C
e) D   f) C   g) C   h) D
i) D   j) D   k) C   l) D

12. a) D   b) C
c) D ; $S = +\infty$ d) D
e) C   f) C ; $S = \dfrac{-40}{13}$
g) D   h) C
i) C   j) C ; $S = \dfrac{41}{20}$
k) C   l) C ; $S = \dfrac{\pi^2}{\sqrt{98} - \pi^2}$

13. a) C ; C C   b) C ; A C   c) D
d) C ; A C   e) D   f) C ; C C

14. a) $S \approx -0{,}312\,2\ldots$; $E \le 0{,}306\,1\ldots$

b) $S \approx -0{,}896\,4\ldots$; $E \le 0{,}008$

15. $n = 101$ suffit.

16. a) $\left]\dfrac{-9}{4}, \dfrac{-7}{4}\right]$; $r = \dfrac{1}{4}$ b) $[3, 4]$; $r = \dfrac{1}{2}$

c) $]-1, 1[$; $r = 1$ d) $[-1, 1]$; $r = 1$

e) $-\infty, +\infty$; $r = +\infty$ f) $]-2, 6[$; $r = 4$

g) $]-1, 1[$; $r = 1$ h) $\left]\dfrac{-1}{3}, 3\right[$; $r = \dfrac{5}{3}$

i) Converge pour $x = 5$; $r = 0$.

j) $-\infty, +\infty$; $r = +\infty$

17. a) $\dfrac{1}{1+x} = 1 - x + x^2 - x^3 + x^4 - \ldots + (-1)^n x^n + \ldots$; $x \in\,]-1, 1[$

b) $e^{-x} = 1 - x + \dfrac{x^2}{2!} - \dfrac{x^3}{3!} + \ldots + \dfrac{(-1)^n x^n}{n!} + \ldots$; $x \in \mathbb{R}$.

c) $\sin(-3x) = -3x + \dfrac{(3x)^3}{3!} - \dfrac{(3x)^5}{5!} + \ldots + \dfrac{(-3x)^{2n+1}}{(2n+1)!} + \ldots$; $x \in \mathbb{R}$.

d) $\ln(1 - 2x) = -2x - \dfrac{(2x)^2}{2} - \dfrac{(2x)^3}{3} - \ldots - \dfrac{(2x)^n}{n} - \ldots$; $x \in \left[\dfrac{-1}{2}, \dfrac{1}{2}\right[$

18. a) $\sin x = \dfrac{1}{2} + \dfrac{\sqrt{3}}{2}\left(x - \dfrac{\pi}{6}\right) - \dfrac{1}{2}\dfrac{\left(x - \dfrac{\pi}{6}\right)^2}{2!} - \dfrac{\sqrt{3}}{2}\dfrac{\left(x - \dfrac{\pi}{6}\right)^3}{3!} +$

$\dfrac{1}{2}\dfrac{\left(x - \dfrac{\pi}{6}\right)^4}{4!} + \ldots$; $x \in \mathbb{R}$

b) $e^x = e + e(x - 1) + e\dfrac{(x - 1)^2}{2!} + \ldots + e\dfrac{(x - 1)^n}{n!} + \ldots$; $x \in \mathbb{R}$

c) $\dfrac{x - 2}{x + 2} = \dfrac{(x - 2)}{4} - \dfrac{(x - 2)^2}{4^2} + \dfrac{(x - 2)^3}{4^3} - \ldots + \dfrac{(-1)^{n+1}(x - 2)^n}{4^n} + \ldots$; $x \in\,]-2, 6[$

d) $\sin 2x = 2(x - \pi) - \dfrac{2^3(x - \pi)^3}{3!} + \dfrac{2^5(x - \pi)^5}{5!} - \ldots$

$+ \dfrac{(-1)^n 2^{2n+1}(x - \pi)^{2n+1}}{(2n+1)!} + \ldots$; $x \in \mathbb{R}$

19. a) $\cos x = -\left(x - \dfrac{\pi}{2}\right) + \dfrac{\left(x - \dfrac{\pi}{2}\right)^3}{3!} - \dfrac{\left(x - \dfrac{\pi}{2}\right)^5}{5!} + \ldots$

$+ \dfrac{(-1)^n \left(x - \dfrac{\pi}{2}\right)^{2n+1}}{(2n+1)!} + \ldots$

b) $\cos\left(\dfrac{\pi}{2} - 0{,}5\right) \approx 0{,}479\,16$ où $E \le 0{,}000\,26\ldots$

6

20. a) $\tan x = x + \dfrac{x^3}{3} + \dfrac{2x^5}{15} + \ldots$

b) $\sin x \cos x = x - \dfrac{2^2 x^3}{3!} + \dfrac{2^4 x^5}{5!} - \dfrac{2^6 x^7}{7!} + \ldots$

c) $e^x \sin x = x + x^2 + \dfrac{x^3}{3} - \dfrac{x^5}{30} - \ldots$

d) $\dfrac{\ln(1+x)}{x} = 1 - \dfrac{x}{2} + \dfrac{x^2}{3} - \dfrac{x^3}{4} + \ldots$

21. a) Environ 0,493 97.   b) Environ 0,097 514.

Problèmes de synthèse (page 322)

1. a) π; C   b) 1; C   c) 0; C

d) $+\infty$; D   e) e^3; C

2. $\left\{ 3, \dfrac{3}{2}, \dfrac{\text{-}3}{4}, \dfrac{3}{8}, \dfrac{\text{-}3}{16}, \ldots \right\}$

3. a) $a_1 = 1$, $a_2 = 1$, $a_3 = 2$

b) La preuve est laissée à l'utilisateur.

4. a) $S_n = \dfrac{\text{-}n^2\,(n+1)^2}{4}$; D; $S = \text{-}\infty$.

b) $S_n = \begin{cases} n & \text{si } n \text{ est pair} \\ \text{-}(n+1) & \text{si } n \text{ est impair}; \end{cases}$

D; S n'est pas définie.

c) $S_n = 7 + 2\left(1 - \left(\dfrac{1}{2}\right)^{n-2}\right)$ si $n \geq 3$; C; $S = 9$.

d) $S_n = \dfrac{1}{3} - \dfrac{1}{n+3}$; C; $S = \dfrac{1}{3}$.

5. a) 42; -42

b) 67 076 096; -22 380 544

c) 0,001 783 5…; 0,000 020 8…

6. a) C   b) D   c) D

d) C   e) C   f) C

g) C   h) C   i) D

j) C   k) D   l) C

7. a) $\dfrac{3}{5}$ b) 0   c) 9

8. a) $r = \dfrac{1}{e}$ b) $r = e$

9. a) $[\text{-}1, 1]$; $r = 1$ b) $\left] \dfrac{b-c}{a}, \dfrac{b+c}{a} \right[$; $r = \dfrac{c}{a}$

10. a) $x \in \text{-}\infty, \text{-}1] \cup \,]1, +\infty$ b) $x \in \text{-}\infty, \text{-}1] \cup [1, +\infty$

c) $x \in \mathbb{R} \setminus \{0\}$ d) Aucune valeur de x.

11. $R = \sqrt[m]{r}$

12. a) $\sinh x = \displaystyle\sum_{n=0}^{+\infty} \dfrac{x^{2n+1}}{(2n+1)!}$; $x \in \mathbb{R}$

b) $\cosh x = \displaystyle\sum_{n=0}^{+\infty} \dfrac{x^{2n}}{(2n)!}$; $x \in \mathbb{R}$

13. La preuve est laissée à l'utilisateur.

14. a) $\sqrt{x} = 2 + \dfrac{(x-4)}{2^2} - \dfrac{(x-4)^2}{2^5 \cdot 2!} + \dfrac{3\,(x-4)^3}{2^8 \cdot 3!} - \dfrac{15\,(x-4)^4}{2^{11} \cdot 4!} + \ldots$

b) $\sqrt{4,3} \approx 2,073\ 646\ldots$; $E \leq 2,5 \times 10^{-6}$

15. a) $x^5 = 1 + 5\,(x-1) + 10\,(x-1)^2 + 10\,(x-1)^3 + 5\,(x-1)^4 + (x-1)^5$

b) $(1,02)^5 = 1,104\ 080\ 803\ 2$

16. a) $1 - x^2 + x^4 - x^6 + x^8 - \ldots + (\text{-}1)^n x^{2n} + \ldots$

b) $]\text{-}1, 1[$; $r = 1$

c) $\dfrac{1}{1+x^2} = 1 - x^2 + x^4 - x^6 + \ldots + (\text{-}1)^n x^{2n} + \ldots$

d) $\text{Arc tan } x = x - \dfrac{x^3}{3} + \dfrac{x^5}{5} - \dfrac{x^7}{7} + \ldots + \dfrac{(\text{-}1)^n x^{2n+1}}{2n+1} + \ldots$

e) $[\text{-}1, 1]$; $r = 1$

f) $\dfrac{\pi}{4} = 1 - \dfrac{1}{3} + \dfrac{1}{5} - \dfrac{1}{7} + \ldots + \dfrac{(\text{-}1)^n}{2n+1} + \ldots$

17. a) Environ 0,519 66.   b) Environ 0,484 93.

18. a) Environ 1,532 8… u^3; $E \leq 0,000\ 039\ldots$

b) Environ 0,769 34… u^3; $E \leq 0,000\ 004\ldots$

19. a) Environ 75,49 mg.

b) 80 mg

20. 10 100 $

21. a) $f(n+1) = f(n)\,(k+1)$,

$f(1) = 100(k+1)$, $f(2) = 100(k+1)^2$,

$f(3) = 100(k+1)^3$.

b) $f(n) = 100(k+1)^n$

c) Pays A: environ 134,01.

Pays B: environ 158,69.

d) Pays A: environ 14,2 ans.

Pays B: environ 9 ans.

e) Pays A: 1; 1,029…; 1,059…

Pays B: 1; 0,972…; 0,946…

22. a) $S_n = n\left(a + \dfrac{(n-1)\,d}{2}\right)$

b) $a_{50} = 192$; $S_{50} = 5925$

c) $a = \text{-}240$; $d = 8$

d) $S = \text{-}1480$

23. $r = \dfrac{5}{2}$ ou $r = \dfrac{2}{5}$

24. $a_1 = 48$ et $r = \dfrac{1}{4}$, ou $a_1 = 80$ et $r = \dfrac{\text{-}1}{4}$.

25. a) $A = \dfrac{5}{3}$ m²

b) $L = +\infty$

c) $A_{10} = 1,666\ 632\ldots$ m²; $L_{10} = 28$ m

26. a) La preuve est laissée à l'utilisateur.

b) $r = \dfrac{3}{2}$ et $a_1 = \dfrac{16}{9}$ ou $r = \dfrac{2}{3}$ et $a_1 = 9$.

27. a)

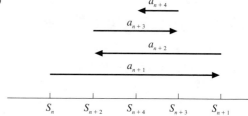

et $S_n < S_{n+2} < S_{n+4} < \ldots < S < \ldots < S_{n+3} < S_{n+1}$

b) $|S - S_n| < a_{n+1}$ pour tout n.

6

28. La preuve est laissée à l'utilisateur.

29. a) $1 \leq \displaystyle\sum_{k=1}^{+\infty} \frac{1}{k^2} \leq 2$

b) $2 \leq \displaystyle\sum_{k=1}^{+\infty} \frac{2}{k^5} \leq 2{,}5$

c) $\dfrac{1}{e} \leq \displaystyle\sum_{k=1}^{+\infty} ke^{-k^2} \leq \dfrac{3}{2e}$

30. a) $p > 1$

b) $\dfrac{1}{2(\ln 2)^2} \leq \displaystyle\sum_{k=2}^{+\infty} \frac{1}{k(\ln k)^2} \leq \dfrac{1}{2(\ln 2)^2} + \dfrac{1}{\ln 2}$

31. La preuve est laissée à l'utilisateur.

32. La preuve est laissée à l'utilisateur.

33. a) $e^{ix} = \cos x + i \sin x$

b) $e^{i\pi} = -1$

34. a) La preuve est laissée à l'utilisateur.

b) La preuve est laissée à l'utilisateur.

35. a) $\dfrac{dC}{dt} = n_1 C - m_1 C - pCL = (n_1 - m_1 - pL)\, C$

$\dfrac{dL}{dt} = hLC - m_2 L = (hC - m_2)\, L$

b) $K = (C^{-m_2}\, e^{hC})\, (L^{(m_1 - n_1)}\, e^{pL})$

c) $C = \dfrac{m_2}{h}$ et $L = \dfrac{n_1 - m_1}{p}$

d) L'interprétation est laissée à l'utilisateur.

6

Index

Annexe

Définitions

$\mathbb{N} = \{1, 2, 3, 4, ...\}$

$\mathbb{Z} = \{..., -2, -1, 0, 1, 2, 3, ...\}$

$\mathbb{Q} = \left\{ \dfrac{a}{b} \;\middle|\; a, b \in \mathbb{Z}, \text{ et } b \neq 0 \right\}$

$\mathbb{R}$ = ensemble des nombres réels

Décomposition en facteurs

$a^2 + 2ab + b^2 = (a + b)^2$

$a^2 - 2ab + b^2 = (a - b)^2$

$a^2 - b^2 = (a + b)(a - b)$

$a^3 - b^3 = (a - b)(a^2 + ab + b^2)$

$a^3 + b^3 = (a + b)(a^2 - ab + b^2)$

$a^4 - b^4 = (a + b)(a - b)(a^2 + b^2)$

Zéros de l'équation quadratique

$ax^2 + bx + c = 0$, si

$x = \dfrac{-b + \sqrt{b^2 - 4ac}}{2a}$ ou $x = \dfrac{-b - \sqrt{b^2 - 4ac}}{2a}$

Développements

$(a + b)^3 = a^3 + 3a^2b + 3ab^2 + b^3$

$(a - b)^3 = a^3 - 3a^2b + 3ab^2 - b^3$

$(a + b)^4 = a^4 + 4a^3b + 6a^2b^2 + 4ab^3 + b^4$

$(a - b)^4 = a^4 - 4a^3b + 6a^2b^2 - 4ab^3 + b^4$

Abréviations

centimètre	cm	mètre	m
décimètre	dm	minute	min
degré (d'arc)	°	newton	N
heure	h	radian	rad
jour	d	seconde	s
kilomètre	km	kelvin	K

Théorème de Pythagore et trigonométrie

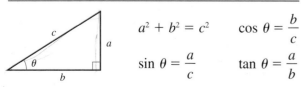

$a^2 + b^2 = c^2$ $\cos \theta = \dfrac{b}{c}$

$\sin \theta = \dfrac{a}{c}$ $\tan \theta = \dfrac{a}{b}$

Factorielle

$n! = n(n - 1)(n - 2)...3 \cdot 2 \cdot 1$, où $n \in \mathbb{N}$

$0! = 1$

Identités trigonométriques

$\sin^2 A + \cos^2 A = 1$

$\tan^2 A + 1 = \sec^2 A$

$\cot^2 A + 1 = \csc^2 A$

$\sin (A + B) = \sin A \cos B + \cos A \sin B$

$\sin (A - B) = \sin A \cos B - \cos A \sin B$

$\cos (A + B) = \cos A \cos B - \sin A \sin B$

$\cos (A - B) = \cos A \cos B + \sin A \sin B$

$\sin (2A) = 2 \sin A \cos A$

$\cos (2A) = \cos^2 A - \sin^2 A$

$\sin (-A) = -\sin A$

$\cos (-A) = \cos A$

$\sin^2 A = \dfrac{1 - \cos 2A}{2}$

$\cos^2 A = \dfrac{1 + \cos 2A}{2}$

$\sin A \cos B = \dfrac{1}{2} [\sin (A - B) + \sin (A + B)]$

$\sin A \sin B = \dfrac{1}{2} [\cos (A - B) - \cos (A + B)]$

$\cos A \cos B = \dfrac{1}{2} [\cos (A - B) + \cos (A + B)]$

Valeur absolue

$|a| = \begin{cases} a & \text{si } a \geq 0 \\ -a & \text{si } a < 0 \end{cases}$

$|a| = |-a|$

$|a + b| \leq |a| + |b|$

$|a - b| \geq |a| - |b|$

$|a + b| \leq c \Leftrightarrow -c \leq a + b \leq c$

$\qquad\qquad \Leftrightarrow -c - b \leq a \leq c - b$

$|a + b| \geq c \Leftrightarrow a + b \geq c$ ou $a + b \leq -c$

Exposants, radicaux, logarithmes

Remarque: Les propriétés suivantes ne s'appliquent que si les expressions sont définies.

$a^m a^n = a^{m + n}$

$(a^m)^n = a^{mn}$

$(ab)^m = a^m b^m$

$\left(\dfrac{a}{b}\right)^m = \dfrac{a^m}{b^m}$

$\dfrac{a^m}{a^n} = a^{m-n}$

$a^{-m} = \dfrac{1}{a^m}$

$a^0 = 1$

$a^{\frac{1}{n}} = \sqrt[n]{a}$

$a^{\frac{m}{n}} = \sqrt[n]{a^m} = (\sqrt[n]{a})^m$

$\sqrt[n]{ab} = \sqrt[n]{a}\,\sqrt[n]{b}$

$\sqrt[n]{\dfrac{a}{b}} = \dfrac{\sqrt[n]{a}}{\sqrt[n]{b}}$

$\sqrt[n]{a^n} = |a|$, si n est pair.

$\sqrt[n]{a^n} = a$, si n est impair.

$\log_a (MN) = \log_a M + \log_a N$

$\log_a \left(\dfrac{M}{N}\right) = \log_a M - \log_a N$

$\log_a (M^k) = k \log_a M$

$\log_a M = \dfrac{\log_b M}{\log_b a}$

$\log a = \log_{10} a$

$\ln a = \log_e a$

$\log_a 1 = 0$

$\log_a a = 1$

$\log_a b = c \Leftrightarrow a^c = b$

$\ln A = B \Leftrightarrow e^B = A$

$e^{\ln A} = A$

$\ln e^B = B$

$e^{\frac{\ln A}{c} x} = A^{\frac{x}{c}}$

DÉRIVATION

A. Définitions

$f'(x) = \displaystyle\lim_{h \to 0} \dfrac{f(x+h) - f(x)}{h}$

$f'(x) = \displaystyle\lim_{\Delta x \to 0} \dfrac{f(x + \Delta x) - f(x)}{\Delta x}$

$f'(x) = \displaystyle\lim_{t \to x} \dfrac{f(t) - f(x)}{t - x}$

B. Propriétés

Fonction	Dérivée
1. $K\,f(x)$	**1.** $K\,f'(x)$
2. $f(x) \pm g(x)$	**2.** $f'(x) \pm g'(x)$
3. $f(x)\,g(x)$	**3.** $f'(x)\,g(x) + f(x)\,g'(x)$
4. $\dfrac{f(x)}{g(x)}$	**4.** $\dfrac{f'(x)\,g(x) - f(x)\,g'(x)}{g^2(x)}$
5. $[f(x)]^r$	**5.** $r[f(x)]^{r-1}\,f'(x)$
6. $f(g(x))$	**6.** $f'(g(x))\,g'(x)$

C. Formules

Fonction	Dérivée
1. K, constante	**1.** 0
2. x, identité	**2.** 1
3. x^a, où $a \in \mathbb{R}$	**3.** ax^{a-1}
4. $\sin f(x)$	**4.** $[\cos f(x)]\,f'(x)$
5. $\cos f(x)$	**5.** $[-\sin f(x)]\,f'(x)$
6. $\tan f(x)$	**6.** $[\sec^2 f(x)]\,f'(x)$
7. $\cot f(x)$	**7.** $[-\csc^2 f(x)]\,f'(x)$
8. $\sec f(x)$	**8.** $[\sec f(x) \tan f(x)]\,f'(x)$
9. $\csc f(x)$	**9.** $[-\csc f(x) \cot f(x)]\,f'(x)$
10. $\operatorname{Arc} \sin f(x)$	**10.** $\dfrac{f'(x)}{\sqrt{1 - [f(x)]^2}}$
11. $\operatorname{Arc} \cos f(x)$	**11.** $\dfrac{-f'(x)}{\sqrt{1 - [f(x)]^2}}$
12. $\operatorname{Arc} \tan f(x)$	**12.** $\dfrac{f'(x)}{1 + [f(x)]^2}$
13. $\operatorname{Arc} \cot f(x)$	**13.** $\dfrac{-f'(x)}{1 + [f(x)]^2}$
14. $\operatorname{Arc} \sec f(x)$	**14.** $\dfrac{f'(x)}{f(x)\sqrt{[f(x)]^2 - 1}}$
15. $\operatorname{Arc} \csc f(x)$	**15.** $\dfrac{-f'(x)}{f(x)\sqrt{[f(x)]^2 - 1}}$
16. $a^{f(x)}$	**16.** $a^{f(x)} \ln a\, f'(x)$
17. $e^{f(x)}$	**17.** $e^{f(x)}\,f'(x)$
18. $\ln f(x)$	**18.** $\dfrac{f'(x)}{f(x)}$
19. $\log_a f(x)$	**19.** $\dfrac{f'(x)}{f(x) \ln a}$

INTÉGRATION

A. Définition de l'intégrale indéfinie

$\int f(x)\,dx = F(x) + C$, si $F'(x) = f(x)$

B. Propriétés de l'intégrale

1. $\int Kf(x)\,dx = K\int f(x)\,dx$

2. $\int [f(x) \pm g(x)]\,dx = \int f(x)\,dx \pm \int g(x)\,dx$

C. Primitives de fonctions élémentaires

1. $\int x^a\,dx = \dfrac{x^{a+1}}{a+1} + C,\ \forall\, a \in \mathbb{R}$ et $a \neq -1$

2. $\int \dfrac{1}{u}\,du = \ln|u| + C$

3. $\int e^u\,du = e^u + C$

4. $\int a^u\,du = \dfrac{a^u}{\ln a} + C$, où $a > 0$ et $a \neq 1$

5. $\int \sin u\,du = -\cos u + C$

6. $\int \cos u\,du = \sin u + C$

7. $\int \sec^2 u\,du = \tan u + C$

8. $\int \csc^2 u\,du = -\cot u + C$

9. $\int \sec u \tan u\,du = \sec u + C$

10. $\int \csc u \cot u\,du = -\csc u + C$

11. $\int \dfrac{1}{\sqrt{1-u^2}}\,du = \text{Arc}\sin u + C$

12. $\int \dfrac{1}{1+u^2}\,du = \text{Arc}\tan u + C$

13. $\int \dfrac{1}{u\sqrt{u^2-1}}\,du = \text{Arc}\sec u + C$

14. $\int \tan u\,du = \ln|\sec u| + C = -\ln|\cos u| + C$

15. $\int \cot u\,du = \ln|\sin u| + C$

16. $\int \sec u\,du = \ln|\sec u + \tan u| + C$

17. $\int \csc u\,du = \ln|\csc u - \cot u| + C$
$\qquad\quad = -\ln|\csc u + \cot u| + C$

D. Changement de variable

$\int f(g(x))\,g'(x)\,dx = \int f(u)\,du$, où $u = g(x)$

E. Intégrale définie

$\int_a^b f(x)\,dx = \lim\limits_{(\max \Delta x_i \to 0)} \sum_{i=1}^{n} f(c_i)\,\Delta x_i$, où $c_i \in [x_{i-1}, x_i]$

F. Théorème fondamental du calcul

$\int_a^b f(x)\,dx = F(b) - F(a)$, où $F'(x) = f(x)$

G. Intégration par parties

$\int u\,dv = uv - \int v\,du$

H. Méthode des trapèzes

$\int_a^b f(x)\,dx \approx \dfrac{b-a}{2n}\left[f(x_0) + 2f(x_1) + \dots + 2f(x_{n-1}) + f(x_n)\right]$

I. Méthode de Simpson

$\int_a^b f(x)\,dx \approx \dfrac{b-a}{3n}\Big[f(x_0) + 4f(x_1) + 2f(x_2) + 4f(x_3) + 2f(x_4) +$
$\qquad \dots + 2f(x_{n-2}) + 4f(x_{n-1}) + f(x_n)\Big]$, où n est pair.

J. Formules d'intégration

Expressions contenant $a^2 - u^2$

1. $\int \dfrac{1}{a^2 - u^2}\,du = \dfrac{1}{2a}\ln\left|\dfrac{u+a}{u-a}\right| + C$

2. $\int \dfrac{1}{\sqrt{a^2 - u^2}}\,du = \text{Arc}\sin\dfrac{u}{a} + C$

3. $\int \sqrt{a^2 - u^2}\,du = \dfrac{u}{2}\sqrt{a^2 - u^2} + \dfrac{a^2}{2}\text{Arc}\sin\dfrac{u}{a} + C$

4. $\int u^2\sqrt{a^2 - u^2}\,du = \dfrac{u}{8}(2u^2 - a^2)\sqrt{a^2 - u^2} +$
$\qquad\qquad\qquad \dfrac{a^4}{8}\text{Arc}\sin\dfrac{u}{a} + C$

5. $\int \dfrac{\sqrt{a^2 - u^2}}{u}\,du = \sqrt{a^2 - u^2} - a\ln\left|\dfrac{a + \sqrt{a^2 - u^2}}{u}\right| + C$

6. $\int \dfrac{\sqrt{a^2 - u^2}}{u^2}\,du = \dfrac{-1}{u}\sqrt{a^2 - u^2} - \text{Arc}\sin\dfrac{u}{a} + C$

7. $\int \dfrac{u^2}{\sqrt{a^2 - u^2}}\,du = \dfrac{-u}{2}\sqrt{a^2 - u^2} + \dfrac{a^2}{2}\text{Arc}\sin\dfrac{u}{a} + C$

8. $\displaystyle\int \frac{1}{u\sqrt{a^2 - u^2}}\, du = \frac{-1}{a} \ln \left| \frac{a + \sqrt{a^2 - u^2}}{u} \right| + C$

9. $\displaystyle\int \frac{1}{u^2\sqrt{a^2 - u^2}}\, du = \frac{-1}{a^2 u} \sqrt{a^2 - u^2} + C$

10. $\displaystyle\int (a^2 - u^2)^{\frac{3}{2}}\, du = \frac{-u}{8} (2u^2 - 5a^2) \sqrt{a^2 - u^2} + \frac{3a^4}{8} \operatorname{Arc\,sin} \frac{u}{a} + C$

11. $\displaystyle\int \frac{1}{(a^2 - u^2)^{\frac{3}{2}}}\, du = \frac{u}{a^2\sqrt{a^2 - u^2}} + C$

Expressions contenant $u^2 + a^2$

12. $\displaystyle\int \frac{1}{u^2 + a^2}\, du = \frac{1}{a} \operatorname{Arc\,tan} \frac{u}{a} + C$

13. $\displaystyle\int \sqrt{u^2 + a^2}\, du = \frac{u}{2} \sqrt{u^2 + a^2} + \frac{a^2}{2} \ln |u + \sqrt{u^2 + a^2}| + C$

14. $\displaystyle\int u^2\sqrt{u^2 + a^2}\, du = \frac{u}{8} (2u^2 + a^2) \sqrt{u^2 + a^2} - \frac{a^4}{8} \ln |u + \sqrt{u^2 + a^2}| + C$

15. $\displaystyle\int \frac{\sqrt{u^2 + a^2}}{u}\, du = \sqrt{u^2 + a^2} - a \ln \left| \frac{a + \sqrt{u^2 + a^2}}{u} \right| + C$

16. $\displaystyle\int \frac{\sqrt{u^2 + a^2}}{u^2}\, du = \frac{-\sqrt{u^2 + a^2}}{u} + \ln |u + \sqrt{u^2 + a^2}| + C$

17. $\displaystyle\int (u^2 + a^2)^{\frac{3}{2}}\, du = \frac{u}{8} (2u^2 + 5a^2) \sqrt{u^2 + a^2} + \frac{3a^4}{8} \ln |u + \sqrt{u^2 + a^2}| + C$

18. $\displaystyle\int \frac{1}{\sqrt{u^2 + a^2}}\, du = \ln |u + \sqrt{u^2 + a^2}| + C$

19. $\displaystyle\int \frac{u^2}{\sqrt{u^2 + a^2}}\, du = \frac{u}{2} \sqrt{u^2 + a^2} - \frac{a^2}{2} \ln |u + \sqrt{u^2 + a^2}| + C$

20. $\displaystyle\int \frac{1}{u\sqrt{u^2 + a^2}}\, du = \frac{-1}{a} \ln \left| \frac{a + \sqrt{u^2 + a^2}}{u} \right| + C$

21. $\displaystyle\int \frac{1}{u^2\sqrt{u^2 + a^2}}\, du = \frac{-\sqrt{u^2 + a^2}}{a^2 u} + C$

22. $\displaystyle\int \frac{1}{(u^2 + a^2)^{\frac{3}{2}}}\, du = \frac{u}{a^2\sqrt{u^2 + a^2}} + C$

Expressions contenant $u^2 - a^2$

23. $\displaystyle\int \frac{1}{u^2 - a^2}\, du = \frac{1}{2a} \ln \left| \frac{u - a}{u + a} \right| + C$

24. $\displaystyle\int \frac{1}{u\sqrt{u^2 - a^2}}\, du = \frac{1}{a} \operatorname{Arc\,sec} \frac{u}{a} + C$

25. $\displaystyle\int \sqrt{u^2 - a^2}\, du = \frac{u}{2} \sqrt{u^2 - a^2} - \frac{a^2}{2} \ln |u + \sqrt{u^2 - a^2}| + C$

26. $\displaystyle\int u^2 \sqrt{u^2 - a^2}\, du = \frac{u}{8} (2u^2 - a^2) \sqrt{u^2 - a^2} - \frac{a^4}{8} \ln |u + \sqrt{u^2 - a^2}| + C$

27. $\displaystyle\int \frac{\sqrt{u^2 - a^2}}{u}\, du = \sqrt{u^2 - a^2} - a \operatorname{Arc\,sec} \frac{u}{a} + C$

28. $\displaystyle\int \frac{\sqrt{u^2 - a^2}}{u^2}\, du = \frac{-\sqrt{u^2 - a^2}}{u} + \ln |u + \sqrt{u^2 - a^2}| + C$

29. $\displaystyle\int (u^2 - a^2)^{\frac{3}{2}}\, du = \frac{u}{8} (2u^2 - 5a^2) \sqrt{u^2 - a^2} + \frac{3a^4}{8} \ln |u + \sqrt{u^2 - a^2}| + C$

30. $\displaystyle\int \frac{1}{\sqrt{u^2 - a^2}}\, du = \ln |u + \sqrt{u^2 - a^2}| + C$

31. $\displaystyle\int \frac{u^2}{\sqrt{u^2 - a^2}}\, du = \frac{u}{2} \sqrt{u^2 - a^2} + \frac{a^2}{2} \ln |u + \sqrt{u^2 - a^2}| + C$

32. $\displaystyle\int \frac{1}{u^2\sqrt{u^2 - a^2}}\, du = \frac{\sqrt{u^2 - a^2}}{a^2 u} + C$

33. $\displaystyle\int \frac{1}{(u^2 - a^2)^{\frac{3}{2}}}\, du = \frac{-u}{a^2\sqrt{u^2 - a^2}} + C$

Expressions contenant $\ln u$

34. $\displaystyle\int \ln u\, du = u \ln u - u + C$

35. $\displaystyle\int u \ln u\, du = \frac{u^2}{2} \ln u - \frac{u^2}{4} + C$

36. $\displaystyle\int u^n \ln u\, du = \frac{u^{n+1}}{n+1} \left[\ln u - \frac{1}{n+1} \right] + C$

37. $\displaystyle\int \ln^2 u\, du = u \ln^2 u - 2u \ln u + 2u + C$

Expressions contenant e^{au}

38. $\int u e^{au} \, du = \dfrac{u \, e^{au}}{a} - \dfrac{e^{au}}{a^2} + C$

39. $\int u^2 \, e^{au} \, du = \dfrac{u^2 \, e^{au}}{a} - \dfrac{2u \, e^{au}}{a^2} + \dfrac{2e^{au}}{a^3} + C$

40. $\int \dfrac{1}{r + s e^{au}} \, du = \dfrac{u}{r} - \dfrac{1}{ra} \ln |r + s e^{au}| + C$

41. $\int e^{au} \cos bu \, du = \dfrac{e^{au} \, (a \cos bu + b \sin bu)}{a^2 + b^2} + C$

42. $\int e^{au} \sin bu \, du = \dfrac{e^{au} \, (a \sin bu - b \cos bu)}{a^2 + b^2} + C$

Expressions contenant des fonctions trigonométriques

43. $\int \sin^2 au \, du = \dfrac{u}{2} - \dfrac{\sin 2au}{4a} + C$

44. $\int \cos^2 au \, du = \dfrac{u}{2} + \dfrac{\sin 2au}{4a} + C$

45. $\int u \sin au \, du = \dfrac{\sin au}{a^2} - \dfrac{u \cos au}{a} + C$

46. $\int u \cos au \, du = \dfrac{\cos au}{a^2} + \dfrac{u \sin au}{a} + C$

47. $\int u \sin^2 au \, du = \dfrac{u^2}{4} - \dfrac{u \sin 2au}{4a} - \dfrac{\cos 2au}{8a^2} + C$

48. $\int u \cos^2 au \, du = \dfrac{u^2}{4} + \dfrac{u \sin 2au}{4a} + \dfrac{\cos 2au}{8a^2} + C$

49. $\int \sec^3 au \, du = \dfrac{\sec au \tan au}{2a} + \dfrac{\ln |\sec au + \tan au|}{2a} + C$

Formules de récurrence

50. $\int \sin^n u \, du = \dfrac{-\sin^{n-1} u \cos u}{n} + \dfrac{n-1}{n} \int \sin^{n-2} u \, du$

51. $\int \cos^n u \, du = \dfrac{\cos^{n-1} u \sin u}{n} + \dfrac{n-1}{n} \int \cos^{n-2} u \, du$

52. $\int u^n \sin u \, du = -u^n \cos u + n \int u^{n-1} \cos u \, du$

53. $\int u^n \cos u \, du = u^n \sin u - n \int u^{n-1} \sin u \, du$

54. $\int \sec^n u \, du = \dfrac{\sec^{n-2} u \tan u}{n-1} + \dfrac{n-2}{n-1} \int \sec^{n-2} u \, du$

55. $\int \tan^n u \, du = \dfrac{\tan^{n-1} u}{n-1} - \int \sec^2 u \, du$

56. $\int u^n \, e^{au} \, du = \dfrac{u^n \, e^{au}}{a} - \dfrac{n}{a} \int u^{n-1} \, e^{au} \, du$

57. $\int u^k \, (\ln u)^n \, du = \dfrac{u^{k+1} \, (\ln u)^n}{k+1} - \dfrac{n}{k+1} \int u^k \, (\ln u)^{n-1} \, du$

K. Volume de solides de révolution

Autour de l'axe x sur $[a, b]$

Méthode du disque

$$\int_a^b \pi \, [f(x)]^2 \, dx$$

Méthode du tube

$$\int_a^b 2\pi \, x \, f(x) \, dx$$

L. Longueur de courbe

$$\int_a^b \sqrt{1 + (f'(x))^2} \, dx$$

$$\int_a^b \sqrt{\left(\dfrac{dx}{dt}\right)^2 + \left(\dfrac{dy}{dt}\right)^2} \, dt$$

M. Aire de surface

Autour de l'axe x sur $[a, b]$

$$\int_a^b 2\pi \, f(x) \sqrt{1 + (f'(x))^2} \, dx$$

$$\int_a^b 2\pi \, y(t) \sqrt{\left(\dfrac{dx}{dt}\right)^2 + \left(\dfrac{dy}{dt}\right)^2} \, dt$$